WASSER • ABWASSER • UMWELT

44

Schriftenreihe des Fachgebietes Siedlungswasserwirtschaft

Universität Kassel

Michael Garbowski

Arsenentfernung mit Ultra-Low-Pressure Ultrafiltration (ULPUF)-Kombinationsverfahren zur Wasseraufbereitung in Entwicklungsländern

Kassel 2021

kassel university press

WASSER • ABWASSER • UMWELT

Schriftenreihe des Fachgebietes Siedlungswasserwirtschaft
der Universität Kassel

Herausgeber: Franz-Bernd Frechen, Kassel
Tobias Morck, Kassel

Vertrieb: kassel university press (kup)
Diagonale 10, 34127 Kassel
https://kup.uni-kassel.de

Band 44: **Arsenentfernung mit Ultra-Low-Pressure Ultrafiltration (ULPUF)-Kombinationsverfahren zur Wasseraufbereitung in Entwicklungsländern**

Michael Garbowski

Dissertation am Fachbereich Bauingenieur- und Umweltingenieurwesen der Universität Kassel

Erster Gutachter: Univ.-Prof. Dr.-Ing. F.-B. Frechen, Universität Kassel
Zweiter Gutachter: Univ.-Prof. Dr.-Ing. habil. T. Wintgens, RWTH Aachen

Disputation: 09. Juli 2021

ISBN 978-3-7376-0959-3
DOI: https://doi.org/doi:10.17170/kobra-202108034474

https://kup.uni-kassel.de | kup@uni-kassel.de

Druck: CPI Druckdienstleitungen GmbH, Ferdinand-Jühlke-Straße 7, 99095 Erfurt

Bibliografische Information Der Deutschen Bibliothek
Die Deutsche Bibliothek verzeichnet diese Publikation in der Deutschen Nationalbibliografie; detaillierte bibliografische Daten sind im Internet über http://dnb.dnb.de abrufbar

Abstract

This dissertation deals with the development of extended ultra-low pressure ultrafiltration (ULPUF) with the aim of providing arsenic-free drinking water in the economically weak regions of the world. To remove arsenic to the WHO guideline value of 10 µg/L, the combination of ULPUF with adsorption on clay (C-ULPUF) and electrocoagulation (EC-ULPUF) were investigated.

Firstly, the investigations on the ULPUF without expansion were carried out. An amount of 20 m³ of arsenic-containing water with an average arsenic concentration of 100 µg/L was treated. As a first result, ULPUF without expansion cannot be applied for the selective removal of dissolved arsenic. However, ULPUF allows complete removal of particulate arsenic compounds.

In the following investigations of the combined C-ULPUF process, 50.5 m³ of arsenic-containing water (avg. 100 µg/L) were treated. In continuous operation with a clay dosage of 16 g/L, the C-ULPUF pilot plant provides an As(V) removal from drinking water of average 90.7 % and an As(V) effluent concentration of average 9.0 µg/L. In supporting laboratory tests, the arsenic adsorption capacity of different clay mineral based adsorbents was determined and a mathematical model approach was set up, which allows the estimation of arsenic adsorption capacity and clay dosage.

In the investigations of the combined EC-ULPUF process, 47 m³ of arsenic-containing water (avg. 100 µg/L) were treated. The performance of the electrocoagulation cell with aluminum electrodes was investigated and a model approach was developed to estimate the required charge dosage for arsenic reduction in drinking water. In continuous operation with a charge dosage of average 125 C/L or an electrical energy demand of about 500 Wh/m³ provides the EC-ULPUF pilot plant an As(V) removal from drinking water of average 96 % and an As(V) effluent concentration of average 6.5 µg/L.

The comprehensive studies verified the ability of both C-ULPUF and EC-ULPUF combined processes for selective arsenic removal. Both processes are capable of providing potable water that meets WHO requirements regarding arsenic and bacteria. Cost of the process were found to be in the range of 0.60 €/m³ to 2.20 €/m³ for C-ULPUF and 0.50 €/m³ to 1.60 €/m³ for EC-ULPUF and are within the willingness-to-pay range for households in economically weak regions of the world.

Kurzfassung

Die vorliegende Dissertation widmet sich der Entwicklung von verfahrenstechnischen Möglichkeiten zur Erweiterung von Ultra-Low-Pressure Ultrafiltration (ULPUF) mit dem Ziel der Bereitstellung von arsenfreiem Trinkwasser in wirtschaftlich schwachen Regionen der Erde. Zur Arsenentfernung auf den WHO-Richtwert von 10 µg/L wurde die Kombination der ULPUF mit der Adsorption an Tonerde (C-ULPUF) und der Elektrokoagulation (EC-ULPUF) untersucht.

Im Vorfeld fanden ULPUF-Untersuchungen ohne Erweiterung statt. Insgesamt wurden 20 m^3 arsenhaltiges Wasser mit einer mittleren Arsenkonzentration von 100 µg/L behandelt. ULPUF ohne Erweiterung kann nicht zur gezielten Entfernung von gelöstem Arsen angewandt werden. Allerdings ermöglicht ULPUF einen vollständigen Rückhalt der partikulären Arsenverbindungen.

In C-ULPUF-Untersuchungen wurden 50,5 m^3 arsenhaltiges Rohwasser (i. M. 100 µg/L) behandelt. Die halbtechnische C-ULPUF-Anlage ermöglicht im Dauerbetrieb unter Dosierung einer Tonerdemenge von 16 g/L eine mittlere As(V)-Entfernung aus Trinkwasser von 90,7 % bzw. eine mittlere Arsenablaufkonzentration von 9,0 µg/L. In unterstützenden Laborversuchen wurde die Arsenadsorptionsfähigkeit verschiedener tonmineralhaltiger Adsorbentien untersucht und ein mathematischer Modellansatz aufgestellt, der die Abschätzung ihrer Beladungsfähigkeit bzw. Dosierungsmenge erlaubt.

In EC-ULPUF-Untersuchungen wurden 47 m^3 arsenhaltiges Rohwasser (i. M. 100 µg/L) behandelt. In zahlreichen Versuchen wurde die Leistungsfähigkeit der Elektrokoagulationszelle mit Aluminiumelektroden untersucht und ein Modellansatz zur Abschätzung der erforderlichen Ladungsdosis entwickelt. Im Dauerbetrieb mit einer Ladungsdosis von i. M. 125 C/L bzw. einem elektrischen Energiebedarf von etwa 500 Wh/m^3 ermöglicht die halbtechnische EC-ULPUF-Anlage eine mittlere As(V)-Entfernung aus Trinkwasser von 96 % bzw. eine mittlere Arsenablaufkonzentration von 6,5 µg/L.

In den umfangreichen Untersuchungen wurde die Fähigkeit sowohl von C-ULPUF- als auch von EC-ULPUF-Kombinationsverfahren zur gezielten Arsenentfernung bewiesen. Beide Verfahren sind in der Lage, Wasser bereitzustellen, das den WHO-Anforderungen bezüglich Arsen und Bakterien entspricht. Die Verfahrenskosten wurden für C-ULPUF im Bereich von 0,60 €/m^3 bis 2,20 €/m^3 und für EC-ULPUF von 0,50 €/m^3 bis 1,60 €/m^3 ermittelt und liegen im Bereich der Zahlungsbereitschaft der Haushalte in wirtschaftlich schwachen Regionen der Erde.

Danksagung

Die vorgelegte Arbeit resultiert aus meiner Forschungstätigkeit am Fachgebiet Siedlungswasserwirtschaft der Universität Kassel.

Mein besonderer Dank gilt Herrn Prof. Dr.-Ing. Franz-Bernd Frechen für die vertrauensvolle Zusammenarbeit, für die fachlichen Diskussionen sowie vor allem für die intensive Betreuung und die Unterstützung bei der fachlichen und redaktionellen Gestaltung dieser Arbeit als Erstgutachter in den schwierigen Zeiten der COVID-19-Pandemie.

Herrn Prof. Dr.-Ing. habil. Thomas Wintgens danke ich herzlich für die Übernahme des Zweitgutachtens und sein fachliches und zeitliches Engagement.

Zudem möchte ich mich bei Herrn Prof. Dr.-Ing. Tobias Morck und Herrn Prof. Dr. Matthias Gaßmann für die Mitarbeit in der Prüfungskommission ausdrücklich bedanken.

Weiterhin möchte ich mich bei allen Kolleginnen und Kollegen aus dem Fachgebiet Siedlungswasserwirtschaft, die die Entstehung dieser Arbeit ermöglicht haben und in schwierigen Situationen ermutigende Worte hatten, herzlichst bedanken.

Hervorzuheben sind an dieser Stelle alle Mitarbeiterinnen des Fachgebietlabors, die mit ihrer hervorragenden, hochprofessionellen Arbeit in Sachen der Analytik maßgeblich zur Entstehung dieser Arbeit beigetragen haben. Vielen Dank!

Mein Dank gilt den zahlreichen Studierenden im Fachgebiet Siedlungswasserwirtschaft für die Unterstützung beim Aufbau und Betreuung von Versuchsanlagen.

Namentlich bedanken möchte ich mich bei Frau Valerie Liese M. Sc. und Herrn Dr.-Ing. Waldemar Dinkel, die mir mit ihrem fachlichen und freundschaftlichen Rat und Tat stets zur Seite standen, beim Korrekturlesen halfen und mich im Verlauf der Arbeit begleitet und unterstützt haben.

Von ganzem Herzen bedanke ich mich bei meiner Familie, insbesondere meiner Babuschka, Mutter und Vater, die mich auch in ausweglosen Situationen stets unterstützt, an mich geglaubt und über die Jahre unermüdlich zum Abschluss der Promotion bewegt haben.

Ein besonderer, liebevoller Dank gilt meiner Frau und meinem Sohn.

Michael Garbowski

Inhalt

Abbildungsverzeichnis

Tabellenverzeichnis

Abkürzungsverzeichnis

	Abkürzung	Erläuterung
A	AbwV	Abwasserverordnung
	ADP	Adenosindiphosphat
	ANFIS	Adaptives Neuro-Fuzzy-Inferenzsystem
	As	Arsen
	ATP	Adenosintriphosphat
	ATSDR	Agency of Toxic Substances and Deasease Registry
B	BBodSchV	Bundes-Bodenschutz- und Altlastenverordnung
	BGR	Bundesanstalt für Geowissenschaften und Rohstoffe
	BP-S	Bipolare Serienschaltung der Elektroden einer Elektrolysezelle
C	C-ULPUF	Adsorption on clay with ultra-low-pressure ultrafiltration
	CWS	Comunity water systems
D	DDT	Dichlordiphenyltrichlorethan
	DepV	Deponieverordnung
	DMA	Dimethylarsinsäure
	DVGW	Deutscher Verein des Gas- und Wasserfaches
E	EC	Elektrokoagulation
	EC-ULPUF	Electro coagulation with ultra-low-pressure ultrafiltration
	EN	Elektronegativität
	EPA	Environmental Protection Agency
	EPS	Extrazelluläre polymere Substanzen
	EUF	Elektro ultra filtration
F	FG SWW	Fachgebiet Siedlungswasserwirtschaft der Universität Kassel
G	GDM	Gravity driven membrane
	GDMBR	Gravitationsbetriebener Membranbioreaktor
	GDWQ	Guidelines for Drinking-water Quality
	GEH	Granuliertes Eisenhydroxid
	GrwV	Grundwasserverordnung
	GW	Grundwasser
	GW_{As}	Grenzwert, Arsen
H	-	-
I	IBC	Intermediate Bulk Container
	ICP-OES	Inductively coupled plasma optical emission spectrometry

	Abkürzung	Erläuterung
I	IEP	Isoelektrischer Punkt
	IK	Investitionskosten
	IQR	Interquartilsabstand (interquartil range)
	ISDW	International Standards for Drinking-water
J	JD-UQNAs	Jahresdurchschnittswert der Umweltqualitätsnorm, Arsen
	JK	Jahreskosten
K	KAK	Kationenaustauschkapazität
	KFAKR	Kapitalwiedergewinnungsfaktor
	KG	Körpergewicht
	KrWG	Kreislaufwirtschaftsgesetz
L	LAGA	Länderarbeitsgemeinschaft Abfall
	LD	Letale Dosis
	LDM	Lösungs-Diffusions-Membranen
	LK	Laufende Kosten
M	MF	Mikrofiltration
	MMA	Monomethylarsonsäure
	MP-P	Monopolare Parallelschaltung der Elektroden einer EC-Zelle
	MP-S	Monopolare Serienschaltung der Elektroden einer EC-Zelle
	MP-S2	Monopolare Serienschaltung der Elektroden einer EC-Zelle mit jeweils zwei Opferelektroden
	MP-S4	Monopolare Serienschaltung der Elektroden einer EC-Zelle mit jeweils vier Opferelektroden
	MP-S6	Monopolare Serienschaltung der Elektroden einer EC-Zelle mit jeweils sechs Opferelektroden
	MWCO	Molecular weight cut off
N	NPDWR	National Primary Drinking Water Regulations
O	OGewV	Oberflächengewässerverordnung
	OW	Oberflächenwasser
	Ox	Oxidationsmittel
P	P	Permeat
	PAUL	Portable aqua unit for lifesaving
	PEH	Pulverförmiges Eisenhydroxid
	PES	Polyethersulfon
	POE	Point-of-entry
	POU	Point-of-use

	Abkürzung	Erläuterung
Q	-	-
R	Red	Reduktionsmittel
	REM	Rasterelektronenmikroskopie
	R_h	Ausbau der EC-Zelle und händische Reinigung der Elektroden
	RL	Richtlinie
	R_m	Ausbau der EC-Zelle und maschinelle Reinigung der Elektroden
	RW	Rohwasser
S	S	Schamotte
	SH	Sulfhydryl
	SPL	Substance Priority List
	SW_{As}	Schwellenwert, Arsen
T	T	Natürliche Tone und Tonmischungen
	TOC	Total organic carbon
	TR	Trockenrückstand
	TrinkwV	Trinkwasserverordnung
	TW	Trinkwasser
	TSR	Tonige Sekundärrohstoffe
U	UBA	Umweltbundesamt
	UF	Ultrafiltration
	ULPUF	Ultra-low-pressure ultrafiltration
	UN	Vereinte Nationen
	UNICEF	Kinderhilfswerk der Vereinten Nationen
	UO	Umkehrosmose
V	VPUW	Versuchsanstalt und Prüfstelle für Wasserbau und Umwelttechnik der Universität Kassel
W	WHO	Weltgesundheitsorganisation
	WASH	Wasser, Sanitätsversorgung und Hygiene
	WTP	Willingness to pay
X	-	-
Y	-	-
Z	-	-

Parameterverzeichnis

	Parameter	Einheit	Erläuterung
A	a	-	Gewichtungsfaktor des Eisengehaltes der Tonerde
	A	m²	Fläche
	A_0	m²	Nicht aktive Elektrodenoberfläche
	A_A	m²	Aktive Anodenoberfläche
	A_F	m²	Membranfläche
	A_K	m²	Aktive Kathodenoberfläche
	A/V	m²/m³	Verhältnis der gesamten aktiven Elektrodenoberfläche zum Flüssigphasenvolumen im EC-Reaktor
	A_A/V	m²/m³	Verhältnis der aktiven Anodenoberfläche zum Flüssigphasenvolumen im EC-Reaktor
	AFS	mg/L	Konzentration an abfiltrierbaren Stoffen
B	b	-	Gewichtungsfaktor des Aluminiumgehaltes der Tonerde
	$B_{Al,EC}$	g/h	Stündliche Aluminiumfreisetzung bzw. Aluminiumfracht mittels Elektrolyse
	B_W	m	Breite mit Wasser benetzten Oberflächen
C	c	µg/L; mg/L	Stoffkonzentration
	c_0	µg/L; mg/L	Anfangskonzentration des Stoffes
	$c_{Ab,Ox,max}$	mg/L	Zulässige Ablaufkonzentration an Oxidationsmitteln
	c_{Al}	µg/L; mg/L	Aluminiumkonzentration, gesamt
	$c_{Al,EC}$	mg/L; g/m³	Mit Elektrokoagulation freigesetzte Aluminiumkonzentration
	$c_{Al,EC,spez}$	(mg/L)/(Wh)	Mit Elektrokoagulation freigesetzte Aluminiumkonzentration bezogen auf die geleistete elektrische Arbeit der EC-Zelle
	$c_{Al,f}$ bzw. $c_{Al,filtriert}$	µg/L; mg/L	Aluminiumkonzentration, gelöst
	c_{As}	µg/L; mg/L	Arsenkonzentration, gesamt
	$c_{As,EC}$	µg/L; mg/L	Mit Elektrokoagulation entfernte Arsenkonzentration
	$c_{As,f}$ bzw. $c_{As,filtriert}$	µg/L; mg/L	Arsenkonzentration, gelöst
	$c_{As,min,TW}$	µg/L	Maximal erreichbare Ablaufkonzentration
	c_e	µg/L; mg/L; g/m³	Gleichgewichtskonzentration

	Parameter	Einheit	Erläuterung
C	c_{exp}	µg/L; mg/L; g/m³	Experimentell ermittelte Metallfreisetzung
	C_E	%	Elektrolyseeffizienz (das Verhältnis experimentell ermittelter zu theoretischer Metallfreisetzung)
	C_{Energy}	Wh/m³; kWh/m³	Elektrischer Energiebedarf bezogen auf behandeltes Wasservolumen
	c_{Fe}	µg/L; mg/L	Eisenkonzentration, gesamt
	c_{O2}	mg/L	Sauerstoffkonzentration
	c_t	µg/L; mg/L; g/m³	Konzentration des Stoffes zum Zeitpunkt t
	c_{theo}	µg/L; mg/L; g/m³	Theoretische Konzentration der mittels Elektrokoagulation freigesetzten Metalle
	$c_{Zu,Ox,max}$	mg/L	Zulässige Zugabe von Oxidationsmitteln
	CDR	(A·s)/(L·min); C/(L·min)	Charge Dosage Rate bzw. dq/dt
	CSB	mg O_2/L	Chemischer Sauerstoffbedarf
D	d_E	mm	Elektrodenabstand
E	E	%	Entfernungseffizienz, Eliminationsleistung
	E_{As}	%	Arsenentfernung bzw. -rückhalt
	$E_{As,EC}$	%	Arsenentfernung bezogen auf die Arsenkonzentration in der filtrierten Probe (0,45 µm) am Ende der EC-Behandlung
	$E_{As,EC,spez}$	(µg/L)/(Wh)	Mit Elektrokoagulation entfernte Arsenkonzentration bezogen auf die geleistete elektrische Arbeit der EC-Zelle
	$E_{As,EC\text{-}ULPUF}$	%	Arsenentfernung der gesamten EC-ULPUF-Anlage
	$E_{As,MW,Deckschicht}$	%	Mittlerer Wirkungsgrad der Deckschicht
	Eh bzw. Eh-Wert	V, mV	Redox-Spannung
F	F	C/mol	Faraday-Konstante, 96.485 C/mol (siehe Kontext)
	F	-	Prüfgröße im F-Test (siehe Kontext)
	F_{krit}	-	Überschreitungswahrscheinlichkeit im F-Test
G	-	-	-
H	h_0	mg/(kg·h)	Anfangsadsorptionsrate
	H_W	m	Höhe einer mit Wasser benetzten Oberfläche
I	i	A/m²	Elektrische Stromdichte

	Parameter	Einheit	Erläuterung
I	I	mA; A	Elektrische Stromstärke
	i_A	A/m²	Elektrische Stromdichte an der Anode
	I_{ges}	mA; A	Elektrischer Gesamtstrom einer Elektroden-schaltung
	i_K	A/m²	Elektrische Stromdichte an der Kathode
	I_{Zelle}	mA; A	Elektrischer Strom einer EC-Unterzelle
J	J_P	L/(m²·h)	Flux bzw. Permeatflux
	$J_{P,20}$	L/(m²·h)	Flux bzw. Permeatflux bei T = 20 °C
K	k_1	1/h	Geschwindigkeitskonstante (pseudo)-erster Ordnung
	k_2	kg/(mg·h)	Geschwindigkeitskonstante (pseudo)-zweiter Ordnung
	k_a	1/h	Geschwindigkeitskonstante des Adsorptions-vorganges
	k_d	1/h	Geschwindigkeitskonstante des Desorptions-vorganges
	K_F	g/kg; kg/kg	Freundlich-Konstante
	K_L	-	Langmuir-Konstante
L	LF	µS/cm; 1/(Ohm·m)	Leitfähigkeit
	LNP	-	Ladungsnullpunkt (vgl. pH_{PZC})
M	m	µg; mg; g; kg	Masse
	M	g/mol	Molare Masse
	m_{ads}	g/L; kg/m³	Adsorbensdosis
	$m_{ads,WHO}$	g/L	Erforderliche Adsorbensdosis zur Arsenreduktion auf den WHO-Richtwert von 10 µg/L
	$m_{ads,ULPUF,Sum}$	kg	Kumulierte in die ULPUF-Einheit eingetragene Tonerdemasse
	m_{Al}	µg; mg; g; kg	Aluminiummasse
	$m_{Al,EC}$	µg; mg; g; kg	Elektrochemisch freigesetzte Aluminiummasse
	$m_{Al,ULPUF,Sum}$	g; kg	Kumulierte in die ULPUF-Einheit eingetragene Aluminiummasse
	$m_{Al(OH)3,ULPUF,Sum}$	g; kg	Kumulierte in die ULPUF-Einheit eingetragene Aluminiumhydroxidmasse
	m_{As}	µg; mg; g; kg	Arsenmasse
N	n	-	Heterogenitätsfaktor (Freundlich-Isotherme), (siehe Kontext)
	n	-	Anzahl der Messwerte (siehe Kontext)
	N	-	Anzahl

	Parameter	Einheit	Erläuterung
O	-	-	-
P	p	hPa, bar	Druck
	p_{atm}	hPa, bar	Atmosphärischer Druck
	PE	L/(m²·h·bar)	Permeabilität
	PE_{20}	L/(m²·h·bar)	Permeabilität bei T = 20 °C
	P_{el}	W; kW	Elektrische Leistungsaufnahme
	$P_{el,spez}$	W/m³; kW/m³	Elektrische Leistungsaufnahme bezogen auf behandeltes Wasservolumen
	p-Wert	-	Überschreitungswahrscheinlichkeit im t-Test
	pH bzw. pH-Wert	-	Der negative dekadische Logarithmus der Wasserstoffionenaktivität
	pH_{PZC}	-	Point of zero charge (vgl. LNP)
	pK_S	-	Der negative dekadische Logarithmus der Säurekapazität (K_S)
Q	q	(A·s)/L; C/L	Ladungsdosis bzw. Ladungsdichte
	q_0	mg/kg; g/kg	Anfangsadsorbensbeladung
	$q_{0,01}$	mg/kg; g/kg	Mit Langmuir-1-Isotherme berechnete Beladung bei einer Gleichgewichtskonzentration von 0,01 mg/L
	$q_{0,01,\%}$	%	Relative Änderung der $q_{0,01}$-Beladung
	$Q_{ads,ULPUF}$	g/L	Schlammeintrag in die ULPUF-Einheit bezogen auf behandeltes Wasservolumen
	$Q_{ads,ULPUF,\%-ges}$	%	Mittlerer Schlammeintrag in die ULPUF-Einheit bezogen auf die gesamte dosierte Menge an Tonerde
	q_e	mg/kg; g/kg	Adsorbensbeladung im Gleichgewicht
	Q_F	L/h	Permeatvolumenstrom
	q_m	mg/kg; g/kg mmol/kg	Maximale Adsorbensbeladung, gemessen oder mit Langmuir-2-Isotherme berechnet (siehe Kontext)
	q_{WHO}	(A·s)/L; C/L	Erforderliche Ladungsdosis bzw. Ladungsdichte zur Arsenreduktion auf den WHO-Richtwert von 10 µg/L
R	r	mg/(L·h)	Reaktionsrate (siehe Kontext)
	r	-	Bravais-Pearson-Korrelationskoeffizient (siehe Kontext)
	R	Ohm	Elektrischer Widerstand
	R^2	-	Bestimmtheitsmaß bzw. Determinationskoeffizient

	Parameter	Einheit	Erläuterung
R	R^2_{adj}	-	Angepasstes Bestimmtheitsmaß
	R_{ges}	Ohm	Elektrischer Widerstand der gesamten EC-Zelle
	R_{Zelle}	Ohm	Elektrischer Widerstand einer EC-Unterzelle
S	-	-	-
T	t	s; min; h; d; a	Zeit
	T	°C	Temperatur
	$t_{1/2,As(III)}$	s; min; h; d	As(III)-Halbwertszeit bei Oxidation
	t_{EC}	min; h	Elektrolysezeit
	$t_{EC,Sum}$	min; h	Gesamte Betriebszeit der EC-Zelle
	$t_{Rühr}$	h	Rührzeit
	t_{Sed}	h	Sedimentationszeit
	TDS	mg/L	Total dissolved solids
	TMP	hPa, bar	Transmembraner Druck (vgl. Δp_M)
	TRD	µg/(d·kg)	Tolerierbare resorbierte Dosis für die tägliche orale chronische Aufnahme bezogen auf das Körpergewicht
	Trüb	NTU	Trübung in Nephelometric Turbidity Unit, Messung bei 90° Seitwärtsstreuung der Lichtstrahlung
	$Trüb_n$	NTU	Auf den Anfangswert normierte Trübung
	$Trüb_t$	NTU	Trübung zum Zeitpunkt t
U	U	V	Elektrische Spannung
	U_a	V	Spannungsanstieg durch aktiven Anteil der Passivierungsschicht
	U_{ges}	V	Elektrische Spannung der gesamten EC-Zelle, gemessen an der Spannungsquelle
	U_i	V	Spannungsanstieg durch inerten Anteil der Passivierungsschicht
	U_{Zelle}	V	Elektrische Spannung einer Elektrolyseunterzelle
V	V	m³	Flüssigphasenvolumen
	V_0	m³	Volumen der Flüssigphase zum Beginn des Adsorptionsprozesses
	V_{beh}	m³	Behandelte Wassermenge
	V_f	m³	Volumen der Flüssigphase im Gleichgewicht
W	w_{Al}	%	Massenanteil des Aluminiums an der Gesamtmasse

	Parameter	Einheit	Erläuterung
W	W_{el}	Wh; kWh	Elektrischer Energiebedarf
	w_{Fe}	%	Massenanteil des Eisens an der Gesamtmasse
	w_i	%	Massenanteil der Mischungskomponente i an der Gesamtmasse
X	-	-	-
Y	-	-	-
Z	z	-	Anzahl an dem Elektrolysevorgang beteiligter Elektronen bzw. Ladungszahl
αβγ	α	%	Signifikanzniveau
	ΔE	V	Elektromotorische Kraft
	Δp_M	hPa, bar	Transmembrane Druckdifferenz (vgl. TMP)
	ΔV_P	L; m³	Permeatvolumen
	θ	-	Der belegte Oberflächenanteil des Adsorbens
	η	%	Wirkungsgrad
	η_A	V	Überspannungen an der Anode
	η_{IR}	V	Überspannung der EC-Zelle aus dem Ohmschen Widerstand
	η_K	V	Überspannungen an der Kathode

1 Einleitung

1.1 Problemstellung

Wasser ist die wichtigste Ressource der Menschheit. Das Recht auf Wasser gehört seit dem Erlass der UN-Resolution 64/292 im August 2010 zu den Menschenrechten (UN 2010). Eine der aktuellen und zukünftigen globalen Herausforderungen ist die Gewährleistung eines nachhaltigen Zuganges zu sauberem Wasser für jeden. Dieses ehrgeizige Ziel soll gemäß Agenda 2030 der Generalversammlung der Vereinten Nationen bis 2030 erreicht werden (UN 2015).

Laut aktuellem Report des Kinderhilfswerks der Vereinten Nationen und der Weltgesundheitsorganisation (UNICEF & WHO 2019) haben derzeit 2,2 Milliarden Menschen (etwa ein Drittel der gesamten Weltbevölkerung) keinen Zugang zu sicherem Trinkwasser (chemisch und biologisch einwandfrei, bezahlbar, bei Bedarf zugänglich). Davon müssen 785 Millionen Menschen ohne jegliche Trinkwasserversorgung auskommen. Außerdem steigt der weltweite Wasserbedarf laut neuestem Weltwasserbericht der Vereinten Nationen um 1,0 % jährlich (UN 2020). Auch der fortschreitende Klimawandel und das Bevölkerungswachstum führen zur stärkeren Belastung der Trinkwasserressourcen und zwingen zur zunehmenden Erschließung von Trinkwasserquellen mit schlechter mikrobiologischer und chemischer Qualität (OECD 2013). Besonders relevant ist das Problem in wirtschaftlich schwachen Regionen der Erde mit kaum ausgebildeter Trinkwasserversorgungsinfrastruktur (WHO 2020a).

Grundwasser stellt im Normalfall eine mikrobiologisch und chemisch sichere und in einigen Regionen der Erde die einzige verfügbare Trinkwasserquelle dar (Zektser und Everett 2004). Allerdings ist die Kontamination des Grundwassers mit geogenen Wasserverunreinigungen im Vergleich zu allen anderen Trinkwasserquellen am höchsten (Matschullat 2000). Geogene Wasserverunreinigungen sind natürlichen Ursprungs, sie entstehen aus geologischen Quellen (Boden bzw. Sediment) durch natürliche physikalische, chemische und biologische Lösungsvorgänge. Die geogenen Wasserverunreinigungen können durch menschliche Aktivitäten vielfach verstärkt werden bzw. die Folge des anthropogenen Eingriffs in das natürliche Gleichgewicht sein. Aus Johnson und Bretzler (2017) folgt, dass nur sehr wenige der 98 natürlich im Boden vorkommenden chemischen Elemente das Potential zur geogenen Verunreinigung besitzen. Hierzu müssen die folgenden Faktoren zutreffen (Johnson und Bretzler 2017):

- Hohe Konzentration im Boden und Sediment
- Hohe Löslichkeit des Elementes im Wasser unter gegebenen Umweltbedingungen

Werden zudem die kritischen Konzentrationen mit negativen Folgen für Menschen erreicht, wird eine geogene Verunreinigung zum geogenen Schadstoff. Beispielsweise können Eisen-, Chlorid- oder Sulfat-Ionen im Fall einer erhöhten Konzentration das Trinkwasser geschmacklich ungenießbar machen. Arsen in entsprechenden Konzentrationen ist akut und chronisch toxisch (Wild et al. 2020).

Ein täglicher Konsum von Trinkwasser mit erhöhter Konzentration an Arsen, welches geschmacklich nicht wahrgenommen wird, kann zu chronischer Arsenvergiftung (Arsenicosis) mit Krankheitserscheinungen wie Hautläsionen, Herz-Kreislauf-Erkrankungen, Krebs und Weiterem führen (Ravenscroft et al. 2009). Das hohe Gesundheitsgefährdungspotential von Arsen ist seit langem bekannt, weswegen immer strengere Grenzwerte festgelegt wurden. Seit 1993 gilt der Richtwert der Weltgesundheitsorganisation von 10 µg As/L (WHO 2011).

Weltweit sind schätzungsweise über 200 Millionen Menschen auf arsenbelastetes Trinkwasser mit Arsenkonzentrationen über dem WHO-Richtwert angewiesen (Ravenscroft et al. 2009; Murcott 2012; Bhattacharya et al. 2015). Von den Betroffenen leben 110 Millionen in zehn Ländern in Süd- und Südwestasien: Bangladesch, Kambodscha, China, Indien, Laos, Myanmar, Nepal, Pakistan, Taiwan und Vietnam (Brammer und Ravenscroft 2009). Besonders betroffen sind Menschen in wirtschaftlich schwachen Regionen der Entwicklungsländer, die häufig unzureichend über die Gefahr der Aufnahme von arsenhaltigem Wasser informiert sind, keinen Zugang zur notwendigen Arsenentfernungstechnologie haben oder sich diese nicht leisten können (Ahmad et al. 2005; Asadullah und Chaudhury 2011; WHO 2011; Khan et al. 2014; Ahmed 2016). Zusätzlich führt das Unwissen über die Ursachen der Arsenproblematik und mögliche Gegenmaßnahmen zu einer sozial-gesellschaftlichen Ausgrenzung der an chronischer Arsenvergiftung leidenden Menschen und einer Isolation ganzer betroffener Gemeinschaften (Hassan und Atkins 2018).

Weiterhin besteht in den betroffenen Ländern häufig die Problematik einer gleichzeitigen Kontamination der Trinkwasserquellen mit mikrobiologischen Verunreinigungen, beispielsweise trinkt in Bangladesch ca. 66 % der gesamten Landesbevölkerung fäkal verunreinigtes Wasser, das gleichzeitig erhöhte Arsengehalte über dem WHO-Richtwert von 10 µg As/L aufweist (UNICEF 2018). Für diese Länder werden robuste Low-Cost- und Low-Tech-Verfahren zur Bereitstellung von bakteriologisch und chemisch unbedenklichem Trinkwasser dringend benötigt (Johnson und Bretzler 2017; WHO 2017).

Low-Tech-Verfahren unter Nutzung des Membranverfahrens lassen sich am einfachsten realisieren, indem das Rohwasser hochgepumpt wird und dann gravimetrisch den Membranprozess durchläuft. Diese gravitationsbetriebene Prozessführung (GDM) wird am Fachgebiet Siedlungswasserwirtschaft (FG SWW) der Universität Kassel seit 2001 untersucht (vgl. Vorwort zu Frechen 2010). Sie ist mittlerweile weithin bekannt (Pronk et al. 2019). Entscheidend bei dieser Prozessführung ist, dass – im Gegensatz zum üblicherweise durchflussgesteuerten Filtrationsprozess – der Filtrationsprozess druckgesteuert ist, da der maximale Druck durch die geodätische Höhe (Höhendifferenz Wasserspiegel vor der Membran und am Auslauf nach der Membran) fest vorgegeben ist. Auf diesen generellen Unterschied in der Prozessführung hat Frechen (2019) hingewiesen.

Wird die Filtration mit geringem Druck betrieben, spricht man von einer Niederdruck-Mikrofiltration oder Niederdruck-Ultrafiltration bzw. Ultra-Low-Pressure Ultrafiltration (ULPUF).

Hierbei werden transmembrane Druckdifferenzen von 40 mbar bis 150 mbar eingehalten. Ein Beispiel der erfolgreichen Realisierung dieser Verfahrensweise in entlegenen Gebieten der Entwicklungsländer ohne jegliche Trinkwasserversorgungsinfrastruktur stellt der am FG SWW der Universität Kassel entwickelte Wasserrucksack PAUL bzw. die sogenannte PAUL-Station dar (vgl. Frechen 2020a). Der Betrieb solcher Anlagen kann sehr einfach gestaltet werden und benötigt im Normalfall kein Fachpersonal, keine elektrische Energie und keinen Zusatz an Chemikalien zur Membranreinigung (vgl. Frechen und Exler 2009 sowie Frechen et al. 2011).

Aus den genannten Gründen findet eine verstärkte Umsetzung der gravitationsbetriebenen Membranfiltration in der Praxis, insbesondere in wirtschaftlich schwachen Regionen der Erde, statt (Pronk et al. 2019; Frechen 2019). In solchen Anlagen werden aufgrund des vergleichsweise niedrigen TMP Mikro- bzw. Ultrafiltrationsmembranen verbaut, daher ist die Wasseraufbereitung auf den Rückhalt partikulärer Stoffe beschränkt (Exler 2016). Die gelösten Wasserverunreinigungen, so auch der gelöste Anteil des geogenen Schadstoffs Arsen, werden nicht entfernt.

Vor diesem Hintergrund besteht die Notwendigkeit der Entwicklung von verfahrenstechnischen Möglichkeiten zur Erweiterung solcher Membranverfahren zum Rückhalt gelöster Wasserverunreinigungen.

1.2 Zielsetzung

Aufgrund der beschriebenen Problematik besteht das Ziel dieser Arbeit in der

> **Entwicklung von Ergänzungsmöglichkeiten des Niederdruck-Membranfiltrationsverfahrens (ULPUF-Verfahren) zur Optimierung der Arsenentfernung zur Bereitstellung von arsen- und bakterienfreiem Wasser in wirtschaftlich schwachen Regionen der Entwicklungsländer.**

Zur Arsenentfernung können ULPUF-Anlagen um eine vorgeschaltete Arsenadsorption an pulverförmigen Materialien erweitert werden (Garbowski et al. 2019). Hierbei können beispielsweise eisenreiche Tonerden (getrocknet und zum feinen Tonerdemehl verarbeitet) als preiswertes und häufig vor Ort verfügbares Arsenadsorbens angewandt werden (Mohapatra et al. 2007). Ferner besteht die Möglichkeit der Erweiterung von ULPUF-Anlagen um eine Elektrokoagulationsstufe. Die Elektrokoagulation ist ein elektrochemisches Verfahren zur in situ Produktion von Fällungsmittel, dem der Mechanismus chemischer Reduktions- und Oxidationsreaktionen im Wasser durch das Anlegen einer elektrischen Spannung zugrunde liegt. Aufgrund einiger grundlegender Vorteile dieses Verfahrens im Vergleich zur chemischen Fällung (u. a. in Bezug auf Kosteneffizienz und Verfügbarkeit der Fällungsmittel) ist seine Anwendung zur Arsenentfernung in wirtschaftlich schwachen Regionen der Erde von besonderem Interesse (Nidheesh und Singh 2017; Song et al. 2017).

Im Rahmen dieser Arbeit werden die hydraulische sowie chemische Leistungsfähigkeit einer um eine Arsenentfernungsstufe erweiterten ULPUF-Anlage im Labormaßstab und im

Dauerfiltrationsbetrieb überprüft. Das Ziel ist die Entwicklung eines Low-Cost-Verfahrens zur Arsenentfernung in Kombination mit der Niederdruck-Membranfiltration für eine dezentrale Trinkwasserversorgung auf Haushalts- bzw. Hausgemeinschaftsebene. Die wesentlichen Schritte der vorliegenden Arbeit sind im Folgenden erläutert:

1) **Literaturstudie:** Im Vorfeld der labortechnischen Untersuchungen fand eine umfangreiche Literaturstudie statt, mit dem Ziel einer ausführlichen Darstellung der Arsenproblematik vor dem Hintergrund neuester wissenschaftlicher Erkenntnisse. Insgesamt wurden über 320 wissenschaftliche Artikel, Bücher, Internetdokumente etc. gesichtet und ausgewertet. Die Ergebnisse der Literaturstudie sind in Kapitel 2 zusammengefasst. Das besondere Augenmerk der Literaturstudie lag neben der Darstellung der allgemeinen Arsenproblematik (Kapitel 2.2) und dem Stand der Technik zur Arsenentfernung aus dem Wasser (Kapitel 2.3) auf der Thematik Adsorption an oxidischen Adsorbentien und Tonminerale (Kapitel 2.4), Elektrokoagulation zur Trinkwasseraufbereitung (Kapitel 2.5) sowie Ultrafiltration zur Trinkwasseraufbereitung (Kapitel 2.6).
2) **Labor- und halbtechnische Untersuchungen:** Anhand der Ergebnisse der Literaturstudie fand die Entwicklung verfahrenstechnischer Konzepte zur Erweiterung von Niederdruck-Membranfiltrationsanlagen um eine Arsenentfernungsstufe statt. In diesem Rahmen wurden verschiedene Versuchsstände im Labormaßstab und als halbtechnische Versuchsanlagen aufgebaut und betrieben. Detaillierte Erläuterungen zu den durchgeführten Versuchen und Versuchsständen sowie zur Methodik der Datenauswertung sind in Kapitel 3 aufgeführt. Die Ergebnisse der Datenauswertung und ihre Diskussion sind in Kapitel 4 zu finden. Im Einzelnen können die durchgeführten Versuche wie folgt zusammengefasst werden:
   i. **Laboruntersuchungen:** Untersuchung der As(III)- und As(V)-Adsorptionsfähigkeit verschiedener Tonerden und anderer tonmineralhaltiger Adsorbentien (Kapitel 4.1).
   ii. **Halbtechnische Versuchsanlage 1:** Untersuchungen der stofflichen Leistungsfähigkeit einer ULPUF-Anlage ohne Erweiterung zur Arsenentfernung, v. a. die Überprüfung der Auswirkung von Deckschicht und Rohwasser mit erhöhtem Eisengehalt (Kapitel 4.2.3).
   iii. **Halbtechnische Versuchsanlage 2:** Untersuchungen zur Erweiterung einer ULPUF-Anlage um die Adsorption von Arsen an Tonerde (Kapitel 4.2.4).
   iv. **Halbtechnische Versuchsanlage 3:** Untersuchungen zur Erweiterung einer ULPUF-Anlage um die Elektrokoagulation zur Arsenentfernung (Kapitel 4.3).
3) **Datenauswertung vor dem Hintergrund praktischer Anwendbarkeit:** Die Ergebnisse der halbtechnischen Untersuchungen wurden einer aus wirtschaftlicher Sicht kritischen Prüfung unterzogen und die Umsetzbarkeit entwickelter Verfahren in wirtschaftlich schwachen Regionen der Entwicklungsländer diskutiert (vgl. Kapitel 5).
4) **Zusammenfassende Darstellung der Ergebnisse dieser Arbeit:** Die Zusammenfassung der wichtigsten Ergebnisse dieser Arbeit erfolgt in Kapitel 6. Eine abschließende Gegenüberstellung der entwickelten Ergänzungsmöglichkeiten des Niederdruck-Membranfiltrationsverfahrens (ULPUF-Verfahren) zur Optimierung der Arsenentfernung ist in Kapitel 6.6 zu finden.

2 Wissenschaftliche und verfahrenstechnische Grundlagen

2.1 Einleitung in die Literaturrecherche

Arsen ist ein ubiquitäres chemisches Element und wurde umfassend in vielen Bereichen der Wissenschaft untersucht. Die Ergebnisse einer Literaturrecherche wissenschaftlicher Dokumente der letzten 50 Jahre zum Thema „arsenic" über das Portal Semantic Scholar (2020)[1] sind in Abbildung 1 dargestellt. In diesem Zeitraum wurden insgesamt über 100.000 „peer-review"-Publikationen aus verschiedenen wissenschaftlichen Fachrichtungen zum Thema „arsenic" veröffentlicht. Den größten Anteil stellen die Publikationen aus der Fachrichtung Medizin und Chemie mit jeweils etwa 40 % dar. Etwa 7.700 Publikationen (7,7 %) stammen aus der Fachrichtung Umweltwissenschaften und ca. 1.800 Publikationen (1,8 %) aus der Fachrichtung Ingenieurwissenschaften.

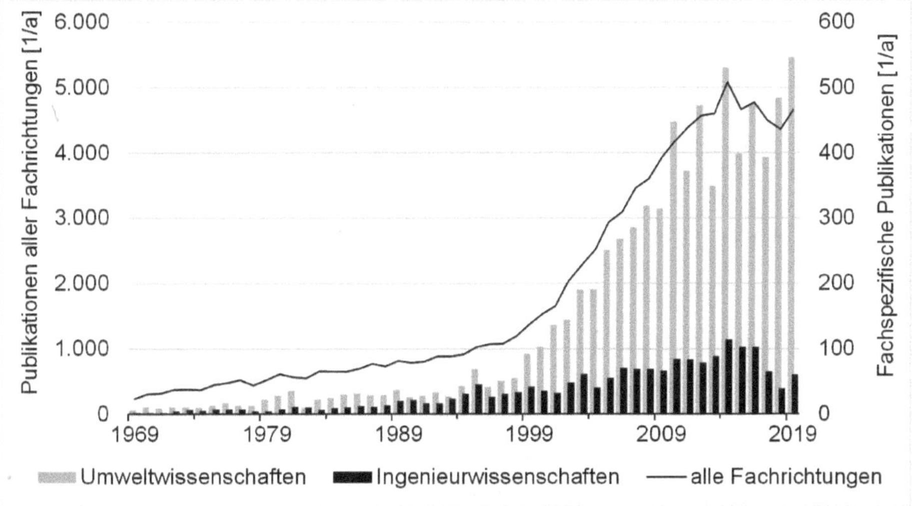

Abbildung 1: Anzahl der Veröffentlichungen zum Thema „arsenic" in den vergangenen 50 Jahren in allen wissenschaftlichen Fachrichtungen sowie ausschließlich in der Fachrichtung Umweltwissenschaften bzw. Ingenieurwissenschaften (Datenquelle: Semantic Scholar 2020).

Etwa 80 % aller Publikationen zu Arsen sind in den letzten 20 Jahren entstanden. Die exponentielle Zunahme liegt in der hohen Relevanz der Arsen-Thematik, der weltweit wachsenden Wissenschaftleranzahl und einer besseren Wissensvernetzung u. a. durch den

[1] *Semantic Scholar* ermöglicht eine Suche in 28 Publikationsportalen, Datenbanken und Bibliotheken unter anderem in „MIT Press", „PubMed", „Science" und „Springer Nature" (vgl. Semantic Scholar 2020).

Ausbau digitaler Datenbanken und Wissensplattformen begründet. Die leichte Abnahme der Anzahl an Veröffentlichungen in den letzten drei Jahren hat vermutlich einen statistischen Hintergrund, da mehrere der eingereichten Publikationen derzeit noch begutachtet werden.

Trotz einer scheinbar hohen Anzahl wissenschaftlicher Publikationen zur Arsenproblematik ist diese Zahl im Vergleich zu anderen WASH-Themen (Wasser, Sanitätsversorgung und Hygiene) sehr gering. Kearns et al. (2019) zeigt, dass sich aktuell nur 2 % bis 3 % aller Publikationen in dem renommierten *Journal of Water, Sanitation, and Hygiene for Development* [2] mit der Thematik der geogenen Schadstoffe (u. a. Arsen) befassen, wohingegen in fast 50 % aller Publikationen das Thema „Pathogene" angesprochen wird.

Im Rahmen dieser Arbeit wurden über 320 wissenschaftliche Artikel, Bücher, Internetdokumente etc. gesichtet und ausgewertet, wobei nach Möglichkeit aktuelle wissenschaftliche Veröffentlichungen herangezogen worden sind. Von den recherchierten Publikationen wurden nahezu alle in den letzten 20 Jahren und etwa 60 % der Publikationen in den letzten fünf Jahren veröffentlicht.

In den nachfolgenden Kapiteln erfolgt die Darstellung aktueller wissenschaftlicher Erkenntnisse zum Element Arsen und seinen Eigenschaften, insbesondere in Bezug auf die Belastung des Trinkwassers und die Auswirkungen auf Umwelt und Mensch. Des Weiteren wird der Stand der Wissenschaft und Technik zur Arsenentfernung aus Trinkwasser erläutert. Hierbei werden insbesondere die Grundlagen zur Arsenentfernung mittels Adsorption an oxidischen Adsorbentien (v. a. Tonerde) sowie Elektrokoagulation vertieft. Abschließend werden die Grundlagen der Membranfiltration und ihre Anwendung bei Niederdruck-Membranfiltrationsverfahren dargestellt.

2.2 Element Arsen

2.2.1 Physikalische und chemische Eigenschaften

Arsen ist ein natürliches chemisches Element mit der Ordnungszahl 33 im Periodensystem. Es entsteht im Universum durch die Kernfusion am Ende des Lebenszyklus massenreicher Sterne. Die Nukleosynthese von Arsen erfolgt durch die Neutronenreaktionen entweder kurz vor oder während der Supernova als s- (engl. *slow neutron capture*) oder r-Prozess (engl. *rapid neutron capture*) (vgl. Reifarth 2014). Das einzige stabile (nichtradioaktive) Arsenisotop ist Arsen-75 (^{75}As). Es wird durch das Einfangen der Neutronen und Beta-Zerfall in mehreren Schritten vom stabilen Eisenisotop ^{56}Fe über das Germaniumisotop ^{74}Ge erzeugt (Henke 2009; Reifarth 2014; Scholz 2018).

Mit einem relativen Gehalt von $6{,}6 \cdot 10^{-6}$ Arsenatomen auf ein Siliziumatom ist Arsen derzeit das 39-häufigste Element im Universum (Cameron 1973). Die geschätzte mittlere

[2] *Journal of Water, Sanitation, and Hygiene for Development* wird vor allem von WASH-Wissenschaftlern und -Anwendern zur Veröffentlichung neuester Entwicklungen im WASH-Arbeitsbereich der Agenda 2030 benutzt (vgl. Kearns et al. 2019).

Arsenkonzentration im Universum beträgt nach Matschullat (2000) etwa 0,008 ppm. Auf der Erde liegt die geschätzte mittlere Arsenkonzentration bei 1,1 ppm (Allègre et al. 2001).

Das stabile Arsen-75 (^{75}As) besitzt einen Atomkern mit 33 Protonen und 42 Neutronen, der von 33 Elektronen umgeben ist. Seine relative Atommasse beträgt 74,921. Die Elektronenkonfiguration von ^{75}As kann wie folgt beschrieben werden (Flora 2015):

$$1s^2 2s^2 2p^6 3s^2 3p^6 3d^{10} 4s^2 4p^3 \quad (1)$$

Die Verteilung der Elektronen auf vier unterschiedliche Energieschalen von ^{75}As ist in Abbildung 2 schematisch dargestellt. Die inneren drei Energieschalen sind vollständig besetzt, hier befinden sich 28 innere Elektronen. In der vierten Energieschale befinden sich auf s- und p-Orbitalen fünf äußere Elektronen (Valenzelektronen), die weniger stark gebunden sind und durch geringere Ionisierungsenergie entfernt werden können (Kurzweil 2020).

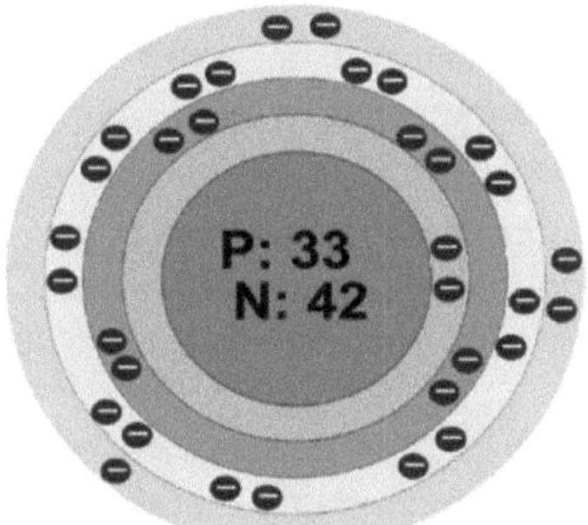

Abbildung 2: Schalenmodell vom Arsenisotop ^{75}As (Flora 2015).

Arsen gehört neben Stickstoff (N), Phosphor (P), Antimon (Sb) und Bismut (Bi) zu den Elementen der 5. Hauptgruppe des Periodensystems. Die Elemente einer Gruppe besitzen die gleiche Anzahl an Valenzelektronen, die über ihre Oxidationsstufe bzw. Wertigkeit entscheidet und zum Teil ähnliche chemischen Eigenschaften bzw. Verhalten dieser Elemente in der Umwelt begründet (z. B. gleicher intrazellulärer Transportweg von Phosphat und Arsen, vgl. Bowell et al. 2014 und siehe Kapitel 2.2.4) (Kurzweil 2020).

Arsen besitzt fünf Valenzelektronen auf 4s- und 4p-Orbitalen und kann in der Natur in mehreren Oxidationsstufen auftreten. Seine Erscheinungsformen hängen vom Umweltkompartiment und vorherrschenden Milieubedienungen ab (Wiedemann 2017). Die vier wichtigsten Oxidationsstufen von Arsen sind -III, 0, +III und +V (Henke 2009; Flora 2015; Wiedemann 2017; Kurzweil 2020):

- **As(-III), Arsenid**: In der elektronegativen Erscheinungsform zeigt Arsen seine große Elektronenaffinität und bindet drei zusätzliche Elektronen an das p-Orbital der äußersten Energieschale, um diese zu vervollständigen. Repräsentativ für diese Oxidationsstufe ist der Arsenwasserstoff (Arsin, H_3As) bzw. seine Salze (z. B. Cu_3As).

- **As(0), elementares Arsen:** Es entsteht, wenn sich drei Arsenatome jeweils ihre drei äußeren Elektronen in einer trigonalen Pyramidenstruktur teilen (kovalente Atombindung). Die stabilste Form des elementaren Arsens ist das graue bzw. metallische Arsen (^0As), ein spröder, elektrisch leitender Kristall.
- In seiner elektropositiven Erscheinungsform besitzt Arsen eine niedrige Ionisierungsenergie, gibt leicht Elektronen aus der äußeren Schale an die elektronegativen Elemente (z. B. Sauerstoff bzw. Schwefel) ab und geht nicht in Kationenform in Lösung, sondern bildet Oxoanionen (z. B. $HAsO_3^-$). Zu den elektropositiven Erscheinungsformen gehören As(+III) und As(+V):
  - **As(+III), Arsenit**: Drei Elektronen des p-Orbitals der äußersten Energieschale werden bei einer Bindung an Nichtmetalle abgegeben. Die häufigsten natürlichen Formen dieser Oxidationsstufe sind Arsensulfide (z. B. As_2S_3, Auripigment) und -oxide (z. B. As_2O_3, Arsenik).
  - **As(+V), Arsenat**: Alle Elektronen der 4s- und 4p-Orbitale werden bei einer Bindung an Nichtmetalle abgegeben. Repräsentativ für diese Oxidationsstufe ist die Arsensäure (H_3AsO_4).

Auch Arsenverbindungen anderer Oxidationsstufen kommen in der Natur vor. Besonders relevant sind die Metallarsenide (z. B. $FeAs_2$, Eisenarsenid) und Arsensulfide (z. B. As_4S_4, Realgar) (Henke 2009). Den Metallarseniden kann meist keine eindeutige Valenz zugeschrieben werden, da zusätzliche Atome in das Kristallgitter der chemischen Verbindung aufgenommen werden (Wiedemann 2017). Beispielsweise liegt die Oxidationsstufe des auf der Erde am häufigsten vorkommenden Arsenminerals und des eigentlichen Arsenerzes, Arsenkies (FeAsS bzw. $FeS_2 \cdot FeAs_2$, Arsenopyrit) zwischen -I und 0 (Henke 2009). Beispiele der Strukturformen einiger Arsenverbindungen (elementar, anorganisch, organisch, als Mineral) der Oxidationsstufen –III, 0, +III und +V sind in Tabelle 1 dargestellt.

Je nach seiner Erscheinungsform (Oxidationsstufe) besitzt Arsen metallische oder nichtmetallische Eigenschaften (bzw. ist elektrisch leitend oder nichtleitend). Da die nichtmetallischen Eigenschaften der Arsenverbindungen in der Natur überwiegen, gehört das Element zu der Gruppe der Halbmetalle (Kurzweil 2020).

Tabelle 1: Beispiele chemischer Strukturen organischer und anorganischer Arsenverbindungen sowie in der Erdkruste vorkommender Arsenminerale (Datenquelle Henke 2009; PubChem 2020; ChemSpider 2020).

Oxidationsstufe	**Elementares Arsen**		
0	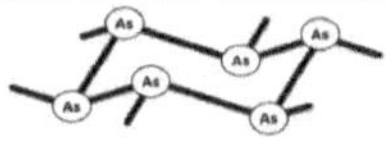 Graues Arsen, As(0)		
Oxidationsstufe	**Anorganisches Arsen**	**Organisches Arsen**	**Arsenminerale**
-III	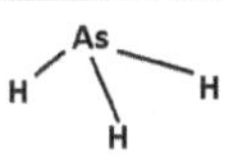 Arsin, Arsenwasserstoff H_3As	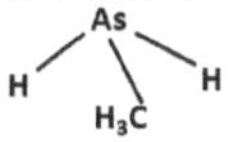 Methylarsin CH_5As	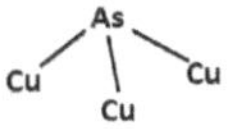 Domeykit, Cu(I)-Arsenid Cu_3As
+III	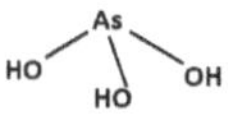 Arsenit, As(III) H_3AsO_3	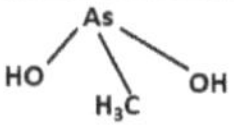 Monomethylarsonsäure, MMA CH_5AsO_2	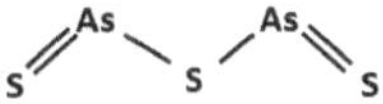 Auripigment, Arsensulfid As_2S_3
+V	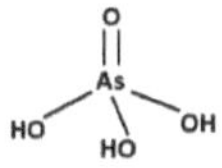 Arsenat, As(V) H_3AsO_4	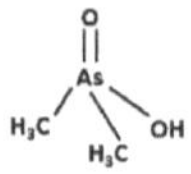 Dimethylarsinsäure, DMA $C_2H_7AsO_2$	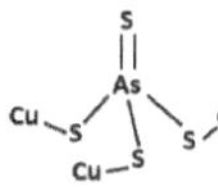 Enargit, Arsensulfid Cu_3AsS_4

Die Elektronegativität (EN) von Arsen beträgt nach Pauling 2,18 und liegt in der 5. Hauptgruppe größenmäßig neben Phosphor (EN = 2,19) nach Stickstoff (EN = 3,04) und vor Selen (EN = 2,05) und Bismut (EN = 2,02) (Bleam 2016). Sie ist eine relative Größe und beschreibt die Fähigkeit eines Atoms, innerhalb einer chemischen Bindung Elektronen an sich zu ziehen und ermöglicht die Aussage über die Polarität (Differenz der Elektronennegativitäten) einer chemischen Bindung (Kurzweil 2020). Arsen tritt sehr selten in eindeutig ionischer Form auf (z. B. Nikelarsenid, NiAs, vgl. Schmidt 2019). Viel häufiger liegen in der Natur die oxoanionischen Verbindungen (sauerstoffhaltige Anionen) vor, wie beispielsweise Arsenat, das in Abhängigkeit vom pH-Wert im Wasser als negativ geladenes $H_2AsO_4^-$, $HAsO_4^{2-}$ oder AsO_4^{3-} erscheint (Hahn 2014).

Eine Zusammenfassung der chemisch-physikalischen Merkmale von elementarem Arsen ist in der nachfolgenden Tabelle 2 aufgelistet.

Tabelle 2: Chemisch-physikalische Merkmale von elementarem Arsen (Henke 2009; WHO 2011; Flora 2015; PubChem 2020).

Parameter	Einheit	Größe bzw. Eigenschaft
Stabiles Isotop	-	Arsen-75
Ordnungszahl	-	33
Elektronenschale	-	$1s^2 2s^2 2p^6 3s^2 3p^6 3d^{10} 4s^2 4p^3$
Molekulares Gewicht	g/mol	74,92159
Elektronegativität (nach Pauling)	-	2,2
Erste Ionisierungsenergie	eV	9,79
Van der Waals Radius	nm	0,139
Dichte (25°C, p_{atm} = 1 bar)	g/cm³	5,75
Volumen	cm³/mol	13,08
Siedepunkt	°C	612,8
Spezifische Wärmekapazität	J/(g·K)	0,33
Löslichkeit im Wasser	-	nicht löslich
Farbe	-	grau, silber-grau, metallisch
Geruch	-	geruchslos
Geschmack	-	geschmacklos
Form und mechanisches Verhalten	-	nichtmetallische Flocken, spröde

2.2.2 Arsen in wässrigen Medien

Unter den in natürlichem Grund- und Oberflächenwasser vorherrschenden Milieubedingungen überwiegen die stabilen anorganischen oxoanionischen Arsenverbindungen (Bowell et al. 2014). Ein kleiner Arsenanteil liegt in organischer Form vor, insbesondere als Monomethylarsonsäure (MMA) und Dimethylarsinsäure (DMA), die durch mikrobiologische Aktivität (Methylierung) aus anorganischem Arsen entstanden sind (Ravenscroft et al. 2009). In seltenen Fällen, in Süßwasserseen mit sehr hoher mikrobiologischer Aktivität, kann der Anteil an MMA und DMA bis zu 60 % vom Gesamtarsengehalt betragen (Pal 2015).

Die gelöste anorganische Arsenfraktion liegt in Wasserkörpern unter natürlichen Bedingungen meist in dreiwertiger bzw. fünfwertiger Oxidationsstufe (As(III) und As(V))[3] vor, deren Spezifikation von pH-Wert, Redox-Spannung bzw. Sauerstoffgehalt[4], biologischer Aktivität und weiteren Parametern abhängt (Henke 2009; WHO 2011).

---

[3] Im Rahmen dieser Arbeit wird Arsen in wässrigen Lösungen in zwei Oxidationsstufen (+III und +V) betrachtet. Diese werden als As(III) bzw. As(V) gekennzeichnet. Falls keine spezifische Angabe bzw. Präzisierung zur Arsenspezies im Text erfolgt, ist der Gesamtgehalt an Arsen im Wasser (As_{ges}) gemeint.

[4] Das Redoxpotential eines natürlichen Gewässers kann in guter Annäherung durch den Gehalt an gelöstem Sauerstoff beschrieben werden (vgl. Henke 2009).

In natürlichen Gewässern kommen meist beide anorganische Arsenspezies As(III) und As(V) gleichzeitig vor (Ravenscroft et al. 2009; Henke 2009; Pal 2015). As(III) dominiert unter reduzierenden Bedingungen im anoxischen bzw. anaeroben Milieu, As(V) überwiegt unter oxidierenden Bedingungen im aeroben Milieu.

Eine Zusammenfassung der As(V)/As(III)-Verhältnisse für verschiedene natürliche Wasserquellen ist in Tabelle 3 dargestellt.

Tabelle 3: As(V)/As(III)-Verhältnis für verschiedene Wasserquellen.

Wasserquelle	As(V)/As(III)	Quelle
Sauerstoffreiches Meerwasser	10 - 100	Smedley und Kinniburgh 2002
Flussmündungsbereiche	5 - 50	Smedley und Kinniburgh 2002
Flussmündung (Frankreich)	3,8 - 24	Ng und Gomez-Caminero 2001
Flussmündung (Huang He, China)	1,6	Ng und Gomez-Caminero 2001
Oberflächengewässer	4	Pal 2015
Seen, aerobe Zone	15	Ng und Gomez-Caminero 2001
Seen, anoxische Zone	0,08	Ng und Gomez-Caminero 2001
Grundwasser (Illinois, USA)	0,1 – 11	Holm und Curtiss 1989
Grundwasser (Bangladesch)	0,6 - 1,0	Smedley und Kinniburgh 2002
Grundwasser (Mongolei)	0,1 - 0,6	Smedley und Kinniburgh 2002
Grundwasser (Van Phuc, Vietnam)	0,04 - 0,1	Stopelli et al. 2020

Der Eintrag von Arsen ins Wasser erfolgt meist auf natürlichem Weg durch Oxidation von arsenhaltigen Mineralen und Hydratation von Arsenoxiden (vgl. Kapitel 2.2.3). Beispielsweise führt die Oxidation von Arsenkies bzw. Arsenpyrit FeAsS zur Entstehung von As(III)-Oxid (As_2O_3, Arsenik):

$$2\,FeAsS + 5\,O_2 \rightarrow Fe_2O_3 + 2\,SO_2 + As_2O_3 \tag{2}$$

Arsenik ist ein in trockener Form sublimierbares, weißes Pulver, das bei 800 °C in einem Molekulargitter zum Arsenolith (As_4O_6) kristallisiert (Ternes 2013). Wird Arsenik im Wasser gelöst bzw. findet die Oxidation von Arsenkies in Anwesenheit von Wasser statt, entsteht arsenige Säure (H_3AsO_3, As(III)):

$$As_2O_3 + H_2O \rightarrow 2\,HAsO_2 \tag{3}$$

$$2\,HAsO_2 + 2\,H_2O \rightarrow 2\,H_3AsO_3 \tag{4}$$

Die arsenige Säure ist eine schwache, mehrprotonige Säure mit pKS1-Wert von 9,2. Sie kommt in der Natur nicht frei vor und bildet beim Eindampfen das Anhydrit (Ternes 2013). Die Dissoziation bzw. Deprotonierung der arsenigen Säure erfolgt in drei Schritten (O'Day 2006; Brezonik und Arnold 2011):

$$H_3AsO_3 + H_2O \leftrightarrow H_3O^+ + H_2AsO_3^- \qquad pK_{S1} = 9{,}2 \tag{5}$$

$$H_2AsO_3^- + H_2O \leftrightarrow H_3O^+ + HAsO_3^{2-} \qquad pK_{S2} = 12{,}1 \qquad (6)$$

$$HAsO_3^{2-} + H_2O \leftrightarrow H_3O^+ + AsO_3^{3-} \qquad pK_{S3} = 13{,}4 \qquad (7)$$

Durch die Oxidation der arsenigen Säure entsteht Arsensäure (H_3AsO_4, As(V)), eine mittelstarke, dreibasige Säure mit dem pK_{S1}-Wert von 2,3. Die natürliche Arsenfreisetzung ins Wasser erfolgt beispielsweise durch Oxidation von Arsenkies bzw. Arsenpyrit FeAsS, wie im Weiteren beschrieben (Majzlan et al. 2014):

$$FeAsS + 3{,}5\ O_2 + 3\ H_2O \rightarrow FeOOH + H_2AsO_4^- + SO_4^{2-} + 3\ H^+ \qquad (8)$$

Arsensäure kristallisiert wasserhaltig zu zerfließenden weißen Kristallen ($H_3AsO_4 \cdot ½H_2O$) (Brezonik und Arnold 2011). Die Dissoziation bzw. Deprotonierung der Arsensäure erfolgt in drei Schritten (vgl. Flora 2015):

$$H_3AsO_4 + H_2O \leftrightarrow H_3O^+ + H_2AsO_4^- \qquad pK_{S1} = 2{,}3 \qquad (9)$$

$$H_2AsO_4^- + H_2O \leftrightarrow H_3O^+ + HAsO_4^{2-} \qquad pK_{S2} = 6{,}9 \qquad (10)$$

$$HAsO_4^{2-} + H_2O \leftrightarrow H_3O^+ + AsO_4^{3-} \qquad pK_{S3} = 11{,}5 \qquad (11)$$

Im Unterschied zu der arsenigen Säure liegt die Arsensäure bereits ab einem pH-Wert von 2,3 zu 50 % als einfach geladenes Oxoanion im Wasser vor (Flora 2015).

Die Redox-Spannung ist neben dem pH-Wert der entscheidende Parameter für das Auftreten des Arsens in seiner reduzierten dreiwertigen oder oxidierten fünfwertigen gelösten anorganischen Form im natürlichen Gewässer (Bowell et al. 2014).

Das theoretische Reduktionspotential vom korrespondierenden Redoxpaar H_3AsO_3 / H_3AsO_4 beträgt 557 mV bei 20 °C (Mandal und Suzuki 2002). Die Redox-Stabilitätsgrenze zwischen As(III) und As(V) verläuft in natürlichen Wasserkörpern im Bereich von +300 mV bei pH 4 bis -200 mV bei pH 9 (O'Day 2006). Werden Temperatur und Druck als konstant eingesetzt, können die Stabilitätsbereiche der vorherrschenden Arsenspezies in Abhängigkeit von Redox-Spannung und pH-Wert in einem Eh-pH-Diagramm dargestellt werden (vgl. Abbildung 3).

Im Eh-pH-Wert-Bereich des natürlichen Grund- bzw. Oberflächenwassers kommt As(V) ausschließlich als einfach bzw. zweifach geladenes reaktives Oxoanion vor, wohingegen As(III) hauptsächlich als ungeladenes Molekül vorliegt.
Dieser grundlegende Unterschied hat eine bedeutende Auswirkung auf die Mobilität der Arsenspezies in der aquatischen Umwelt und ihr Verhalten in der Trinkwasseraufbereitung.

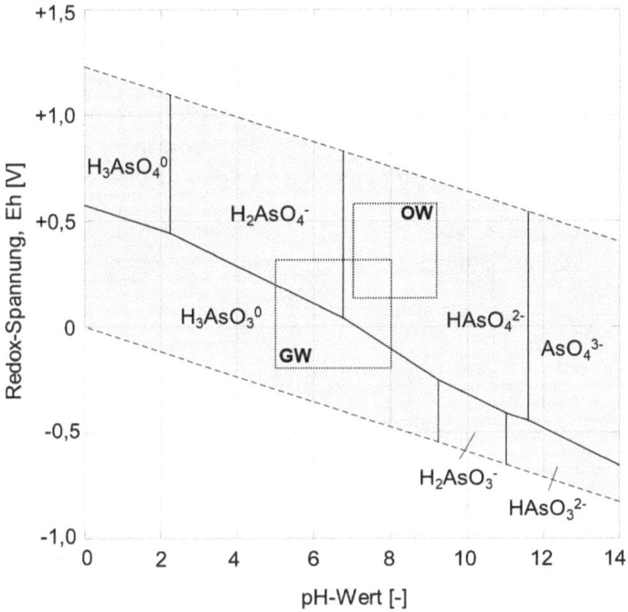

Abbildung 3: Eh-pH-Diagramm mit den Stabilitätsbereichen von der As(III)- und As(V)-Spezies im Wasser (T = 25°C, p = 1.013,25 hPa; $c_{As(V)}$ = 150 µg As/L) sowie mittleren Eh-pH-Bereichen der meisten Grundwasserleiter (GW) und Oberflächengewässer (OW) (erstellt mit Geochemist's Workbench v. 14.0 in Anlehnung an Pal 2015 und Henke 2009).

Die Stabilitätsbereiche aus dem Eh-pH-Diagramm können zur Abschätzung der vorkommenden Arsenspezies im Wasser herangezogen werden, jedoch besteht laut Henke (2009) häufig eine Diskrepanz zwischen anhand von Eh-pH-Diagramm abgeschätzten und real auftretenden Arsenerscheinungsformen. Diese Differenz ist auf die chemische Komplexität des natürlichen Wassers zurückzuführen.

Des Weiteren ist zu beachten, dass die As(III)/As(V)-Redoxreaktionen zeitabhängige Vorgänge sind, wogegen die in Abbildung 3 dargestellten Zusammenhänge die Gleichgewichtszustände abbilden. Je nach Milieubedingungen beträgt die As(III)-Halbwertszeit bei Oxidation mit Luftsauerstoff unter natürlichen Bedingungen Tage bis Wochen (Henke 2009). Die Umsetzungsrate wird in natürlichen Gewässern vor allem durch die mikrobiologische Aktivität kontrolliert (Ng und Gomez-Caminero 2001; Smedley und Kinniburgh 2002).

2.2.3 Vorkommen und Transportprozesse in der Umwelt

2.2.3.1 Natürliche Prozesse

Eine Übersicht über die mittleren Arsenkonzentrationen in verschiedenen Umweltkompartimenten ist in Tabelle 4 dargestellt. Je nach Literatur sind zum Teil stark unterschiedliche Angaben zu finden, deren Ungenauigkeit mit fehlenden Messwerten und Unsicherheiten für die Bilanzierung gewählter Parameter begründet wird (Matschullat 2000).

Tabelle 4: Arsenkonzentrationsbereiche in verschiedenen Umweltkompartimenten.

Umweltkompartiment	Mittlere Arsen-Hintergrundkonzentration	Quelle
Universum	0,008 ppm	Matschullat 2000
Sonne	0,004 mg/kg	Cullen 2008
Erde (gesamt)	1,1 mg/kg	Allègre et al. 2001
Erdkruste (gesamt)	1,8 mg/kg	Lide 2005
Obere Erdkruste (Böden)	5 mg/kg	Henke 2009
Erdatmosphäre	0,0005 µg/m³ bis 0,0028 µg/m³	Cullen 2008
Erdozeane	3,7 µg/L	Lide 2005
Oberflächenwasser	0,1 µg/L bis 1,7 µg/L	Matschullat 2000
Grundwasser	0,1 µg/L bis 1.000 µg/L	Pal 2015
Menschlicher Körper	0,1 mg/kg bis 1,5 mg/kg	Flora 2015
Pflanzen	0,05 mg/kg bis 0,4 mg/kg	Ternes 2013

Mit einem Gesamtgehalt von $4{,}01 \cdot 10^{13}$ kg As und einer mittleren Konzentration von 5 mg As/kg liegt Arsen auf Rang 20 der häufigsten Elemente in der oberen Erdkruste und kommt in fast jeder Boden-, Luft- und Wasserprobe in Spuren vor (Matschullat 2000; Cullen 2008).

Der globale Arsenkreislauf auf der Erde ist in Matschullat (2000), Tretner (2002) und Bowell et al. (2014) ausführlich beschrieben und kann vereinfacht wie folgt zusammengefasst werden: Die gesamte jährliche Arsenfreisetzung aus der Lithosphäre in den exogenen Prozess beträgt ca. 52.500 t As/a (ohne Verwitterungsprozesse). Der Anteil des auf dem natürlichen Weg freigesetzten Arsens liegt bei ca. 42 % und ist vor allem dem terrestrischen (17.150 t As/a) und submarinen (4.870 t As/a) Vulkanismus zuzuschreiben. Die anthropogene Arsenfreisetzung beträgt 30.453 t As/a und hat mit ca. 60 % der gesamten freigesetzten Arsenmenge einen enormen Einfluss auf die Umwelt. Genaue Erläuterungen der anthropogenen Arsenfreisetzungsmechanismen und ihrer Auswirkung auf die Umwelt sind in Kapitel 2.2.3.2 aufgeführt.

Durch die Auswaschung aus der Atmosphäre, Verwitterungsprozesse und Abtragung der Gesteine finden Transport und Ablagerung des Arsens entlang der Flussläufe sowie der Eintrag des arsenhaltigen Materials in die Erdozeane und anschließende Festsetzung der Arsenverbindungen in der Lithosphäre durch die marinen Sedimentationsvorgänge und

Subduktion der ozeanischen Kruste statt. Die Gesamtmenge des in die Lithosphäre zurückgeführten Arsens liegt zwischen 30.000 t As/a und 78.000 t As/a.

Das Mobilitätsverhalten von Arsen ist aufgrund seiner vielfältigen natürlichen Erscheinungsformen schwer vorhersehbar (Wiedemann 2017). In Bezug auf Mobilität kann im Allgemeinen zwischen löslichen Verbindungen (z. B. Arsensäure, H_3AsO_4, leicht löslich im Wasser vgl. GESTIS-Stoffdatenbank 2020) und unlöslichen bzw. schwer löslichen Verbindungen (natürliche Minerale wie z. B. kristallines As(III)-sulfid, As_2S_3, unter anaeroben Bedingungen praktisch unlöslich im Wasser vgl. GESTIS-Stoffdatenbank 2020) unterschieden werden. Die Stärke bzw. die Irreversibilität einer unlöslichen Verbindung ist neben dem pH-Wert und der Redox-Spannung des Bodens von den chemischen, physikalischen und biologischen Vorgängen im Boden bzw. Grundwasser abhängig (Gerth et al. 2001; Förstner und Grathwohl 2007).

Die vier wichtigsten natürlichen geochemischen Prozesse der Arsenfreisetzung ins Grundwasser sind im Folgenden dargestellt (vgl. Ravenscroft et al. 2009 und Henke 2009):

- Arsensulfid-Oxidation
- Reduktive Auflösung
- Alkalische Desorption
- Geothermale Fluide

Arsensulfid-Oxidation

Insgesamt sind über 568 Arsenminerale bekannt (Majzlan et al. 2014), wobei etwa zehn Minerale den größten Anteil in der Erdkruste ausmachen (Henke 2009). Davon stellen die Arsensulfide (z. B. Arsenpyrit, AsFeS mit einem Massenanteil von w_i = 4 % As-Gehalt im Roherz vgl. Mandal und Suzuki 2002) die wichtigste arsenhaltige Mineralgruppe dar (Hassan und Atkins 2018). Sie kommen in Sedimenten, Böden, Gesteinen und vor allem in hydrothermalen Ablagerungen, Kohle und magmatischen Gesteinen (Quarz, Feldspat etc.) vor und sind unter anaeroben Bedingungen sehr stabil und unlöslich im Wasser (Henke 2009). Kommen die Arsensulfide in Kontakt mit Schwefel- bzw. Eisen-oxidierenden Bakterien (Gattung *Thiobacillus)* oder Oxidationsmitteln (z. B. Luftsauerstoff oder Manganoxide), findet die Oxidation von Schwefel zu Sulfat statt und es entstehen Schwefelsäure sowie wasserlösliche Spurenelemente wie das Arsen (Henke 2009). Dieser Vorgang ist ein Teil des natürlichen Arsenkreislaufes und stellt die wichtigste Quelle für den Eintrag von mobilem Arsen in die Umwelt dar (Herath et al. 2016).

Die natürlichen Oxidationsvorgänge können durch anthropogene Einwirkung wie Freilegung sulfidischer Erze durch Bergbau (insbesondere bei Goldgewinnung vgl. SME 2015) oder Absenkung des Grundwasserspiegels und damit einhergehende Sauerstoffinvasion in die tiefe Bodenschicht (u. a. bei intensiver Nutzung des Grundwassers als Trinkwasserquelle vgl. Pal 2015) vielfach verstärkt werden.

Des Weiteren findet bei der Verwitterung sulfidischer Erze die zeitgleiche Freisetzung ins Grundwasser und Oxidation von elementarem und kristallinem Eisen zu Eisen(hydro)oxiden statt, die eine sehr hohe Affinität zu Arsen haben und es an ihrer Oberfläche adsorbieren können (Ravenscroft et al. 2009). Im Laufe der Pedogenese vollzieht sich der Transport entstandener arsenhaltiger Eisenoxohydroxide[5] (z. B. Skorodit, $Fe(AsO_4) \cdot 2H_2O$) entlang der Flüsse aus Gebirgsregionen und ihre Ablagerung mit anderen anorganischen und organischen Sedimenten in Auengebieten und Flussdeltas (Bhattacharya et al. 2015).

Reduktive Auflösung

Der Vorgang der reduktiven Auflösung von Eisenoxiden in den holozänen Sedimentablagerungen erfolgt durch die Absenkung der Redox-Spannung im Grundwasser, insbesondere durch den mikrobiologischen Abbau organischer Substanz (Henke 2009). In der natürlichen Umgebung kontrollieren die heterotrophen eisenreduzierenden Bakterien, die bei der anaeroben Atmung das dreiwertige Eisen als Elektronenakzeptor nutzen, die Eisenreduktion und somit die Arsenfreisetzungsrate ins Grundwasser (Campbell et al. 2006). Folglich verläuft im Fall der reduktiven Auflösung von Eisenoxiden der Anstieg der gelösten Arsen- und Eisenkonzentration im Wasser parallel zueinander (Nag et al. 1996). Zudem sind einige Bakterienstämme zur simultanen Fe(III)- und As(V)-Reduktion fähig, sodass eine verstärkte As(III)-Freisetzungsrate möglich ist (Campbell et al. 2006). Im Allgemeinen steigt die biologische Umsetzungsrate mit dem Anstieg von Temperatur, Konzentration an organischer Substanz im Boden und spezifischer Mineraloberfläche bzw. geringerem Anteil an kristallinem Eisen an (Campbell et al. 2006; Henke 2009) und führt zur Reduktion von Fe(III)-Verbindungen zu stärker wasserlöslichem Fe(II), Rücklösung von gebundenen Arsenverbindungen und Reduktion von As(V) zu wesentlich mobilerem As(III) (Smedley und Kinniburgh 2002; Henke 2009), z. B. für Skorodit:

$$\mathrm{Fe(AsO_4)\cdot 2\,H_2O + H^+ \leftrightarrow FeOH^{2+} + H_2AsO_4^- + 2\,H_2O} \qquad (12)$$

Die reduktive Auflösung von Eisenoxiden führt in mehreren Gebieten der Erde zu erheblichen Arsenkonzentrationen im Wasser. Als prominentes Beispiel können an der Stelle alluviale (durch einen Fluss abgelagerte) und deltaische Grundwasserleiter in Bangladesch und Westbengalen genannt werden, die Arsenkonzentrationen bis über 3.200 µg As/L aufweisen (Smedley und Kinniburgh 2002). Die intensive Grundwassernutzung als Trinkwasserressource in der Region führt zur größten Massenvergiftung in der Menschheitsgeschichte mit derzeit ca. 75.000.000 Betroffenen (Bhattacharya et al. 2015).

Alkalische Desorption

Eine weitere Möglichkeit der Arsenfreisetzung ins Grundwasser stellt der Vorgang der alkalischen Desorption von mineralischen Oberflächen dar. Die Arsenfreisetzung gründet auf

[5] Der Sammelbegriff Oxohydroxid wird im weiteren Verlauf der Arbeit zur Vereinfachung für alle Formen der Hydroxo- und Oxohydroxokomplexen der Metalle verwendet.

der pH-Wert-abhängigen Arsenadsorptionsfähigkeit von mineralischen Oberflächen, insbesondere Metalloxohydroxide mit hoher Affinität zum Arsen wie Eisen und Aluminium (Campbell und Nordstrom 2014). Im natürlichen Grundwasser unter oxidierenden Bedingungen liegt Arsen vor allem als As(V)-Oxoanion vor (vgl. Kapitel 2.2.2) und ist im leicht sauren bis neutralen pH-Wert-Bereich zum großen Teil an die mineralische Oberfläche, insbesondere Eisen- und Aluminiumoxohydroxide, gebunden (Henke 2009). Die Desorption von Arsen erfolgt beim Anstieg des pH-Wertes des Wassers aufgrund natürlicher und anthropogener geochemischer Vorgänge über den Wertebereich von 7 bis 8,5 (Ravenscroft et al. 2009). Dieser Vorgang betrifft insbesondere sauerstoffreiche alkalische Grundwasserleiter mit relativ geringen Eisen- und Mangankonzentrationen und hohen Konzentrationen an Konkurrenzionen wie NO_3^-, SO_4^{2-} und PO_4^{3-} (Ravenscroft et al. 2009).

Der Vorgang der Arsenrücklösung ist vor allem in ariden und semiariden Gebieten der Erde zu beobachten, da durch hohe Evaporationsraten eine natürliche Alkalisierung des Wassers stattfindet (Ravenscroft et al. 2009). Durch die alkalische Desorption besonders betroffene Gebiete befinden sich beispielsweise in Argentinien und im Südwesten von den USA (Bhattacharya et al. 2015).

Geothermale Fluide

Geothermale Quellen sind ein weiterer wichtiger Eintragspfad von Arsen ins Wasser. Heiße geothermalen Fluide bewegen sich unter hohem Druck bei Temperaturen zwischen 50 °C und bis über 650 °C durch den oberen Mantel, verschmelzen teilweise mit dem Gesteinsmaterial und bilden Magma, das in Folge der vulkanischen Aktivität den Haupteintragspfad für Arsen aus der Lithosphäre in den exogenen Kreislauf darstellt (Matschullat 2000; Henke 2009). Typisch für die geothermalen Fluide sind sehr hohe Gehalte an gelösten anorganischen Verbindungen, unter anderem Arsen mit Konzentrationen bis zu 162 mg As/L, das bei stark reduzierenden Bedingungen vollständig als $H_3AsO_3^0$ vorliegt (z B. Los Humeros in Mexico vgl. Bundschuh et al. 2016). Beim Erreichen der Oberfläche können die geothermalen Fluide das Oberflächen- und Grundwasser mit Arsen anreichern, wobei im sauerstoffreichen Wasser eine langsame Oxidation von As(III) zu As(V) stattfindet. Die Oxidation kann durch extrem halophile Mikroorganismen (z. B. *Thermus aquaticus*) bzw. das Vorhandensein von Mn(III)-Oxid vielfach beschleunigt werden (Henke 2009; Bundschuh et al. 2016). Besonders betroffene Gebiete der Erde sind beispielsweise Teile der USA (z. B. 2.600 µg As/L, Kalifornien), Neuseelands (z. B. 3.800 µg As/L, Wairakei) und Chiles (z. B. 50.000 µg As/L, Anden) (Smedley und Kinniburgh 2002).

Ravenscroft et al. (2009) fasste weltweit über 230 Fälle der natürlichen Grundwasserkontamination durch Arsen zusammen, wobei in 169 Fällen die geochemische Ursache für den Freisetzungsprozess eindeutig identifiziert werden konnte:

- 44 % Reduktive Auflösung
- 23 % Geothermale Fluide
- 18 % Alkalische Desorption
- 15 % Arsensulfid-Oxidation

Ein Überblick zu den vier wichtigsten natürlichen geochemischen Prozessen der Arsenfreisetzung in das Grundwasser und ihre Rahmenbedingungen sind in Tabelle 5 dargestellt.

Tabelle 5: Natürliche geochemische Prozesse der Arsenfreisetzung ins Wasser (Smedley und Kinniburgh 2002; Ravenscroft et al. 2009; Henke 2009; Herath et al. 2016).

Geochemischer Prozess	Geothermale Fluide	Arsensulfid-Oxidation	Reduktive Auflösung	Alkalische Desorption
Begünstigende Geologische Verhältnisse	Gebiete mit hoher geothermaler Aktivität und hydrothermalen Quellen	Gebiete mit hohem Gehalt an sulfidischen Erzen wie Arsenpyrite	Holozäne Sedimente in Auengebieten von Flüssen, die geologisch junge Gebirgsketten entwässern	Aride und semiaride Gebiete mit geologisch jungen Böden und geringen Grundwasserflussraten
Anthropogene Einflussfaktoren	Geothermienutzung	Grundwasserabsenkung, Bergbau	Eintrag org. Stoffe ins Grundwasser, Klimawandel	Klimawandel
pH-Wert [-]	0 - 8	< 7	6 - 8	> 7
Redox-Bereich	reduzierend	oxidierend	reduzierend	oxidierend
Hauptarsenspezies	überwiegend As(III)	> 50 % As(V)	> 50 % As(III)	überwiegend As(V)
Beispiele betroffener Länder	Chile, China, Nicaragua	Ghana, Thailand, USA	Bangladesch, Indien, Vietnam, China	Argentinien, USA, Spanien, China

In manchen Gebieten der Erde sind mehrere parallel ablaufende Mechanismen der Arsenfreisetzung für erhöhte Arsenkonzentrationen im Wasser verantwortlich. Beispielsweise findet Arsenfreisetzung im Datong-Becken in China ($c_{As,max}$ = 1.820 µg As/L, vgl. Xie et al. 2008) durch biologisch induzierte reduktive Auflösung und alkalische Desorption statt und im Westen von Quebec in Kanada führen die Prozesse der Oxidation von Arsensulfiden und alkalische Desorption zu Arsenkonzentrationen im Grundwasser über 300 µg As/L (vgl. Bondu et al. 2017).

Ferner führen hohe Arsenkonzentrationen im Boden nicht immer zu erhöhten Arsenkonzentrationen im Grundwasser, da aufgrund des gegenläufigen Prozesses der Arsenfixierung in Bodenmatrix ein natürliches Gleichgewicht erreicht werden kann (Bhattacharya et al. 2015). Hingegen können in arsenarmen Böden durch geochemische Vorgänge und geringe Grundwasserfließgeschwindigkeiten relativ hohe Arsenkonzentrationen erreicht werden (vgl. Deuro Einzugsgebiet in Spanien, Henke 2009). Des Weiteren kann das natürliche Gleichgewicht durch den anthropogenen Einfluss (z. B. anaerobe Bedingungen im Wasser durch Einleitung ungeklärter Abwässer) gestört bzw. die natürliche Arsenhintergrundkonzentration durch direkte anthropogene Arseneinträge vielfach erhöht werden (z. B. Deponiesickerwässer). Die anthropogenen Prozesse der Arsenfreisetzung werden im folgenden Kapitel 2.2.3.2 erörtert.

2.2.3.2 Anthropogene Prozesse

Die Gewinnung und Anwendung von Arsen bzw. Arsenverbindungen findet in verschiedenen Wirtschaftsbereichen statt. Die Arsengewinnung erfolgt vor allem in China (24.000 t As/a), Marokko (6.000 t As/a), Russland (1.500 t As/a) und Belgien (1.000 t As/a) (USGS 2020). Der größte Anteil des reinsten Arsens (99,9999 %) wird aktuell zur Herstellung von Galliumarsenid (GaAs)[6] verwendet (USGS 2020).

Die wirtschaftliche Anwendung von Arsen bzw. Arsenverbindungen und Nutzung arsenhaltiger Rohstoffe resultiert laut Matschullat (2000) in einem jährlichen anthropogenen Arseneintrag in den exogenen Kreislauf von ca. 30.500 t As/a und stellt etwa 60 % der gesamten auf dem natürlichen und anthropogenen Weg freigesetzten Arsenmenge dar. Die wichtigste anthropogene Quelle für den Arseneintrag in die Atmosphäre ist die Kupferverhüttung mit jährlichen Arsenemissionen von 12.000 t As/a, gefolgt von Kohleverbrennung mit 6.240 t As/a und Herbizidanwendung mit 3.440 t As/a (Matschullat 2000). Des Weiteren führt die WHO (2011) neben den industriellen Prozessen der Schmelze von Nichteisenmetallen und der Verbrennung fossiler Energieträger den Bergbau als einen der wichtigsten Pfade für Arsenfreisetzung auf.

Die natürliche Senke für die freigesetzten Arsenverbindungen stellen Ozeane und Böden dar (Matschullat 2000). Laut Tretner (2002) werden jährlich schätzungsweise über 28.000 t As durch menschliche Tätigkeiten in die Böden eingetragen, wobei etwa zwei Drittel aus Ablagerung von Abfall (41 %) und Kohleaschen (23 %) stammen. Zudem findet in manchen Ländern der Welt, trotz weitgehender Verbote (z. B. seit 1974 in Deutschland vgl. Hirner et al. 2000), weiterhin die Verwendung von As(III)-Oxidhaltigen Pflanzenschutzmitteln statt (O'Day 2006), deren Ausbringung zur Erhöhung der Arsengehalte in landwirtschaftlichen Böden bis auf 550 mg As/kg TR führt (Fares und Singh 2020).

Der jährliche Arseneintrag in die aquatischen Ökosysteme wird von Nriagu und Pacyna (1988) mit etwa 12.000 t As bis 70.000 t As angegeben, wobei der Wassersektor (Abwasser und Klärschlamm) den größten Anteil von ca. 30 % ausmacht (Nriagu und Pacyna 1988). Energie-, Bergbau- und Wirtschaftssektor tragen jeweils 20 % zur Arsenkontamination der aquatischen Ökosysteme bei (Nriagu und Pacyna 1988). Ein weiterer wichtiger Arsenfreisetzungspfad ist die Nutzung von geothermalen und hydrothermalen Fluiden in geothermischen Heiz- bzw. Kraftwerken. Der Arsengehalt geo- bzw. hydrothermaler Fluide beträgt von 0,001 mg As/L bis 47 mg As/L und liegt zum größten Teil als H_3AsO_3 vor (Henke 2009). Das hochbelastete Prozesswasser der Kraftwerke wird häufig in Speicherteichen

[6] GaAs ist ein besonders effizientes Halbleitermaterial von Dünnschicht-Solarzellen (Chen et al. 2019).

zwischengelagert und anschließend in den Untergrund zurückgepumpt. Hierbei können Leckagen der Teichabdichtung und Rohre zum Arseneintrag in die Umwelt führen. Birkle und Merkel (2000) zeigten am Beispiel eines geothermalen Kraftwerkes in Los Azufres (Mexico), dass die Arsenkonzentration in Oberflächengewässer aufgrund von Leckagen in bis zu 10 km Entfernung vom Kraftwerk 8 mg As/L beträgt und eine hohe Gefahr für Umwelt und Mensch darstellt.

Aus einer intensiven und unsachgemäßen Produktion, Nutzung und Entsorgung arsenhaltiger Produkte können punktuelle Belastungsschwerpunkte resultieren. Insbesondere in Industrieländern können die Altlasten eine wichtige Quelle für die Arsenbelastung im Grundwasser darstellen (Förstner und Grathwohl 2007). Laut Wilmoth et al. (1991) in Förstner und Grathwohl (2007) zeigt die Auswertung von über 1.000 Altlasten in den USA in etwa 40 % aller untersuchten Standorte ein hohes Gefährdungspotential für Grundwasser durch Arseneintrag. Die Arsenbelastung stamt vor allem aus Altablagerungen der galvanischen Industrie, gefolgt von Bergbau, Erzaufbereitung, Batterie-Recycling, Holzbehandlung und Pestizidproduktion (Förstner und Grathwohl 2007). Auch in Deutschland treten Überschreitungen der Arsen-Qualitätsnormen für Oberflächengewässer vorwiegend in Gebieten mit Stollen des Altbergbaus auf (UBA 2017). Das Grundwasser ist besonders an den Standorten ehemaliger Lager für chemische Kampfstoffe belastet, beispielsweise wurden in Dessau (Sachsen-Anhalt) Arsengehalte von 16 mg As/L trotz einer in 2005 stattgefundenen Bodensanierung ermittelt (Daus et al. 2010).

Ferner besteht aufgrund weltweiter Grenzwertverschärfung in Bezug auf Arsenemissionen eine generelle Tendenz zur Verringerung des direkten Arseneintrages und eine Änderung bzw. Verlagerung der Arsenstoffflüsse. Beispielsweise stieg allein in Deutschland die jährlich anfallende Menge an Wasserwerksschlämmen nach der Umsetzung der europäischen Trinkwasserrichtlinie in 1998 (u. a. Verschärfung des Arsengrenzwertes im Trinkwasser von 50 µg As/L auf 10 µg As/L, vgl. EU-RL 98/83 1998), von schätzungsweise 150.000 Tonnen Trockenmasse in 1993 auf etwa 200.000 Tonnen Trockenmasse in 1998 um 25 % an (Wiedemann 2017).

Der anthropogene Klimawandel beeinflusst die Arsenkonzentration im Grundwasser bzw. seine Freisetzung aus verschiedenen natürlichen und anthropogenen Quellen (vgl. Ravenscroft et al. 2009; UN 2020).

Der immer weiter steigende Kohlenstoffdioxidgehalt der Luft führt unter Anderem zur globalen Erwärmung, Veränderung des Wasserhaushaltes und Abflussregimes der Grund- und Oberflächengewässer, pH-Wert-Verschiebung von Oberflächengewässern, Beeinflussung der mikrobiologischen und pflanzlichen Aktivität sowie weiterer geochemischer Vorgänge (WHO 2017; OECD 2017; van Rüth 2015; Muehe et al. 2019; IPCC 2019). Laut Bondu et al. (2016) sowie Fares und Singh (2020) beeinflussen die klimatisch bedingten Änderungen des Wasserhaushaltes die Arsenkonzentration im Grundwasser. Beispielsweise zeigt Bondu et al. (2016), dass länger anhaltende Trockenperioden und langsame Grundwasserfließgeschwindigkeiten die Arsenkonzentration erhöhen können. Ferner verstärken laut

Ravenscroft et al. (2009) höhere Wassertemperaturen die mikrobiologische Aktivität und führen zur schnelleren Arsenfreisetzung durch natürliche mikrobiologische Vorgänge der reduktiven Auflösung arsenhaltiger Metallhydroxide (vgl. Kapitel 2.2.3.1). Auch weitere geochemische Arsenfreisetzungsprozesse wie alkalische Desorption und Arsensulfid-Oxidation werden durch höhere Wassertemperaturen positiv beeinflusst (Ravenscroft et al. 2009).

Weiterhin zeigte eine aktuelle Studie von Muehe et al. (2019), dass die Klimaänderung zu höheren As(III)-Konzentrationen im Bodenporenwasser führt. Dieser Effekt resultiert laut Muehe et al. (2019) in einer Hemmung des Reispflanzenwachstums um etwa 40 % und einer fast zweifach höheren Akkumulation von anorganischem Arsen in den Reiskörnern bis auf Werte von 450 µg As/kg TR.

Ferner resultiert aus dem weltweiten Temperaturanstieg ein erhöhter Trinkwasserbedarf und aus dem Meeresanstieg eine Kontamination der küstennahen Grundwasserleiter mit Salzwasser (IPCC 2019), sodass zukünftig eine verstärkte Nutzung biologisch und chemisch unsicherer (u. a. arsenkontaminierter) Trinkwasserquellen zu erwarten ist.

2.2.4 Toxikologische Eigenschaften

Arsen kommt ubiquitär in allen organischen Geweben in Spuren vor (Schwedt 2018). Im Unterschied zum Stickstoff oder Phosphor und trotz seiner chemischen Ähnlichkeit mit diesen Elementen (vgl. Kapitel 2.2.1) ist Arsen schon in sehr geringen Konzentrationen toxisch und gehört nicht zu den 23 derzeit bekannten für Lebensvorgänge essentiellen Elementen (Roth 2010; WHO 2017; Flora 2015).

Anorganische sowie organische Arsenverbindungen sind nachweislich toxische Substanzen, die in Abhängigkeit von der Dosis akute sowie chronische human- und ökotoxische Wirkungen haben (vgl. Ng und Gomez-Caminero 2001; WHO 2011).

Im Gegensatz dazu schreiben einige Autoren dem Element Arsen in sehr geringen Dosen eine wachstumssteigernde Wirkung zu (z. B. Erhöhung des Kohlenhydratumsatzes bei Ratten vgl. Schwedt 2018) oder weisen auf Reproduktions- bzw. Wachstumsstörungen bei völligem Mangel hin (vgl. Ternes 2013), die auf seinen essentiellen Charakter deuten. Des Weiteren zeigen einige Studien (Muller et al. 2007; Dey et al. 2016; Yang und Rosen 2016) die Existenz arsentoleranter Bakterien, die in Umweltmilieus mit hohen Arsenkonzentrationen überleben können. Beispielsweise oxidieren die von Dey et al. (2016) untersuchten gram-positiven Bakterien As(III) zum weniger toxischen As(V) und können in Umweltmilieu mit Arsenkonzentrationen bis zu 4.500 µg As(V)/L und 550 µg As(III)/L existieren. Auch wurde die Möglichkeit der Phosphatsubstitution durch Arsen in Nukleinsäuren eines Bakterium aus Mono Lake (Kalifornien, USA) in Untersuchungen von Wolfe-Simon et al. (2011) aufgezeigt und über die Existenz arsenbasierten Lebens spekuliert. Diese Hypothese wird zurzeit kontrovers diskutiert und muss noch vertieft untersucht und experimentell belegt werden (Danchin 2010).

Die toxischste Form von Arsen ist Arsin (H_3As) (WHO 2017). Im Wasser stellt As(III) die meist toxische Arsenspezies dar (WHO 2017). Im Vergleich zu As(III) weisen As(V) und organische Arsenverbindungen deutlich geringere Toxizität auf (WHO 2017). Die Internationale Agentur für Krebsforschung (IARC) ordnet Arsen und seine Verbindungen den Substanzen des 1. Ranges („karzinogen für Menschen") in der Gruppe „Trinkwasserschadstoffe" mit krebserregender Wirkung auf Blase, Lunge und Haut zu (Wild et al. 2020). Für die Krebsentstehung durch Arsenexposition sind die Mechanismen der Gentoxizität, oxidativer Stress (bzw. Störung des zellulären Redox-Gleichgewichtes), Beeinflussung der DNA-Reparatur und weitere Effekte verantwortlich (Schumacher-Wolz et al. 2007).

Nach oraler Arsenaufnahme finden eine rasche nahezu vollständige Resorption[7] im Gastrointestinaltrakt, Abgabe in das Blut und Verteilung in allen Körperorganen statt (Schumacher-Wolz et al. 2007). Anschließende Metabolisierung erfolgt durch die Reduktion von As(V) zu As(III) und seiner Methylierung zu Monomethylarsonsäure und Dimethylarsinsäure (Flora 2015). Die Toxizität der MMA und DMA ist im Vergleich zum anorganischen Arsen um zwei bis vier Potenzen geringer (vgl. Schumacher-Wolz et al. 2007). Daher stellt die Methylierung von Arsen im Gegensatz zu vielen anderen Schwermetallen (z. B. Quecksilber) eine Detoxifizierung dar (Begerow et al. 2002).

Die Halbwertszeit von Arsen im Körper liegt zwischen zwei Tagen und 40 Tagen (WHO 2011). Innerhalb einer Woche werden 60 % bis 75 % des Arsens überwiegend über Urin ausgeschieden (Flora 2015). Die Ausscheidung erfolgt zu 10 % bis 15 % als As(III) bzw. As(V), 10 % bis 15 % als MMA und 60 % bis 80 % als DMA (Flora 2015; Fares und Singh 2020). Ein kleiner Anteil wird im Körper, insbesondere in Gewebeproteinen wie Keratindisulfid, gebunden und in Haaren, Nägeln und Haut akkumuliert (Schwedt 2018). Diese werden deswegen häufig als Indikatoren für die Langzeitexposition herangezogen (Schumacher-Wolz et al. 2007).

Der biochemische Wirkmechanismus von As(III) und As(V) im Körper weist einige grundlegende Unterschiede auf (Henke 2009). As(V) nutzt als molekulare Analogie von Phosphat dasselbe Transportsystem (Trägerproteine), um in die Zelle einzudringen und kann in intrazellularen biochemischen Prozessen an Stelle von Phosphat substituiert werden (Bowell et al. 2014). Die toxische Wirkung erfolgt insbesondere durch die Störung der Synthese von Adenosintriphosphat (ATP) durch die Inhibierung der Phosphoraufnahme des Adenosindiphosphates (ADP) (Bowell et al. 2014).

Im Gegensatz hierzu diffundiert As(III) in die Zelle direkt über die Aquaglyceroporine (Bowell et al. 2014). As(III) inhibiert bzw. blockiert im Körper die Sulfhydryl-Gruppen (SH-Gruppen) enthaltenden Enzyme, wodurch wichtige biochemische Vorgänge (z. B. DNA-Reparatur) gehemmt werden (Schumacher-Wolz et al. 2007). Bei As(V) tritt diese Enzymhemmung nicht direkt ein, sondern erst nach zellinterner Reduktion zu As(III) (Schwedt 2018). Folglich

[7] Über 90 % der gesamten Arsenmenge bei leicht löslichen Arsenverbindungen wie As(III) und As(V) (vgl. Schumacher-Wolz et al. 2007).

muss für eine vergleichbare toxische Wirkung im Gegensatz zu As(III) eine mindestens 10-fache Menge an As(V) aufgenommen werden (Schwedt 2018).

Die As(III)- bzw. As(V)-Exposition kann in einer Zelle zu der Apotese (Tod) oder der Immortalisierung (Krebs) führen, wobei der Effekt insbesondere von Zelltyp sowie Dauer und Konzentration der Exposition abhängt (Schumacher-Wolz et al. 2007). Für Arsenik (AsO_3) gilt als LD_{50}-Wert[8] (Ratte) eine Konzentration von 10 mg As/kg KG (Körpergewicht) (Schwedt 2018). Dementsprechend kommen akute Arsenvergiftungen durch Konsum von natürlichem Trinkwasser, das im Regelfall geringere Arsenkonzentrationen aufweist (vorsätzliche Arsenvergiftung bzw. Arsenmord ausgenommen), äußerst selten vor und wurden laut WHO (2017) beispielsweise bei Konsum von stark kontaminiertem Grundwasser mit 21 mg As/L beobachtet.

Die Symptome der chronischen Arsenvergiftung durch die Aufnahme geringer Arsenkonzentrationen erscheinen erst nach mehreren Jahren (Schumacher-Wolz et al. 2007). Die meist beobachteten Symptome wie Hautläsionen (Veränderung der Haut, Pigmentierung etc.) treten erst nach einer Expositionszeit von sechs Monaten bis drei Jahren bei einer täglichen Aufnahme von 40 µg As/(d·kg KG) bzw. nach einer Expositionszeit von fünf Jahren bis 15 Jahren bei einer täglichen Aufnahme von 10 µg As/(d·kg KG) ein (vgl. NRC 2001). Die Beeinträchtigung des kardiovaskulären Systems erfolgt im Mittel nach sieben Jahren (WHO 2017). Unter anderem wurden bei einer Langzeitexposition negative Auswirkungen auf kognitive Fähigkeiten bei Kindern beobachtet (Asadullah und Chaudhury 2011).

Anhand langzeitiger toxikologischer Untersuchungen wurde von Organisationen wie beispielsweise EPA (*Environmental Protection Agency*, USA) oder UBA (Umweltbundesamt, Deutschland) eine tolerable Dosis für die tägliche orale chronische Aufnahme von Arsen festgelegt.

Die tolerable Dosis für die tägliche orale chronische Aufnahme von Arsen (TRD-Wert, tolerierbare resorbierte Dosis) beträgt 0,3 µg As/(d·kg KG) (Schumacher-Wolz et al. 2007).

Der wichtigste Pfad der Arsenexposition ist die orale Aufnahme über Nahrung und Trinkwasser (Ng und Gomez-Caminero 2001). Die tägliche Arsenaufnahme aus der Luft ist sehr gering und beträgt im Mittel 1 µg As/d (WHO 2011). In Gebieten mit geringen Arsenkonzentrationen im Trinkwasser ist die Arsenaufnahme über die Nahrung die Hauptbelastungsquelle (Fares und Singh 2020). Die mittlere tägliche Arsenaufnahme aus Nahrungsmitteln beträgt 20 µg As/d bis 300 µg As/d, wobei i. M. 25 % des Arsens in hoch toxischer anorganischer Form vorliegen (Ng und Gomez-Caminero 2001; WHO 2017). Der Arsengehalt ist stark von der Nahrungsmittelart abhängig. Beispielsweise schwankt der Arsengehalt im Reis zwischen 0,1 mg As/kg TR und 0,4 mg As/kg TR (Fares und Singh 2020) und im Fisch zwischen 0,4 mg As/kg TR und 118 mg As/kg TR (WHO 2011). Ferner ist die

[8] Letale Dosis, deren Effekt bei 50 % der beobachteten Population auftritt.

Arsenbelastung der Nahrungsmittel von dem Erzeugungsort abhängig und ist in Gebieten mit hohen Arsengehalten im Trinkwasser deutlich höher (Bhattacharya et al. 2015). Beispielsweise liegt der Anteil an anorganischem Arsen im asiatischen Reis aufgrund der Bewässerung mit arsenbelastetem Wasser bei 80 % bis 90 % (Rahman und Hasegawa 2011).

In Gebieten mit Arsenkonzentrationen im Wasser über 10 µg As/L stellt das Trinkwasser (u. a. zur Essenszubereitung) den wichtigsten Arsenexpositionspfad dar (WHO 2017).

Die Dosis-Wirkungs-Beziehung bei geringer Arsenexposition ist bisher nicht eindeutig geklärt (WHO 2011), wobei ein linearer Anstieg der Krebsfälle ab 10 µg As/L im Trinkwasser mehrfach belegt ist (Schumacher-Wolz et al. 2007). Ferner führt eine Verringerung der Arsengehalte im Trinkwasser nachweislich zur progressiven Reduktion der Krebstodesfälle (Wild et al. 2020). Ein lebenslanger Trinkwasserkonsum von 2 L/d mit einem Arsengehalt von 10 µg As/L bei einem Körpergewicht von 70 kg ergibt eine tägliche Arsendosis von 0,29 µg As/(d·kg KG) und liegt unter dem TRD-Wert des UBA von 0,3 µg As/(d·kg KG). Laut NRC (2001) besteht bei dieser Arsendosis weiterhin ein erhöhtes Risiko für Krebserkrankung:

- Lungenkrebs: 14 Fälle pro 10.000 Männer bzw. 18 Fälle pro 10.000 Frauen.
- Blasenkrebs: 23 Fälle pro 10.000 Männer bzw. 12 Fälle pro 10.000 Frauen.

Für die Beurteilung der Relevanz bzw. der Auswirkung einer Umweltchemikalie auf Mensch und Umwelt sind außer der Toxizität auch andere Faktoren wie die Mobilität, Persistenz, Anzahl der betroffenen Personen etc. maßgebend. Anhand der genannten Faktoren bewertet die *Agency of Toxic Substances and Deasease Registry* (ATSDR) in der *Substance Priority List* (SPL) die Umweltrelevanz aller bekannten und weitgehend untersuchten Umweltchemikalien. Top 10 der prioritären Umweltchemikalien ist in Tabelle 6 dargestellt.

Tabelle 6: Top 10 der prioritären Umweltchemikalien nach ATSDR (2019).

Rang	Name der Umweltchemikalie	Gesamtpunktzahl
1	Arsen	1.676
2	Blei	1.531
3	Quecksilber	1.458
4	Vinylchlorid	1.356
5	Polychlorierte Biphenyle	1.345
6	Benzol	1.327
7	Cadmium	1.318
8	Benzo(a)pyren	1.307
9	Polyzyklische aromatische Kohlenwasserstoffe	1.278
10	Benzo(b)fluoranthen	1.253

Im Jahr 1995 lag Arsen mit 1.630 von 1.800 maximal möglichen Punkten noch auf Platz 2 der SPL, seit 1997 nimmt Arsen durchgehend die erste Platzierung ein und liegt laut der aktuellen Bewertungsliste der ATSDR (2019) mit 1.676 Punkten auf dem ersten Platz noch vor Blei und Quecksilber.

Auf Grundlage der Krebsrisikoabschätzung sowie sozialer (z. B. Zahlungsbereitschaft der Haushalte) und praktischer Überlegungen (z. B. Nachweisgrenze der Analysemethoden, Leistungsfähigkeit technischer Arsenentfernungsverfahren etc.) wurde von der WHO (2017) ein provisorischer Richtwert für Arsen im Trinkwasser von 10 µg As/L festgelegt, mit dem Hinweis, den Arsengehalt im Wasser so niedrig wie möglich zu halten und den Richtwert nach Möglichkeit zu unterschreiten. Ausführliche Erläuterung zu gesetzlichen Regelungen bezüglich Arsen im Trinkwasser sind im nachfolgenden Kapitel 2.2.5 aufgeführt.

2.2.5 Gesetzliche Regelungen bezüglich Arsen im Trinkwasser

International Standards for Drinking-water, ISDW (1958) war das erste Dokument, das von der WHO im Hinblick auf Trinkwasserqualität der öffentlichen Wasserversorgung herausgegeben wurde. Vor dem Hintergrund eines hohen Gesundheitsgefährdungspotentials von Arsen wurde in der Richtlinie eine maximal zulässige Arsenkonzentration im Trinkwasser von 200 µg As/L vorgeschlagen (WHO 2020b). Auf Grundlage weiterer wissenschaftlicher Erkenntnisse bezüglich des Zusammenhanges zwischen der Arsenaufnahme und deren Auswirkung auf die menschliche Gesundheit (z. B. Häufigkeit der Krebserkrankungen) wurde der WHO-Richtwert sukzessive auf 10 µg As/L in 1993 gesenkt. Dieser Richtwert gilt auch in der neuesten Ausgabe von *Guidelines for Drinking-water Quality* (GDWQ, WHO 2017). Die geschichtliche Entwicklung des WHO-Richtwertes für Arsen ist Tabelle 7 zu entnehmen.

Tabelle 7: Geschichtliche Entwicklung der WHO-Richtwerte für Arsen (nach WHO 2020b).

Jahr	Begrenzung [µg As/L]	Richtlinie	Erläuterung
1958	200	ISDW	empfohlene maximal zulässige Konzentration
1963	50	ISDW	empfohlene maximal zulässige Konzentration
1971	50	ISDW	vorläufige obere Konzentrationsgrenze
1984	50	GDWQ	Richtwert
1993	10	GDWQ	provisorischer Richtwert
2004	10	GDWQ	provisorischer Richtwert
2011	10	GDWQ	provisorischer Richtwert mit Vorgabe*
2017	10	GDWQ	provisorischer Richtwert mit Vorgabe*

ISDW, International Standards for Drinking-water; GDWQ, Guidelines for Drinking-water Quality
* „...proviso, that every effort should be made to keep concentrations as low as reasonably possible." (WHO 2017).

Der aktuell gültige WHO-Richtwert für Arsen von 10 µg As/L stellt eine provisorische Begrenzung, mit der Vorgabe die Arsenkonzentration im Trinkwasser so niedrig wie möglich zu halten, dar (WHO 2017).

Die WHO-Richtwerte sind toxikologisch begründet und stellen Schadstoffkonzentrationen dar, die bei einem lebenslangen Konsum von Trinkwasser zu keinem signifikanten Risiko für die menschliche Gesundheit führen. Ein provisorischer Richtwert wird von der WHO festgelegt, wenn ein hohes Maß an Unsicherheit in toxikologischen Daten vorliegt, Analysemethoden für praktische Anwendung fehlen bzw. keine adäquate praxisrelevante Aufbereitungstechnologie vorhanden ist. Im Fall von Arsen treffen alle drei genannten Punkte zu (WHO 2017):

- Unsicherheiten und Widersprüche in toxikologischen Daten bezüglich Mechanismen der Karzinogenität und Verlauf von Dosis-Wirkungs-Kurve im niedrigen Konzentrationsbereich.
- Kalkulierter Richtwert liegt unter dem praktisch erreichbaren Quantifizierungsniveau (Bestimmungsgrenze praxisrelevanter Arsenanalysemethoden liegt im Bereich von 1,0 µg As/L bis 10 µg As/L).
- Kalkulierter Richtwert liegt unter dem Leistungsniveau in der Praxis vorhandener Aufbereitungstechnik (Reduktion der Arsenkonzentration unter 5 µg As/L ist bei aktuellem Stand der Technik mit hohem betriebstechnischem und wirtschaftlichem Aufwand verbunden).

In Anlehnung an die WHO *Guidelines for Drinking-water Quality* (2017) gibt das von UNICEF & WHO (2018) herausgegebene *Arsenic Primer: Guidance on the Investigation & Mitigation of Arsenic Contamination* den folgenden Hinweis für die betroffenen Akteure:

Es müssen alle Anstrengungen unternommen werden, um die Arsenkonzentration im Trinkwasser so niedrig wie möglich zu halten und, wenn genügend Ressourcen verfügbar sind, den provisorischen WHO-Richtwert von 10 µg As/L zu unterschreiten.

Ist die Erreichung des WHO-Richtwertes nicht möglich, sind die Mitgliedsstaaten angehalten, im Rahmen einer Gesamtstrategie höhere Grenz- bzw. Zwischenwerte festzulegen, die lokale Rahmenbedingungen, vorhandene Ressourcen und das Risiko der Trinkwassernutzung aus arsenunbelasteten aber mikrobiologisch kontaminierten Quellen berücksichtigen (UNICEF & WHO 2018).

Parallel zur Verschärfung der WHO-Vorgaben erfolgte in den meisten Ländern der Welt die Festlegung gesetzlicher Regelungen bezüglich der Arsengehalte im Trinkwasser auf nationaler Ebene. Beispielsweise wurde der in den USA seit 1975 gültige Arsengrenzwert von 50 µg As/L in der Neufassung der *National Primary Drinking Water Regulations* (NPDWR) von 2001 auf 10 µg As/L reduziert. Die Umsetzung des Grenzwertes durch Wasserversorgungbetriebe erfolgte bis Januar 2006 (US EPA 2002; US EPA 2020). Die US-Bundesstaaten können verschärfte Grenzwerte aufstellen, z. B. gilt seit 2006 in New Jersey ein

Grenzwert von 5 µg As/L (NJDEP 2018). Auch viele andere Länder und Regionen der Welt haben ihre Trinkwasserstandards für Arsen an den WHO-Richtwert von 10 µg As/L angepasst, unter anderem Japan (1993), Syrien (1994), die Europäische Union (1998), die Mongolei (1998), Brasilien (2005), Argentinien (2007) und China (2012) (Bundschuh et al. 2012; Qu et al. 2012; Yamamura 2020).

Trotz nachgewiesener chronischer Toxizität bei Aufnahme geringer Arsenkonzentrationen (vgl. Kapitel 2.2.4) besitzen einige Länder einen Arsengrenzwert, der über dem WHO-Richtwert liegt. Beispielsweise gilt in der aktuellen Trinkwasserverordnung der Russischen Föderation aus dem Jahr 2001 ein Arsengrenzwert von 50 µg As/L, der noch in der Trinkwasserverordnung der UdSSR in 1975 festgelegt worden ist (wwtec 2020). Zu weiteren Ländern mit einem aktuellen Arsengrenzwert im Trinkwasser von 50 µg As/L gehören beispielsweise Ägypten (1995), Bangladesch (1997), Indien (2005)[9] und Nepal (2005) (ECR 1997; BIS 2005; NDWQS 2005; WHO 2006).

Nur wenige Länder der Welt haben einen Arsengrenzwert unter 10 µg As/L festgelegt und erfüllen somit die Vorgabe der WHO, den provisorischen Arsen-Richtwert nach Möglichkeit zu unterschreiten (WHO 2017). Seit 1996 galt in Australien ein Arsengrenzwert im Trinkwasser von 7 µg As/L (NHMRC 2004). Allerdings wurde der Arsengrenzwert nach einer Neufassung der australischen Trinkwassergrenzwerte in 2011 auf 10 µg As/L angehoben (NHMRC 2011).

Auch im Sudan gilt aktuell der Arsengrenzwert von 7 µg As/L im Trinkwasser (WHO 2006; WHO 2018), wobei es zu hinterfragen gilt, ob in einem Staat wie dem Sudan (Rang 165 von 188 im Human Development Index und Rang 176 von 180 in Corruption Perceptions Index, vgl. UNDP 2016 und Transparency International Deutschland e.V. 2020) eine flächendeckende Erreichung des niedrigen Arsengrenzwertes im Trinkwasser realisiert werden kann.

Ein weiteres Land mit einem Arsengrenzwert unter 10 µg As/L ist Dänemark. Im Jahr 2017 verschärfte Dänemark den Arsengrenzwert im Trinkwasser auf 5 µg As/L bei Abgabe an Konsumenten am Wasserhahn (Ersbøll et al. 2018) und unterschreitet damit die Vorgabe der Trinkwasserrichtlinie der Europäischen Union (EU-RL 98/83 1998).

Die Vorreiter bezüglich der Bereitstellung des arsenfreien Trinkwassers sind die Niederlande. Hier gilt zwar ein offiziell festgelegter Arsengrenzwert von 10 µg As/L aus der Trinkwasserrichtlinie der Europäischen Union (Drinkwaterbesluit 2018), dennoch wird seit 2015 ein maximaler Arsengehalt von 1,0 µg As/L im Trinkwasser als Richtwert von der Vereinigung der Trinkwasserversorger (Vewin, Vereniging van waterbedrijven in Nederland) angestrebt (van der Wens et al. 2016).

Eine gute Gesamtübersicht über den aktuellen Stand der Entwicklung zu nationalen Standards und Qualitätsnormen im Trinkwasser in 104 Ländern und Regionen der Welt (89 %

[9] In Indien gilt ein Arsengrenzwert von 10 µg As/L als „Acceptable Limit“ und 50 µg As/L als „Permissible Limit in the Absence of Alternate Source“ (vgl. BIS 2012).

der Weltbevölkerung) bietet die WHO-Studie „*A Global Overview of National Regulations and Standards for Drinking-water Quality*" (2018). Arsen ist einer der wenigen Schadstoffe aus der aktuellen GDWQ der WHO (2017), der in trinkwasserbezogenen gesetzlichen Regelungen nahezu aller untersuchten Länder mit einem Grenzwert belegt ist (vgl. Tabelle 8). Beispielsweise wird der Gehalt von Chrom (WHO-Richtwert von 50 µg Cr/L) in 99, Bromat (WHO-Richtwert von 10 µg Br/L) in 60 und Dichlordiphenyltrichlorethan (WHO-Richtwert von 1,0 µg DDT/L) in nur 42 von 104 Ländern begrenzt (WHO 2018).

Tabelle 8: Gesetzliche Regelung bezüglich Arsengehalt im Trinkwasser in 104 Ländern und Territorien (ergänzt nach WHO 2018).

Arsengrenzwert [µg As/L]	Anzahl der Länder und Territorien
5	1
7	1
10	78
10 - 50	22
kein Grenzwert	2

Trotz einer weitgehenden Implementierung des Arsengrenzwertes in die nationalen Trinkwasserstandards ist die praktische Umsetzung in wirtschaftlich schwachen Regionen der Erde noch weit vom Ziel entfernt. Allein in Bangladesch hatten in 2016 über 20 Millionen Menschen keinen Zugang zu einwandfreiem Trinkwasser und sind auf Trinkwasser mit Arsengehalten über dem in 1997 gesetzlich festgelegten Grenzwert von 50 µg As/L angewiesen (Yunus et al. 2016). Wird an der Stelle der WHO-Richtwert betrachtet, so steigt die geschätzte Anzahl der Betroffenen in Bangladesch auf 50 Millionen Menschen (Yunus et al. 2016).

2.2.6 Überblick zur weltweiten Trinkwassersituation bezüglich der Arsenbelastung

Aufgrund der Allgegenwärtigkeit des Elementes Arsen schwankt seine Konzentration im natürlichen Wasser im Bereich von 0,5 µg As/L bis über 5.000 µg As/L (Smedley und Kinniburgh 2002). Die Höhe der vorliegenden Konzentration und die Zusammensetzung der Spezies ist meist von den natürlichen Bedingungen wie Bodenformation bzw. geogener Verfügbarkeit, pH-Wert, Sauerstoffgehalt bzw. Redox-Spannung des Wassers und weiteren Faktoren abhängig (vgl. Kapitel 2.2.3). Darüber hinaus können durch anthropogene Einflüsse und Einträge weitere Belastungen resultieren.

Die geringsten Arsengehalte aller Trinkwasserquellen liegen im Regenwasser vor. (Bhattacharya et al. 2015)

Die Arsenkonzentrationen betragen in der Regel unter 0,5 µg As/L, wobei in Regionen mit sehr starker Luftverschmutzung (z. B. durch Kupferverhüttung, Kohleverbrennung) mittlere

Arsenkonzentrationen im Regenwasser von 16 µg As/L nachgewiesen worden sind (Pal 2015).

Im sauerstoffreichen Oberflächenwasser ist Arsen meist an Feststoffe bzw. Sediment gebunden und kommt gelöst in sehr geringen Konzentrationen vor.

Die Konzentration an gelöstem Arsen schwankt in den meisten natürlichen Oberflächengewässern im Bereich von 0,1 µg As/L bis 1,0 µg As/L (Smedley und Kinniburgh 2002). Erhöhte Konzentrationen kommen häufig in ariden und semiariden Seen aufgrund alkalischer Desorptionsprozesse im Sediment vor (Flora 2015). Darüber hinaus wurden in einigen meist hydrothermal oder anthropogen beeinflussten Ausnahmenfällen Arsenkonzentrationen von über 1.000 µg As/L nachgewiesen (Smedley und Kinniburgh 2002).

Grundwasser stellt im Normalfall eine mikrobiologisch und chemisch sichere und in einigen Ländern der Welt (z. B. Malta, Saudi-Arabien) sogar die einzige verfügbare Trinkwasserquelle dar (Zektser und Everett 2004; WHO 2017). Allerdings ist

die Kontamination des Grundwassers mit Arsen durch natürliche geochemische Vorgänge im Vergleich zu allen anderen Trinkwasserquellen am höchsten (vgl. Henke 2009; Ravenscroft et al. 2009).

In den meisten Fällen beträgt der Arsengehalt des Grundwassers weniger als 10 µg As/L (Smedley und Kinniburgh 2002), im weltweiten Mittel liegt er sogar bei 1,0 µg As/L bis 2,0 µg As/L (Ng und Gomez-Caminero 2001). Dennoch führen in diversen Regionen der Welt natürliche geochemische bzw. anthropogene Prozesse zur verstärkten Arsenfreisetzung ins Grundwasser und somit zu Arsenkonzentrationen bis zu 48.000 µg As/L, sodass die Gefahr der Arsenexposition entsprechend hoch ist (Ng und Gomez-Caminero 2001).

Eine Zusammenfassung gut dokumentierter Fälle der Arsenkontamination in verschiedenen Gebieten der Erde ist in Henke (2009) (vgl. Tabelle 9), Ravenscroft et al. (2009) oder Hassan und Atkins (2018) zu finden, wobei je Autor bzw. Studie die gemessenen Arsenkonzentrationen starken Schwankungen unterliegen. Laut Henke (2009) sind die Messwerte häufig rechtsschief verteilt, beispielsweise beträgt die maximale Arsenkonzentration im Wasser im Delta des Roten Flusses 3.050 µg As/L (vgl. Tabelle 9), wohingegen der Median der Messwertverteilung je nach Region bei 32 µg As/L im Norden und bei 67 µg As/L im Westen von Vietnam deutlich niedriger ausfällt.

Tabelle 9: Arsenbelastung im Wasser weltweit (vgl. Henke 2009).

Region	Betroffener Staat	Arsenkonzentrationsbereich [µg As/L]
Bengalen	Bangladesch	0,5 - 4.730
Bengalen	Indien	1,0 - 4.100
Mittlerer Ganges	Indien	3,0 - 1.861
Terai	Nepal	10 - 2.620
Indus-Tal	Pakistan	10 - 1.900
Mekongdelta	Kambodscha	1,0 - 1.340
Delta des Roten Flusses	Vietnam	1,0 - 3.050
Tian Shan Plateau	China	40 - 750
Flachland um den Gelben Fluss	China	1,0 - 2.400
Taiwan	Taiwan	10 - 1.820
Donau	Ungarn, Rumänien	2,0 - 4.000
Ehem. Tulare Lake	USA	1,0 - 2.600
Carson-Wüste	USA	10 - 2.600
Lagunera	Mexiko	8,0 - 620
Antofagasta	Chile	100 - 1.000
Chaco-Pampa Ebene	Argentinien	1,0 - 11.500

Aufgrund der Allgegenwärtigkeit des Elementes Arsen ist die Anzahl der auf arsenhaltiges Wasser angewiesenen Menschen sehr hoch. Laut dem aktuellen Wissensstand konsumieren weltweit über 150 Mio. Menschen Trinkwasser mit Arsengehalten über dem WHO-Richtwert von 10 µg As/L (Ravenscroft et al. 2009; Bhattacharya et al. 2016). Murcott (2012) schätzt diese Zahl auf 226 Mio. Menschen, und Hassan und Atkins (2018) nennen sogar 300 Mio. Menschen, demzufolge etwa 4 % der Weltbevölkerung[10].

Die meisten Betroffenen leben in Asien, dicht gefolgt von Nord- und Südamerika. In Europa sind ca. 2 Mio. Menschen auf arsenhaltiges Wasser angewiesen. Auf dem letzten Platz liegt Afrika. Die ungleichmäßige Verteilung der Betroffenen ist nicht nur durch natürlich- bzw. anthropogenbedingte Arsenbelastung des Grundwassers, sondern auch durch das Fehlen der Messdaten zu erklären (vgl. Bhattacharya et al. 2015). Insbesondere in Ländern ohne geregelte Erfassung der Trinkwasserparameter ist die tatsächliche Anzahl der Betroffenen deutlich höher. Beispielsweise gibt Bretzler et al. (2017) nach einer Untersuchung von 1.500 Brunnen in Burkina Faso in Westafrika einen Näherungswert von ca. 560.000 Menschen an, die derzeit allein in dieser Region Trinkwasser mit Arsenkonzentrationen über 10 µg As/L konsumieren. Auch nach Bundschuh et al. (2012) liegt die geschätzte Zahl

[10] Die Weltbevölkerung am 01.01.2020 betrug schätzungsweise 7,76 Mrd. Menschen (vgl. countrymeters.info 2020).

exponierter Personen in Lateinamerika mit 4,5 Mio. Menschen bei c_{As} > 50 µg As/L bzw. 14 Mio. Menschen bei c_{As} > 10 µg As/L deutlich höher als die Angaben in Bhattacharya et al. (2015).

Eine Übersicht zum aktuellen Wissensstand bezüglich der weltweit auf Trinkwasser mit Arsengehalten über 10 µg As/L bzw. über 50 µg As/L angewiesen Menschen aus der Datenzusammenstellung in Bhattacharya et al. (2015) ist in Abbildung 4 dargestellt.

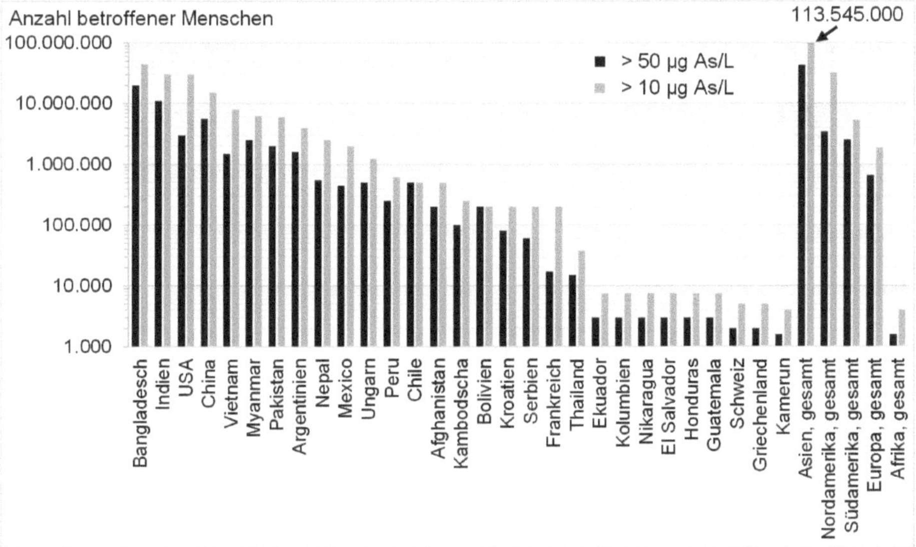

Abbildung 4: Anzahl der Menschen, die in besonders betroffenen Ländern auf Trinkwasser mit erhöhter Arsenkonzentration (> 10 µg As/L bzw. > 50 µg As/L) angewiesen sind (Datenquelle Bhattacharya et al. 2015).

Aufgrund der schlechten Datenlage ist eine genaue Aussage über die Anzahl exponierter Menschen derzeit nicht möglich (Bundschuh et al. 2012; Bhattacharya et al. 2015). Ein gutes Werkzeug zur Abschätzung der im Wasser zu erwartenden Arsenkonzentrationen bei reduzierenden bzw. oxidierenden Bedingungen stellt das von Amini et al. (2008) auf Grundlage eines adaptiven Neuro-Fuzzy-Inferenzsystems (ANFIS, ein künstliches neuronales Netz) entwickelte Modell dar. Die Ergebnisse der Modellierung des Arsengehaltes im Grundwasser sind in Abbildung 5 dargestellt.

Der Nachweis der Belastbarkeit der modellierten Arsenkonzentrationen erfolgte in einer Evaluierung durch den Vergleich berechneter und gemessener Werte sowie durch den Vergleich vorausgesagter Arsenbelastung mit der realen Anzahl kontaminierter Brunnen und Auftreten der Arsenicosis in acht chinesischen Provinzen (Amini et al. 2008). In beiden Fällen zeigte das Modell eine hohe Übereinstimmung (Amini et al. 2008).

Werden die Aussagen von Amini et al. (2008), Murcott (2012), Bhattacharya et al. (2015), Bretzler et al. (2017), Hassan und Atkins (2018), Wild et al. (2020) und anderer im Rahmen dieser Arbeit genannten Autoren verglichen, liegt die reale Anzahl der betroffenen Menschen mit hoher Wahrscheinlichkeit deutlich über 200 Millionen.

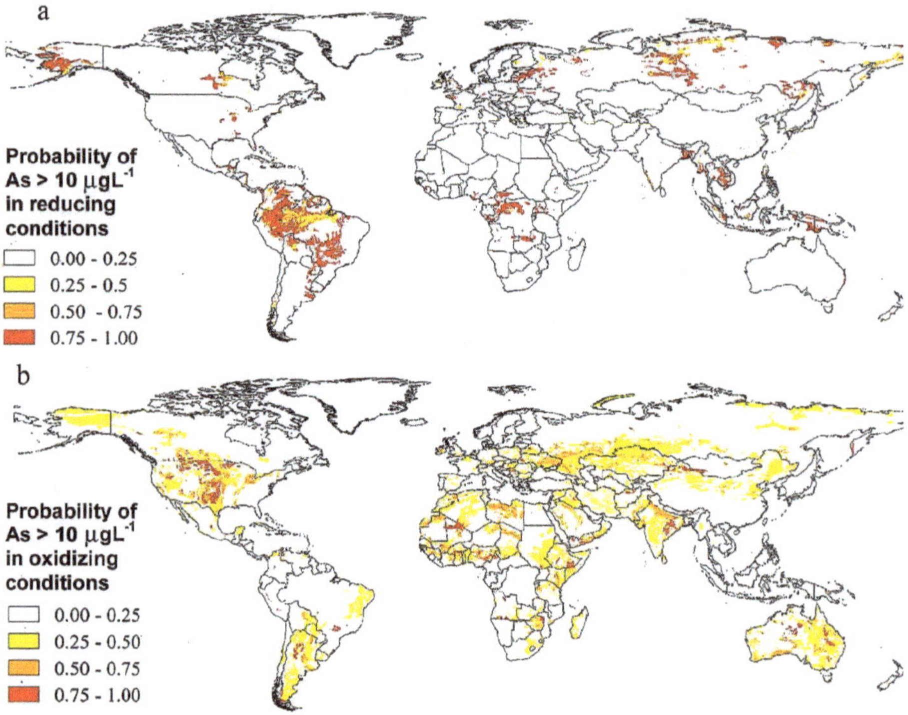

Abbildung 5: Wahrscheinlichkeit des Auftretens von Arsenkonzentrationen > 10 µg As/L im Grundwasser bei reduzierenden (a) sowie oxidierenden (b) Bedingungen (Amini et al. 2008).

Die Arsenvergiftung ist die größte Massenvergiftung der Menschheitsgeschichte.

Allein in Bangladesch sterben jährlich über 40.000 Menschen durch den Konsum arsenhaltigen Trinkwassers und viele weitere leiden an Folgen der Arsenicosis (Bhattacharya et al. 2015). Die Arsenvergiftung durch Trinkwasserkonsum ist eine weltweite Problematik, die gleichermaßen in Entwicklungs- und Industrieländern auftritt. Beispielsweise schätzt D'Ippoliti et al. (2015) in der italienischen Provinz Viterbo eine 2- bis nahezu 3-fach höhere Sterblichkeitsrate durch Lungenkrebs, Myokardinfarkt, Diabetes und weitere Erkrankungen aufgrund erhöhter Arsengehalte im Trinkwasser von i. M. 19 µg As/L.

2.2.7 Arsenproblematik in Deutschland

In deutschen Oberflächengewässern treten die Überschreitungen der Arsen-Qualitätsnormen vorwiegend in Gebieten mit Stollen des Altbergbaus auf (UBA 2017). Hingegen haben die Überschreitungen im Grundwasser meist eine natürliche Ursache und treten fast immer in Gebieten mit reduzierenden Grundwässern auf (LUBW 2018). Ausnahmen stellen vor allem die Altlasten dar, insbesondere an den Standorten ehemaliger Lager für chemische Kampfstoffe, wie etwa in Dessau (Sachsen-Anhalt) (Daus et al. 2010).

Eine umfassende Übersicht zur Arsenhintergrundbelastung der Oberböden und des Grundwassers in Deutschland gibt die Bundesanstalt für Geowissenschaften und Rohstoffe (BGR). Zur Ermittlung der Arsenhintergrundbelastung wurden von der BGR die Daten von 24.136 Messstellen (Analysejahr 2012) ausgewertet und ein Modell über die gesamte Deutschlandfläche erstellt (vgl. Beer et al. 2019). Demnach kommt Arsen in nahezu allen Oberböden in Spuren vor. Besonders belastet sind die Böden im Südwesten von Baden-Württemberg und im Osten von Bayern, Thüringen und Sachsen. Auch im Grundwasser liegt das Arsen ubiquitär vor. Die mittlere Arsen-Hintergrundkonzentration (flächengewichtetes Mittel der 90. Perzentile) beträgt 3,21 µg As/L (Beer et al. 2019), wobei vereinzelt deutlich höhere Konzentrationen auftreten. Beispielsweise folgt aus Grundwasserberichten der Bundesländer eine Überschreitung der 10 µg As/L-Grenze in Hessen an 50 Messstellen (HLNUG 2018) und in Niedersachsen an 31 Messstellen (NMUEK 2019). Am stärksten betroffen sind Baden-Württemberg und Bayern, besonders in Thermalquellen werden hohe Arsengehalte festgestellt wie etwa in Friedrichsstollen (Baden-Baden) mit 198 µg As/L (Wisotzky et al. 2018).

Das Vorsorgeprinzip zur Vermeidung der Arsenbelastung im Trinkwasser führt zur Arsenbegrenzung in unterschiedlichen Umweltkompartimenten, sodass die Umsetzung internationaler Standards zum Arsengehalt im Trinkwasser in Gesetze, Verordnungen und technische Regelwerke auf nationaler Ebene einen komplexen Vorgang darstellt. In Anhang 1, Teil II „Chemische Parameter" der EU-RL 98/83 (1998) ist der WHO-GWDQ (2017) konforme Mindestzielwert für Arsen im Trinkwasser von 10 µg As/L festgelegt. Die EU-Trinkwasserrichtlinie befindet sich zurzeit in der Revision, wobei eine Änderung des Arsengrenzwertes nicht geplant ist (EU COM/2017/0753 2018).

Die Mitgliedsstaaten der Europäischen Gemeinschaft sind verpflichtet die in der Trinkwasserrichtlinie (1998) aufgeführten Parameter im nationalen Recht umzusetzen, wobei eine Grenzwertverschärfung bzw. Aufstellen zusätzlicher Parameter zum Schutz der menschlichen Gesundheit nach eigenem Ermessen möglich ist.

In Deutschland findet die Umsetzung der EU-RL 98/83 in der Trinkwasserverordnung (TrinkwV 2019) statt. Die Trinkwasserverordnung (2019) dient dem Schutz menschlicher Gesundheit vor Schädigungen, die durch Trinkwassergenuss oder -gebrauch entstehen können und erfüllt durch Aufstellung gesetzlicher Rahmenbedingungen und Festlegung von Grenzwerten Vorgaben aus dem § 37 (1) des Infektionsschutzgesetzes (IfSG 2019): „Wasser für den menschlichen Gebrauch muss so beschaffen sein, dass durch seinen Genuss oder Gebrauch eine Schädigung der menschlichen Gesundheit, insbesondere durch Krankheitserreger, nicht zu besorgen ist." In der Anlage 2 (zu § 6 Absatz 2) „Chemische Parameter", Teil II „Chemische Parameter, deren Konzentration im Verteilungsnetz einschließlich der Trinkwasser-Installation ansteigen kann" der TrinkwV (2019) ist der aktuelle Grenzwert von 10 µg As/L für Arsen im deutschen Trinkwasser festgelegt.

Neben der TrinkwV (2019) sind in Deutschland folgende wasserwirtschaftlichen Gesetzestexte mit Bezug zur Arsenbelastung besonders relevant:

- Grundwasserverordnung (GrwV 2017), Festlegung eines Schwellenwertes im Grundwasser von 10 µg As/L (Umsetzung der Vorgaben aus EU-RL 2000/60 (2000) und EU-RL 2006/118 (2006) bzw. EU-RL 2014/80 (2014)).
- Oberflächengewässerverordnung (OGewV 2016), Festlegung eines Jahresdurchschnittswertes von 40 mg As/kg im Schwebstoff oder Sediment (Umsetzung der Vorgaben aus EU-RL 2000/60 (2000), EU-RL 2008/105 (2008) und EU-RL 2013/39 (2013)).
- Abwasserverordnung (AbwV 2018), Festlegung der Mindestanforderungen an das Einleiten des arsenhaltigen Abwassers aus unterschiedlichen Herkunftsbereichen (in 13 von 57 Anhängen)(Umsetzung der Vorgaben aus EU-RL 2000/60 (2000) und EU-RL 2010/75 (2010)).

Ferner ist die Bundes-Bodenschutz- und Altlastenverordnung (BBodSchV 2017) in Bezug auf die Arseneinträge über den Wirkungspfad „Boden" von Bedeutung. Hierin befindet sich die Beschränkung der Arseneinträge durch das Festlegen von Einwirkungsbereich-spezifischen Prüf- bzw. Maßnahmenwerten (z. B. Maßnahmenwert von 0,01 mg As/kg beim Wirkungspfad Boden-Grundwasser). Die Reglementierung einer ordnungsgemäßen Ablagerung arsenhaltiger Abfälle (u. a. arsenhaltige Wasserwerksschlämme) findet über die Deponieverordnung (DepV 2017) statt.

2.3 Stand der Technik der Trinkwasseraufbereitungsverfahren zur Arsenentfernung

2.3.1 Strategien der Mitigation und Remediation

Liegt ein erhöhter Arsengehalt im Wasser vor, können laut Perera et al. (2019) zwei Primärstrategien zur Bereitstellung von arsenfreiem Trinkwasser angewandt werden:

- **Mitigation** – Abschwächung der Arsenbelastung durch vollständige Substitution bzw. Verschneidung mit weniger belastetem bzw. arsenfreiem Wasser.
- **Remediation** – Entzug des Arsens aus dem Wasser durch Aufbereitungsverfahren auf zentraler bzw. dezentraler Ebene.

Aufgrund geringerer Kosten und geringem technischen Aufwand liegt die oberste Priorität auf der Strategie der Mitigation (WHO 2017). Trotzdem ist die Remediation weltweit die am häufigsten angewandte Strategie, da in den meisten Fällen keine bzw. nicht ausreichend alternative Trinkwasserquellen zur Verfügung stehen (Perera et al. 2019).

Im Arbeitsblatt DVGW W 249 „Entfernung von Arsen, Nickel und Uran bei der Wasseraufbereitung" vom Deutschen Verein des Gas- und Wasserfaches (2012) werden für Deutschland wesentliche Regeln zur Auswahl geeigneter Verfahren aufgeführt. Demnach sollen folgende Maßnahmen vor der Errichtung bzw. Erweiterung einer Trinkwasseraufbereitungsanlage zur Entfernung erhöhter Arsenkonzentrationen überprüft werden (Mitigation):

- Ausweitung des Wasserrechtes auf unbelastete Wasservorkommen
- Anpassung der Brunnenfahrweise (verstärkte Nutzung unbelasteter Brunnen)
- Verschneidung der belasteten Eigenwässer mit unbelastetem Ersatzwasser
- Errichtung und Betrieb eines Schutzbrunnens (nur bei bestimmten hydrogeologischen Bedingungen)

Ist eine Mitigationsstrategie nicht zielführend, sind laut DVGW W 249 (2012) folgende Verfahren zur Arsenentfernung aus Trinkwasser geeignet (Remediation):

- Entfernung von Arsen im Rahmen vorhandener Aufbereitungsprozesse, insbesondere bei der Enteisenung und Entmanganung
- Gezielte Adsorption im Festbett
- Gezielte Flockungsfiltration
- In situ Aufbereitung im Aquifer

Weiterhin kann die Arsenaufbereitung auf zentraler, semi-zentraler oder dezentraler kommunaler Ebene erfolgen. Vor- und Nachteile der Arsenaufbereitungsverfahren auf verschiedenen kommunalen Ebenen werden ausführlich in Johnson und Bretzler (2017) beschrieben und sind in Tabelle 10 zusammengefasst.

Das betriebliche Optimum der meisten derzeit vorhandenen Arsenaufbereitungsverfahren auf zentraler Ebene (CWS) liegt bei 10 µg As/L, die technisch mögliche Grenze kann in diesen Anlagen bei einer entsprechenden Optimierung und erhöhtem Betriebsmittelansatz bis unter 5 µg As/L erweitert werden (WHO 2017).

POE- und POU-Anwendungen sind meist weniger effizient und kommen häufig in ländlichen Gebieten mit geringer Bevölkerungsdichte zum Einsatz.

Tabelle 10: Trinkwasseraufbereitungssysteme auf unterschiedlichen kommunalen Ebenen (nach Johnson und Bretzler 2017).

Kommunale Ebene	Vorteile	Nachteile
Zentrale Ebene, öffentliche Wasserversorgung (comunity water systems, CWS)	Prozessparameter werden zentral kontrolliert und optimiert; höhere Wirkungsgrade; geringere spezifische Aufbereitungskosten	Hohe Investitionskosten; benötigt Fachpersonal und konstante Bedingungen; schwer umsetzbar in Gebieten mit geringer Bevölkerungsdichte
Semi-zentrale Ebene, Hausgemeinschaft (point-of-entry, POE)	Kontrolle und Optimierung der Prozessparameter besser als bei POU; relativ günstig; Anpassung an spezifischen Bedarf möglich; nachhaltig, wenn der Anlagenbetrieb durch die Gemeinschaft selbst	Kontrolle und Anpassung der Prozessparameter schlechter als bei CWS; begrenzte Betriebskapazität; evtl. mikrobiologische Verunreinigung der Anlage
Dezentrale Ebene, Haushalt (point-of-use, POU)	Relativ leicht und günstig umsetzbar; punktuelle Versorgung besonders betroffener Menschen; Anpassung an spezifischen Bedarf und Nutzung evtl. existierender Trinkwasserinfrastruktur	Falsche bzw. ineffiziente Anwendung; Kontrolle kaum möglich; schlechtere Wirkungsgrade; Lebenszeit von Filteranlagen schwer vorhersagbar; Existierende Versorgungskette und Motivation zum Austausch von Betriebsmitteln notwendig

Das Ausmaß und die Aktualität der Arsenproblematik führen zur kontinuierlichen Optimierung alter und Entwicklung neuer Verfahren zur Arsenentfernung aus Trinkwasser. In den folgenden Kapiteln erfolgt ein Überblick zum aktuellen Stand der Wissenschaft und Technik zu Arsenaufbereitungsverfahren.

2.3.2 Oxidation zur Vorbehandlung

Oxidative Vorbehandlung des Rohwassers ist sehr oft notwendig, da As(III) aufgrund der Ladungsneutralität im neutralem pH-Wert-Bereich mit den meisten Aufbereitungsverfahren schlechter aus dem Wasser entfernbar als As(V) ist (DVGW W 249 2012).

Oxidation allein führt nicht zur Arsenentfernung aus dem Wasser, sondern nur zu seiner Umwandlung von der dreiwertigen in die fünfwertige Form (Johnson und Bretzler 2017).

Außerdem führt die As(III)-Oxidation zur Reduktion der Toxizität der Arsenspezies (vgl. Kapitel 2.2.4). Beispiele der Oxidationsmittel sind: Luftsauerstoff, Wasserstoffperoxid (H_2O_2), Ozon (O_3) und Chlor (z. B. als NaClO).

Kim und Nriagu (2000) gibt folgende Halbwertszeiten für die Oxidation von As(III) für verschiedene gasförmige Oxidationsmittel bei Sättigungskonzentration im Wasser an:

- Ozon, 4 Minuten
- Reinsauerstoff, 2 bis 5 Tage
- Luftsauerstoff, 4 bis 9 Tage

Luftsauerstoff

Die As(III)-Oxidationsrate mit Luftsauerstoff ist sehr gering und benötigt unter normalen Bedingungen Tage bis Wochen (vgl. Kapitel 2.2.2). Laut Bhattacharya et al. (2015) werden in fünf Tagen maximal 55 % von As(III) mit Luftsauerstoff oxidiert. Ferner kann die Oxidationsrate durch im Wasser vorhandene Metalle wie Eisen oder Mangan katalysiert werden (Johnson und Bretzler 2017). Dementsprechend führt die Zugabe von Luftsauerstoff bei einigen Arsenaufbereitungsprozessen wie Elektrokoagulation (vgl. Kapitel 2.3.8 und Kapitel 2.5) zu einem höheren Wirkungsgrad (vgl. Song et al. 2017).

Ozon

Ozon ist einer der stärksten Oxidationsmittel, das innerhalb kürzester Zeit As(III) zu As(V) umwandelt (EPA 2003):

$$H_3AsO_3 + O_3 \leftrightarrow H_2AsO_4 + H^+ + O_2 \qquad (13)$$

Im neutralen pH-Wert-Bereich von 6,3 bis 8,3 findet die Arsenoxidation konstant zu mindestens 95 % innerhalb von 18 Sekunden statt (EPA 2003). Konkurrenzreaktionen (z. B. mit Sulfid vgl. EPA 2003) behindern die Oxidationsrate, sodass im Realbetrieb mit etwas geringeren Reaktionsraten zu rechnen ist.

Wasserstoffperoxid

Die Oxidation mit Wasserstoffperoxid wird ausführlich in Hug und Leupin (2003) beschrieben. Sie hängt ähnlich der Oxidation mit Luftsauerstoff von den vorliegenden Metallionen und dem pH-Wert der Lösung ab. Die Oxidation verläuft im sauren und neutralen pH-Wert-Bereich langsam, da H_2O_2 stärker mit den As(III)-Oxoanionen als mit H_3AsO_3 reagiert. Die As(III)-Halbwertszeit bei der Zugabe von 1,0 mmol H_2O_2/L bei einem pH-Wert von 7,5 beträgt laut Hug und Leupin (2003) etwa 2,1 Tage. Liegt eine ausreichende Konzentration an gelösten Fe(II)-Ionen vor, verringert sich die Halbwertszeit auf wenige Stunden.

Chlor

Chlor ist ein weitverbreitetes und in Entwicklungsländern leicht zugängliches Oxidations- bzw. Desinfektionsmittel (Johnson und Bretzler 2017). Durch die Einleitung von Chlor (z. B. als Natriumhypochlorit) ins Wasser erfolgt seine Hydrolyse, wobei Salzsäure (HCl) und hypochlorige Säure (HClO) erzeugt werden. Die hypochlorige Säure dissoziiert zum Hypochlorit (OCl^-) und oxidiert As(III) zu As(V) (vgl. EPA 2003):

$$H_3AsO_3 + OCl^- \leftrightarrow H_2AsO_4^- + H^+ + Cl^- \quad (14)$$

Die Reaktionsrate ist von dem pH-Wert der Lösung bzw. dem Dissoziationsgrad der arsenigen Säure abhängig (Brezonik und Arnold 2011). Im neutralen pH-Wert-Bereich von 6,3 bis 8,3 wird As(III) innerhalb von 42 Sekunden zu 95 % oxidiert (EPA 2003).

Die stöchiometrische Dosiermenge von Chlor beträgt 0,95 g Cl_2/mg As(III) (EPA 2010). Im natürlichen Wasser liegt eine Vielzahl an möglichen Reaktionspartnern für Hypochlorit vor, sodass die Chlor-Dosiermenge für die As(III)-Oxidation im Bereich von 1,0 mg/L bis 5,0 mg/L liegen sollte (Johnson und Bretzler 2017). Hohe Chlorkonzentrationen im Wasser sind für Menschen ebenfalls gefährlich, daher sind in der Liste der Aufbereitungsstoffe und Desinfektionsverfahren gemäß § 11 Trinkwasserverordnung 6,0 mg/L an freiem Cl_2 als maximal zulässige Zugabe für die Desinfektion von Wasser aufgeführt (UBA 2015). Die Kontrolle soll über die Chlorkonzentration im Ablauf der Oxidationsstufe erfolgen, diese sollte ca. 0,5 mg Cl_2/L betragen, um neben der Arsenoxidation einen ausreichenden Schutz gegenüber mikrobiologischer Kontamination zu gewährleisten (Johnson und Bretzler 2017).

Die Merkmale verschiedener Oxidationsmittel sind in Anhang 1 zusammengestellt.

2.3.3 Oxidation und Fällung

Das Verfahren der Oxidation und Fällung basiert auf Adsorption an schwerlösliche Metalloxohydroxide (vgl. Kapitel 2.3.5 und Kapitel 2.4).

Falls neben Arsen natürlich erhöhte Eisen- bzw. Mangankonzentrationen im Wasser vorliegen, kann durch ihre Oxidation und anschließende Entfernung von Eisen- bzw. Manganoxohydroxiden eine parallele Reduktion des Arsengehaltes im Wassers erreicht werden (DVGW W 249 2012).

Die Oxidation der gelösten Fe(II)- bzw. Mn(II)-Ionen führt zur Ausfällung von Eisen- bzw. Manganoxohydroxiden. Das gelöste Arsen adsorbiert an den entstehenden oxidischen Oberflächen bzw. wird in die sich ausbildenden Flockenstrukturen eingeschlossen und somit in die partikuläre Form überführt (Henke 2009).

Durch anschließende Feststoffabtrennung mittels Sedimentation und Filtration kann der mit Arsen beladene Eisen- bzw. Manganschlamm aus dem Wasser entfernt werden. Das günstige molare Fe/As-Verhältnis zum Vorgang der Oxidation und Fällung beträgt 20 (EPA 2010) bzw. liegt laut DVGW W 249 (2012) zwischen 10 und 30. Bei einem nicht ausreichenden Fe/As-Verhältnis muss eine Fe(II)-Dosierung vor der Oxidationsstufe unternommen werden (DVGW W 249 2012).

Das Verfahren der Oxidation und Fällung ist bei hohem natürlichen Eisen- bzw. Mangangehalt im Rohwasser einfach und relativ günstig und insbesondere in Kombination mit Sandfiltration für die Anwendung in Entwicklungsländern relevant (Johnson und Bretzler 2017).

Ein weiterer Vorteil des Verfahrens ist die Erhöhung der Wirkungsgrade der Anlagen mit längeren Filterstandzeiten aufgrund der Akkumulation von Eisen- sowie Manganoxohydroxiden im Filterbett (Johnson und Bretzler 2017).

2.3.4 Chemische Fällung und Flockung

Unter Fällung wird das Ausscheiden gelöster Stoffe aus einer Lösung verstanden. Die chemische Fällung erfolgt durch Zugabe von Chemikalien, die zur Überschreitung der Löslichkeitsgrenze der zu fällenden Produkte und somit zu ihrer Überführung in das Ungelöste führt (Bowell et al. 2014).

Alleinige Ausfällung schwerlöslicher Arsensalze (z. B. Calciumarsenat, $Ca_3(AsO_4)_2$) ist laut DVGW W 249 (2012) nicht zielführend.

Nach Johnson und Bretzler (2017) führt die Fällung von Arsen als Calciumarsenat durch Zugabe von Branntkalk (CaO) nicht zur Verringerung der Arsenkonzentrationen auf unter 10 µg As/L und ist mit einer starken Veränderung der Trinkwasserzusammensetzung verbunden. Ferner muss bei CaO-Zugabe zur Arsenfällung der pH-Wert von 10,5 überschritten werden (vgl. DVGW W 249 2012). Außerdem ist der gebildete Schlamm bei normalen Umweltbedingungen nicht stabil und die Arsen-Rücklösungsrate hoch (Pal 2015).

Mit dem Verfahren der chemischen Fällung und Flockung (bzw. Koagulation) zur gezielten Arsenentfernung ist meist der Vorgang der Mitfällung gemeint.

Die Arsenentfernung erfolgt nach Zusatz von Flockungssalzen durch die Adsorption an bzw. Einschluss in entstehende Fällungsprodukte, schwerlösliche Metalloxohydroxide (siehe Kapitel 2.3.5 bzw. Kapitel 2.4 und vgl. Flora 2015; Johnson und Bretzler 2017).

Zu den typischen Fällungs- bzw. Flockungsmitteln zählen insbesondere Eisensalze wie Fe(III)-Chlorid ($FeCl_3$) bzw. Fe(III)-Sulfat ($Fe_2(SO_4)_3$) und Fe(II)-Sulfat ($FeSO_4$) sowie Aluminiumsalze wie Aluminiumsulfat ($Al_2(SO_4)_3$) (Johnson und Bretzler 2017). Diese bilden im Wasser feindisperse amorphe Niederschläge aus Eisen- und Aluminiumoxohydroxiden, die eine große spezifische Oberfläche aufweisen (z. B. 200 m^2/g bis 320 m^2/g bei frisch gefälltem Eisenoxohydroxid, vgl. Twidwell et al. 2005).

Das minimal notwendige Fe/As- bzw. Al/As-Verhältnis liegt, ähnlich dem Vorgang der Oxidation und Fällung, im Bereich zwischen 10 und 30 und ist von der spezifischen Wasserzusammensetzung, insbesondere dem Arsengehalt, Aufbereitungsziel, Arsenspezies, pH-Wert und Konkurrenzionen abhängig (Twidwell et al. 2005; DVGW W 249 2012). Der Wirkungsgrad der adsorptiven Entfernung von As(III) ist deutlich geringer als von As(V), daher muss nach Möglichkeit der chemischen Fällung eine Oxidationsstufe vorgeschaltet sein (DVGW W 249 2012).

Die As(V)-Adsorption an Metalloxohydroxide ist besonders im niedrigen pH-Wert-Bereich effektiv (Twidwell et al. 2005). Das notwendige Fe/As-Verhältnis bei der As(V)-Entfernung auf 10 µg As/L liegt im pH-Wert-Bereich von 4 bei einem Wert von 1,0 und im pH-Wert-

Bereich von 7 deutlich über 10 (Twidwell et al. 2005). Für eine optimale Ausfällung der Metallsalze, zur Verhinderung hoher Fe- und Al-Konzentrationen im Ablauf der Aufbereitungsanlagen, soll der pH-Wert laut EPA (2010) im Bereich zwischen 5,5 und 8,0 liegen.

Ferner behindert die Adsorption von Konkurrenzionen (z. B. Phosphat, Sulfat, Karbonat, organische Substanz etc. vgl. Twidwell et al. 2005) die Arsenentfernung, sodass zur effektiven Arsenreduktion im Realbetrieb das Fe/As bzw. Al/As-Verhältnis je nach Konzentration der Konkurrenzionen deutlich größer gewählt sein muss. Beispielsweise muss das Fe/As-Verhältnis zur Arsenentfernung unter 50 µg As/L aus dem Grundwasser in Bangladesch deutlich über 40 betragen (Flora 2015).

Eine Flockungsanlage zur Arsenentfernung besteht meist aus einer optionalen Oxidationsstufe (Oxidationsmitteldosierung und Reaktionsreaktor), einer Flockungssalzdosierung mit Misch- bzw. Reaktionsreaktor und einer Feststoffabscheidung. Nach dem Vorgang der Fällung findet die Abtrennung arsenhaltiger Metalloxohydroxide von der Wasserphase entweder durch die Sedimentation und Filtration oder nur durch Filtration (meist Sand- und Kiesfilter) statt (DVGW W 249 2012). Die Filtration stellt einen essentiellen Schritt zum Rückhalt feinster Partikel, die einen signifikanten Anteil an Arsen enthalten, dar (Johnson und Bretzler 2017).

Eine beispielhafte Flockungsfiltrationsanlage zur Arsenentfernung aus Hessen (Deutschland) ist in der nachfolgenden Abbildung 6 zu sehen. Die Anlage ist auf eine Aufbereitungsmenge von maximal 50 m^3/h ausgelegt und besteht aus einer Oxidationsstufe, $FeCl_3$-Dosierstation, hydraulischem Intensivmischer und zwei Druckfilterbehältern (4 bar Betriebsdruck) mit Kiesfiltermaterial befüllt. Der Arsengehalt des Rohwassers beträgt im Mittel 40 µg As/L und liegt hauptsächlich als As(V) vor, daher wird der Oxidationsschritt im Normalbetrieb ausgelassen. Die $FeCl_3$-Dosierung liegt bei 2 mg/L, das rechnerische Fe/As-Verhältnis ergibt sich zu etwa 17. Das Aufbereitungsziel von 10 µg As/L wird deutlich unterschritten, die Arsenkonzentration im Trinkwasser beträgt im Mittel 5 µg As/L. (Helmer 2019)

Bei der Aufbereitung anfallende arsenhaltige Sedimentations- bzw. Rückspülschlämme sind umweltverträglich zu entsorgen. Bei einer Fällung mit Eisensalzen ist Arsen zum größten Anteil an Eisenoxohydroxid gebunden. Da die Eisenlöslichkeit mit der Arsenlöslichkeit korrespondiert, muss bei einer eventuellen Rücklösung erst das gesamte Eisenhydroxid reduziert werden, bevor Arsen in der flüssigen Phase auftreten kann (Haase und Förstner 1995). Da dieser Vorgang bei normalen Umweltbedingungen nicht wahrscheinlich ist, kann laut DVGW W 249 (2012) das beladene Material deponiert werden. Weitere Möglichkeiten für den Umgang mit arsenhaltigen Schlämmen sind in Kapitel 5.1 aufgeführt.

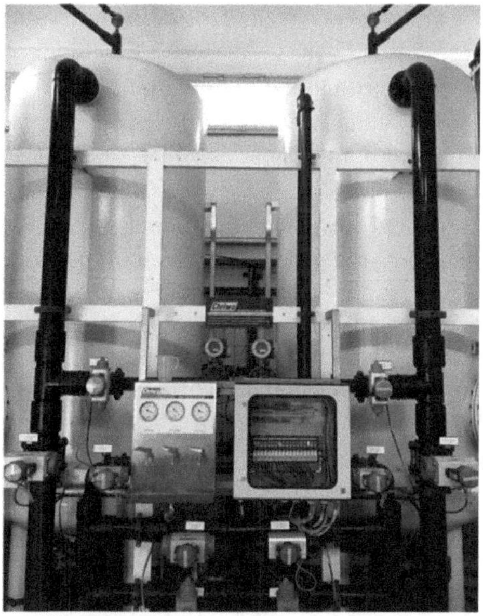

Abbildung 6: Flockungsfiltrationsanlage zur Arsenentfernung in Hessen, Deutschland.

2.3.5 Adsorption im Festbett

Adsorption ist die Anlagerung eines Moleküls aus der Gas- bzw. Flüssigphase an einen Feststoff (Bathen und Breitbach 2001) und hängt im Allgemeinen von den Eigenschaften des Feststoffes (Adsorbens), des zu adsorbierendes Moleküls (Adsorptiv) und des umliegenden Mediums ab. Die Grundlagen und die Kinetik des Adsorptionsprozesses werden vertieft in Kapitel 2.4.2 erläutert.

Verschiedene Aufbereitungsverfahren zur selektiven Arsenentfernung basieren auf Adsorption an schwerlöslichen Metalloxohydroxiden (DVGW W 249 2012).

Hierzu zählen unter anderem die Adsorption, chemische Fällung und Flockung (vgl. Kapitel 2.3.4), Elektrokoagulation (vgl. Kapitel 2.3.8 und Kapitel 2.5) und weitere Verfahrensvarianten. Da Arsen im Wasser in Abhängigkeit vom pH-Wert als geladenes Oxoanion vorliegt, findet bei der Adsorption der Ionenaustausch statt (Henke 2009).

Die technische Anwendung der Adsorption kann durch Zugabe pulverförmiger Adsorbentien und anschließende Abtrennung arsenbelasteter Partikel oder im Festbett an granuliertem Material erfolgen. Für die Arsenentfernung kommt bevorzugt die zweite Variante zum Einsatz, da die Festbettadsorber lange Standzeiten bei hoher Betriebssicherheit und geringem Wartungsaufwand ermöglichen (DVGW W 249 2012). Die endgültige Wahl des Verfahrens und des Adsorbens hängt zumeist von den Eigenschaften des Rohwassers ab (EPA 2010).

In der Praxis bewährte granulierte Arsenadsorptionsmittel sind eisenhydroxidbasierte Adsorbentien (z. B. β-FeOOH, granuliertes Eisenhydroxid, GEH) und Aluminiumoxid (γ-Al_2O_3, aktives Aluminiumoxid bzw. Aktivtonerde).

Für eine wirtschaftliche Arsenentfernung mittels aktivem Aluminiumoxid bzw. granuliertem Eisenhydroxid empfiehlt es sich, nach Möglichkeit eine Oxidationsstufe zur Umwandlung der As(III)- zu As(V)-Spezies vorzuschalten (DVGW W 249 2012).

Die Arsenadsorptionsfähigkeit der Aktivkohle ist im Vergleich zu anderen Adsorbentien gering und die Materialkosten hoch (Mohan und Pittman 2007). Die Anlagerung von Arsen an der Aktivkohle ist, im Gegensatz zur Adsorption organischer Verunreinigungen mit hohem Molekulargewicht, eher von der Anzahl der Carbonsäuregruppen[11] als von der Größe der spezifischen Oberfläche abhängig (Mohan und Pittman 2007). Beim pH-Wert von 7 beträgt der Wirkungsgrad der Aktivkohle bei Adsorption von As(III) bzw. As(V) in einer 25 mg As/L Lösung jeweils nur 55 % (Ansari und Sadegh 2007).

Vor dem Hintergrund der weltweiten Arsenproblematik findet zunehmend die Entwicklung neuer alternativer Arsenadsorptionsmittel statt. Diese sind meist synthetische Verbundstoffe mit sehr hoher Beladungskapazität und effektiver As(III)-Entfernung im Bereich unter 10 µg As/L (z. B. mit Eisen-Calcium imprägnierte Aktivkohle vgl. Gong et al. 2020) oder Low-Cost-Adsorbentien für die Anwendung in Entwicklungsländern (z. B. Tonerde vgl. Mohapatra et al. 2007 oder natürlicher Verwitterungsboden Laterit vgl. Nguyen et al. 2020).

Aktives Aluminiumoxid

Aluminiumoxid ist ein poröses, pulverförmiges Material, das je nach Herstellungsverfahren eine spezifische Oberfläche von 200 m²/g bis 400 m²/g aufweist (Bathen und Breitbach 2001). Zur Anwendung im Festbett findet eine Granulierung des pulverförmigen Materials in kugel- oder andersförmige Partikel mit dem Durchmesser von 0,3 mm bis 8,0 mm statt (Bathen und Breitbach 2001; EPA 2010). Die Arsenentfernung erfolgt durch Chemisorptionsprozesse (bzw. Ligandenaustausch) von Arsenoxoanionen an die Aluminiumhydroxidgruppen in den Porenwänden (vgl. Kapitel 2.4 sowie Kadirvelu und Goel 2005):

$$\equiv \mathrm{Al{-}\,OH} + \mathrm{H_2AsO_4^-} + \mathrm{H^+} \leftrightarrow \equiv \mathrm{Al{-}\,H_2AsO_4} + \mathrm{H_2O} \qquad (15)$$

Dieser Prozess ist stark von dem pH-Wert der Lösung und der vorliegenden Arsenspezies abhängig. Eine Studie von Kadirvelu und Goel (2005) zum Betrieb eines Filterbettes aus aktivem Aluminiumoxid zeigt, dass die Ablaufkonzentration von 50 µg As/L bei einer Rohwasserkonzentration von 100 µg As(III)/L nach 300 Bettvolumina und bei 100 µg As(V)/L erst nach 23.300 Bettvolumina überschritten wird.

Ferner findet eine Konkurrenzadsorption von Phosphat, organischer Substanz etc. an Aluminiumhydroxidgruppen statt und reduziert den Wirkungsgrad der Arsenentfernung

[11] Chemisch nicht abgesättigte Kohlenstoffatome am Rande der Kristallite, die Reaktionen mit Wasserstoff und Sauerstoff eingehen (vgl. Bathen und Breitbach 2001).

(Kadirvelu und Goel 2005). Aufgrund der elektrostatischen Kräfte erfolgt der Ligandenaustausch in einer spezifischen Reihenfolge, wobei zuerst die Ionen mit einem höheren Rang in der sogenannten Selektivitätsreihe adsorbiert bzw. ausgetauscht werden (vgl. Kurzweil 2020). Die Selektivitätsreihe bei der Adsorption an aktives Aluminiumoxid lautet wie folgt (Odell 2010):

$$OH^- > H_2AsO_4^- > H_3SiO_4^- > F^- > HSeO_3^- > TOC > SO_4^{2-} >> H_3AsO_3 \qquad (16)$$

Das pH-Wert-Optimum bei der Anwendung von aktivem Aluminiumoxid liegt im Bereich von 5,5 bis 6,0 und lässt im basischen Bereich stark nach, da die Anzahl an konkurrierenden OH^- Gruppen zunimmt (Odell 2010). Im optimalen pH-Wert-Bereich liegt der Wirkungsgrad der As(V)-Entfernung bei etwa 98 % (EPA 2003). Die Beladungskapazität im pH-Wert-Optimum ist sehr hoch, sie beträgt ca. 3.000 mg As(V)/kg und fällt beim pH-Wert von 7,5 auf 550 mg As(V)/kg (vgl. Henke 2009). Dementsprechend führt der Betrieb einer Arsenentfernungsstufe im neutralen bis leicht basischen pH-Wert-Bereich von 6,0 bis 9,0 zu einer Verringerung der Filterstandzeiten um den Faktor 5 bis 20 (EPA 2003).

Granuliertes Eisenhydroxid

Granuliertes Eisenhydroxid (GEH) ist ein schwach kristallines poröses Adsorbens mit einer spezifischen Oberfläche von 180 m²/g bis 290 m²/g und einer Korngröße von 0,3 mm bis 2 mm (Genz 2005). Die Adsorption bzw. der Ionenaustausch erfolgt an den Eisenhydroxidgruppen in den Porenwänden ähnlich dem aktiven Aluminiumoxid.

Die Selektivitätsreihe für Fe(III)-basierte Adsorbentien kann nach Johnson und Bretzler (2017) wie folgt beschrieben werden:

$$H_2PO_4^- = H_2AsO_4^- \approx H_3SiO_4^- > HCO_3^- > TOC > F^- > SO_4^{2-} > Cl^- > H_3AsO_3 \qquad (17)$$

Die Selektivitätsreihe zeigt, dass eine Adsorptionskonkurrenz zwischen Arsenat, Phosphat und Silikat besteht. Insbesondere die Phosphataffinität zu eisenbasierten Adsorbentien ist im Vergleich zu aktivem Aluminiumoxid höher (EPA 2010). Ab einer Phosphatkonzentration im Rohwasser von 0,2 mg PO_4^{3-}/L findet eine Reduktion der Arsenadsorption um 30 % für jede weitere 0,5 mg PO_4^{3-}/L statt (EPA 2010).

Das pH-Wert-Optimum für die Arsenadsorption liegt im leicht sauren Bereich, wobei GEH im Unterschied zu aktivem Aluminiumoxid eine stärkere Affinität zu Arsen im neutralen pH-Wert-Bereich aufweist (EPA 2010). Folglich sind im neutralen pH-Wert-Bereich höhere Beladungskapazitäten ohne Notwendigkeit zur pH-Anpassung möglich (EPA 2010; DVGW W 249 2012). Laut Henke (2009) beträgt die Beladungskapazität von granuliertem Eisenhydroxid im leicht alkalischen pH-Wert-Bereich von 8,5 in etwa 1.500 mg As(V)/kg. Im optimalen pH-Wert-Bereich liegt der der Wirkungsgrad der As(V)-Entfernung bei etwa 99 % (Pal 2015).

Laut DVGW W 249 (2012) gehört die Anwendung von aktivem Aluminiumoxid und GEH zur gezielten Arsenentfernung aus Trinkwasser zum Stand der Technik. Der Betrieb erfolgt meist im Festbett in mehreren nacheinander geschalteten Adsorbern, die in der Regel mit einer Filtergeschwindigkeit von 5 m/h bis 15 m/h und einer Leerbettverweilzeit von 3 Minuten bis 10 Minuten ausgelegt werden (DVGW W 249 2012). Für feingranuliertes Material (z. B. aktives Aluminiumoxid mit Korngröße 0,3 mm bis 0,6 mm) sollte bei einer Rohwassertrübung über 0,3 NTU nach Möglichkeit eine Filtrationsstufe vorgeschaltet werden (EPA 2010).

Ein Beispiel einer Adsorptionsanlage zur Arsenentfernung aus New Mexiko (USA) ist in Abbildung 7 zu sehen. Die Betriebsdaten der abgebildeten Anlage sind in einer Veröffentlichung der EPA (2011) zusammengestellt. Die Adsorptionsanlage ist auf eine Aufbereitungsmenge von maximal 100 m³/h ausgelegt und besteht aus drei Druckfilterbehältern im Parallelbetrieb, befüllt mit insgesamt 6 m³ E33-Adsorptionsmittel (90 % FeOOH, Fa. Bayer). Der Arsengehalt des Rohwassers beträgt im Mittel 16,9 µg As/L und liegt zu 98 % als As(V) vor, daher ist keine Oxidationsstufe vorhanden. Der pH-Wert des Rohwassers beträgt 9,2 und wird vor der Adsorption auf einen pH-Wert von etwa 7,5 neutralisiert. Nach einer Leerbettkontaktzeit von ca. 3,2 Minuten erfolgt eine Aufbereitung auf unter 10 µg As/L.

Abbildung 7: Arsenadsorptionsstufe der Fa. Severn Trent Services in New Mexiko (USA) mit E33-Adsorbent (90 % FeOOH, Fa. Bayer) (EPA 2011).

Laut DVGW W 249 (2012) werden bei Arsenkonzentrationen im Rohwasser im Bereich von 10 µg As/L bis 50 µg As/L, geringen Gehalten an Konkurrenzionen (insbesondere Phosphat und Silikat) und pH-Werten unter 8,0 Adsorbensbeladungen von 1.000 mg As/kg TR bis 10.000 mg As/kg TR erreicht. Bei Vollbeladung kann das granulierte Filtermaterial entsorgt bzw. regeneriert werden. Die Regeneration von beladenem GEH ist derzeit nicht Stand der Technik und wird verstärkt erforscht (DBU 2019). Eine Regeneration von aktivem Aluminiumoxid ist durch die Behandlung des beladenen Materials mit hochalkalischer Lösung und anschließender Neutralisierung möglich (z. B. 4 % NaOH-Lösung und 2 % H_2SO_4-Lösung vgl. Johnson und Bretzler 2017). Die in situ Regenerierung von aktivem Aluminiumoxid ist bisher nur in großen Wasserversorgungsanlagen Stand der Technik, da bei der Regeneration etwa 37 bis 47 Bettvolumina an Natriumhydroxid-Regeneraten mit Arsenkonzentrationen über 5 mg As/L erzeugt werden und entsprechend zu handhaben sind (EPA 2003).

2.3.6 Ionenaustauschverfahren

Ionenaustauscher sind organische Harze oder Membranen, die zu einem Austausch eigener, an der Oberfläche des Materials gebundener H^+ oder OH^- Ionen gegen Kationen oder Anionen (z. B. $H_2AsO_4^-$) des Wassers fähig sind (Kurzweil 2020). Die Porenstruktur, die innere Oberfläche und die Polarität der Ionenaustauscher können bei der Herstellung gezielt eingestellt werden (Bathen und Breitbach 2001). Folglich ist ihre Beladungskapazität sehr hoch (Mohan und Pittman 2007). Andererseits sind sie mit 3- bis 5-fach höheren Anschaffungskosten im Vergleich zu Aktivkohle relativ teuer (Bathen und Breitbach 2001).

Im neutralen pH-Wert-Bereich kann mittels Ionenaustauscher ausschließlich As(V) entfernt werden. Die Entfernung von ungeladenem As(III) ist nicht möglich und eine Oxidation zu As(V) unabdingbar (EPA 2010).

Zur Arsenentfernung werden stark basische Ionenaustauscher verwendet (EPA 2010). Die Reihenfolge des Ionenaustauschs für stark basische Ionenaustauscher ist wie folgt aufgestellt (Ravenscroft et al. 2009):

$$CrO_4^{2-} > ClO_4^- > SeO_4^- > SO_4^{2-} > NO_3^- > HAsO_4^{2-} > CN^- > Cl^- > H_2AsO_4^- >> OH^- > F^- \quad (18)$$

Es ist erkennbar, dass Sulfat- bzw. Nitrat-Ionen einen Vorrang vor As(V)-Oxoanionen haben. Folglich ist keine gezielte As(V)-Entfernung im Ionenaustauscher ohne parallele Entfernung von Sulfat und Nitrat möglich (DVGW W 249 2012). Aus diesem Grund ist die Standzeit von Ionenaustauschern im Vergleich zu adsorptiven Verfahren deutlich kürzer (Odell 2010). Weiterhin besteht die Gefahr von Arsen- und Nitratpeaks im aufbereiteten Wasser, wenn, nach einer vollständigen Belegung der Adsorptionsplätze, Ionen eines niedrigen Ranges desorbiert werden, um Ionen eines höheren Ranges aufzunehmen (EPA 2010). Hierbei ist das Auftreten höherer Arsenkonzentrationen als im Rohwasser möglich (EPA 2010).

Aus diesen Überlegungen ist laut DVGW W 249 (2012) die alleinige Anwendung von stak basischen Ionenaustauschern zur Entfernung von Arsenoxoanionen nicht zielführend.

Trotz alledem sind die Wirkungsgrade der Ionenaustauscher bei der As(V)-Entfernung mit 95 % sehr hoch und eine Arsenreduktion unter 1 µg As/L möglich (Johnson und Bretzler 2017).

EPA (2010) empfiehlt die Anwendung von Ionenaustauschern zur Arsenentfernung unter dem Vorbehalt, dass bestimmte Bedingungen bezüglich der Rohwasserqualität erfüllt sind und eine umfangreiche Überwachung zur Vermeidung von Arsen- und Nitratspitzen im Trinkwasser erfolgt.

Die von EPA (2010) festgelegten Rahmenbedingungen zur Anwendung von Ionenaustauschern zur Arsenentfernung sind im Folgenden aufgelistet:

- pH-Wert: 6,5 - 9,0
- Nitrat: < 5 mg NO_3^-/L
- Sulfat: < 50 mg SO_4^{3-}/L
- TDS: < 500 mg/L
- Trübung: < 0,3 NTU
- Eisen, Mangan und sonstige Schwermetalle: < 0,1 mg/L

2.3.7 Membranverfahren

Membranen in der Wasseraufbereitung sind folienartige, poröse Trennschichten, die verschiedene Wasserinhaltsstoffe (partikuläre Stoffe, Bakterien und Viren, Moleküle, Ionen etc.) in Abhängigkeit von ihrer Porengröße durch Diffusions- und Siebungsvorgänge vom aufbereiteten Wasser zurückhalten (Exler 2016). Membranverfahren werden anhand der Porengröße bzw. Molekülgröße abzutrennender Stoffe in Mikrofiltration (MF, Trenngrenze bis 0,1 µm), Ultrafiltration (UF, Trenngrenze 0,1 µm bis 0,01 µm), Nanofiltration (NF, Trenngrenze 0,01 µm bis 0,001 µm) und Umkehrosmose (UO, Trenngrenze 0,001 µm bis 0,0001 µm) unterteilt (Exler 2016). Im Vergleich zu den MF- und UF-Verfahren benötigen die NF- und UO-Verfahren viel höhere Arbeitsdrücke, sind daher kostenintensiver im Betrieb und anfälliger für die Verblockung, außerdem sind die Anschaffungskosten der NF- und insbesondere der UO-Membranen sehr hoch (Shih 2005). Weitere grundlegende Begriffe, Kenngrößen und Betriebsparameter sind in Kapitel 2.6 erläutert.

Mikro- und Ultrafiltrationsmembranen

Membranverfahren zur Partikelentfernung (Mikro- und Ultrafiltration) arbeiten nach dem Prinzip physikalischer Siebung (Melin und Rautenbach 2007).

> **Laut DVGW W 249 (2012) haben Mikro- und Ultrafiltrationsverfahren keinen Einfluss auf die Arsenentfernung. Auch laut EPA (2003) gehören MF- und UF-Membranverfahren nicht zum Stand der Technik.**

Dennoch kann die Fähigkeit der MF- und UF-Membranen zum vollständigen Feststoffrückhalt genutzt und die an Partikel gebundene Arsenfraktion komplett aus dem Wasser entfernt werden (EPA 2003). Folglich ist eine Kombination der MF- bzw. UF-Verfahren mit vorgeschalteter Oxidation zur Überführung von As(III) in As(V) und Flockung zur Mitfällung von As(V) denkbar (Odell 2010). Nach Pal (2015) führt eine Kombination von Flockung mit $FeCl_3$ und Mikrofiltration zur Arsenentfernung bis auf 2 µg As/L bei einer Rohwasserkonzentration von 40 µg As/L und ist insbesondere für die Aufbereitung von Oberflächenwasser geeignet.

Im Rahmen der vorliegenden Arbeit werden zwei neue verfahrenstechnische Ansätze zur Erweiterung einer Niederdruck-Membranfiltrationsanlage um eine Arsenentfernungsstufe mittels Adsorption an Tonerde und Elektrokoagulation vorgestellt (vgl. Kapitel 3 und Kapitel 4).

Nanofiltration und Umkehrosmose

In Membranverfahren der Nanofiltration und Umkehrosmose erfolgt die Wasseraufbereitung nach dem Diffusionsprinzip (Exler 2016). Die Selektivität der Nanofiltrationsmembranen wird über die Partikelgröße bestimmt und hängt im Wesentlichen von der elektrischen Ladung der abzutrennenden Ionen sowie der membranspezifischen Ladung ab (Shih 2005). Aus dem Grund können geladene As(V)-Oxoanionen mit allen NF-Membranen deutlich besser als ungeladene As(III)-Spezies aus dem Wasser entfernt werden (Bhattacharya et al. 2015). Die As(V)-Entfernung beträgt je nach Membrantyp bis zu 97 % und ist im Allgemeinen im höheren pH-Wert-Bereich besser, da As(V) im basischen Bereich vermehrt zum zweiwertigen Oxoanion wechselt (Shih 2005). Die Entfernung von As(III) ist nur im pH-Wert-Bereich größer 10 signifikant, da As(III) in dem Bereich als geladenes $H_2AsO_3^-$ vorliegt (Ravenscroft et al. 2009). In Abhängigkeit vom Membrantyp liegt die Arsenentfernung bei As(III)-Spezies zwischen 30 % und 50 % im pH-Wert-Bereich von 7 und zwischen 60 % und 90 % im pH-Wert-Bereich von 10 (Shih 2005). Ferner führen höhere Arbeitsdrücke zu höherer Entfernungsrate (Shih 2005). Das Verhältnis vom aufbereiteten Wasser zum Rohwasserinput (Ausbeute) der Nanofiltrationsverfahren zur Arsenentfernung liegt bei 85 % für große Anlagen auf kommunaler Ebene und ist deutlich niedriger bei POE-Anwendungen (Johnson und Bretzler 2017).

Die Arsenentfernungseffizienz von UO-Membranen ist im Allgemeinen besser für As(V)- als für As(III)-Spezies und hängt insbesondere von dem Membranmaterial ab (Ravenscroft et al. 2009). Beispielsweise beträgt der Wirkungsgrad von Cellulose-Acetat-Membranen 90 % für As(V) sowie 70 % für As(III) und bei Polyvinyl-Alkohol-Membranen liegt dieser bei 95 % für As(V) sowie 90 % für As(III) (Ravenscroft et al. 2009). EPA (2003) beschreibt die Umkehrosmose zur Arsenentfernung als relativ unabhängig von dem pH-Wert der Lösung. Allerdings gilt diese Aussage nur für die As(V)-Entfernung. Laut Shih (2005) fällt der As(III)-Wirkungsgrad im leicht sauren pH-Wert-Bereich für die meisten UO-Membranen deutlich geringer aus und kann für Polyvinyl-Alkohol-Membranen sogar auf 20 % absinken. Die Ausbeute schwankt bei UO-Verfahren zur Arsenentfernung von 30 % bis 85 % bei großen CWS-Anlagen und ist deutlich niedriger mit 10 % bis 25 % für POE-Anwendungen (Johnson und Bretzler 2017).

Laut DVGW W 249 (2012) sind die Wirkungsgrade der NF- und UO-Verfahren in Bezug auf As(III)-Entfernung nicht ausreichend und zumal eine vollständige Enthärtung bzw. Entsalzung des Wassers stattfindet, sind sie nicht zur gezielten Arsenentfernung geeignet.

Hingegen ordnet EPA (2003) Arsenentfernung mittels UO dem Stand der Technik mit besonderer Relevanz für die Anwendung in Kleinstanlagen auf Gemeinschafts- und Haushaltsebene zu.

2.3.8 Elektrochemische Verfahren

Elektrochemische Verfahren gründen auf dem Mechanismus der chemischen Reduktions- und Oxidationsreaktionen, die entweder durch das Anlegen einer äußeren Spannung hervorgerufen werden (Elektrolyse) oder in deren Folge eine messbare Spannung erzeugt wird (galvanisches Element) (Comninellis und Chen 2010). Zu den elektrochemischen Verfahren der Arsenentfernung aus dem Wasser zählen insbesondere die Verfahren der Elektrokoagulation und Elektrodialyse.

Elektrodialyse

Ravenscroft et al. (2009) beschreibt die Elektrodialyse als einen elektrochemisch getriebenen Membranprozess, der in einem durch Kationen- und Anionenaustauscher-Membranen getrennten Raum zwischen zwei Elektroden abläuft. Durch das Anlegen einer Spannung an die Elektroden wird ein elektrisches Feld erzeugt. In diesem werden Anionen (u. a. As(V)-Oxoanionen) zur Anode und Kationen zur Kathode angezogen und passieren die Anionen- bzw. Kationenaustauscher-Membranen. Da As(III) im natürlichen pH-Wert-Bereich des Grund- bzw. Oberflächenwassers ungeladen und As(V) als ein- oder zweifach geladenes Oxoanion erscheint (vgl. Kapitel 2.2.2), muss im Vorfeld eine vollständige Oxidation zu As(V) erfolgen. Bei Untersuchungen von Mendoza et al. (2014) zeigt die Elektrodialyse einen Wirkungsgrad von über 99 % mit einer As(V)-Reduktion von 662 µg As/L auf 4 µg As/L durch das Anlegen einer 12 V Spannung. Ferner führt die Elektrodialyse zu einer nahezu kompletten Entsalzung des Wassers (Pal 2015). Um den Trinkwasserstandards zu entsprechen, muss das behandelte Wasser eventuell nachbereitet werden (Pal 2015).

Eine Weiterentwicklung des Prozesses stellt die Umkehr-Elektrodialyse dar. Hier findet der Wechsel der Polarität der Ionenaustauscher-Membranen statt, wodurch eine interne Reinigung der Membran erreicht wird und eine hohe Ausbeute von ca. 85 % möglich ist (Feenstra et al. 2007).

Laut EPA (2003) gehört die Umkehr-Elektrodialyse zur Arsenentfernung aus Trinkwasser zur besten verfügbaren Technik.

Elektrokoagulation

Elektrokoagulation (EC, Electrocoagulation) ist ein Verfahren der in situ Generierung von Fällungsmittel durch elektrolytische Auflösung von Aluminium- oder Eisen-Elektroden im Wasser (Kobya et al. 2011). Es ist ein schon lange bekanntes und weit verbreitetes Verfahren der Industrieabwasseraufbereitung (Lakshmanan et al. 2010). Die Anwendung der Elektrokoagulation zur Arsenentfernung bei der Trinkwasseraufbereitung wird jedoch erst seit wenigen Jahren verstärkt erforscht (vgl. Kobya et al. 2020). Die Arsenentfernung erfolgt analog zur chemischen Fällung und Flockung (vgl. Kapitel 2.3.4) mit dem Mechanismus der Mitfällung, Adsorption und dem Einschluss von Arsen an den erzeugten Metalloxohydroxiden. Die erreichbaren Arsenkonzentrationen im Wasser liegen unter 10 µg As/L (Feenstra et al. 2007).

Eine vertiefte Erläuterung zum Prozess der Elektrokoagulation ist in Kapitel 2.5 zu finden.

2.3.9 Verfahrensvergleich

Aufgrund der Aktualität der Arsenproblematik werden kontinuierlich neue Verfahren zur Arsenentfernung aus Trinkwasser erforscht und in der Praxis erprobt. In Tabelle 11 sind die wichtigsten Verfahren, ihre Wirkungsgrade sowie Vor- und Nachteile dargestellt. Ferner werden folgende Autoren mit weiterführenden Informationen zu den wichtigsten aktuellen Arsenentfernungsverfahren empfohlen: Mondal et al. (2006), Henke (2009), Pal (2015), Bhattacharya et al. (2015), Bryjak et al. (2016) sowie Johnson und Bretzler (2017).

Tabelle 11: Verfahren zur Arsenentfernung aus Trinkwasser (ergänzt nach Feenstra et al. 2007; DVGW W 249 2012; Pal 2015; Johnson und Bretzler 2017).

Verfahren	Betriebsmittel / Verfahrenstyp	$E_{As, MW}$ [%]		Vorteile	Nachteile
		As(III)	As(V)		
Oxidation & Fällung	Luftsauerstoff	≤ 30	≤ 30	Sehr günstig & einfach, Erhöhung der Effizienz über Zeit bei Feststofftrennung mittels Filtration	Nur bei hohem Fe-/ Mn-Gehalt relevant, sonst kaum As-Entfernung, sehr langsamer Prozess
	Chemische Oxidation	≤ 30	30 - 60	Relativ einfach, Desinfektion, Erhöhung der Effizienz über Zeit bei Feststofftrennung mittels Filtration	Nur bei hohem Fe-/ Mn-Gehalt relevant, sonst kaum As-Entfernung
Chemische Fällung & Flockung	Aluminium	≤ 30	≥ 90	SdT (DVGW, EPA), relativ günstig & einfach, stabiler Schlamm	Oxidation notw., schlechtere As(III)-Entfernung als bei Fe-Fällung, evtl. pH-Wert-Anpassung, große Schlammmengen
	Eisen	30 - 60	≥ 90	SdT (DVGW, EPA), relativ günstig & einfach, stabiler Schlamm	Oxidation notw., große Schlammmengen, starke Adsorptionskonkurrenz mit Phosphat
	Kalk	30 - 60	≥ 90	Relativ günstig & einfach	Keine As-Entfernung unter 10 µg As/L, pH-Wert-Anpassung notw., sehr große Schlammmengen, nicht stabiler Schlamm
Adsorption	Aluminiumoxid	60 - 90	≥ 90	SdT (DVGW, EPA), regenerierbar, geringe Investitionskosten	Relativ teuer, keine in situ Regeneration, evtl. pH-Wert-Anpassung, Vorfiltration bei Trüb > 0,3 NTU
	Eisenbasierte Adsorbentien	30 - 60	≥ 90	SdT (DVGW, EPA), breiter pH-Wert-Arbeitsbereich	Relativ teuer, keine in situ Regeneration, Vorfiltration bei Trüb > 0,3 NTU
Ionen-austausch	Stark basischer Ionen-austauscher	≤ 30	≥ 90	SdT (EPA), hohe Beladungskapazität, regenerierbar	Teuer, keine gezielte As-Entfernung, geringe Standzeiten bei SO_4^{2-} und NO_3^- in Rohwasser, Gefahr der Arsenspitzen, Oxidation notw., flüssige Regenerate
Membran-filtration	Umkehrosmose	60 - 90	≥ 90	SdT (EPA), Mitentfernung mikobiol. Verunreinigungen, breiter pH-Wert-Arbeitsbereich	Sehr teuer, sehr hoher Energiebedarf, arsenreiche Retentate, geringe Ausbeute, Nachbehandlung des Permeats notw.
	Nanofiltration	60 - 90	60 - 90	Mitentfernung mikrobiol. Verunreinigungen	Sehr teuer, As-Entfernung stark pH-Wert-abhängig, sehr hoher Energiebedarf, arsenreiche Retentate, geringe Ausbeute
Elektro-chemische Verfahren	Elektrodialyse bzw. Umkehr-Elektrodialyse	≤ 30	≥ 90	SdT (EPA)	Keine As(III)-Entfernung, Oxidation notw., Oxidationsmittel schädigen Ionenaustauschermembran, Nachbehandlung v. Diluat
	Elektro-koagulation	60 - 90	≥ 90	In situ Produktion v. Fällungsmitteln, geringe Schlammmengen, teilw. As(III)-Oxidation	Anwendung zur As-Entfernung wenig erforscht, hoher Energiebedarf, Ausbildung v. Elektrodenpassivierung

Es ist anzumerken, dass je nach Autor und Literaturquelle unterschiedliche und teilweise widersprüchliche Angaben bezüglich der Zuordnung zum Stand der Technik (vgl. DVGW W 249 2012 und EPA 2003 bzw. EPA 2010), der optimalen Betriebsweise (z. B. Notwendigkeit der Oxidation oder pH-Wert-Einstellung), der betriebstechnischen Vor- und Nachteile sowie der Arsenentfernungseffizienz der Verfahren zu finden sind. Daher ist bei einer praktischen Umsetzung von Wasseraufbereitungsanlagen zur Arsenentfernung ihre Umsetzbarkeit, Nachhaltigkeit und Wirtschaftlichkeit bei den vor Ort herrschenden Rahmenbedingungen im Einzelfall zu überprüfen.

2.4 Adsorption an oxidische Adsorbentien

2.4.1 Grundlagen der Adsorption

Adsorption ist der Prozess der Anlagerung eines Moleküls aus einer gasförmigen oder flüssigen Phase an einen Feststoff, hierbei findet die Akkumulation adsorbierter Moleküle an der Schnittstelle zwischen wässriger Lösung bzw. Gasphase und Festphase ohne Entwicklung von dreidimensionalen molekularen Aggregaten statt (Foster und Kim 2014). Die Adsorption steht in einem thermodynamischen Gleichgewicht mit der Desorption, dem Prozess der Entfernung adsorbierter Moleküle von dem Feststoff und der Überführung in die freie Phase (Bathen und Breitbach 2001). An dem Prozess beteiligte Akteure sind nach Bathen und Breitbach (2001) wie folgt definiert:

- Adsorbens - Feststoff, der das zu adsorbierende Molekül bindet
- Adsorptiv - zu adsorbierendes Molekül, das sich in der fluiden Phase befindet
- Adsorpt - Molekül, das an das Adsorbens gebunden ist
- Adsorbat - Komplex aus Adsorpt und Adsorbens

Weiterhin können nach Bathen und Breitbach (2001) die technischen Adsorbentien in Abhängigkeit von ihren Eigenschaften, Adsorptionsmechanismen etc. in folgende drei Haupttypen eingeteilt werden:

- Oxidische Adsorbentien (Tonminerale, aktives Aluminiumoxid, Eisenhydroxide etc.)
- Kohlenstoffadsorbentien (Aktivkohle, Aktivkoks etc.)
- Adsorberpolymere und -harze (Polystyrole, Adsorberharze etc.)

Ferner bestehen einige grundlegende Unterschiede zwischen Flüssig- und Gasphasenadsorption (z. B. die Struktur der Phasengrenze, Wärmekapazität der Phasen etc.), die einen erheblichen Einfluss auf den Adsorptionsprozess ausüben (Bathen und Breitbach 2001).

Aufgrund der Thematik der vorliegenden Arbeit findet in diesem Kapitel die Betrachtung der Flüssigphasenadsorption an oxidischen Adsorbentien, insbesondere Tonminerale und Aluminiumoxohydroxide, statt.

Die Flüssigphasenadsorption ist ein Mehrkomponentenprozess, wobei eine Verdrängung bzw. ein Austausch eines an dem Adsorbens anliegenden Lösungsmittelmoleküls durch ein

Adsorptiv-Molekül stattfindet (Bathen und Breitbach 2001). Die Chemie der Grenzfläche zwischen Flüssigphase und Adsorbens (pH-Wert, Redox-Spannung, Oberflächenladung etc.) ist für den Vorgang der Adsorption entscheidend (Tretner 2002).

Oxidische Adsorbentien besitzen eine Oberflächenladung, die sich aus der Summe permanenter und variabler elektrischer Ladungen zusammensetzt. Die permanente elektrische Ladung der Feststoffpartikel wird durch Fehlstellen oder Substitutionen im Kristallgitter hervorgerufen (Jasmund und Lagaly 1993). Beispielsweise führt die Substitution von Si(IV)- durch Al(III)-Atome in einem Silikatgerüst zu einer permanenten negativen Ladung bei Tonmineralen (vgl. Kapitel 2.4.3.2).

Die variable elektrische Ladung entsteht durch oberflächenaktive, funktionelle Gruppen (molekulare Bausteine), die von der Feststoffoberfläche in die Lösung hineinragen und mit ihr wechselwirken (Judat 2004). Die Ionenstärke bzw. der pH-Wert der Lösung beeinflusst die Stärke bzw. die Richtung der variablen Oberflächenladung der Feststoffpartikel wie im Folgenden erläutert (Henke 2009):

- Im sauren Milieu liegt ein Überschuss an Protonen vor, die an Metallhydroxide anlagern und eine positive Ladung der Oberfläche herbeiführen:

$$\equiv \mathrm{Me\text{-}OH} + \mathrm{H^+} \leftrightarrow \mathrm{Me\text{-}OH_2^+} \qquad (19)$$

- Im alkalischen Milieu werden Protonen abgegeben, sodass die Mineraloberfläche eine negative Ladung erhält:

$$\equiv \mathrm{Me\text{-}OH} + \mathrm{OH^-} \leftrightarrow \mathrm{Me\text{-}O^-} + \mathrm{H_2O} \qquad (20)$$

Der pH-Wert der Lösung, bei dem die Gesamtladung (Summe aus permanenter und variabler Ladung) der Oberfläche gleich Null ist, wird in der Literatur mit dem Begriff Ladungsnullpunkt (LNP bzw. pH_{PZC}, *point of zero charge*) für Festkörper oder isoelektrischer Punkt (IEP) für amorphe Oberflächen gekennzeichnet (Jasmund und Lagaly 1993).

Ist der pH-Wert der Lösung größer als der LNP, ist die mineralische Oberfläche zunehmend negativ geladen. Ist der pH-Wert der Lösung kleiner als der LNP, ist die mineralische Oberfläche zunehmend positiv geladen und kann negativ geladene Arsen-Oxoanionen adsorbieren (Henke 2009). Eine Zusammenfassung der Ladungsnullpunkte verschiedener Materialien ist in Tabelle 12 dargestellt.

Tabelle 12: Ladungsnullpunkt verschiedener Minerale (Henke 2009; Hahn 2014; Amelung et al. 2018).

Material	Ladungsnullpunkt [-]
Calcit	9,5
Aluminiumoxohydroxid, amorph	9,4
Goethit, FeO(OH)	8,5 - 9,3
Eisenoxohydroxid, amorph	8,5
Aluminiumoxid, Al_2O_3	8,1
Hämatit, Fe_2O_3	6,6 - 8,5
Kaolinit	3,7 - 4,6
Montmorillonit	2,5
Illit	2,0 - 3,0
Smectit	2,0 - 3,0
Quarz	2,0 - 2,9

Ferner führt die gegenseitige Beeinflussung der Oberflächenladung des Feststoffes und den Ladungsträgern der Flüssigphase (Ionen) an der Phasengrenze zwischen Flüssig- und Feststoffphase zur Ausbildung einer Ladungsverteilung (Tretner 2002). Die entstehende Ladungsverteilung wird als elektrochemische Doppelschicht bezeichnet und wurde im Modell von Helmholtz (1879) erstmalig beschrieben und im Weiteren von Gouy und Chapman (1910 und 1919) sowie Stern (1924) weiterentwickelt (Tretner 2002). Das Stern-Modell beschreibt die elektrochemische Ladungsverteilung an der Phasengrenze durch zwei Schichten (siehe Abbildung 8 (1) und vgl. Tretner 2002; Henke 2009):

- Eine starre Schicht (Stern-Schicht) aus regelmäßig parallel zueinander angeordneten Gegenladungen der Feststoffoberfläche und der Flüssigphase
- Eine an die starre Schicht angrenzende diffuse Schicht (Gouy-Schicht) mit einer inhomogenen Ladungsverteilung

Die Stern-Schicht besteht aus Oberflächenkomplexen, die je nach Art und Stärke der Bindung in außensphärische Komplexe (Außensphäre-Adsorption) und innersphärische Komplexe (Innersphäre-Adsorption) unterschieden werden (siehe Abbildung 8 (2) und vgl. Bathen und Breitbach 2001; Foster und Kim 2014; Campbell und Nordstrom 2014):

- **Außensphärische Adsorption** (Physisorption) ist eine nicht-spezifische Adsorption, die auf intermolekularen Kräften ohne Elektronenübergang beruht und eine niedrige Bindungsenergie von 5 kJ/mol bis 40 kJ/mol aufweist. Die Physisorption ist durch das Vorhandensein der Hydratationsschale zwischen dem Adsorbat und der Adsorbensoberfläche charakterisiert. Die Bindung erfolgt in einem Multilayer durch die Kombination von Wasserstoffbrücken und elektrostatischen Kräften und hängt insbesondere von der Ladung des Adsorbats sowie der Adsorbensoberfläche ab. Aufgrund niedriger Bindungsenergie ist die Desorption gut möglich und der Prozess meist reversibel.

- **Innersphärische Adsorption** (Chemisorption) ist eine spezifische Adsorption, die auf einem echten Elektronenübergang beruht und eine hohe Bindungsenergie von 40 kJ/mol bis 800 kJ/mol aufweist. Die Chemiesorption ist durch einen teilweisen bzw. vollständigen Verlust der Hydrathülle des Adsorptivs und eine stärkere Annäherung an die Oberfläche des Adsorbens charakterisiert. Die Bindung erfolgt in einem Monolayer durch die Abgabe der Hydratationswassermoleküle und das Eingehen von einer oder mehreren direkten chemischen Verbindungen des Adsorbats mit der Oberfläche des Adsorbens (kovalenter Ligandenaustausch). Aufgrund hoher Adsorptionsenergien ist die Desorption schwierig und der Prozess meist irreversibel.

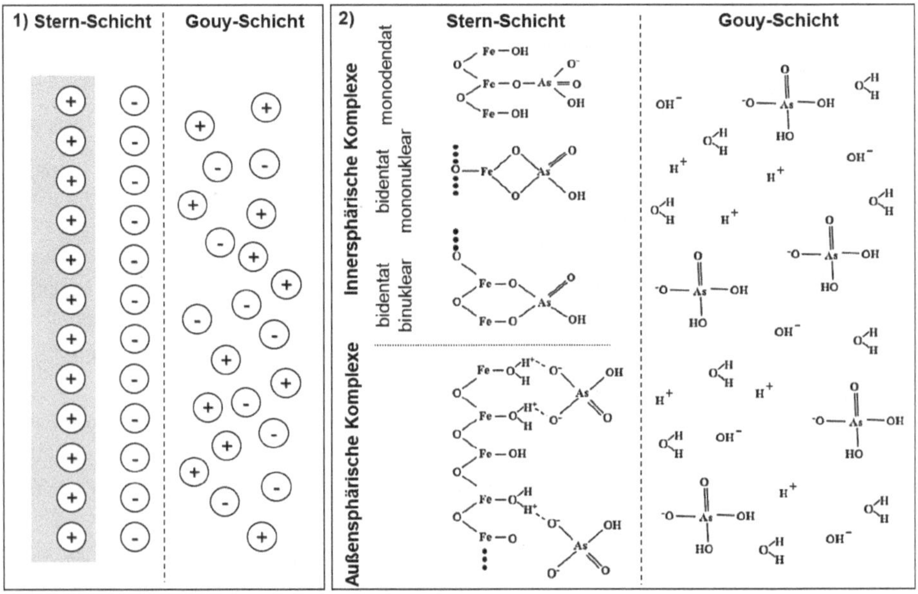

Abbildung 8: 1) Stern-Modell und 2) die Anwendung des Stern-Modells auf die As(V)-Adsorption an eisenhaltiger Mineraloberfläche (verändert nach Henke 2009 und Tretner 2002).

Die Abgrenzung zwischen den beiden Adsorptionsarten hängt von spezifischen Eigenschaften des Adsorptivs und Adsorbens ab (Bonilla-Petriciolet et al. 2017).

Die Physisorption von Arsen an oxidischen Adsorbentien erfolgt beim Einschluss von Arsenverbindungen in die innere Porenstruktur der Metalloxohydroxidflocken während der Mitfällung (vgl. Kapitel 2.3.4) sowie beim Anionenaustausch in mineralischen Zwischenschichten (vgl. Foster und Kim 2014).

<u>Die Chemiesorption</u> von Arsen erfolgt bevorzugt an Hydroxygruppen der Metalloberflächen (≡Me-OH) (vgl. Foster und Kim 2014).

Die Chemisorption von Arsen an Hydroxygruppen kann je nach Verbindungsart in folgende Komplex-Typen unterschieden werden (siehe Abbildung 8 (2) und vgl. Foster und Kim 2014):

- Monodentate Bindung am Scheitelpunkt (auch ^{1}V-Bindung vom eng. *vertex*)
- Bidentat-mononuklerare Bindung an Kanten (auch ^{2}E-Bindung vom eng. *edge*)
- Bidentat-binukleare Bindung an Ecken (auch ^{2}C-Bindung vom eng. *corner*)
- Tridentate Bindung an Ecken (auch ^{3}C-Bindung vom eng. *corner*)

Manning und Goldberg (1997) beschreiben den Vorgang der innersphärischen Adsorption von As(III) und As(V) an reaktive Hydroxygruppen der Metalloberflächen durch Ausbildung monodentater sowie bidentat-binuklearer Komplexe wie folgt:

- Monodentate As(III)-Adsorption:

$$\equiv \mathrm{Me\!-\,OH} + \mathrm{H_3AsO_3} \leftrightarrow \mathrm{Me\!-\,H_2AsO_3} + \mathrm{H_2O} \tag{21}$$

$$\equiv \mathrm{Me\!-\,OH} + \mathrm{H_3AsO_3} \leftrightarrow \mathrm{Me\!-\,HAsO_3^-} + \mathrm{H_2O} + \mathrm{H^+} \tag{22}$$

$$\equiv \mathrm{Me\!-\,OH} + \mathrm{H_3AsO_3} \leftrightarrow \mathrm{Me\!-\,AsO_3^{2-}} + \mathrm{H_2O} + 2\,\mathrm{H^+} \tag{23}$$

- Monodentate As(V)-Adsorption:

$$\equiv \mathrm{Me\!-\,OH} + \mathrm{H_3AsO_4} \leftrightarrow \mathrm{Me\!-\,H_2AsO_4} + \mathrm{H_2O} \tag{24}$$

$$\equiv \mathrm{Me\!-\,OH} + \mathrm{H_3AsO_4} \leftrightarrow \mathrm{Me\!-\,HAsO_4^-} + \mathrm{H_2O} + \mathrm{H^+} \tag{25}$$

$$\equiv \mathrm{Me\!-\,OH} + \mathrm{H_3AsO_4} \leftrightarrow \mathrm{Me\!-\,AsO_4^{2-}} + \mathrm{H_2O} + 2\,\mathrm{H^+} \tag{26}$$

- Bidentat-binukleare As(III)-Adsorption:

$$\equiv 2\,\mathrm{Me\!-\,OH} + \mathrm{H_3AsO_3} \leftrightarrow \mathrm{Me_2\!-\,HAsO_3} + 2\,\mathrm{H_2O} \tag{27}$$

$$\equiv 2\,\mathrm{Me\!-\,OH} + \mathrm{H_3AsO_3} \leftrightarrow \mathrm{Me_2\!-\,AsO_3^-} + 2\,\mathrm{H_2O} + \mathrm{H^+} \tag{28}$$

- Bidentat-binukleare As(V)-Adsorption:

$$\equiv 2\,\mathrm{Me\!-\,OH} + \mathrm{H_3AsO_4} \leftrightarrow \mathrm{Me_2\!-\,HAsO_4} + 2\,\mathrm{H_2O} \tag{29}$$

$$\equiv 2\,\mathrm{Me\!-\,OH} + \mathrm{H_3AsO_4} \leftrightarrow \mathrm{Me_2\!-\,AsO_4^-} + 2\,\mathrm{H_2O} + \mathrm{H^+} \tag{30}$$

2.4.2 Adsorptionsisothermen und Adsorptionskinetik

Die Triebkraft der Adsorption ist ein thermodynamisches Ungleichgewicht, wobei das System durch die Adsorptions- bzw. Desorptionsvorgänge einen Gleichgewichtszustand zu erreichen versucht (Bathen und Breitbach 2001). Die Adsorptions- und Desorptionsvorgänge stellen in der Realität komplexe Mehrkomponentenprozesse dar, deren Betrachtung durch die Definition einer Leitkomponente bzw. der Annahme, dass andere Komponenten sich inert verhalten, auf Einkomponentenprozesse vereinfacht werden kann (Bathen und

Breitbach 2001). Ferner ist im Hinblick auf die Adsorptionskinetik zwischen kontinuierlichen und diskontinuierlichen Prozessen zu unterscheiden (Bonilla-Petriciolet et al. 2017).

Im Rahmen dieser Arbeit findet die Betrachtung diskontinuierlicher Einkomponenten-Adsorptionsprozesse im Batchbetrieb statt (vgl. Abbildung 9).

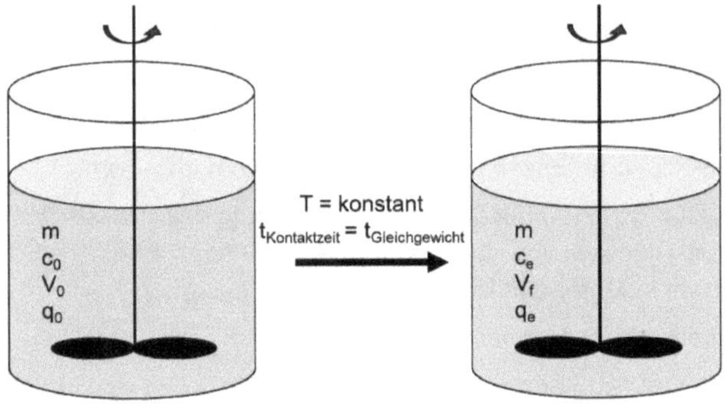

Abbildung 9: Schematische Darstellung eines diskontinuierlichen Einkomponenten-Adsorptionsprozesses im Batchbetrieb.

Für diskontinuierliche Batchreaktoren kann unter Annahme einer konstanten Temperatur während des gesamten Adsorptionsprozesses und einer ausreichenden Kontaktzeit zum Erreichen eines thermodynamischen Gleichgewichtes folgende Massenbilanz aufgestellt werden (Bonilla-Petriciolet et al. 2017):

$$c_0 \cdot V_0 + q_0 \cdot m = c_e \cdot V_f + q_e \cdot m \quad (31)$$

mit

m = Masse des Adsorbens in [kg],

V_0 = Volumen der Flüssigphase zum Beginn des Adsorptionsprozesses in [m³],

V_f = Volumen der Flüssigphase im Gleichgewicht in [m³],

c_0 = Anfangskonzentration des Adsorptivs in der Flüssigphase in [kg/m³],

c_e = Konzentration des Adsorptivs in der Flüssigphase im Gleichgewicht in [kg/m³],

q_0 = Anfangsadsorbensbeladung in [kg/kg],

q_e = Adsorbensbeladung im Gleichgewicht in [kg/kg].

Ist die Beladung des Adsorbens zum Beginn des Adsorptionsprozesses annähernd null und findet keine Änderung des Flüssigphasenvolumens statt ($V_0 = V_f = V$), kann die Massenbilanz wie folgt vereinfacht werden:

$$c_0 \cdot V = c_e \cdot V + q_e \cdot m \quad (32)$$

Die Beladung des Adsorbens q_e im Gleichgewicht ergibt sich nach der Umstellung zu:

$$q_e = \frac{(c_0 - c_e) \cdot V}{m} \quad (33)$$

Die Beschreibung des thermodynamischen Gleichgewichtes des Systems erfolgt üblicherweise mit Adsorptionsisothermen (Bonilla-Petriciolet et al. 2017). Adsorptionsisothermen sind Funktionen der Adsorbensbeladung im Gleichgewicht q_e in Abhängigkeit von der Konzentration des Adsorptivs in der Flüssigphase im Gleichgewicht c_e bei einer konstanten Temperatur (Bathen und Breitbach 2001). Zu den gängigsten Adsorptionsisothermen gehören die Isothermen nach Henry, Langmuir, Freundlich sowie Brunauer, Emmert und Teller (BET).

Die Auswertung der Adsorptionsversuche im Rahmen dieser Arbeit erfolgt anhand von Langmuir- und Freundlich-Isothermen, die im Folgenden näher erläutert werden.

Langmuir-Adsorptionsisothermen

Die Langmuir-Adsorptionsisotherme folgt aus einer Zwei-Parameter-Gleichung, die von Langmuir (1918) thermodynamisch hergeleitet wurde. Die Herleitung der Gleichung erfolgte für eine Adsorption in der Gasphase (vgl. Langmuir 1918); die Gültigkeit der Gleichung für eine Flüssigphasenadsorption ergibt sich bei folgenden Annahmen (Bathen und Breitbach 2001):

- Alle Adsorptionsplätze sind energetisch gleichwertig und können besetzt werden.
- Es gibt keine Wechselwirkungen zwischen den Adsorpt-Molekülen.
- Die Fluidphase gehorcht dem idealen Gasgesetz.
- Es findet eine monomolekulare Belegung der Adsorbensoberfläche statt.

Ferner wird für die Langmuir-Gleichung angenommen, dass die Adsorptions- und Desorptionsprozesse gleichzeitig und mit der gleichen Geschwindigkeit erfolgen, also ein dynamisches Gleichgewicht besteht (Bonilla-Petriciolet et al. 2017). Der belegte Oberflächenanteil des Adsorbens (θ in [-]) wird als Verhältnis zwischen der Adsorbensbeladung im Gleichgewicht q_e und maximaler Adsorbensbeladung q_m definiert (Bonilla-Petriciolet et al. 2017):

$$\theta = \frac{q_e}{q_m} \quad (34)$$

Folglich kann die Geschwindigkeit der Adsorptions- bzw. Desorptionsvorgänge anhand von Geschwindigkeitskonstanten der Adsorption (k_a in [1/h]) bzw. Desorption (k_d in [1/h]), der Konzentration des Adsorptivs in der Flüssigphase im Gleichgewicht c_e, der Anzahl der Adsorptionsplätze (N in [-]) sowie dem belegten Oberflächenanteil θ des Adsorbens beschrieben werden (Bonilla-Petriciolet et al. 2017):

$$k_a \cdot c_e \cdot N(1 - \theta) = -k_d \cdot N \cdot \theta \quad (35)$$

Nach Umstellung ergibt sich die Langmuir-Gleichung:

$$\theta = \frac{K_L \cdot c_e}{1+K_L \cdot c_e} \tag{36}$$

bzw.

$$q_e = \frac{q_m \cdot K_L \cdot c_e}{1+K_L \cdot c_e} \tag{37}$$

mit Langmuir-Konstante $K_L = \frac{k_a}{k_d}$ in [-].

Ein Beispiel für den Verlauf der Langmuir-Isothermen für verschiedene Langmuir-Konstanten ist in Abbildung 10 (links) dargestellt.

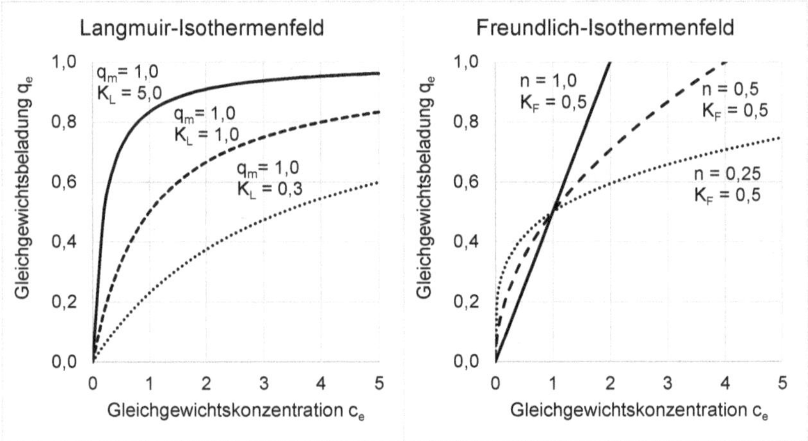

Abbildung 10: Langmuir-Isothermenfeld mit q_m = 1,0 und K_L = var. (links) sowie Freundlich-Isothermenfeld mit K_F = 0,5 und n = var. (rechts).

Die Langmuir-Isotherme besitzt im Bereich geringer Konzentrationen ($c_e \ll 1$) einen fast linearen Verlauf. Dieser Bereich wird als „Henry-Bereich" bezeichnet, da hier die Langmuir-Gleichung dem Henry-Gesetzt für Löslichkeit von Gasen in Flüssigkeiten entspricht (Sontheimer und Fettig 1985):

$$q_e = K_H \cdot c_e \tag{38}$$

Außerdem nähert sich die Adsorbensbeladung im Bereich sehr großer Konzentrationen ($c_e \gg 1$) einer Asymptote, der maximal möglichen Adsorbensbeladung q_m, an (Sontheimer und Fettig 1985).

Freundlich-Adsorptionsisothermen

Die Freundlich-Isotherme ergibt sich aus einer empirischen Zwei-Parameter-Gleichung, die im Gegensatz zur Langmuir-Gleichung keine thermodynamische Verankerung besitzt (Bathen und Breitbach 2001). Die Adsorptionsisotherme wurde 1906 von Freundlich entwickelt und gründet auf folgenden Annahmen (vgl. Judat 2004; Bonilla-Petriciolet et al. 2017):

- Adsorption erfolgt auf einer energetisch heterogenen Oberfläche.
- Mit steigender Adsorptionsdichte erfolgt eine logarithmische Abnahme der Adsorptionsenthalpie.
- Die Plätze mit größter Adsorptionsenthalpie werden zuerst besetzt.
- Die adsorbierte Menge nimmt mit zunehmender Konzentration unendlich zu.

Mathematisch stellt die Freundlich-Isotherme eine einfache Potenzfunktion dar und kann als ein Sammelbegriff für alle Potenzfunktionen aufgefasst werden (Bathen und Breitbach 2001). Für die Flüssigphasenadsorption wird die Freundlich-Isotherme üblicherweise in der folgenden Form aufgeführt (Bonilla-Petriciolet et al. 2017):

$$q_e = K_F \cdot c_e^n \tag{39}$$

mit

K_F = Freundlich-Konstante in [kg/kg],

n = Heterogenitätsfaktor in [-] (wird in einigen Literaturquellen auch als $\frac{1}{n_F}$ angegeben).

Nimmt der Heterogenitätsfaktor n den Wert von 1,0 an, entspricht die Freundlich-Isotherme dem Henry-Gesetz für Löslichkeit von Gasen in Flüssigkeiten (Gl. (38)) (Bathen und Breitbach 2001). Ein Beispiel für den Verlauf der Freundlich-Isothermen für verschiedene Heterogenitätsfaktoren ist in Abbildung 10 (rechts) dargestellt.

Im Allgemeinen beschreibt die Freundlich-Isotherme die Adsorptionsvorgänge bei kleinen Gleichgewichtskonzentrationen besser als die Langmuir-Isotherme, da sie nicht in die Henry-Gleichung übergeht (Bathen und Breitbach 2001). Hingegen eignet sich die Langmuir-Isotherme besser für die Betrachtung der Adsorption in höheren Konzentrationsbereichen, da sie das Sättigungsphänomen des Adsorbens beschreibt (Judat 2004).

Die Anpassung der Adsorptionsisothermen an empirische Daten erfolgt im Rahmen dieser Arbeit anhand linearer Regressionsanalyse (vgl. Kapitel 3.3). Die Linearisierung der Freundlich-Isotherme ergibt sich über die log-Linearisierung, der Annahme der Linearität des Modells in logarithmierten Größen. Bei der Anpassung der Langmuir-Gleichung an die Messwerte können in Abhängigkeit von der gewählten Linearisierungsmethode verschiedene lineare Modelle erstellt werden (Bonilla-Petriciolet et al. 2017). Die wichtigsten linearen Formen der Langmuir- und Freundlich-Isothermen sind in Tabelle 13 dargestellt.

Tabelle 13: Linearisierung von Langmuir- und Freundlich-Isotherme (verändert nach Bonilla-Petriciolet et al. 2017 und Sontheimer und Fettig 1985).

Modell	Gleichung	Lineare Form	Funktion zur Regressionsanalyse	
			f(x)	x
Langmuir-1	$q_e = \frac{q_m \cdot K_L \cdot c_e}{1+K_L \cdot c_e}$	$\frac{1}{q_e} = \frac{1}{q_m} + \frac{1}{K_L \cdot q_m} \cdot \frac{1}{c_e}$	$\frac{1}{q_e}$	$\frac{1}{c_e}$
Langmuir-2		$\frac{c_e}{q_e} = \frac{1}{K_L \cdot q_m} + \frac{1}{q_m} \cdot c_e$	$\frac{c_e}{q_e}$	c_e
Langmuir-3		$\frac{q_e}{c_e} = K_L \cdot q_m + K_L \cdot q_e$	$\frac{q_e}{c_e}$	q_e
Freundlich	$q_e = K_F \cdot c_e^n$	$\log(q_e) = \log(K_F) + n \cdot \log(c_e)$	$\log(q_e)$	$\log(c_e)$

Adsorptionskinetik

Jedes Adsorptionssystem strebt einen Gleichgewichtszustand an, dessen Erreichung von der Geschwindigkeit des Annäherungsprozesses bzw. der Kinetik des Adsorptionsprozesses abhängt (Bathen und Breitbach 2001). Die Beschreibung der Adsorptionskinetik erfolgt mit mathematischen Modellen, die laut Bathen und Breitbach (2001) sowie Bonilla-Petriciolet et al. (2017) in folgende zwei Kategorien eingeordnet werden können:

- **Adsorptionsdiffusionsmodelle (heterogene Modelle)** basieren auf der Beschreibung der Teilschritte der Stofftransport-Kinetik während des Adsorptionsprozesses, insbesondere des Stofftransports durch die Grenzschicht, intrapartikuläre Diffusion und die Adsorption an aktive Adsorptionsplätze.
- **Adsorptionsreaktionsmodelle (homogene Modelle)** beschreiben hingegen den gesamten Prozess der Adsorption als globaler Stoffdurchgang, ohne Betrachtung der obengenannten Teilschritte.

Im Rahmen dieser Arbeit werden die Adsorptionsreaktionsmodelle zur Darstellung der Adsorptionskinetik angewandt und sind im Weiteren näher erläutert.

Im Allgemeinen kann die Reaktionsgeschwindigkeit des Adsorptionsprozesses mittels Reaktionsrate (r in [mg/(L·h)]) beschrieben werden. Diese ergibt sich aus dem Zusammenhang zwischen der Stoffkonzentration (c), der Reaktionskonstante (k_n) und der Reaktionsordnung (n) wie folgt (Sperling et al. 2020):

$$r = k_n \cdot c^n \quad (40)$$

Die Reaktionsordnung beschreibt verschiedene Typen der Reaktionen (vgl. Bryjak et al. 2016; Bonilla-Petriciolet et al. 2017; Sperling et al. 2020):

- $\mathbf{n = 0}$, Reaktion nullter Ordnung ist unabhängig von der Konzentration des Adsorptivs bzw. des Adsorbats, besitzt eine konstante Reaktionsrate und ist in meisten Fällen nicht für die Beschreibung der Adsorptionskinetik geeignet.

- $\mathbf{n = 1}$, Reaktionsrate erster Ordnung ist direkt proportional zur Konzentration des Adsorptivs in der Lösung bzw. des Adsorbats an dem Adsorbens. Laut Bonilla-Petriciolet et al. (2017) eignet sich das Modell erster Ordnung für die meisten Adsorptionsprozesse mit einer hohen Adsorptionsgeschwindigkeit, bei der der Gleichgewichtszustand innerhalb von 20 bis 30 Minuten erreicht wird.
- $\mathbf{n = 2}$, Reaktion zweiter Ordnung beachtet zudem, dass die Beladungskapazität des Adsorbens proportional zur Anzahl der belegten Adsorptionsplätze ist. Die Reaktionsrate zweiter Ordnung ist proportional zum Quadrat der Konzentration des Adsorptivs bzw. des Adsorbats. Das Modell wird erfolgreich zur Beschreibung der Adsorption von Metallen, Farbstoffen und organischen Verbindungen angewandt.

Laut Bryjak et al. (2016) kann die Arsenadsorptionskinetik an oxidische Adsorbentien mit Ratengleichung pseudo-erster bzw. pseudo-zweiter Ordnung, also unter vereinfachter Annahme, dass die Anzahl der Reaktionspartner unverändert bleibt, beschrieben werden [12].

Die **Adsorptionskinetik erster Ordnung** wurde von Lagergen in 1898 entwickelt und beschreibt die Änderung der Beladungskapazität (q_t) in Abhängigkeit von der Kontaktzeit (t in [h]) wie folgt (Bonilla-Petriciolet et al. 2017):

$$\frac{dq_t}{dt} = k_1 \cdot (q_e - q_t) \qquad (41)$$

mit k_1 = Geschwindigkeitskonstante erster Ordnung in [1/h].

Die Triebkraft des Adsorptionsprozesses $(q_e - q_t)$ in der **Adsorptionskinetik zweiter Ordnung** ist proportional zur Anzahl der belegten Adsorptionsplätze (Bryjak et al. 2016). Die Gleichung lautet (Bonilla-Petriciolet et al. 2017):

$$\frac{dq_t}{dt} = k_2 \cdot (q_e - q_t)^2 \qquad (42)$$

mit k_2 = Geschwindigkeitskonstante zweiter Ordnung in [kg/(mg·h)].

2.4.3 Adsorption an Tonminerale

2.4.3.1 Tonminerale: Genese, Struktur und Klassifizierung

Die Gruppe der Tonminerale ist definiert als unverfestigte Sediment- bzw. Verwitterungsgesteine, die im Wesentlichen aus blättchenförmigen silikatischen Mineralpartikeln mit einem mittleren Partikeldurchmesser kleiner 2 µm bestehen (Jasmund und Lagaly 1993).

Tonminerale sind wasserhaltige Aluminiumsilikate und werden als Verwitterungsneubildungen bezeichnet (Jasmund und Lagaly 1993). Sie entstehen im Laufe der Pedogenese

[12] Im Weiteren werden im Rahmen dieser Arbeit die Reaktionen pseudo-erster bzw. pseudo-zweiter Ordnung angewandt und vereinfacht als Reaktionen erster bzw. zweiter Ordnung bezeichnet.

entweder pseudomorph durch beibehalten der Form der Ausgangsminerale während der Änderung ihrer Zusammensetzung oder durch Ausfallen aus Verwitterungslösungen, die reich an Aluminium und Silizium sind (Markl 2015). Zu den Verwitterungsneubildungen gehören neben Tonmineralen auch oxidische Eisen- (z. B. Hämatit oder Goethit) und Aluminiumminerale (z. B. Gibbsit) (Jasmund und Lagaly 1993).

Tonminerale sind Schichtsilikate, deren Schichten vorzugsweise aus zwei Bausteinen bestehen (siehe Abbildung 11 und vgl. Jasmund und Lagaly 1993):

- **SiO_4-Tetraeder**: vier Sauerstoffatome bilden eine Tetraederstruktur um ein Siliziumatom (Si^{4+}). Die Tetraeder verbinden sich durch gemeinsame Sauerstoffatome zu einem SiO_4-Netzwerk, wobei die Spitzen der Tetraeder im Verbund in eine Richtung weisen.
- **$Me(O,OH)_6$-Oktaeder**: sechs Sauerstoffatome bilden eine Oktaederstruktur um ein niederwertiges Metallatom (Mg^{2+}, Fe^{2+}, Fe^{3+}, Al^{3+}). Oktaeder verbinden sich über gemeinsame Sauerstoffatome in ihren Dreiecksflächen zu einem $Me(O,OH)_6$-Netzwerk.

Im Verbund liegen die beiden Bausteine parallel zueinander, wobei ein bzw. zwei SiO_4-Tetraedernetzwerke an ein $M(O,OH)_6$-Oktaedernetzwerk kondensiert sind, also die Sauerstoffatome in den Tetraederspitzen gleichzeitig die Sauerstoffatome der Oktaeder darstellen (Jasmund und Lagaly 1993). Alle Sauerstoffatome der Oktaeder, die nicht an dem Verbund teilnehmen („freie" Sauerstoffatome), erhöhen die permanente Ladung der Tonminerale (Jasmund und Lagaly 1993). Die Anzahl der „freien" Sauerstoffatome und somit die Höhe der Permanentladung wird hauptsächlich durch isomorphe Substitution beeinflusst (Amelung et al. 2018).

Isomorphe Substitution ist ein natürlicher Vorgang des Austausches der Atome in Tetraeder- und Oktaedernetzwerken, beispielsweise Austausch von Si^{4+} durch Al^{3+} (Erhöhung der negativen Ladung) oder Fe^{2+} durch Fe^{3+} (Erhöhung der positiven Ladung) (Lal 2017). In den meisten Fällen überwiegt der Austausch von höherwertigen durch niederwertige Atome und führt zu einer permanenten stets negativen Ladung der Tonminerale (Jasmund und Lagaly 1993). Die variable Ladung entsteht an funktionellen OH-Gruppen der Oberflächenmetallhydroxide (Jasmund und Lagaly 1993), vor allem an den Schichtseiten durch die Protonierung bzw. Deprotonierung von Metallkomplexen wie Al-OH, Fe-OH bzw. Si-OH und führt in Abhängigkeit vom pH-Wert der Lösung zur Anlagerung von Kationen bzw. Anionen (Lin und Puls 2000).

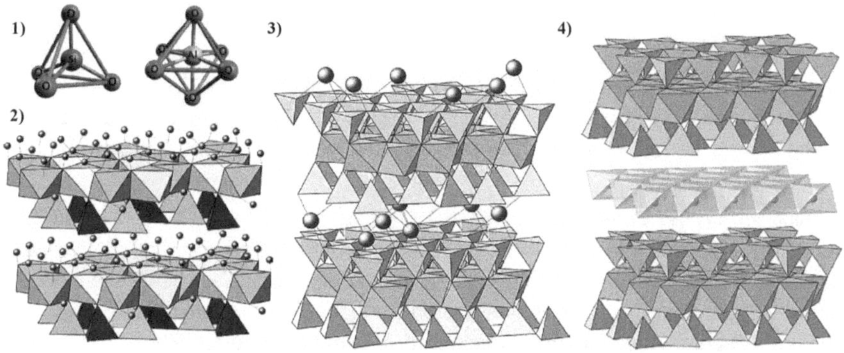

Abbildung 11: 1) SiO_4-Tetraeder und AlO_6-Oktaeder sowie Polyedermodelle verschiedener Tonminerale: 2) Zweischichtsilikat (Kaolinit, Kugeln zwischen den Silikatschichten sind H^+-Ionen), 3) Dreischichtsilikat (Smectit, Kugeln zwischen den Silikatschichten sind austauschbare Kationen), 4) Vierschichtsilikat (Chlorit, zwischen den Silikatschichten befindet sich eine Oktaeder-Hydroxidschicht) (nach Amelung et al. 2018).

Der Verbund aus einem Tetraeder- und einem Oktaedernetzwerk wird als 1:1-Schicht (bzw. TO) definiert (Baille 2014). Der Verbund aus einem Oktaedernetzwerk, das von zwei Tetraedernetzwerken umgeben ist, wird als 2:1-Schicht (bzw. TOT) bezeichnet (Baille 2014).

Ein Tonpartikel kann je nach Mineralart und Wassergehalt eine bis mehrere hundert Schichten aufweisen, die Verbindung erfolgt durch Zwischenschichten aus Kationen, hydratisierten Kationen, organischen Molekülen sowie Hydroxygruppen und -schichten (Baille 2014).

Die verschiedenen Tonmineralgruppen werden anhand der Anzahl bzw. Art der Schichten im Verbund sowie ihrer Verbindungsart in Zweischichtsilikate (1:1), Dreischichtsilikate (2:1) und Vierschichtsilikate (2:1:1) unterschieden (vgl. Abbildung 11 und siehe Anhang 2) (Baille 2014). Die Art der Schichten im Verbund sowie ihre Verbindungsart entscheidet über die Unterschiede in den chemisch-physikalischen Eigenschaften der Tonminerale:

- In den **Zweischichtsilikaten** (1:1-Tonmineralgruppe, z. B. Kaolinit) sind die einzelnen 1:1-Schichten über Wasserstoffbrücken fest miteinander verbunden und der Schichtabstand beträgt nur 0,7 nm, sodass die Reaktionen mit der Lösung ausschließlich über die Außenkanten der Schichtpakete erfolgen (Jasmund und Lagaly 1993). Folglich weisen die 1:1-Tonminerale eine geringe spezifische Oberfläche sowie eine schlechte Wasser- und Ionenaufnahmekapazität auf (Markl 2015).
- Hingegen besitzen die **Dreischichtsilikate** (2:1-Tonmineralgruppe, z. B. Vermiculit) eine große spezifische Oberfläche und sind aufgrund ihrer molekularen Struktur sehr gute Wasserspeicher bzw. Ionenaustauscher. Die einzelnen 2:1-Schichten der Dreischichtsilikate (z B. Montmorillonit) verbinden sich über die Van-der-Waals-Kräfte zueinander und der Schichtabstand liegt zwischen 1,0 nm und 2,0 nm (Amelung et al.

2018). Folglich können Kationen, Wasser oder organische Moleküle in die Zwischenschichten eingelagert werden (Lal 2017).

In Anhang 2 (Kapitel 8.2) ist eine Übersicht über die Einteilung der Tonminerale in Tonmineralgruppen, Bauprinzip, stöchiometrische chemische Zusammensetzung, spezifische Oberfläche sowie Permanentladung der Oberfläche als die Anzahl der Schichtladungen pro Formeleinheit dargestellt.

Die Klassifizierung der Sedimente (Ton, Schluff, Sand, Kies, Steine und Blöcke) in der Bodenkunde erfolgt anhand ihrer Korngröße. Demnach sind Tone als die durch Wasser und Wind umgelagerten, auf der sekundären Lagerstätte liegenden Sedimente mit einer Korngröße unter 2 µm Durchmesser charakterisiert (Jasmund und Lagaly 1993). Folglich sind neben mineralischen Neubildungen (tatsächliche Tonminerale) auch alle klastischen Sedimente (Bruchstücke wie z. B. aufgemahlene Silikate) unter 2 µm Durchmesser dem Ton eingeordnet (Sebastian 2018).

Aus der Verteilung von Korngrößen in einer Bodenprobe kann auf die vorliegende Bodenart geschlossen werden (Blume et al. 2014). Zur Festlegung der Bodenarten werden meist die sog. Bodendreiecke verwendet (vgl. Abbildung 12). Diese ermöglichen die Einteilung in verschiedene Bodenarten anhand der Mischungsverhältnisse der drei Hauptfraktionen Sand (> 63 µm), Schluff (2 µm bis 63 µm) und Ton (< 2 µm) (Blume et al. 2014).

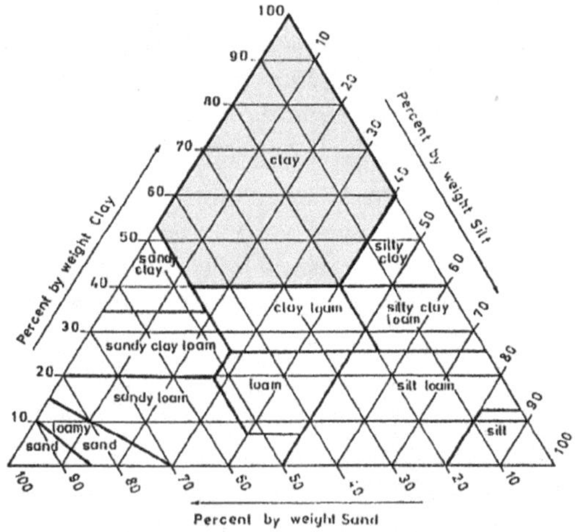

Abbildung 12: Bodenartendreieck zur Einteilung der Bodenarten (nach Blume et al. 2014).

In Abbildung 12 ist der Bereich mit Zuordnung zur Bodenart Ton bzw. Tonerde hervorgehoben. Es ist erkennbar, dass eine Bodenprobe ab einem Tonmineralanteil von etwa 55 % als Ton bzw. Tonerde bezeichnet wird.

Es ist festzuhalten, dass der Tonmineralanteil sowie die Tonmineralgruppe der Tone je nach Ausgangsgestein, Grad der Verwitterung, Veränderung bei Umlagerung etc. starken Schwankungen unterliegen (Sebastian 2018).

Laut Jasmund und Lagaly (1993) können Tone anhand der überwiegenden Tonmineralgruppe in der Bodenprobe in folgende drei Hauptgruppen eingeteilt werden:

- **Kaolinitreiche Tone (Kaolinittone)** bestehen überwiegend aus Tonmineralen der Kaolinitgruppe (Kaolinit, Halloysit etc.) sowie geringen Anteilen von Glimmer, Illit und Smectit. Im Gegensatz zu Kaolinittonen sind Kaoline primäre, nicht umgelagerte Gesteine. Sie enthalten neben Kaolinittonen einen hohen Anteil unveränderter Ausgangsgesteine (z. B. Quarz).
- **Smectitreiche Tone (Bentonite)** bestehen überwiegend aus Montmorillonit, Beidellit und Nontronit sowie geringen Anteilen von Glimmer, Illit und weiteren Tonmineralen.
- **Sonstige bzw. gemeine Tone** gehören nicht zu den vorhergenannten Gruppen. Sie können in verschiedensten Zusammensetzungen auftreten und enthalten vor allem Illit und Chlorit sowie Beimengungen von Kaolinit und Smectit sowie Quarz, Feldspat, Goethit etc.

Die weltweite Verteilung der Tone anhand der vorherrschenden Tonmineralfraktion im Oberboden und Untergrund wird von Ito und Wagai (2017) beschrieben. Demnach liegen weltweit im Oberboden sowie im Untergrund überwiegend illit-, glimmer- und kaolinitreiche Tone vor, wobei im Untergrund vermehrt smectit- und vermiculitreiche Tone auftreten. Weiterhin ist die dominierende Tonmineralfraktion im Oberboden und Untergrund einer Region nicht immer gleich. Beispielsweise sind in Nordamerika im Oberboden vor allem illit- , glimmer- und kaolinitreiche Tone und im Unterboden vor allem smectit- und vermiculitreiche Tone zu finden.

Tonminerale sind ein wichtiger Rohstoff, der insbesondere in keramischer Industrie, Bauindustrie, Lebensmittelindustrie sowie in verschiedenen Bereichen der Technik (Isolierungen, Katalysatoren, Filter usw.) und Umwelttechnik (Deponiebau) Anwendung findet (HLNUG 2006).

Die Weltfördermenge der Tonminerale der Kaolingruppe wie Kaolinit und Halloysit betrug in 2017 ca. 26,1 Mio. Tonnen und hat sich seit 1985 mit einer Fördermenge von ca. 25 Mio. Tonnen kaum verändert (vgl. Jasmund und Lagaly 1993 sowie Brown et al. 2019). Aufgrund ihres Aluminiumgehaltes und weiteren Eigenschaften wie Plastizität sind Kaolinittone der wichtigste Grundstoff für Keramik- (etwa ein Fünftel der Weltfördermenge) und Papierherstellung (über die Hälfte der Weltfördermenge) (Jasmund und Lagaly 1993).

Die Weltfördermenge smectitreicher Tone (Bentonite) hat sich hingegen in demselben Zeitabschnitt von 7 Mio. Tonnen in 1985 auf 18,9 Mio. Tonnen in 2017 mehr als verdoppelt (vgl. Jasmund und Lagaly 1993 sowie Brown et al. 2019). Bentonite zeichnen sich durch großes Ionenaustauschvermögen, hohe Plastizität und geringe Wasserdurchlässigkeit aus, daher ist ihr Einsatzgebiet sehr vielfältig und reicht vom Adsorptionsmittel in der Lebensmittelindustrie bis zur Anwendung in Bau- und Erdölindustrie (Jasmund und Lagaly 1993).

2.4.3.2 Adsorption und Ionenaustausch von Arsen an Tonmineralen und Böden

Die Arsenadsorption an natürlichen Böden bzw. Tonen wurde in verschiedenen Studien untersucht (vgl. Lin und Puls 2000; Mohapatra et al. 2007; Ismael und Kharbish 2013; Bentahar et al. 2016; Mishra und Mahato 2016). Natürliche tonhaltige Böden bzw. Tone wie Kaolinittone, Bentonite oder sonstige Tone bestehen meist aus verschiedenen Anteilen unterschiedlicher Tonminerale und anderer organischer und anorganischer Bestandteile, sodass die Beladungskapazität starken Schwankungen unterliegt (z. B. von q_m = 20 mg As(V)/kg bei Ismael und Kharbish (2013) bis über 1.000 mg As(V)/kg bei Bentahar et al. (2016)).

Laut Campbell und Nordstrom (2014) besteht eine starke Korrelation zwischen der Arsenadsorptionsfähigkeit natürlicher Böden und deren Ton, Eisen- und Aluminiumgehalt.

Ferner hängt die Adsorptionsart von Mineralart, chemischer Zusammensetzung, Ladung der Mineraloberfläche, pH-Wert und Arsenkonzentration des Wassers, Kontaktzeit und anderen Faktoren ab (Foster und Kim 2014).

Die chemische Zusammensetzung der Tonminerale ist stark unterschiedlich (vgl. Tabelle 14). Besonders Aluminium- und Eisengehalt unterliegen starken Schwankungen, selbst bei gleichem Mineraltyp, daher fällt eine pauschale Aussage über deren Adsorptionseigenschaften schwer (Amelung et al. 2018).

Tabelle 14: Variationsbereiche der chemischen Zusammensetzung wichtigster Tonmineralgruppen (Amelung et al. 2018).

Tonminerale	Chemische Zusammensetzung in Massenanteilen w_i [%]							
	SiO_2	Al_2O_3	Fe_2O_3	TiO_2	CaO	MgO	K_2O	Na_2O
Kaoline	45 - 47	38 - 40	0 - 0,2	0 - 0,3	0	0	0	0
Smectite	42 - 55	0 - 28	0 - 30	0 - 0,5	0 - 3	0 - 2,5	0 - 0,5	0 - 3
Vermiculite	33 - 45	7 - 18	3 - 12	0 - 0,6	0 - 2	20 - 28	0 - 2	0 - 0,4
Illite	50 - 56	18 - 31	2 - 5	0 - 0,8	0 - 2	1 - 4	4 - 7	0 - 1
Chlorite	22 - 35	15 - 48	0 - 4	0 - 0,2	0 - 2	0 - 34	0 - 1	0 - 1

Nach Manning und Goldberg (1997) sowie Lin und Puls (2000) findet die Arsenadsorption an Toninerale überwiegend an reaktiven Al-OH Gruppen statt. Ferner hängt die Arsenadsorption besonders stark von der spezifischen Oberfläche des Tonminerals ab, sodass Tonminerale mit hoher spezifischer Oberfläche (z. B. Smectite, vgl. Anhang 2) eine hohe Arsenbeladungskapazität aufweisen (Manning und Goldberg 1997).

Weiterhin begründen Lin und Puls (2000) eine höhere Arsenadsorptionsfähigkeit der Illite und Chlorite gegenüber den Kaoliniten durch den Einfluss der positiven Ladung an den

Schichtkanten (Abbruchstellen der Tetraeder- bzw. Oktaederschicht), da 2:1- und 2:1:1-Tonminerale eine höhere Anzahl der Schichten und somit der Bruchstellen gegenüber 1:1-Tonmineralen aufweisen. Darüber hinaus kann die Anzahl der Bruchstellen und somit der positiven Ladungen durch feineres Vermahlen der Tone gesteigert werden (Lin und Puls 2000).

Eine der fundamentalen Eigenschaften von Tonmineralen ist die Ladung der Oberfläche, die durch die Adsorption von Kationen und bzw. oder Anionen neutralisiert wird (Lin und Puls 2000). Die Gesamtladung des Minerals ergibt sich aus der Summe der permanenten Ladung der mineralischen Oberfläche (bei Tonmineralen stets negativ) und der variablen Ladung aus den Reaktionen mit der Lösung (Jasmund und Lagaly 1993).

Wie bei allen oxidischen Adsorbentien beeinflusst der pH-Wert der Lösung die Oberflächenladung der Tonminerale und somit ihre Arsenadsorptionsfähigkeit (vgl. Kapitel 2.4.1):

Liegt der pH-Wert der Lösung unter dem Ladungsnullpunkt der Tonminerale, so ist die Oberfläche positiv geladen und es können verstärkt negativ geladene Arsen-Oxoanionen adsorbiert werden.

Da nicht alle variablen Ladungsträger gleichzeitig ihre Ladung ändern, können Tonminerale im breiten pH-Wert-Bereich parallel Anionen und Kationen aufnehmen, wobei für pH-Wert kleiner als LNP verstärkt Anionen und für pH-Wert größer als LNP verstärkt Kationen adsorbiert werden (Henke 2009).

Ladungsnullpunkte verschiedener Tonminerale sind in Tabelle 12 gegeben. Für Böden wird anstatt des Ladungsnullpunkts die Kationenaustauschkapazität (KAK) angegeben, da sie ein Gemisch aus anorganischen festen und amorphen sowie organischen Ladungsträgern sind (Jasmund und Lagaly 1993). Die Kationenaustauschkapazität der Böden wird im Wesentlichen von der Permanentladung der dominierenden Tonmineralfraktion bestimmt (Jasmund und Lagaly 1993).

Die Adsorption von As(III) und As(V) an Minerale findet zumeist durch die Anlagerung an die Mineraloberfläche (insbesondere an Fe- und Al-Hydroxide) als Physisorption und Chemisorption und Einschluss in die Mineralstruktur statt (Campbell und Nordstrom 2014).

Laut Foster und Kim (2014) überwiegt die Physisorption bei der Arsenbindung an Tonminerale. Die Chemisorption von Arsen erfolgt mehrheitlich über den Aufbau von bidentat-binuklearen Verbindungen im Arsen-Aluminium-System (ähnlich der Arsenadsorption an Aluminiumoxohydroxide, vgl. Kapitel 2.4.1) (Foster und Kim 2014).

Tonminerale haben üblicherweise eine höhere As(V)- als As(III)-Beladungsfähigkeit (Lin und Puls 2000).

Für As(V), das als negativ geladenes Oxoanion vorliegt, besteht das Adsorptionsmaximum in Abhängigkeit von der Tonmineralart bevorzugt im sauren bis neutralen Milieu (z. B. pH-Wert 5 für Kaoline, vgl. Ghorbanzadeh et al. 2015). Die As(V)-Adsorptionsfähigkeit lässt mit steigendem pH-Wert mehr oder weniger nach (Manning und Goldberg 1997; Lin und Puls 2000; Campbell und Nordstrom 2014).

Hingegen bleibt die Adsorption von ungeladenem As(III) bis in das leicht basische Milieu unabhängig von der Änderung der Oberflächenladung der Tonminerale stabil und nimmt mit steigendem pH-Wert der Lösung aufgrund der Deprotonierung von H_3AsO_3 zu (Manning und Goldberg 1997). Folglich kann die maximale As(III)-Beladungskapazität der Tonminerale die maximale As(V)-Beladungskapazität im neutralen und leicht basischen Milieu übersteigen (Manning und Goldberg 1997; Lin und Puls 2000).

Die Zusammenstellung optimaler pH-Wert-Bereiche für die Adsorption an Tonminerale und amorphem $Al(OH)_3$ aus Untersuchung von Manning und Goldberg (1997) sind in Tabelle 15 dargestellt.

Tabelle 15: Optimale pH-Wert-Bereiche für die Adsorption an Tonminerale sowie an Aluminiumhydroxid für c_{As} = 0,4 µmol As/L und $t_{Kontakt}$ = 16 h (Datenquelle Manning und Goldberg 1997).

Adsorbens	**pH-Wert für maximale Arsenbeladung**	
	As(III)	**As(V)**
Kaolinite	8,5 - 9,5	4,0 - 7,0
Smectite	9,0 - 10,0	4,5 - 6,5
Illite	8,0 - 9,0	6,0 - 7,5
am-$Al(OH)_3$	8,0 - 9,5	6,0 - 9,0

Die Adsorptionsfähigkeit von Tonmineralen wurde in mehreren Studien erforscht, wobei generell die As(III)-Adsorption seltener untersucht wurde (vgl. Henke 2009). Eine Zusammenstellung der maximalen Arsenbeladungskapazität der Tonminerale aus verschiedenen Literaturquellen ist in Tabelle 16 zu finden.

Tabelle 16: Maximale Arsenbeladungskapazität einiger Tonminerale.

Tonminerale	$q_{m,As(III)}$ **[mg As(III)/kg Ton]**	$q_{m,As(V)}$ **[mg As(V)/kg Ton]**	**Quelle**
Kaolinite	40 - 179	140 - 860	Mohapatra et al. 2007; Henke 2009; Ghorbanzadeh et al. 2015
Smectite	237 - 267	133 - 640	Mohapatra et al. 2007; Ravenscroft et al. 2009; Ghorbanzadeh et al. 2015
Vermiculite	k. A.	53	Ravenscroft et al. 2009
Illite	1,0	52 - 520	Manning und Goldberg 1997; Mohapatra et al. 2007; Ravenscroft et al. 2009
Glimmer	214 - 231	235 - 241	Henke 2009

Es ist erkennbar, dass die Arsenadsorptionskapazität zwischen einzelnen Tonmineralgruppen und selbst zwischen Tonmineralen gleicher Mineralgruppe starken Schwankungen unterliegt.

Beispielsweise können Illite je nach Studie von 52 mg As(V)/kg Ton bis zu einer zehnfachen Menge von 520 mg As(V)/kg Tonmineral aufnehmen. Die Schwankungen können zum Teil durch verschiedene Randbedingungen der Adsorptionsversuche (z. B. pH-Wert, Kontaktzeit etc.) sowie natürliche Unterschiede in Zusammensetzung der Tonminerale, bei Illiten schwankt der Al-Gehalt beispielsweise um Faktor 1,7 und der Fe-Gehalt um Faktor 2,5 (vgl. Tabelle 14), erklärt werden.

Arsenadsorption auf mineralischen Oberflächen ist eine Funktion der Zeit, sie verläuft anfangs sehr schnell, lässt nach etwa zwei Stunden stark nach und geht in eine Phase mit sehr langsamer Beladungsgeschwindigkeit über, die mehrere Tage andauern kann (O'Day 2006; Campbell und Nordstrom 2014).

Zudem zeigt Gerth et al. (2001), dass eine langsame Festlegung des Arsens in die Mineralstruktur des Adsorbens der Grund für die langsame Arsenaufnahme im Anschluss an die schnelle Anfangsadsorption ist. Ferner führt die Festlegung von Arsen in die Mineralstruktur zu stärkerer Immobilisierung bzw. geringeren Rücklösungsraten (Gerth et al. 2001).

Eine weitere wichtige Eigenschaft von Tonmineralen ist die Fähigkeit zur Oxidation von As(III)- zu As(V)-Verbindungen (Manning und Goldberg 1997; Lin und Puls 2000). Die Oxidation erfolgt auf abiotischem Weg durch die Reduktion von in die Tonmineralstruktur gebundenem Mn(IV) zu Mn(II) (Manning und Goldberg 1997).

2.5 Elektrokoagulation zur Trinkwasseraufbereitung

2.5.1 Grundlagen der Elektrokoagulation

Elektrokoagulation (EC) ist ein elektrochemischer Trennprozess, dem der Mechanismus chemischer Reduktions- und Oxidationsreaktionen im Wasser durch das Anlegen einer äußeren Spannung (Elektrolyse) zugrunde liegt. Elektrokoagulation wurde im letzten Jahrhundert weitgehend erforscht und findet Anwendung in der Wasserwirtschaft zur Trinkwasseraufbereitung sowie Behandlung kommunaler und industrieller Abwässer zur Entfernung von Schwermetallen, Mikroorganismen, Trübung und Farbstoffen (Vik et al. 1984; Kobya et al. 2006; Lakshmanan et al. 2010; Moussa et al. 2017; Garcia-Segura et al. 2017).

Der Elektrokoagulationsprozess erfolgt in einer galvanischen Zelle, die aus zwei in Elektrolyt (Ionenleiter) getauchten Elektroden (Elektronenleiter) besteht (siehe Abbildung 13 und vgl. Kurzweil 2020).

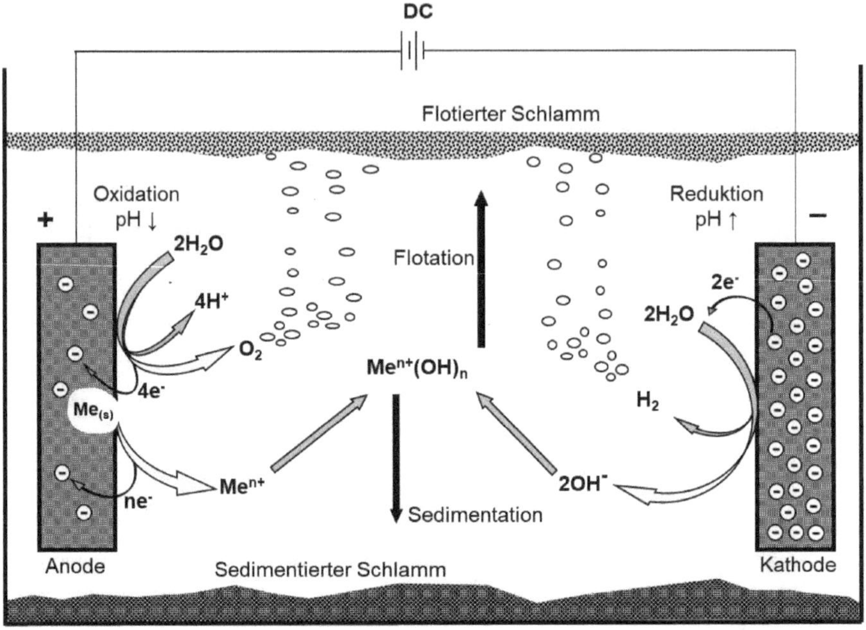

Abbildung 13: Elektrokoagulationsprozess (in Anlehnung an Hakizimana et al. 2017 und Kurzweil 2020).

Werden die Elektroden an eine Gleichstromquelle angeschlossen, wird eine elektrische Spannung erzeugt; an der am positiven Pol angeschlossenen Elektrode (Anode) entsteht ein Elektronenmangel und an der am negativen Pol angeschlossenen Elektrode (Kathode) ein Elektronenüberschuss (Kurzweil 2020). Folglich strebt die Kathode die Abgabe und die Anode die Aufnahme von Elektronen an. In dem entstandenen elektrischen Feld werden in der Lösung Anionen zur Anode und Kationen zur Kathode transportiert. An den Elektroden findet die Entladung der negativ bzw. positiv geladenen Ionen statt: Anionen und elektroneutrale Stoffe geben ihre Elektronen an die Anode ab und werden oxidiert, Kationen und elektroneutrale Stoffe nehmen an der Kathode Elektronen aus dem äußeren Leiterkreis auf und werden reduziert (Kurzweil 2020). Auch oberflächennahe Atome des Anodenmaterials geben ihre Elektronen in das Leiterinnere ab, werden aus dem Kristallgitter des Materials entfernt und bilden in der Lösung Kationen, die zur Kathode transportiert und dort durch die Reduktion an der Kathodenoberfläche abgeschieden werden (reduktive Metalldeposition) (vgl. Kurzweil 2020).

Die wichtigsten Oxidations- und Reduktionsprozesse an der Anode und Kathode während der Elektrolyse sind im Folgenden aufgelistet (vgl. Comninellis und Chen 2010; Hakizimana et al. 2017):

- Oxidationsreaktionen an der Anode:

$$M_{(s)} \rightarrow M^{n+}_{(aq)} + ne^- \tag{43}$$

$$2\,H_2O \rightarrow 4\,H^+_{(aq)} + O_{2(g)} + 4\,e^- \tag{44}$$

- Reduktionsreaktionen an der Kathode:

$$M^{n+}_{(aq)} + ne^- \rightarrow M_{(s)} \tag{45}$$

$$2\,H_2O + 2\,e^- \rightarrow H_{2(g)} + 2\,OH^- \tag{46}$$

Besteht die Anode aus unedlem Metall wie Eisen oder Aluminium, entstehen durch Oxidationsvorgänge Al- bzw. Fe-Ionen, die im leicht sauren bis leicht alkalischen pH-Wert-Bereich mit den an der Kathode erzeugten Hydroxid-Gruppen rasch zu Al- bzw. Fe-Hydroxiden und -Polyhydroxiden reagieren und reduktive Metalldeposition an der Kathode (Gl. (45)) unterbinden (siehe Abbildung 13 und vgl. Comninellis und Chen 2010).

Der Elektrolysevorgang führt zur Auflösung der Anode und zur Freisetzung der Metallionen in die Lösung, die mit den an der Kathode erzeugten Hydroxid-Gruppen zu Metalloxohydroxiden reagieren.

Die chemischen Reaktionen mit **Aluminiumelektroden** ergeben sich wie folgt (vgl. Garcia-Segura et al. 2017).

- Al-Anode:

$$Al_{(s)} \rightarrow Al^{3+} + 3\,e^- \tag{47}$$

- Al-Katode:

$$3\,H_2O + 3\,e^- \rightarrow \frac{3}{2}H_2 + 3\,OH^- \tag{48}$$

- Gesamtreaktion:

$$Al_{(s)} + 3\,H_2O \rightarrow Al(OH)_3 + \frac{3}{2}H_2 \tag{49}$$

Die chemischen Reaktionen mit **Eisenelektroden** können folgendermaßen beschrieben werden (vgl. Garcia-Segura et al. 2017; Arora et al. 2018).

- Fe-Anode:

$$4\,Fe_{(s)} \rightarrow 4\,Fe^{2+}_{(aq)} + 8\,e^- \tag{50}$$

$$4\,Fe^{2+}_{(aq)} + 10\,H_2O + O_2 \rightarrow 4\,Fe(OH)_3 + 8\,H^+ \tag{51}$$

- Fe-Katode:

$$8\,H^+ + 8\,e^- \rightarrow 4\,H_2 \tag{52}$$

- Gesamtreaktion:

$$4\,Fe_{(s)} + 10\,H_2O + O_2 \rightarrow 4\,Fe(OH)_3 + 4\,H_2 \quad (53)$$

Die erzeugten Al- und Fe-Metalloxohydroxide besitzen gute Adsorptionseigenschaften und ermöglichen die Adsorption gelöster Wasserverunreinigungen an ihrer Oberfläche (vgl. Kapitel 2.4) bzw. den Einschluss in die Flockenstruktur.

Die Mechanismen der Schmutzstoffentfernung mittels Elektrokoagulation sind nahezu identisch mit den Vorgängen bei der chemischen Koagulation (Hakizimana et al. 2017; Garcia-Segura et al. 2017):

- Kompression der diffusen Grenzschicht kolloidaler Partikel durch die generierten Kationen führt zur Reduktion abstoßender Kräfte und vereinfacht die Entstehung von Mikroflocken.
- Neutralisation der Ladung ionischer Spezies des Elektrolyten begünstigt die Koagulation.
- Entstehung von Mikro- und Makroflocken ermöglicht Adsorptionsvorgänge an ihrer Oberfläche und Einschluss in die Flockenstruktur.

Eine gute, vergleichende Übersicht zwischen den Prozessen der Elektrokoagulation und chemischer Fällung ist in Comninellis und Chen (2010) und speziell für die Arsenentfernung in Lakshmanan et al. (2010) und Kobya et al. (2014) zu finden. Die wichtigsten Aussagen sind in Anhang 3 (Kapitel 8.3) zusammengestellt.

Ferner bietet Elektrokoagulation einige Vorteile im Vergleich zur klassischen Fällung und Flockung. Beispielsweise lagern sich die partikulären Stoffe an feinen elektrolytisch erzeugten Sauerstoff- und Wasserstoffgasbläschen an, sodass eine Feststoffabtrennung mittels Flotation parallel zur Elektrokoagulation erfolgen kann (Comninellis und Chen 2010). Zu den anderen Hauptvorteilen des Verfahrens zählen insbesondere die geringe Schlammproduktion und keinen Chemikalienbedarf. Die größten Nachteile des Verfahrens sind vor allem hoher Stromverbrauch und Verringerung des Prozesswirkungsgrades durch Elektrodenpassivierung (vgl. Kapitel 2.5.2).

2.5.2 Betriebsparameter der Elektrokoagulation

Die Effizienz des Elektrokoagulationsprozesses hängt vor allem von Betriebsparametern (Stromstärke bzw. Spannung und Elektrolysezeit), den Eigenschaften der EC-Zelle (z. B. Elektrodenmaterial) sowie den Eigenschaften des Elektrolyten (z. B. Leitfähigkeit) ab.

Der Elektrolysevorgang führt zur Auflösung der Anode und zur Freisetzung der Metallionen in die Lösung. Die theoretische Konzentration von elektrochemisch freigesetzten

Metallionen (c_{theo} in [g/m³]) in einem Reaktor mit einem Wasservolumen V (in [m³]) ergibt sich vereinfacht aus dem Faradayschen Gesetz (Kobya et al. 2011):

$$c_{theo} = \frac{I \cdot t_{EC} \cdot M}{z \cdot F \cdot V} \quad (54)$$

mit

M = Molare Masse des Anodenmaterials in [g/mol]; M_{Fe} = 55,85 g/mol, M_{Al} = 26,98 g/mol,

t_{EC} = Elektrolysezeit in [s],

z = Anzahl beteiligter Elektronen bzw. Ladungszahl in [-]; z_{Fe} = 2; z_{Al} = 3,

F = Faraday-Konstante in [C/mol]; F = 96.485 C/mol.

Das Faradaysche Gesetz besagt, dass der Gehalt an elektrolytisch abgeschiedenem Metall vom Elektrodenmaterial, der Elektrolysezeit und der Stromstärke abhängt. Folglich stellt die Stromstärke (I in [A]) bzw. auf aktive Anodenoberfläche (A_A in [m²]) bzw. Kathodenoberfläche (A_K in [m²]) bezogene Stromdichte (i in [A/m²]) den Schlüsselparameter der Elektrolyse dar (Hakizimana et al. 2017):

$$I = i_A \cdot A_A = i_K \cdot A_K \quad (55)$$

Bzw. bei gleicher Anoden- und Kathodenoberfläche:

$$i = \frac{I}{A} \quad (56)$$

Das Elektrolyt zwischen Anode und Kathode einer Elektrolysezelle verhält sich ähnlich dem Ohmschen Widerstand in einem elektrischen Schaltkreis (Teetz 2017). Aus dem Ohmschen Gesetz folgt im Betrieb mit Gleichstrom der Zusammenhang zwischen der Stromstärke, Zellspannung (U in [V]) und dem Zellwiderstand (R in [Ohm]). Dementsprechend kann die Zellspannung bzw. der Spannungsfall (Potentialdifferenz zwischen zwei Punkten eines vom Strom durchflossenen Widerstandes) mit folgender Beziehung bestimmt werden:

$$U = R \cdot I \quad (57)$$

Für den Vorgang der Elektrolyse kann der elektrische Zellwiderstand in Abhängigkeit von der aktiven Elektrodenoberfläche, dem Elektrodenabstand (d_E in [mm] bzw. [m]) und der elektrischen Leitfähigkeit des Elektrolyten (LF in [1/(Ohm·m)]) folgend beschrieben werden (Vik et al. 1984; Teetz 2017):

$$R = \frac{d_E}{A} \cdot \frac{1}{LF} \quad (58)$$

Wie aus Gl. (58) erkennbar, kann der Zellwiderstand durch Minimierung des Elektrodenabstandes und Erhöhung der Elektrodenoberfläche und der Leitfähigkeit des Elektrolyten reduziert werden.

Der Elektrolysevorgang führt zu chemischen Stoffumsetzungsprozessen, sodass neben der Zellspannung weitere Effekte die Spannungserhöhung während der Elektrolyse verursachen. Die tatsächlich messbare Spannung während der Elektrolyse setzt sich hauptsächlich aus den folgenden drei Größen (vgl. Vik et al. 1984; Teetz 2017; Song et al. 2017):

- Chemisches Potential bzw. elektromotorische Kraft (ΔE in [V]) aus chemischer Stoffumsetzung
- Überspannungen an Kathode und Anode (η_K und η_A in [V])
- Zellspannung (Spannungsfall η_{RI} in [V])

Dementsprechend ergibt sich die tatsächlich messbare Spannung während der Elektrolyse wie folgt:

$$U = \Delta E + \eta_K + \eta_A + \eta_{IR} \tag{59}$$

Außerdem können weitere Spannungserhöhungen, wie beispielsweise die Diffusionsspannung oder Überspannungen am Amperemeter aufgelistet werden (vgl. Teetz 2017). Diese werden im Rahmen dieser Arbeit aus vereinfachenden Gründen nicht weiter betrachtet.

Die Zellspannung bzw. Überspannung aus dem Ohmschen Zellwiderstand η_{RI} in [V] ergibt sich aus Gl. (58) und Gl. (57) wie folgt:

$$\eta_{IR} = I \cdot \frac{d_E}{A} \cdot \frac{1}{LF} \tag{60}$$

Die elektromotorische Kraft setzt sich zusammen aus der Summe der Umwandlungen an der Anode und Kathode und muss aufgebracht werden, damit chemische Stoffumsetzungen stattfinden können (Teetz 2017). Aufgrund einer Vielzahl an chemisch-physikalischen Vorgängen während der Elektrolyse ist die real benötigte elektrische Energie höher. Für diese Abweichung sind insbesondere der Zustand der Elektrodenoberfläche, die Diffusionsgeschwindigkeit der Ionen in der Elektrolytlösung, die elektrolytische Gasbildung sowie weitere Parameter verantwortlich (vgl. Vik et al. 1984; Hakizimana et al. 2017; Dohmann 2020). Diese führen zu einer Notwendigkeit der Erhöhung der erforderlichen Klemmenspannung der Elektrolysezelle, um eine angestrebte Metallionen-Freisetzung zu erhalten und werden als sog. Überspannungen (η_K als Summe aller Überspannungen an der Anode bzw. η_A an der Kathode) bezeichnet (Dohmann 2020).

Die tatsächlich angelegte Klemmenspannung im Elektrokoagulationsprozess ist für die Metallfreisetzung verantwortlich. Für eine wirtschaftliche Anwendung müssen der Zellwiderstand und die Überspannungen minimiert werden, da beide zur Verringerung der Metallfreisetzung bzw. zur Erhöhung der elektrischen Leistungsaufnahme führen. Die elektrische Leistungsaufnahme einer EC-Zelle (P_{el} in [W]) kann wie folgt berechnet werden:

$$P_{el} = U \cdot I \tag{61}$$

Die Reduktion von Zellwiderstand und Überspannungen ermöglicht höhere Stromstärke bzw. Stromdichten. Die Erhöhung der Stromstärke bewirkt zunächst eine vermehrte Freisetzung der Metallionen und somit eine verstärkte Bildung von Metalloxohydroxiden. Jedoch zeigen die experimentellen Untersuchungen, dass die Steigerung der EC-Effizienz durch die Erhöhung der Stromstärke nur bis zu einer bestimmten Größe, abhängig von Elektrodenmaterial, Elektrolyteigenschaften, Konstruktion der EC-Zelle etc., möglich ist (vgl. Comninellis und Chen 2010; Song et al. 2017). Eine Erhöhung der Stromstärke über diesen Wert bewirkt zunehmendes Auftreten negativer Effekte (Song et al. 2017) wie beispielsweise eine verstärkte Gasbildung (vgl. Teetz 2017).

Ferner tritt mit der Erhöhung der Stromdichte verstärkt der negative Effekt der Passivierung der Elektroden auf (Song et al. 2017). Die Elektrodenpassivierung ist die Entwicklung von nicht bzw. gering leitenden, meist oxidischen Schichten auf Elektrodenoberflächen, die den Elektronentransport und die Metallauflösung beim EC-Prozess behindern und die Überspannung erhöhen (Comninellis und Chen 2010). Mit steigendem Kationengehalt (z. B. Ca^{2+} und Mg^{2+}) des Elektrolyten und der Elektrolysedauer nimmt die Dicke der Passivierungsschicht und somit der Hemmungseffekt zu (Comninellis und Chen 2010).

Die Ausbildung der Passivierungsschicht kann durch folgende Maßnahmen reduziert werden (Comninellis und Chen 2010):

- Erhöhung der Anionenkonzentration des Elektrolyten verhindert deutlich die Passivierung der Elektroden. Der Effekt ist abhängig von der Anionen-Spezies und kann in folgender Reihe absteigend dargestellt werden:
  - $Cl^- > Br^- > I^- > F^- > ClO_4^- > OH^- > SO_4^{2-}$
- Periodische Änderung der Polarität der Elektroden führt zur gleichmäßigen Passivierung von Anode und Kathode sowie teilweiser Auflösung gebildeter Passivierungsschichten.
- Mechanische Reinigung der Elektroden (Abreiben, Abstreifen, Schleifen etc.).

Der Effekt der Elektrodenpassivierung ist das Hauptproblem des Elektrokoagulationsprozesses und ist besonders bei Verwendung von Aluminiumelektroden groß (Comninellis und Chen 2010).

Die Erhöhung der Cl^--Konzentration durch die Zugabe von NaCl wird als eine einfache und weitführende Gegenmaßnahme beschrieben, die außerdem zur verstärkten elektrochemischen Entstehung von Cl_2 führt und daher zur Desinfektion von Wasser beiträgt (Hakizimana et al. 2017).

Aufgrund von Überspannungen in der praktischen Anwendung der Elektrokoagulation weicht die theoretische Metallfreisetzung von den real gemessenen Konzentrationen ab (Dohmann 2020). Die Effizienz der Elektrolyse (C_E in [%]) kann laut Kobya et al. (2011) aus dem Verhältnis realer bzw. experimentell ermittelter Metallfreisetzung (c_{exp} in [g/m³]) zu theoretischer Metallfreisetzung berechnet werden:

$$C_E = \left(\frac{c_{exp}}{c_{theo}}\right) \cdot 100 \qquad (62)$$

Beträgt C_E < 100 %, so liegen möglicherweise eine Passivierung der Elektrode bzw. andere Störfaktoren vor. Auch kann durch Auftreten sekundärer Auflösungsvorgänge die Effizienz der Elektrolyse C_E teilweise über 100 % betragen. Beispielsweise findet im sauren bzw. basischen pH-Wert-Bereich sowie bei hohen Cl^--Gehalten eine zusätzliche chemische Auflösung von Aluminiumelektroden statt, sodass C_E in einigen Fällen 200 % erreichen kann (Hakizimana et al. 2017).

Der Energiebedarf (W_{el} in [kWh]) oder der volumenbezogene Energiebedarf (C_{Energy} in [kWh/m³]) der Elektrolysezelle ist der wichtigste Kostenfaktor der Elektrokoagulation und kann aus der elektrischen Leistungsaufnahme über die Elektrolysezeit folgend ermittelt werden (Kobya et al. 2011):

$$W_{el} = \int_0^{t_{EC}} P_{el} \, dt_{EC} \tag{63}$$

bzw.

$$C_{Energy} = \frac{W_{el}}{V} \tag{64}$$

Für die Bewertung verschiedener Elektrokoagulationsverfahren ist eine ausschließliche Betrachtung der Effizienz der Elektrolyse (bzw. Stromstärke-Effizienz, vgl. Kobya et al. 2014) nicht ausreichend. Zu diesem Zweck werden je Autor und Studie unterschiedliche Parameter herangezogen. Zu einer vergleichenden Bewertung bei der Auslegung und Optimierung der EC-Reaktoren wird meist die Stromdichte verwendet (vgl. Garcia-Segura et al. 2017; Hakizimana et al. 2017).

Ferner kann laut Kumar et al. (2004) und Amrose et al. (2013) der Parameter Ladungsdichte bzw. Ladungsdosis (engl. charge loading, q in [A·s/L] bzw. [C/L]) herangezogen werden. Die Ladungsdosis beschreibt nach Definition von Amrose et al. (2014) die Elektrizitätsmenge, die durch ein Wasservolumen geflossen worden ist und kann insbesondere zum Vergleich experimenteller Ergebnisse bei variablen Elektrodenoberflächen und behandeltem Volumen herangezogen werden. Die Ladungsdosis q ergibt sich aus dem Zusammenhang zwischen der aktiven Elektrodenoberfläche, dem behandelten Wasservolumen, der Elektrolysezeit und der Stromdichte wie folgt (Amrose et al. 2013):

$$q = i \cdot t_{EC} \cdot \frac{A}{V} \tag{65}$$

Ferner kann die Ladungsdosisrate dq/dt (CDR, engl. *charge dosage rate* in [C/(L·min)]) folgend beschrieben werden (Amrose et al. 2013):

$$\frac{dq}{dt} = \frac{I}{V} = i \cdot \frac{A}{V} \tag{66}$$

Werden die aktiven Elektrodenoberflächen und das behandelte Volumen der EC-Reaktoren über alle Versuche beibehalten, so ist die Änderung der Stromdichte gleichbedeutend mit der Änderung der Ladungsdosis (Amrose et al. 2013).

Weitere im Rahmen dieser Arbeit angewandte Ansätze zur Bewertung von Elektrokoagulationsverfahren sind in Kapitel 3.3.2 beschrieben.

Die Übertragung der im Labormaßstab entwickelten EC-Reaktoren in die Praxis erfolgt zumeist durch die Skalierung des Verhältnisses der aktiven Elektrodenoberfläche zum Flüssigphasenvolumen (A/V- bzw. A_A/V-Verhältnis in [m^2/m^3]) unter Beibehaltung eines konstanten Elektrodenabstandes (Hakizimana et al. 2017). Zudem stellt das A/V-Verhältnis eine charakteristische Größe dar, die zum Vergleich verschiedener EC-Reaktoren herangezogen werden kann.

2.5.3 Betriebsart, Elektrodenmaterial, Elektrodenschaltung und Arbeitssicherheit

Die Elektrokoagulation kann im **galvanostatischen** (Konstantstrom) und **potentiostatischen** (Konstantspannung) Betrieb erfolgen. Potentiostatischer Betrieb findet unter Kontrolle und Variation der Zellspannung statt und wird meist für Elektro-Oxidation bzw. -Reduktion und seltener für Elektrokoagulation angewandt (Hakizimana et al. 2017). Beim galvanostatischen Betrieb erfolgt die Kontrolle und Variation der Stromstärke.

Ferner kann die Betriebsart in **Elektrokoagulation** oder **Elektrokoagulation und Flotation** unterschieden werden, die jeweils von der gewählten Stromstärke abhängig ist (Comninellis und Chen 2010). Der Effekt der Flotation tritt nur bei sehr hohen Betriebsstromstärken bzw. Stromdichten auf, bei geringen Stromstärken ist die O_2- und H_2-Gasblasenentwicklung gering, sodass keine Feststoffabtrennung mittels Flotation möglich ist (Comninellis und Chen 2010).

Die Wahl des Elektrodenmaterials ist für die Elektrokoagulationsverfahren entscheidend und hängt vor allem von ihrer Anwendung ab. Meist kommen Eisen- und Aluminiumplatten zum Einsatz, wobei auch Elektrolyse mit Zink-, Kupfer-, Titan- und Stahlelektroden untersucht wird (Nidheesh und Singh 2017; Hakizimana et al. 2017). Auch die Kombination verschiedener Elektrodenmateriale in einer Elektrolysezelle ist möglich. Beispielsweise untersucht Kobya et al. (2014) die Anwendung von Al-Fe-Hybridelektrodenplatten zur Arsenentfernung.

In Tabelle 17 ist eine Übersicht zur Elektrokoagulation mit Aluminium- und Eisenelektroden gegeben. Deutliche Unterschiede ergeben sich vor allem in der Elektrolyseeffizienz und im theoretischen Elektrodenverbrauch, der sich in der Schlammproduktion widerspiegelt. Auch in der Ausbildung von Elektrodenpassivierung und im Wirtschaftlichkeitsvergleich schneiden beide Verfahren unterschiedlich ab. Der Vergleich von Eisen- und Aluminiumelektroden in Bezug auf die Arsenentfernungseffizienz ist im nachfolgenden Kapitel 2.5.4 gegeben. Ferner kann zu diesem Thema auf eine ausführliche Studie von Kobya et al. (2011) verwiesen werden.

Tabelle 17: Übersicht zur Elektrokoagulation mit Aluminium- und Eisenelektroden (Comninellis und Chen 2010; Kobya et al. 2011; Heffron et al. 2016; Hakizimana et al. 2017).

Parameter	Al-Elektroden	Fe-Elektroden
Funktionsweise	Freisetzung von Al^{3+} → Entstehung von Aluminium-Hydroxo- und Oxohydroxokomplexen	Freisetzung von Fe^{2+} → Oxidation zu Fe^{3+} → Entstehung von Eisen-Hydroxo- und Oxohydroxokomplexen
pH-Wert	Starker Puffereffekt der EC; Optimum zur Arsenentfernung bei pH-Wert 7,0	Schwacher Puffereffekt der EC; Optimum zur Arsenentfernung bei pH-Wert 6,5
Elektrolyseeffizienz C_E	120 % bis 200 % (ohne Passivierung)	80 % bis 100 % (ohne Passivierung)
Theoretischer Elektrodenverbrauch	0,336 g Al/(A·h)	1,041 g Fe/(A·h)
Schlamm	Geringere Schlammmenge; höherer Wassergehalt	Höhere Schlammmenge; geringerer Wassergehalt
Passivierung	hoch	mittel
Wirtschaftlichkeit	Höhere Materialkosten; Geringere Betriebskosten	Geringere Materialkosten; Höhere Betriebskosten
Grenzwert nach TrinkwV (2019)	0,2 mg Al/L	0,2 mg Fe/L
Toxizität nach WHO (2017)	Toxisch > 0,9 mg Al/L	Nicht toxisch; Geschmack, Farbe

Für die praktische EC-Anwendung werden meist mehr als zwei Elektroden benötigt, die auf verschiedene Weise miteinander und mit der Spannungsquelle verbunden werden können. Anhand der Elektrodenschaltung kann die Elektrokoagulation in drei Hauptkonfigurationen unterschieden werden. Die typischen Elektrodenschaltungen mit dem zugehörigen elektrischen Stromkreis sind in Abbildung 14 dargestellt.

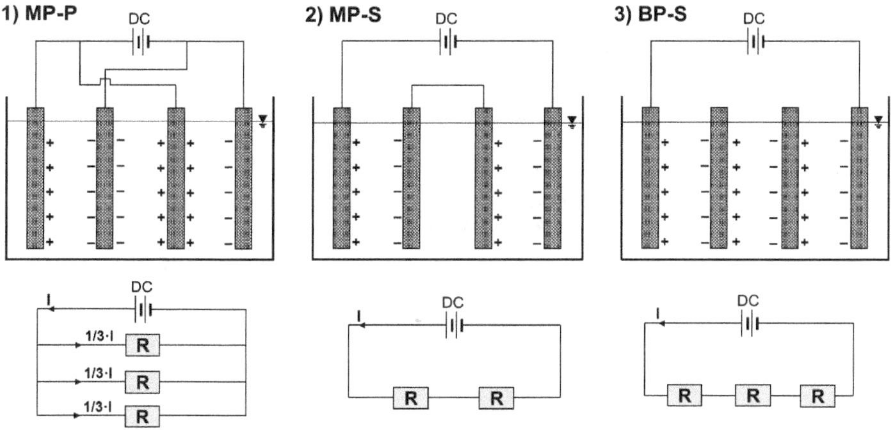

Abbildung 14: Elektrodenschaltungen und zugehöriger elektrischer Stromkreis: monopolare Parallelschaltung (MP-P), monopolare Serienschaltung (MP-S), bipolare Serienschaltung (BP-S) (in Anlehnung an Pretorius et al. 1991).

Die charakteristischen Eigenschaften der Elektrodenschaltungen ergeben sich wie folgt (vgl. Pretorius et al. 1991; Comninellis und Chen 2010; Payá 2016; Kobya et al. 2016; Moussa et al. 2017; Hakizimana et al. 2017):

- **Monopolare Parallelschaltung** (**MP-P**, vgl. Abbildung 14 (1)) entsteht bei abwechselnder Verbindung der Elektroden an demselben Positiv- bzw. Negativpol der Spannungsquelle. Alle Elektroden sind monopolar, also entweder Anode oder Kathode. Im Verbund ergibt jedes Elektrodenpaar (jedes Anode-Kathode Paar) eine Elektrolysezelle (sog. Unterzelle) mit derselben Spannungshöhe. Folglich entstehen bei n Elektroden in einer derartigen Elektrodenschaltung n-1 Unterzellen. Diese Elektrolysezellen sind parallel verbunden, daher addiert sich die Stromstärke der einzelnen Elemente im Verbund. Im Vergleich zur Reihenschaltung von EC-Zellen (siehe BP-S) sind für den Betrieb solcher Systeme deutlich geringere Spannungen notwendig, allerdings muss die elektrische Energiequelle entsprechend große Stromstärke liefern können.
- **Bipolare Serienschaltung** (**BP-S**, vgl. Abbildung 14 (3)) entsteht bei der Verbindung der äußeren Elektroden an den Plus- bzw. Minuspol der Spannungsquelle; die inneren Elektroden sind nicht verbunden. Die äußeren Elektroden sind monopolar und die inneren Elektroden bipolar, d. h. gleichzeitig Anode und Kathode. Folglich entstehen bei n Elektroden in einer derartigen Elektrodenschaltung n-1 Unterzellen. Die einzelnen Zellen sind in Reihe (bzw. Serie) verschaltet. Bei dieser Verschaltung fließt durch jede Elektrolysezelle elektrischer Strom gleicher Höhe und die Spannung der einzelnen Elektrolysezellen im Verbund ist additiv. Folglich muss für den Betrieb solcher Systeme die Energiequelle entsprechend hohe Spannung bereitstellen können. Außerdem sind die inneren Elektroden aufgrund der Bipolarität weniger leistungsfähig bzw. müssen

aus spezifischen Metalllegierungen bestehen. Dieser Umstand kann durch die Verschaltung der Elektroden in einer monopolaren Serienschaltung verbessert werden.

- **Monopolare Serienschaltung** (**MP-S**, vgl. Abbildung 14 (2)) stellt eine Weiterentwicklung von BP-S dar und ergibt sich durch die Verbindung der äußeren Elektroden an den Plus- bzw. Minuspol der Spannungsquelle und paarweiser Verbindung der inneren Elektroden aneinander, jedoch nicht an die Spannungsquelle. Folglich sind alle Elektroden monopolar. Bei n Elektroden in einer derartigen Elektrodenschaltung entstehen n/2 Unterzellen. Die einzelnen Zellen sind ähnlich BP-S in der Reihe verschaltet. Bei dieser Verschaltung fließt durch jede Elektrolysezelle elektrischer Strom gleicher Höhe und die Spannung der Elektrolysezellen im Verbund ist additiv. Solche Systeme brauchen ähnlich der bipolaren Serienschaltung eine hohe Spannungsversorgung.

Des Weiteren stellt die **Arbeitssicherheit** einen wichtigen Betriebsaspekt bei der Elektrokoagulation dar. Bei der Elektrolyse findet eine elektrochemische Gasfreisetzung (insbesondere H_2 und O_2 durch die Wasserelektrolyse) statt, wobei die Freisetzung von H_2 wegen der Möglichkeit zur Entstehung explosionsfähiger Atmosphäre mit einem Zündbereich zwischen 4 % und 78 % von besonderer Bedeutung ist (vgl. Payá 2016). Folglich ist auf einen ausreichenden Luftaustausch im Betriebsraum zu achten. Die infolge eines angelegten Stroms theoretisch produzierte Wasserstoffmenge kann analog zur Metallfreisetzung unter Verwendung des Faradayschen Gesetzes (Gl. (54)) abgeschätzt werden.

Einen weiteren Sicherheitsaspekt stellt die elektrische Arbeitssicherheit dar. Laut Payá (2016) können bereits bei einer Stromstärke von 200 mA gefährliche Wirkungen auf den menschlichen Körper auftreten. Hierfür muss eine entsprechend hohe Spannung auf den menschlichen Körper einwirken. Bei Kleinspannungen besteht keine Gefahr für die menschliche Gesundheit. Die DIN VDE 0100-200 (2006) definiert die Kleinspannung als die Spannung, bis zu der ein Schutz gegen einen elektrischen Schlag aufgrund einer dauerhaft zulässigen Berührung sichergestellt ist. Diese liegt laut DIN VDE 0100-410 (2018) für Gleichstrom im Bereich bis 120 V.

2.5.4 Entfernung von Arsen mittels Elektrokoagulation

Die Anwendung der Elektrokoagulation zur Arsenentfernung wurde in mehreren Studien untersucht (z. B. Kumar et al. 2004; Wan et al. 2011; Ali et al. 2012; Mólgora et al. 2013; Amrose et al. 2014; Kobya et al. 2014; Hu et al. 2016; Thakur et al. 2019) sowie in einigen Reviews zusammengefasst (z. B. Nidheesh und Singh 2017; Song et al. 2017; Garcia-Segura et al. 2017 sowie Kobya et al. 2020). Es wurden verschiedene Elektrodenmaterialien, Form der Elektrolysezelle, Art der Elektrodenschaltung, Zusammensetzung der Quellwasser sowie Betriebsparameter wie Stromstärke, Elektrolysezeit etc. untersucht. Im

Weiteren werden aktuelle Erkenntnisse zur Arsenentfernung mittels Elektrokoagulation aus den recherchierten wissenschaftlichen Texten zusammengefasst:

- **Der Mechanismus der Arsenentfernung** gründet auf parallel verlaufenden Prozessen der Ausfällung als nicht-lösliche Arsen-Metalloxidverbindungen, Überführung in partikuläre Form durch Bildung von Arsen-Metalloxohydroxid-Komplexen sowie Einschluss von Arsen in die Flockenstruktur (vgl. Comninellis und Chen 2010; Nidheesh und Singh 2017; Song et al. 2017). Die Bildung von Arsen-Metalloxohydroxid-Komplexen stellt den Hauptpfad der Arsenentfernung mittels Elektrokoagulation dar (Thakur et al. 2019).
- **As(V)-Entfernung** ist im Allgemeinen deutlich höher als As(III)-Entfernung, wobei die EC-Wirkungsgrade bei beiden Spezies mit höheren Stromstärken und höheren Arsengehalten im Rohwasser steigen. In mehreren Studien wurden As(III)- sowie As(V)-Entfernungsraten von über 99 % nachgewiesen (z. B. Wan et al. 2011 oder Ali et al. 2012).
- **As(III)-Entfernung** mittels Elektrokoagulation kann durch eine teilweise Oxidation von As(III) zu As(V) erklärt werden (vgl. Lakshmanan et al. 2010; Amrose et al. 2014). Bei einem hohen elektrischen Potential finden an der Anode sekundäre Oxidationsvorgänge statt, die zur Entstehung von Oxonium-Kationen (H_3O^+), gasförmigem Sauerstoff und bei Anwesenheit von Chlorid (Cl^-) zu Chlorgas (Cl_2) führen und die As(III)-Oxidation im Elektrolyt begünstigen (Song et al. 2017; Hakizimana et al. 2017). Bei der Anwendung von Fe-Elektroden ist der As(III)-Oxidationsvorgang durch die Fenton-Reaktion, durch Eisensalze katalysierte Oxidation, besonders stark ausgeprägt (Li et al. 2012). Der elektrochemische As(III)-Oxidationsprozess kann weiterhin durch die Belüftung der Elektrolysezelle positiv beeinflusst werden (Song et al. 2017).
- Höhere **Stromdichten** führen zur stärkeren Auflösung des Anodenmaterials und ermöglichen im Allgemeinen bessere Arsenentfernung (Kobya et al. 2020). Die Stromdichten variieren in Abhängigkeit von Betriebseinstellungen, Aufbau von EC-Reaktoren und Zielsetzungen der Studien zwischen 0,25 A/m^2 und 180 A/m^2 (vgl. Kobya et al. 2011).
- Laut Song et al. (2017) liegt das typische **A/V-Verhältnis** von EC-Reaktoren zur Arsenentfernung zwischen 6,5 m^2/m^3 und 50 m^2/m^3. Außerdem resultiert die Erhöhung vom A/V-Verhältnis zur Verringerung der Behandlungszeit sowie optimaler Stromdichte (Hakizimana et al. 2017).
- Im Prinzip sind alle **Elektrodenverbindungsarten** zur Arsenentfernung geeignet, wobei je nach Autor und Studie geringfügige Unterschiede bezüglich der Effizienz des Verfahrens bestehen (Garcia-Segura et al. 2017). Die Erhöhung der Stromdichte führt bei allen Elektrodenverbindungsarten zu höheren As-Entfernungsraten, wobei MP-S im Vergleich zu MP-P und BP-S einen etwas geringeren Energieverbrauch aufweist (Song et al. 2017). Ferner hängt auch die Art der erzeugten Metalloxohydroxid-Spezies sowie die Flockenform bzw. -struktur von der gewählten Elektrodenverbindung ab (Hu et al. 2016). Laut Hu et al. (2016) findet bei der BP-S mit Aluminiumelektroden

geringfügig stärkere Freisetzung von Al_{13}-Spezies als bei anderen Elektrodenverbindungsarten statt.

- Bezüglich **Effizienz von Eisen- und Aluminiumelektroden** sind in der Literatur teilweise widersprüchliche Aussagen zu finden, wobei grundsätzlich beide Elektrodenmaterialien zur Arsenentfernung geeignet sind (vgl. Kobya et al. 2011; Nidheesh und Singh 2017; Song et al. 2017). Laut Kobya et al. (2011) bietet die Elektrokoagulation mit Aluminiumelektroden zur Arsenentfernung geringfügige ökonomische Vorteile gegenüber der Anwendung von Eisenelektroden. Ferner hat die Elektrokoagulation mit Aluminiumelektroden im Vergleich zur Anwendung von Eisenelektroden einen stärkeren positiven Effekt auf die Membranfiltration (siehe Kapitel 2.6 und vgl. Gamage und Chellam 2011 sowie Zhao et al. 2019). Die Kombinationen aus Fe- und Al-Elektrodenplatten weisen bessere Arsenentfernungseffizienz als reine Fe-Fe- oder Al-Al-Elektroden auf (Kobya et al. 2014). Auch andere Kombinationen wie beispielsweise Eisen-Anode und Zink-Kathode mit Arsenentfernungsraten von 98,8 % sind möglich (Nidheesh und Singh 2017).
- Weiterhin ist eine effektive **Simultanentfernung von Arsen und Fluorid** aus dem Trinkwasser mittels Elektrokoagulation mit Aluminiumelektroden möglich. Die Ergebnisse einer aktuellen Untersuchung zur EC mit Al-Elektroden von Thakur et al. (2019) zeigen eine effektive Reduktion der Arsenkonzentration auf unter 10 µg As/L mit einem Wirkungsgrad von 98,8 % und der Fluoridkonzentration auf unter 1,5 mg F/L (WHO-Richtwert für Fluorid im Trinkwasser, vgl. WHO 2017) mit einem maximalen Wirkungsgrad von 87,5 %.
- **Die Kosten der Aufbereitung** von arsenhaltigem Wasser mit einem Arsengehalt von 75 mg As/L bis 500 mg As/L lagen in Laboruntersuchungen von Kobya et al. (2011) bei 0,017 €/m³ mit Aluminiumelektroden und bei 0,02 €/m³ mit Eisenelektroden (Kobya et al. 2011). In einer Feldstudie von Amrose et al. (2014) in Indien betrugen die Kosten des Verfahrens i. M. 0,85 €/m³.

In der nachfolgenden Tabelle 18 sind die wichtigsten Betriebsparameter und Kenngrößen von EC-Reaktoren aus einigen recherchierten Studien zur Arsenentfernung mittels Elektrokoagulation zusammengefasst.

Tabelle 18: Zusammenstellung wichtigster Kenngrößen verschiedener EC-Reaktoren.

RW	As	$c_{As,0}$ [µg/L]	E_{As} [%]	V [L]	i [A/m²]	C_{Energy} [kWh/m³]	A/V [m²/m³]	Anode	Schaltung	d_E [mm]	Kosten [€/m³]	Studie
GW	As(V)	131	92	1,2	30	0,058	46,6	Fe	BP-S	3	k. A.	Martínez-Villafañe et al. (2009)
TW	As(V)	500	98	0,9	20	k. A.	2,22	Al	MP-P	5	k. A.	Vasudevan et al. (2010)
TW	As_{ges}	150	96	0,56	2,5	0,032	19,6*	Al	MP-P	13	0,017	Kobya et al. (2011)
GW	As_{ges}	45	85	4,5	57,8	1,7	24,8*	Al	BP-S	28	k. A.	Mohora et al. (2012)
GW	As_{ges}	50	100	0,09	50	3,9	167*	Al	MP-P	6	k. A.	Flores et al. (2013)
TW	As(V)	150	96	0,85	2,5	0,053	8,6*	Al	MP-S	10	0,015	Kobya et al. (2014)
GW	As_{ges}	266	98	600	7,6*	0,62 (nur EC) 2,31 (gesamt)	9,4*	Fe	MP-P	20	0,85 (i. M.)	Amrose et al. (2014)

* Dieser Wert ist nicht explizit genannt und wurde aus anderen Angaben des Autors berechnet.

Es ist festzuhalten, dass in den meisten recherchierten Studien Versuche mit EC-Reaktoren im Labormaßstab mit einem effektiven Reaktorvolumen (Flüssigphasenvolumen) von 0,09 L bis 4,5 L unternommen worden. In diesen Studien werden vor allem die Grundlagen des EC-Prozesses untersucht und beispielsweise verschiedene Elektrodenanordnungen bzw. -materialien (vgl. Kobya et al. 2014) oder Auswirkung vom pH-Wert (vgl. Vasudevan et al. 2010) überprüft. Ferner werden einige Versuche mit sehr hohen Stromdichten (z. B. 57,8 A/m² in Mohora et al. 2012) oder A/V-Verhältnissen (z. B. 167 m²/m³ in Flores et al. 2013) unternommen.

Darüber hinaus findet im Rahmen der genannten Laboruntersuchungen zwischen den einzelnen Versuchen meist eine Behandlung von Elektroden statt (z. B. mit Salzsäure und Hexamethylentetramin bei Kobya et al. 2011), um die Auswirkung von Passivierung bzw. Überspannung zu minimieren und bessere Vergleichbarkeit der Versuchsergebnisse zu gewährleisten. Geringere Überspannungen resultieren in einem geringen Verbrauch elektrischer Energie sowie in niedrigen Betriebskosten, wie z. B. C_{Energy} = 0,032 kWh/m³ und Betriebskosten von 0,017 €/m³ in Kobya et al. (2011). Da allerdings die Passivierungsschicht die Schlüsselproblematik der Elektrolyse darstellt (vgl. u. a. Comninellis und Chen 2010; Hakizimana et al. 2017), sind in der praktischen Anwendung des Verfahrens deutlich höhere Überspannungen und folglich höhere Betriebskosten zu erwarten.

Eine der wenigen derzeit vorliegenden Feldstudien zur Arsenentfernung mittels EC (vgl. Kobya et al. 2020) stellt die Untersuchung von Amrose et al. (2014) zur Umsetzung einer EC-Anlage in Westbengalen (Indien) dar. Hierbei wurde ein 600 L EC-Batchreaktor mit Fe-Elektroden (MP-P-Elektrodenschaltung) über mehrere Monate mit realem Grundwasser mit Arsenkonzentrationen von i. M. 266 µg As/L betrieben und eine mittlere Arsenentfernung von unter 5 µg As/L erreicht. Die Feststoffentfernung im Anschluss der EC wurde mittels Flockung durch Dosierung von Aluminiumsalzen mit 6 mg Al/L bis 15 mg Al/L und nachfolgende Sedimentation in einem externen Absetzbehälter gewährleistet. Die effektive Ausbeute betrug 520 L pro Batchansatz; 80 L an arsenhaltigem Schlamm-Wasser-Gemisch wurden entsorgt. Der Energieverbrauch der EC-Zelle lag mit 0,62 kWh/m³ deutlich höher als in einigen Laborstudien mit intensiver Zwischenbehandlung von Elektroden (z. B. 0,032 kWh/m³ in Kobya et al. 2011) und deutlich niedriger als in einigen Studien mit extrem hohen Stromdichten (z. B. 3,9 kWh/m³ in Flores et al. 2013). Der elektrische Energieverbrauch der Gesamtanlage (EC-Zelle inkl. Rohwasserpumpen, Rezirkulationspumpen, Dosierungsstation etc.) beträgt etwa 2,31 kWh/m³, die Gesamtkosten des Verfahrens liegen zwischen 0,74 €/m³ und 0,92 €/m³ (Amrose et al. 2014).

Es ist erkennbar, dass einige deutliche Unterschiede zwischen Betriebsparametern bzw. Reaktorkenngrößen von Laboranlagen und praktischer EC-Anwendung vorliegen. Folglich ist der Bedarf nach praxisbezogenen Studien, großtechnischen Versuchsanlagen, Feldstudien im Dauerbetrieb und weiteren anwendungsorientierten Untersuchungen sehr hoch (vgl. Kobya et al. 2020).

Neben Arsen können mittels Elektrokoagulation verschiedene weitere organische und anorganische Schmutzstoffe aus dem Wasser entfernt werden (vgl. Garcia-Segura et al. 2017), auch eine elektrochemische Enthärtung des Wassers ist denkbar (vgl. Zeppenfeld 2018). Hinsichtlich der Elektrokoagulation mit Aluminiumelektroden ist in Comninellis und Chen (2010) eine zusammenfassende Übersicht zum Aluminium- und Energiebedarf bei der Behandlung verschiedener Wasserverunreinigungen (CSB, Trübstoffe, Bakterien etc.) zu finden. Beispielsweise ist für die Entfernung von 1,0 mg CSB etwa 2 mg bis 5 mg elektrochemisch freigesetztem Aluminium notwendig, hierbei beträgt der volumenbezogene Energiebedarf der EC-Zelle zwischen 80 Wh/m³ und 800 Wh/m³ (Comninellis und Chen 2010).

2.5.5 Mechanismus der Arsenentfernung mittels Aluminiumelektroden

Im Rahmen dieser Arbeit fand die Untersuchung von EC mit Aluminiumelektroden zur Arsenentfernung statt. Bei dem Elektrokoagulationsprozess mit Aluminiumelektrode werden Al^{3+}-Ionen in die Lösung freigesetzt, die im Wasser mit Hydroxid-Gruppen in Abhängigkeit von pH-Wert und Betriebseinstellungen der Elektrolysezelle verschiedene monomere Spezies (z. B. $Al(OH)^{2+}$, $Al(OH)_2^{+}$, $Al_2(OH)_2^{4+}$, $Al_3(OH)_4^{5+}$), polymere Spezies (z. B. $Al_6(OH)_{15}^{4+}$, $Al_7(OH)_{17}^{4+}$, $Al_8(OH)_{20}^{4+}$) und Kolloide sowie Feststoffe mit kristalliner Struktur formen (Hu et al. 2016; Song et al. 2017). Wie zuvor erläutert, werden diese verschiedenen Hydroxo- und Oxohydroxokomplexe mit dem Sammelbegriff Oxohydroxide erfasst.

Die pH-Wert-Abhängigkeit der Aluminiumlöslichkeit ist in Abbildung 15 dargestellt und kann in Anlehnung an Bleam (2016), Moussa et al. (2017) und Wisotzky et al. (2018) im Allgemeinen wie folgt beschrieben werden. In sauren wässrigen Lösungen liegt Aluminium im Wasser gelöst vor. Die Bildung von Aluminiumflocken beginnt ab dem pH-Wert von 4, wobei unter dem pH-Wert von 5 das gelöste dreiwertige Aluminiumion Al^{3+} weiterhin die vorherrschende Aluminiumspezies darstellt. Im pH-Wert-Bereich von 5 bis 6 dominiert das monomere einwertige $Al(OH)_2^+$. Die geringste Aluminiumlöslichkeit und somit die höchste Konzentration an ungelöster $Al(OH)_3$-Spezies liegt im neutralen pH-Wert-Bereich zwischen 6 und 7 vor. Bei weiterem pH-Wert-Anstieg nimmt der Gehalt von gelösten Aluminatanionen $Al(OH)_4^-$ zu und stellt ab dem pH-Wert von 10 die dominante Aluminiumspezies dar.

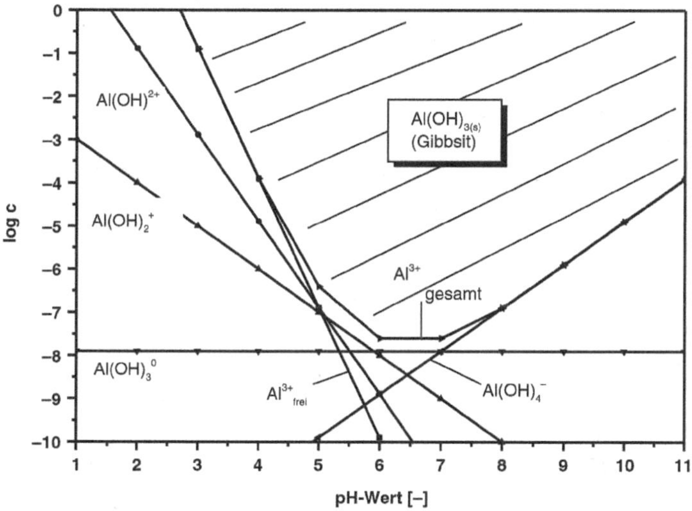

Abbildung 15: Löslichkeit verschiedener Aluminiumverbindungen in Abhängigkeit vom pH-Wert (Wisotzky et al. 2018).

Weiterhin neigen monomere Aluminiumhydroxide zur Bildung von komplexen polymeren Strukturen, die bei höherer Verbindungsanzahl ringförmige kationische Komplexe formen (siehe Abbildung 16 (1) und vgl. Bleam 2016). Die Untersuchungen anfallender Elektrokoagulationsschlämme weisen den primären Arsenentfernungspfad durch seine Bindung an Aluminiumoxohydroxide nach (Thakur et al. 2019). Laut Foster und Kim (2014) erfolgt die Adsorption von Arsen an Aluminiumoxohydroxide gleichermaßen durch Außensphäre- sowie Innensphäre-Adsorption (vgl. Kapitel 2.4.1), wobei die Innensphäre-Adsorption mit Ausbildung bidentat-binuklearer As-Al-Komplexe (^2C-Komplexe) dominiert (vgl. Abbildung 16 (2)).

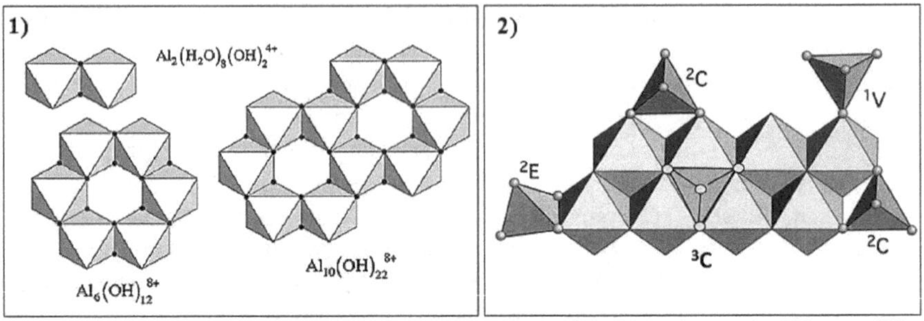

Abbildung 16: 1) Ausbildung ringförmiger Aluminiumhydroxidstrukturen im Wasser (Bleam 2016) und 2) Adsorption von As(V) an Aluminiumhydroxid durch Ausbildung von Innensphäre-Komplexen: monodentat (¹V), bidentat-mononuklear (²E), bidentat-binuklear (²C) und tridentat (³C) (Foster und Kim 2014).

Außerdem hängt die Art der Adsorption von der vorliegenden Arsenspezies ab. As(V) bildet mit Aluminiumoxohydroxiden zumeist stabile bidentat-binukleare Innersphäre-Komplexe, die noch über dem pH-Wert von 9 eine hohe Beständigkeit aufweisen (vgl. Manning und Goldberg 1997; Campbell und Nordstrom 2014). Im Gegensatz hierzu adsorbiert As(III) an Aluminiumoxohydroxide vor allem durch Physisorption (Campbell und Nordstrom 2014). Die Untersuchungen von Manning und Goldberg (1997) zeigen das Optimum der As(III)-Adsorption bei einem pH-Wert von 9 sowie insgesamt geringere Beladungskapazität im Vergleich zur Adsorption von As(V).

Mit steigender Atomanzahl erfolgt die Erhöhung der positiven Ladung der Hydroxo- und Oxohydroxokomplexen und somit eine bessere Schmutzstoffentfernung (Bleam 2016). Die Bildung polymerer Al-Spezies ist ein pH-Wert-abhängiger Vorgang (Hu et al. 2016). Im pH-Wert-Bereich zwischen 4 und 6 ist die Konzentration der polymeren Al-Spezies sehr gering, nimmt mit steigendem pH-Wert zu und weist die höchste Konzentration beim pH-Wert von 9 auf (Hu et al. 2016).

Der Arbeitsbereich der EC mit Aluminiumelektroden liegt im pH-Wert-Bereich zwischen 4 und 9, wobei das Optimum im neutralen pH-Wert-Bereich besteht (Moussa et al. 2017). Die gewählten Betriebseinstellungen beeinflussen die Größe, Struktur und Wachstumsrate der erzeugten Aluminiumflocken (Harif und Adin 2011). Die Wachstumsrate der Aluminiumflocken zeigt eine positive lineare Korrelation mit der Stromstärke und hängt von dem Ausgangs-pH-Wert des Elektrolyten ab, mit einem Optimum bei einem pH-Wert von 6,5 (Harif und Adin 2011). Ferner beeinflusst die Stromstärke die Größe der erzeugten Flocken.

Bei der Elektrokoagulation mit einer hohen Stromstärke werden vermehrt größere Flocken mit lockerer Struktur erzeugt, wogegen sich bei geringen Stromstärken eher kleinere Flocken mit kompakter Struktur ausbilden (Harif und Adin 2011).

2.6 Ultrafiltration zur Trinkwasseraufbereitung

2.6.1 Membranfiltration - grundlegende Begriffe und Kenngrößen

Membranen sind flächige, teildurchlässige Strukturen, die für zumindest eine Komponente eines Fluides permeabel und für andere Komponenten undurchlässig sind (Melin und Rautenbach 2007). In der Wasseraufbereitung kommen Membranen zur Abtrennung von partikulären Stoffen, Kolloiden, Bakterien, Viren, (Makro-)Molekülen oder Ionen zur Anwendung (Exler 2016). Der Separationsprozess mittels Membran ist ein rein physikalischer Vorgang, er erfolgt durch verschiedene Siebungs- und Diffusionsvorgänge und bedarf zur Trennung keine thermische, chemische oder biologische Veränderung des Rohwassers (Pinnekamp und Friedrich 2006). Aus diesem Grund können die Membranfiltrationsverfahren einfach umgesetzt werden und erlangen vor allem bei dezentraler Wasseraufbereitung höchste Bedeutung (vgl. Frechen 2010; Exler 2016).

Die treibende Kraft des Membranfiltrationsprozesses ist die transmembrane Druckdifferenz bzw. der transmembrane Druck (Δp_M bzw. TMP in [bar]), die entweder durch die Erzeugung eines Überdruckes auf der Rohwasserseite (bzw. Feed-Seite) oder eines Unterdruckes auf der Filtrat-Seite (bzw. Permeat-Seite) zur Überwindung des Membranwiderstandes aufgebracht werden muss (Melin und Rautenbach 2007). Die auf der Rohwasserseite zurückgehaltene, aufkonzentrierte Fluidkomponente wird als Konzentrat bzw. Retentat bezeichnet (Melin und Rautenbach 2007).

Die Unterscheidung der verschiedenen Membranfiltrationsverfahren erfolgt anhand ihrer Trennleistung bzw. der Porengröße der Membran oder der Molekülgröße der abzutrennenden Stoffe in folgende vier Typen (siehe Abbildung 17 und vgl. Pinnekamp und Friedrich 2006; Melin und Rautenbach 2007; Exler 2016):

- **Mikrofiltration (MF)** basiert auf dem Siebeffekt der Porenmembranen mit Porengrößen über 0,1 µm Durchmesser und zeichnet sich durch besonders niedrigen Arbeitsdruck mit einem TMP von wenigen mbar bis zu 2 bar aus. Mikrofiltrationsmembranen werden für die Abtrennung von kleinen partikulären Stoffen und teilweise Bakterien eingesetzt.
- **Ultrafiltration (UF)** basiert ähnlich der MF auf dem Siebeffekt und erfolgt durch „poröse“ Membranen mit Porengrößen von 0,1 µm bis 0,01 µm bei einem TMP von wenigen mbar bis 5 bar. Die Trenngröße (MWCO[13], engl. *molecular weight cut off*) der Ultrafiltrationsmembranen liegt im Bereich zwischen 100.000 Dalton und 1.000 Dalton (Da), sodass im Vergleich zu MF zusätzlich Kolloide, Viren und teilweise Makromoleküle entfernt werden können.
- **Nanofiltration (NF)** erfolgt durch Membranen mit einer Porengröße von 0,01 µm bis 0,001 µm und kann idealisiert den Lösungs-Diffusions-Membranen (LDM bzw. „dichte“

[13] Beschreibt die Grenze, bei der 90 % oder 95 % der Moleküle einer bestimmten Molekülmasse zurückgehalten werden (vgl. Exler 2016).

Membranen) zugeteilt werden. Der MWCO der Nanofiltrationsmembranen liegt zwischen 20.000 Da und 200 Da, sodass die Entfernung von Makromolekülen und mehrwertigen Ionen möglich ist. Charakteristisch für die NF ist die Ionenselektivität; einwertige Ionen passieren die Membran und Ionen höherer Wertigkeit werden zurückgehalten. Für den Betrieb von Nanofiltrationsmembranen ist ein TMP von 3 bar bis 20 bar notwendig.

- **Umkehrosmose (UO)** basiert auf der Differenz des elektrochemischen Potentials zu beiden Seiten von Lösungs-Diffusions-Membranen und erfolgt ausschließlich aufgrund unterschiedlicher Löslichkeit und Diffusivität der abzutrennenden Stoffe. Ultrafiltrationsmembranen besitzen eine Trenngrenze von 0,001 µm bis 0,00001 µm bzw. MWCO < 200 Da und gewährleisten einen fast vollständigen Rückhalt gelöster Stoffe. Der benötigte TMP liegt im Bereich von 10 bar bis über 100 bar.

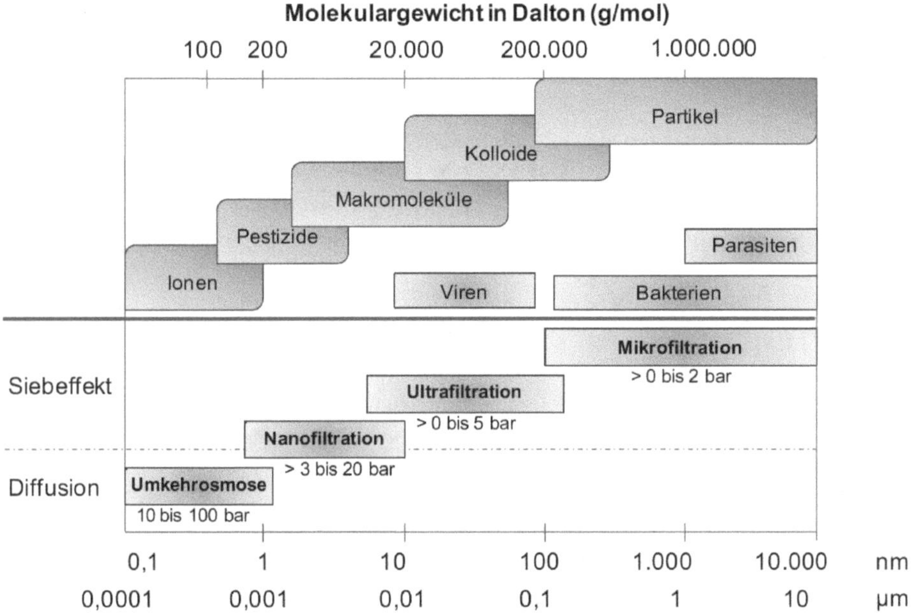

Abbildung 17: Membranfiltrationsverfahren, ihre Anwendungsbereiche und Trenngrenzen (Exler 2016).

Bei der Betriebsweise eines Membranfiltrationsverfahrens kann, von exotischen Ausnahmen abgesehen, unterschieden werden in Dead-End-Betrieb und in Cross-Flow-Betrieb. In Abbildung 18 sind diese beiden Betriebsweisen erläutert.

Beim Dead-End-Betrieb durchströmt das zu filtrierende Medium die Membran orthogonal zur Oberfläche. Dies führt zum kontinuierlichen Aufbau einer Deckschicht an zurückgehaltenen partikulären Stoffen und folglich zur Erhöhung des Strömungswiderstandes, üblicherweise bis zum völligen Erliegen der Filtration (vgl. Abbildung 18, oben rechts). Das Hauptproblem der Dead-End-Filtration besteht daher in der Feststoffabfuhr, d. h. der Deckschichtkontrolle. Diese kann z. B. durch Rückspülung erfolgen. Eine weitere einfache mögliche Lösung, die aber nur bei eher niedrigen Feststoffgehalten praktikabel ist, wird in Kapitel 2.6.2 erläutert.

Zur Deckschichtkontrolle, auch bei hohen Feststoffgehalten, wurde die Cross-Flow-Betriebsweise entwickelt, die eine permanente Feststoffabfuhr sicherstellt. Dazu wird eine Strömung quer zur Membranoberfläche erzeugt, welche die sich aufbauende Deckschicht abträgt und somit die Filtrationszeit der Membran verlängert (siehe Abbildung 18 (unten rechts) und vgl. Melin und Rautenbach 2007).

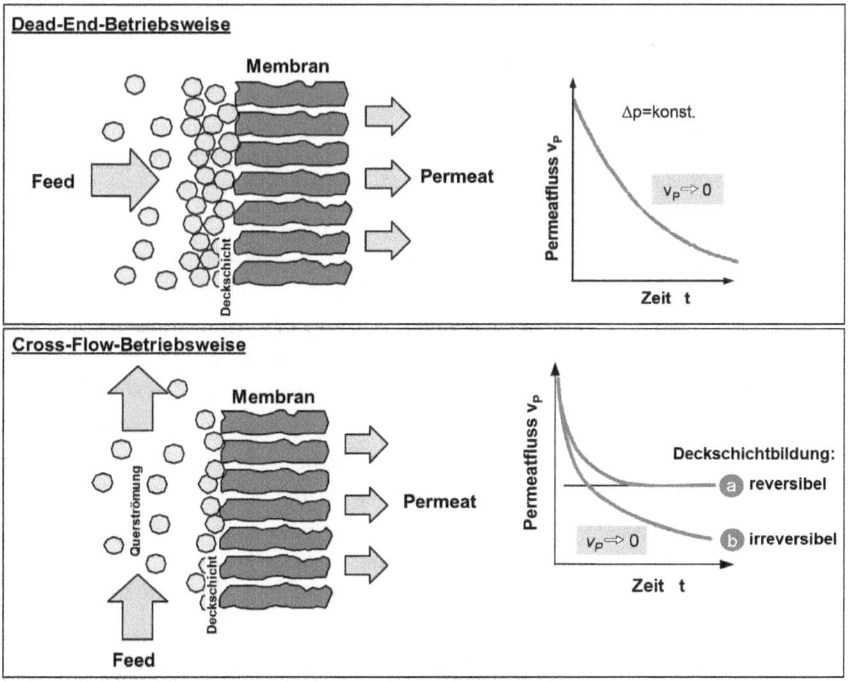

Abbildung 18: Dead-End- und Cross-Flow-Betriebsweise (aus Melin und Rautenbach 2007).

Die Charakterisierung der Leistungsfähigkeit von Membranen erfolgt anhand von Flux bzw. Permeatflux (J_P in [L/(m²·h)]), eines auf die Membranfläche (A_F in [m²]) bezogenen Permeatvolumenstroms (Q_F in [L/h]) (Pinnekamp und Friedrich 2006):

$$J_P = \frac{Q_F}{A_F} = \frac{1}{A_F} \cdot \frac{\Delta V_P}{\Delta t} \qquad (67)$$

mit im Zeitintervall Δt in [h] erzeugtem Permeatvolumen ΔV_P in [L].

Weiterhin kann die Durchlässigkeit einer Membran aus dem Quotienten von Permeatflux und der transmembranen Druckdifferenz als Permeabilität (PE in [L/(m²·h·bar)]) bestimmt werden (Pinnekamp und Friedrich 2006):

$$PE = \frac{J_P}{\Delta p_M} \qquad (68)$$

Die hydraulische Leistung von Membranen ist eine temperaturabhängige Größe (Melin und Rautenbach 2007), daher erfolgt die Angabe des Permeatflux oder der Permeabilität standardmäßig bei T = 20 °C (Joss 2003). Die Umrechnung nach Joss (2003) ist in Kapitel 3.3.2 aufgeführt.

Faktoren, welche die hydraulische Leistungsfähigkeit der Membranen durch die Ablagerung der Stoffe auf der Membran selbst sowie an oder in den Poren mindern, werden in der Membrantechnik unter dem Begriff „Fouling" zusammengefasst (Pinnekamp und Friedrich 2006). Hierzu zählen insbesondere folgende Effekte (Pinnekamp und Friedrich 2006; Melin und Rautenbach 2007; Exler 2016):

- **Deckschichtbildung** ist die Anlagerung von zurückgehaltenen Komponenten an der Membranoberfläche. Eine reversible Deckschichtbildung gehört nicht zum Fouling.
- **Porenverblockung und -verengung** erfolgt durch das Festsetzen der Wasserinhaltsstoffe mit ähnlichem Durchmesser wie die Membranporen in den Porenöffnungen oder durch die Adsorption der porengängigen Wasserinhaltsstoffe an den Porenwänden.
- **Biofouling** ist die Ausbildung eines Biofilmes auf der Membranoberfläche oder in den Membranporen durch Wachstumsprozesse der Mikroorganismen, insbesondere durch von Mikroorganismen produzierte extrazelluläre polymere Substanzen (EPS).
- **Scaling** ist die Ausfällung anorganischer Wasserinhaltsstoffe durch die Konzentrationserhöhung und Überschreitung des Löslichkeitsproduktes in der feedseitigen Grenzschicht. Dieser Fouling-Mechanismus ist vor allem bei Umkehrosmosemembranen zu beobachten.

2.6.2 Ultra-Low-Pressure Ultrafiltration (ULPUF)

Wird die Filtration mit geringem Druck betrieben, spricht man von einer Niederdruck-Ultra- bzw. Mikrofiltration. Hierbei werden transmembrane Druckdifferenzen von 40 mbar bis 150 mbar eingehalten.

Bei transmembranen Druckdifferenzen von unter 100 mbar wird auch von „UL-PUF", also Ultra-Low-Pressure UltraFiltration gesprochen.

Der Betrieb von ULPUF-Anlagen findet meist als Dead-End-Filtration statt. Diese können daher nur bei nicht zu hohen Feststoffgehalten und einer Feststoffabfuhr zur Deckschichtkontrolle eingesetzt werden, die im weiteren Verlauf noch erläutert wird.

Entscheidend ist dabei nicht, dass der TMP durch die Schwerkraft bereitgestellt wird. Wie in Frechen (2019) erläutert, ist vielmehr ausschlaggebend, dass ein solchermaßen betriebenes System einen druckgesteuerten Prozess darstellt, bei dem die Filtrationsleistung das Phänomen darstellt – im Gegensatz zu technischen Anlagen mit Pumpen, bei denen der Prozess flussgesteuert ist und der für den vorgegebenen Durchfluss notwendige Druck das Phänomen darstellt.

Üblicherweise werden ULPUF-Anlagen als schwerkraftbetriebene Anlagen ausgeführt und in der Literatur als *gravity driven membrane* (GDM) Filtration bezeichnet; die gewünschte transmembrane Druckdifferenz ergibt sich aus dem hydrostatischen Druck der Wassersäule (Frechen 2010, Pronk et al. 2019). Folglich ist der Aufbau solcher Anlagen simpel und daher weniger störanfällig (vgl. Frechen und Exler 2009; Frechen et al. 2011).

Diese Verfahrensweise wurde seit 2001 am FG SWW der Universität Kassel untersucht und in mehreren wissenschaftlichen Arbeiten, insbesondere in Waldhoff (2005), Frechen und Exler (2007), Frechen et al. (2009), Frechen et al. (2010), Frechen et al. (2011), Exler (2016), Ordóñez Andrade (2018) und Trinh (2018), sowie in wissenschaftlichen Arbeiten anderer Forschungseinrichtungen, z. B. Pronk und Peter-Varbanets (2010), Peter (2010), Ding et al. (2017b), Tang et al. (2018), Pronk et al. (2019) und Schumann et al. (2020) ausführlich dargestellt.

Die wichtigste Eigenschaft der Niederdruckmembranfiltration stellt die Stabilisierung des Flux im Dauerbetrieb dar.

Beispielsweise wurde in den frühen Versuchen am FG SWW der Universität Kassel ein stabilisierter Flux von etwa 10 L/(m²·h) bei einem konstanten TMP von etwa 150 mbar und Feststoffzugaben von bis zu 1,0 g/L festgestellt (vgl. Waldhoff 2005; Frechen und Exler 2007). In den späteren Versuchen wurde der TMP auf 80 mbar beschränkt, was zu einem stabilisierten Flux von 5 L/(m²·h) führte (Frechen et al. 2009). Ein typischer Verlauf der Fluxstabilisierung im Dauerbetrieb einer ULPUF-Anlage ist in Abbildung 19 zu sehen.

Das Phänomen der Fluxstabilisierung wird durch die Entwicklung von Hohlräumen, Kanälen und weiteren heterogenen Strukturen in der Deckschicht infolge biologischer Aktivität maßgeblich beeinflusst (Peter-Varbanets et al. 2011), folglich führt die Hemmung der biologischen Aktivität (z. B. durch Dosierung von Desinfektionsmitteln) zur Unterdrückung des Phänomens der Fluxstabilisierung. Weiterhin wird durch einen geringen Transmembrandruck die Verdichtung der Deckschicht und Porenverblockung verhindert (Pronk et al. 2019).

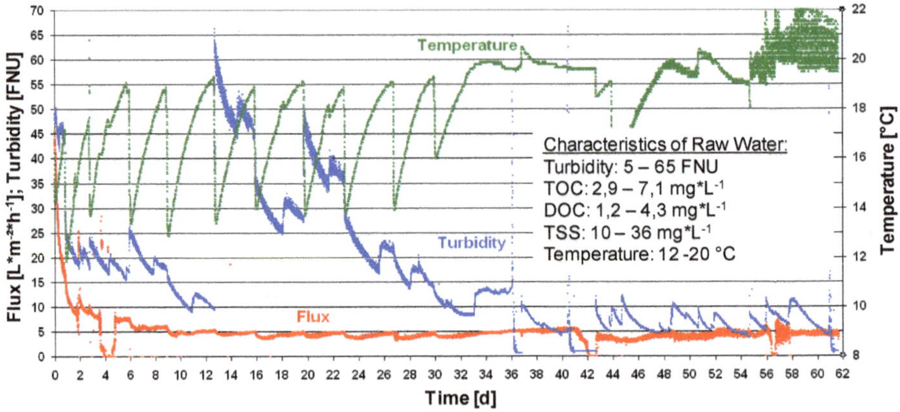

Abbildung 19: Fluxstabilisierung im Langzeitbetrieb einer ULPUF-Anlage (Frechen und Exler 2009; Frechen et al. 2011).

Die so entstehenden „lockeren" Deckschichten können bei einem senkrechten Aufbau der Membranoberflächen in der Dead-End-Betriebsweise (vgl. Abbildung 20) aufgrund von Eigengewicht bzw. Gravitationskraft (F_g), Turbulenzen beim Füll- bzw. Filtrationsvorgang (F_T) und Entfallen der Filtrationskraft (F_N) in den Filtrationspausen abgetragen werden, wodurch die **Feststoffabfuhr** gewährleistet wird (Frechen 2014).

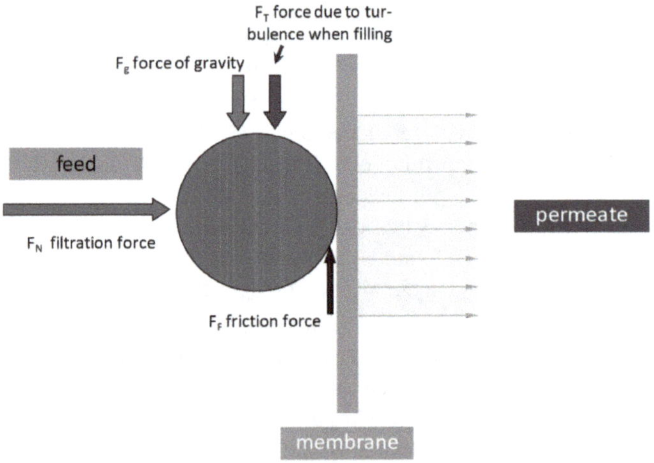

Abbildung 20: An der Deckschicht auftretenden Kräfte während Ultra-Low-Pressure Ultrafiltration (Frechen 2014).

Daher kann die Feststoffabfuhr bzw. die Deckschichtkontrolle bei der Niederdruckmembranfiltration in der Dead-End-Betriebsweise ohne Rückspülung der Membran erfolgen und der Langzeitbetrieb von ULPUF-Anlagen sichergestellt werden (vgl. Frechen 2014; Frechen 2019).

Aus obengenannten Gründen erfolgt der Betrieb gravitationsbetriebener Niederdruck-Membranfiltrationsanlagen im Vergleich zum klassischen durchflussgesteuerten Prozess ohne prozessinterne Pumpenergie und Zusatz von Chemikalien zur Membranreinigung (Frechen 2019). Für die Gewährleistung von ausreichend großen Durchflüssen bei Niederdruck-Membranfiltrationsanlagen wird eine entsprechend große Membranfläche benötigt (vgl. Frechen 2019).

Die Langzeitanwendung von Niederdruck-Membranfiltrationsanlagen wurde in den letzten Jahren umfassend untersucht und die Eignung zur dezentralen Trinkwasserversorgung, insbesondere in ländlichen Gebieten der Entwicklungsländer vielfach nachgewiesen (vgl. Frechen und Exler 2009; Frechen et al. 2011; Exler 2016; Ordóñez Andrade 2018; Trinh 2018; Frechen et al. 2018; Pronk et al. 2019; Frechen 2020c). Aufgrund einer sehr guten Trennleistung, hoher hydraulischen Leistungsfähigkeit im Langzeitbetrieb, keinem Energie- und Chemikalienbedarf, einfacher Bauweise und Betrieb sowie einer fortschreitenden Reduktion der Membranpreise findet eine verstärkte Umsetzung der gravitationsbetriebenen Membranfiltration in der Praxis statt (z. B. Safir Water Filter (Eawag, ETH Zürich), C-MEM Zero (SFC Umwelttechnik GmbH), Waterbackpack PAUL (FG SWW, Universität Kassel)).

Als Beispiel einer erfolgreichen Realisierung der ULPUF Technologie zur Bereitstellung von trinkbarem Wasser in Notsituationen und zur dezentralen Trinkwasserversorgung kann das am Fachgebiet Siedlungswasserwirtschaft der Universität Kassel entwickelte Membranfiltrationsgerät „Wasserrucksack PAUL“ (engl. *portable aqua unit for lifesaving*) genannt werden.

Das Herzstück des Wasserrucksacks PAUL ist ein UF-Plattenmembranmodul mit ca. 9,5 m² Filterfläche aus Polyethersulfon (PES) mit einer Trenngrenze von 150 kDa, das mit einem TMP von ca. 80 mbar (hydrostatischer Druck) gravimetrisch betrieben wird (Frechen 2010). PAUL wurde für eine Trinkwasserversorgung in Notsituationen entwickelt (Frechen 2010) und wurde aufgrund der hohen hydraulischen Leistungsfähigkeit von mindestens 1.200 L/d und i. M. 3.600 L/d sowie langer Lebensdauer der Membran (bis 10 Jahre) zur dauerhaften dezentralen Trinkwasserversorgung weiterentwickelt (siehe Abbildung 21 und vgl. Frechen 2020a).

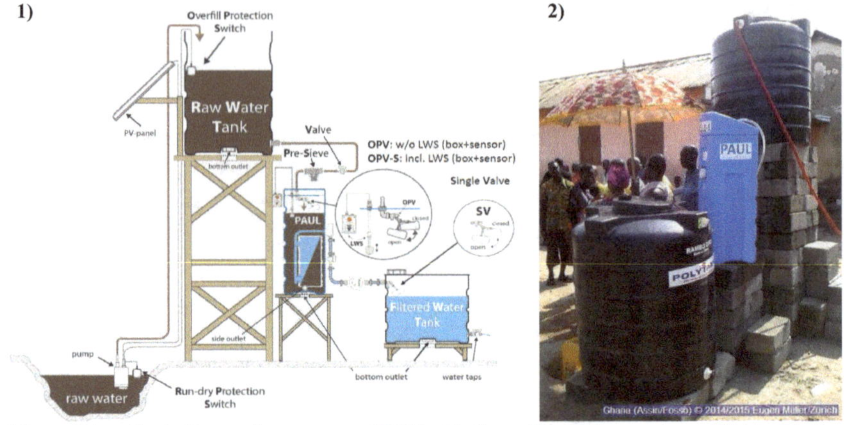

Abbildung 21: 1) Aufbauschema von PAUL-Station; 2) Aufbau einer PAUL-Station in Ghana (Frechen 2020c).

Seit 2010 wurden über 3.170 PAUL-Anlagen in 85 Ländern der Welt mit einem Anteil von ca. 50 % in Asien, 20 % in Afrika und 16 % in Amerika installiert (siehe Abbildung 22 und vgl. Frechen 2020b). Anfänglich wurden die ULPUF-Anlagen zur Wasserversorgung in Notsituationen verwendet. In der letzten Zeit findet vermehrt die Nutzung der ULPUF-Anlagen zur dezentralen Trinkwasserversorgung mit einem Anteil von über 60 % aller Anlagen in 2018 und fast 90 % aller Anlagen in 2020 statt (Frechen 2020b). Die ULPUF-Anlagen sind fast ausschließlich in Entwicklungsländern stationiert.

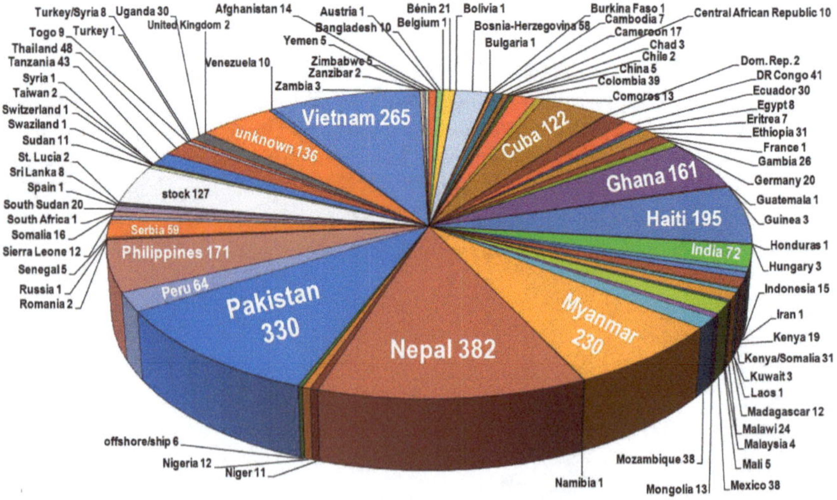

Abbildung 22: Installierte PAUL und PAUL-Stationen weltweit (Frechen 2020b).

Die neuesten Studien auf dem Gebiet der GDM-Anwendung zur Trinkwasser- und Abwasseraufbereitung versuchen durch Kombination von GDM mit anderen Wasseraufbereitungsverfahren den Leistungsbereich der Anlagen zu erweitern oder die hydraulische Leistungsfähigkeit zu verbessern.

Beispielsweise führt eine Kombination der GDM mit Dosierung von Pulveraktivkohle oder Fällmittel zur Verbesserung der Trennleistung (Pronk et al. 2019).

Ferner untersuchte Ding et al. (2017a) die Erweiterung eines gravitationsbetriebenen Membranbioreaktors (GDMBR) zur dezentralen Abwasseraufbereitung um eine vorgeschaltete sowie eine in situ Koagulation mit Aluminiumsalzen. In beiden Fällen führte die Dosierung von Flockungsmitteln zur Erhöhung der Porosität (von 11,2 % auf 32,4 % bei in situ Koagulation) und Reduktion des EPS-Gehalts der Deckschicht. Dies resultierte in einer Verdoppelung (vorgeschaltete Koagulation) bzw. Verdreifachung (in situ Koagulation) der hydraulischen Leistungsfähigkeit des Bioreaktors (Ding et al. 2017a).

Eine Kombination der GDM bzw. ULPUF mit Dosierung von Tonerde oder vorgeschalteter Elektrokoagulation wurde bisher nicht untersucht.

Hingegen wurde die Kombination von Elektrokoagulation mit durchflussgesteuertem Ultrafiltrations-Prozess in verschiedenen Studien untersucht und führt laut Timmes et al. (2009), Ben Sasson und Adin (2010) sowie Gamage und Chellam (2011) durch Ausbildung einer metallhydroxidhaltigen Deckschicht zur Reduktion des Membranfoulings, langsamerer Flux-Abnahme sowie einer höheren Flux-Regeneration nach der Membranreinigung im Vergleich zum Prozess ohne EC. Ferner untersucht Zhao et al. (2019) die Auswirkung verschiedener Elektrodenmaterialien auf die hydraulische Leistungsfähigkeit durchflussgesteuerter Ultrafiltration bei einer vorgeschalteten Elektrokoagulation. Im Vergleich zwischen EC-Prozessen mit Aluminium- und Eisenelektroden zeigen Aluminiumelektroden eine deutlich höhere positive Auswirkung durch Ausbildung einer poröseren Deckschicht und geringeres Fouling (Zhao et al. 2019).

2.6.3 Arsenentfernung mittels Ultrafiltration

Ultrafiltration kann zur Entfernung partikulärer Stoffe, Kolloide, Bakterien sowie teilweise Viren und Makromolekülen bei Wasseraufbereitung angewandt werden und ist nicht zum Rückhalt gelöster Verunreinigungen geeignet. Arsen liegt im Wasser überwiegend gelöst vor. Das molekulare Gewicht beträgt bei As(III) 126 Da und bei As(V) 142 Da. Daher sind Ultrafiltrationsmembranen mit einem MWCO von 1.000 Da bis 100.000 Da grundsätzlich nicht zum Arsenrückhalt fähig. Dieser Sachverhalt wurde auch in Untersuchungen an einer ULPUF-Einheit im Rahmen dieser Arbeit bestätigt. Hierzu wurden 3.000 L arsenhaltiges Oberflächenwasser ($c_{As,RW}$ = 100 µg As/L) mittels einer ULPUF-Einheit (A_F = 9,5 m², MWCO 150 kDa, TMP = ca. 100 mbar) behandelt. Arsen lag entweder in vollständig gelöster Form oder zu 50 % gelöst und 50 % partikulär gebunden vor. Genaue Erläuterungen zum Versuchsaufbau und chemischer Analyse sind in Kapitel 3.2.2 aufgeführt. Wie in

Abbildung 23 zu sehen, kann eine Ultrafiltrationsmembran zwar kein gelöstes Arsen zurückhalten (R_{As} ≈ 0 %), aber das partikulär gebundene Arsen wird vollständig entfernt (R_{As} ≈ 50 %).

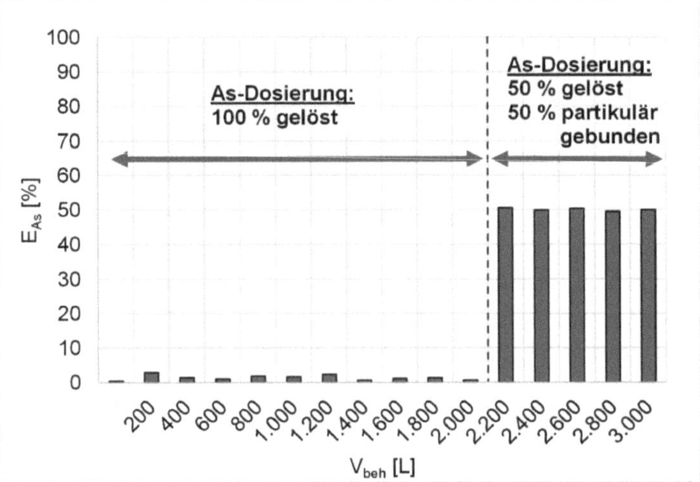

Abbildung 23: Rückhalt von im Oberflächenwasser vollständig gelöstem und partikulär gebundenem Arsen mittels einer ULPUF-Anlage.

Folglich kann das partikulär gebundene Arsen durch die Anwendung der MF- und UF-Membranen effektiv zurückgehalten werden bzw. als vorgeschaltete Maßnahme die nachfolgenden Reinigungsschritte entlasten (Gong et al. 2006). Der Wirkungsgrad hängt von dem Gehalt an partikulär gebundenem Arsen, der Partikelgröße und der Porenweite der angewandten Membran ab.

In natürlichen Gewässern liegt ein Teil des Arsens partikulär gebunden vor, besonders in sauerstoffreichem Wasser mit hohem Anteil an Tonmineralen sowie Eisen- und Manganoxohydroxiden ist der Gehalt an partikulär gebundenem Arsen relativ hoch (Leybourne et al. 2014). Beispielsweise beträgt der Anteil des an die Trübstoffe gebundenen Arsens in verschiedenen Oberflächengewässern in Bangladesch bis zu 50 % vom Gesamtarsengehalt (Islam et al. 2000). Im weltweiten Mittel beträgt der Arsengehalt der Schwebstoffe in Oberflächengewässern 5 µg As/kg (Matschullat 2000), wobei in Gewässern mit hoher Arsenkontamination (z. B. durch Ausbringung arsenhaltiger Pestizide in Nildelta, Ägypten vgl. Abdel-Moati 1990) der Arsengehalt des Schwebstoffes über 48.000 µg As/kg erreichen kann. Im Grundwasser hängt der partikulär gebundene Arsenanteil von den Eigenschaften des Grundwasserleiters ab und unterliegt starken Schwankungen (Henke 2009). Beispielsweise liegt das Arsen in Rohwasserproben verschiedener US-amerikanischer Wasserversorgungsanlagen fast ausschließlich in gelöster Form vor (Leybourne et al. 2014). Demgegenüber beträgt der Anteil an partikulärem Arsen in Wasserproben stark arsenkontaminierter Grundwasserleiter (1.000 µg As/L) in der Inneren Mongolei in China im Median 36 % und macht in manchen Brunnen sogar 80 % der Gesamtbelastung aus (Gong et al. 2006). Ferner nimmt der Anteil an partikulär gebundenem Arsen bei höheren Arsengehalten zu (vgl. Leybourne et al. 2014).

Es ist festzuhalten, dass die partikulär gebundene Arsenfraktion durch die Anwendung von UF-Membranen vollständig aus dem Wasser entfernt werden kann.

Trotz der effektiven Entfernung des partikulären Arsenanteils bleibt die gelöste Arsenfraktion im Wasser, daher sind die Verfahren der Mikro- bzw. Ultrafiltration zur Arsenentfernung auf den WHO-Richtwert von 10 µg As/L in den meisten Fällen nicht geeignet. Durch eine Kombination der Ultrafiltration mit einem anderen Verfahren wie Adsorption, Fällung etc. kann der Wirkungsgrad der Anlagen auf die gelöste Arsenfraktion erweitert werden. Beispielsweise kann im Fall einer Oberflächenwasseraufbereitung die einer Ultrafiltration vorgeschaltete Dosierung von pulverförmigen Fe_2O_3-Nanopartikeln zu einer Erhöhung des Gesamtwirkungsgrades der UF-Anlage bei der As(V)-Entfernung auf 99 % führen (Pal 2015). Jedoch ist laut Pal (2015) dieses Kombinationsverfahren bei einer As(III)-Entfernung nicht effektiv und führt außerdem zu einem starken Membranfouling, der Notwendigkeit einer häufigen Rückspülung und somit zu insgesamt geringeren Wirkungsgraden und höheren Betriebskosten.

Ferner wurden in einer Vergleichsstudie von Mólgora et al. (2013) die Kombinationsverfahren der chemischen Koagulation und Elektrokoagulation mit nachgeschalteter durchflussgesteuerter MF zur As(V)-Entfernung gegenübergestellt. Die Elektrokoagulation fand mit Eisenelektroden (d = 0,4 cm bis 0,8 cm; A_E = 310 cm²) und die chemische Fällung mit Eisen(III)-Lösung statt. Die Abtrennung arsenbeladener Eisenhydroxidschlämme erfolgte mittels einer Mikrofiltrationsmembran (Hohlfaser; Polyvinylidenfluorid (PVDF); Porendurchmesser 0,1 µm; A_F = 0,02 m²; Flux = 45 L/(m²·h); TMP = 0,2 bar). Bei einer Anfangskonzentration von 100 µg As(V)/L wurde die Arsenentfernung mit chemischer Koagulation und nachgeschalteter MF bis 97 % und mit EC und nachgeschalteter MF bis 90 % erreicht (Mólgora et al. 2013).

Des Weiteren zeigen die Untersuchungen von Heffron et al. (2016), dass ein Ultrafiltrationsvorgang mit 0,45 µm Porendurchmesser im Vergleich zu reiner Sedimentation zur Feststofftrennung im Anschluss der EC zu einer allgemeinen Verbesserung der Arsenentfernung führt.

Eine Kombination von Elektrokoagulation mit gravitationsbetriebener Membranfiltration bzw. ULPUF zur Arsenentfernung aus Trinkwasser wurde bisher nicht untersucht.

Eine weitere Möglichkeit der Anwendung der Membranfiltration im Kombinationsverfahren zur Arsenentfernung stellt das Elektro-Ultra-Filtration (EUF)-Verfahren dar. Die Arsenentfernung erfolgt durch das Anlegen einer Spannung direkt an die Ultrafiltrationsmembran (Weng et al. 2005). Hsieh et al. (2008) untersuchte den Einsatz von EUF-Verfahren zur Arsenentfernung aus dem Grundwasser von zwei Brunnen im Nordosten von Taiwan mit einem

As(V)/As(III)-Verhältnis von 0,6 bzw. 2,5. Ohne das Anlegen einer Spannung beschränkte sich der Arsenrückhalt durch eine UF-Membran (MWCO = 100.000 Da) ausschließlich auf die partikulär gebundene Arsenfraktion und betrug 1 % bzw. 14 % in Abhängigkeit vom Brunnen. Durch das Anlegen einer Spannung von 25 V konnten über 79 % des Arsens in beiden Proben entfernt werden (Hsieh et al. 2008).

3 Material und Methoden

3.1 Überblick über Versuche und Versuchsstände

Das Ziel dieser Arbeit ist die Entwicklung eines Low-Cost-Verfahrens zur Arsenentfernung in Kombination mit Niederdruck-Membranfiltration für eine dezentrale Trinkwasserversorgung auf Haushalts- bzw. Hausgemeinschaftsebene insbesondere für wirtschaftlich schwache Gebieten der Schwellen- und Entwicklungsländer. Als denkbare Verfahren zur gezielten Arsenentfernung in Kombination mit Niederdruck-Membranfiltration wurden **Adsorption an Tonerde** und **Elektrokoagulation mit Aluminiumelektroden** untersucht.

Alle Versuchseinstellungen dienen letztlich dazu, die Praxiseignung zu überprüfen. Als ganz wesentlicher Einfluss für die Arsenadsorption an Tonmineralen ist aus den in Kapitel 2.2.2, Kapitel 2.4.1 sowie Kapitel 2.4.3.2 wiedergegeben Ausführungen abzuleiten, dass der pH-Wert eine entscheidende Kenngröße darstellt und zur Erreichung optimaler Beladungskapazität eventuell eine Vorbehandlung zur pH-Einstellung notwendig ist. Bei einer Anwendung der Tone zur dezentralen Trinkwasseraufbereitung in wirtschaftlich schwachen Gebieten der Schwellen- und Entwicklungsländer ist eine pH-Einstellung schwer umsetzbar.

Daher sind alle Adsorptionsversuche auf den in der Praxis zu erwartenden natürlichen pH-Wert-Bereich von 6,0 bis 8,0 ausgerichtet.

Für die Anwendung der Elektrokoagulation zur dezentralen Trinkwasserversorgung, z. B. mittels Energieversorgung durch eine Photovoltaikanlage, soll die elektrische Leistungsaufnahme der EC-Zelle nach Möglichkeit gering sein. Demzufolge muss die Elektrolysezeit entsprechend hoch sein, um eine ausreichende Arsenentfernung zu gewährleisten. Außerdem müssen im Betrieb mit Energiequellen mit geringer elektrischer Leistung (Betrieb mit Kleinspannungen) geringere Sicherheitsvorkehrungen getroffen werden. Folglich können solche Anlagen einfacher umgesetzt werden. Diese Zusammenhänge ergeben sich aus den in Kapitel 2.5 erläuterten Grundlagen.

Dementsprechend ist der Aufbau und Betrieb der EC-Versuchsanlage für eine Anwendung mit Energiequellen mit geringer elektrischer Leistung (Kleinspannung und geringe Stromstärke) und langen Behandlungszeiten konzipiert.

Außerdem wurden Aluminiumelektroden aufgrund positiver Auswirkung auf die Membranfiltration verwendet und ein kleines A/V-Verhältnis zur Reduzierung der Materialkosten gewählt.

In diesem Rahmen wurden verschiedene Versuchsstände im Labor des Fachgebiets Siedlungswasserwirtschaft und in der Versuchsanstalt und Prüfstelle für Wasserbau und Umwelttechnik (VPUW) der Universität Kassel aufgebaut und betrieben. Die Versuchsstände und die verfolgten Untersuchungsziele sind im Folgenden dargestellt.

- **Laboruntersuchungen** zur Überprüfung der As(III)- und As(V)-Adsorptionsfähigkeit verschiedener Tonerden und anderer tonmineralhaltiger Adsorbentien

(**Schüttelversuche**) in dem oben erwähnten pH-Wert-Bereich zwischen 6,0 und 8,0 (Ergebnisse und Diskussion der Versuche sind in Kapitel 4.1 zu finden):

- Ermittlung der maximalen Beladungskapazität der Adsorbentien.
- Ermittlung der Beladungskapazität der Adsorbentien bei c_e = 10 µg As/L und Abschätzung benötigter Adsorbensmasse.
- Ermittlung der Abhängigkeit der Beladungskapazität von Aluminium- und Eisengehalt der tonmineralhaltigen Adsorbentien.
- Überprüfung der Abhängigkeit der Beladungskapazität von Haupttonmineralart.
- Überprüfung der Abhängigkeit der Beladungskapazität der Tonerden von der Kontaktzeit.

• **Halbtechnische Untersuchungen** der stofflichen und hydraulischen Leistungsfähigkeit einer Niederdruck-Membranfiltrationsanlage (**ULPUF**) **ohne Erweiterung** zur Arsenentfernung (Ergebnisse und Diskussion der Versuche sind in Kapitel 4.2.3 zu finden):
  - Versuche mit Trinkwasser zur Untersuchung der Arsenentfernung aus Wasser mit geringem Feststoffgehalt, wie im Grund- oder Quellwasser zu erwarten wäre.
  - Versuche mit Trinkwasser mit erhöhtem Eisengehalt zur Untersuchung der Arsenentfernung im Betrieb mit Grundwasser mit erhöhtem Eisengehalt, welches häufig bei einer reduktiven Arsenauflösung vorkommt.
  - Versuche mit Oberflächenwasser zur Untersuchung der Arsenentfernung aus Wasser mit einem hohen Feststoffgehalt.

• **Halbtechnische Untersuchungen** zur Erweiterung einer Niederdruck-Membranfiltrationsanlage um die Adsorption von Arsen an **Tonerde** (**C-ULPUF**, engl. *clay ultra low pressure ultrafiltration*) (Ergebnisse und Diskussion der Versuche sind in Kapitel 4.2.4 zu finden):
  - Untersuchung der stofflichen und hydraulischen Leistungsfähigkeit zur gezielten As(III)- und As(V)-Entfernung aus Trink- und Oberflächenwasser.
  - Optimierung der stofflichen und hydraulischen Leistungsfähigkeit im Dauerbetrieb durch Variation der Tonerde, der Betriebsweise und des Reaktordesigns mit dem Ziel eines stabilen Betriebes mit Arsenablaufkonzentrationen unter dem WHO-Richtwert von 10 µg As/L.

• **Halbtechnische Untersuchungen** zur Erweiterung einer Niederdruck-Membranfiltrationsanlage um die **Elektrokoagulation** zur Arsenentfernung (**EC-ULPUF**, engl. *electro coagulation ultra low pressure ultrafiltration*) (Ergebnisse und Diskussion der Versuche sind in Kapitel 4.3 zu finden):
  - Untersuchungen der Leistungsfähigkeit der Elektrokoagulationszelle unter variablen Versuchseinstellungen zur Bestimmung der besten geeigneten Variante für den Betrieb mit Energiequellen mit geringer elektrischer Leistung.

- Untersuchung der stofflichen und hydraulischen Leistungsfähigkeit des Kombinationsverfahrens zur gezielten As(III)- und As(V)-Entfernung aus Trink- und Oberflächenwasser mit dem Ziel eines stabilen Betriebes mit Arsenablaufkonzentrationen unter dem WHO-Richtwert von 10 µg As/L.

Die Untersuchungen fanden in einem Zeitraum von etwa drei Jahren statt. In diesem Zeitraum wurde eine Vielzahl an Versuchen durchgeführt:

- 120 Adsorptionsversuche im Labor (Schüttelversuche)
- 20 halbtechnische Filtrationsversuche mit ULPUF-Anlage ohne Erweiterung
- 69 halbtechnische Filtrationsversuche und C-ULPUF-Versuchsanlage
- 94 halbtechnische Filtrationsversuche mit EC-ULPUF-Versuchsanlage

Die Versuchsrohdaten dieses mehrjährigen, umfassenden Versuchsprogramms wurden im Zuge mehrerer studentischer Abschlussarbeiten gewonnen und werden in dieser Dissertation wissenschaftlich ausgewertet. Zu nennen sind folgende einzelne Untersuchungen:

- „Untersuchungen zur Erweiterung der mobilen Wasseraufbereitungsanlage PAUL mit einer Behandlungsstufe zur Arsenelimination“, Köhler (2017)
- „Untersuchungen zur Arsenelimination aus Trinkwasser unter Anwendung der Adsorptionsmittel auf Eisenhydroxidbasis und eisenhaltiger Tonerden“, Nörenberg (2018)
- „Laborversuche zur Arsen- und Fluoridelimination aus Trinkwasser unter Anwendung von feindispersen Adsorptionsmittel“, Zhang (2018)
- „Erweiterung einer PAUL-Station um eine Behandlungsstufe zur Arsenelimination – Überprüfung der chemischen und hydraulischen Leistungsfähigkeit im Dauerfiltrationsbetrieb“, Machelett (2018)
- „Aufbau und Betrieb einer halbtechnischen Versuchsanlage zur Arsenelimination aus Rohwasser mittels Elektrokoagulation“, Haferkamp (2019)
- „Kombinationsverfahren zur Arsenelimination aus Rohwasser mittels Elektrolyse und Ultra-low-Pressure Ultrafiltration“, Jian (2019)
- „Arsenelimination aus Rohwasser mittels Adsorption an pulverförmigen Adsorbentien“, Bednarz (2019)

Ferner wurde ein Teil der Ergebnisse aus den beschriebenen Untersuchungen in stark vereinfachter Form auf der 13. Aachener Tagung Wassertechnologie präsentiert und in zugehörigem Tagungsband veröffentlicht (vgl. Garbowski et al. 2019).

3.2 Versuchsaufbau und Versuchsdurchführung

3.2.1 Laboruntersuchungen zur Überprüfung der As(III)- und As(V)-Adsorptionsfähigkeit tonhaltiger Adsorbentien

3.2.1.1 Aufbau und Methodik der Laborversuche

Die Laboruntersuchung zur Bestimmung des As(III)- bzw. As(V)-Adsorptionsverhaltens der tonmineralhaltigen und eisenhydroxidbasierten Adsorbentien erfolgte mittels Schüttelversuchen, in Anlehnung an Sontheimer und Fettig (1985) sowie Bonilla-Petriciolet et al. (2017), durch Variation der Arsenkonzentration bei konstanter Adsorbensmenge und einer ausreichenden Kontaktzeit bis zum Erreichen des Adsorptionsgleichgewichtes. Im Rahmen dieser Arbeit wurde eine Kontaktzeit von 24 Stunden festgelegt. Bei tonmineralhaltigen Adsorbentien kann davon ausgegangen werden, dass bei dieser Kontaktzeit das Adsorptionsgleichgewicht nahezu erreicht ist (vgl. O'Day 2006; Campbell und Nordstrom 2014).

Für die Untersuchung wurden eine Präzisionswaage der Fa. Sartorius (vgl. Abbildung 24, links), ein pH-Wert-Messgerät der Fa. WTW mit einer SenTix 930-3 Elektrode, ein Kompaktschüttler KS 15 der Fa. Edmund Bühler (vgl. Abbildung 24, rechts) und eine Zentrifuge der Fa. ThermoFischer SCIENTIFIC verwendet. Zusätzlich wurden Zentrifugenröhrchen, Bechergläser, Spatel, 50 mL PE-Probenflaschen, ein Filtriergestell mit Trichter, Faltenfilter mit einem Porendurchmesser von 7 µm der Fa. Whatman sowie eine Eppendorf Pipette mit Spitzen benötigt. Die im Rahmen dieser Arbeit untersuchten Adsorbentien werden im nachfolgenden Kapitel 3.2.1.2 erläutert.

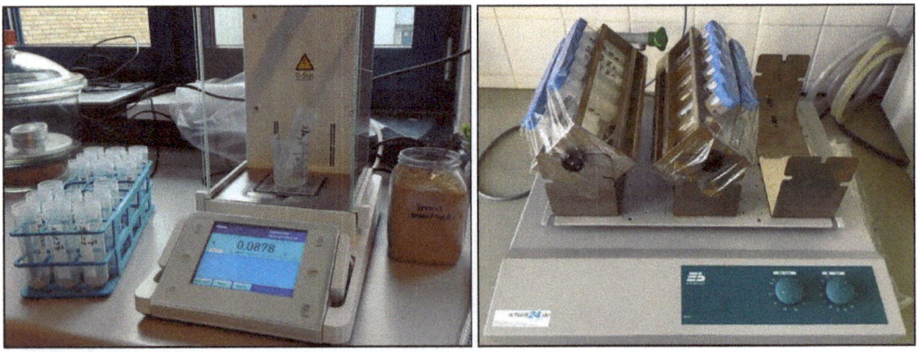

Abbildung 24: Tonmehleinwaage (links) und 24 Stunden-Schüttelversuch auf dem Kompaktschüttler (rechts).

Adsorptionsgleichgewicht-Bestimmung

Im Vorfeld des Versuchs wurden mittels Verdünnung mit destilliertem Wasser As(III)- bzw. As(V)-Lösungen verschiedener Konzentrationen von 0,01 mg As/L bis 20 mg As/L aus hochkonzentrierten Arsentrioxid- bzw. Natriumarsenat-Lösungen (As_2O_3 bzw. Na_3AsO_4 mit jeweils 1.000 mg As/L) erstellt.

Anschließend wurden jeweils 1,0 Gramm des Adsorbensmaterials mit 12 bis 15 As(III)- bzw. As(V)-Lösungen unterschiedlicher Konzentrationen sowie einer Nullprobe (0 mg As/L) in 50 mL Probefläschchen gemischt (1,0 g Adsorbens auf 45 mL Lösung) und über 24 Stunden bis zum Erreichen des Adsorptionsgleichgewichtes mit dem Schüttelgerät bei ca. 250 Umdrehungen pro Minute geschwenkt.

Eine sinnvolle Gegenüberstellung der Arsenadsorptionsfähigkeit verschiedener Materialien ist nur möglich, wenn die pH-Werte der Proben am Ende des Schüttelvorganges (d. h. im Gleichgewichtszustand) in einem ähnlichen Bereich liegen. Der pH-Wert am Ende des Schüttelvorganges hängt von der untersuchten Arsenspezies und ihrer Konzentration in der Schüttelprobe sowie von den chemischen und physikalischen Eigenschaften der verwendeten Adsorbentien ab. Aufgrund der Kationenaustauschfähigkeit oxidischer Adsorbentien (vgl. Kapitel 2.4) führt die Adsorbensdosierung meist zur pH-Wert-Veränderung der Proben.

Im Rahmen der Schüttelversuche wurde der pH-Wert der Proben vor dem Schüttel- und nach dem Filtrationsvorgang bestimmt. Wich der mittlere pH-Wert der Proben eines untersuchten Materials am Ende des Schüttelvorganges stark vom angestrebten pH-Wert-Bereich zwischen 6,0 und 8,0 (vgl. Kapitel 3.1) ab, wurde das Material erneut auf As(III)- und As(V)-Adsorption untersucht und vor dem Schüttelvorgang mit Natronlauge bzw. Salzsäure neutralisiert, um im Gleichgewichtszustand annähernd einen pH-Wert im Bereich zwischen 6,0 und 8,0 zu erhalten.

Am Ende des Schüttelvorgangs wurden die Proben 15 Minuten bei 5.000 Umdrehungen pro Minute in der Laborzentrifuge zentrifugiert. Der Überstand der zentrifugierten Proben wurde mittels einschichtigem Faltenfilter mit einem Porendurchmesser von 7 µm weitgehend von Restpartikeln befreit und zur nachfolgenden analytischen Bestimmung der Schwermetallkonzentration mit 250 µL 65 %iger Salpetersäure nach EN ISO 11885 (2009) angesäuert.

Adsorptionskinetik-Bestimmung

Im Rahmen dieser Arbeit wurde ausschließlich die As(V)-Adsorptionskinetik an Tonerde untersucht. Versuchsmaterialien, -stand und -methodik sind ähnlich dem Schüttelversuch zur Bestimmung der Adsorptionsgleichgewichte aufgestellt.

Zur Ermittlung der Adsorptionskinetik wurde die As(V)-Beladungskapazität von vier ausgewählten Tonerden (T1 (Kaolinitton), T7 (illitischer Kaolinitton), T11 (chloritischer Ton) und T12 (Bentonit)) in Abhängigkeit von der Kontaktzeit überprüft. Die Beschreibung der Materialien ist im nachfolgenden Kapitel 3.2.1.2 zu finden.

Für jeden Adsorbens wurden mehrere Proben mit jeweils 1,0 Gramm Material in fünf As(V)-Lösungen (0,05 mg As/L bis 1,0 mg As/L) sowie einer Nullprobe angesetzt und der Schüttelvorgang gestartet. Die Proben wurden jeweils nach 15 Minuten, einer Stunde, vier Stunden und 16 Stunden Schüttelzeit vom Kompaktschüttler genommen und anschließend analog zum oben beschriebenen Versuch aufbereitet.

Schwermetallanalytik

Die analytische Bestimmung der Arsen-, Eisen und Aluminiumkonzentration im Wasser fand im Labor des FG SWW der Universität Kassel statt. Die Analyse erfolgte mittels optischer Emissionsspektrometrie mit induktiv gekoppeltem Plasma (ICP-OES, engl. *inductively coupled plasma optical emission spectrometry*). Nach EN ISO 155787-2 (2002) wurden die Proben mittels Salpetersäure im Mikrowellenaufschlussgerät Mars der Fa. CEM im Vorfeld der ICP-OES-Analyse aufgeschlossen. Die ICP-OES-Analyse erfolgte gemäß EN ISO 11885 (2009) mit dem ICP-OES Spectroblue Gerät der Fa. Spectro.

3.2.1.2 Untersuchte Adsorbentien

Im Rahmen dieser Arbeit wurden insgesamt 15 natürliche Tone bzw. Tonmischungen (T) auf ihre Fähigkeit zur Adsorption von As(III) und As(V) untersucht. Neben den Tonerden wurden zwei tonige Sekundärrohstoffe (TSR): TSR1 - getrockneter Filterkuchen aus Quarzitaufbereitung und TSR2 - getrockneter Waschschlamm aus Kies- und Sandgewinnung untersucht. Beide Sekundärrohstoffe besitzen einen hohen Anteil an Schichtmineralen und weisen ähnliche Eigenschaften wie die natürlichen Tone auf.

Weiterhin wurden die As(V)-Adsorptionseigenschaften von zwei Schamotten (S) überprüft. Bei den Schamotten handelt es sich um gebrannte Tonmehle. Der Brennvorgang führt zur Veränderung der Tonmineralstruktur, unter anderem zur höheren Feuerfestigkeit, höherer Dichte und geringerer Porosität. Schamotten werden in der Industrie als Ausgangsmaterial zur Herstellung von feuerfesten Materialien und Oberflächen verwendet.

Alle untersuchten Materialien stammen von Carl Jäger Tonindustriebedarf GmbH sowie Fa. Arno Witgert und wurden anhand ihrer chemischen und mineralischen Zusammensetzung ausgewählt, um nach Möglichkeit einen breiten Untersuchungsbereich zu gewährleisten. In Tabelle 19 ist die chemische Zusammensetzung der Tone, der tonigen Sekundärrohstoffe und der Schamotten aus Materialdatenblättern geordnet nach ihrem Eisengehalt dargestellt.

Tabelle 19: Chemische Zusammensetzung (w_i) der untersuchten Tone (T), tonigen Sekundärrohstoffe (TSR) und Schamotten (S) (vgl. Arno Witgert 2020 und Carl Jäger 2020).

Material	Hersteller	Hersteller-bezeichnung	Chemische Zusammensetzung in w_i [%]							
			Fe_2O_3	Al_2O_3	SiO_2	TiO_2	CaO	MgO	K_2O	Na_2O
T1	Carl Jäger	GT	1,2	26,2	67,7	1,8	0,3	0,5	2,3	0,1
T2	Carl Jäger	K35	1,6	32,3	60,0	1,6	0,4	0,5	3,3	0,2
T3	Arno Witgert	2040A	2,1	38,5	57,3	2,1	0,7	0,1	0,1	0,0
T4	Arno Witgert	3039	3,5	36,3	56,5	1,1	0,4	0,4	1,5	0,0
T5	Carl Jäger	OL22R	5,8	23,5	62,5	1,0	0,2	0,8	5,8	0,2
T6	Carl Jäger	Mn	7,1	17,7	54,0	0,9	0,2	0,8	3,7	0,2
T7	Arno Witgert	310	10,5	21,8	63,2	1,2	0,2	0,4	2,4	0,2
T8	Carl Jäger	Bentonit	10,7	15,3	67,8	3,2	0,8	1,1	0,0	0,0
T9	Carl Jäger	178/RI	11,0	23,5	60,2	1,2	0,2	0,6	2,9	0,2
T10	Arno Witgert	4924	12,2	24,1	58,5	2,9	0,2	0,6	1,4	0,1
T11	Arno Witgert	9517	12,4	16,3	60,8	2,7	2,4	3,3	1,3	0,0
T12	Arno Witgert	9017B	13,8	17,5	57,5	2,8	1,9	3,3	0,5	0,0
T13	Arno Witgert	4239M	19,4	17,7	55,9	1,0	0,7	1,7	2,9	0,1
T14	Arno Witgert	4240M	20,5	17,8	55,1	1,0	0,7	1,5	2,9	0,0
T15	Arno Witgert	4217	22,5	17,0	53,3	1,0	0,8	1,8	3,1	0,0
TSR1	Arno Witgert	0023A	1,5	21,0	70,3	1,0	0,1	0,7	5,2	0,0
TSR2	Arno Witgert	4021C	8,8	21,5	63,6	0,7	0,4	1,3	2,9	0,5
S1	Carl Jäger	91/zf	0,8	18,8	76,8	1,1	0,3	0,4	1,7	0,2
S2	Carl Jäger	S/zf	11,2	18,0	67,0	1,2	0,2	0,4	2,0	0,0

Weiterhin ist in Tabelle 20 eine Übersicht zur mineralischen Zusammensetzung der untersuchten Materialien, dem prozentualen Anteil der Korngröße kleiner 2 µm (Tonmineralanteil laut Definition in Kapitel 2.4.3) und dem Si/Al-Verhältnis gegeben. T1 und T5 ordnet der Hersteller den kaolinitischen Tonen zu und gibt nur eine ungenaue Aussage zur Mineralzusammensetzung mit bis zu 80 % Kaolinanteil und bis zu 60 % Glimmeranteil an. Bei T2 liegt keine Mineralanalyse vor, wobei dieser Ton anhand des Si/Al-Verhältnisses von 1,9 wahrscheinlich den kaolinitischen Tonen zugeordnet werden kann (vgl. Kapitel 2.4.3). Ferner unterliegt die chemische und mineralische Zusammensetzung der Materialien natürlichen Schwankungen, sodass die tatsächliche Zusammensetzung von der in Materialdatenblättern angegebenen Zusammensetzung abweichen kann.

Tabelle 20: Mineralische Zusammensetzung, prozentueller Anteil der Korngröße kleiner 2 µm und Si/Al-Verhältnis untersuchter Materialien (vgl. Arno Witgert 2020 und Carl Jäger 2020).

Material	Verhältnis Si/Al	Anteil der Korngröße < 2 µm [%]	Schichtmineralanteil [%]				
			1:1 Kaolinite	2:1 Smectite	2:1 Illite	2:1 Glimmer	2:1:1 Chlorite
T1*	2,6	79	bis 80	-	-	bis 60	-
T2**	1,9	80	-	-	-	-	-
T3	1,5	94	88	Spuren	Spuren	-	-
T4	1,6	75	89	Spuren	8	-	-
T5*	2,7	26	bis 80	-	-	bis 60	-
T6	3,1	35	17	Spuren	20	-	-
T7	2,9	69	31	Spuren	27	-	-
T8	4,4	51	-	87	-	4	-
T9	2,6	75	21	-	-	24	-
T10	2,4	66	48	7	8,0	-	-
T11	3,7	33	24	Spuren	Spuren	-	39
T12	3,3	54	5	75	5,0	-	-
T13	3,2	75	18	29	21	-	-
T14	3,1	75	18	24	21	-	-
T15	3,1	78	18	30	22	-	-
TSR1	3,3	57	20	Spuren	48	-	-
TSR2	3,0	47	22	2	27	-	9
S1	4,1	48 % < 63 µm	100	-	-	-	-
S2	3,7	48 % < 63 µm	100	-	-	-	-

* Kaolinitischer Ton mit < 80 % Kaolinite und < 60 % Glimmer, keine genaue Klassifizierung.
** Mineralanalyse liegt nicht vor.

Die untersuchten Tonerden bzw. tonige Sekundärrohstoffe wurden entweder vom Hersteller als Tonmehl angeliefert (geschnitzeltes, getrocknetes und anschließend vermahlenes Material) oder im FG SWW Labor durch 24 Stunden Trocknung bei 105 °C und Vermahlung mit einer Labormörsermühle der Fa. Fritsch zu Tonmehl verarbeitet, um eine vergleichbare Qualität zu erreichen. Schamotten wurden als Feinkornfraktion mit einem Korngrößenanteil von etwa 50 % unter 63 µm angeliefert.

In Abbildung 25 ist beispiehaft eine Rasterelektronenmikroskopaufnahme (REM) von zwei untersuchten Mahltonen T4 (Kaolinitton) und T8 (Bentonitton) dargestellt. Eindeutig erkennbar ist die Vielzahl an feinsten plätchenartigen Strukturen, die spezifisch für Tonminerale sind und auf ihre hohe spezifische Oberfläche hinweisen.

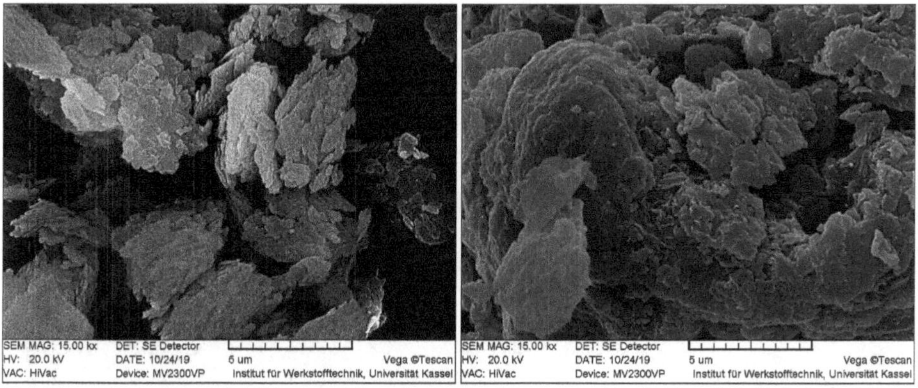

Abbildung 25: Rasterelektronenmikroskopaufnahme vom Kaolinitton T5 (links) und Bentonitton T9 (rechts).

Weiterhin wurde im Rahmen der Laborversuche ein industriell hergestelltes eisenhydroxidbasiertes Adsorbens untersucht, um einen Vergleich der Arsenadsorptionsfähigkeit zu natürlichen Adsorbentien zu ermöglichen. Hierbei wurde die granulierte (GEH, granuliertes Eisenhydroxid) sowie die pulverförmige Form (PEH, pulverförmiges Eisenhydroxid) des Produkts auf die As(V)-Adsorptionsfähigkeit geprüft.

3.2.2 Halbtechnische Untersuchungen zur Erweiterung von ULPUF-Anlagen um eine Verfahrensstufe zur Arsenentfernung

3.2.2.1 ULPUF: stoffliche Leistungsfähigkeit ohne Erweiterung zur Arsenentfernung und bei einem erhöhten Eisengehalt im Rohwasser

Versuchsanlage

Im Rahmen dieser Arbeit wurde die stoffliche Leistungsfähigkeit einer Niederdruck-Membranfiltrationsanlage (ULPUF) ohne Erweiterung zur Arsenentfernung überprüft. Hierzu fand der Aufbau und Betrieb einer halbtechnischen Versuchsanlage in der Versuchsanstalt und Prüfstelle für Wasserbau und Umwelttechnik der Universität Kassel statt. Die ULPUF-Versuchsanlage besteht aus den folgenden Hauptkomponenten:

- Rohwasserbehälter: ein 1.000 L IBC- Flachbodenbehälter (Intermediate Bulk Container), handelsüblicher Membrantellerbelüfter (Durchmesser 320 mm), ein Rotameter (Schwebekörper-Durchflussmessgerät) der Fa. ABB, Luftzufuhr über zentrale Druckluftversorgung.
- ULPUF-Einheit (PAUL): neues UF-Plattenmembranmodul (Fa. MARTIN Systems GmbH) mit einer gesamten Membranfläche von 9,5 m2 bestehend aus 50 Membranplatten aus Polyethersulfon (PES) mit einer Trenngrenze von 150.000 Da (nominaler

Porendurchmesser ca. 0,035 µm), gravitationsbetrieben, TMP = ca. 100 mbar, Schwimmerventil.

- Permeatbehälter: ein 1.000 L IBC-Flachbodenbehälter.

Der Versuchsaufbau ist in Abbildung 26 dargestellt.

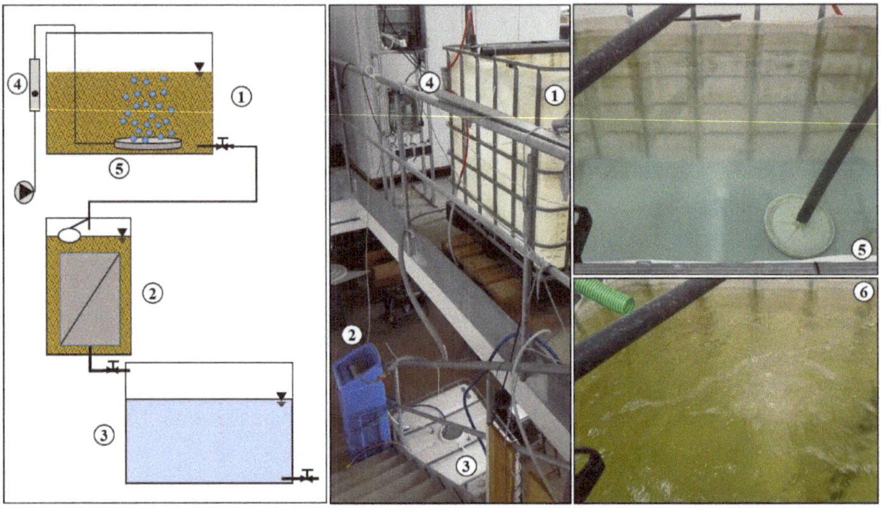

Abbildung 26: ULPUF-Versuchsanlage mit Rohwasserbehälter (1), ULPUF-Einheit (2), Permeatbehälter (3), Rotameter (4) sowie Membranbelüfter im Trinkwasser (5) und Betrieb im Rohwasser mit erhöhtem Eisengehalt (6).

Verwendetes Rohwasser

Als Rohwasser wurde entweder Trinkwasser (TW) oder Oberflächenwasser (OW) verwendet. Das Oberflächenwasser wurde über ein Grobsieb mit 10 mm Maschenweite mittels einer Pumpe aus dem Bach „Ahne“ (ein durch Mischwasser beeinflusstes Stadtgewässer) entnommen und in die Versuchshalle geleitet. Alle Versuche wurden jeweils mit As(III)- sowie As(V)-Spezies durchgeführt.

Zur Bereitstellung des Rohwassers wurde der Rohwasser-Flachbodenbehälter mit TW oder OW befüllt. Anschließend erfolgte die Einstellung des Arsengehaltes im Rohwasser auf ca. 100 µg As/L durch Dosieren von Natriumarsenat- bzw. Arsentrioxid-Lösung (hochkonzentrierte Stammlösung mit 1.000 mg As/L).

Zur Untersuchung der Arsenentfernung im Wasser mit erhöhtem Eisengehalt wurden dem Rohwasserbehälter 100 mL Eisen(III)-Chlorid-Lösung (Fe_3Cl) mit einer Konzentration von 26,5 mg Fe/L zugegeben und somit der Eisengehalt des Wassers auf 2,6 mg Fe/L erhöht. Dieser Wert entspricht der mittleren Eisenkonzentration in arsenbelasteten Flachbrunnen in Bangladesch (UNICEF 2011); die Schwankungsbreite der Eisenkonzentrationen in arsenbelasteten Flachbrunnen in Bangladesch reicht von unter der Bestimmungsgrenze bis zum höchsten gemessenen Wert von 43 mg Fe/L (UNICEF 2011).

Versuchsdurchführung

Die ULPUF-Versuche zur Überprüfung der As(III)- und As(V)-Entfernung ohne Erweiterung der Anlage sind wie folgt unterteilt:

- Versuche mit arsenhaltigem **Trinkwasser** dienten der Überprüfung der Arsenentfernung im Rohwasser mit geringem Feststoffgehalt und folglich einer Simulation von ULPUF-Betrieb mit arsenhaltigem Grundwasser.
- Versuche mit arsenhaltigem **Oberflächenwasser** dienten der Untersuchung der Arsenentfernung im Rohwasser mit einem hohen Feststoffgehalt und der Auswirkung entstehender Deckschicht auf die Arsenentfernung.
- Versuche mit arsenhaltigem **Trinkwasser** mit **erhöhtem Eisengehalt** dienten einer Simulation von ULPUF-Betrieb mit arsenhaltigem Grundwasser mit einem erhöhten Eisengehalt, welches im Fall einer reduktiven Arsenauflösung vorkommt. Es wurde eine Eisenkonzentration von 2,6 mg Fe/L eingestellt, die der mittleren Eisenkonzentration in arsenbelasteten Flachbrunnen in Bangladesch entspricht. Diese Untersuchungen wurden **mit und ohne Belüftung** bzw. Umwälzung mittels Luftsauerstoffeintrag mit einem Membrantellerbelüfter unternommen.

Die Versuchsdurchführung bestand aus der Bereitstellung von 1 m^3 Rohwasser und der anschließenden Filtration dieses Rohwassers. Zwischen dem Dosieren der Komponenten und dem Filtrationsbeginn wurden etwa zehn Minuten Einrührzeit eingehalten. Das gesamte behandelte Wasser wurde im Permeatbehälter aufgefangen. Anschließend wurde dieser Vorgang so oft wie nötig wiederholt.

Im Versuchsabschnitt zur Überprüfung der Arsenentfernung im eisenreichen Rohwasser mit Belüftung fand während des gesamten Filtrationsvorganges ein kontinuierlicher Luftsauerstoffeintrag von 1 Nm^3 Luft/h statt. Der Luftvolumenstrom von 1 Nm^3/h wurde mit dem Schwebekörper-Durchflussmessgerät eingestellt. Der spezifische Sauerstoffeintrag betrug zu Beginn des Filtrationsvorganges 1 Nm^3 Luft pro m^3 Rohwasser und stieg im Verlauf der Filtrationszeit aufgrund eines sinkenden Wasserspiegels im Rohwasserbehälter kontinuierlich an.

Der gravimetrische Betrieb des Membranmoduls wurde mittels in der ULPUF-Einheit eingebautem Schwimmerventil reguliert. Die transmembrane Druckdifferenz betrug im Versuch konstant 100 mbar (0,1 m hydrostatische Druckhöhe).

Probenahme

Die Probenahme erfolgte bei jeder Bereitstellung von 1 m^3 Rohwasser:

- Im Rohwasserbehälter nach der Arsen- bzw. Eisendosierung und Einhaltung der 10-minütigen Einrührzeit, unmittelbar vor dem Filtrationszyklus, wurde eine unfiltrierte Probe entnommen.

- Im Permeatbehälter am Ende des Filtrationszyklus wurde eine unfiltrierte Mischprobe aus dem aufgefangenen Permeat entnommen.

Direkt nach der Probenahme fand eine in situ Bestimmung der chemisch-physikalischen Wasserparameter statt. Die analytische Bestimmung von Arsen- und Eisengehalten erfolgte im Labor des FG SWW. Hierzu verwendete Materialien und Methoden sind ausführlich in Kapitel 3.2.2.4 erläutert.

Zusammenfassend sind verschiedene Versuchseinstellungen der ULPUF-Versuchsanlage in Tabelle 22 dargestellt. Jede Versuchseinstellung wurde in mindestens einem Doppelversuch überprüft.

Tabelle 21: Variation der Versuchsparameter bzw. Untersuchungsziele bei den Versuchen mit ULPUF-Anlage.

Versuchsparameter bzw. Untersuchungsziel	Parameteränderung
Auswirkung der Rohwasserqualität	TW; OW
Anlagenwirkungsgrad bei verschiedenen Arsenspezies	As(III); As(V)
Auswirkung erhöhter Eisengehalte des Rohwassers auf Arsenreduktion ohne Zugabe von Adsorbentien	< 0,2 mg Fe/L; 2,6 mg Fe/L
Auswirkung der Belüftung auf Arsenreduktion	keine Belüftung; Belüftung mit 1 Nm^3/h

<u>Reinigung der ULPUF-Versuchsanlage</u>

Zu Beginn aller durgeführten Versuche fand eine mechanische **Reinigung des Rohwasserbehälters** mit Trink- oder Oberflächenwasser (je nach dem im nachfolgenden Versuch verwendeten Rohwasser) sowie des **Permeatbehälters** mit Trinkwasser statt, um die Ergebnisse des nachfolgenden Versuches in Bezug auf die Arsenentfernung nicht zu verfälschen. Die ULPUF-Einheit wurde hierbei nicht gereinigt, um einen quasikontinuierlichen Dauerbetrieb zu simulieren.

Die **Reinigung der ULPUF-Einheit** fand zweimal im Verlauf der ULPUF-Untersuchungen ohne Erweiterung um eine Arsenentfernung statt und erfolgte ausschließlich mechanisch durch Abspülen des UF-Membranmoduls mit Trinkwasser.

3.2.2.2 C-ULPUF: Arsenentfernung mittels Adsorption an tonmineralhaltige Adsorbentien

<u>Versuchsanlage</u>

Im Rahmen dieser Arbeit wurde die Möglichkeit einer Kombination der Adsorption von Arsen an tonmineralhaltigen Adsorbentien mit nachgeschalteter Niederdruck-Membranfiltrationsanlage (C-ULPUF) überprüft. Hierbei fand zunächst der Betrieb der halbtechnischen Versuchsanlage aus Kapitel 3.2.2.1 in der VPUW statt. Im weiteren Verlauf der C-ULPUF-Versuche wurde die Versuchsanlage mehrfach verändert, um höhere Wirkungsgrade in Bezug auf Arsenentfernung und höhere hydraulische Leistungsfähigkeit im Langzeitbetrieb bzw. längere Standzeiten der Ultrafiltrationsmembran zu ermöglichen.

Die ULPUF-Einheit bzw. das UF-Membranmodul wurde hierbei nicht verändert bzw. ausgetauscht. Hiermit stellen die ULPUF-Untersuchung ohne Erweiterung und die C-ULPUF-Untersuchung einen konsekutiven Dauerversuch der ULPUF-Einheit dar.

Der Fokus der Optimierung der C-ULPUF-Anlage lag im Rahmen dieser Arbeit beim Aufbau vom Rohwasserbehälter und der Betriebsweise. Die ULPUF-Einheit und der Permeatbehälter wurden im Laufe der Untersuchung nicht verändert. Die C-ULPUF-Versuchsanlage besteht in ihrer letzten Ausbaustufe aus drei Hauptkomponenten:

- Rohwasserbehälter: zwei 500 L Kunststoffbehälter mit Schlammtrichter (Fa. Otto Graf GmbH), festinstallierter Rührer IKAVISC MR-D1 mit einer Steuereinheit RE162E (Fa. IKA-Werke GmbH & Co. KG), Schwimmwasserabzug, Schlammabzug.
- ULPUF-Einheit (PAUL, das in ULPUF-Untersuchungen ohne Erweiterung um eine Arsenentfernung verwendete UF-Modul, vgl. Kapitel 3.2.2.1): UF-Plattenmembranmodul (Fa. MARTIN Systems GmbH) mit einer gesamten Membranfläche von 9,5 m^2 bestehend aus 50 Membranplatten aus Polyethersulfon (PES) mit einer Trenngrenze von 150.000 Da (nominaler Porendurchmesser ca. 0,035 µm), gravitationsbetrieben, TMP = ca. 100 mbar, Schwimmerventil.
- Permeatbehälter: ein 1.000 L IBC-Flachbodenbehälter.

In Abbildung 27 ist die letzte Ausbaustufe der C-ULPUF-Versuchsanlage dargestellt.

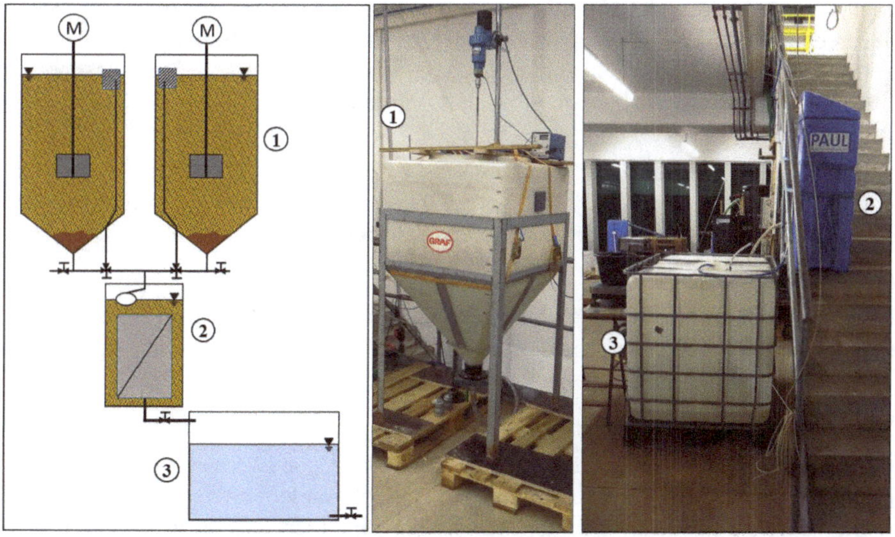

Abbildung 27: C-ULPUF-Versuchsanlage mit Rohwasserbehälter (1), ULPUF-Einheit (2) und Permeatbehälter (3).

Die stattgefundenen Veränderungen der Rohwasserbehälter und die hiermit verfolgten Ziele sind im Weiteren erläutert:

- Die Umstellung von einem 1.000 L Flachbodenbehälter auf zwei 500 L Trichterbehälter ermöglicht einen quasi-kontinuierlichen Betrieb sowie eine flexible Betriebsweise der Anlage.
- Die Änderung der Behälterbauweise vom Flachbodenbehälter zum Behälter mit Schlammtrichter ermöglicht eine Abtrennung des Tonerdeschlamms und eine Reduktion der Feststoffbelastung der ULPUF-Einheit.
- Der Einbau eines Schwimmwasserabzuges führt zur Reduktion des Feststoffeintrages in die ULPUF-Einheit.
- Der Einbau eines Rührers und die Veränderung der Rührergeometrie erhöhen die Kontaktzeit zwischen Arsenmolekülen und Adsorbenspartikeln.

Der Rohwasserbehälter vereint bei der C-ULPUF-Anlage mehrere Funktionen und dient als Kontaktbehälter während des Adsorptionsprozesses sowie als Sedimentationsbehälter und Vorlage für die Filtrationsstufe nach dem Adsorptionsvorgang. Die ULPUF-Einheit ermöglicht eine vollständige Abtrennung partikulärer Stoffe, insbesondere von arsenhaltigem Schlamm sowie einen weitgehenden Bakterien- und Virenrückhalt. Das gesamte aufbereitete Wasser wird im Permeatbehälter gespeichert.

<u>Verwendetes Rohwasser</u>

Als Rohwasser wurde analog zu den ULPUF-Untersuchungen (vgl. Kapitel 3.2.2.1) entweder TW oder OW verwendet. Zur Bereitstellung des Rohwassers wurden der bzw. die Rohwasserbehälter mit TW oder OW befüllt und der Arsengehalt im Rohwasser durch Dosieren von Natriumarsenat- bzw. Arsentrioxid-Lösung (hochkonzentrierte Stammlösung mit 1.000 mg As/L) auf ca. 100 µg As/L eingestellt. Vorrangig wurde die As(V)-Adsorption untersucht.

Zur Untersuchung der Arsenentfernung aus Wasser mit erhöhtem Eisengehalt wurden dem Rohwasserbehälter 100 mL Eisen(III)-Chlorid-Lösung mit einer Konzentration von 26,5 mg Fe/L zugegeben und somit der Eisengehalt des Wassers auf 2,6 mg Fe/L erhöht.

<u>Eingesetzte Adsorbentien</u>

Bei den Filtrationsversuchen wurden ausschließlich Adsorbentien eingesetzt, die anhand der Ergebnisse der Laborversuche ausgewählt wurden (vgl. Kapitel 3.2.1 und Kapitel 4.1):

- Kaolinitreiche Tone: T7 und T9
- Smectitreiche Tone: T8 und T12

Zwischen dem Dosieren von Arsen und der Adsorbentienzugabe wurden etwa zehn Minuten Einrührzeit eingehalten. Je nach Untersuchungsziel wurden dem Rohwasserbehälter 3,5 g/L bis 16 g/L Tonerde unter kontinuierlichem Umrühren des Rohwassers mit einer Rührgeschwindigkeit von 1/s zugeführt.

Versuchsdurchführung

Die C-ULPUF-Versuche zur Erweiterung einer Niederdruck-Membranfiltrationsanlage um die Adsorption von Arsen an Tonerde sind wie folgt unterteilt:

- Voruntersuchungen mit Zugabe von 3,5 g T8/L bzw. 3,5 g T9/L unter Variation von Rohwasserqualität (TW; OW), Arsenspezies (As(III); As(V)) und Eisengehalt im Rohwasser (< 0,2 mg Fe/L; 2,6 mg Fe/L unter kontinuierlicher Belüftung mit 1 m^3 Luft/h).
- Optimierung der C-ULPUF-Anlage im Dauerbetrieb mit Zugabe von 7,8 g T7/L bzw. 16 g T7/L sowie 11,2 g T12/L zur As(V)-Entfernung. Diese Untersuchungen fanden vorwiegend im Trinkwasser unter Variation von Kontakt- und Absetzzeit ($t_{Rühr}$ bzw. t_{Sed}) statt.

Die Versuchsdurchführung bestand aus der Bereitstellung von 0,5 m^3 bzw. 1 m^3 Rohwasser, Zugabe von tonmineralhaltigen Adsorbentien, Einhaltung einer vorgegebenen Rühr- und Absetzzeit und der anschließenden Filtration dieses Rohwassers. Das gesamte behandelte Wasser wurde im Permeatbehälter aufgefangen. Der im Rohwasserbehälter abgesetzte Adsorbensschlamm wurde entsorgt. Anschließend wurde dieser Vorgang so oft wie nötig wiederholt.

Der Anlagenbetrieb erfolgte in einer, zwei oder drei Betriebsphasen als: „Filtrieren", „Rühren-Filtrieren" oder „Rühren-Absetzen-Filtrieren":

- Beim „**Filtrieren**" wurde nach dem Dosieren und ca. 10-minütigem Einrühren der Komponenten direkt mit dem Filtrationsvorgang begonnen. Die Beschickung der Filtrationsstufe erfolgte mit dem adsorbensschlammhaltigen Wasser.
- Beim „**Rühren-Filtrieren**" fand der Filtrationsvorgang unmittelbar nach dem Einrühren der Komponenten unter kontinuierlichem Umrühren des Rohwassers mit einem Rührwerk mit einer Rührgeschwindigkeit von 1/s oder Luftzufuhr von 1 Nm^3 Luft/h statt. Die Beschickung der Filtrationsstufe erfolgte mit dem adsorbensschlammhaltigen Wasser.
- Beim „**Rühren-Absetzen-Filtrieren**" wurde eine festgelegte Kontaktzeit ($t_{Rühr}$ = 1 h, 2 h, 4 h und 24 h) unter kontinuierlicher Durchmischung mittels Rührwerks (Drehzahl 1/s) eingehalten. Im Anschluss fand das Absetzen (t_{Sed} = 1 h bzw. 2 h) der Schwerfraktion des Adsorbens bei ausgeschaltetem Rührwerk statt. Der anschließende Abzug des Rohwassers mit Beschickung der Filtrationsstufe erfolgte mit dem Überstand über die am Behälterboden über dem Schlammspiegel angebrachte Abzugsvorrichtung oder über einen Schwimmwasserabzug.

Der gravimetrische Betrieb des Membranmoduls wurde mittels des in der ULPUF-Einheit eingebauten Schwimmerventils reguliert. Die transmembrane Druckdifferenz betrug im Versuch konstant 100 mbar (0,1 m hydrostatische Druckhöhe).

Probenahme

Die Probenahme erfolgte bei jeder Bereitstellung von 0,5 m³ bzw. 1 m³ Rohwasser:

- Im Rohwasserbehälter nach der Arsen- bzw. Eisendosierung und Einhaltung der 10-minutigen Einrührzeit wurde eine unfiltrierte Probe entnommen.
- Im Rohwasserbehälter am Ende der Kontaktzeit (tRühr) unmittelbar vor dem Absetz- bzw. Filtrationsvorgang wurde eine unfiltrierte Probe entnommen.
- Im Permeatbehälter am Ende des Filtrationszyklus wurde eine unfiltrierte Mischprobe aus dem aufgefangenen Permeat entnommen.

Direkt nach der Probenahme fand eine in situ Bestimmung von chemisch-physikalischen Wasserparametern statt. Analytische Bestimmung von Arsen- und Eisengehalten erfolgte im Labor des FG SWW. Hierzu verwendete Materialien und Methoden sind ausführlich in Kapitel 3.2.2.4 erläutert.

Zusammenfassend lassen sich verschiedene Versuchseinstellungen der C-ULPUF-Versuchsanlage in Tabelle 22 darstellen. Jede Versuchseinstellung wurde mindestens in einem Doppelversuch überprüft.

Tabelle 22: Variation der Versuchsparameter bzw. Untersuchungsziele bei den Versuchen mit C-ULPUF-Anlage.

Versuchsparameter bzw. Untersuchungsziel	Parameteränderung
Auswirkung der Rohwasserqualität	TW; OW
Anlagenwirkungsgrad bei verschiedenen Arsenspezies	As(III); As(V)
Arsenreduktion mit Zugabe von Tonerde bei verschiedener Dosiermenge	7,8 g T7/L; 16,0 g T7/L; 3,5 g T8/L; 3,5 g T9/L; 11,2 g T12/L
Arsenreduktion mit Zugabe von Tonerde und erhöhtem Eisengehalt des Rohwassers unter Belüftung	3,5 g T8/L; 3,5 g T9/L bei 2,6 mg Fe/L inkl. Belüftung mit 1 m³/h
Variation der Rührzeit („Rühren-Absetzen-Filtrieren")	1 h; 2 h; 4 h; 24 h
Variation der Absetzzeit („Rühren-Absetzen-Filtrieren")	1 h; 2 h
In ULPUF-Einheit eingetragener Adsorbensschlamm	Betriebsvariante; Rührergeometrie; t_{Sed}

Bestimmung des Schlammeintrages in die ULPUF-Einheit

Ferner wurde in einigen Versuchen die in die ULPUF-Einheit eingetragene Tonerdeschlammmenge bestimmt, um die Auswirkung der Änderung der Absetzzeit bzw. Auswirkung des Schwimmwasserabzuges zu überprüfen. Hierzu wurde der Trockenrückstand (TR) des im Rohwasserbehälter abgesetzten Schlammes gemäß DIN EN 12880 (2001) bestimmt. Der gesamte im Rohwasserbehälter abgesetzte Schlamm wurde in einer 90 L PE-Wanne aufgefangen. Anschließend wurde eine homogenisierte Schlammprobe in eine Aluminiumschalle gegeben und das Gewicht der Probe mit K-PZ Waage bestimmt. Die vorbereitete Probe wurde in einem Trockenschrank UM 500 der Fa. Memmert bei 105 °C bis zur Gewichtskonstanz getrocknet und der TR-Gehalt der Probe ermittelt. Aus der Differenz der dosierten Tonerdemenge und der getrockneten Schlammmenge wurde die in ULPUF-Einheit eingetragene Tonerdemenge ermittelt.

Bestimmung des Absetzverhaltens des Tonerdeschlammes

Des Weiteren wurde das Absetzverhalten einiger Tone mittels Absetzversuchen überprüft. Hierzu wurden unterschiedliche Mengen an pulverförmigem Adsorbens mit einer Präzisionswaage R200D der Fa. Sartorius abgewogen und in zwei Imhoff-Trichtern (V = 1,0 L) mit Trinkwasser eingerührt. Anschließend wurde in festgelegten Zeitabschnitten in einem Imhoff-Trichter die abgesetzte Materialmenge abgelesen und in dem zweiten Imhoff-Trichter die Trübung des Überstandes mittels eines mobilen Messgerät Turb 355 IR der Fa. WTW bestimmt.

Reinigung der C-ULPUF-Versuchsanlage

Zu Beginn aller durgeführten Versuche fand eine mechanische **Reinigung des Rohwasserbehälters** mit Trink- oder Oberflächenwasser (je nach dem im nachfolgenden Versuch verwendeten Rohwasser) sowie des **Permeatbehälters** mit Trinkwasser statt, um die Ergebnisse des nachfolgenden Versuches in Bezug auf die Arsenentfernung nicht zu verfälschen. Die ULPUF-Einheit wurde hierbei nicht gereinigt, um einen quasikontinuierlichen Dauerbetrieb zu simulieren.

Die **Reinigung der ULPUF-Einheit** fand bedarfsgerecht bei einer starken Modulverschmutzung, beim Wechsel des verwendeten Adsorbens oder Änderung der Betriebseinstellungen statt. Die Reinigung der ULPUF-Einheit erfolgte ausschließlich mechanisch durch Entleerung des im ULPUF-Behälter angesammelten Tonerdeschlamms und Abspülen des UF-Membranmoduls mit Trinkwasser.

3.2.2.3 EC-ULPUF: Arsenentfernung mittel Elektrokoagulation

Versuchsanlage

Als zweite Verfahrensmöglichkeit der Arsenentfernung wurde die Erweiterung der Niederdruck-Membranfiltrationsanlage um eine Elektrokoagulationsstufe (EC-ULPUF) überprüft. Hierzu fand die Erweiterung der C-ULPUF Versuchsanlage aus Kapitel 3.2.2.2 in ihrer letzten Ausbaustufe, aber mit nur einem Rohwasser-Trichterbehälter, um eine Elektrolysezelle statt. Außerdem wurde für diese Untersuchung ein fabrikneues UF-Membranmodul in der ULPUF-Einheit verbaut.

Zur Durchführung dieser Versuche wurde der 500 L Rohwasser-Trichterbehälter mit einer frei aufgehängten Elektrolysezelle verwendet. Weiterhin wurde im Rohwasserbehälter das Rührwerk zur Seite versetzt und der Schwimmwasserabzug entfernt, da der Metallhydroxidschlamm nach Möglichkeit komplett in die ULPUF-Einheit gelangen soll (in einer praktischen Umsetzung der EC-ULPUF-Anlage kann eventuell auf das Rührwerk verzichtet werden). Der Rohwasserbehälter wurde somit zu einer Elektrokoagulationsstufe umgerüstet und behielt weiterhin seine Funktion als Kontaktbehälter sowie Vorlage für die ULPUF-Einheit. Der Versuchsaufbau ist in Abbildung 28 dargestellt.

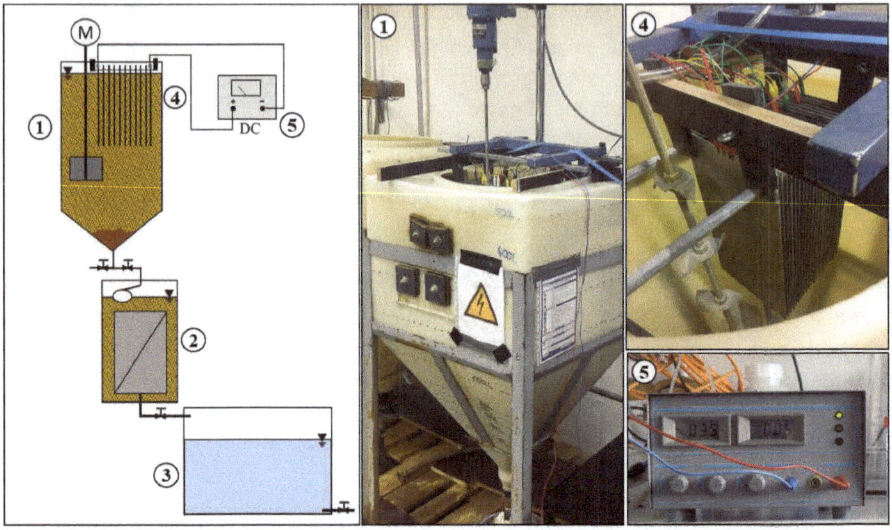

Abbildung 28: EC-ULPUF-Anlage mit Rohwasserbehälter (1), ULPUF-Einheit (2), Permeatbehälter (3), Elektrolysezelle (4) und Direktstromquelle (5).

<u>Aufbau der Elektrolysezelle</u>

Das Hauptziel der Untersuchung war die Entwicklung eines Low-Cost-Verfahrens zur dezentralen Trinkwasseraufbereitung für wirtschaftlich schwache Regionen der Schwellen- und Entwicklungsländer. Aus diesem Grund wurden folgende Rahmenbedingungen für den Aufbau des EC-Zelle bzw. des EC-ULPUF-Verfahrens aufgestellt:

- Geringe elektrische Leistungsaufnahme der EC-Zelle.
- Betrieb mit Kleinspannungen und geringen Stromstärken.
- Anwendung von Aluminiumelektroden aufgrund von im Vergleich zu Eisenelektroden geringerer Betriebskosten sowie besserer Eigenschaften bei Deckschichtbildung im Kombinationsverfahren mit Membranfiltration (vgl. Kapitel 2.5.4 und Kapitel 2.6.2).
- Kleines A/V-Verhältnis, um die Materialkosten zu reduzieren.

Die Elektrolysezelle bzw. Elektrokoagulationszelle (EC-Zelle) bestand aus 22 Aluminiumelektroden: Aluminium-Montageplatten vom WR-Typ 2020-5A (halbhartes Reinaluminium mit 99,5 % Al) mit den Abmessungen 400 mm x 200 mm x 2 mm (L x B x H) der Fa. Rademacher Geräte-Elektronik GmbH. Die Aluminiumelektroden wurden an drei Ecken mit Bohrungen versehen und durch drei Metallstangen mit einem elektrisch nichtleitenden Kunststoffüberzug zur Vermeidung eines elektrischen Kurzschlusses zu einer Elektrolysezelle zusammengeführt. Zwischen den Elektroden wurden elektrisch nichtleitende Abstandshalter aus Kunststoff eingebracht (je nach Versuch d_E = 8 mm oder 20 mm; beide Varianten kreisförmig mit 20 mm Durchmesser). Der Aufbau der Elektrolysezelle ist in Abbildung 29 dargestellt.

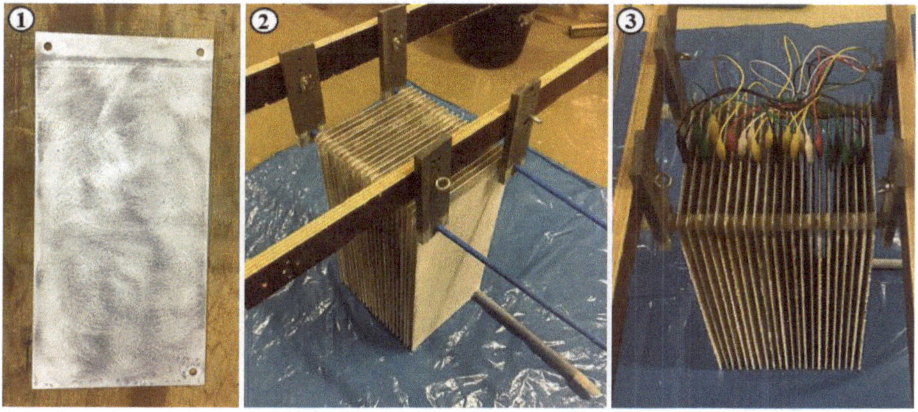

Abbildung 29: Aufbau der Elektrolysezelle: Aluminiumelektrode (1), Elektrolysezelle mit Aufhängungen (2) und Elektrodenschaltung mit Krokodilklemmen (3).

Die Elektroden wurden in Abhängigkeit von dem Versuchsziel mittels Krokodilklemmen zur monopolar-parallelen Schaltung (MP-P) oder zur verschiedenen Varianten der monopolaren Serienschaltung (MP-S als MP-S2, MP-S4 und MP-S6; die Zahlangabe steht für die Anzahl der Opferelektroden zwischen den äußeren Elektroden) verbunden. Die untersuchten Varianten der Elektrodenschaltung und die schematische Darstellung der elektrischen Schaltkreise sind in der nachfolgenden Tabelle 23 aufgeführt.

Der Gesamtwiderstand einer Elektrolysezelle hängt von den Widerständen der in den Stromkreis angebundenen Unterzellen bzw. deren Verschaltung ab. Der Gesamtwiderstand einer Reihenschaltung ergibt sich aus Addition der einzelnen Widerstände, wobei bei einer Parallelschaltung die Umkehrwerte die Widerstände addiert werden müssen. Dementsprechend ist bei einer Reihenschaltung die Stromstärke in den Unterzellen konstant und die Spannung wird aufsummiert, wogegen bei einer Parallelschaltung die Spannung konstant bleibt und die Gesamtstromstärke die Summe der Stromstärken in den Unterzellen ist (vgl. Fischer 2019). In Tabelle 23 sind die erläuterten Zusammenhänge zwischen Stromstärke, Spannung und Widerstand einzelner Unterzellen und der Gesamtschaltung für jede verwendete Elektrodenschaltung aufgelistet. Diese gelten unter vereinfachender Annahme, dass die Widerstände einzelner Unterzellen annähernd gleich groß sind.

Tabelle 23: Untersuchte Varianten der Elektrodenschaltung und die schematische Darstellung des elektrischen Stromkreises mit Formeln zur Berechnung von elektrischen Kenngrößen.

Bezeichnung	Elektrodenschaltung	Elektrischer Schaltkreis	Elektrische Kenngrößen*
MP-P monopolar-parallel	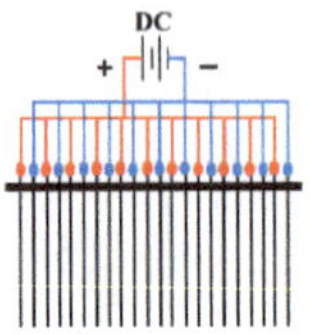	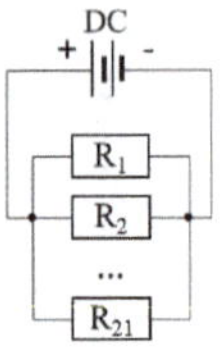	$U_{ges} = U_{Zelle}$ $R_{ges} = (1/21)\cdot R_{Zelle}$ $I_{ges} = 21\cdot I_{Zelle}$
MP-S2 monopolar in Serie mit jeweils <u>zwei</u> inneren Elektroden	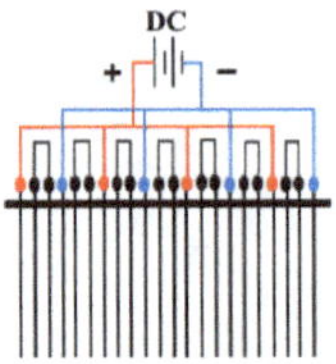	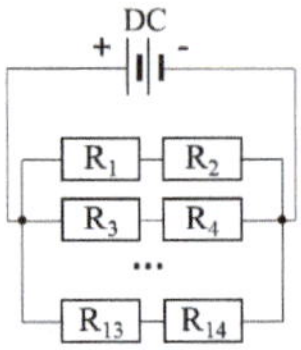	$U_{ges} = 2\cdot U_{Zelle}$ $R_{ges} = (2/7)\cdot R_{Zelle}$ $I_{ges} = 7\cdot I_{Zelle}$
MP-S4 monopolar in Serie mit jeweils <u>vier</u> inneren Elektroden	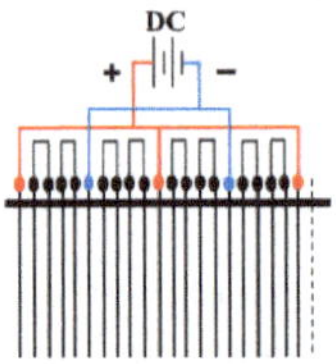	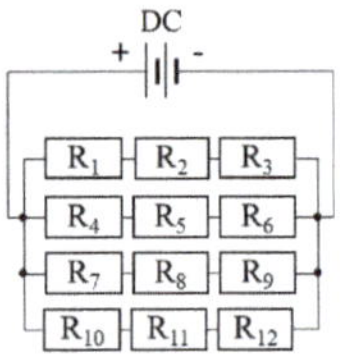	$U_{ges} = 3\cdot U_{Zelle}$ $R_{ges} = (3/4)\cdot R_{Zelle}$ $I_{ges} = 4\cdot I_{Zelle}$
MP-S6 monopolar in Serie mit jeweils <u>sechs</u> inneren Elektroden	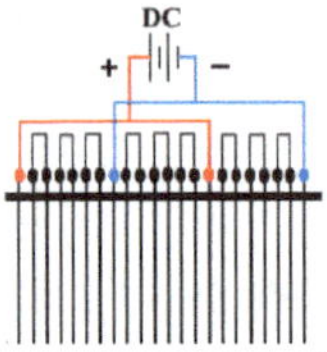	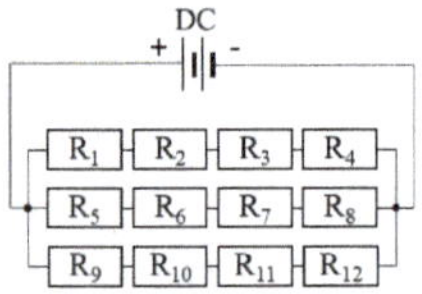	$U_{ges} = 4\cdot U_{Zelle}$ $R_{ges} = (4/3)\cdot R_{Zelle}$ $I_{ges} = 3\cdot I_{Zelle}$

* Die angegebenen Formeln gelten unter vereinfachender Annahme, dass die Widerstände einzelner Unterzellen annähernd gleich groß sind.

Um eine hohe Ausnutzung der Elektrodenoberfläche zu erreichen, wurde die Elektrolysezelle bis auf ca. 0,03 m Freibord in Wasser eingetaucht. Der Wert schwankt stark aufgrund der Umwälzung mit Rührwerk sowie elektrochemischer Gasbildung im Elektrolysebetrieb; im Mittel liegt die mit Wasser benetzte Höhe der Elektrode H_W bei etwa 0,37 m. Hiermit können die gesamte aktive Elektrodenoberfläche, die aktive Anodenoberfläche sowie das Verhältnis der aktiven Anodenoberfläche zum Reaktorvolumen (A/V-Verhältnis) berechnet werden, diese sind in Tabelle 24 zusammengestellt. Das A/V-Verhältnis der verwendeten Elektrodenschaltungen liegt zwischen etwa 1,8 m²/m³ und 3,1 m²/m³ und somit im unteren Bereich der üblichen EC-Reaktoren (vgl. Tabelle 18).

Tabelle 24: Elektroden- bzw. Anodenanzahl und aktive Oberfläche der verwendeten Elektrodenschaltungen.

Parameter	MP-P	MP-S2	MP-S4	MP-S6
Elektrodenanzahl [-]	22	22	21	22
Anzahl von Unterzellen im Verbund [-]	21	14	12	12
Anzahl aktiver Elektrodenoberflächen, n [-]	42	28	24	24
Anzahl der Anodenoberflächen, n_A [-]	21	14	12	12
Gesamte aktive Elektrodenoberfläche, A [m²]	3,09	2,06	1,77	1,77
Gesamte aktive Anodenoberfläche, A_A [m²]	1,55	1,03	0,88	0,88
A/V-Verhältnis [m²/m³]	3,09	2,06	1,77	1,77

Betrieb der Elektrolysezelle

Der Betrieb der Elektrolysezelle erfolgte im Bereich von Kleinspannungen (unter 120 V gemäß DIN VDE 0100-410 2018) mit einer Energiequelle mit geringer elektrischer Leistung. Hierbei wurden das Labornetzgerät PS 303 D der Fa. Conrad Electronic mit einem Arbeitsbereich von U = 0 V bis 30 V und I = 0,01 A bis 3,0 A sowie das Labornetzgerät BT-305 der Fa. BASETech mit einem Arbeitsbereich von U = 0 V bis 30 V und I = 0,01 A bis 5,0 A verwendet. Die maximale Leistungsaufnahme der EC-Zelle betrug im Versuchsbetrieb etwa 84 W (vgl. Kapitel 8.6).

Der Betrieb der Elektrolysezelle erfolgte galvanostatisch, da hierdurch eine präzise Steuerung der Metallfreisetzung bzw. Arsenentfernung möglich ist, wie in Kapitel 2.5.2 erläutert. Hierbei wurde die Klemmenspannung erhöht bis die gewünschte Stromstärke der Gesamtanlage einen festgelegten Sollwert von 1,5 A und 2,0 A (in Untersuchungen mit allen Elektrodenschaltungen) bzw. 2,8 A (ausschließlich in Untersuchungen mit MP-S2 und MP-S4) erreicht hat. Das Labornetzgerät BT-305 ermöglicht einen galvanostatischen Betrieb, hingegen ist bei dem Labornetzgerät PS 303 D nur die Festlegung eines maximal zulässigen Ausgangsstromes möglich, sodass in regelmäßigen Zeitabständen die Stromstärke an der Spannungsquelle kontrolliert und wenn nötig nachgeregelt worden ist.

Im galvanostatischen Betrieb der Elektrolysezelle mit festgelegten Betriebsstromstärken ergeben sich in Abhängigkeit von der Elektrodenschaltung verschiedene Stromdichten in den Unterzellen und folglich durch das behandelte Wasservolumen durchflossene Elektrizitätsmenge, die Ladungsdosis bzw. auf die Behandlungszeit bezogene Ladungsdosis (dq/dt). Unter vereinfachender Annahme, dass die Widerstände einzelner Unterzellen annähernd gleich groß sind, können die genannten Größen berechnet werden (vgl. Tabelle 23 und Gl. (56), Gl. (65) bzw. Gl. (66)). Die Ergebnisse sind in Tabelle 25 dargestellt.

Tabelle 25: Stromstärke und Stromdichte in den Unterzellen sowie auf die Behandlungszeit bezogene Ladungsdosis der gesamten EC-Zelle in Abhängigkeit von der Elektrodenschaltung und eingestellter Stromstärke.

Elektrodenschaltung	Parameter	Einheit	I = 1,5 A	I = 2,0 A	I = 2,8 A
MP-P	I_{Zelle}	A	0,07	0,10	0,13*
	i_A	A/m²	0,97	1,29	1,81*
	dq/dt	C/(L·min)	0,18	0,24	0,34*
MP-S2	I_{Zelle}	A	0,21	0,29	0,40
	i_A	A/m²	2,91	3,88	5,43
	dq/dt	C/(L·min)	0,36	0,48	0,67
MP-S4	I_{Zelle}	A	0,38	0,50	0,70
	i_A	A/m²	5,09	6,79	9,50
	dq/dt	C/(L·min)	0,54	0,72	1,01
MP-S6	I_{Zelle}	A	0,50	0,67	0,93*
	i_A	A/m²	6,79	9,05	12,67*
	dq/dt	C/(L·min)	0,72	0,96	1,34*

* MP-P sowie MP-S6 bei der Betriebsstromstärke von 2,8 A wurden nicht untersucht.

Verwendetes Rohwasser

Als Rohwasser wurde analog zu den ULPUF- und C-ULPUF-Untersuchungen (vgl. Kapitel 3.2.2.1 und Kapitel 3.2.2.2) entweder TW oder OW verwendet. Zur Bereitstellung des Rohwassers wurden der Rohwasserbehälter mit TW oder OW befüllt und der Arsengehalt im Rohwasser auf ca. 100 µg As/L durch Dosieren von Natriumarsenat- bzw. Arsentrioxid-Lösung eingestellt.

In einigen Versuchen wurde die As(V)-Konzentration bis auf 300 µg As/L erhöht, um die Leistungsfähigkeit des Verfahrens bei höheren Arsenkonzentrationen zu überprüfen.

Zwischen dem Dosieren der Komponenten und dem Versuchsbeginn wurden etwa zehn Minuten Einrührzeit eingehalten.

Versuchsdurchführung

Im Rahmen der EC-ULPUF-Versuchsreihe zur Erweiterung einer Niederdruck-Membranfiltrationsanlage um die Elektrokoagulation fand die Durchführung der Versuche unter Variation von Elektrodenschaltung (MP-P; MP-S2; MP-S4; MP-S6), Elektrodenabstand (8 mm; 20 mm), Stromstärke (1,5 A; 2,0 A; 2,8 A), Rohwasserart (OW; TW) und Arsenspezies (As(III); As(V)) statt.

Die Versuchsdurchführung bestand aus der Bereitstellung von 0,5 m³ Rohwasser, Betrieb der Elektrolysezelle über einen festgelegten Zeitraum (t_{EC}) und der anschließenden Filtration dieses Rohwassers. Der elektrochemisch erzeugte Aluminiumoxohydroxidschlamm wurde gemeinsam mit dem behandelten Rohwasser in die ULPUF-Einheit eingeleitet. Das gesamte filtrierte Wasser wurde im Permeatbehälter aufgefangen. Anschließend wurde dieser Vorgang so oft wie nötig wiederholt.

Zum Betrieb der Elektrolysezelle wurden die Elektroden entsprechend dem Versuchsziel verschaltet (vgl. Tabelle 23), mit dem Labornetzgerät verbunden und der Elektrolysevorgang gestartet. Der Betrieb der Elektrolysezelle erfolgte galvanostatisch. Die abgegebene Stromstärke des Labornetzgerätes wurde je nach Versuch auf einen Sollwert von $I = 1{,}5$ A, $I = 2{,}0$ A und $I = 2{,}8$ A eingestellt und im Versuchsverlauf konstant gehalten. Weiterhin wurde die Zellspannung und Stromstärke am Labornetzgerät jede 30 Minuten abgelesen und notiert. Die Gesamtdauer des Elektrolysevorganges betrug zwei, drei oder vier Stunden.

Während der Elektrolyse wurde der Inhalt des Rohwasserbehälters permanent mit einer Rührgeschwindigkeit von 1/s umgewälzt. Mit dem Erreichen der gewünschten Elektrolysezeit wurden das Netzteil sowie das Rührwerk ausgeschaltet, der Bodenablass des Rohwasserbehälters geöffnet und der Filtrationsvorgang gestartet. Identisch zur ULPUF- bzw. C-ULPUF-Versuchsreihe erfolgte der gravimetrische Betrieb des Membranmoduls mit einer konstanten transmembranen Druckdifferenz von TMP = 100 mbar (0,1 m hydrostatische Druckhöhe).

Probenahme

Die Probenahme erfolgte bei jeder Bereitstellung von 0,5 m³ Rohwasser:

- Dem Rohwasserbehälter wurde nach der Arsendosierung und Einhaltung der 10-minütigen Einrührzeit eine unfiltrierte und eine mit einer Spritze über 0,45 µm Spritzenvorsatzfilter filtrierte Probe entnommen.
- Im Rohwasserbehälter fand im Verlauf der Elektrolyse in Abhängigkeit von der Versuchsdauer zu jeder halben oder vollen Stunde eine Probenahme statt. Hierbei wurden eine unfiltrierte und eine mit einer Spritze über 0,45 µm Spritzenvorsatzfilter filtrierte Probe entnommen.
- Dem Permeatbehälter wurde am Ende des Filtrationszyklus eine unfiltrierte Mischprobe aus dem aufgefangenen Permeat entnommen.

Direkt nach der Probenahme fand eine in situ Bestimmung der chemisch-physikalischen Wasserparameter statt. Die analytische Bestimmung von Arsen- und Aluminiumgehalten erfolgte im Labor des FG SWW. Hierzu verwendete Materialien und Methoden sind ausführlich in Kapitel 3.2.2.4 erläutert.

Zusammenfassend lassen sich verschiedene Versuchseinstellungen der EC-ULPUF-Versuchsanlage in Tabelle 26 darstellen. Jede Versuchseinstellung wurde in mindestens einem Doppelversuch überprüft. Zwischen den einzelnen Versuchen wurde stets eine Umpolung der Elektroden durch das Umschalten der Anschlüsse des Labornetzgerätes vorgenommen, um einen gleichmäßigen Verbrauch der Elektroden zu gewährleisten und der Ausbildung der Passivierungsschicht entgegenzuwirken.

Tabelle 26: Variation der Versuchsparameter bzw. Untersuchungsziele bei den Versuchen mit EC-ULPUF-Anlage.

Versuchsparameter bzw. Untersuchungsziel	Änderung im Versuch
Auswirkung der Rohwasserqualität	TW; OW
Wirkungsgrad bei verschiedenen Arsenspezies	As(III); As(V)
Variation der Elektrodenschaltung	MP-P; MP-S2; MP-S4; MS-S6
Variation der EC-Behandlungszeit	2 h; 3 h; 4 h
Variation der Stromstärke	1,5 A; 2,0 A; 2,8 A
Variation des Elektrodenabstandes	8 mm; 20 mm

Absetzverhalten des Elektrokoagulationsschlammes

Des Weiteren wurde in einigen Versuchen das Absetzverhalten des erzeugten Elektrokoagulationsschlammes mittels Absetzversuchen überprüft. Hierzu wurde am Ende des Elektrokoagulationsvorganges eine homogenisierte Probe aus dem Rohwasserbehälter entnommen und in zwei Imhoff-Trichter (V = 1,0 L) gegeben. Da sich die Ablesung der Schlammwasserlinie bei feinen Aluminiumhydroxidflocken nach einigen Versuchen als schwierig erwies, wurde in festgelegten Zeitabschnitten die Trübung des Überstandes mittels des mobilen Messgeräts Turb 355 IR der Fa. WTW bestimmt.

Reinigung der EC-ULPUF-Versuchsanlage

Zu Beginn aller durgeführten Versuche fand eine mechanische **Reinigung des Rohwasserbehälters** mit Trink- oder Oberflächenwasser (in Abhängigkeit von dem verwendeten Rohwasser) sowie des **Permeatbehälters** (ausschließlich mit Trinkwasser) statt. Die ULPUF-Einheit wurde hierbei nicht gereinigt, um einen quasikontinuierlichen Dauerbetrieb des UF-Membranmoduls zu simulieren.

Die **Reinigung der ULPUF-Einheit** fand bedarfsgerecht beim versuchsspezifischen Wechsel der Betriebseinstellungen oder bei einer starken Modulverschmutzung statt und erfolgte identisch zur ULPUF- bzw. C-ULPUF-Versuchsreihe ausschließlich mechanisch durch Entleerung des im ULPUF-Behälter angesammelten Schlammes und Abspülen des UF-Membranmoduls mit Trinkwasser.

Die **Reinigung der Elektrolysezelle** erfolgte in Abhängigkeit vom Versuchsziel wie folgt:

- Händisch ohne Ausbau der EC-Zelle: einfache mechanische Reinigung der Elektrodenoberflächen durch das Abbürsten grober Ablagerungen mit einer Metallbürste (Grillbürste mit einem Reinigungskopf aus Edelstahlborsten mit 20 mm Durchmesser) oder einem an einer Stange befestigten Spachtel. Fand mehrfach im Verlauf der Untersuchungen statt.
- Händisch mit Ausbau der EC-Zelle: gründliche händische Reinigung der Oberfläche nach Ausbau einzelner Elektroden mit einem Spachtel. Erfolgte zweimal im Verlauf der Untersuchungen.

- Maschinell mit Ausbau der EC-Zelle: tiefgründige mechanische Reinigung nach Ausbau einzelner Elektroden durch das Schleifen der Elektrodenoberflächen mittels einer elektrischen Schleifmaschine. Erfolgte zweimal im Verlauf der Untersuchungen.

3.2.2.4 Analytische Bestimmung stofflicher und hydraulischer Leistungsfähigkeit

Für die halbtechnischen ULPUF-, C-ULPUF bzw. EC-ULPUF-Untersuchungen wurde eine Waage der Fa. Klaus-Peter Zander GmbH (K-PZ) sowie Taschenmessgeräte der Profiline der Fa. WTW: das Sauerstoffmessgerät Oxi 3310 mit einer FDO 925 Elektrode, das pH-Wert-Messgerät pH 3310 mit einer SenTix 930-3 Elektrode, das Leitfähigkeitsmessgerät Cond 3310 mit einer TetraCon 325 Elektrode, das Messgerät pH 340/ION-SET mit einer SenTix OPR 900 Elektrode zur Bestimmung der Redox-Spannung sowie das mobile Trübungsmessgerät Turb 355 IR verwendet. Alle Taschenmessgeräte wurden vor der Versuchsdurchführung entsprechend der Bedingungsanleitung kalibriert. Zusätzlich wurden Bechergläser und Probenahmegläser, 50 mL und 100 mL Messzylinder, 50 mL Spritzen, Spritzenvorsatzfilter mit einem Porendurchmesser von 0,45 µm, 50 mL bzw. 100 mL PE-Probenflaschen, eine Eppendorf Pipette mit Spitzen sowie ein 10 L-Behälter benötigt.

Probenahme

Die Überprüfung der stofflichen Leistungsfähigkeit der Versuchsanlage erfolgte durch Ermittlung der Arsengehalte der Wasserproben aus dem Rohwasserbehälter und dem Permeatbehälter. Im Rohwasserbehälter erfolgte die Probenahme (je nach Versuchsziel unfiltriert oder mit einer Spritze über 0,45 µm Spritzenvorsatzfilter filtriert) bei jedem Versuchsdurchlauf nach der Arsendosierung vor der Behandlung (RW_{t0}) sowie in Abhängigkeit von dem Versuchsziel mehrfach während der Behandlung bzw. am Ende der Behandlung oder der Absetzphase vor dem Filtrationsvorgang (RW_t). Im Permeatbehälter wurde eine Probe am Ende des Filtrationszyklus entnommen (Permeat).

Bestimmung chemisch-physikalischer und stofflicher Wasserparameter

Direkt nach der Probenahme fand eine in situ Bestimmung der folgenden chemisch-physikalischen Parameter mit den obengenannten Taschenmessgeräten statt:

- Trübung (Trüb in [NTU])
- Temperatur (T in [°C])
- O_2-Gehalt (c_{O2} in [mg/L])
- pH-Wert in [-]
- Leitfähigkeit (LF in [µS/cm])
- Redox-Spannung (Eh in [mV])

Die Proben wurden anschließend gemäß EN ISO 11885 (2009) mit 65 %iger Salpetersäure konserviert. Die Bestimmung der Arsengehalte (aus unfiltrierter Probe c_{As} und filtrierter Probe $c_{As,f}$) sowie der Aluminium- und Eisengehalte (in Abhängigkeit von der Untersuchung aus unfiltrierter Probe c_{Al} sowie c_{Fe} und aus filtrierter Probe $c_{Al,f}$) erfolgte im Labor des FG SWW der Universität Kassel mittels optischer Emissionsspektrometrie mit induktiv gekoppeltem Plasma gemäß EN ISO 11885 (2009). Weiterhin wurde im Rahmen der Versuche mit Oberflächenwasser der Gehalt an abfiltrierbaren Stoffen (AFS in [mg/L]) im Rohwasser nach DIN EN 872 (2005) bestimmt. Hierzu wurde eine Rohwasserprobe vor der Arsendosierung aus dem Rohwasserbehälter entnommen und im Labor des FG SWW der Universität Kassel mittels des Vakuumfiltergerätes Microsart der Fa. Sartorius durch einen Glasfaserfilter filtriert. Am Ende des Filtrationsvorganges wurde der Filter aus dem Filtrationsgerät entnommen und im Trockenschrank bei 105 °C bis zur Gewichtskonstanz getrocknet. Der AFS-Gehalt wurde aus der auf filtriertes Volumen bezogenen Differenz der Masse des Filters vor und nach dem Filtrations- und Trocknungsvorgang errechnet.

Die Zusammenfassung der im Rahmen dieser Arbeit durchgeführten Probenahmen sowie analysierten Parameter zur Bestimmung stofflicher Leistungsfähigkeit der Versuchsanlagen ist in Tabelle 27 dargestellt.

Tabelle 27: Im Rahmen halbtechnischer Versuche untersuchte Parameter.

Probenahme	c_{As}	$c_{As,f}$	c_{Al}	$c_{Al,f}$	c_{Fe}	Trüb	LF	T	pH	c_{O2}	Eh	AFS
ULPUF												
RW_{t0}	+	-	-	-	+/-	+	+	+	+	+	+	OW
RW_t	-	-	-	-	-	-	-	-	-	-	-	-
Permeat	+	-	-	-	+/-	+	+	+	+	+	+	-
C-ULPUF												
RW_{t0}	+	-	-	-	+/-	+	+	+	+	+	+	OW
RW_t	-	-	-	-	-	+	+	+	+	+	+	-
Permeat	+	-	-	-	+/-	+	+	+	+	+	+	-
EC-ULPUF												
RW_{t0}	+	+	+	+	-	+	+	+	+	+	+	OW
RW_t	+	+	+	+	-	+	+	+	+	+	+	-
Permeat	+	-	+	-	-	+	+	+	+	+	+	-

„+“ = bestimmt, „-“ = nicht bestimmt, „+/-“ = abhängig vom Versuchsziel, „OW“ = nur im OW bestimmt.

Bestimmung hydraulischer Parameter

Die hydraulische Leistungsfähigkeit der Versuchsanlagen wurde anhand des Permeatvolumenstroms gravimetrisch erfasst. Hierzu wurde das Permeat am Auslauf der ULPUF-Einheit bzw. am Einlauf in den Permeatbehälter während des Filtrationsvorganges mehrmals in einem Behälter aufgefangen und die hierfür benötigte Zeit bestimmt. Anschließend wurde das Gewicht des aufgefangenen Wassers mit der K-PZ-Waage bestimmt und das Permeatvolumen errechnet. Der Permeatvolumenstrom ergibt sich aus dem Quotienten des aufgefangenen Permeatvolumens und der Filtrationszeit. Aus einzelnen Messungen wurde ein für den jeweiligen Filtrationsvorgang repräsentativer Mittelwert gebildet.

3.3 Auswertung von Messgrößen und statistische Datenauswertung

3.3.1 Datenauswertung der Laboruntersuchungen

Die Auswertung der Versuchsdaten der Laboruntersuchungen zur Bestimmung der Adsorptionsfähigkeit tonhaltiger Adsorbentien erfolgt insbesondere in Anlehnung an Sontheimer und Fettig (1985), Bryjak et al. (2016), Bonilla-Petriciolet et al. (2017) sowie Sperling et al. (2020). Neben den in Kapitel 2.4 erläuterten Zusammenhängen werden folgende Ansätze zur Datenauswertung herangezogen:

Langmuir-Isotherme

Im Rahmen dieser Arbeit findet die Beschreibung des thermodynamischen Adsorptionsgleichgewichtes mittels Adsorptionsisothermen nach Langmuir und Freundlich statt (vgl. Kapitel 2.4.2). Die Ermittlung der Langmuir-Konstante K_L sowie der maximalen Adsorbensbeladung q_m erfolgt aus den Versuchsdaten mittels einer Linearisierung der Langmuir-Isotherme. Hierfür werden zwei Linearisierungsmethoden angewandt.

Die Langmuir-1-Isotherme (L1) ist im niedrigen Konzentrationsbereich stärker gewichtet. Die Bestimmung der Adsorptionskonstanten für die L1 erfolgt mittels:

$$\frac{1}{q_e} = \frac{1}{q_m} + \frac{1}{K_L \cdot q_m \cdot c_e} \tag{69}$$

Die Langmuir-Konstante K_L sowie die maximale Adsorbensbeladung q_m werden anhand linearer Regressionsanalyse der Messwerte im Koordinatensystem (X = $\frac{1}{c_e}$; Y = $\frac{1}{q_e}$) ermittelt. Der Kehrwert von q_m entspricht dem Schnittpunkt der Regressionsgerade mit der y-Achse und die Steigung der Regressionsgerade dem Wert $\frac{1}{q_m \cdot K_L}$.

Die Langmuir-2-Isotherme (L2) ist im hohen Konzentrationsbereich stärker gewichtet. Die Bestimmung der Adsorptionskonstanten für die L2 erfolgt anhand der Gleichung:

$$\frac{c_e}{q_e} = \frac{1}{K_L \cdot q_m} + \frac{1}{q_m} \cdot c_e \tag{70}$$

Die Langmuir-Konstante K_L sowie die maximale Adsorbensbeladung q_m werden anhand linearer Regressionsanalyse der Messwerte im Koordinatensystem (X = c_e; Y = $\frac{c_e}{q_e}$) bestimmt. Der Schnittpunkt der Regressionsgerade mit der y-Achse entspricht dem Term $\frac{1}{q_m \cdot K_L}$. Der Kehrwert von q_m wird aus der Steigung der Regressionsgerade bestimmt.

Freundlich-Isotherme

Die Bestimmung der Freundlich-Konstante K_F und des Heterogenitätsfaktors n erfolgt aus den Versuchsdaten mittels folgender Linearisierung:

$$\log(q_e) = \log(K_F) + n \cdot \log(c_e) \tag{71}$$

Die Steigung der Regressionsgerade zu den Messwerten im Koordinatensystem (X = $\log(c_e)$; Y = $\log(q_e)$) ergibt den Heterogenitätsfaktors n und der Schnitt der Regressionsgerade mit der y-Achse den Logarithmus der Freundlich-Konstante K_F.

Adsorbensmasse bzw. -dosis

Die zum Erreichen einer festgelegten Gleichgewichtskonzentration benötigte Adsorbensmasse bzw. -dosis (m_{ads} in [kg/m³] bzw. [g/L]) lässt sich durch die Umstellung von Gl. (33) wie folgt ermitteln:

$$m_{ads} = \frac{(c_0 - c_e)}{q_e} \tag{72}$$

Adsorptionskinetik

Weiterhin kann aus den Messdaten der Laborversuche die Adsorptionskinetik der Tonminerale ermittelt werden (vgl. Kapitel 2.4.2). Zur Bestimmung der **Adsorptionskinetik erster Ordnung** wird Gl. (41) integriert:

$$\ln(q_e - q_t) = \ln(q_e) - k_1 \cdot t \tag{73}$$

Die Geschwindigkeitskonstante k_1 der Adsorptionskinetik erster Ordnung ergibt sich mittels linearer Regressionsanalyse der Messwerte im Koordinatensystem (X = t; Y = $\log(q_e - q_t)$) aus der Steigung der Regressionsgerade.

Wird angenommen, dass die Beladungskapazität des Adsorbens proportional zur Anzahl der belegten Adsorptionsplätze ist, kann über die Integration von Gl. (42) die **Adsorptionskinetik zweiter Ordnung** bestimmt werden:

$$\frac{t}{q_t} = \frac{1}{k_2 \cdot q_e^2} + \frac{1}{q_e} \cdot t \tag{74}$$

Die Geschwindigkeitskonstante k_2 der Adsorptionskinetik zweiter Ordnung ergibt sich aus linearer Regressionsanalyse der Messwerte im Koordinatensystem (X = t; Y = $\frac{1}{q_e - q_t}$) aus der Steigung der Regressionsgerade. Ferner kann mittels der Geschwindigkeitskonstante k_2 der Adsorptionskinetik zweiter Ordnung die Anfangsadsorptionsrate (h_0 in [mg/(kg·h)]) wie folgt ermittelt werden:

$$h_0 = k_2 \cdot q_e^2 \tag{75}$$

3.3.2 Datenauswertung der halbtechnischen Versuchsanlagen

Die Auswertung der stofflichen und hydraulischen Leistungsfähigkeit der halbtechnischen Versuchsanlage erfolgt insbesondere in Anlehnung an Pinnekamp und Friedrich (2006), Melin und Rautenbach (2007), Garcia-Segura et al. (2017), Fischer (2019) und Sperling et al. (2020). Neben den in Kapitel 2.4 bis Kapitel 2.6 erläuterten Zusammenhängen werden folgende Ansätze zur Datenauswertung herangezogen:

Hydraulische Leistungsfähigkeit bei 20 °C

Die hydraulische Leistungsfähigkeit der Versuchsanlage wird mittels des flächenspezifischen Permeatflusses J_P und der Membranpermeabilität PE beschrieben. Die Angabe des Permeatflux oder der Permeabilität findet standardmäßig bei T = 20 °C statt. Die Umrechnung der Größen in $J_{P,20}$ bzw. PE_{20} erfolgt mittels Gleichung von Joss (2003):

$$J_{P,20} = e^{(0{,}52-0{,}026\cdot T)}\cdot J_P \tag{76}$$

bzw.

$$PE_{20} = e^{(0{,}52-0{,}026\cdot T)}\cdot PE \tag{77}$$

Stoffliche Leistungsfähigkeit

Die Bestimmung der stofflichen Leistungsfähigkeit (η bzw. E in [%]) der gesamten Anlage in Bezug auf Entfernung von Arsen, Eisen, Aluminium oder Trübung findet mittels folgender Beziehung statt:

$$E = \left(1 - \frac{c_t}{c_0}\right)\cdot 100 \tag{78}$$

mit

c_0 = Anfangskonzentration des Stoffes in [µg/L] bzw. [mg/L],

c_t = Konzentration des Stoffes zum Zeitpunkt t in [µg/L] bzw. [mg/L].

Der Beitrag der ULPUF-Einheit ($E_{As,ULPUF}$ in [%]) zur gesamten Arsenentfernung der Anlage kann wie folgt ermittelt werden:

$$E_{As,ULPUF} = \frac{(c_{As,t}-c_{As,Permeat})}{c_{As,0}}\cdot 100 \tag{79}$$

Spezifische Aluminiumfreisetzung und Arsenentfernung mittels EC-ULPUF

Um eine bessere Vergleichbarkeit verschiedener Varianten der EC-Schaltungen zu gewährleisten, kann die Abhängigkeit elektrochemisch erzeugter Aluminiummasse ($m_{Al,EC}$ in [mg Al]) bzw. Aluminiumkonzentration ($c_{Al,EC}$ in [mg Al/L]) im behandelten Wasser von der verrichteten elektrischen Arbeit der EC-Zelle als **spezifische Aluminiumfreisetzung** ($c_{Al,EC,spez}$ in [(mg Al/L)/(Wh)]) wie folgt beschrieben werden:

$$c_{Al,EC,spez} = \frac{m_{Al,EC}}{I \cdot U \cdot t_{EC} \cdot V} = \frac{c_{Al,EC}}{W_{el}} \tag{80}$$

Ähnlich kann die Abhängigkeit der entfernten Arsenmasse ($m_{As,EC}$ in [µg As]) bzw. der Verringerung der Arsenkonzentration ($c_{As,EC}$ in [µg As/L]) im behandelten Wasser von der verrichteten elektrischen Arbeit der EC-Zelle als **spezifische Arsenentfernung** ($E_{As,EC,spez}$ in [(µg As/L)/(Wh)]) beschrieben werden:

$$E_{As,EC,spez} = \frac{m_{As,EC}}{I \cdot U \cdot t_{EC} \cdot V} = \frac{c_{As,EC}}{W_{el}} \tag{81}$$

3.3.3 Statistische Datenauswertung

3.3.3.1 Box-Whisker-Plot

Im Rahmen dieser Arbeit erfolgt die Anwendung von Box-Whisker-Plot zur Veranschaulichung von Messwerteverteilungen. Der Box-Whisker-Plot stellt ein Werkzeug zur grafischen Analyse der Streuung von Variablen dar (Kronthaler 2016) und ist besonders effektiv bei einer vergleichenden Gegenüberstellung von Werteverteilungen mehrerer Datensätze (Sperling et al. 2020). Er vereinigt in einer Abbildung die Informationen zum Mittelwert, Median (50 % der Werte), erstem und drittem Quartil (25 % bzw. 75 % der Werte) sowie einem statistisch definierten Minimal- und Maximalwert einer Werteverteilung (Duller 2019). Eine erläuternde Darstellung des Box-Whisker-Plot ist in Abbildung 30 zu sehen.

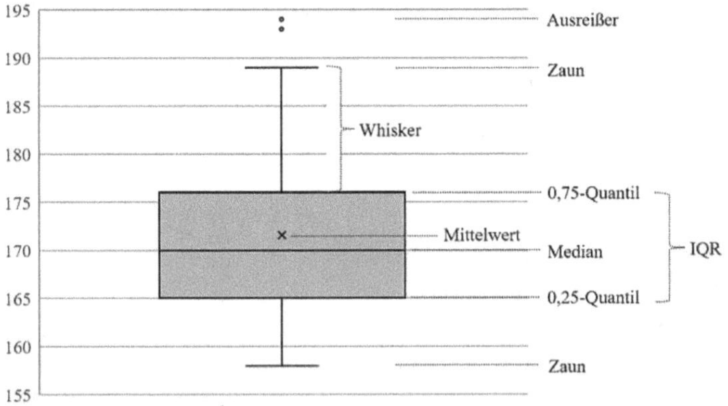

Abbildung 30: Box-Whisker-Plot mit Erläuterungen (Duller 2019).

Die Höhe der Box ist definiert als die Differenz zwischen dem ersten und dritten Quartil und gibt die Bandbreite an, in der sich die mittleren 50 % der Werte bewegen (Kronthaler 2016). Der Median liegt in der Box und gibt Informationen, ob die Werteverteilung symmetrisch

(Median teilt die Box in der Mitte) oder schief (Median teilt die Box in der oberen Hälfte (linksschief) bzw. in der unteren Hälfte (rechtsschief)) ist (Kronthaler 2016).

Die Linien (Whiskers) ermöglichen unmittelbar die Aussage darüber, wie weit die Werteverteilung auseinandergezogen ist (Fahrmeir et al. 2016). Die Enden der Linien (bzw. „Zaun" in Abbildung 30) markieren das statistisch definierte Minimum und Maximum der Verteilung (Urban und Mayerl 2018). Die Festlegung von Whiskers-Enden erfolgt anhand des 1,5-fachen Interquartilabstandes (IQR, *interquartil range*), folglich beträgt der Abstand vom oberen bzw. unteren Ende der Box bis zum jeweiligen Endpunkt der Linie maximal 1,5·IQR und der Whisker endet beim letzten Datenpunkt, der in diesen Bereich fällt (vgl. Fahrmeir et al. 2016; Urban und Mayerl 2018; Duller 2019).

Liegen in der Zahlenverteilung Extremwerte vor (Abstand zur Box > 1,5·IQR), werden diese als Ausreißer definiert und nach Möglichkeit als Punkte außerhalb des Box-Whisker abgebildet (Urban und Mayerl 2018). Extreme Ausreißer im Wertebereich über 3·IQR (nach Duller 2019) werden im Rahmen dieser Arbeit ebenso wie Werte außerhalb der sinnvollen graphischen Achsendarstellung nicht abgebildet.

3.3.3.2 Korrelationsanalyse

Im Zuge dieser Arbeit wurden verschiedene Methoden statistischer Datenauswertung, insbesondere die Korrelationsanalyse sowie die Regressionsanalyse, angewandt. Die Durchführung der Korrelationsanalyse sowie der einfachen und multiplen Regressionsanalyse, die Aufstellung von Regressionsgeraden, die Ermittlung von Bestimmtheitsmaß, die Darstellung statistischer Größen mittels Box-Whisker-Plot etc. ist ausführlich in Kronthaler (2016), Fahrmeir et al. (2016), Urban und Mayerl (2018), Duller (2019) sowie Sperling et al. (2020) erläutert und wird im Rahmen dieser Arbeit mittels des Datenverarbeitungsprogramms Microsoft® Excel® umgesetzt. Die theoretischen Hintergründe dieser Methoden sowie Hinweise zur Interpretation der gewonnenen Daten sind im Folgenden dargestellt.

Zur Erklärung möglicher linearer Zusammenhänge zwischen zwei Variablen wurde im Rahmen dieser Arbeit eine Korrelationsanalyse basierend auf dem Korrelationskoeffizienten von Bravais-Pearson verwendet. Die Berechnung des Bravais-Pearson-Korrelationskoeffizienten (r in [-]) erfolgt nach Kronthaler (2016) wie folgt:

$$r = \frac{\sum(x_i - \bar{x})\cdot(y_i \cdot \bar{y})}{\sqrt{\sum(x_i - \bar{x})^2 \cdot \sum(y_i \cdot \bar{y})^2}} \tag{82}$$

mit

x_i, y_i : beobachtete Werte,

$\bar{x}, \bar{y}$: arithmetische Mittelwerte.

Der Bravais-Pearson-Koeffizient variiert im Bereich zwischen r = -1 (perfekt negative Korrelation) und r = +1 (perfekt positive Korrelation). Die Stärke des linearen Zusammenhanges kann anhand Tabelle 28 interpretiert werden.

Tabelle 28: Richtwerte zur Interpretation des Bravais-Pearson-Korrelationskoeffizienten (Kronthaler 2016).

Wert von r	Zusammenhang zwischen zwei Variablen
$r = 1$	Perfekt positive Korrelation
$1 > r \geq 0{,}6$	Stark positive Korrelation
$0{,}6 > r \geq 0{,}3$	Schwach positive Korrelation
$0{,}3 > r > -0{,}3$	Keine Korrelation
$-0{,}3 \geq r > -0{,}6$	Schwach negative Korrelation
$-0{,}6 \geq r > -1$	Stark negative Korrelation
$r = -1$	Perfekt negative Korrelation

3.3.3.3 *Lineare Regressionsanalyse und das Bestimmtheitsmaß R^2*

Mittels Korrelationsanalyse nach Bravais-Pearson werden nur ungerichtete lineare Zusammenhänge untersucht (Kronthaler 2016). Um einen Zusammenhang zwischen einer abhängigen und einer unabhängigen Variablen zu beschreiben und zu quantifizieren, wird bei der statistischen Datenauswertung meist die lineare Regressionsanalyse angewandt Sperling et al. (2020).

Anhand der linearen Regressionsanalyse werden mithilfe der Methode der kleinsten Fehlerquadrate die Regressionsgeraden (Trendlinien) ermittelt, die einen linearen Zusammenhang zweier Variablen abbilden. Um den Erklärungsgehalt der Regressionsgeraden zu bestimmen, wird das Bestimmtheitsmaß bzw. der Determinationskoeffizient (R^2 in [-]) berechnet (Kronthaler 2016):

$$R^2 = 1 - \frac{\text{ungeklärte Varianz}}{\text{Gesamtvarianz}} = 1 - \frac{\Sigma(y_i - \hat{y_i})^2}{\Sigma(y_i - \bar{y})^2} \qquad (83)$$

mit $\hat{y_i}$: durch die Regressionsgerade geschätzte y_i Werte.

Das Bestimmtheitsmaß R^2 gibt an, wie viel Prozent der Veränderung der abhängigen Variable Y durch die unabhängige Variable X bzw. wie viel Prozent der Varianz von Y durch X erklärt werden. Das Bestimmtheitsmaß ist zwischen $R^2 = 0$ (Regressionsgerade kann 0 % der Änderung von Y erklären) und $R^2 = 1{,}0$ (Regressionsgerade kann 100 % der Änderung von Y erklären) definiert (Kronthaler 2016).

3.3.3.4 *Multiple Regressionsanalyse und ihre Gütemaße*

Um den Einfluss mehrerer Faktoren (unabhängige Variablen) auf einen Parameter (abhängige Variable) zu beschreiben, wird die statistische Methode der multiplen Regressionsanalyse (bzw. multivariate Regressionsanalyse) angewandt. Bei der multiplen Regressionsanalyse wird, identisch zu der linearen Einfachregression, die Methodik der kleinsten

Fehlerquadrate angewandt, um eine Regressionsfunktion mit geschätzten Koeffizienten zu erhalten (vgl. Kronthaler 2016, Sperling et al. 2020).

Die Maße zur Bestimmung der Güte berechneter Regressionsfunktionen sind laut Kronthaler (2016) sowie Urban und Mayerl (2018) wie folgt definiert:

- **F-Test**: prüft, ob die Varianzen der Stichproben statistisch gleich sind, also aus derselben Grundgesamtheit stammen und dient der Überprüfung der Nullhypothese H_0 (d. h. die Regressionsfunktion trägt nicht zur Erklärung der abhängigen Variable bei). Hierbei wird eine Teststatistik aufgestellt und ein Verhältnis aus der erklärten Varianz (die Regressionsfunktion kann die Änderung der abhängigen Variable erklären) zur nichterklärten Varianz (Regressionsfunktion kann die Änderung der abhängigen Variablen nicht erklären) gebildet. Die Überprüfung erfolgt mittels Überschreitungswahrscheinlichkeit (p-Wert bzw. F_{krit}), in der Regel mit einem α- bzw. Signifikanzniveau (Wahrscheinlichkeit, dass die Nullhypothese verworfen wird) von $\alpha = 1\ \%$ oder $5\ \%$ ($\alpha = 0{,}01$ bzw. $0{,}05$), wie folgt:
  - Beschreibt die Regressionsfunktion die Änderung der abhängigen Variable angemessen, so erhält auch die Prüfgröße F einen hohen Wert und die Wahrscheinlichkeit, bei einer ausreichenden Datenmenge eine Nullhypothese zu erhalten, ist gering ($F_{krit} \leq \alpha$). Die Nullhypothese kann abgelehnt werden.
  - Beschreibt die Regressionsfunktion die Änderung der abhängigen Variable nicht bzw. nicht ausreichend genau, so erhält die Prüfgröße F einen niedrigen Wert. Die Nullhypothese wird bei einer Wahrscheinlichkeit von $F_{krit} > \alpha$ angenommen.
- **t-Test**: ist ein Signifikanztest und ermöglicht die Überprüfung des Erklärungsgehaltes einzelner unabhängiger Variablen mithilfe des Standardfehlers und der t-Verteilung. Bei dem t-Test erfolgt die Aufstellung einer Nullhypothese H_0, die behauptet, dass die unabhängige Variable überhaupt keinen Einfluss auf die abhängige Variable ausübt. Die Nullhypothese kann mittels eines zweiseitigen t-Tests unter Zuhilfenahme von Überschreitungswahrscheinlichkeit bzw. p-Wert (beschreibt die Wahrscheinlichkeit eine Nullhypothese zu erhalten) und der Festlegung eines Signifikanzniveaus (für den t-Test üblicherweise $\alpha = 5\ \%$ bzw. $\alpha = 0{,}05$) überprüft werden:
  - Ist der p-Wert kleiner oder gleich dem Signifikanzniveau α (p-Wert ≤ α), wird die Nullhypothese abgelehnt, sodass die untersuchte Variable eindeutig zur Erklärung der Änderung der abhängigen Variable beiträgt.
  - Ist der p-Wert größer als das Signifikanzniveau α (p-Wert > α), kann die Nullhypothese nicht abgelehnt werden. Die untersuchte Variable besitzt keinen Erklärungsgehalt.
- **Angepasstes-R^2 bzw. R^2_{adj}** (engl. *adjusted*-R^2): wird beim Vergleich des Erklärungsgehaltes verschiedener Regressionsmodelle untereinander angewandt. Bei der Berechnung von R^2_{adj} wird im Unterschied zum einfachen Bestimmtheitsmaß R^2 zusätzlich die Anzahl an aufgenommenen unabhängigen Variablen kontrolliert, damit die

Erhöhung ihrer Anzahl nicht in einer beliebigen Erhöhung des Bestimmtheitsmaßes resultiert und die Erklärungskraft des Modells vortäuscht. So kann beim Vergleich von Regressionsfunktionen mit einer und derselben abhängigen Variable und unterschiedlicher Anzahl an unabhängigen Variablen eine Aussage getroffen werden, welche der Funktionen die Änderung der abhängigen Variable besser erklärt. Das angepasste Bestimmtheitsmaß liegt, ähnlich dem einfachen Bestimmtheitsmaß, im Bereich von $R^2_{adj} = 0$ (Regressionsfunktion kann 0 % der Änderung von Y erklären) bis $R^2_{adj} = 1{,}0$ (Regressionsfunktion kann 100 % der Änderung von Y erklären).

Für die Überprüfung statistischer Zusammenhänge im Rahmen dieser Arbeit wird ein Signifikanzniveau von $\alpha = 5$ % bzw. $\alpha = 0{,}05$ festgelegt.

4 Ergebnisse und Diskussion

4.1 Laborversuche zur Arsenadsorptionsfähigkeit tonmineralhaltiger Adsorbentien

4.1.1 pH-Wert-Kontrolle

Die ausführliche Dokumentation der Rohdaten der Laboruntersuchungen befindet sich im Anhang dieser Arbeit (Kapitel 8.4). Im Weiteren erfolgt zusammenfassende Darstellung, Auswertung und Diskussion der Ergebnisse der durchgeführten Laborarbeiten.

Der pH-Wert ist eine wichtige Kenngröße bei der Beschreibung der Arsenadsorptionsfähigkeit. Die variable Oberflächenladung oxidischer Adsorbentien sowie die im Wasser vorliegende As(III)- bzw. As(V)-Spezies sind stark vom pH-Wert abhängig (vgl. Kapitel 2.2.2, Kapitel 2.4.1 sowie Kapitel 2.4.3.2). Folglich kann zur Erreichung optimaler Beladungsfähigkeit eine eventuelle pH-Einstellung notwendig sein. Allerdings ist eine pH-Einstellung bei einer praktischen Anwendung der Tone zur dezentralen Trinkwasseraufbereitung in wirtschaftlich schwachen Gebieten der Schwellen- und Entwicklungsländer schwer umsetzbar.

Um eine sinnvolle Gegenüberstellung der Arsenadsorptionsfähigkeit verschiedener Materialien und somit auch die Adsorbentienauswahl in der Praxis zu ermöglichen, wurde für die Schüttelversuche ein pH-Wert-Bereich im Gleichgewichtszustand zwischen 6,0 und 8,0 festgelegt, wie in Kapitel 3.2.1.1 bereits erläutert.

Der pH-Wert der Lösung wurde für jedes Adsorbens zu Beginn sowie am Ende des Schüttelversuches (im Gleichgewichtszustand, $t_{Kontakt}$ = 24 h) bestimmt. Saure Tone T3 und T4 zeigten nach dem Schüttelvorgang mit As(III) und As(V) eine starke pH-Wert-Absenkung. Um die Vergleichbarkeit der Versuchsergebnisse zu gewährleisten, fanden für T3 und T4 Wiederholungsversuche mit einer pH-Wert-Kontrolle durch Dosierung von NaOH im Vorfeld des Schüttelvorganges statt. In Abbildung 31 ist die Verteilung der pH-Werte am Ende des Schüttelvorganges mit As(III) und As(V) für alle untersuchten Adsorbentien (T3 und T4 nach der Neutralisation) als Box-Whisker-Plot dargestellt.

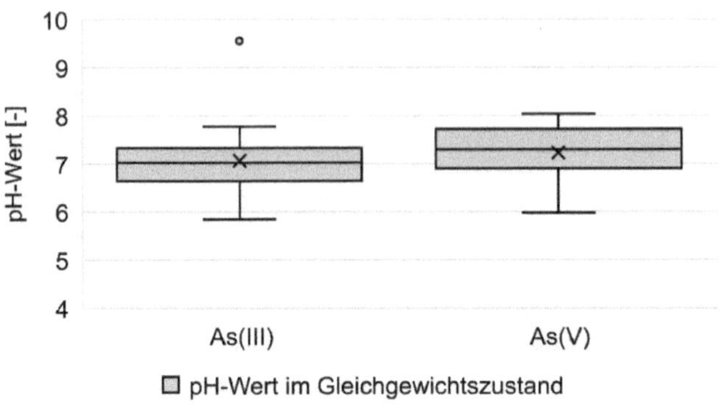

Abbildung 31: Verteilung der pH-Werte im Gleichgewichtszustand in allen Schüttelversuchen (nach Neutralisation von T3 und T4) (vgl. Anhang 59).

Für S1, S2, GEH und PEH wurden ausschließlich As(V)-Schüttelversuche unternommen (vgl. Kapitel 3.2.1.2), daher ist die Anzahl der Messwerte bei den As(III)-Untersuchungen höher.

Der basische T6 wies bei der As(III)-Untersuchung eine starke Verschiebung des pH-Wertes am Ende des Schüttelvorganges auf (i. M. pH = 9,55, vgl. Anhang 15). Bei der As(V)-Untersuchung lagen die pH-Werte der Proben i. M. bei 8,0 und somit im angestrebten pH-Wert-Bereich zwischen 6,0 und 8,0. Aus diesem Grund fanden für T6 keine Wiederholungsversuche mit pH-Wert-Anpassung statt. Zur nachfolgenden Datenauswertung wurden ausschließlich die Ergebnisse aus der As(V)-Untersuchung herangezogen; bei den As(III)-Untersuchungen stellt T6 einen Ausreißer dar und geht nicht in die Datenauswertung ein.

Ferner beträgt der pH-Wert bei den As(III)-Schüttelversuchen mit T2 im Mittel 5,84 und liegt damit geringfügig unterhalb des angestrebten pH-Wert-Bereiches; bei der As(V)-Untersuchung liegt der pH-Wert im Gleichgewichtszustand bei etwa 6,0. Aufgrund einer sehr geringen Abweichung werden die Messwerte aus den As(III)-Untersuchungen mit T2 in die nachfolgende Datenauswertung einbezogen.

Alle weiteren untersuchten Adsorbentien zeigen im Schüttelversuch einen pH-Wert im Gleichgewichtszustand im Bereich zwischen 6,0 und 8,0 und erfüllen die gestellten Anforderungen an die Vergleichbarkeit der Versuchsergebnisse.

In Untersuchungen mit As(III) liegen 50 % aller Messwerte im pH-Wert-Bereich zwischen 6,6 und 7,3, der Mittelwert beträgt in etwa 7,1 und der Median 7,0. In Untersuchungen mit As(V) liegen 50 % aller Messwerte im pH-Wert-Bereich zwischen 6,9 und 7,7 mit dem Mittelwert von 7,2 und dem Median von 7,3.

Die geringen pH-Wert-Schwankungen der Messwerte und ihre Normalverteilung im neutralen pH-Wert-Bereich erlauben eine genaue vergleichende Analyse der Arsenbeladungsfähigkeit aller untersuchten Adsorbentien.

Zudem ermöglicht eine weitere Analyse der vorliegenden Daten zum pH-Wert-Verlauf der Messwerte aus den Adsorptionsversuchen mit Tonerde vor dem Hintergrund wissenschaftlicher Grundlagen (vgl. Kapitel 2.4.3) folgende Aussagen:

- Da As(V) bei einem pH-Wert von 6,9 den pK_{S2}-Wert besitzt und mit steigendem pH-Wert zunehmend von $H_2AsO_4^-$ zu $HAsO_4^{2-}$ dissoziiert, sind die Schwankungen der pH-Werte bei den As(V)-Schüttelversuchen besonders relevant. Aus diesem Grund ist bei der Ermittlung der Beladungskapazität, der Aufstellung der Isothermen und der Entwicklung mathemaischer Modelle eine gewisse pH-Wert-bedingte Streuung der Ergebnisse zu erwarten.
- As(III) besitzt den pKS1-Wert von 9,2 und wechselt seine Erscheinungsform im pH-Wert-Bereich der vorliegenden Messwerte kaum. Daher ist hier eine geringere pH-Wert-bedingte Streuung zu erwarten.
- Der im Rahmen dieser Arbeit für die Schüttelversuche festgelegte pH-Wert-Bereich von 6,0 bis 8,0 liegt für As(III) nicht und für As(V) nur teilweise im optimalen Adsorptionsbereich der Tonminerale (As(III): pH 8,0 bis 10,0; As(V): pH 4,0 bis 7,5 vgl. Tabelle 15, Kapitel 2.4.3.2).
- Die Ladungsnullpunkte der Tonminerale liegen je nach Tonmineralart zwischen 2,0 und 4,6 (vgl. Tabelle 12, Kapitel 2.4.1) und somit bei der As(III)- und As(V)-Adsorption gleichermaßen unterhalb des pH-Wert-Bereiches der Messwerte. Daher ist die Oberfläche der Tonminerale zunehmend negativ geladen.

4.1.2 Arsenbeladungskapazität

Die durchgeführten Schüttelversuche mit Tonerde sind zusammengefasst für die As(III)- und As(V)-Adsorption in Abbildung 32 dargestellt.

Die maximale gemessene Beladungskapazität untersuchter Tonerde liegt bei der As(III)-Adsorption zwischen 39 mg As(III)/kg und 718 mg As(III)/kg und bei der As(V)-Adsorption zwischen 41 mg As(V)/kg und 524 mg As(V)/kg.

Unabhängig von der untersuchten Arsenspezies ist eine große Streuungsbreite der Beladungsfähigkeit der Tonerde zu erkennen. Die geringste As(III)-Beladung zeigen T1 und T2. Auch bei der As(V)-Adsorption zeigt T1 die niedrigste Beladungskapazität. Am meisten As(III) wird gleichermaßen von den eisenreichen Tonen T13, T14 und T15 aufgenommen. Ähnlich verhalten sich T13, T14 und T15 bei der As(V)-Adsorption, wobei bei T15 die höchste gemessene As(V)-Beladung aller untersuchten Tone vorliegt.

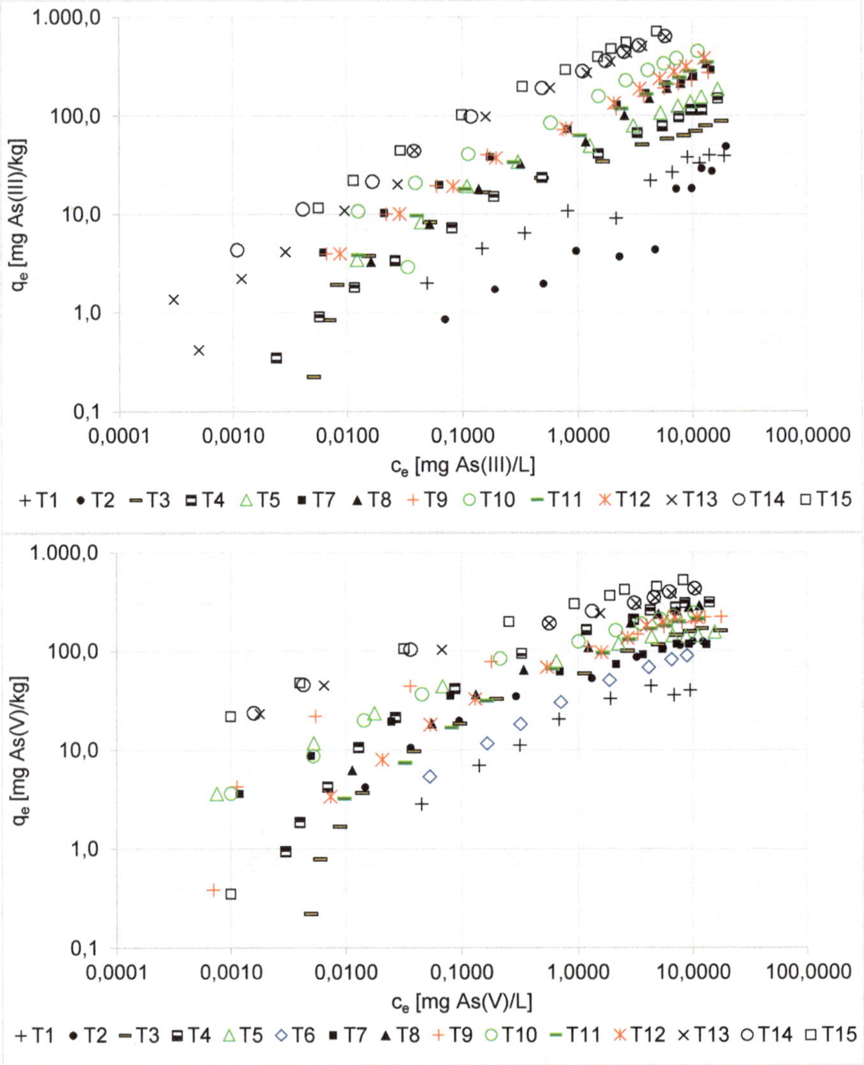

Abbildung 32: Adsorption von As(III) (oben) und As(V) (unten) an Tonerde nach 24 h Kontaktzeit.

Des Weiteren finden sich in Abbildung 33 die Ergebnisse der As(V)-Schüttelversuche mit weiteren Adsorbentien im Vergleich zu Tonerde (T): Schamotte (S), tonige Sekundärrohstoffe (TSR) sowie eisenhydroxidbasierte Adsorbentien (PEH bzw. GEH).

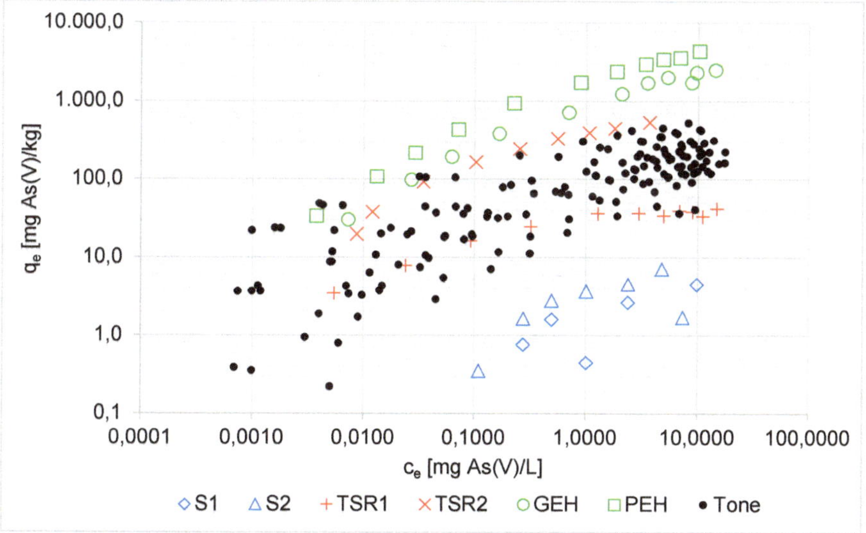

Abbildung 33: Adsorption von As(V) an Schamotte (S), tonige Sekundärrohstoffe (TSR1: Filterkuchen aus Quarzitaufbereitung; TSR2: Waschschlamm aus Kies- und Sandgewinnung) und eisenhydroxidbasierte Adsorbentien (GEH, PEH) im Vergleich zu Tonerde nach 24 h Kontaktzeit.

Die Auswertung der Schüttelversuche zeigt, dass

> **<u>Schamotte</u> unabhängig von der chemischen Zusammensetzung des untersuchten Materials kaum Arsen aufnehmen kann (S1: q_m = 1,7 mg As(V)/kg und S2: q_m = 7,1 mg As(V)/kg) und somit für die Arsenadsorption nicht geeignet ist.**

Der Grund hierfür wird in dem Brennvorgang vermutet, der zur Veränderung der Tonmineralstruktur und insbesondere der Oberflächenbeschaffenheit führt.

Tonige Sekundärrohstoffe zeigen je nach Herkunft verschiedene As(V)-Adsorptionsfähigkeit:

> **<u>Filterkuchen aus Quarzitaufbereitung</u> (TSR1) liegt mit q_m von 90 mg As(V)/kg im unteren Feld des As(V)-Adsorptionsbereiches der untersuchten Tone.**
> **<u>Waschschlamm aus Kies- und Sandgewinnung</u> (TSR2) besitzt mit q_m von 540 mg As(V)/kg eine sehr hohe As(V)-Beladungskapazität und liegt über dem As(V)-Adsorptionsbereich der untersuchten Tone.**

Sekundärrohstoffe schonen natürliche Ressourcen und sind meist kostengünstiger als primäre Rohstoffe. Waschschlamm aus Kies- und Sandgewinnung stellt daher eine nachhaltige und wirtschaftlich rentablere Alternative zu gängigen Arsenadsorptionsmitteln dar, dessen Einsatz (und der evtl. anderer geeigneter toniger Sekundärrohstoffe) zur Arsenentfernung aus Trinkwasser vor dem Hintergrund der globalen Arsenproblematik und des Bedarfs eines kostengünstigen Adsorbens vertieft untersucht werden sollte.

Industriell hergestellte eisenhydroxidbasierte Adsorbentien zeigen wie erwartet die höchste gemessene As(V)-Beladung aller untersuchten Materialien. Diese liegt bei GEH bei 2.511 mg As(V)/kg und bei PEH bei 4.373 mg As(V)/kg. Das pulverförmige Eisenhydroxidprodukt besitzt somit eine um 75 % höhere Arsenbeladungskapazität als seine granulierte Form.

Zur Einhaltung des Trinkwassergrenzwertes für Arsen von 10 µg As/L durch Adsorption an pulverförmigen Adsorbentien ist die Aufnahmefähigkeit des Adsorbens bei einer Gleichgewichtskonzentration von 10 µg As/L bzw. 0,01 mg As/L ($q_{0,01}$) entscheidend. Aufgrund der besonderen Bedeutung des $q_{0,01}$-Wertes für die Arsenentfernung (u. a. zur Ermittlung der benötigten Adsorbensmenge zur Einhaltung des WHO-Richtwertes) findet im weiteren Verlauf der Arbeit eine vertiefte Untersuchung der Adsorbensbeladung bei einer Gleichgewichtskonzentration von 10 µg As/L statt.

In Abbildung 33 ist erkennbar, dass einige Tone (insbesondere T13, T14 und T15 vgl. Abbildung 32) und TSR2 einen, im Vergleich zu industriell hergestellten eisenhydroxidbasierten Adsorbentien, ähnlich hohen $q_{0,01}$-Wert aufweisen (trotz deutlich niedrigerer maximaler Beladungskapazität) und somit eine ähnlich gute Arsenentfernungsfähigkeit im niedrigen Arsenkonzentrationsbereich besitzen.

Demzufolge ist der Einsatz von Tonerde zur Arsenentfernung als eine kostengünstige Alternative zu industriell hergestellten Adsorbentien denkbar.

4.1.3 Adsorptionsisothermen

Anhand der in den Laboruntersuchungen ermittelten Werte für die Gleichgewichtsbeladung und die Gleichgewichtskonzentration erfolgt die Beschreibung des thermodynamischen Gleichgewichtes des Adsorptionssystems mittels der Freundlich-, Langmuir-1- und Langmuir-2-Isothermen. Die Koeffizienten aller im Rahmen dieser Arbeit berechneten Adsorptionsisothermen sind in Anhang 48 (Kapitel 8.7) zusammengefasst. Am Beispiel von T7 ist in Abbildung 34 der typische Verlauf der berechneten Adsorptionsisothermen für As(III) und As(V) dargestellt.

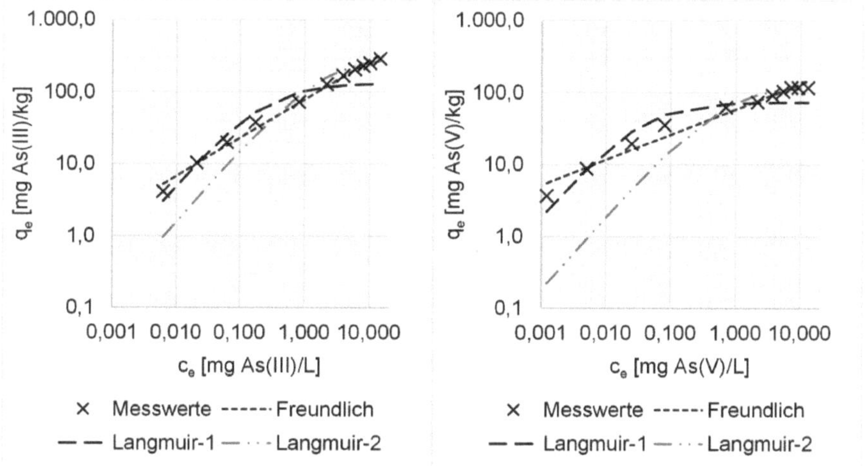

Abbildung 34: Messwerte sowie die berechneten Adsorptionsisothermen bei der Adsorption von As(III) (links) und As(V) (rechts) an T7 nach 24 h Kontaktzeit.

Zur Überprüfung der Abweichung der Adsorptionsisothermen von realen Messwerten sowie zur Bestimmung einer geeigneten mathematischen Beschreibung des Adsorptionsgleichgewichtes für die Entwicklung eines Modellansatzes zur Beschreibung der Arsenadsorptionsfähigkeit von Tonerden (vgl. Kapitel 4.1.6) wurden für alle untersuchten Tonerden die maximalen Gleichgewichtsbeladungen (q_m) sowie die Gleichgewichtsbeladungen bei einer Gleichgewichtskonzentration von 0,01 mg As/L ($q_{0,01}$) mittels Adsorptionsisothermen berechnet und mit den realen Messwerten verglichen. Die Verteilung der Abweichungen als relativer Fehler (in [%]) aus dem Vergleich von berechneten q_m bzw. $q_{0,01}$ mit den realen Messwerten ist in Abbildung 35 als Box-Whisker-Plot dargestellt.

Im Allgemeinen zeigt die Auswertung von relativen Fehlern in Abbildung 35 eine geringere Streuung der Werte und daher eine bessere Beschreibung der As(III)-Adsorption an Tonerde durch die berechneten Adsorptionsisothermen im Vergleich zur mathematischen Darstellung der As(V)-Adsorption. Dieser Sachverhalt kann mit der stärkeren pH-Wert-Abhängigkeit der As(V)-Adsorption an Tonminerale im neutralen pH-Wert-Bereich erklärt werden (vgl. Kapitel 4.1.1). Der Unterschied ist insbesondere im niedrigen Konzentrationsbereich gut erkennbar.

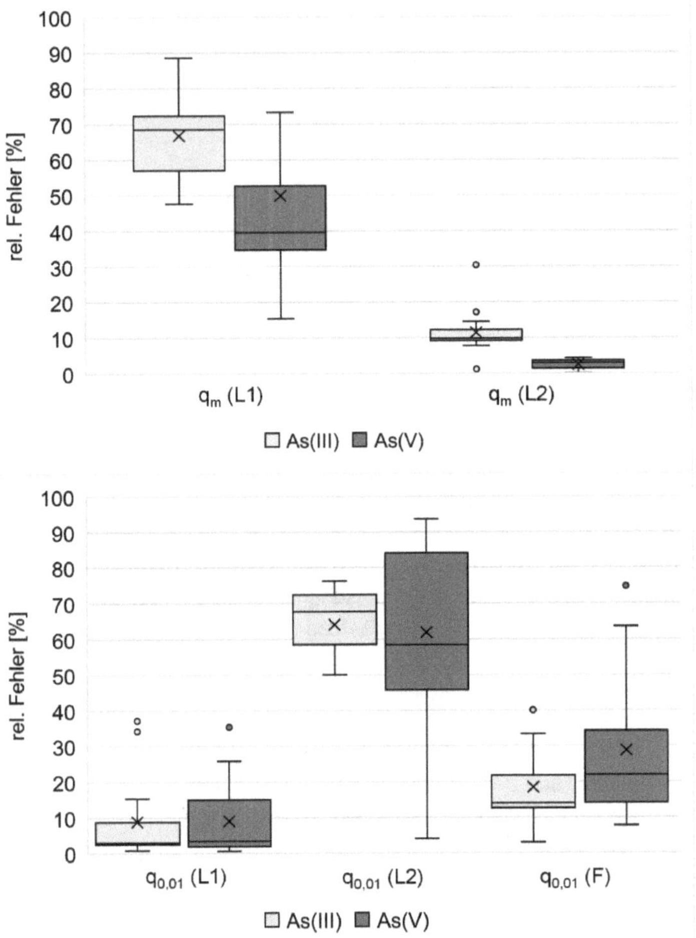

Abbildung 35: Verteilung der relativen Abweichungen von mit Langmuir-1- (L1), Langmuir-2- (L2) sowie Freundlich-Isotherme (F) berechneten zu den gemessenen maximalen Beladungen, q_m (oben) und Beladungen bei einer Gleichgewichtskonzentration von c_e = 0,01 mg As/L, $q_{0,01}$ (unten) bei der Adsorption von As(III) und As(V) für alle untersuchten Tonerden (vgl. Anhang 60).

In der Gesamtbewertung bildet die **Freundlich-Isotherme** den Verlauf der Messwerte im mittleren und für einige Tone auch im unteren Arsenkonzentrationsbereich gut ab (vgl. Abbildung 34), weicht jedoch in der Gesamtbewertung der Tonerde im niedrigen Konzentrationsbereich zunehmend von den Messwerten ab (vgl. Abbildung 35, unten). Die Abweichung beträgt im Mittel 23 % bei der As(III)-Beladung und 29 % bei der As(V)-Beladung. Ferner kann mit der Freundlich-Isotherme keine maximale Gleichgewichtsbeladung beschrieben werden.

Die **Langmuir-1-Isotherme** bildet die Beladungskapazität der Tonerde nur im unteren Arsenkonzentrationsbereich gut ab. Der relative Fehler beträgt gleichermaßen bei der As(III)- sowie As(V)-Beladung im Mittel etwa 9 %. Bei maximaler Beladung beträgt der relative Fehler im Mittel 64 % bei der As(III)-Beladung und 50 % bei der As(V)-Beladung.

Im Unterschied zur Langmuir-1-Isotherme beschreibt die **Langmuir-2-Isotherme** die maximale Beladungskapazität der Tone sehr gut, der relative Fehler beträgt im Mittel 11 % bei der As(III)-Beladung und nur 2 % bei der As(V)-Beladung. Für die Beschreibung der Beladungskapazität der Tone im niedrigen Arsenkonzentrationsbereich ist die Langmuir-2-Isotherme ungeeignet, der relative Fehler beträgt gleichermaßen bei der As(III)- und As(V)-Beladung im Mittel etwa 62 %.

Zusammenfassend lässt sich feststellen, dass die Beschreibung der As(III)- sowie As(V)-Adsorption an Tone im niedrigen Konzentrationsbereich mittels der berechneten Langmuir-1-Isothermen und im Bereich maximaler Beladungskapazität mittels der berechneten Langmuir-2-Isothermen in einer guten Annäherung möglich ist.

4.1.4 Arsenbeladung der Tonerde im niedrigen und hohen Konzentrationsbereich

Zur besseren Verständlichkeit werden im weiteren Verlauf der Arbeit, sofern nichts anderes erwähnt, die mit Langmuir-1-Isothermen berechneten Beladungen bei einer Gleichgewichtskonzentration von 0,01 mg As/L vereinfacht als $q_{0,01}$ sowie die mit Langmuir-2-Isothermen berechneten maximal möglichen Beladungen vereinfacht als q_m bezeichnet.

Eine Zusammenstellung der mit Langmuir-1-Isothermen berechneten Beladungen bei einer Gleichgewichtskonzentration von 0,01 mg As/L ($q_{0,01}$) sowie der mit Langmuir-2-Isothermen berechneten maximal möglichen Beladungen (q_m) der Tonerde mit As(III) und As(V) ist in Tabelle 29 aufgeführt.

Ferner findet in Abbildung 36 eine Korrelationsanalyse der Beladungskapazität der Tone in niedrigem und hohem As(III)- und As(V)-Konzentrationsbereich anhand der adsorbierten Arsenstoffmenge statt.

Bei der Gleichgewichtskonzentration von 10 µg As/L liegt die Beladungskapazität der Tone mit As(V) deutlich über der mit As(III).

Tabelle 29: Zusammenstellung von $q_{0,01}$ (berechnet mit Langmuir-1-Isothermen) sowie q_m (berechnet mit Langmuir-2-Isothermen) für die As(III)- und As(V)-Adsorption an Tonerde bei einer Kontaktzeit von 24 Stunden.

Material	$q_{0,01}$ [mg As/kg]		q_m [mg As/kg]	
	As(III)	As(V)	As(III)	As(V)
T1	0,4	0,7	45,5	43,2
T2	0,1	2,9	85,2	132,5
T3	2,4	2,1	86,2	174,3
T4	1,6	6,5	146,4	324,2
T5	2,8	14,0	191,0	154,1
T6	0,5*	1,1	72,1*	102,3
T7	4,9	15,1	303,7	123,2
T8	2,0	5,4	371,8	313,2
T9	5,8	34,3	278,7	229,2
T10	8,2	15,5	490,6	248,3
T11	3,0	3,2	382,2	229,7
T12	4,4	4,4	425,0	247,1
T13	15,2	62,8	651,5	427,4
T14	23,6	85,4	652,3	436,8
T15	20,0	94,9	756,6	520,6

* T6 stellt einen Ausreißer bei As(III)-Versuchen dar (vgl. Kapitel 4.1.1).

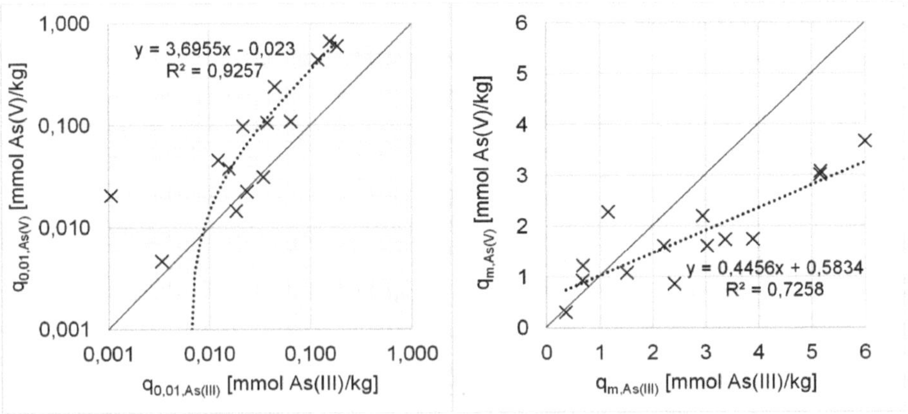

Abbildung 36: Gegenüberstellung von $q_{0,01}$ (links, berechnet mit Langmuir-1) und q_m (rechts, berechnet mit Langmuir-2) bei der As(III)- und As(V)-Adsorption an Tonerde.

Eine Gegenüberstellung von **$q_{0,01}$-Beladungskapazität** bei der As(III)- und As(V)-Adsorption (vgl. Abbildung 36, links) zeigt eine höhere As(V)- als As(III)-Aufnahmefähigkeit von nahezu allen Tonerden (Ausnahme: T3 und T12). Dieser Sachverhalt weist auf eine stärkere Affinität von As(V) zu Tonerde und entspricht dem allgemein gültigen Wissensstand über eine deutlich bessere As(V)-Beladungsfähigkeit der meisten bekannten Adsorbentien (vgl. Kapitel 2.2.2, Kapitel 2.3 und Kapitel 2.4).

Ferner nimmt der Unterschied zwischen der As(III)- und As(V)-Beladungskapazität mit insgesamt höherer Beladungsfähigkeit der Tone zu.

Die statistische Auswertung der vorliegenden Daten zeigt einen eindeutigen Zusammenhang zwischen der Höhe der As(III)- und As(V)-Aufnahmefähigkeit der untersuchten Tonerden. Der Bravais-Pearson-Koeffizient hat bei der Korrelationsanalyse von $q_{0,01}$ einen Wert von r = 0,96 und zeigt eine nahezu perfekte positive Korrelation zwischen der As(III)- und As(V)-Beladung an (vgl. Abbildung 36, links). Der Zusammenhang kann mittels folgender linearer Beziehung mit einem hohen Bestimmtheitsmaß von etwa $R^2 = 0{,}93$ beschrieben werden ($q_{0,01,As(V)}$ bzw. $q_{0,01,As(III)}$ in [mmol As/L]):

$$q_{0,01,As(V)} = 3{,}696 \cdot q_{0,01,As(III)} - 0{,}023 \qquad (84)$$

Und nach Umrechnung in adsorbierte Arsenmasse ($q_{0,01,As(V)}$ bzw. $q_{0,01,As(III)}$ in [mg As/L]):

$$q_{0,01,As(V)} = 4{,}17 \cdot q_{0,01,As(III)} - 3{,}3 \qquad (85)$$

Wird die **maximale Beladungskapazität (q_m)** der untersuchten Tonerden vergleichen, liegt die maximale As(III)-Beladung in den meisten Fällen über der maximalen As(V)-Beladung (Ausnahmen: T2, T3 und T4), wie Abbildung 36 (rechts) zeigt. Ferner nimmt der Unterschied zwischen der As(III)- und As(V)-Beladungskapazität gleichermaßen bei q_m sowie $q_{0,01}$ bei den Tonerden mit insgesamt höherer Beladungsfähigkeit zu. Die Korrelationsanalyse von q_m zeigt einen Bravais-Pearson-Koeffizient von r = 0,87 und weist auf eine stark positive Korrelation zwischen der As(III)- und As(V)-Beladung hin (vgl. Abbildung 36, rechts). Der Zusammenhang kann mittels folgender linearer Beziehung mit einem Bestimmtheitsmaß von etwa $R^2 = 0{,}73$ beschrieben werden ($q_{0,01,As(V)}$ bzw. $q_{0,01,As(III)}$ in [mmol As/L]):

$$q_{m,As(V)} = 0{,}446 \cdot q_{m,As(III)} - 0{,}583 \qquad (86)$$

Und nach Umrechnung in adsorbierte Arsenmasse ($q_{0,01,As(V)}$ bzw. $q_{0,01,As(III)}$ in [mg As/L]):

$$q_{m,As(V)} = 0{,}5 \cdot q_{m,As(III)} - 83{,}8 \qquad (87)$$

Eine höhere maximale As(III)-Beladung im Vergleich zur As(V)-Beladung kann auf verschiedene Ursachen zurückgeführt werden. Zu nennen ist vor allem eine bessere As(III)-Adsorption an Tonminerale bei leicht basischen pH-Werten (vgl. Manning und Goldberg 1997; Lin und Puls 2000). Eine vertiefte Untersuchung dieses Phänomens in weiteren Studien ist erstrebenswert.

Der Fokus dieser Dissertation liegt aud der Trinkwasseraufbereitung, hierbei ist vor allem die Beladungsfähigkeit von Adsorbentien im niedrigen Konzentrationsbereich (v. a. $q_{0,01}$ für die Arsenreduktion auf den WHO-Richtwert von 10 µg As/L) von großer Bedeutung. Wie zuvor erläutert, kann die Tonerde in diesem Bereich im Mittel eine etwa 4-fache Menge an As(V) aufnehmen.

Folglich würde bei einer praktischen Anwendung der Tonerde zur Arsenadsorption in As(III)-reichen Rohwasser die Implementierung einer oxidativen Vorbehandlung (vgl. Kapitel 2.3.2) den Materialaufwand deutlich reduzieren.

4.1.5 Arsenbeladungsfähigkeit der Tonerde in Abhängigkeit von mineralischer Zusammensetzung

Aus der Gegenüberstellung der berechneten Gleichgewichtsbeladung $q_{0,01}$ bzw. q_m und der Schichtmineralzusammensetzung der untersuchten Tone kann eine Aussage über die Arsenadsorptionsfähigkeit der Haupttonmineralgruppe getroffen werden. Hierzu wurden ausschließlich Tone ausgewählt, die eine eindeutige Zuordnung zur 1:1- oder 2:1-Tonmineralgruppe erlauben. Die 2:1:1-Tonminerale wurden nicht betrachtet, da in der vorliegenden Arbeit nur eine Tonerde (T11) dieser Tonmineralgruppe eindeutig zugeordnet werden kann und somit keine ausreichende Datengrundlage für eine zuverlässige Aussage vorliegt. Die Zuordnung erfolgte anhand der mineralischen Zusammensetzung (vgl. Tabelle 20 in Kapitel 3.2.1.2) und gestaltet sich wie folgt:

- Tone mit überwiegendem Anteil an 1:1-Tonmineralen: T1, T3, T4, T5 und T10
- Tone mit überwiegendem Anteil an 2:1-Tonmineralen: T8, T12, T13, T14 und T15

Die Verteilung der Gleichgewichtsbeladungen $q_{0,01}$ und q_m in Abhängigkeit von der mineralischen Zusammensetzung der Tone bei der As(III)- und As(V)-Adsorption ist in Abbildung 37 dargestellt.

Unabhängig von der adsorbierten Arsenspezies weisen die Tone mit einem überwiegenden Anteil an 1:1-Tonmineralen insgesamt eine geringere Beladungskapazität als Tone mit einem überwiegenden Anteil an 2:1-Tonmineralen auf.

Dieser Sachverhalt bestätigt die aus der Literatur gewonnenen Erkenntnisse bezüglich einer besseren Arsenadsorptionsfähigkeit der 2:1-Tone (vgl. Kapitel 2.4.3.2).

Bei $q_{0,01}$ zeigen 1:1-Tone eine Arsenbeladungskapazität von im Mittel 3,1 mg As(III)/kg und 7,7 mg As(V)/kg, wohingegen 2:1-Tone eine Arsenbeladungskapazität im niedrigen Konzentrationsbereich von im Mittel 13,0 mg As(III)/kg und 50,6 mg As(V)/kg besitzen.

Der Mittelwert der maximalen Beladungen der 1:1-Tone bei der As(III)- und As(V)-Adsorption ist annähernd gleich und beträgt ca. 190 mg As(V)/kg. Im Gegensatz hierzu zeigen die 2:1-Tone im Mittel eine höhere maximale Beladung bei der As(III)-Adsorption (571 mg As(III)/kg) als bei der As(V)-Adsorption (389 mg As(V)/kg).

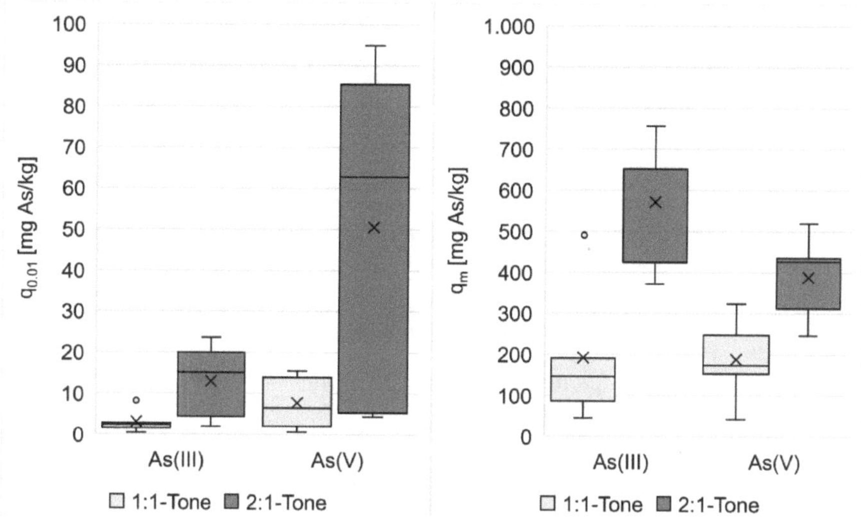

Abbildung 37: Verteilung von $q_{0,01}$ (links) und q_m (rechts) für Tone mit überwiegendem Anteil an 1:1- bzw. 2:1-Tonmineralen bei der As(III)- und As(V)-Adsorption (vgl. Anhang 61).

Die im Rahmen dieser Arbeit bestimmten maximalen As(III)- und As(V)-Beladungskapazitäten der 1:1- sowie 2:1-Tone entsprechen dem Bereich der Literaturwerte zur maximalen Arsenbeladungskapazität verschiedener Tonmineralgruppen (vgl. Kapitel 2.4.3.2) und weisen auf die Richtigkeit der Ergebnisse vorliegender Untersuchung hin.

4.1.6 Entwicklung eines Modellansatzes zur Beschreibung der Arsenadsorptionsfähigkeit von Tonerde

Die Arsenadsorptionsfähigkeit von Tonerde hängt vor allem von der vorliegenden Arsenspezies (vgl. Kapitel 2.4.3.2), dem pH-Wert der Lösung (vgl. Kapitel 4.1.1) und der mineralischen Zusammensetzung des Materials (vgl. Kapitel 4.1.4) ab. Im Rahmen der durchgeführten Untersuchungen liegen die pH-Messwerte der Proben im neutralen pH-Wert-Bereich, die pH-Wert-Schwankungen sind gering und können zur Vereinfachung in erster Annäherung vernachlässigt werden (vgl. Kapitel 4.1.1). Hingegen variiert die mineralische Zusammensetzung der untersuchten Tonerden sehr stark, sodass keine quantitative Abschätzung einer möglichen Arsenbeladungskapazität anhand der mineralischen Zusammensetzung getroffen werden kann. Ferner liegt die chemische Zusammensetzung des untersuchten Materials vor und es ist bekannt, dass die Arsenadsorptionsfähigkeit der Tonerde unter anderem vom Aluminium- und Eisengehalt (als Massenanteile w_{Fe} bzw. w_{Al} in [%]) abhängt (vgl. Kapitel 2.4.3.2). Weiterhin kann die chemische Zusammensetzung der Tone einen

Hinweis auf ihren Verwitterungsgrad und somit auf die mineralische Zusammensetzung geben (vgl. Tabelle 14, Kapitel 2.4.3.1). Folglich kann unter Voraussetzungen eines annähernd konstanten pH-Wert-Bereiches die Arsenbeladungskapazität vereinfacht als Funktion der Summe vom Eisen- und Aluminiumgehalt der Tonerde beschrieben werden:

$$q_e = f(w_{Fe} + w_{Al}) \quad (88)$$

Die Überprüfung der Abhängigkeit der Arsenbeladungskapazität der untersuchten Tone vom Eisen- und Aluminiumgehalt wurde mittels multivariater Regressionsanalyse durchgeführt. Die Bestimmung der Güte der Abhängigkeit erfolgte mittels r, R^2_{adj}, F-Test und t-Test. Die Ergebnisse der Analyse sind für die $q_{0,01}$- und q_m-Beladung der Tonerde bei der As(III)- und As(V)-Adsorption in Tabelle 30 zusammengefasst.

Tabelle 30: Multivariate Regressionsanalyse zur Abhängigkeit der $q_{0,01}$- und q_m-Beladung der Tonerde mit As(III) und As(V) von Eisen- und Aluminiumgehalt.

Statistische Parameter	As(III)		As(V)	
	$q_m = f(w_{Fe}; w_{Al})$	$q_{0,01} = f(w_{Fe}; w_{Al})$	$q_m = f(w_{Fe}; w_{Al})$	$q_{0,01} = f(w_{Fe}; w_{Al})$
r	0,99	0,93	0,89	0,89
R^2_{Adj}	0,97	0,83	0,77	0,75
Prüfgröße F	186,9	33,5	24,1	22,4
F_{krit}-Wert	$3{,}2 \cdot 10^{-9}$	$2{,}1 \cdot 10^{-5}$	$6{,}3 \cdot 10^{-5}$	$8{,}9 \cdot 10^{-5}$
p-Wert (w_{Fe})	$5{,}6 \cdot 10^{-8}$	$2{,}3 \cdot 10^{-5}$	$3{,}4 \cdot 10^{-5}$	$6{,}0 \cdot 10^{-5}$
p-Wert (w_{Al})	0,36	0,018	0,015	0,033

Die Auswertung der Ergebnisse der statistischen Datenanalyse zeigt grundsätzlich eine Abhängigkeit der Arsenbeladung der Tonerde von ihrem Eisen- und Aluminiumgehalt.

Der multivariate Korrelationskoeffizient r nach Bravais-Pearson weist in allen Fällen auf eine stark positive Korrelation zwischen der Arsenbeladung von Tonerde und dem Eisen- und Aluminiumgehalt hin. Auch der F_{krit}-Wert (F-Test) liegt in allen Fällen mehrere Potenzen unter 0,01 (Prüfgröße F schwankt im Bereich zwischen 22 und 187), sodass die Regressionsfunktion f(Fe; Al) die Änderung der abhängigen Variablen ($q_{0,01}$ bzw. q_m) gut beschreibt, und die Nullhypothese abgelehnt werden kann. Das adjustierte Bestimmtheitsmaß zeigt mit R^2_{Adj} = 0,99 bei maximaler Beladung der Tonerde mit As(III) eine sehr hohe Güte der Regressionsgerade, in allen anderen Fällen ($q_{0,01,As(III)}$, $q_{0,01,As(V)}$ und $q_{m,As(V)}$) zeigt die Regressionsgerade eine gute Anpassung an die Messwerte mit einem R^2_{Adj} von ca. 0,9.

Der Erklärungsgehalt einzelner Variablen (w_{Fe} und w_{Al}) kann mittels p-Wert (t-Test) abgeschätzt werden. Der p-Wert von w_{Fe} liegt in allen Fällen deutlich unter dem Signifikanzniveau von $\alpha = 0{,}05$, und weist auf eine eindeutige Abhängigkeit der $q_{0,01}$- und q_m-Beladung der Tonerde mit As(III) und As(V) vom Eisengehalt hin. Der p-Wert von w_{Al} liegt bei der multivariaten Analyse mit As(V) unter dem Signifikanzniveau von $\alpha = 0{,}05$, und zeigt eine eindeutige Abhängigkeit der $q_{0,01}$- und q_m-Beladung der Tonerde vom Aluminiumgehalt. Hingegen ist der Einfluss vom Aluminiumgehalt auf die As(III)-Beladungskapazität nicht immer gegeben. Im Bereich niedriger Arsenkonzentrationen liegt der p-Wert mit 0,018 unter dem Signifikanzniveau und die Abhängigkeit vom Aluminiumgehalt ist gegeben, wogegen bei der Maximalbeladung mit As(III) der p-Wert gleich 0,36 ist, sodass an der Stelle die Nullhypothese nicht abgelehnt werden kann und statistisch keine Abhängigkeit vom Aluminiumgehalt besteht.

Da für die Arsenreduktion im Trinkwasser unter den Grenzwert von 10 µg As/L die $q_{0,01}$-Beladung maßgebend ist und in diesem Bereich die Abhängigkeit vom Aluminiumgehalt eindeutig belegt worden ist, wird im weiteren Verlauf der Arbeit vorerst von einer allgemein gültigen Abhängigkeit der Arsenbeladungskapazität der Tonerde vom Al-Gehalt ausgegangen. Der Unterschied in Abhängigkeit der maximalen Beladungskapazität der Tonerde von Fe- und Al-Gehalt bei Beladung mit As(III) und As(V) sollte nach Möglichkeit in zukünftigen Studien genauer untersucht werden.

Ein hoher Unterschied im p-Wert der beiden unabhängigen Variablen bei der multivariaten Regressionsanalyse zeigt, dass Eisengehalt und Aluminiumgehalt die Arsenaufnahme der Tonerde unterschiedlich stark beeinflussen.
Anhand der Verteilung der p-Werte kann auf eine deutlich stärkere Abhängigkeit der Arsenadsorption vom Eisengehalt der Tonerde geschlossen werden.

Die Berücksichtigung unterschiedlicher Einflüsse vom Eisen- und Aluminiumgehalt auf die Arsenadsorption der Tonerde kann durch die Anpassung von Gl. (88) mittels **Gewichtungsfaktoren a für Eisen und b für Aluminium** stattfinden. Die Gewichtungsfaktoren stellen die anteilige Wirkung vom Eisen bzw. Aluminium auf die Beladungskapazität der Tonerde dar und ergeben zusammen 1,0:

$$q_e = a \cdot w_{Fe} + b \cdot w_{Al} \tag{89}$$

mit $a + b = 1$.

Anhand der Beladungskapazitäten $q_{0,01}$ und q_m sowie der Eisen- und Aluminiumgehalte der untersuchten Tonerden wurde eine lineare Regressionsanalyse unter Variation der Gewichtungsfaktoren a und b durchgeführt und die Gewichtungsfaktoren mit der besten Anpassung der Regressionsgeraden an die Messwerte bestimmt. Die ermittelten Gewichtungsfaktoren zur Abschätzung der Beladung $q_{0,01}$ und q_m bei der As(III)- und As(V)-Adsorption an Tonerde anhand des Eisen- und Aluminiumgehaltes sind in Tabelle 31 dargestellt.

Tabelle 31: Gewichtungsfaktoren a (Fe-Faktor) und b (Al-Faktor) zur Abschätzung der Arsenbeladung $q_{0,01}$ und q_m von Tonerden.

Beladung	As(III)-Adsorption		As(V)-Adsorption	
	a [-]	b [-]	a [-]	b [-]
q_m	0,93	0,07	0,70	0,30
$q_{0,01}$	0,73	0,27	0,72	0,28

In Abbildung 38 ist beispielhaft die Beschreibung der $q_{0,01}$-Beladungskapazität der Tonerde mit As(V) in Abhängigkeit vom Eisen und Aluminiumgehalt ohne Anwendung von Gewichtungsfaktoren (a = 0,5 und b = 0,5; d. h. Eisen- und Aluminiumgehalt haben den gleichen Einfluss auf die Arsenaufnahme der Tonerde) und mit den ermittelten Gewichtungsfaktoren (a = 0,72 und b = 0,28; d. h. Eisengehalt führt zu etwa 70 % und Aluminiumgehalt zu etwa 30 % der Arsenaufnahme) gegenübergestellt. Deutlich zu sehen ist, dass die angepasste Kurve einen viel höheren Erklärungsgehalt besitzt (R^2 = 0,79 zu R^2 = 0,29).

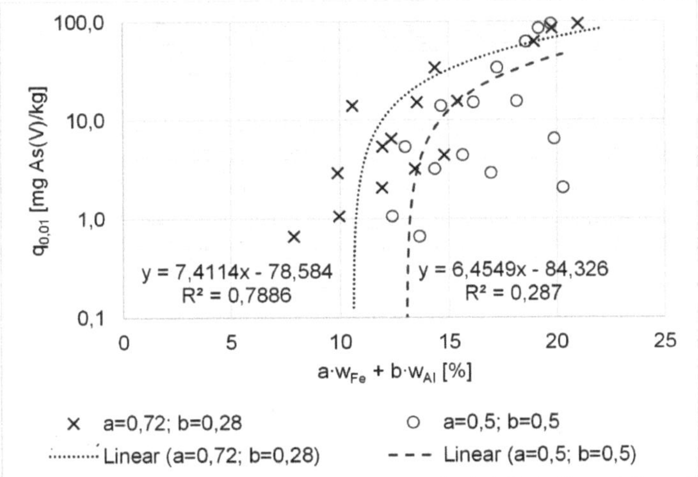

Abbildung 38: Beladungskapazität der Tone in Abhängigkeit vom Eisen- und Aluminiumgehalt ohne (a = b = 0,5) bzw. mit (a = 0,72 und b = 0,28) Anwendung von Gewichtungsfaktoren.

Im Weiteren ist die Anwendung von Gewichtungsfaktoren zur Beschreibung der Arsenbeladung der Tonerde für vier untersuchte Fälle dargestellt. Die graphische Darstellung der Beladungskapazität $q_{0,01}$ der Tonerde in Abhängigkeit von den gewichteten Eisen- und Aluminiumgehalten bei der As(III)- und As(V)-Adsorption ist in Abbildung 39 (oben) zu sehen. Die maximale Beladungskapazität der Tonerde q_m in Abhängigkeit von den gewichteten Eisen- und Aluminiumgehalten bei der As(III)- und As(V)-Adsorption ist in Abbildung 39 (unten) aufgetragen.

Deutlich zu sehen ist ein hoher Erklärungsgehalt der Regressionsgeraden der abgebildeten Korrelationen. Das Bestimmtheitsmaß R^2 liegt zwischen 0,79 und 0,97, wobei die Beschreibung der As(III)-Adsorption im Vergleich zur As(V)-Adsorption etwas besser ausfällt. Eine stärkere Schwankung der Werte um die Regressionsgerade bei der As(V)-Adsorption und somit etwas kleinere Bestimmtheitsmaße können mit den Schwankungen der pH-Werte der Proben erklärt werden. Diese haben bei der As(V)-Adsorption im Gegensatz zur As(III)-Adsorption eine deutlich größere Auswirkung auf die ermittelte Beladungskapazität der Tone (vgl. Kapitel 4.1.1).

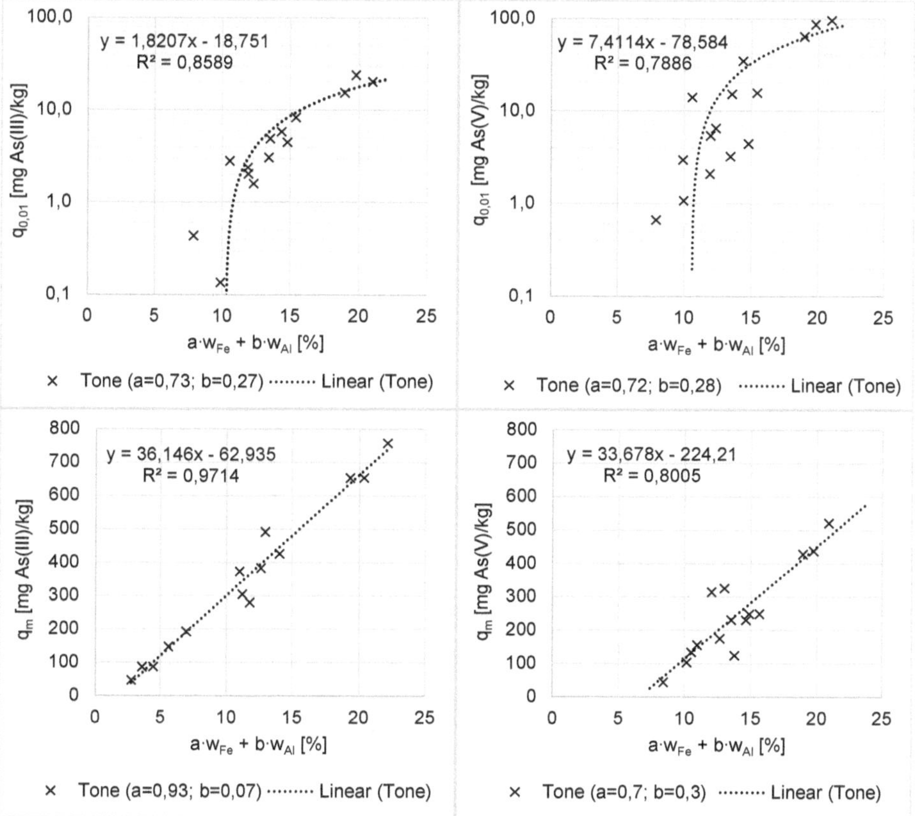

Abbildung 39: $q_{0,01}$ sowie q_m in Abhängigkeit vom Fe- und Al-Gehalt der Tone bei der As(III)- bzw. As(V)-Adsorption unter Verwendung von Gewichtungsfaktoren (a, b) mit bester Modellanpassung.

Die Gewichtungsfaktoren bei q_m (As(III) und As(V)) sowie $q_{0,01}$ (As(V)) liegen nah beieinander und betragen für den Eisengehalt ca. 0,7 und für den Aluminiumgehalt ca. 0,3. Werden zur Vereinheitlichung dieselben Faktoren zur Bestimmung von $q_{0,01}$ (As(III)) herangezogen (an der Stelle von a = 0,93 und b = 0,07), ergibt sich eine etwas größere Streuung der Werte um die Regressionsgerade und das Bestimmtheitsmaß fällt von $R^2 = 0,97$ auf $R^2 = 0,84$.

Folglich kann die As(III)- und As(V)-Beladungskapazität von Tonerden bei einer Festlegung der Gewichtungsfaktoren aller vier dargestellten Fälle auf einen konstanten Wert von a = 0,7 und b = 0,3 in einer guten Annäherung unter Zuhilfenahme folgender linearer Zusammenhänge anhand von Eisen- und Aluminiumgehalt (w_{Fe} bzw. w_{Al} in [%]) abgeschätzt werden.

- As(III)-Adsorption an Tonerde:

$$q_{0,01} = 1{,}98 \cdot (0{,}7 \cdot w_{Fe} + 0{,}3 \cdot w_{Al}) - 22 \quad (90)$$

$$q_m = 60{,}2 \cdot (0{,}7 \cdot w_{Fe} + 0{,}3 \cdot w_{Al}) - 518 \quad (91)$$

- As(V)-Adsorption an Tonerde:

$$q_{0,01} = 7{,}97 \cdot (0{,}7 \cdot w_{Fe} + 0{,}3 \cdot w_{Al}) - 89 \quad (92)$$

$$q_m = 34{,}5 \cdot (0{,}7 \cdot w_{Fe} + 0{,}3 \cdot w_{Al}) - 240 \quad (93)$$

Die entwickelten Gl. (90) bis Gl. (93) können zu einer ersten Abschätzung der Beladungskapazität der Tonerde angewandt werden und gelten unter den folgenden Bedingungen:

- Neutraler pH-Wert-Bereich der Lösung von 6,0 bis 8,0
- Trockenes und fein gemahlenes Material
- Eine Kontaktdauer von Adsorbens und Adsorptiv von 24 Stunden

4.1.7 Adsorptionskinetik

Wie in Kapitel 2.4 erläutert, strebt jedes Adsorption-System einen Gleichgewichtszustand an, dessen Erreichung von der Kinetik des Adsorptionsprozesses abhängt. Im Rahmen dieser Arbeit fand die Bestimmung der Adsorptionskinetik ausschließlich für die As(V)-Adsorption statt. Hierbei wurden die vier Tone T1, T7, T11 und T12 untersucht. Die Ergebnisse der Versuche sind in Anhang 42 bis Anhang 45 (Kapitel 8.8) aufgeführt.

Die Auswertung der Untersuchungen zeigt einen ähnlichen zeitabhängigen Arsenadsorptionsverlauf bei allen untersuchten Tonerden. In Abbildung 40 sind beispielhaft die Ergebnisse der Schüttelversuche zur Bestimmung der Beladungskapazität von T12 in Abhängigkeit von der Kontaktzeit und der Anfangskonzentration aufgeführt.

Deutlich erkennbar ist die große Steigung der Beladungskurven in der ersten Kontaktstunde, die auf eine hohe Adsorptionsgeschwindigkeit hinweist. Anschließend flacht der Verlauf der Kurve zunehmend ab, wobei es einen Unterschied zwischen dem Verlauf der Beladungskurve bei niedrigen und hohen Anfangskonzentrationen gibt. Bei niedrigen Anfangskonzentrationen ist das Adsorptionsgleichgewicht sehr schnell erreicht und die Beladung ändert sich nach einer Stunde Kontaktzeit kaum. Auch bei höheren Konzentrationen nimmt die Geschwindigkeit der Beladung über die Kontaktzeit kontinuierlich ab, allerdings scheint das Adsorptionsgleichgewicht auch nach 24 Stunden Kontaktzeit noch nicht erreicht zu sein.

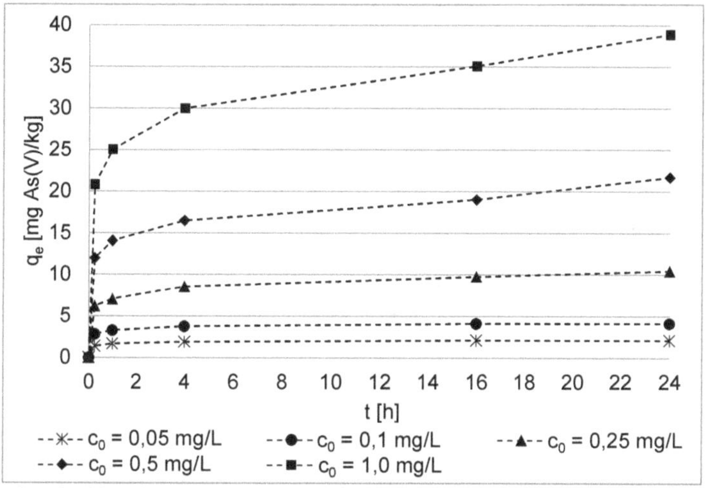

Abbildung 40: As(V)-Adsorption an T12 in Abhängigkeit von der Kontaktzeit und Anfangskonzentration.

Die in Abbildung 40 dargestellten Verläufe bestätigen die Erkenntnisse aus der rezipierten Literatur zur Arsenadsorption auf mineralischen Oberflächen (vgl. Kapitel0 2.4).

Der Adsorptionsvorgang von Arsen an Tonerde ist eine Funktion der Zeit, er verläuft anfangs sehr schnell, lässt nach wenigen Stunden stark nach und geht in eine Phase mit sehr langsamer Beladungsgeschwindigkeit über.

Die letzte Phase kann mehrere Tage andauern, wobei eine langsame Festlegung des Arsens in die Mineralstruktur des Adsorbens stattfindet (vgl. Kapitel 2.4.3.2).

Anhand der gewonnenen Daten wurde die Kinetik des Adsorptionsprozesses an Tonerde mittels Adsorptionsreaktionsmodellen erster und zweiter Ordnung aufgestellt. Die berechneten Geschwindigkeitskonstanten erster und zweiter Ordnung (k_1 und k_2) für verschiedene As(V)-Anfangskonzentrationen sind in Anhang 50 (Kapitel 8.8) zusammengefasst.

In Abhängigkeit von der Tonerde und der Arsenanfangskonzentration liegt die Geschwindigkeitskonstante <u>erster Ordnung</u> k_1 im Bereich von 0,28 1/h und 0,67 1/h.

Die Adsorptionskinetik erster Ordnung ist zur Beschreibung der meisten Adsorptionsprozessen mit einer hohen Adsorptionsgeschwindigkeit gut geeignet (Erreichung vom Adsorptionsgleichgewicht innerhalb von etwa 20 Minuten, vgl. Kapitel 2.4.2). Aus den vorliegenden Untersuchungen geht für die As(V)-Adsorption an Tonerde eine relativ geringe Adsorptionsgeschwindigkeit hervor, daher ist das Modell erster Ordnung zur Beschreibung der As(V)-Adsorption an Tonerde nur unzureichend geeignet. Diese Feststellung wird durch die Auswertung der Bestimmtheitsmaße von Regressionsgeraden bestätigt. Diese liegen bei der Adsorptionskinetik erster Ordnung im Mittel bei $R^2 = 0,6$ (vgl. Anhang 50, Kapitel 8.8).

Die Geschwindigkeitskonstante zweiter Ordnung k_2 schwankt im Bereich von 0,04 kg/(mg·h) bis 1,77 kg/(mg·h).

Die Adsorptionskinetik zweiter Ordnung beachtet die Anzahl der belegten Adsorptionsplätze (vgl. Kapitel 2.4.2) und erlaubt bei der As(V)-Adsorption an Tonerde eine deutlich bessere Beschreibung des Reaktionsvorganges. Diese Aussage wird durch die Auswertung der Bestimmtheitsmaße von Regressionsgeraden zur Adsorptionskinetik zweiter Ordnung bestätigt. Diese liegen im Mittel bei $R^2 = 0{,}9$ (vgl. Anhang 50, Kapitel 8.8).

Des Weiteren ist aus der Auswertung der Versuchsdaten eine Abhängigkeit der Geschwindigkeitskonstanten von der Anfangskonzentration der Lösung erkennbar. Die Überprüfung dieser These mittels der statistischen Datenauswertung ergibt für das Reaktionsmodell zweiter Ordnung den Korrelationskoeffizienten r nach Bravais-Pearson von 0,71 und weist auf eine positive Korrelation hin. Ferner ergibt der F-Test einen F_{krit}-Wert von 0,00056 ($F = 17{,}69$), der unter dem Signifikanzniveau von $\alpha = 0{,}05$ liegt und daher eine eindeutige Aussage über eine Abhängigkeit der Geschwindigkeitskonstante von der Anfangskonzentration erlaubt. Die grafische Auswertung des Zusammenhanges zwischen der Geschwindigkeitskonstante k_2 und der Arsenanfangskonzentration kann Anhang 51 (Kapitel 8.8) entnommen werden.

Auch im Modell erster Ordnung korreliert die Geschwindigkeitskonstante mit der Arsenanfangskonzentration positiv, wobei aufgrund schlechterer mathematischer Anpassung die erstellten Regressionsgeraden weniger aussagekräftig sind ($r = 0{,}54$; $F_{krit} = 0{,}016$ ($F = 7{,}14$)).

Ferner fand für jeden Zeitabschnitt (0,25 h; 1 h; 4 h; 16 h; 24 h) und für jede untersuchte Tonerde (T1; T7; T11; T12) die mathematische Beschreibung des Adsorptionsprozesses mittels Adsorptionsisothermen statt. Die Koeffizienten zu den berechneten Adsorptionsisothermen aus Adsorptionsversuchen zum zeitabhängigen Adsorptionsverhalten der Tone bei der As(V)-Aufnahme sind in Anhang 49 (Kapitel 8.8) zusammengefasst.

Anschließend wurden mittels Langmuir-1-Isothermen die $q_{0,01}$-Beladungen der Tonerde bei der As(V)-Aufnahme in Abhängigkeit von der Kontaktzeit berechnet. Die Änderung der $q_{0,01}$-Beladung in Abhängigkeit von der Kontaktzeit für die untersuchten Tone ist in Abbildung 41 (links) dargestellt. Der Kurvenverlauf der berechneten $q_{0,01}$-Beladungen zeigt einen den tatsächlich gemessenen Werten ähnlichen zeitabhängigen Verlauf (vgl. Verlauf der Beladungskapazität von T12 in Abhängigkeit von der Kontaktzeit in Abbildung 40).

Werden die zeitabhängigen Werte der berechneten $q_{0,01}$-Beladungen auf die maximal erreichten $q_{0,01}$-Beladungswerte (Gleichgewichtsbeladung nach 24 Stunden Kontaktzeit) bezogen, ergibt sich die relative Änderung der $q_{0,01}$-Beladung in Abhängigkeit von der Kontaktzeit ($q_{0,01,\%}$, vgl. Abbildung 41, rechts).

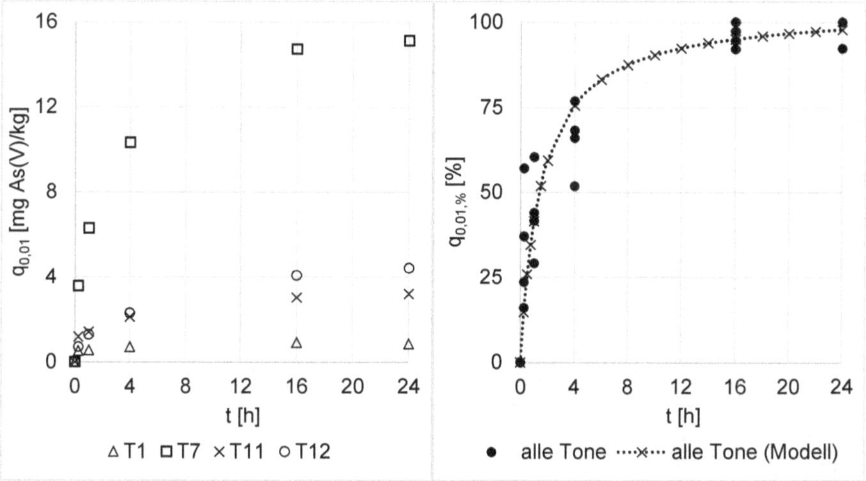

Abbildung 41: Mit Langmuir-1-Isotherme berechneten $q_{0,01}$-Beladungen als absoluter Wert (links) und als relativer Anteil von dem maximal möglichen Wert (rechts) sowie mit dem mathematischen Modell (Gl. (94)) berechneter Werteverlauf (rechts).

Für alle Tone steigt die $q_{0,01}$-Beladungskurve in den ersten Stunden rapide an, in dieser Zeit werden bis zu 50 % der maximal möglichen $q_{0,01}$-Beladung erreicht. Die Kurve flacht nach vier Stunden Kontaktzeit zunehmend ab und das Maximum der $q_{0,01}$-Beladung ist nach 24 Stunden nahezu erreicht.

Zur Beschreibung des zeitabhängigen Verlaufs der $q_{0,01}$-Beladung der Tone mit As(V) bzw. ihrer relativen Änderung ($q_{0,01,\%}$ in [%]) wurde in Anlehnung an die Langmuir-Gleichung der folgende mathematische Zusammenhang aufgestellt:

$$q_{0,01,\%} = \frac{q_{0,01,\%,max} \cdot K \cdot t}{1 + K \cdot t} \qquad (94)$$

Aus der Linearisierung von Gl. (94) und der Durchführung linearer Regressionsanalyse der Änderung der $q_{0,01}$-Beladung in Abhängigkeit von der Kontaktzeit ergeben sich die folgenden Faktoren zur Beschreibung des Kurvenverlaufs aus Abbildung 41 (rechts) mittels Gl. (94):

$$K = 0{,}67$$
$$q_{0,01,\%,max} = 104\ \%$$

Wird $q_{0,01,\%,max}$ vereinfachend als annähernd 100 % nach 24 Stunden Kontaktzeit angenommen, so kann die $q_{0,01}$-Beladung der Tonerde mit As(V) in Abhängigkeit von der Kontaktzeit ($q_{0,01}(t)$ in [mg As/kg]) mit folgender Formel beschrieben werden:

$$q_{0,01}(t) = q_{0,01} \cdot \frac{K \cdot t}{1 + K \cdot t} \quad (95)$$

bzw.

$$q_{0,01}(t) = q_{0,01} \cdot \frac{0,67 \cdot t}{1 + 0,67 \cdot t} \quad (96)$$

4.1.8 Abschätzung von Tonerdemengen zur Arsenentfernung aus Trinkwasser

Aus der experimentell ermittelten Beladungskapazität der Tonerde kann die benötigte Dosis zur Arsenreduktion auf einen angestrebten Grenzwert ermittelt werden. Im Rahmen dieser Arbeit wird eine Reduktion von Arsen auf den WHO-Richtwert von 10 µg As/L angestrebt. Die Ergebnisse der Berechnung der benötigten Tonerdemenge für eine Arsenentfernung bei einer Arsenanfangskonzentration von 100 µg As/L nach einer Kontaktzeit von 24 Stunden mittels $q_{0,01}$-Werte aus Tabelle 29 sind für As(III)- und As(V)-Adsorption in Abbildung 42 (links) dargestellt.

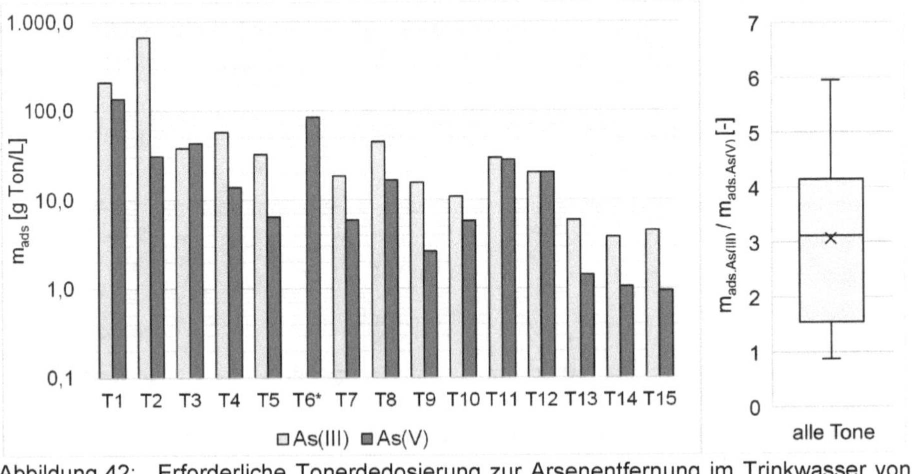

Abbildung 42: Erforderliche Tonerdedosierung zur Arsenentfernung im Trinkwasser von 100 µg As/L auf 10 µg As/L (links, T6* ist ein Ausreißer bei As(III), vgl. Kapitel 4.1.1) und die Verteilung von $m_{ads,As(III)}$ zu $m_{ads,As(V)}$ Verhältnissen bei verschiedenen Tonerden (rechts) nach einer Kontaktzeit von 24 Stunden (vgl. Anhang 62).

Die benötigte Menge an Tonerde zur Arsenreduktion von 100 µg As/L auf 10 µg As/L schwankt in Abhängigkeit von der Beladungskapazität des Materials von 3,8 g Ton/L bis 672 g Ton/L bei der As(III)-Adsorption und von 0,95 g Ton/L bis 136 g Ton/L bei der As(V)-Adsorption.

Das Verhältnis der benötigten Tonerdemenge für die As(III)- und As(V)-Adsorption liegt im Bereich zwischen 0,9 und 6,0 (vgl. Abbildung 42, rechts). Die Werte sind nahezu normalverteilt.

Im Mittel wird eine nahezu dreifache Menge an Tonerde für eine As(III)-Adsorption im Vergleich zur As(V)-Adsorption benötigt.

T2 stellt an der Stelle mit einem $m_{ads,As(III)}$ / $m_{ads,As(V)}$-Verhältnis von 21 einen Ausreißer dar und wurde in Abbildung 42 (rechts) sowie in weiteren Ausführungen ausgelassen.

Ferner wurde die benötigte Adsorbensmenge mit dem Einsatz des in Kapitel 4.1.6 entwickelten empirischen Modellansatzes zur Abschätzung der Beladungskapazität von Tonerde in Abhängigkeit vom Eisen- und Aluminiumgehalt bei einer **Kontaktzeit von 24 Stunden** berechnet. Die Ergebnisse der berechneten Dosierungen an Tonerde zur Arsenadsorption sind für verschiedene Anfangskonzentrationen bei der As(III)- bzw. As(V)-Adsorption in Anhang 52 zu finden.

Die in Anhang 52 aufgezeigten Zusammenhänge gelten für Lösungen im neutralen Bereich der pH-Werte bei Adsorption an trockenes und vermahlenes Material bei einer Kontaktzeit von 24 Stunden und lassen sich in einer guten Annäherung in folgende mathematische Formen überführen:

- Benötigte Menge an Tonerde bei der As(III)-Reduktion im Trinkwasser auf 10 µg As/L:

$$m_{ads} = (20{,}4 \cdot c_0 - 204) \cdot e^{-0{,}306 \cdot (0{,}7 \cdot w_{Fe} + 0{,}3 \cdot w_{Al})} \quad (97)$$

- Benötigte Menge an Tonerde bei der As(V)-Reduktion im Trinkwasser auf 10 µg As/L:

$$m_{ads} = (26{,}6 \cdot c_0 - 266) \cdot e^{-0{,}386 \cdot (0{,}7 \cdot w_{Fe} + 0{,}3 \cdot w_{Al})} \quad (98)$$

Die Regressionsanalyse zeigt in beiden Fällen ein hohes Bestimmtheitsmaß. Das Bestimmtheitsmaß beträgt bei der Beschreibung der As(III)-Adsorption $R^2 = 0{,}90$ und bei der As(V)-Adsorption $R^2 = 0{,}77$. Die größere Streuung der Werte bei der As(V)-Adsorption ist auf eine stärkere pH-Wert-Abhängigkeit der Messwerte im untersuchten pH-Wert-Bereich zurückzuführen (vgl. Kapitel 4.1.1).

Abschließend können die vorliegenden Ergebnisse zur Bestimmung benötigter Adsorbensmengen mit den Erkenntnissen zur Reaktionskinetik bei der As(V)-Adsorption an Tonerde (vgl. Kapitel 4.1.7) kombiniert werden. Hierzu findet die Anwendung von Gl. (96) auf die in Anhang 52 dargestellten Berechnungen statt. Das Ergebnis der Zusammenführung der Daten für drei Anfangskonzentrationen (25 µg As(V)/L, 100 µg As(V)/L und 500 µg As(V)/L) für **variable Kontaktzeiten** ist in Abbildung 43 dargestellt.

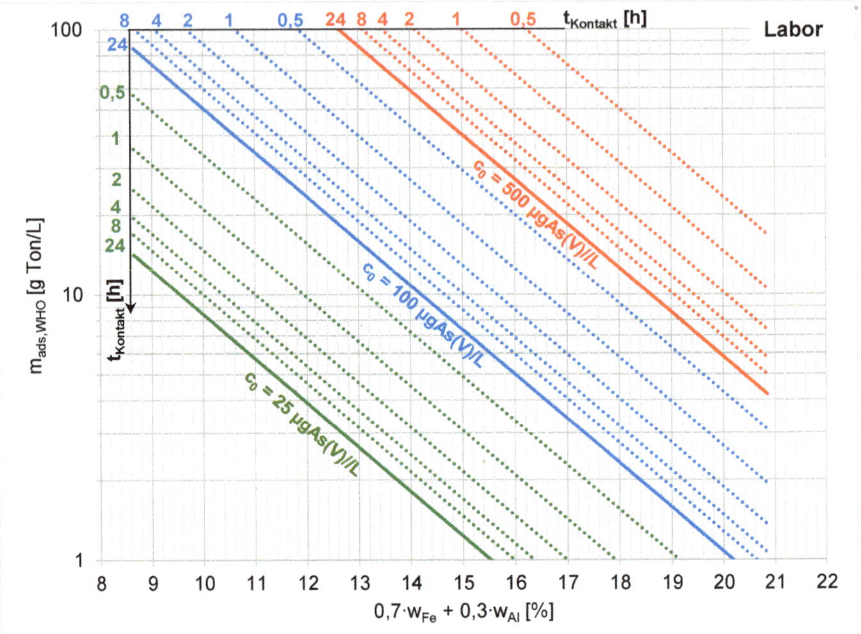

Abbildung 43: Erforderliche Tonerdemenge zur As(V)-Reduktion auf 10 µg/L im Trinkwasser mit verschiedenen Anfangskonzentrationen in Abhängigkeit vom Fe- und Al-Gehalt der Tonerde mit den Gewichtungsfaktoren a = 0,7 und b = 0,3 für variable Kontaktzeiten (gilt für Laborschüttler).

Die in Abbildung 43 dargestellten Verläufe können zur einer ersten Abschätzung der benötigten Menge an Tonerde für eine As(V)-Adsorption im Trinkwasser oder im Rohwasser ähnlicher Qualität (Grundwasser, Quellenwasser etc.) auf den Arsengrenzwert von 10 µg As/L bei einer Anfangskonzentration von 25 µg As(V)/L, 100 µg As(V)/L oder 500 µg As(V)/L in Abhängigkeit vom Eisen- und Aluminiumgehalt (als Massenanteile w_{Fe} bzw. w_{Al}) der Tonerde und der gewählten Kontaktzeit angewandt werden.

Zur Anwendung des Modells gelten folgende **Voraussetzungen**:

- Das verwendete tonmineralhaltige Material ist getrocknet und fein gemahlen.
- Der pH-Wert der Lösung liegt im neutralen Bereich (pH 6,0 bis 8,0).
- Eine intensive Durchmischung des Wassers mit dem Laborschüttler über die gesamte Kontaktzeit ist gewährleistet.

In Kapitel 4.2.4 findet die Überprüfung einer möglichen verfahrenstechnischen Anwendung der Arsenadsorptionsfähigkeit von Tonerde anhand der Erweiterung einer Niederdruck-Membranfiltrationsanlage um eine Adsorptionsstufe statt.

4.2 ULPUF und C-ULPUF

4.2.1 Gesamtübersicht zu ULPUF- und C-ULPUF-Untersuchungen

Halbtechnische Untersuchungen der stofflichen und hydraulischen Leistungsfähigkeit einer Niederdruck-Membranfiltrationsanlage ohne Erweiterung zur Arsenentfernung (ULPUF) sowie mit Erweiterung um die Adsorption von Arsen an Tonerde (C-ULPUF) wurden, wie in Kapitel 3.2.2.1 und Kapitel 3.2.2.2 bereits erläutert, mit derselben ULPUF-Einheit bzw. demselben UF-Membranmodul durchgeführt. Im konsekutiven Betrieb der ULPUF-Einheit wurden insgesamt 70,5 m³ arsenhaltiges Wasser mit einer mittleren Arsenkonzentration von etwa 100 µg As/L behandelt, hierbei wurden Rohwasserqualität und Arsenspezies variiert sowie verschiedene Anlagenvarianten und Betriebseinstellungen getestet.

In Abbildung 44 ist die hydraulische (Flux) und stoffliche (Arsen) Leistungsfähigkeit des in den ULPUF- und C-ULPUF-Untersuchungen verwendeten UF-Membranmoduls über den gesamten Untersuchungszeitraum dargestellt.

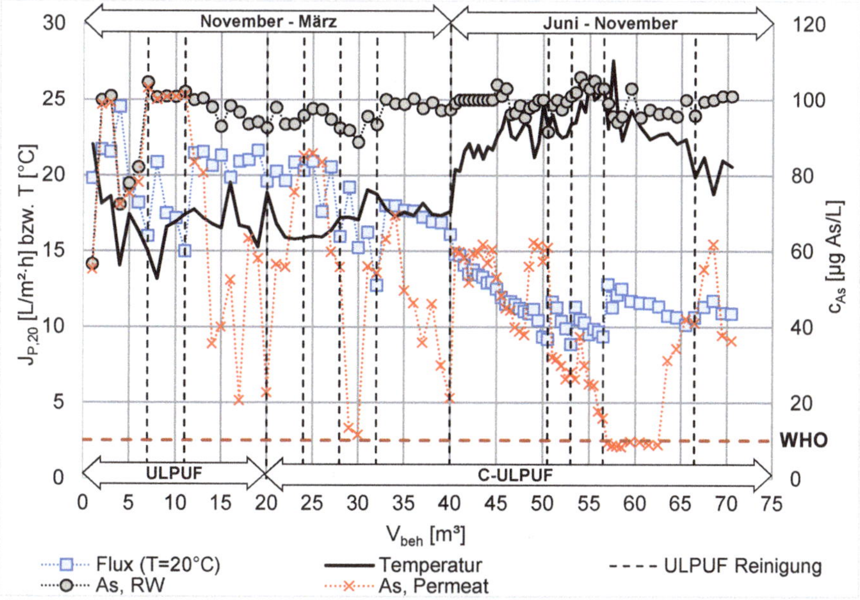

Abbildung 44: Rohwassertemperatur, auf T = 20 °C bezogener Flux sowie Arsenkonzentration im Rohwasser und im Permeat im Verlauf der ULPUF- und C-ULPUF-Versuchsreihe (dieselbe ULPUF-Einheit).

Im nachfolgenden Kapitel 4.2.2 findet die Zusammenstellung der chemisch-physikalischen Parameter des in den dargestellten Untersuchungen verwendeten Rohwassers statt. Die Auswertung und Diskussion der Ergebnisse der halbtechnischen ULPUF-Untersuchungen ohne Erweiterung um eine Verfahrensstufe zur Arsenentfernung erfolgt in Kapitel 4.2.3 und der Ergebnisse der halbtechnischen C-ULPUF-Untersuchungen in Kapitel 4.2.4. Die zusammenfassende Betrachtung der hydraulischen Leistungsfähigkeit der in beiden Untersuchungen verwendeten ULPUF-Einheit ist in Kapitel 4.2.5 zu finden.

4.2.2 Chemisch-physikalische Rohwasserparameter

Im Verlauf der ULPUF- und C-ULPUF-Versuchsreihe wurden insgesamt 89 Filtrationsversuche durchgeführt (20 ULPUF-Versuche und 69 C-ULPUF-Versuche), davon fanden 27 Versuche mit Oberflächenwasser und 62 Versuche mit Trinkwasser statt. Eine zusammenfassende Darstellung der Rohwasserqualität beider Versuchsreihen in Bezug auf chemisch-physikalische Parameter ist in Abbildung 45 aufgeführt.

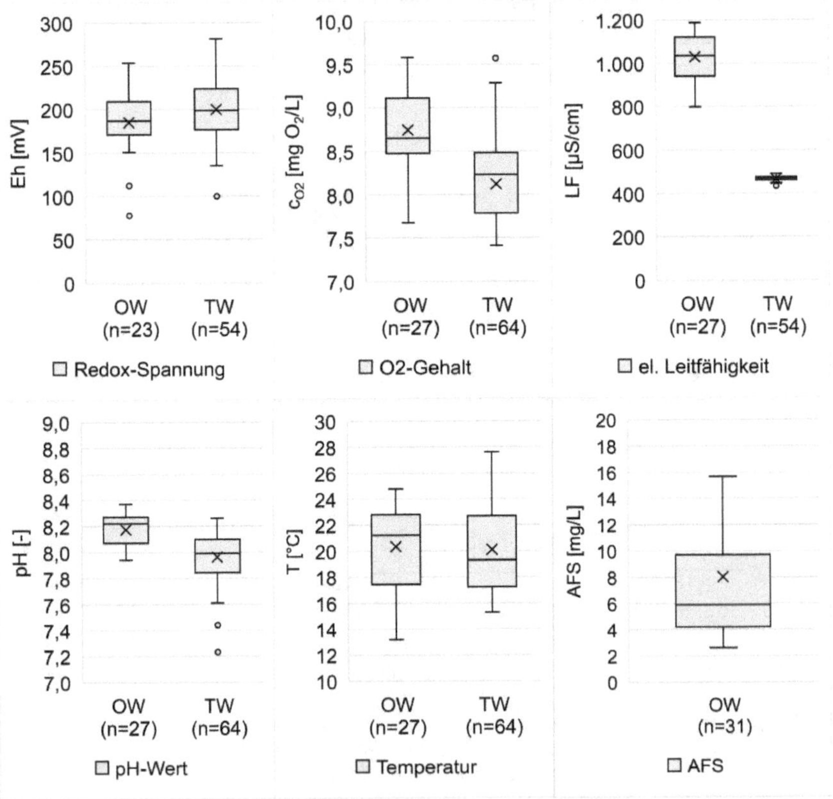

Abbildung 45: Messwertverteilung untersuchter chemisch-physikalischer Rohwasserparameter (OW bzw. TW) in ULPUF- und C-ULPUF-Versuchsreihen (vgl. Anhang 63).

Besonders starke Unterschiede zeigen beide Rohwasserarten in der Verteilung der Messwerte der elektrischen Leitfähigkeit und abfiltrierbarer Stoffe. Die **elektrische Leitfähigkeit** von Oberflächenwasser liegt im Mittel über 1.000 µS/cm und somit deutlich über der Leitfähigkeit von Trinkwasser mit i. M. 465 µS/cm. Ferner unterliegt die elektrische Leitfähigkeit im Oberflächenwasser deutlich größeren Schwankungen von 800 µS/cm bis 1.600 µS/cm. Hohe Messwerte der elektrischen Leitfähigkeit sind ein eindeutiges Indiz für eine hohe Ionenkonzentration im Oberflächenwasser. Aus diesem Grund kann auf eine mögliche Konkurrenzadsorption an Tonerde und somit auf einen möglichen Unterschied des Arsenadsorptionsverhaltens bei der Behandlung von Oberflächenwasser und Trinkwasser geschlossen werden (vgl. Kapitel 2.2.3.1, Kapitel 2.3.4 und Kapitel 2.3.5).

Im Gegensatz zur elektrischen Leitfähigkeit betragen die Messwerte der **Temperatur** von Trink- und Oberflächenwasser im Mittel jeweils 20 °C, obwohl die Filtrationsversuche zu verschiedenen Jahreszeiten stattfanden. Dieser Umstand ist dem Versuchsaufbau in geschlossenen Räumlichkeiten bei einer konstanten Raumtemperatur von ca. 20 °C geschuldet. Wassertemperatur beeinflusst die Permeabilität einer Membran, sodass eine Umrechnung auf eine Bezugstemperatur von 20 °C auch bei geringen Temperaturschwankungen sinnvoll ist (vgl. Kapitel 2.6.1). Die Abhängigkeit der hydraulischen Leistungsfähigkeit der ULPUF-Einheit von der Wassertemperatur ist in Kapitel 4.2.5 erläutert.

Eine Gegenüberstellung der Messwerte des **Sauerstoffgehaltes** (i. M. ca. 8,7 mg O_2/L für OW und ca. 8,1 mg O_2/L für TW) und der Wassertemperatur (i. M. ca. 20 °C für OW und TW) der beiden Rohwasserarten weist auf ein mit Sauerstoff gesättigtes Untersuchungswasser hin. Auch die mittlere **Redox-Spannung** der beiden Rohwasserarten liegt mit Eh = 185 mV im OW und Eh = 200 mV im TW deutlich im oxidativen Bereich und unterscheidet sich zwischen OW und TW nur geringfügig (vgl. Abbildung 45). Trotz eines hohen Sauerstoffgehaltes bzw. einer hohen Redox-Spannung findet bei der durchgeführten Untersuchung mit einer As(III)-Dosierung keine Oxidation zu As(V) statt, da die Behandlungszeit von wenigen Stunden deutlich unter der möglichen As(III)-Halbwertszeit von vier Tagen bis neun Tagen bei einer Oxidation mit Luftsauerstoff liegt (vgl. Kapitel 2.3.2).

Der **pH-Wert** von Trinkwasser und Oberflächenwasser liegt gleichermaßen im leicht basischen Bereich und beträgt im Mittel 8,0 bzw. 8,2. In diesem pH-Wert-Bereich kommt As(III) zum größten Teil in nicht dissoziierter ungeladener Form und As(V) als zweifach geladenes reaktives Oxoanion vor. Ferner ist bei der Arsenadsorption an oxidische Adsorbentien die Oberflächenladung des Materials maßgebend. Diese ist bei der Adsorption an Tonerde im vorliegenden pH-Wert-Bereich meist negativ (vgl. Kapitel 2.4.1). Aus diesem Grund sind bei C-ULPUF-Untersuchungen geringfügige Abweichungen zu den im Rahmen der Laboruntersuchungen festgestellten Beladungskapazitäten von Tonerden (vgl. Kapitel 4.1) zu erwarten.

Im Trinkwasser ist der **AFS-Gehalt** gleich null und wurde daher nicht untersucht. Die AFS-Gehalte im Oberflächenwasser wurden im Verlauf der ULPUF- bzw. C-ULPUF-Untersuchungen vier Mal und in EC-ULPUF-Untersuchungen 27 Mal bestimmt. Um einen guten

Überblick trotz einer geringen Anzahl an AFS-Messungen in den ULPUF- bzw. C-ULPUF-Untersuchungen zu erhalten, wurden an dieser Stelle die AFS-Messwerte aus allen Versuchen zusammengefasst. Der AFS-Wertebereich im Oberflächenwasser reicht von 2,6 mg/L bis etwa 40 mg/L, der Median der Verteilung beträgt ca. 6 mg/L und der Mittelwert liegt bei ca. 8 mg/L.

4.2.3 ULPUF: Arsenentfernung mittels ULPUF ohne Erweiterung

4.2.3.1 Übersicht zu ULPUF ohne Erweiterung

Der erste Abschnitt der halbtechnischen Untersuchungen umfasst die Durchführung von Versuchen mit ULPUF ohne Erweiterung um eine Verfahrensstufe zur Arsenentfernung. Hierbei wurden insgesamt 20 m³ arsenhaltiges Wasser mit einem Arsengehalt zwischen 57 µg As/L und 105 µg As/L behandelt. Die Zusammenstellung der Versuchsdaten zur ULPUF-Untersuchung ohne Erweiterung ist im Anhang dieser Arbeit (Kapitel 8.5) zu finden.

Die Gesamtübersicht zu den Verläufen von Flux und Arsengehalt im Rohwasser sowie im Permeat ist in Abbildung 46 dargestellt. Zudem sind verschiedene Versuchsabschnitte, Reinigungsintervalle der ULPUF-Einheit sowie die dosierte Arsenspezies eingezeichnet und der WHO-Richtwert von 10 µg As/L markiert.

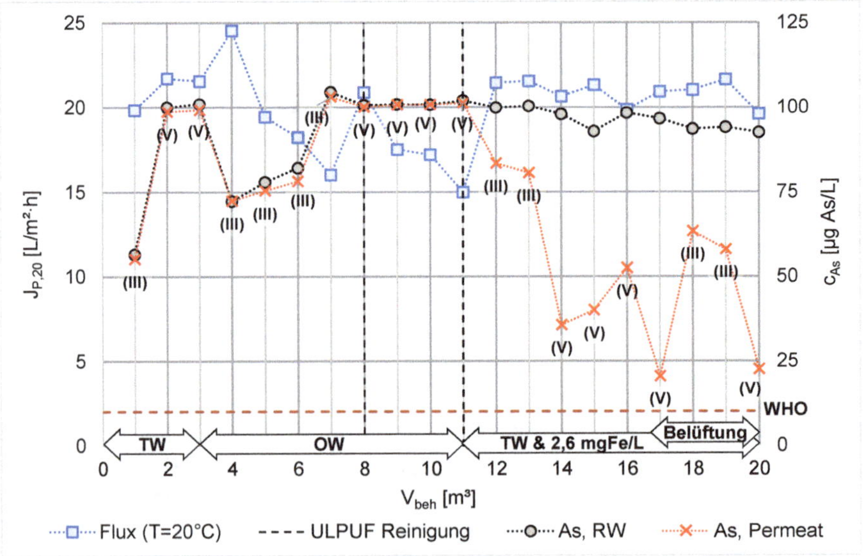

Abbildung 46: Verlauf des Flux (T = 20 °C) und des Arsengehaltes (As(III) bzw. As(V)) im Rohwasser und im Permeat in verschiedenen Versuchsabschnitten der ULPUF-Versuchsreihe.

Im Rahmen der ULPUF-Versuchsreihe wurden verschiedene Betriebseinstellungen erprobt. Bei allen Versuchseinstellungen wurde die Entfernung von As(III)- und As(V)-Spezies untersucht. Die ULPUF-Untersuchungen ohne Erweiterung um eine Arsenentfernungsstufe können in die folgenden drei Versuchsabschnitte unterteilt werden:

- **Untersuchungen mit Trinkwasser, TW** (V_{beh} bis 3 m³): Versuche mit arsenhaltigem Trinkwasser zur Überprüfung der Arsenentfernung im Rohwasser mit geringem Feststoffgehalt, folglich der Simulation eines ULPUF-Betriebes mit arsenhaltigem Grundwasser.
- **Untersuchungen mit Oberflächenwasser, OW** (V_{beh} von 4 m³ bis 11 m³): Versuche mit arsenhaltigem Oberflächenwasser zur Untersuchung der Arsenentfernung im Rohwasser mit einem hohen Feststoffgehalt und einer möglichen Auswirkung entstehender Deckschichten auf die Arsenentfernung.
- **Untersuchungen mit Trinkwasser mit erhöhtem Eisengehalt, TW & 2,6 mg Fe/L** (V_{beh} von 12 m³ bis 20 m³): Versuche zur Simulation eines ULPUF-Betriebes mit arsenhaltigem Grundwasser mit einem erhöhten Eisengehalt, welches beispielsweise im Fall einer reduktiven Arsenauflösung vorkommt. Der eingestellte Eisengehalt von 2,6 mg Fe/L entspricht der mittleren Eisenkonzentration in arsenbelasteten Flachbrunnen in Bangladesch (UNICEF 2011). Versuche wurden **mit und ohne Belüftung** bzw. Umwälzung mittels Luftsauerstoffeintrag mit einem Membrantellerbelüfter unternommen.

4.2.3.2 Trinkwasser

Versuche mit Trinkwasser haben zum Ziel, die Arsenentfernung der ULPUF-Einheit im Rohwasser mit einem geringen Feststoffgehalt, wie beispielsweise im Grundwasser zu erwarten wäre, zu überprüfen. Die Ergebnisse der Versuche sind im ersten Abschnitt der ULPUF-Untersuchungen (V_{beh} bis 3 m³) in Abbildung 46 zu sehen.

> **Ultrafiltrationsanlagen ohne Erweiterung sind nicht in der Lage, gelöstes As(III) oder As(V) zurückzuhalten.**

Diese Feststellung bestätigt die Erkenntnisse aus der im Rahmen dieser Arbeit rezipierten Literatur (vgl. Kapitel 2.6.3). Das molekulare Gewicht beträgt bei As(III) 126 Da und bei As(V) 142 Da. Die verwendete Ultrafiltrationsmembran besitzt ein MWCO von 150.000 Da und ist nicht zur Arsenentfernung fähig.

4.2.3.3 Oberflächenwasser

Im zweiten Abschnitt der ULPUF-Untersuchungen wurden insgesamt 8 m³ Oberflächenwasser (jeweils 4 m³ mit As(III) und As(V)) mit einer Arsenkonzentration zwischen 72 µg As/L und 103 µg As/L behandelt. Beim Wechsel der Arsenspezies fand eine mechanische

Reinigung der ULPUF-Einheit statt, wie in Kapitel 3.2.2.1 beschrieben. Die Ergebnisse dieser Untersuchung sind in der nachfolgenden Abbildung 47 gesondert dargestellt.

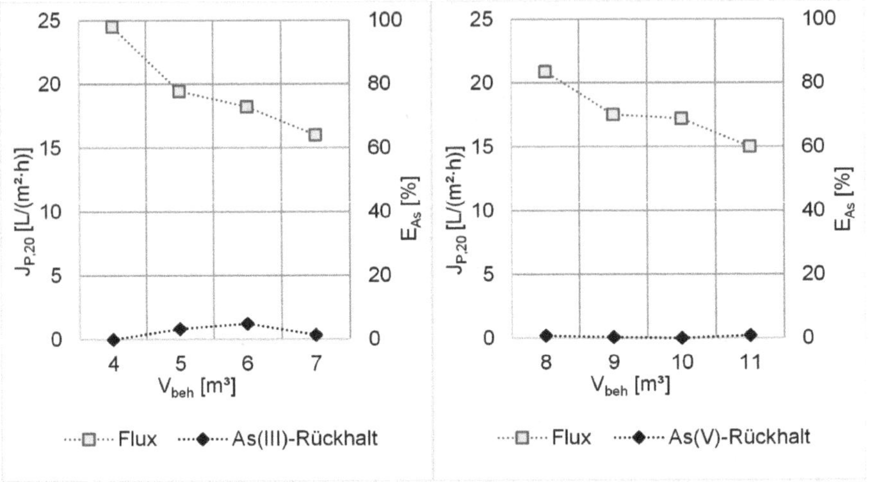

Abbildung 47: Flux sowie Entfernung von As(III) (links) und As(V) (rechts) bei der Behandlung vom Oberflächenwasser mit ULPUF-Einheit ohne Erweiterung.

In der Mikro- und Ultrafiltration wird der Deckschichtaufbau neben der Konzentrationspolarisation zumeist den kolloidalen Partikeln zugesprochen (vgl. Wett 2005), der AFS-Gehalt des Rohwassers stellt somit den maßgebenden Parameter für die Deckschichtentwicklung dar. Der AFS-Gehalt des im Rahmen dieser Arbeit verwendeten Oberflächenwassers liegt zwischen 2,6 mg/L und 38 mg/L und beträgt im Median etwa 6 mg/L (vgl. Kapitel 4.2.2). Wie in Abbildung 47 zu sehen ist, fällt der Flux im Verlauf des Filtrationsvorganges bei den As(III)-Untersuchungen von 25 L/(m²·h) auf 16 L/(m²·h) sowie nach einer mechanischen Reinigung der ULPUF-Einheit bei den nachfolgenden As(V)-Untersuchungen von 21 L/(m²·h) auf 15 L/(m·h). Diese Ergebnisse, sowie eine Sichtprüfung der UF-Membran während der Reinigung der ULPUF-Einheit, bestätigen die Ausbildung einer Deckschicht auf der Membranoberfläche.

In Abbildung 47 ist deutlich erkennbar, dass die ULPUF-Einheit bei den Versuchen mit As(III) sowie mit As(V) selbst bei Ausbildung einer Deckschicht kein gelöstes Arsen zurückhalten kann. Die Gegenüberstellung der Entwicklung der Deckschicht mit den Ergebnissen aus der Analyse der Arsengehalte im Permeat zeigt keine Korrelation der Messwerte und ermöglicht die folgende Aussage.

Die Ausbildung der Deckschicht im Betrieb mit Oberflächenwasser führt unabhängig von der untersuchten Arsenspezies zu keiner relevanten Entfernung von gelösten Arsenverbindungen.

4.2.3.4 Trinkwasser mit erhöhtem Eisengehalt

Im Fall einer reduktiven Arsenauflösung ist neben Arsen ein erhöhter Eisengehalt im Rohwasser zu erwarten und kommt in einigen bekannten Arsenbelastungsgebieten der Erde tatsächlich vor (z. B. in Bangladesch, Indien, Vietnam oder China, vgl. Kapitel 2.2.3.1 und Kapitel 2.2.6). Folglich ist die Untersuchung der Leistungsfähigkeit der ULPUF-Anlage bezüglich der Arsenentfernung aus Trinkwasser mit einem erhöhten Eisengehalt zur Simulation eines Filtrationsbetriebes von arsen- und eisenhaltigem Grundwasser sinnvoll.

Im Rahmen dieser Untersuchungsreihe wurde ein Eisengehalt von 2,6 mg Fe/L bzw. das Fe/As-Verhältnis von etwa 26 im Rohwasser eingestellt. Diese Eisenkonzentration entspricht der mittleren Eisenkonzentration in arsenbelasteten Flachbrunnen in Bangladesch (vgl. UNICEF 2011); die Schwankungsbreite der Eisenkonzentrationen in arsenbelasteten Flachbrunnen in Bangladesch reicht von unter der Bestimmungsgrenze bis zum höchsten gemessenen Wert von 43 mg Fe/L (UNICEF 2011).

An dieser Stelle ist wichtig anzumerken, dass im Rahmen der Versuche die Dosierung von Fe(III)-Chlorid (vgl. Kapitel 3.2.2.1) in ein sauerstoffreiches Rohwasser (vgl. Kapitel 4.2.2) stattfand und folglich zur sofortigen Ausfällung als Eisenhydroxid führte. Hingegen herrscht beim Vorgang der reduktiven Arsenauflösung im Grundwasser ein natürlicher Sauerstoffmangel und es liegen daher meist gelöste Fe(II)-Ionen vor (vgl. Kapitel 2.2.3.1).

Folglich ist bei einer praktischen Anwendung auf einen **ausreichenden Sauerstoffeintrag** zu achten, um Fe(II) in Fe(III) zu überführen und Eisenhydroxidflocken zu erzeugen. In diesem Fall kann die Arsenentfernung nach dem Prinzip der „Oxidation und Fällung“ erfolgen (vgl. Kapitel 2.3.3), wobei das gelöste Arsen an die Eisenhydroxidflocken adsorbiert bzw. bei ihrer Entstehung in die Flockenstruktur eingebunden und durch die ULPUF-Einheit zurückgehalten wird. Im untersuchten Verfahren findet ein gewisser Sauerstoffeintrag beim Befüllen des Rohwasserbehälters bzw. am Einlauf in die ULPUF-Einheit durch die erzeugten Turbulenzen statt. Ob dieser Sauerstoffeintrag zur Eisenausfällung genügt, muss in den zukünftigen Studien an realem Grundwasser mit geringem Sauerstoffgehalt geprüft werden.

Die Versuche mit Trinkwasser mit erhöhtem Eisengehalt fanden im Rahmen dieser Arbeit mit zwei Versuchseinstellungen statt:

- **Trinkwasser mit erhöhtem Eisengehalt, TW + Fe/As≈26**: Hierbei wurde nach einer kurzen Einrührphase direkt mit dem Filtrationsvorgang begonnen.
- **Trinkwasser mit erhöhtem Eisengehalt mit Belüftung, TW + Fe/As≈26 + Belüftung**: Hierbei fand während des gesamten Filtrationsvorganges ein kontinuierlicher Lufteintrag von 1 Nm³ Luft/h statt. Der spezifische auf das behandelte Rohwasservolumen bezogene Lufteintrag lag zum Beginn des Filtrationsvorganges bei 1 Nm³ Luft pro m³ Rohwasser und stieg im Verlauf der Filtrationszeit aufgrund eines sinkenden Wasserspiegels im Rohwasserbehälter.

Wir zuvor erläutert, lag das Eisen bereits in seiner dreiwertigen Form vor, sodass der Lufteintrag vor allem zur besseren Durchmischung und Erhöhung der Kontaktzeit zwischen gelösten Arsenmolekülen und Eisenflocken beitrug. Zudem dauerte die Filtration von 1 m^3 Rohwasser im Rahmen dieser Versuche etwa 5,5 h, sodass der Lufteintrag keine As(III)-Oxidation bewirkte, da hierzu deutlich längere Verweilzeiten notwendig sind (vgl. Kapitel 2.3.2).

Die Ergebnisse der Untersuchungen zur As(III)- und As(V)-Entfernung der ULPUF aus Trinkwasser mit erhöhtem Eisengehalt sind in Abbildung 48 gegenübergestellt. Zudem sind die Versuchsergebnisse zur Arsenentfernung aus Trinkwasser (TW; < 0,2 mg Fe/L gemäß TrinkwV 2019) aus Kapitel 4.2.3.2 zur besseren Vergleichbarkeit abgebildet.

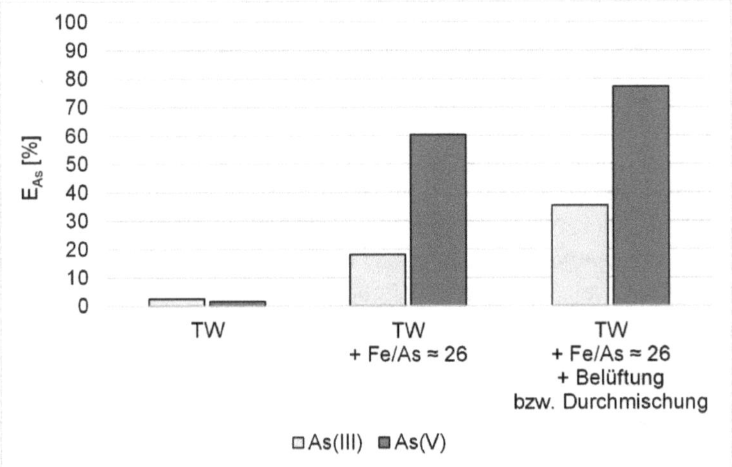

Abbildung 48: Mittlere As(III)- und As(V)-Entfernung aus TW, TW mit einem erhöhten Eisengehalt und TW mit einem erhöhten Eisengehalt unter einer kontinuierlichen Belüftung/Durchmischung.

Liegt neben dem Arsen- auch ein erhöhter Eisengehalt im Rohwasser vor, kann die gelöste Arsenkonzentration durch den Vorgang der „Oxidation und Fällung" (vgl. Kapitel 2.3.3) mittels ULPUF-Anlage reduziert werden.

Hierbei findet die Anlagerung von Arsen an Eisenhydroxidflocken und ihre Entfernung mittels der ULPUF-Einheit statt. Die Datenauswertung zeigt eine mittlere Eisenreduktion durch die ULPUF-Anlage von etwa 98,1 %. Der Eisengehalt im Permeat beträgt i. M. 0,032 mg Fe/L; der Maximalwert liegt bei 0,098 mg Fe/L und erfüllt die Vorgabe der TrinkwV (2019) von 0,2 mg Fe/L.

Im Rahmen der Untersuchungen konnte im Trinkwasser mit einem Fe/As-Verhältnis von etwa 26 eine As(III)-Reduktion von 18 % und eine As(V)-Reduktion von 60 % erreicht werden.

Wird zudem im Rohwasserbehälter ein kontinuierlicher Lufteintrag von 1 Nm^3 Luft/h gewährleistet, kann die Arsenentfernung auf E_{As} = 35 % bei As(III) und auf E_{As} = 77 % bei As(V) erhöht werden. Die Belüftung führt zur Erhöhung der Entfernung beider Arsenspezies um etwa 17 %, was vor allem auf eine bessere Durchmischung des Rohwasserbehälters und eine Erhöhung der Kontaktzeit zwischen gelösten Arsenmolekülen und Eisenflocken zurückzuführen ist.

4.2.4 C-ULPUF: Erweiterung von ULPUF um die Arsenentfernung mittels Adsorption an Tonerde

4.2.4.1 Übersicht zu C-ULPUF

Der zweite Abschnitt der halbtechnischen Untersuchungen umfasst die Durchführung von Versuchen mit ULPUF mit Erweiterung um die Adsorption von Arsen an Tonerde (C-ULPUF). In diesem Abschnitt wurden insgesamt 50,5 m³ arsenhaltiges Wasser behandelt, hierbei wurden Rohwasserqualität und Arsenspezies variiert sowie verschiedene C-ULPUF-Anlagenvarianten und Betriebseinstellungen getestet. Die Zusammenstellung der Versuchsdaten zur C-ULPUF-Untersuchung ist im Anhang dieser Arbeit (Kapitel 8.5) zu finden.

In vorhergegangenen Laboruntersuchungen wurde die Fähigkeit der Tone zur Arsenadsorption überprüft und in Kapitel 4.1 ausführlich erläutert. Anhand der Ergebnisse der Untersuchung wurden vier Tone (T7, T8, T9 und T12) mit einer mittelmäßigen Arsenbeladungskapazität für die Überprüfung der Arsenentfernungsleitung mittels C-ULPUF-Verfahren ausgewählt. Die C-ULPUF-Untersuchungen fanden in zwei Versuchsabschnitten statt:

- **Voruntersuchungen** (V_{beh} bis 40 m³): Versuche mit Trinkwasser und mit Trinkwasser mit erhöhtem Eisengehalt (analog zu Kapitel 4.2.3.4) mit Zugabe von 3,5 g T8/L bzw. 3,5 g T9/L bei verschiedenen Versuchseinstellungen mit Betriebsvarianten „Filtrieren" bzw. „Rühren-Filtrieren" zur Untersuchung der Leistungsfähigkeit der C-ULPUF-Anlage bei der Behandlung von As(III)- und As(V)-haltigem Rohwasser.
- **Optimierungsversuche** (41 m³ bis 70,5 m³): Versuche mit As(V)-haltigem Trink- und Oberflächenwasser mit Zugabe von 7,8 g T7/L bzw. 16 g T7/L und 11,2 g T12/L mit der Betriebsvariante „Rühren-Absetzen-Filtrieren" dienten der Optimierung der C-ULPUF-Anlage mit dem Ziel eines stabilen Betriebes mit Arsenablaufkonzentrationen unter dem WHO-Richtwert von 10 µg As/L.

Die Gesamtübersicht der Verläufe von Flux und Arsengehalt im Rohwasser sowie im Permeat ist in Abbildung 49 gegeben. Zudem sind verschiedene Versuchsabschnitte, Reinigungsintervalle der ULPUF-Einheit sowie behandeltes Rohwasser eingezeichnet. Ferner sind die As(III)-Versuche markiert, im Übrigen wurde As(V)-haltiges Rohwasser behandelt.

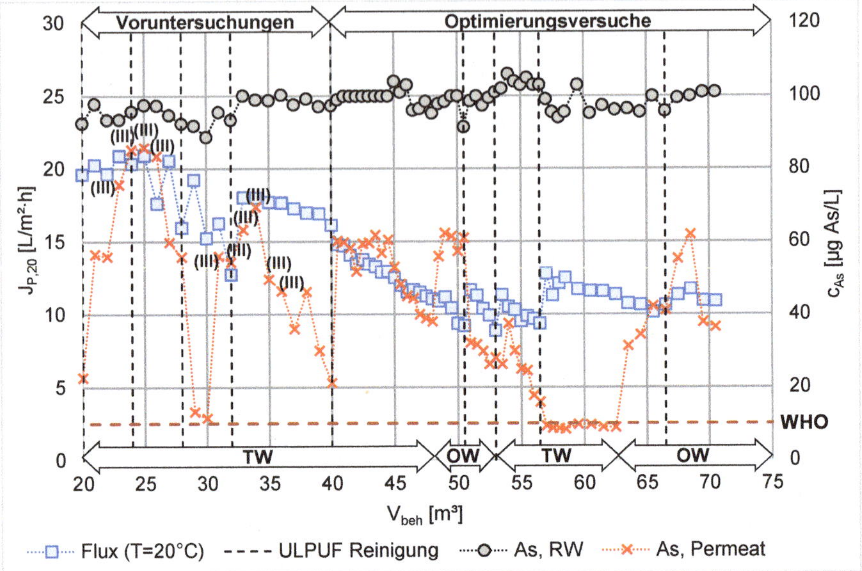

Abbildung 49: Verlauf des Flux (T = 20 °C) und des Arsengehaltes im Rohwasser (OW oder TW) und im Permeat in verschiedenen Versuchsabschnitten der C-ULPUF-Versuchsreihe; As(III)-Versuche sind markiert, im Übrigen wurde As(V)-haltiges Wasser behandelt.

4.2.4.2 Trübung und Absetzverhalten von Tonerde

Zunächst soll die Änderung der Trübung im Verlauf der C-ULPUF-Versuche diskutiert werden, da diese ein wichtiges Merkmal für die Reinigungswirkung der C-ULPUF-Anlage darstellt.

Trübung wird durch kleine in Flüssigkeiten suspendierte Stoffe verursacht und soll im Trinkwasser unter einem Wert von 1,0 NTU liegen (vgl. TrinkwV 2019). Die Verteilung der Trübungsmesswerte im Rohwasser, im Rohwasser nach Zugabe von Tonmehl sowie im Permeat nach der Behandlung in allen C-ULPUF-Untersuchungen ist in Abbildung 50 dargestellt.

Das Oberflächenwasser hat eine höhere stoffliche Belastung als Trinkwasser (vgl. Kapitel 4.2.2), dementsprechend ist auch die Trübung bei Befüllung des Rohwasserbehälters mit dem Oberflächenwasser höher. Die Messwerte schwanken stark zwischen 2 NTU und 111 NTU und sind erfahrungsgemäß insbesondere im Regenfall hoch. Der Median der Verteilung liegt bei 6 NTU und der Mittelwert beträgt ca. 17 NTU. Die Trübung bei Befüllung des Rohwasserbehälters mit Trinkwasser ist erwartungsgemäß kleiner 1,0 NTU, wobei einige Ausreißer ($Trüb_{TW,max}$ = 4,7 NTU) durch die Verschmutzung des Rohwasserbehälters aus dem Vorversuch vorliegen.

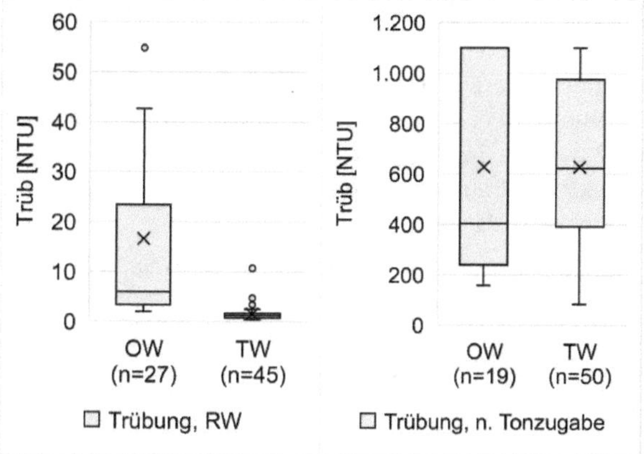

Abbildung 50: Verteilung der Trübungsmesswerte im Rohwasser (links), im Rohwasser nach Tonzugabe (mittig) und im Permeat in C-ULPUF-Untersuchungen mit Oberflächenwasser bzw. Trinkwasser (vgl. Anhang 64).

Nach der Zugabe von Tonerdemehl steigt die Trübung im Oberflächenwasser und im Trinkwasser gleichermaßen an und liegt teilweise über dem Messbereich des Trübungsmessgerätes von 1.100 NTU. Dieser Trübungsanstieg ist maßgeblich von dem dosierten Material und der Höhe der Dosis abhängig. Beispielsweise steigt die Trübung im Trinkwasser nach der Zugabe von Bentonit (T8) bei einer Dosierung von 1 g/L, 5 g/L und 10 g/L jeweils auf ca. 200 NTU, 500 NTU und 1.000 NTU an. Diese Zusammenhänge sind in Abbildung 51 dargestellt.

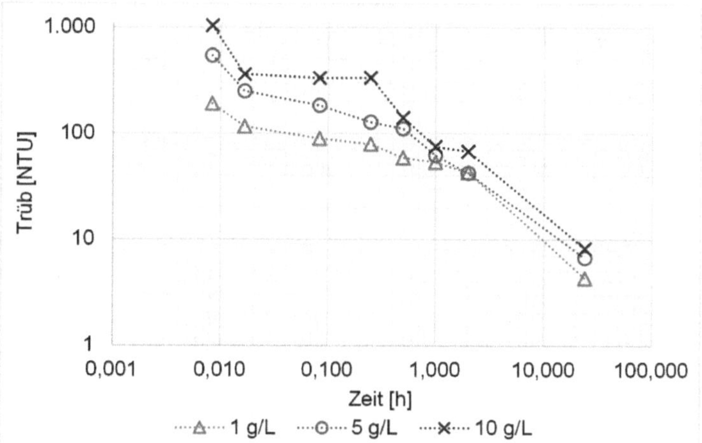

Abbildung 51: Änderung der Trübung im Trinkwasser nach einer Dosierung von 1 g T8/L, 5 g T8/L und 10 g T8/L in Abhängigkeit von der Absetzzeit.

Des Weiteren sinkt der Trübungswert im Trinkwasser nach der Dosierung von Tonerde innerhalb von wenigen Minuten um das Zwei- bis Zehnfache des Ursprungwertes ab und liegt nach einer Stunde Absetzzeit bei einer Dosierung von bis zu 10 g T8/L unter 100 NTU. Die Geschwindigkeit der Trübungsänderung nimmt hierbei exponentiell ab. Aufgrund eines hohen Anteils an Feinkornfraktion (< 2 µm) der Tonerde sinken die Trübungswerte des Wassers auch nach 24 Stunden Absetzzeit nicht auf den Ursprungswert und erreichen die Anforderung an Trinkwasserqualität von 1,0 NTU nicht.

Wie in Kapitel 2.4.3 erläutert, besteht die Tonerde aus drei Hauptfraktionen Sand (> 63 µm), Schluff (2 µm bis 63 µm) und Ton (< 2 µm), die im Boden in verschiedenen Anteilen vorkommen können. Die Zusammensetzung der Tonerde in den vorliegenden Untersuchungen ist Tabelle 20 (Kapitel 3.2.1.2) zu entnehmen.

Die Fähigkeit der Tonerde zur Arsenadsorption ist vor allem dem Tonmineralanteil zuzuschreiben (vgl. Kapitel 2.4.3.2). Dementsprechend weisen bei einer Anwendung von Tonerdemehl zur Arsenentfernung insbesondere die feinsten Tonmineralpartikel eine hohe Arsenbeladung auf und müssen vollständig aus dem Wasser entfernt werden. Aus Abbildung 51 geht hervor, dass mittels eines einfachen Sedimentationsvorganges auch nach 24 Stunden Absetzzeit keine vollständige Entfernung arsenbeladener Feinstpartikel möglich ist.

Die Anwendung von Arsenadsorption an Tonmehle zur Trinkwasseraufbereitung ist aufgrund ihrer schlechten Absetzbarkeit nur in Verbindung mit einer Filtration oder anderen Verfahren zur weitgehenden Feststofftrennung umsetzbar. Im untersuchten C-ULPUF-Verfahren wird eine vollständige Feststofftrennung mittels einer UF-Membran gewährleistet.

In Abbildung 50 ist die Verteilung der Trübungswerte im Permeat der ULPUF-Einheit dargestellt. Nach Ultrafiltration liegen alle Trübungsmesswerte unabhängig von Rohwasserqualität und Trübungserhöhung in Folge der Tonerdezugabe unter einem Wert von 1,0 NTU, weisen auf einen vollständigen Rückhalt arsenbeladener Tonpartikel hin und erfüllen die Vorgabe der TrinkwV (2019) bezüglich des Trübungsgrenzwertes.

4.2.4.3 Voruntersuchungen zur Arsenentfernung der C-ULPUF-Anlage

Im ersten Abschnitt der C-ULPUF-Versuchsreihe wurden Tonerde T8 und T9 verwendet, um verschiedene Betriebsvarianten der C-ULPUF-Anlage zu testen und die Auswirkung von Arsenspezies und erhöhtem Eisengehalt des Rohwassers auf die Leistungsfähigkeit der C-ULPUF-Anlage zu untersuchen.

Für die Versuche mit T8 und T9 wurde eine konstante Adsorbensmasse von 3,5 g Ton/L festgelegt. Dieser Wert stammt aus der Berechnung der benötigten Menge an T9 für eine Reduktion der gelösten As(V)-Konzentration von 100 µg As(V)/L auf 10 µg As(V)/L mittels Langmuir-1-Isotherme unter der Annahme einer Kontaktzeit im Rohwasserbehälter von zwischen vier und acht Stunden (vgl. Kapitel 4.1) und wurde ebenfalls für T8 angewandt.

Die Voruntersuchungen können anhand der Versuchseinstellungen in die zwei folgenden Abschnitte unterteilt werden:

- Betriebsvariante „Filtrieren", Dosierung von 3,5 g Ton/L in As(III)- und As(V)-haltiges Trinkwasser.
- Betriebsvariante „Rühren-Filtrieren", Dosierung von 3,5 g Ton/L in As(III)- und As(V)-haltiges Trinkwasser mit auf 2,6 g Fe/L erhöhtem Eisengehalt und Belüftung bzw. Umwälzung mit 1 Nm³ Luft/h (analog zum Kapitel 4.2.3.4).

Die Ergebnisse der Voruntersuchungen zur As(III)- und As(V)-Entfernung bei verschiedenen Betriebseinstellungen sind in Abbildung 52 gegenübergestellt und werden mit den Ergebnissen der Filtrationsversuche ohne Tonzugabe aus Kapitel 4.2.3.4 verglichen. Zudem sind die im Versuch verwendeten Betriebsvarianten markiert. Die Verläufe der Arsenkonzentration im Rohwasser und Permeat im Betrieb der C-ULPUF-Anlage mit T8 und T9 können Anhang 53 (Kapitel 8.10) entnommen werden.

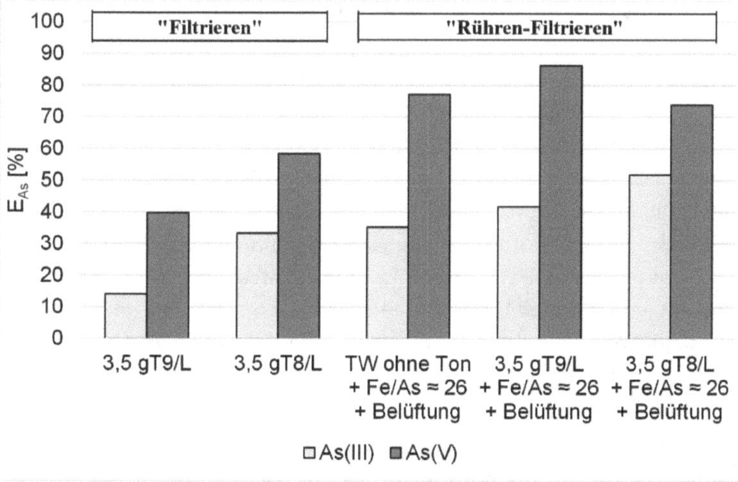

Abbildung 52: Arsenentfernung der C-ULPUF-Anlage mit verschiedenen Betriebsvarianten mit Zugabe von 3,5 g/L von T8 bzw. T9 in Trinkwasser und in Trinkwasser mit einem erhöhten Eisengehalt unter kontinuierlicher Belüftung/Durchmischung während des gesamten Filtrationsvorganges.

Im ersten Versuchsabschnitt fand die Zugabe von 3,5 g Ton/L bei der Betriebsvariante „**Filtrieren**" statt. Hierbei beginnt der Filtrationsvorgang umgehend nach dem Einrühren des Adsorbens und es findet keine Durchmischung während des Filtrationsvorganges statt.

Nach der Zugabe von 3,5 g T9/L wurden im Mittel ca. 15 % von As(III) und ca. 40 % von As(V) zurückgehalten. Bei der Dosierung von 3,5 g T8/L zeigte sich eine um etwa 20 % bessere Arsenentfernung von E_{As} = 33 % bei As(III) und ca. E_{As} = 60 % bei As(V).

Obwohl die Tonerdezugabe von 3,5 g T9/L für eine 90 % As(V)-Entfernung in den Laboruntersuchungen ermittelt worden ist, betrug die Arsenentfernung im Versuch mit T9 etwa E_{As} = 40 %. Zudem zeigt T8 eine bessere Adsorptionsfähigkeit als T9, obwohl laut dem Ergebnis der Schüttelversuche (vgl. Kapitel 4.1.4) eine bessere Arsenentfernung durch T9 zu erwarten wäre.

Die deutlich schlechtere und abweichende Adsorptionsleistung der Tonerden in der halbtechnischen Versuchsanlage kann durch abweichende Rahmenbedingungen der halbtechnischen Versuchsanlage von den Laboruntersuchungen erklärt werden. Aufgrund eines anfangs sehr schnellen Absinkens von Tonerde (vgl. Abbildung 51) ist die tatsächliche Kontaktzeit zwischen Adsorptiv und Adsorbens bei der Betriebsvariante „Filtrieren" viel geringer als die angestrebte Kontaktzeit von vier bis acht Stunden. Hierbei werden die Tonerden mit einem geringeren Anteil an Feinkornfraktion stärker durch die unzureichende Durchmischung beeinflusst, da sich die Grobkornfraktion deutlich schneller absetzt und nur unzureichend bzw. gar nicht an der Adsorption teilnimmt. Daher wird die Beladungskapazität der Tonerde nicht vollständig ausgeschöpft und liegt in halbtechnischen C-ULPUF-Untersuchungen deutlich unter den in Laborversuchen ermittelten Werten.

Demzufolge ist die Betriebsvariante „Filtrieren" für die praktische Umsetzung des C-ULPUF-Verfahrens nicht geeignet.

Zudem lag der mittlere pH-Wert des Rohwassers bei Laborversuchen im Bereich von 7,0 und bei halbtechnischen Versuchen im Bereich von 8,0, sodass sich hierdurch geringfügige Unterschiede in der Adsorptionsfähigkeit der Tone ergeben können.

Im weiteren Verlauf der C-ULPUF-Voruntersuchungen erfolgte der Betrieb der C-ULPUF-Anlage mit der Betriebsvariante „**Rühren-Filtrieren**". Hierbei beginnt der Filtrationsvorgang umgehend nach dem Einrühren des Adsorbens, wobei während des gesamten Filtrationsvorganges eine kontinuierliche Belüftung bzw. Umwälzung des Reaktorvolumens erfolgt.

In diesem Versuchsabschnitt fand die Dosierung von 3,5 g Ton/L (T8 und T9) in Trinkwasser mit einem erhöhten Eisengehalt von 2,6 g Fe/L statt (analog zum Kapitel 4.2.3.4).

Der erhöhte Eisengehalt des Rohwassers und die Erhöhung der Kontaktzeit durch Rühren führen zur Steigerung der Leistungsfähigkeit der C-ULPUF-Anlage.

Die Datenauswertung zeigt, dass bei der Dosierung von 3,5 g T8/L die As(III)-Entfernung auf ca. 52 % und die As(V)-Entfernung auf ca. 74 % ansteigen. Bei der Dosierung von 3,5 g T9/L in Trinkwasser mit einem Eisengehalt von 2,6 g Fe/L beträgt die As(III)-Entfernung mit der Betriebsvariante „Rühren-Filtrieren" etwa 42 % und die As(V)-Entfernung ca. 86 %.

Außerdem zeigen die Versuche mit dem Dosieren von T8 bzw. T9 in Trinkwasser mit erhöhtem Eisengehalt unter kontinuierlicher Belüftung, dass die Zugabe von T8 bei As(III) zu einer eindeutigen und bei As(V) zu keiner Erhöhung der Arsenentfernung im Vergleich zu der Leistungsfähigkeit der ULPUF-Einheit ohne Zugabe von Adsorbentien führt. Die Zugabe von T9 zeigt hingegen bei beiden Arsenspezies eine Verbesserung der Arsenentfernung.

Die Entfernung von As(V) liegt bei Verwendung von T8 bzw. T9 im eisenreichen Rohwasser bei etwa 70 % bzw. 90 %. Die As(III)-Entfernung konnte durch Zugabe von Tonerde in eisenreiches Rohwasser auf 40 % bei T9 und auf 50 % bei T8 verbessert werden.

Es ist auffällig, dass die beiden Arsenentfernungsprozesse, „Oxidation und Fällung" aufgrund eines erhöhten Eisengehaltes des Rohwassers und „Adsorption an Tonerde", in einem gemeinsamen Prozess zwar synergetisch wirken, jedoch nicht vollständig additiv sind. Entweder kann die Tonerde im eisenreichen Wasser weniger Arsen aufnehmen, da die aktive Oberfläche durch Eisen belegt wird, oder durch die Tonzugabe werden Anionen in Wasser freigesetzt, die bei der Adsorption an Eisenhydroxide in einer Konkurrenz zu Arsenoxoanionen stehen. Diese Fragestellung muss in zukünftigen Untersuchungen geklärt werden.

Des Weiteren gelangt bei den beiden untersuchten Betriebsvarianten „Filtrieren" und „Rühren-Filtrieren" die gesamte verwendete Tonerde in die ULPUF-Einheit und führt zur starken Beeinträchtigung der hydraulischen Leistungsfähigkeit der C-ULPUF-Anlage. Diese Zusammenhänge werden vertieft in Kapitel 4.2.5 erläutert.

Folglich ist auch die Betriebsvariante „Rühren-Filtrieren" aufgrund einer hohen Feststoffbelastung der UF-Membran für einen Dauerbetrieb nicht geeignet.

4.2.4.4 Optimierungsversuche zur Arsenentfernung der C-ULPUF-Anlage

Wie in Kapitel 4.2.4.3 erläutert, ist die Betriebsvariante „Filtrieren" nicht für die C-ULPUF-Anwendung mit Tonerde geeignet. Auch die Betriebsvariante „Rühren-Filtrieren" wurde aufgrund eines hohen Schlammeintrages in die ULPUF-Einheit verworfen (vgl. Kapitel 4.2.5). Daher wurden zur Optimierung Versuche der C-ULPUF-Anlage mit der Betriebsvariante „**Rühren-Absetzen-Filtrieren**" durchgeführt. In dieser Betriebsvariante beginnt der Filtrationsvorgang erst nach dem Einhalten einer bestimmten Kontaktzeit unter kontinuierlichem Umrühren ($t_{Rühr}$) mit einer Rührgeschwindigkeit von 1/s und anschließender Absetzzeit (t_{Sed}) im Rohwasserbehälter.

Die C-ULPUF-Optimierungsversuche wurden mit T7 und T12 durchgeführt. Das Ziel dieser Versuche war es, durch Zugabe von Tonerde in As(V)-haltiges Trink- und Oberflächenwasser, einen Wirkungsgrad von über 90 % bzw. die Reduktion der Arsenkonzentration auf den WHO-Richtwert von 10 µg As/L zu erreichen.

Die Adsorbensdosierung von T7 wurde anfänglich auf 7,8 g T7/L und im späteren Verlauf der Untersuchungen auf 16 g T7/L festgelegt. Die Dosierung von T12 lag bei 11,2 g T12/L. Beide Werte (7,8 g T7/L und 11,2 g T12/L) stammen aus der Berechnung der benötigten Tonerdemenge für eine As(V)-Reduktion von 100 µg As(V)/L auf 10 µg As(V)/L mittels Langmuir-1-Isotherme unter Annahme einer Kontaktzeit von etwa vier Stunden (vgl. Kapitel 4.1).

Im Verlauf dieser Versuchsreihe wurden insgesamt 30,5 m³ arsenbelastetes Rohwasser behandelt, davon 17 m³ Trinkwasser und 13,5 m³ Oberflächenwasser. Im Rahmen der Optimierung wurden im Dauerfiltrationsbetrieb mit T7 im Trink- und Oberflächenwasser verschiedene Anlagenkonfigurationen, Rühr- und Kontaktzeiten sowie die Adsorbensmenge verändert.

Ferner ist aus den durchgeführten Voruntersuchungen (Kapitel 4.2.4.3) eine schlechtere Leistungsfähigkeit der C-ULPUF-Anlage im Betrieb mit Oberflächenwasser im Vergleich zum Trinkwasser bekannt. Daher wurden die Optimierungsversuche mit Oberflächenwasser auf eine weitere Tonerde T12 ausgeweitet, um eine bessere Datengrundlage zu erhalten. T12 wurde ausschließlich im Betrieb mit Oberflächenwasser angewandt.

Die Ergebnisse zur mittleren Arsenentfernung und den erreichten Arsenablaufkonzentrationen bei verschiedenen Betriebseinstellungen sind in Abbildung 53 dargestellt und werden im Weiteren diskutiert. Die Verläufe der Arsenkonzentration im Rohwasser und Permeat im Dauerbetrieb der C-ULPUF-Anlage mit T7 und T12 für alle durchgeführten Optimierungsversuche können Anhang 54 (Kapitel 8.11) entnommen werden.

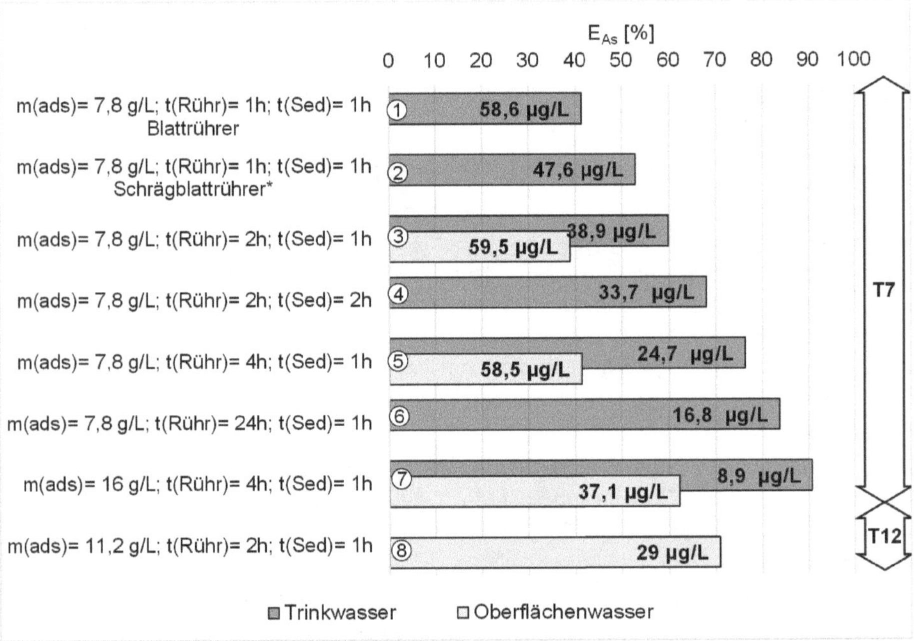

Abbildung 53: Mittlere As(V)-Entfernung aus Trink- und Oberflächenwasser in Abhängigkeit von gewählten Versuchseinstellungen bei der Optimierung von C-ULPUF-Anlage (*diese Rührergeometrie wurde in allen weiteren Versuchen beibehalten).

Arsenentfernung aus Trinkwasser

Die ersten Versuche bei einer Dosierung von 7,8 g T7/L mit jeweils einer Stunde Rühr- und Absetzzeit zeigen eine Arsenentfernung durch C-ULPUF-Anlage von im Mittel 41 %.

Es ist festzuhalten, dass die Gewährleistung einer ausreichenden Umwälzung des Wasservolumens im Rohwasserbehälter für das C-ULPUF-Verfahren einen wichtigen Betriebsparameter darstellt und bei einem frühzeitigen Absinken der Tonerde zur Verringerung der Leistungsfähigkeit führt (vgl. Kapitel 4.2.4.3 und Kapitel 4.2.4.5).

Demzufolge fand im ersten Schritt der Optimierung der stofflichen Anlagenleistungsfähigkeit die **Veränderung der Rührergeometrie** von einem einfachen Blattrührer zum Schrägblattrührer mit vier Flügeln statt. Hierdurch entstand eine zusätzliche vertikale Strömung im Rohwasserbehälter, die das frühzeitige Absetzen der Tonerde verhindert, die Kontaktzeit zwischen Adsorbens und Adsorptiv erhöht und somit zu einer um 12 % höheren Arsenentfernung von $E_{As(V)}$ = 53 % führt. Die neue Rührergeometrie wurde in allen weiteren Untersuchungen beibehalten.

In den folgenden Versuchsabschnitten 3 bis 6 wurde die Erhöhung der Rühr- sowie Absetzzeit auf die Arsenentfernung untersucht. Die **Erhöhung der Absetzzeit** von einer auf zwei Stunden (Versuchsabschnitt 4) bewirkt vor allem einen geringeren Eintrag vom Adsorbensschlamm in die ULPUF-Einheit (vgl. Kapitel 4.2.5). Zudem führt die Erhöhung der Absetzzeit zu einer größeren Verweilzeit von Rohwasser im Rohwasserbehälter, folglich zu einer längeren Kontaktzeit von Arsen zur Tonerde und somit zur Erhöhung der Arsenentfernung um 8 %.

Die **Erhöhung der Rührzeit** von einer Stunde auf zwei, vier und 24 Stunden bei einer Rührgeschwindigkeit von 1/s bewirkt eine Erhöhung der Kontaktzeit und ermöglicht eine deutlich bessere Beladung der Tonerde. Wurden nach einer Stunde Rührzeit ca. 53 % As(V) zurückgehalten, beträgt die Entfernungsleistung der Anlage nach zwei Stunden etwa 60 %, nach vier Stunden 76 % und nach 24 Stunden 84 %.

Nach Auswertung der Versuchsdaten lässt sich feststellen, dass die anhand der Laborversuche (vgl. Kapitel 4.1) gewählte **Adsorbensdosis** von 7,8 g T7/L trotz einer Kontakt- bzw. Rührzeit von 24 Stunden nicht zur Reduktion von Arsen auf die gewünschte Ablaufkonzentration von 10 µg As/L geführt hat. Nach vier Stunden Kontaktzeit betrug die Arsenablaufkonzentration 25 µg As(V)/L und nach 24 Stunden lag der Wert bei 17 µg As(V)/L. Dieses Ergebnis ist nachvollziehbar, da die Rührintensität eines Laborschüttlers und des im Rohwasserbehälter der C-ULPUF-Anlage verwendeten Schrägblattrührers stark voneinander abweicht. Daher ist eine geringere Beladungskapazität der Tone beim Einsatz in C-ULPUF-Anlage anzunehmen. Aus diesem Grund fand die Erhöhung der Adsorbensdosis für die nachfolgenden Filtrationsversuche auf 16 g T7/L statt.

Die Dosierung von 16 g T7/L führte zur Erhöhung der mittleren As(V)-Entfernung bei vier Stunden Rührzeit und einer Stunde Absetzzeit auf ca. 91 % und ermöglichte einen stabilen C-ULPUF-Betrieb mit einer Arsenablaufkonzentration von im Mittel 9,0 µg As(V)/L über einen Filtrationsabschnitt mit insgesamt 6.000 L behandeltem Rohwasser (vgl. Abbildung 49 bzw. Anhang 54).

Arsenentfernung aus Oberflächenwasser

Im Weiteren wurde die As(V)-Entfernung der C-ULPUF-Anlage für einige Betriebseinstellungen (3, 5, 7 und 8 vgl. Abbildung 53) im Betrieb mit Oberflächenwasser untersucht.

Die Leistungsfähigkeit der C-ULPUF-Anlage bezüglich der Arsenentfernung aus Oberflächenwasser ist immer geringer als aus Trinkwasser. Der Unterschied in der As(V)-Entfernung liegt je nach Betriebseinstellung zwischen 21 % und 35 %.

Dies ist auf eine unterschiedliche Zusammensetzung der Rohwasser, insbesondere auf Konkurrenzadsorption an Tonerde, zurückzuführen (vgl. Kapitel 2.4 und Kapitel 4.2.2). Die As(V)-Entfernung ist dementsprechend geringer. Die Arsenkonzentration im Permeat liegt in **Untersuchungen mit T7** bei der Dosierung von 16 g T7/L mit einer Rührzeit von vier Stunden sowie einer Absetzzeit von einer Stunde bei ca. 37 µg As(V)/L.

Um das Verhalten einer Tonerde mit höherer Arsenbeladungskapazität als T7 im Oberflächenwasser zu überprüfen, wurde eine **Untersuchung mit T12** durchgeführt. Hierzu wurden 11,2 g T12/L bei zwei Stunden Rührzeit und einer Stunde Kontaktzeit in Oberflächenwasser dosiert. Die Ergebnisse der C-ULPUF-Versuche mit T12 zeigen bessere Arsenablaufwerte bei einer geringeren Rührzeit und einer kleineren Adsorbensmenge im Vergleich zu T7, wobei der Grenzwert von 10 µg/L bei der Dosierung von 11,2 g T12/L weiterhin nicht erreicht werden konnte. Die erreichte Arsenablaufkonzentration lag bei i. M. 29 µg As(V)/L.

4.2.4.5 Erforderliche Tonerdedosierung zur Arsenreduktion auf den WHO-Richtwert

Wie in Kapitel 4.2.4.4 erläutert, ist eine stabile Reduktion der gelösten As(V)-Konzentration auf den WHO-Richtwert von 10 µg As/L über eine längere Betriebszeit mit C-ULPUF-Verfahren möglich. Allerdings ist die Beladungskapazität der Tonerde in den halbtechnischen Untersuchungen geringer als in den Schüttelversuchen ermittelt worden ist, weswegen die Tonerdedosierung an die Anwendung in der Praxis angepasst werden muss.

Als Hauptgrund für den Unterschied in der Adsorptionsfähigkeit der Tonerde in Laboruntersuchungen und in den halbtechnischen C-ULPUF-Untersuchungen wurde die Rührintensität identifiziert.

Die Schüttelintensität in den Schüttelversuchen betrug 250 Umdrehungen pro Minute, und es wurde, dem Versuchsaufbau entsprechend, das gesamte Probenvolumen komplett geschwenkt. Die Rührgeschwindigkeit des Rührers in den Rohwasserbehältern lag bei 60 Umdrehungen pro Minute und es wurde ein 500 L Wasservolumen mit einem Schrägblattrührer bewegt, wie in Kapitel 3.2 erläutert. Die physikalischen Rührbedingungen sind also prinzipbedingt unterschiedlich. Hierdurch ergeben sich die Unterschiede in der Arsenentfernung der C-ULPUF-Anlage.

Die Dosierungsmenge von 7,8 g T7/L wurde anhand der Ergebnisse der Schüttelversuche ermittelt, mit dem Ziel, nach vier Stunden eine As(V)-Entfernung von E_{As} = 90 % zu erreichen. Allerdings wurde in den C-ULPUF-Untersuchungen nach vier Stunden Rührzeit im Mittel etwa E_{As} = 75 % erreicht (vgl. Versuchsabschnitt 5 in Abbildung 53). Die Absetzzeit von einer Stunde wird an dieser Stelle aus vereinfachenden Gründen nicht berücksichtigt.

Die Auswertung der Änderung der Arsenentfernung der C-ULPUF-Anlage mit T7 in Abhängigkeit von der Rührzeit (entspricht den Versuchsabschnitten 2, 3, 5 und 6 mit $t_{Rühr}$ = 1 h, 2 h, 4 h und 24 h, vgl. Kapitel 4.2.4.4) ist in Abbildung 54 dargestellt. Zudem ist die theoretisch erwartete, mit Gl. (94) (vgl. Kapitel 4.1.7) unter Annahme einer As(V)-Entfernung von 90 % nach vier Stunden Kontaktzeit berechnete, Arsenentfernung abgebildet.

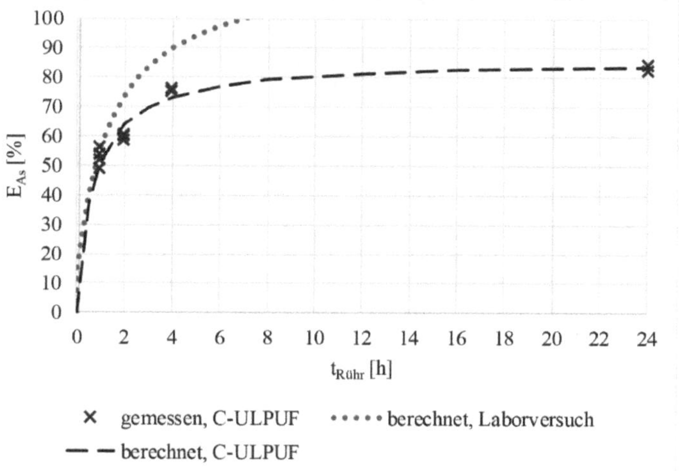

Abbildung 54: As(V)-Entfernung der C-ULPUF-Anlage in Abhängigkeit von der Rührzeit: gemessen, berechnet anhand Laborschüttelversuche mit Gl. (94) für E_{As} = 90 % nach $t_{Rühr}$ = 4 h und berechnet anhand C-ULPUF-Untersuchungen mit Gl. (99).

Wie zuvor erläutert, weicht die Arsenbeladung der Tonerde in der ULPUF-Anlage von den in den Schüttelversuchen ermittelten Werten ab und resultiert in einer um etwa 15 % geringeren Arsenentfernung der C-ULPUF-Anlage. Hierdurch ergibt sich der Bedarf der Anpassung der Ergebnisse der Schüttelversuche an eine praktische Anwendung mit der C-ULPUF-Anlage.

Wird die in Kapitel 4.1.7 aufgestellte Gl. (94) zur mathematischen Beschreibung der Arsenentfernung mittels der C-ULPUF-Anlage verwendet, kann der zeitliche Verlauf der

Arsenentfernung in Abhängigkeit von der Rührzeit abgeschätzt werden. Aus der Linearisierung von Gl. (94) und der Durchführung linearer Regressionsanalyse der Änderung der Arsenentfernung (E_{As} in [%]) in Abhängigkeit von der Rührzeit ($t_{Rühr}$ in [h]) ergibt sich folgender Zusammenhang:

$$E_{As} = 86{,}1 \cdot \frac{(1{,}45 \cdot t_{Rühr})}{1 + 1{,}45 \cdot t_{Rühr}} \qquad (99)$$

Die mit Gl. (99) berechnete As(V)-Entfernung der C-ULPUF-Anlage ist in Abbildung 54 dargestellt. Die statistische Auswertung der linearen Regression zwischen der tatsächlich gemessenen Arsenentfernung und dem mittels Gl. (99) berechneten Werteverlauf zeigt ein Bestimmtheitsmaß von $R^2 = 0{,}99$ und deutet auf eine hohe Güte der aufgestellten mathematischen Beziehung hin.

Werden die ermittelten Zusammenhänge in den im Rahmen dieser Dissertation entwickelten mathematischen Modellansatz zur Abschätzung der Beladungskapazität von Tonerde anhand des Eisen- und Aluminiumgehaltes (vgl. Kapitel 4.1.6) integriert, kann die Tonerdedosierung in Abhängigkeit von Rührzeit und Anfangsarsenkonzentration mathematisch beschrieben werden. Dieser Zusammenhang ist in Abbildung 55 dargestellt.

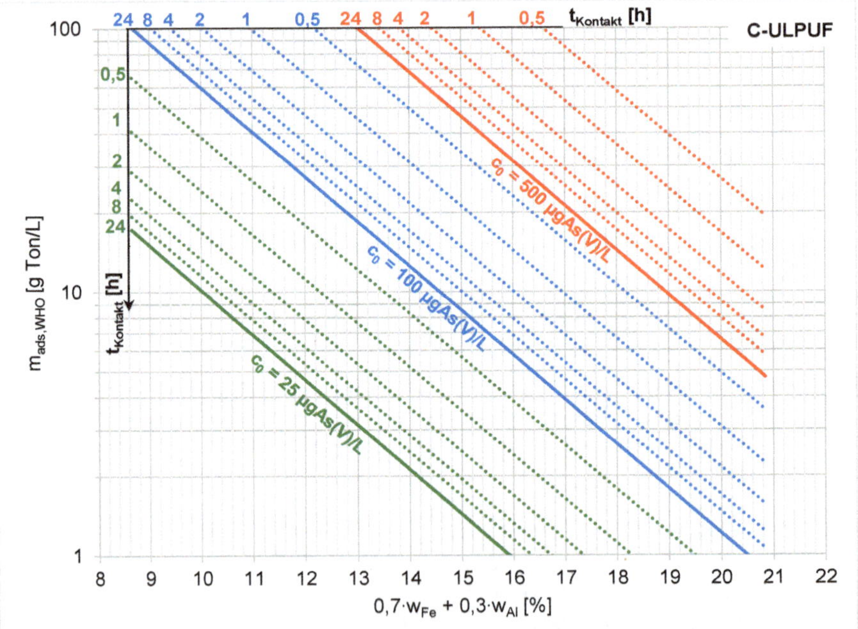

Abbildung 55: Diagramm zur Abschätzung der erforderlichen Tonerdedosis im C-ULPUF-Verfahren zur As(V)-Entfernung auf 10 µg/L in Abhängigkeit vom Eisen- und Aluminiumgehalt der Tonerde, Arsenkonzentration im Rohwasser und Rührzeit.

Für die Abschätzung der erforderlichen Tonerdedosierung zur Unterschreitung des WHO-Richtwertes bei einer C-ULPUF-Anwendung zur As(V)-Entfernung im Grundwasser kann der im Rahmen dieser Dissertation entwickelte mathematische Modellansatz angewandt werden (vgl. Abbildung 55).

Zur Abschätzung der erforderlichen Tonerdedosierung anhand von Abbildung 55 gelten folgende **Voraussetzungen**:

- Es kommt zur Anwendung im Trinkwasser bzw. Wasser vergleichbarer Qualität (z. B. Grundwasser etc.).
- Das verwendete tonmineralhaltige Material ist getrocknet und fein gemahlen.
- Der pH-Wert des Rohwasser liegt im neutralen Bereich (pH 6,0 bis 8,0).
- Eine ausreichende Durchmischung des Wassers über die gesamte Kontaktzeit ist gewährleistet.

Bei abweichender Arsenanfangskonzentration kann zwischen den Konzentrationslinien mit identischer Kontaktzeit linear interpoliert werden.

In der praktischen Anwendung kann die Arsenreduktion durch unzureichende Durchmischung im Rohwasserbehälter, eine schlechte Rohwasserqualität (z. B. Konkurrenzionen), schwankende Materialzusammensetzung der Tonerde etc. negativ beeinflusst werden.

Aus diesem Grund sind die in Abbildung 55 abgeschätzten Werte mit einem ausreichenden Sicherheitsfaktor, hier vorgeschlagen mit 25 %, zu versehen.

Zur Überprüfung der Gültigkeit der aufgestellten Zusammenhänge zur **Anwendung zur As(V)-Entfernung aus Trinkwasser** kann Abbildung 55 zur Abschätzung der erforderlichen Dosis von T7 für den C-ULPUF-Betrieb verwendet werden.

Hierzu wird für T7 mithilfe der gewichteten Eisen- und Aluminiumgehalte ($a \cdot w_{Fe} + b \cdot w_{Al}$, mit $a = 0{,}7$ und $b = 0{,}3$) ein spezifischer Wert von 13,9 % berechnet (vgl. Fe- und Al-Gehalt in Tabelle 19, Kapitel 3.2.1.2). Mit diesem Wert kann die für eine As(V)-Reduktion von 100 µg As/L auf 10 µg As/L im Betrieb mit Trinkwasser benötigte Dosierung aus Abbildung 55 abgelesen werden. Das Ergebnis der Ablesung ist in Anhang 55 (Kapitel 8.12) dargestellt. Bei einer gewählten Kontaktzeit von vier Stunden, ergibt sich für die As(V)-Adsorption an T7 ein Ablesewert bzw. eine Dosiermenge von ca. 17 g T7/L.

Ein Vergleich dieses Modellergebnisses mit den C-ULPUF-Versuchsergebnissen bei der Dosierung von 16 g T7/L (vgl. Kapitel 4.2.4.4) bestätigt die Gültigkeit der im Rahmen dieser Dissertation formulierten Modelle zur Abschätzung der benötigten Tonerde zur As(V)-Adsorption im Trinkwasser bzw. im qualitativ vergleichbaren Grundwasser.

Für eine **Anwendung zur As(V)-Entfernung aus Oberflächenwasser** muss eine höhere Adsorbensmenge gewählt werden. Zur Erläuterung ist in Anhang 55 (Kapitel 8.12) die Abschätzung der Dosiermenge für die Anwendung von T12 im Trinkwasser dargestellt (analog zur Abschätzung von T7-Dosierung). Hierbei kann die benötigte Tonerdemenge mit etwa

12 g T12/L an der Ordinate abgelesen werden. Allerdings zeigen die durchgeführten Untersuchungen, dass der Grenzwert von 10 µg As/L bei einer ähnlichen Dosierung von 11,2 g T12/L im Betrieb mit Oberflächenwasser nicht erreicht werden konnte ($c_{As,ab}$ = 29 µg As(V)/L, vgl. Abbildung 53).

Aus der vergleichenden Auswertung der Ergebnisse der vorliegenden C-ULPUF-Untersuchungen zur Arsenentfernung aus Trink- und Oberflächenwasser in Kapitel 4.2.4.3 folgt, dass im Betrieb mit Oberflächenwasser mindestens 35 % und aus Sicherheitsgründen, aufgrund einer schwankenden Qualität des Oberflächenwassers, mindestens 50 % mehr Ton verwendet werden sollte. Zum Beispiel wäre nach dieser Überlegung eine Menge von etwa 25 g T7/L bzw. 18 g T12/L für eine sichere As(V)-Reduktion von 100 µg As/L auf 10 µg As/L bei vier Stunden Rührzeit und einer Stunde Absetzzeit im Betrieb mit Oberflächenwasser notwendig.

Bei einer hohen **As(III)-Belastung in Rohwasser** allerdings ist die Anwendung des C-ULPUF-Verfahrens unter Nutzung einer Tonerde mit nur durchschnittlicher As-Beladungsfähigkeit (ähnlich T7, T8 oder T9) fraglich, da im Mittel eine dreifache Menge an Tonerde notwendig wäre (vgl. Abbildung 42, Kapitel 4.1.8).

Aus wirtschaftlicher und ökologischer Sicht sowie aufgrund der zu entsorgenden arsenbeladenen Aufbereitungsschlämme (vgl. Kapitel 5.1) ist dann die Verwendung von tonmineralhaltigen Adsorbentien mit einer hohen Beladungsfähigkeit unumgänglich.

Beispielhaft kann die benötigte Adsorbensmenge an T13 mit hoher Beladungskapazität ($a \cdot w_{Fe} + b \cdot w_{Al}$ = 18,9 %) für eine As(V)-Reduktion von 100 µg/L auf 10 µg/L im Trinkwasser bzw. Grundwasser vergleichbarer Qualität bei einer Kontaktzeit von vier Stunden anhand Abbildung 55 mit gerade 2,5 g T13/L abgeschätzt werden. Für eine ähnliche As(III)-Reduktion im Trinkwasser wäre eine Dosis von etwa 7,5 g T13/L notwendig.

Ferner kann bei vorliegender As(III)-Belastung eine Oxidation zur Vorbehandlung unternommen werden, wie in Kapitel 2.3.2 beschrieben.

4.2.5 Hydraulische Leistungsfähigkeit in ULPUF- und C-ULPUF-Untersuchungen

4.2.5.1 Übersicht

In der ULPUF- und C-ULPUF-Versuchsreihe wurde dasselbe UF-Membranmodul verwendet. Die Rohwassertemperatur sowie der Flux und seine Umrechnung auf die Bezugswassertemperatur von 20 °C über den gesamten Versuchszeitraum sind in Abbildung 56 dargestellt. Zudem sind die Reinigungsintervalle der ULPUF-Einheit abgebildet.

Die ULPUF-Untersuchungen ohne Erweiterung um eine Arsenentfernung fanden zuerst statt. Das fabrikneue UF-Membranmodul ermöglichte zum Beginn der Untersuchungen ein Permeatfluss von über 200 L/h bei einer transmembranen Druckdifferenz von Δp_M = 0,1 bar. Die hydraulische Leistungsfähigkeit der Anlage betrug bei dem neuen UF-Membranmodul etwa 20 L/(m²·h) bis 24 L/(m²·h) und änderte sich im Verlauf der

Untersuchung in Abhängigkeit von der Qualität des verwendeten Rohwassers und der verwendeten Betriebseinstellungen. Der Transmembrandruck behielt aufgrund der gewählten druckgesteuerten Betriebsweise während des gesamten Versuchszeitraumes den konstanten Wert von Δp_M = 0,1 bar, sodass die Permeabilität dem Verlauf von Flux folgt.

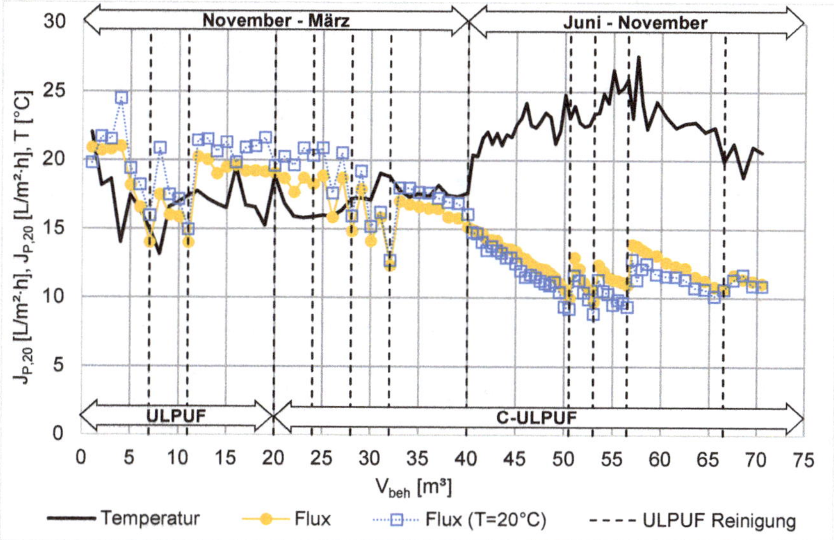

Abbildung 56: Rohwassertemperatur, Flux sowie auf T = 20 °C bezogener Flux im gesamten ULPUF und C-ULPUF-Untersuchungszeitraum.

Im Laufe der ULPUF und C-ULPUF-Untersuchung sank die hydraulische Leistung des Membranmoduls nach ca. 50 m³ behandeltem Rohwasser bei verschiedenen Betriebseinstellungen auf einen Wert von etwa 10 L/(m²·h) und stabilisierte sich in diesem Bereich bis zum Ende der Untersuchungen.

Im ersten Versuchsabschnitt, bis ca. 40 m³ behandeltem Rohwasser, fanden die Untersuchungen in den Monaten November bis März und im zweiten Versuchsabschnitt in den Monaten Juni bis November statt. Dementsprechend liegen die Messwerte der Wassertemperatur im Untersuchungsabschnitt bis V_{beh} = 40 m³ überwiegend unter und danach meist über dem Wert von 20 °C. In Abbildung 56 ist gut erkennbar, dass die Wassertemperatur den Flux geringfügig beeinflusst: im ersten Versuchsabschnitt ist $J_{P,20} > J_P$ und im zweiten Versuchsabschnitt $J_{P,20} < J_P$.

Ferner ist in Abbildung 56 bei allen Reinigungsvorgängen (mit einer Ausnahme bei 40 m³, die an anderer Stelle besprochen wird) der typische Anstieg des Flux nach Reinigung zu sehen. Insgesamt wurde das UF-Membranmodul elf Mal einer Reinigung unterzogen, davon liegen neun Reinigungsschritte in der C-ULPUF-Untersuchung, da in dem

Untersuchungszeitraum ein deutlich größeres Wasservolumen behandelt worden ist und durch die Anwendung der Tonerde ein erhöhter Feststoffeintrag in die ULPUF-Einheit erfolgt.

4.2.5.2 ULPUF-Betrieb

Der in dieser Phase gemessene Flux mit dem fabrikneuen Modul bei einem TMP von 1,0 m bzw. Δp_M = 0,1 bar liegt im Bereich von 15 L/(m²·h) bis 25 L/(m²·h). Eine Stabilisierung bzw. Tendenz zur Flux-Änderung ist nicht erkennbar. Feststoffe wurden nicht dosiert.

4.2.5.3 C-ULPUF-Betrieb

Der Schlammeintrag in die ULPUF-Einheit wurde im Untersuchungszeitraum C-ULPUF zwischen V_{beh} = 21 m³ und V_{beh} = 58 m³ gezielt untersucht. Werden die bei verschiedenen Betriebsvarianten in die ULPUF-Einheit eingetragenen Mengen an Adsorbensschlamm aufsummiert ($m_{ads,ULPUF,Sum}$ in [kg]), ergibt sich der in Abbildung 57 dargestellte Kurvenverlauf.

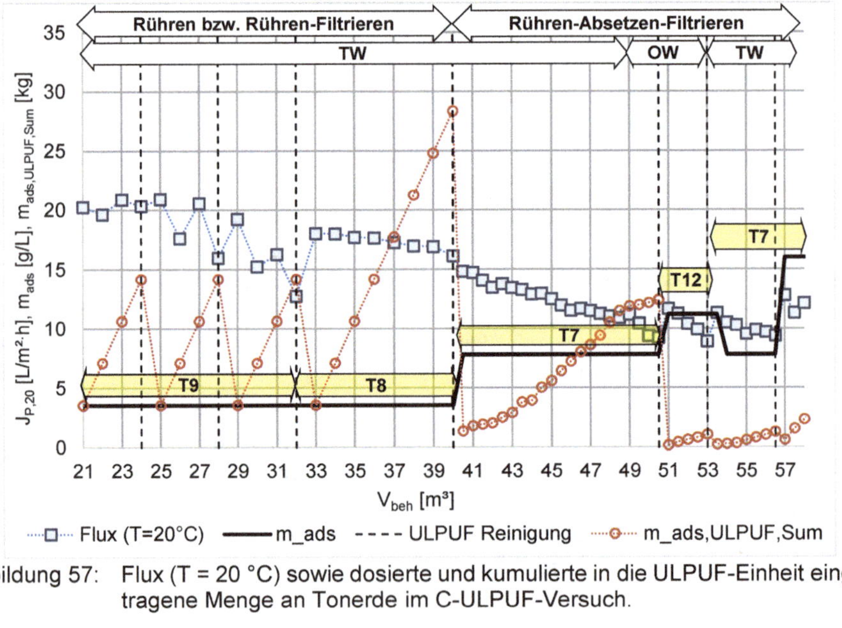

Abbildung 57: Flux (T = 20 °C) sowie dosierte und kumulierte in die ULPUF-Einheit eingetragene Menge an Tonerde im C-ULPUF-Versuch.

Zudem sind in Abbildung 57 die Betriebsvarianten, die Reinigungsintervalle, das behandelte Rohwasser und die dosierte Tonerde eingezeichnet. Im Weiteren erfolgt die Auswertung der Ergebnisse in den Versuchsabschnitten „Filtrieren“ bzw. „Rühren-Filtrieren“ und „Rühren-Absetzen-Filtrieren“.

Betriebsvariante „Filtrieren" bzw. „Rühren-Filtrieren"

Die ersten Versuche mit der Tonerdeanwendung (C-ULPUF) fanden im Betriebsmodus „Filtrieren" bzw. „Rühren-Filtrieren" statt. Nach der Zugabe von 3,5 g Ton/L (T8 oder T9) wurde umgehend mit dem Filtrationsvorgang ohne bzw. mit Umwälzung des Wassers im Rohwasserbehälter begonnen. Bei dieser Betriebsweise wird die gesamte eingesetzte Tonerde vollständig in die ULPUF-Einheit eingetragen.

Die Reinigung des Membranmoduls beim Einsatz von 3,5 g T9/L im Untersuchungszeitraum von V_{beh} = 21 m³ bis V_{beh} = 33 m³ fand nach jeweils 4 m³ behandeltem Rohwasser statt. In diesem Versuchsabschnitt sank der Flux auf einen Wert von etwa 13 L/(m²·h).

Anschließend wurde das UF-Modul gereinigt und bis zum V_{beh} = 40 m³ durchgehend mit 3,5 g T8/L beschickt. Die Reinigung des UF-Moduls in diesem Versuchsabschnitt fand erst nach der gesamten in die ULPUF-Einheit eingetragenen Menge an Tonerde von ca. 28 kg statt. Der Flux sank nur geringfügig von ca. 17 L/(m²·h) auf 15 L/(m²·h) ab.

Aus dem Vergleich der Fluxänderung über die Filtrationszeit in den beiden Versuchsabschnitten lässt sich feststellen, dass bei der Anwendung von T9 die Geschwindigkeit der Fluxabnahme, trotz kürzerer Reinigungsintervalle, deutlich höher ist.

Dieser Sachverhalt ist vor allem auf die Auswirkung eines deutlich größeren Anteils an Feinkornfraktion bei T9 zurückzuführen. Der Anteil der Korngröße unter 2 µm an der gesamten Adsorbensmasse beträgt bei T9 etwa 75 % und bei T8 etwa 50 % (vgl. Tabelle 20, Kapitel 3.2.1.2).

Das Tonerdemehl quillt im Wasser auf bildet einen viskosen, klebrigen Schlamm, der bei den Betriebsvarianten „Filtrieren" und „Rühren-Filtrieren" in die ULPUF-Einheit eingetragen wird. Bei einem Plattenabstand des verwendeten UF-Moduls von nur 2 mm füllt der Tonerdeschlamm den gesamten Zwischenraum aus und ist mittels einfacher mechanischer Reinigung kaum entfernbar.

In der nachfolgenden Abbildung 58 ist der Ausbau der UF-Membran bei der Reinigung am Ende der Versuchsreihe mit den Betriebsvarianten „Filtrieren" bzw. „Rühren-Filtrieren", nach einem Eintrag von ca. 28 kg Tonerde T8 im letzten Versuchsabschnitt zu sehen. Gut erkennbar sind die Tonschlammablagerungen auf dem UF-Membranmodul in der ULPUF-Einheit (1) sowie im unteren Drittel des UF-Moduls nach dem Ausbau (3). Zudem ist eine sehr große Menge an Bodenschlamm im unteren Teil der ULPUF-Einheit (2) zu sehen. Dass der Flux zum Ende dieser Versuchsreihe trotz eines sehr hohen Feststoffeintrages nur geringfügig absinkt (vgl. Abbildung 57), wird in einem großen Anteil am Grobkorn in T8 vermutet (vgl. Tabelle 20, Kapitel 3.2.1.2). Die Grobkornfraktion der Tonerde setzt sich in der ULPUF-Einheit vermehrt als Bodenschlamm im unteren Teil der ULPUF-Einheit ab und führt dort zu einer Verblockung des Plattenzwischenraums des UF-Moduls (4). Daher fand nach der mechanischen Reinigung bei V_{beh} = 40,5 m³ nicht, wie sonst üblich, eine Erholung des Flux statt (vgl. Abbildung 57).

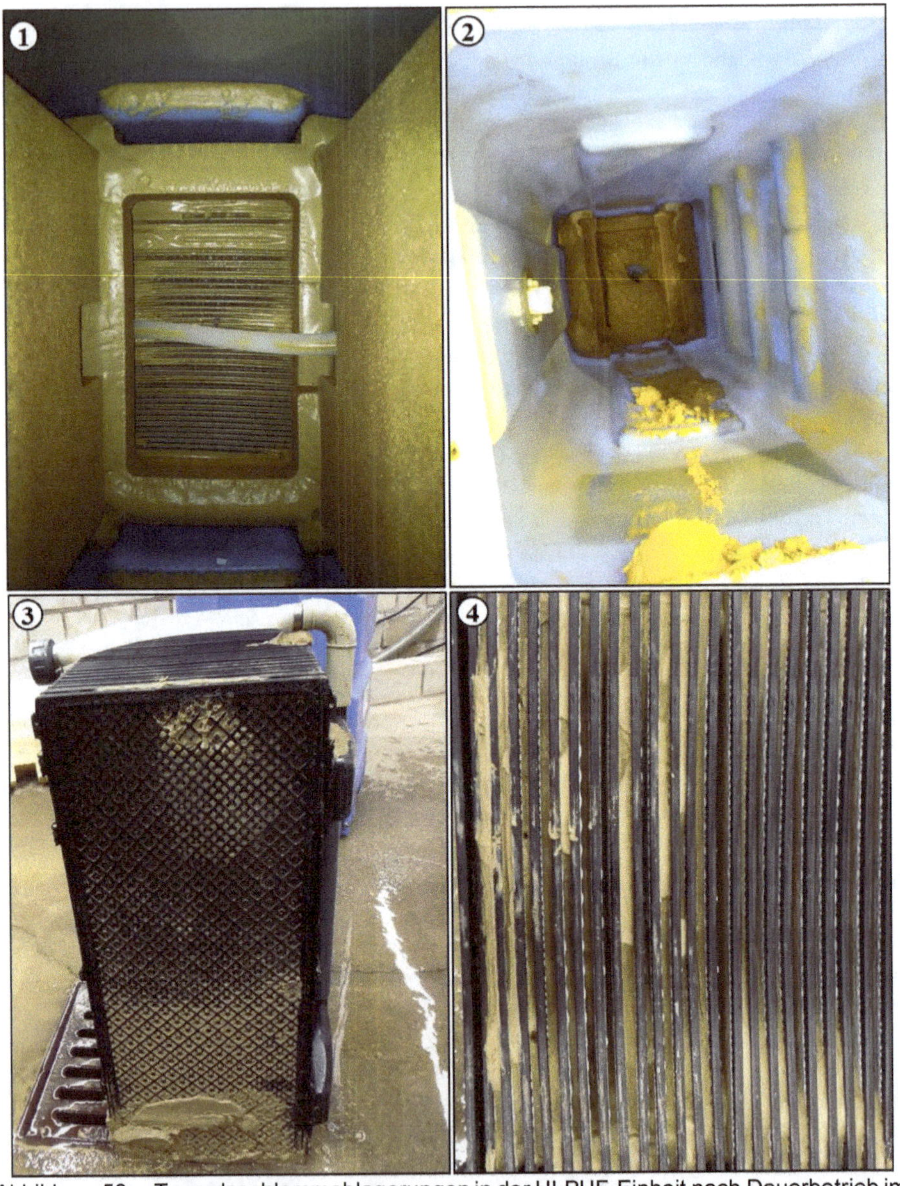

Abbildung 58: Tonerdeschlammablagerungen in der ULPUF-Einheit nach Dauerbetrieb im „Filtrieren"- bzw. „Rühren-Filtrieren"-Modus: 1) UF-Modul in der ULPUF-Einheit von oben, 2) Bodenschlamm in der ULPUF-Einheit, 3) ausgebautes UF-Modul, 4) Verblockungen am unteren Ende des UF-Moduls.

Betriebsvariante „Rühren-Absetzen-Filtrieren"

Um einen übermäßigen Toneintrag in die ULPUF-Einheit und weitere Verblockung des Membranmoduls zu vermeiden, fand der C-ULPUF-Betrieb ab V_{beh} = 40,5 m³ durchgehend mit der Betriebsvariante „Rühren-Absetzen-Filtrieren" statt. Hierbei beginnt der Filtrationsvorgang erst nach dem Einhalten einer bestimmten Kontaktzeit und anschließender Absetzzeit. Bei dieser Betriebsweise wird also nicht die gesamte eingesetzte Tonerde in den ULPUF-Reaktor eingetragen, sondern aus dem Schlammtrichter im Rohwasserbehälter abgezogen.

In diesem Versuchsabschnitt wurden verschiedene Dosierungen von 7,8 g T7/L, 16 g T7/L und 11,2 g T12/L vorgenommen. Der Flux sank teilweise bis auf 8,9 L/(m²·h), stabilisierte sich aber bei einem Wert von ca. 11 L/(m²·h). Die Reinigung des UF-Moduls fand in diesem Zeitraum drei Mal statt. Jeder Reinigungsvorgang führte, wie zu erwarten, zu einer leichten Erhöhung des Flux.

Zur besseren Übersicht findet in Abbildung 59 gesondert eine detaillierte Darstellung des Eintrags vom Adsorbensschlamm in die ULPUF-Einheit im genannten Untersuchungsabschnitt statt. Neben dem auf das behandelte Volumen bezogenen Schlammeintrag ($Q_{ads,ULPUF}$ in [g Ton/L]) wird der mittlere relative, auf die gesamte dosierte Tonerdemenge bezogene Schlammeintrag ($Q_{ads,ULPUF,\%-ges}$ in [%]) sowie auf T = 20 °C bezogener Flux dargestellt. Zudem sind die Reinigungsintervalle der ULPUF-Einheit, das behandelte Rohwasser und die erfolgte Tonerdedosierung eingezeichnet.

Ferner fand in diesem Betriebsmodus die Betriebsoptimierung zur Steigerung der Arsenentfernungsleistung der C-ULPUF-Anlage statt (vgl. Kapitel 4.2.4.4). Hierbei wurden unterschiedliche Rührzeiten, Absetzzeiten, Wasserarten etc. untersucht. Die erfolgten Optimierungsschritte haben einen starken Einfluss auf die Menge des in die ULPUF-Einheit eingetragenen Adsorbensschlammes. Zur besseren Übersicht sind die in C-ULPUF-Optimierungsversuchen erfolgten Betriebseinstellungen der Versuchsanlage in Abbildung 59 markiert und in der nachfolgenden Tabelle 32 erläutert.

Der in Abbildung 59 dargestellte relative Schlammeintrag im Betriebsmodus „Rühren-Absetzen-Filtrieren" ist von der Versuchseinstellung abhängig und liegt zwischen 1,5 % und 21 % (i. M. bei 10 %).

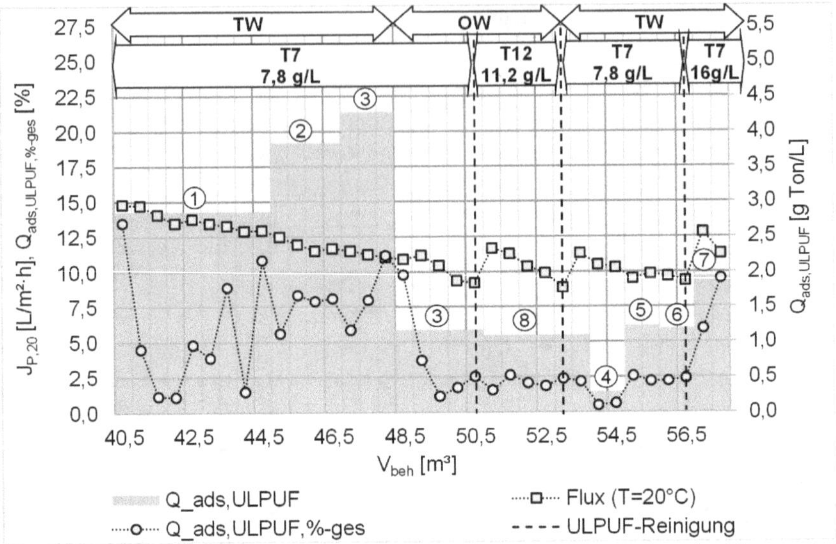

Abbildung 59: Flux (T = 20 °C) sowie volumenbezogener ($Q_{ads,ULPUF}$) und mittlerer relativer Schlammeintrag ($Q_{ads,ULPUF,\%-ges}$) in die ULPUF-Einheit bei verschiedenen Betriebseinstellungen (Betriebseinstellungen vgl. Tabelle 32).

Tabelle 32: Erläuterungen zu den Versuchseinstellungen der C-ULPUF-Optimierungsversuche sowie die hiermit erreichten Arsenablaufkonzentrationen.

Nr.	**Versuchseinstellungen**	**Verfahrensoptimierung zur Verbesserung von Arsenentfernungsleistung**	**$c_{As,Permeat}$ i. M. [µg As(V)/L]**	
			TW	**OW**
1	m_{ads} = 7,8 gT7/L, $t_{Rühr}$ = 1 h, t_{Sed} = 1 h	-	58,6	-
2	m_{ads} = 7,8 gT7/L, $t_{Rühr}$ = 1 h, t_{Sed} = 1 h	Verbesserung der Rührergeometrie*	47,6	-
3	m_{ads} = 7,8 gT7/L, $t_{Rühr}$ = 2 h, t_{Sed} = 1 h	Erhöhung der Rührzeit	38,9	59,5
8	m_{ads}= 11,2 gT12/L, $t_{Rühr}$ = 2 h, t_{Sed} = 1 h	Änderung der Tonerde & Dosierung	-	29,0
4	m_{ads} = 7,8 gT7/L, $t_{Rühr}$ = 2 h, t_{Sed} = 2 h	Erhöhung der Absetzzeit	33,7	-
5	m_{ads} = 7,8 gT7/L, $t_{Rühr}$ = 4 h, t_{Sed} = 1 h	Erhöhung der Rührzeit	24,7	58,5
6	m_{ads} = 7,8 gT7/L, $t_{Rühr}$ = 24 h, t_{Sed} = 1 h	Erhöhung der Rührzeit	16,8	-
7	m_{ads} = 16,0 gT7/L, $t_{Rühr}$ = 4 h, t_{Sed} = 1 h	Erhöhung der Dosierung	8,9	37,1

* Die neue Rührergeometrie wurde in allen nachfolgenden Versuchen beibehalten.

Bei der **Versuchseinstellung Nr. 1** der C-ULPUF-Optimierung wurden im Mittel 14 % der verwendeten Tonerde in die ULPUF-Einheit eingetragen.

Nach Änderung der Rührergeometrie bei der **Versuchseinstellung Nr. 2** fand eine deutlich bessere Durchmischung des Rohwasserbehälters statt, sodass sich nur die

Grobkornfraktion der Tonerde in der Rührzeit absetzen konnte und ein erhöhter relativer Eintrag der Tonerde in die ULPUF-Einheit von i. M. 19 % gemessen worden ist.

Der relative Tonerdeeintrag nimmt durch die Erhöhung der Rührzeit auf 2 Stunden in der **Versuchseinstellung Nr. 3 (TW)** geringfügig auf 21 % zu. Im Median sind der $Q_{ads,ULPUF,\%\text{-}ges}$ und der $Q_{ads,ULPUF}$ aus Schritt 2 und Schritt 3 identisch und betragen 20,5 % bzw. 1,6 g Ton/L.

Aus dem Vergleich von **Versuchseinstellung Nr. 3 (OW) bzw. Nr. 8 (OW)** mit dem Betrieb der C-ULPUF-Anlage im Trinkwasser kann auf eine deutlich geringere in die ULPUF-Einheit eingetragene Schlammenge im Betrieb mit Oberflächenwasser geschlossen werden. Hierbei liegt der volumenbezogene Schlammeintrag in beiden Versuchsabschnitten im Mittel bei nur 0,4 g Ton/L. Dieses Ergebnis lässt sich durch die höhen AFS-Gehalte des Oberflächenwassers (vgl. Kapitel 4.2.2) erklären, die das Konglomerieren der Feinkornfraktion der Tonerde ermöglichen und die Absetzbarkeit positiv beeinflussen.

Die **Versuchseinstellung Nr. 4** weist die geringste in die ULPUF-Einheit eingetragene Adsorbensmenge auf. Diese ist durch die Verdoppelung der Absetzzeit auf zwei Stunden zu erklären. Hierbei werden im Mittel nur 1,5 % der verwendeten Tonerde in die ULPUF-Einheit eingetragen. Dieses Ergebnis entspricht den in Kapitel 4.2.4.2 erläuterten Zusammenhängen zum Absetzverhalten der Tonerde.

Bei der **Versuchseinstellung Nr. 5 und Nr. 6** wurde die Rührzeit auf vier Stunden bzw. 24 Stunden erhöht. Durch längere Rührzeiten kann trotz Umwälzung ein Großteil der Tonerde im Rohwasserbehälter absinken. In der Schwebe bleibt ausschließlich die Feinkornfraktion der Tonerde, die zu einem mittleren relativen Schlammeintrag von 6 % führt.

In der **Versuchseinstellung Nr. 7** erfolgte die Verdoppelung der Dosierung der Tonerde auf 16 g/L ($t_{Rühr}$ = 4 h, t_{Sed} = 1 h) und führte zu einer Erhöhung der in die ULPUF-Einheit eingetragenen Adsorbensmenge auf ca. 10 % bzw. 1,6 g Ton/L.

Zusammenfassend lässt sich aus hydraulischer Sicht feststellen, dass die C-ULPUF-Anlage aufgrund hoher Feststoffbelastung durch die Anwendung der Tonerde für einen Dauerbetrieb mit den Betriebsvarianten „Rühren“ sowie „Rühren-Filtrieren“ nicht geeignet ist. Nur der Betrieb mit der Variante „Rühren-Absetzen-Filtrieren“ ist möglich. Der geringe Schlammeintrag bei dieser Betriebsvariante führt zur Stabilisierung des Flux bei einem Wert von ca. 11 L/(m²·h).

4.2.6 Fazit zur ULPUF- und C-ULPUF-Betriebsweise

ULPUF

ULPUF ohne Erweiterung kann nicht zur gezielten Arsenentfernung angewandt werden. Allerdings ermöglicht ULPUF einen vollständigen Rückhalt der partikulären Arsenfraktion und führt bei erhöhtem Eisengehalt im Rohwasser zur Reduktion der gelösten Arsenverbindungen durch den Vorgang der Oxidation und Mitfällung.

C-ULPUF

Werden die Ergebnisse zur Arsenentfernung den Ergebnissen zur hydraulischen Leistungsfähigkeit der C-ULPUF-Anlage gegenübergestellt, kann die Funktion des untersuchten Verfahrens zur gezielten Arsenentfernung aus Trink- bzw. Grundwasser vergleichbarer Qualität im Dauerbetrieb mit der Betriebsvariante „Rühren-Absetzen-Filtrieren“ bei einer ausreichenden Menge an Tonerde, einer Rührzeit von vier Stunden und einer Absetzzeit von einer Stunde eindeutig belegt werden.

Ferner ist die Anwendung von Tonerde mit einer hohen Arsenbeladungskapazität sinnvoll. Aufgrund der dann geringeren erforderlichen Dosis sind eine geringere Feststoffbelastung der ULPUF-Einheit und ein geringerer Anfall arsenhaltiger Aufbereitungsrückstände vorteilhaft.

Die Problematik der Entsorgung arsenbeladener Schlämme wird in Kapitel 5.1 ausführlich besprochen.

4.3 EC-ULPUF: Erweiterung von ULPUF um die Arsenentfernung mittels Elektrokoagulation

4.3.1 Gesamtübersicht zu EC-ULPUF

Als zweite verfahrenstechnische Möglichkeit zur gezielten Arsenentfernung wurde die Erweiterung von Niederdruck-Membranfiltrationsanlage um die Elektrokoagulation (EC-ULPUF) untersucht. Für diese Versuchsreihe wurde ein fabrikneues UF-Modul in die ULPUF-Einheit verbaut, wie in Kapitel 3.2.2.3 beschrieben.

Die Gesamtübersicht zu den Verläufen von Flux, Rohwassertemperatur, kumulierter Betriebszeit der EC-Zelle und Arsengehalt im Rohwasser (gesamt), nach der EC-Behandlung (filtriert) sowie im Permeat (gesamt) ist in Abbildung 60 gegeben. Zudem sind zwei Untersuchungszeiträume, vorwiegend in dem Versuchsabschnitt behandeltes Rohwasser (Ausnahmen sind markiert) sowie die Reinigungsintervalle der ULPUF-Einheit eingezeichnet. Ferner sind die As(III)-Versuche markiert, im Übrigen wurde As(V)-haltiges Rohwasser behandelt.

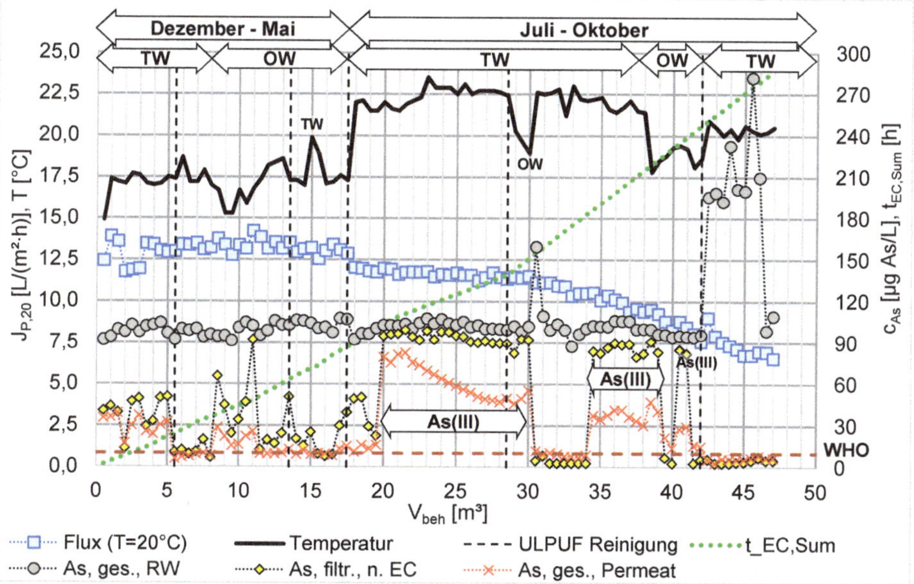

Abbildung 60: Gesamtübersicht zum Verlauf des Flux (T = 20 °C), kumulierter Betriebszeit der EC-Zelle und des Arsengehaltes im Rohwasser (OW oder TW), nach EC-Behandlung und im Permeat in verschiedenen Versuchsabschnitten der EC-ULPUF-Versuchsreihe; As(III)-Versuche sind markiert, im Übrigen wurde As(V)-haltiges Wasser behandelt.

In den EC-ULPUF-Untersuchungen wurden insgesamt 47 m³ Rohwasser behandelt. Hierbei wurden Rohwasserqualität und Arsenspezies variiert sowie verschiedene Betriebseinstellungen der EC-Zelle getestet. Die gesamte Betriebszeit der EC-Zelle betrug 287 Stunden bei einer elektrischen Leistungsaufnahme von 3 W bis 84 W. Die Arsenkonzentration im Rohwasser lag im Mittel bei ca. 100 µg As/L und wurde teilweise bis auf 300 µg As/L angehoben. Die Zusammenstellung der Versuchsdaten der EC-ULPUF-Anlage ist im Anhang dieser Arbeit (Kapitel 8.6) zu finden.

Im EC-ULPUF-Kombinationsverfahren soll die Elektrolysezelle eine für die gewünschte Arsenentfernung ausreichende Produktion von Metallionen bzw. Metalloxohydroxide gewährleisten, deren vollständige Entfernung durch die ULPUF-Einheit sichergestellt werden muss. Dementsprechend hängt die Gesamteffizienz der Anlage vom Wirkungsgrad beider Anlagenkomponenten ab.

Der Betrieb der EC-ULPUF-Versuchsanlage fand unter Variation von Betriebsstromstärke, Elektrodenschaltung und Elektrodenabstand mit As(III)- und As(V)-haltigem Trink- und Oberflächenwasser, wie in Kapitel 3.2.2.3 erläutert, statt. Hierbei wurden vorrangig die folgenden zwei Ziele verfolgt:

- **Untersuchungen der Leistungsfähigkeit der Elektrokoagulationszelle (EC-Zelle)** im Langzeitbetrieb und Bestimmung der besten geeigneten Variante für eine praktische Umsetzung der EC-ULPUF-Anlage mit Energiequellen mit geringer elektrischer Leistung.
- **Untersuchung der stofflichen und hydraulischen Leistungsfähigkeit des Kombinationsverfahrens (EC-ULPUF)** mit dem Ziel eines stabilen Betriebes mit Arsenablaufkonzentrationen unter dem WHO-Richtwert von 10 µg As/L.

Im nachfolgenden Kapitel 4.3.2 erfolgt die Auswertung der Analysedaten der chemisch-physikalischen Wasserparameter statt. Zunächst findet in Kapitel 4.3.2.1 die Zusammenstellung der chemisch-physikalischen Parameter des in den dargestellten Untersuchungen verwendeten Rohwassers statt. Die Auswirkung der Elektrolyse auf die chemisch-physikalischen Rohwasserparameter wird in Kapitel 4.3.2.2 diskutiert. Die Trübungsmesswerte im Rohwasser und im Verlauf der Elektrolyse im Zusammenhang mit dem Absetzverhalten von Elektrokoagulationsschlamm werden in Kapitel 4.3.2.3 gesondert betrachtet.

Die Leistungsfähigkeit der EC-Zelle in Abhängigkeit von Elektrodenschaltung, Elektrodenabstand, Rohwasserart und Arsenspezies wird in Kapitel 4.3.3 diskutiert.

Die Auswertung und Diskussion der Ergebnisse zur Leistungsfähigkeit der gesamten EC-ULPUF-Anlage bezüglich Arsenentfernung wird in Kapitel 4.3.4 ausführlich besprochen.

Die Betrachtung der hydraulischen Leistungsfähigkeit der verwendeten ULPUF-Einheit ist in Kapitel 4.3.5 zu finden.

Abschließend werden die Möglichkeiten zu Steuerung und Regelung der EC-ULPUF-Anlage in Kapitel 4.3.6 und Kapitel 4.3.7 besprochen.

4.3.2 Chemisch-physikalische Wasserparameter

4.3.2.1 Rohwasserqualität

Im Verlauf der EC-ULPUF-Untersuchungen wurden insgesamt 94 Filtrationsversuche an einer halbtechnischen Versuchsanlage durchgeführt, davon fanden 28 Versuche mit Oberflächenwasser und 66 Versuche mit Trinkwasser statt. Die Verteilung der Messwerte der chemisch-physikalischen Parameter des Rohwassers in der EC-ULPUF-Untersuchungen ist in Abbildung 61 dargestellt.

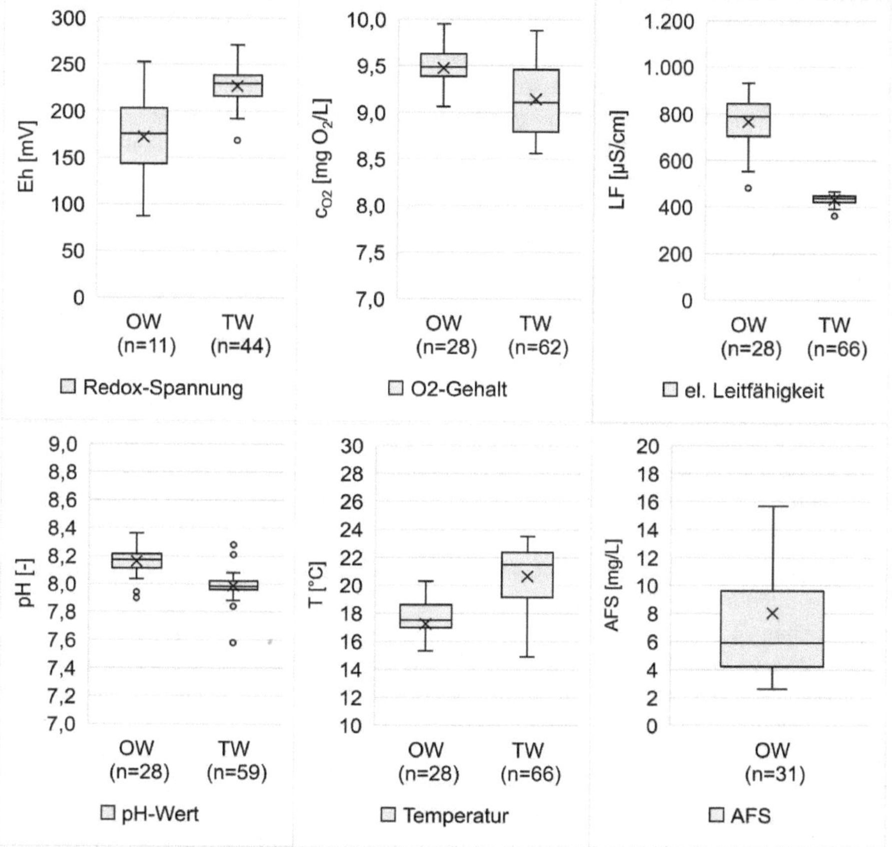

Abbildung 61: Messwertverteilung untersuchter chemisch-physikalischer Rohwasserparameter (OW bzw. TW) in der EC-ULPUF-Versuchsreihe (vgl. Anhang 65).

Der **Sauerstoffgehalt** beider Rohwasserarten ist hoch und liegt im Mittel über 9 mg O_2/L. Auch die Messwerte der **Redox-Spannung** liegen deutlich im oxidativen Bereich mit i. M. Eh = 170 mV im OW und Eh = 225 mV im TW, wobei die Messwerte der Redox-Spannung im OW deutlich höhere Schwankungen aufweisen. Trotz oxidierender Bedingungen im Rohwasser kann eine natürliche As(III)-Oxidation im EC-ULPUF-Verfahren nahezu ausgeschlossen werden, da die Behandlungszeit von wenigen Stunden unter der möglichen As(III)-Halbwertszeit von 4 bis 9 Tagen bei einer Oxidation mit Luftsauerstoff liegt (vgl. Kapitel 2.3.2). Hingegen ist eine elektrochemisch induzierte As(III)-Oxidation im Verlauf der Elektrolyse möglich (vgl. Kapitel 2.5.4) und kann die As(III)-Entfernung durch die EC-ULPUF-Anlage verstärken. Diese Zusammenhänge werden in Kapitel 4.3.4 vertieft diskutiert.

Die **Temperatur** liegt im Mittel bei 20,5 °C im TW und 17,3 °C im OW. Die hohen Temperaturmesswerte (insbesondere bei den Versuchen mit OW in Wintermonaten vgl. Abbildung 88) kommen aufgrund des Versuchsaufbaus in geschlossenen Räumlichkeiten bei einer konstanten Raumtemperatur von ca. 20 °C zustande. Im Rahmen dieser Arbeit werden die hydraulischen Parameter Flux und Permeabilität auf die Bezugstemperatur von 20 °C umgerechnet. Die Abhängigkeit der hydraulischen Leistungsfähigkeit der ULPUF-Einheit von der Wassertemperatur wird in Kapitel 4.3.5 besprochen.

Die Effizienz der Elektrolyse ist stark von der **elektrischen Leitfähigkeit** des Wassers abhängig. Da sich der Zellwiderstand bzw. die Überspannung umgekehrt proportional zu der elektrischen Leitfähigkeit verhält, fördern die hohen Werte der elektrischen Leitfähigkeit den Elektrolysevorgang, wie in Kapitel 2.5 bereits erläutert (vgl. Gl. (58) bzw. Gl. (60)). Im Verlauf der EC-ULPUF-Versuche betrug die Leitfähigkeit des Trinkwassers im Mittel 408 µS/cm und die des Oberflächenwassers im Mittel 745 µS/cm. Folglich ergibt sich aus Gl. (58) für die Versuche mit Trinkwasser im Mittel ein nahezu doppelt so hoher Zellwiderstand im Vergleich zu den Versuchen mit Oberflächenwasser bei sonst identischen Betriebseinstellungen (Elektrodenabstand, Elektrodenoberfläche, Stromstärke etc.). Die Auswertung der Versuchsdaten zur Abhängigkeit der Elektrolyseeffizienz von der elektrischen Leitfähigkeit des Wassers erfolgt in Kapitel 4.3.3.3.

Des Weiteren ist die Löslichkeit der im Verlauf der Elektrolyse elektrochemisch freigesetzten Metallionen und folglich die Effizienz des Elektrokoagulationsprozesses vom **pH-Wert** der Lösung abhängig. Im Verlauf der EC-ULPUF-Untersuchungen lag der pH-Wert des Rohwassers stets im leicht basischen Bereich bei ca. 8,0 (TW) bzw. ca. 8,2 (OW). Die EC mit Aluminiumelektroden erfolgt effektiv im pH-Wert-Bereich zwischen 4 und 9, mit einem Optimum bei einem pH-Wert von 7 (vgl. Kapitel 2.5.1). Weiterhin steigt ab einem pH-Wert von 7 der Gehalt an gelösten Aluminationen ($Al(OH)_4^-$), wogegen der Anteil ungelöster $Al(OH)_3$-Spezies abnimmt (vgl. Kapitel 2.5.5). Auch nimmt mit steigendem pH-Wert die Konzentration an polymeren Al-Spezies, die eine höhere positive Ladung als monomere Spezies aufweisen und somit verstärkt zur Schmutzstoffentfernung beitragen können, zu (vgl. Kapitel 2.5.5). Ferner beeinflusst der pH-Wert die vorliegende As-Spezies. In dem pH-Wert- und Redox-Bereich der Messwerte kommt As(III) zum größten Teil in nicht dissoziierter ungeladener Form und As(V) als zweifach geladenes reaktives Oxoanion vor. Beide Arsenspezies besitzen im vorliegenden pH-Wert-Bereich ihr Adsorptionsmaximum an amorphem $As(OH)_3$ (vgl. Kapitel 2.5.5).

Wie in Kapitel 4.2.2 aufgeführt, werden die Messwerte des **AFS-Gehalts** aus allen durchgeführten halbtechnischen Untersuchungen (ULPUF-, C-ULPUF- und EC-ULPUF) zusammengefasst, um einen besseren Überblick über die Zusammensetzung des Oberflächenwassers zu erhalten. Der AFS-Gehalt liegt im OW im Mittel bei 8 mg/L und ist im TW gleich Null. Der Einfluss des AFS-Gehalts auf die Arsenentfernung mittels EC-ULPUF wird in Kapitel 4.3.3.3 besprochen.

4.3.2.2 Änderung der chemisch-physikalischen Wasserparameter im Verlauf der EC

In der nachfolgenden Abbildung 62 sind die Änderungen der chemisch-physikalischen Wasserparameter im Verlauf der Elektrokoagulation sowie im Permeat in den EC-ULPUF-Untersuchungen dargestellt.

Aufgrund elektrochemischer Prozesse findet während der EC eine Veränderung der chemisch-physikalischen Wasserparameter statt. Die nachgeschaltete ULPUF führt zu einer teilweisen Wiederherstellung der Gleichgewichtszustände.

Ferner ist in Abbildung 62 erkennbar, dass die Änderung von chemisch-physikalischen Wasserparametern während der Elektrolyse im Betrieb mit Oberflächenwasser sowie mit Trinkwasser einen sehr ähnlichen Kurvenverlauf aufweist.

Auswirkung von EC

Der Elektrolysevorgang führt zur Verschiebung der **Redox-Spannung** des Wassers von anfangs oxidierenden zu reduzierenden Milieubedingungen am Ende der EC. Die Redox-Spannung fällt innerhalb der ersten EC-Behandlungsstunde von etwa 200 mV auf etwa -100 mV ab. Im weiteren Verlauf der Elektrokoagulation nimmt die Redox-Spannung nur geringfügig ab und beträgt nach vier Stunden Elektrolysezeit im OW im Mittel etwa -170 mV und im TW -150 mV.

Die negativen Messwerte der Redox-Spannung können gut durch die Erhöhung des Wasserstoffgehaltes im Wasser bei gleichzeitiger Ausgasung von Sauerstoff aufgrund elektrochemischer Vorgänge erklärt werden (vgl. Kapitel 2.5.1 und Sharpe 2017). Der absinkende Verlauf der Messwerte der **Sauerstoffkonzentration** während der Elektrokoagulation bestätigt diese Hypothese. Der Sauerstoffgehalt im OW und TW sinkt im Verlauf der Elektrokoagulation deutlich von im Mittel 9,0 mg O_2/L bis auf ca. 6,5 mg O_2/L.

Ferner führen die Ausbildung der Passivierungsschicht an der Kathode durch die Anlagerung von Kationen (z. B. Ca^{2+} und Mg^{2+}), Ausfällungs- und Adsorptionsvorgänge an Aluminiumoxohydroxidflocken sowie weitere elektrochemische Reaktionen zur Verringerung der Ionenkonzentration in der Lösung. Dieser Vorgang wird durch die Änderung der **elektrischen Leitfähigkeit** des behandelten Wassers in Abbildung 62 verdeutlicht. Hierbei ist vor allem die Änderung der Leitfähigkeit im Trinkwasser gut erkennbar, wohingegen diese Änderung im Oberflächenwasser aufgrund höherer Ionenkonzentration und deutlich stärkerer Schwankungen in der Rohwasserzusammensetzung kaum sichtbar ist.

Des Weiteren kann die Verschiebung des H^+/OH^--Verhältnisses zum höheren Anteil an freien Wasserstoffatomen aufgrund elektrochemischer Vorgänge (z. B. durch Ausfällung von Aluminiumoxohydroxiden) als **pH-Wert**-Abnahme messtechnisch erfasst werden. Der pH-Wert sinkt während der Elektrolyse im Oberflächenwasser innerhalb von vier Stunden geringfügig von im Mittel 8,15 auf ca. 7,8 und im Trinkwasser von etwa 8,0 auf 7,85.

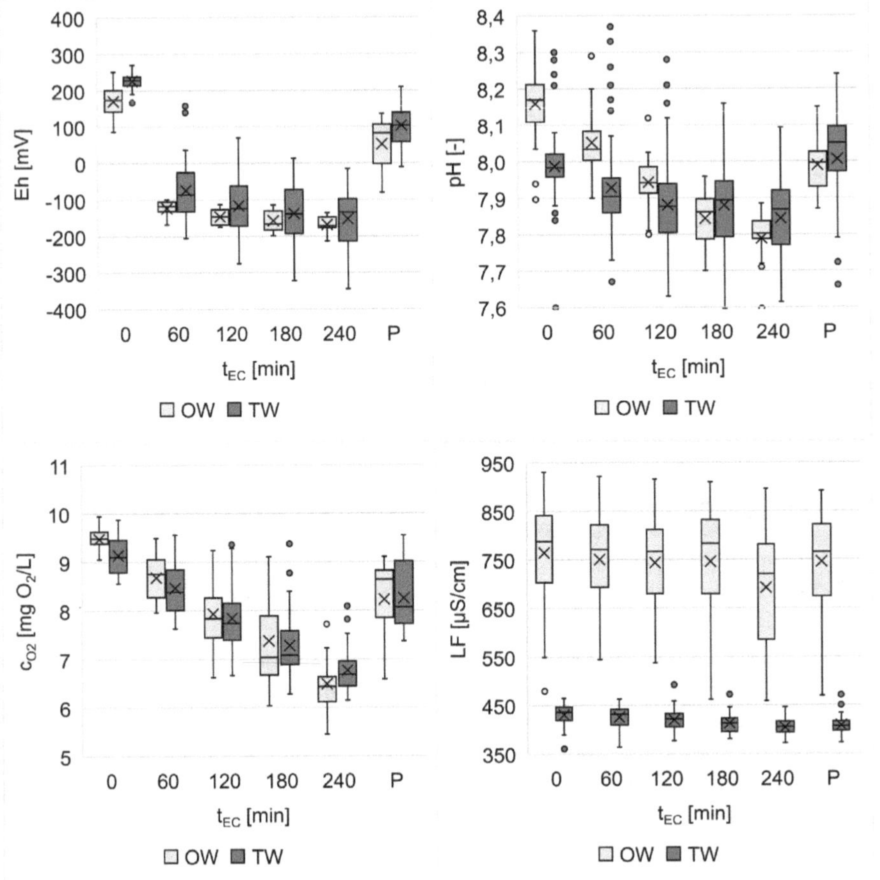

Abbildung 62: Änderung von chemisch-physikalischen Rohwasserparametern (TW bzw. OW) im Verlauf der Elektrolyse (t_{EC} = 0 min bis 240 min) sowie am Ende der Ultrafiltration im Permeat (P) in allen EC-ULPUF-Versuchen (vgl. Anhang 66).

Auswirkung von ULPUF

Die Auswertung der Messdaten verdeutlicht, dass die Niederdruck-Membranfiltration aufgrund der spezifischen Betriebsweise der Anlage und damit einhergehender langer Filtrationszeiten einen starken Einfluss auf die chemisch-physikalischen Parameter des behandelten Wassers besitzt.

Da der Rohwassereintrag in die ULPUF-Einheit im freien Wasserstrahl erfolgt, findet während der Filtration ein Gasaustausch mit der Umgebungsluft statt, es kommt zu Ausgasung von elektrochemisch erzeugtem Wasserstoff und dem Eintrag von Luftsauerstoff. Außerdem wird Luftsauerstoff durch die Diffusion über die Wasseroberfläche im Permeatbehälter eingetragen. Am Ende der Filtrationszeit beträgt die **Sauerstoffkonzentration** im Permeat im Mittel etwa 8,3 mg O_2/L für OW und TW und liegt deutlich höher als die O_2-Messwerte nach der EC.

Auch die **Redox-Spannung** liegt nach der ULPUF-Einheit deutlich im oxidativen Bereich und beträgt im Mittel Eh = 50 mV im OW und Eh = 100 mV im TW. Ferner erholt sich auch der **pH-Wert** und beträgt im Mittel etwa 8,0 im OW und TW. Allerdings besitzen die beschriebenen Vorgänge im Verlauf der Ultrafiltration keinen relevanten Einfluss auf die Ionenkonzentration des Wassers, sodass die Messwerte der **elektrischen Leitfähigkeit** im Permeat im gleichen Bereich wie direkt nach der Elektrokoagulation vorliegen.

4.3.2.3 Trübung und Absetzverhalten von Elektrokoagulationsschlamm

Die Trübung des Wassers stellt im EC-ULPUF-Verfahren einen wichtigen Betriebsparameter dar und darf im Permeat einen Wert von 1,0 NTU nicht überschreiten. Die Verteilung der Trübungsmesswerte im Rohwasser, im Rohwasser nach dem Vorgang der Elektrokoagulation sowie im Permeat am Ende der Behandlung ist in Abbildung 63 dargestellt.

Das Oberflächenwasser weist eine deutlich höhere Feststoffbelastung (vgl. AFS-Gehalt in Abbildung 61) und folglich auch höhere Trübungswerte als Trinkwasser auf. Die Messwerte schwanken stark zwischen 2,0 NTU und 77 NTU. Der Median der Verteilung liegt bei 3,7 NTU und der Mittelwert beträgt 7,7 NTU. Die Trübung bei der Befüllung des Rohwasserbehälters mit Trinkwasser ist erwartungsgemäß kleiner als 1,0 NTU.

Während der Elektrolyse werden Metallionen in die Lösung freigesetzt, die im Wasser Metalloxohydroxide bilden und im neutralen pH-Wert-Bereich als feine suspendierte Feststoffe ausfallen. Dieser Prozess führt zu einer kontinuierlichen Erhöhung der Trübung des Wassers im Verlauf der Elektrolyse. Eine zusammenfassende Auswertung aller EC-ULPUF-Versuchsdaten zeigt einen mittleren Trübungsanstieg zum Ende der EC-Behandlung im OW auf 26 NTU und im TW auf 10 NTU (vgl. Abbildung 63, mittig).

Der Trübungsanstieg im Verlauf der Elektrolyse ist direkt proportional zur Auflösung der Anode und maßgeblich von den Betriebseinstellungen der Elektrolysezelle, insbesondere der Stromdichte und Behandlungszeit, abhängig (vgl. Kapitel 2.5.3).

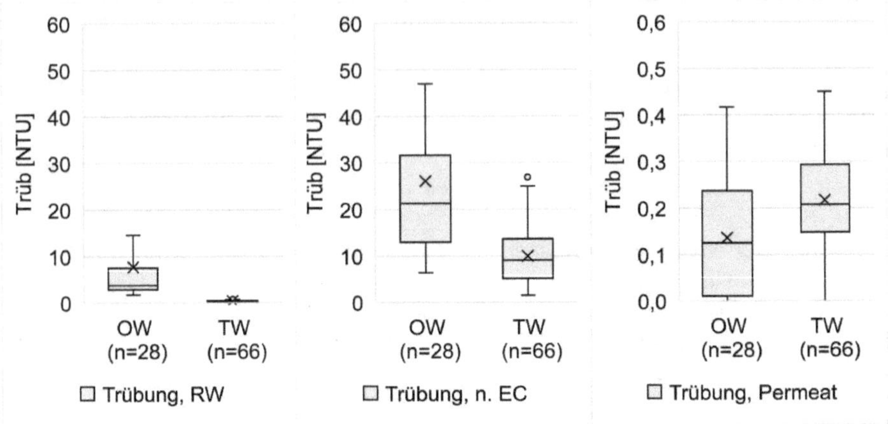

Abbildung 63: Verteilung der Trübungsmesswerte im Rohwasser (links), im Rohwasser nach Elektrokoagulation (mittig) und im Permeat bei EC-ULPUF-Untersuchungen mit Oberflächenwasser bzw. Trinkwasser (vgl. Anhang 67).

Nach einer Elektrolysezeit von zwei Stunden mit der MP-S4-Elektrodenschaltung bei einer Stromdichte von 5,1 A/m² findet ein Trübungsanstieg im Trinkwasser auf 8,0 NTU und bei einer Stromdichte von 6,8 A/m² auf 10,8 NTU statt; nach einer Behandlung des TW mit der MP-S6-Elektrodenschaltung mit einer Stromdichte von 9,1 A/m² über zwei Stunden steigt die Trübung im TW auf einen Wert von 12,5 NTU an (vgl. Abbildung 64).

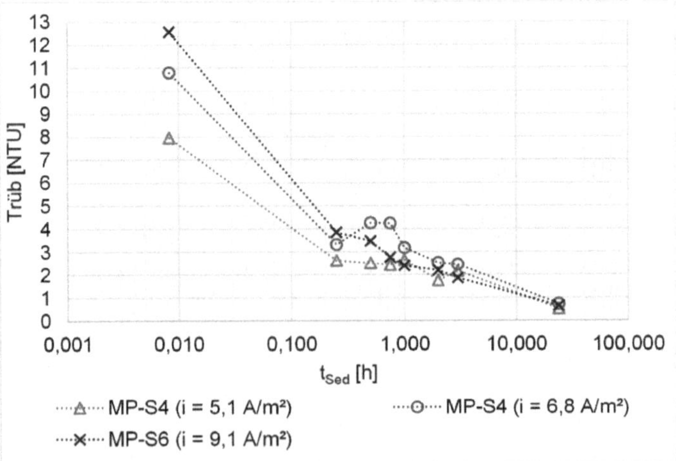

Abbildung 64: Änderung der Trübung in Abhängigkeit von der Absetzzeit im TW nach einem Elektrokoagulationsvorgang von zwei Stunden mit MP-S4 bei i = 5,1 A/m² und 6,8 A/m² sowie MP-S6 bei i = 9,1 A/m².

Eine ausführliche Datenauswertung und Diskussion zum Trübungsanstieg im Verlauf der Elektrolyse im Zusammenhang mit der elektrochemischen Aluminiumfreisetzung ist in Kapitel 4.3.7 zu finden.

Im vorgestellten EC-ULPUF-Verfahren werden im Betrieb der EC-Zelle relativ geringe Stromdichten zwischen etwa 1,0 A/m² und 9,5 A/m² erreicht. Im Vergleich werden in wissenschaftlichen Studien EC-Reaktoren mit Stromdichten bis 180 A/m² betrieben (vgl. Kobya et al. 2011). Folglich werden im dargestellten Verfahren vermehrt kleinere Flocken mit kompakter Struktur erzeugt (vgl. Harif und Adin 2011) und es findet keine Elektroflotation statt (vgl. Kapitel 2.5.3).

Die Sedimentationsversuche zur Untersuchung des Absetzverhaltens vom EC-Schlamm (vgl. Abbildung 64) zeigen, dass der Trübungswert des behandelten Überstandswassers innerhalb weniger Minuten um das Drei- bis Vierfache des Ursprungswertes abnimmt und schon nach 15 Minuten Absetzzeit bei allen untersuchten Betriebsvarianten zwischen 2 NTU und 4 NTU liegt. Anschließend nimmt die Trübung sehr langsam ab und der Wert von 1,0 NTU wird erst nach etwa 20 Stunden bis 24 Stunden Absetzzeit erreicht. Die schnelle Anfangsreduktion der Trübung erfolgt aufgrund einer raschen Sedimentation von großen Metalloxohydroxidflocken am Ende des Elektrolysevorganges. Die kleinen Flocken besitzen schlechtere Sedimentationseigenschaften, bleiben lange in der Schwebe und brauchen deutlich länger zum Absetzen.

Eine vollständige und sichere Entfernung arsenbeladener Flocken ohne lange Sedimentationszeiten wird im vorgestellten EC-ULPUF-Verfahren mittels Ultrafiltration gewährleistet.

In Abbildung 63 (rechts) ist die Verteilung der Trübungswerte im Permeat der ULPUF-Einheit am Ende des Filtrationsvorganges dargestellt. Die Filtrationszeit betrug je nach Filtrationsleistung der ULPUF-Einheit zwischen vier Stunden und acht Stunden. Alle Trübungsmesswerte liegen unabhängig von der Rohwasserqualität und der Trübungserhöhung in Folge der Elektrokoagulation deutlich unter einem Wert von 1,0 NTU, weisen auf einen vollständigen Rückhalt arsenbeladener Metalloxohydroxidflocken hin und erfüllen die Vorgabe der Trinkwasserverordnung (2019) bezüglich des Trübungsgrenzwertes.

4.3.3 Leistungsfähigkeit der EC-Zelle

4.3.3.1 Zusammenhang zwischen elektrochemisch freigesetztem Aluminium und Arsenkonzentration während EC

Im Betrieb der EC-Zelle findet elektrochemische Freisetzung von Aluminiumionen statt, die umgehend als Aluminiumoxohydroxide ausfallen und durch die nachgeschaltete ULPUF-Einheit vollständig aus dem Wasser entfernt werden. Die Gesamteffizienz der EC-ULPUF-Anlage hängt vom Wirkungsgrad beider Anlagenkomponenten ab. In Abbildung 65 ist die Messwertverteilung der gelösten und gesamten Aluminiumkonzentration im

Rohwasserbehälter im Verlauf der Elektrokoagulation und im Permeat am Ende der Ultrafiltration dargestellt.

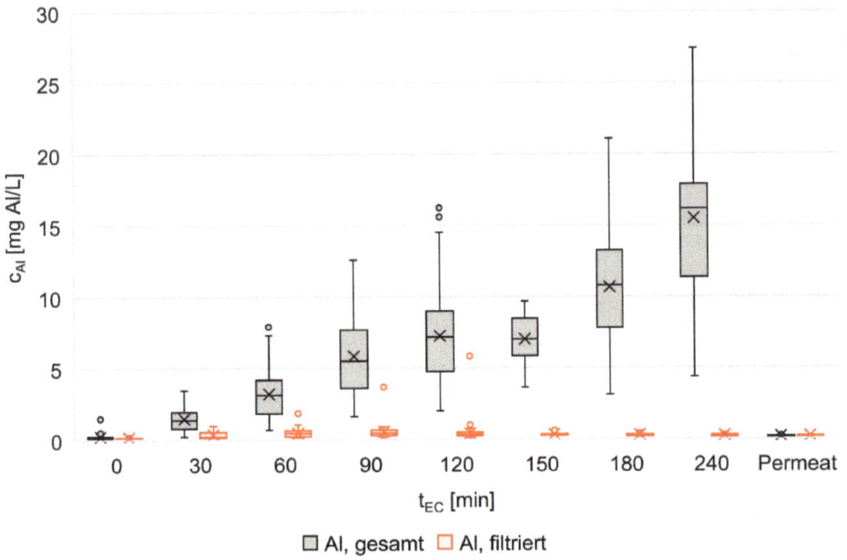

Abbildung 65: Messwertverteilung gesamter und gelöster Aluminiumkonzentration im Rohwasserbehälter während der Elektrokoagulation und im Permeat am Ende der Ultrafiltration in der gesamten EC-ULPUF-Versuchsreihe (vgl. Anhang 68).

Deutlich erkennbar ist der Anstieg der gesamten Aluminiumkonzentration während der Elektrolyse, die auf eine elektrochemische Auflösung der Aluminiumanode zurückzuführen ist. Wie in Kapitel 2.5.2 erläutert, hängt die Effizienz der Aluminiumfreisetzung von verschiedenen Betriebsparametern ab, sodass eine breite Streuung der gemessenen Aluminiumkonzentrationen in Abbildung 65, je nach untersuchter Elektrodenschaltung, Stromdichte, Rohwasserqualität etc., zu beobachten ist. Die freigesetzten Aluminiumionen fallen nahezu vollständig als Aluminiumoxohydroxide aus, sodass die gelöste Aluminiumkonzentration während der Elektrolyse auf demselben Niveau, im Mittel unter 0,2 mg Al/L, bleibt. Die nachgeschaltete ULPUF führt zur vollständigen Entfernung von Aluminiumoxohydroxid-Flocken, daher liegen im Permeat ausschließlich die gelösten Aluminiumverbindungen vor.

Die Arsenentfernung mittels Elektrokoagulation mit Aluminiumelektroden findet vorrangig durch die Adsorption der Arsenmoleküle an unlösliche Aluminiumoxohydroxid-Verbindungen bzw. durch den Einbau in die Flockenstruktur statt (vgl. Kapitel 2.5.5). Folglich ist die Arsenentfernung direkt von dem Gehalt an elektrochemisch freigesetztem Aluminium abhängig.

Es ist wichtig anzumerken, dass der Begriff „Arsenentfernung", gemäß der rezipierten Literatur (vgl. Kapitel 2.5), bei einer ausschließlichen Betrachtung der Elektrokoagulation (ohne Feststofftrennung), die Überführung der gelösten in die partikulär gebundene Arsenform beschreibt und demzufolge die prozentuale Differenz zwischen der gelösten bzw. der gesamten Arsenkonzentration zum Beginn und der gelösten Arsenkonzentration (hier gemäß DIN 38409-2 (1987) mit 0,45 µm filtrierte Probe) zum Ende des EC-Vorganges darstellt. Die gesamte Arsenkonzentration nach der EC-Behandlung ohne Feststofftrennung ist identisch mit der Rohwasserkonzentration.

Die tatsächliche Entfernung der partikulär gebundenen Arsenverbindungen aus dem Wasser erfolgt in dem vorgestellten EC-ULPUF-Verfahren mittels Ultrafiltration und wird in Kapitel 4.3.4 ausführlich behandelt.

In Abbildung 66 ist die Konzentration an gelöstem As(III) und As(V) im Rohwasserbehälter in Abhängigkeit vom Aluminiumgehalt im Trink- und Oberflächenwasser im Verlauf der Elektrokoagulation für alle EC-ULPUF-Versuche mit einer Anfangskonzentration bis 110 µg As/L dargestellt. Aus Übersichtsgründen werden Versuche mit einer Anfangskonzentration über 110 µg As/L nicht abgebildet, die Zusammenhänge sind jedoch identisch und können dem Anhang dieser Arbeit (Kapitel 8.6) entnommen werden.

Die dargestellten Messwerte entstammen den Wasserproben aus dem Rohwasserbehälter im Verlauf der Elektrokoagulation. In diesem Fall bleibt die gesamte bzw. nicht filtrierte Arsenkonzentration (c_{As}) im EC-Betrieb im Wasser konstant, wogegen der Gehalt an gelöstem Arsen ($c_{As,f}$) aufgrund der Adsorption an bzw. des Einbaus in die Aluminiumoxohydroxidflocken kontinuierlich abnimmt.

Wie in Kapitel 4.3.2 aufgeführt, bestimmt die **Rohwasserzusammensetzung** die Effizienz der Arsenentfernung mittels Elektrokoagulation. Die Versuche mit Trinkwasser weisen im Vergleich zu Versuchen mit Oberflächenwasser eine geringere Streuung der Messwerte und eine etwas bessere Entfernung von As(V) bei gleicher Aluminiumkonzentration auf.

In Abbildung 66 ist ein klarer Unterschied im **Verhalten von gelöstem As(III) und As(V)** erkennbar. Diese Feststellung gilt unabhängig von der Rohwasserqualität gleichermaßen für Versuche mit Trink- und Oberflächenwasser.

Der Gehalt an gelöstem As(V) nimmt mit einer Zunahme der Aluminiumkonzentration exponentiell ab. Hingegen zeigt As(III) eine deutlich geringere Affinität zu elektrochemisch erzeugtem Aluminiumoxohydroxid und bleibt auch bei sehr hohen Aluminiumkonzentrationen im Wasser gelöst.

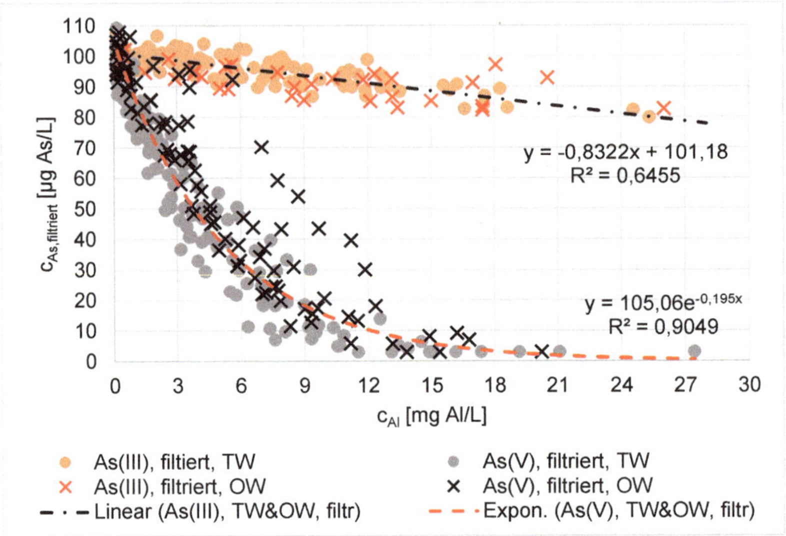

Abbildung 66: Zusammenhang zwischen dem Aluminiumgehalt und dem Gehalt an gelöstem As(III) sowie As(V) im Rohwasserbehälter mit TW und OW im Verlauf der Elektrokoagulation für alle EC-ULPUF-Versuche mit einer Anfangskonzentration bis 110 µg As/L.

Eine statistische Datenauswertung ergibt für As(III) und As(V) im OW und TW eine stark negative Korrelation zum Aluminiumgehalt mit einem F_{krit}-Wert, der deutlich unter 1,0 % bei einer hohen Prüfgröße F von 27 bis 440 liegt.

Folglich kann für die Abnahme der gelösten **As(V)-Konzentration** ($c_{As(V),f}$ in [µg As/L]) im Verlauf des EC-Betriebs mit Oberflächen- und Trinkwasser in Abhängigkeit von elektrochemisch freigesetztem Aluminium (c_{Al} in [mg Al/L]) vereinfacht folgender Zusammenhang aufgestellt werden:

$$c_{As(V),f} = c_{As(V),0} \cdot e^{(-0{,}195 \cdot c_{Al})} \tag{100}$$

Bzw. bei der Betrachtung des Al-Konzentrationsbereiches bis 10 mg Al/L in linearer Form:

$$c_{As(V),f} = -9{,}4 \cdot c_{Al} + c_{As(V),0} \tag{101}$$

Demzufolge können im Verlauf der Elektrokoagulation etwa 9,4 µg As(V) an 1,0 mg elektrochemisch freigesetztem Aluminium adsorbiert werden. Das Al/As-Verhältnis beträgt demnach ca. 107 und ist vergleichbar mit den Literaturbefunden, wie beispielsweise in Kobya et al. (2011) beim Betrieb einer EC-Zelle mit Aluminiumelektroden im Labormaßstab. In der Studie von Kobya et al. (2011) schwankt das Al/As-Verhältnis in Abhängigkeit von den Betriebseinstellungen (insbesondere Stromdichte und Behandlungszeit) zwischen 69 und 122.

Des Weiteren kann die Abnahme der gelösten **As(III)-Konzentration** ($c_{As(III),f}$ in [µg As/L]) im Verlauf des EC-Betriebs mit Oberflächen- und Trinkwasser in Abhängigkeit von elektrochemisch freigesetztem Aluminium (c_{Al} in [mg Al/L]) im Verlauf der Elektrokoagulation vereinfacht wie folgt beschrieben werden:

$$c_{As(III),f} = c_{As(III),0} \cdot e^{(-0{,}01 \cdot c_{Al})} \tag{102}$$

Bzw. in linearer Form:

$$c_{As(III),f} = -0{,}83 \cdot c_{Al} + c_{As(III),0} \tag{103}$$

Demnach können im Verlauf der Elektrokoagulation ca. 0,83 µg As(III) an 1,0 mg elektrochemisch freigesetztem Aluminium adsorbiert werden. Das entspricht einem Al/As-Verhältnis von etwa 1.200. Demzufolge wird in den vorliegenden Versuchen bei der Behandlung des As(III)-haltigen Rohwassers mittels Elektrokoagulation eine 12-fach höhere Menge an Aluminium als bei der Behandlung des As(V)-haltigen Rohwassers benötigt. Dieser Befund bestätigt die Erkenntnisse aus der im Rahmen dieser Arbeit rezipierten Literatur hinsichtlich einer schlechten Leistungsfähigkeit der Elektrokoagulationsanlagen bei der Entfernung von As(III) im Vergleich zu As(V) (vgl. Kapitel 2.5.4 und Kapitel 2.5.5).

4.3.3.2 Leistungsvergleich der untersuchten Elektrodenschaltungen

Gesamtübersicht

Die elektrochemisch freigesetzte Aluminiummenge und somit die Reduktion an gelöstem Arsen ist von den gewählten Betriebseinstellungen der EC-Zelle abhängig (vgl. Kapitel 2.5.2 und Kapitel 2.5.3). In den nachfolgenden Diagrammen (Abbildung 67) erfolgt eine zusammenfassende grafische Darstellung der Abhängigkeit der Aluminiumfreisetzung bzw. der Reduktion an gelöstem As(III) und As(V) von der verwendeten Elektrodenschaltung (MP-P, MP-S2, MP-S4 und MP-S6) und der Stromdichte der EC-Zelle über zwei Stunden Betriebszeit.

Die dargestellten Versuche erfolgten mit Trinkwasser mit einer mittleren Arsenanfangskonzentration von 100 µg As/L, um den Einfluss schwankender Zusammensetzung von Oberflächenwasser auszuschließen. Weiterhin wurde der Elektrodenabstand von 8 mm beibehalten und die EC-Behandlungszeit auf zwei Stunden festgelegt. Jede Versuchseinstellung wurde mindestens in einem Doppelversuch untersucht, in Abbildung 67 findet die Darstellung der Mittelwerte statt. Die Versuche bei der Betriebsstromstärke von 2,8 A fanden aufgrund schlechter Ergebnisse in Bezug auf die Aluminiumproduktion bei MP-P und aufgrund sehr hoher elektrischer Leistungsaufnahme von MP-S6 nur mit MP-S2 und MP-S4 statt, diese Zusammenhänge werden im Weiteren ausführlich besprochen.

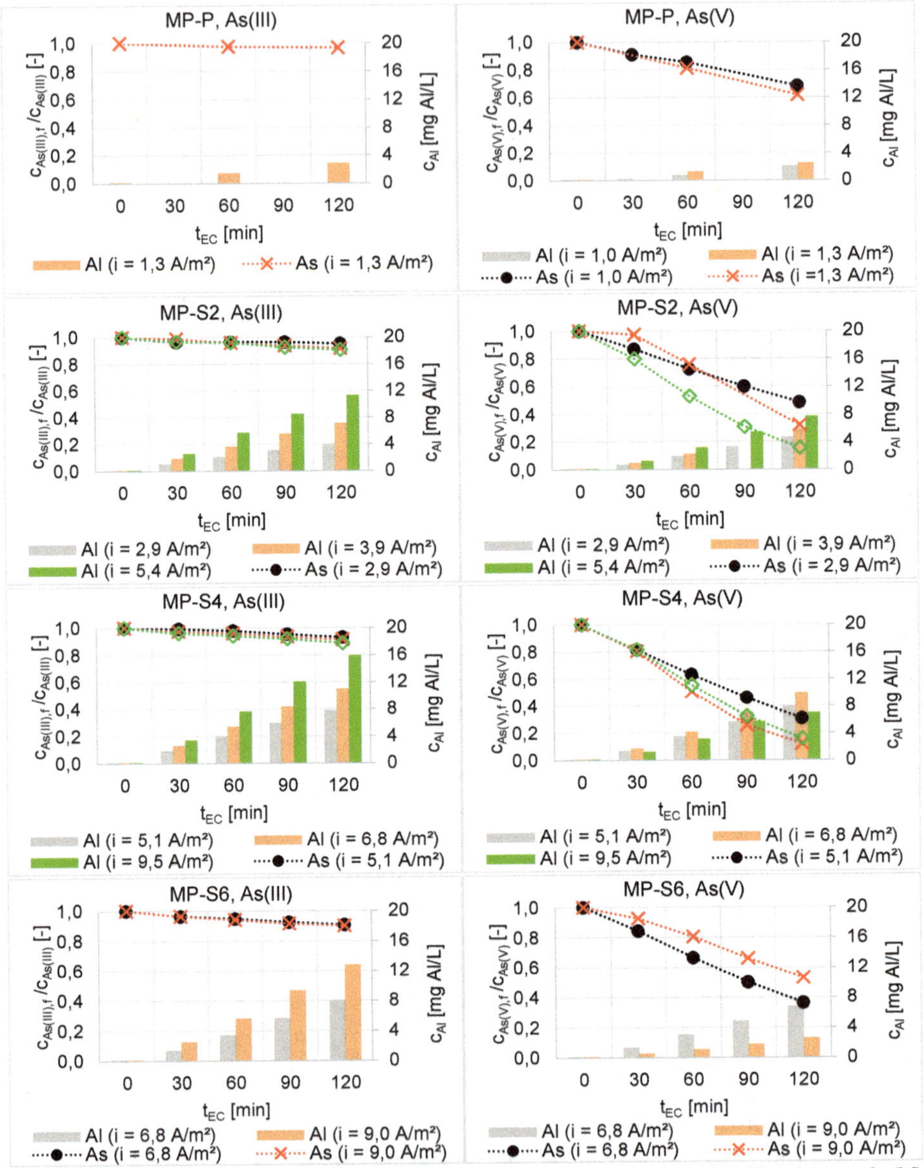

Abbildung 67: Aluminiumfreisetzung und Reduktion an gelöstem As(III) (links) bzw. As(V) (rechts) im Trinkwasser in Abhängigkeit von Elektrodenschaltung der EC-Zelle bei einem Elektrodenabstand von d_E = 8 mm bei variabler Betriebsstromstärke bzw. Stromdichte.

Die Auswertung der Ergebnisse bestätigt die in Kapitel 4.3.3.1 aufgezeigten Unterschiede zwischen der As(III)- und As(V)-Reduktion in Abhängigkeit vom freigesetzten Aluminium.

Bei allen untersuchten Varianten findet eine stabile Reduktion der gelösten As(V)-Konzentration von 30 % bis unter 93 % in Abhängigkeit von der gewählten Betriebseinstellung statt, wogegen die As(III)-Konzentration nach zwei Stunden Elektrolyse um maximal 13 % (MP-S4, i = 9,5 A/m²) reduziert werden kann.

Im Weiteren erfolgt die Auswertung der Versuche und der Vergleich untersuchter Betriebsvarianten der EC-Zelle anhand von Stromdichte, Ladungsdosis, Elektrolyseeffizienz, elektrischer Leistungsaufnahme sowie spezifischer Aluminiumfreisetzung und Arsenentfernung.

Stromdichte und Ladungsdichte

Die **Stromdichte** (i in [A/m²]) ist einer der wichtigsten Betriebsparameter im Elektrokoagulationsprozess (vgl. Kapitel 2.5 sowie Jiménez et al. 2012 und Kobya et al. 2020). Die Erhöhung der Betriebsstromstärke führt zur Erhöhung der Stromdichte und somit zum Anstieg der elektrochemisch freigesetzten Aluminiummenge und damit der entfernten Arsenmenge. Die Darstellung der Aluminiumfreisetzung und Arsenreduktion in Abhängigkeit von der Betriebsstromstärke (1,5 A; 2,0 A; 2,8 A) kann Anhang 57 (Kapitel 8.13) entnommen werden.

Die Stromdichte kann neben der Änderung der Betriebseinstellungen der Spannungsquelle und der aktiven Elektrodenoberfläche durch die Wahl der Elektrodenschaltung beeinflusst werden. Bei gleicher Betriebsstromstärke im galvanostatischen Betrieb (Konstanthalten der Stromstärke durch die Anpassung der Klemmenspannung) weist die MP-S-Schaltung im Vergleich zur MP-P-Schaltung eine höhere Stromdichte durch die Reihenschaltung der Unterzellen auf. Die Erhöhung der Anzahl der Opferelektroden von zwei bei MP-S2 zu vier bei MP-S4 und sechs bei MP-S6 führt zu einer weiteren Erhöhung der Stromdichte. Diese Zusammenhänge wurden bereits in Kapitel 3.2.2.3 erläutert und die berechneten Stromdichten für die untersuchten Elektrodenschaltungen in Tabelle 25 aufgeführt.

Die Darstellung der Abhängigkeit der stündlichen Aluminiumfracht ($B_{Al,EC}$ in [g Al/h]) von der Stromdichte findet sich in Abbildung 68. Die Standardabweichungen der Messwerte sind als Fehlerbalken angegeben.

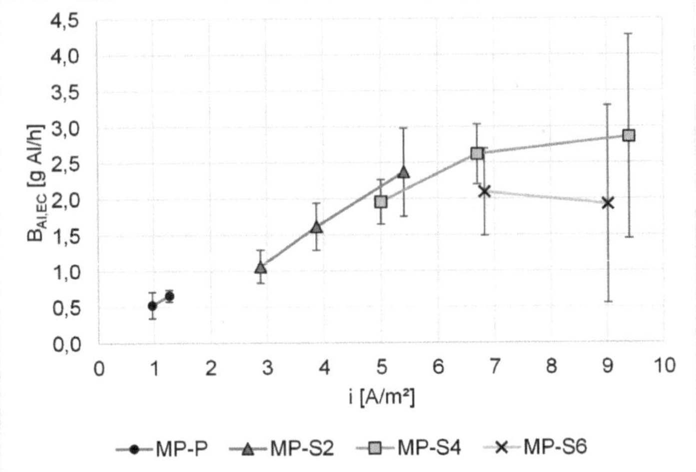

Abbildung 68: Aluminiumfracht in Abhängigkeit von der Stromdichte für verschiedene Elektrodenschaltungen (d_E = 8 mm) bei Untersuchungen mit Trinkwasser (inkl. Standardabweichung der Messwerte).

Obwohl, wie in Kapitel 2.5.2 aufgeführt, mit zunehmender Stromstärke bzw. Stromdichte die elektrochemisch generierte Aluminiumfracht der EC-Zelle linear ansteigen müsste, ist dies nicht in allen untersuchten Fällen gegeben. Der Verlauf der elektrochemisch generierten Aluminiumfracht der EC-Zelle weicht mit zunehmender Stromdichte bzw. mit steigender Anzahl an in Reihe geschalteten Unterzellen zunehmend von der zu erwartenden Leistungsfähigkeit der untersuchten Elektrodenschaltungen ab. Insbesondere die MP-S6-Schaltung zeigt eine deutlich schlechtere Leistung als bei den hohen errechneten Stromdichten theoretisch zu erwarten wäre. Die Aluminiumfracht der EC-Zelle mit MP-S6 bei i = 9,0 A/m² ist teilweise schlechter als bei i = 6,8 A/m². Zudem nimmt die Streuung elektrochemisch generierter Aluminiumfrachten deutlich zu, folglich ist die Leistungsfähigkeit der EC-Zelle nicht stabil.

Des Weiteren, kann, wie in Kapitel 2.5.2 aufgeführt, der Vergleich verschiedener EC-Reaktoren mittels Parameter **Ladungsdosis** (q in [C/L] bzw. [(A·s)/L]) erfolgen. Die Abhängigkeit der Aluminiumfreisetzung ($B_{Al,EC}$ in [mg Al/min]) von der auf die Elektrolysezeit bezogenen Ladungsdosisrate (dq/dt in [C/(L·min)]) kann Anhang 58 (Kapitel 8.14) entnommen werden.

Es ist festzuhalten, dass MP-S2 und MP-S4 im Bereich von 0,5 C/(L·min) bis 0,7 C/(L·min) ähnlich gute Ergebnisse mit Aluminiumfrachten von 35 mg Al/min bis 45 mg Al/min zeigen und teilweise höhere Aluminiumfreisetzung als MP-S6 mit deutlich höherer Ladungsdosisrate ergeben. Ferner führt der MP-P-Betrieb aufgrund geringerer Ladungsdosisrate von etwa 0,2 C/(L·min) bei den festgelegten Betriebseinstellungen zu sehr niedrigen Aluminiumfrachten von ca. 10 mg Al/min.

Die beschriebenen Zusammenhänge spiegeln sich in der Arsenreduktion wider (vgl. Abbildung 67). Der abflachende Verlauf der Aluminiumfracht bei steigender Ladungsdosisrate (Anhang 58) ähnelt dem Verlauf der Aluminiumfracht in Abhängigkeit von der Stromdichte (Abbildung 68) und ist vor allem auf den Einfluss der die Elektrodenpassivierung zurückzuführen. Diese Zusammenhänge werden in Kapitel 4.3.3.5 ausführlich erläutert.

Elektrolyseeffizienz

Die Effizienz der Elektrolyse (C_E) wird aus dem Verhältnis experimentell ermittelter zu theoretischer Metallfreisetzung berechnet (vgl. Kapitel 2.5.2). Die Elektrolyseeffizienz für die untersuchten Elektrodenschaltungen ist in Abbildung 69 dargestellt.

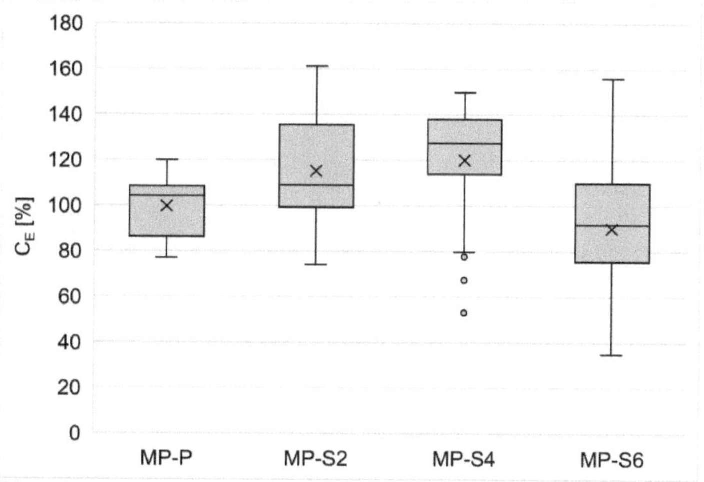

Abbildung 69: Elektrolyseeffizienz verschiedener Elektrodenschaltungen mit d_E = 8 mm im Trinkwasser (vgl. Anhang 74).

Es ist erkennbar, dass der Median der Elektrolyseeffizienz von MP-P (104 %), MP-S2 (109 %) und MP-S4 (127 %) sowie einige Werte von MP-S6 über 100 % betragen. Folglich kann die EC-Zelle mehr Aluminium freisetzen als theoretisch, mit dem Faradayschen Gesetz berechnet, möglich wäre. Dieser Befund bestätigt die Erkenntnisse aus der rezipierten Literatur bezüglich einer hohen Elektrolyseeffizienz von Aluminiumelektroden, die bis 200 % betragen kann (vgl. Kapitel 2.5.3).

Insbesondere die MP-S2- und MP-S4-Elektrodenschaltungen zeigen hohe Elektrolyseeffizienzen mit 75 % aller Messwerte über C_E = 100 %. Allerdings schneidet MP-S4 mit einer Elektrolyseeffizienz von im Median 127 % etwas besser ab. Die höchste ermittelte Elektrolyseeffizienz der gesamten Versuchsreihe zeigt MP-S2 mit einem Wert von etwa 161 %.

Die geringste ermittelte Elektrolyseeffizienz der gesamten Versuchsreihe zeigt MP-S6 mit einem Wert von 35 %, auch im Median liegt die Elektrolyseeffizienz von MP-S6 mit im Median etwa 92 % unter dem gesamten Durchschnitt.

Elektrische Leistungsaufnahme

Die elektrische Leistungsaufnahme (P_{el} in [W]) der EC-Zelle hängt neben dem verwendeten Elektrodenmaterial und der Rohwasserqualität insbesondere von der Elektrodenschaltung und der Leistungsfähigkeit der Spannungsquelle ab. Die mittlere elektrische Leistungsaufnahme der EC-Zelle (inkl. Standardabweichung der Messwerte) in Abhängigkeit von der gewählten Elektrodenschaltung und Betriebsstromstärke ist in Abbildung 70 dargestellt.

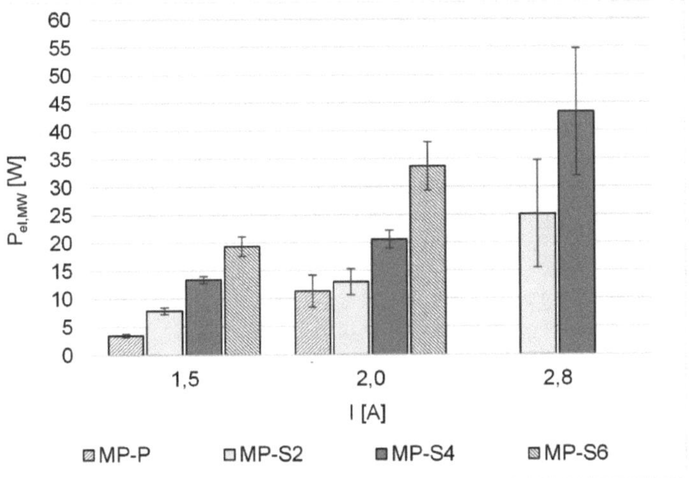

Abbildung 70: Mittelwert der elektrischen Leistungsaufnahme der EC-Zelle für verschiedene Elektrodenschaltungen (d_E = 8 mm) und Betriebsstromstärken im Trinkwasser (inkl. Standardabweichung der Messwerte).

Die im Rahmen dieser Arbeit gewählten Betriebseinstellungen (vgl. Kapitel 3.2.2.3) ermöglichen den Betrieb der Anlage bei einer geringen elektrischen Leistungsaufnahme. Die elektrische Leistungsaufnahme der EC-Zelle steigt im galvanostatischen Betrieb erwartungsgemäß mit der Erhöhung der Anzahl der in Reihe geschalteten Opferelektroden an. Die elektrische Leistungsaufnahme der EC-Zelle mit MP-S6 bei I = 2,8 A liegt über den festgelegten Rahmenbedingungen für die Leistungsfähigkeit der Energiequelle (vgl. Kapitel 3.2.2.3), sodass diese Versuche nicht stattfanden.

In Versuchen zeigt die MP-P-Elektrodenschaltung die geringste elektrische Leistungsaufnahme mit im Mittel P_{el} = 3,5 W bei I = 1,5 A. Die höchste elektrische Leistungsaufnahme der gesamten EC-ULPUF-Versuchsreihe wies die MP-S4-Elektrodenschaltung bei I = 2,8 A mit P_{el} = 84 W auf; im Mittel betrug die elektrische Leistungsaufnahme bei dieser Einstellung etwa P_{el} = 44 W.

Spezifische Aluminiumfreisetzung und Arsenentfernung

Um eine bessere Vergleichbarkeit verschiedener Varianten der EC-Schaltungen zu gewährleisten, erfolgt im Weiteren eine Gegenüberstellung der auf die verrichtete elektrische Arbeit der EC-Zelle bezogenen Größen: der elektrochemisch freigesetzten Aluminiumkonzentration und der entfernten As(III)- bzw. As(V)-Konzentration. Die Ergebnisse der Berechnung für die untersuchten Elektrodenschaltungen für den EC-Betrieb mit Trinkwasser bei einem Elektrodenabstand von 8 mm sind in Abbildung 71 dargestellt.

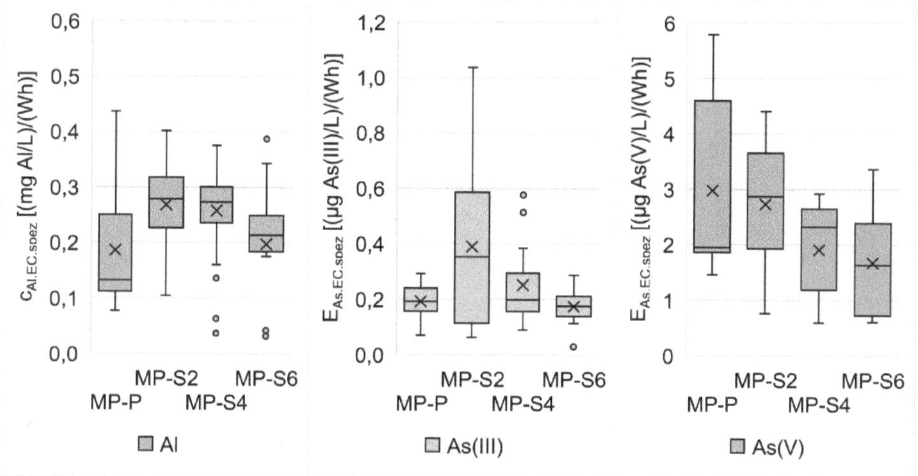

Abbildung 71: Aluminiumfreisetzung (links) und As(III)- bzw. As(V)-Entfernung (mittig und rechts) bezogen auf die verrichtete elektrische Arbeit der EC-Zelle für verschiedene Elektrodenschaltungen mit d_E = 8 mm im Trinkwasser (vgl. Anhang 70).

Die **spezifische Aluminiumfreisetzung** schwankt je nach Elektrodenschaltung im Bereich von 0,05 (mg Al/L)/(Wh) bis 0,45 (mg Al/L)/(Wh). MP-S2 und MP-S4 weisen im Mittel eine höhere spezifische Aluminiumfreisetzung als MP-P und MP-S6 auf.

Bei der **spezifischen As(III)-Entfernung** liegen die berechneten Werte bei allen Schaltungsvarianten im sehr niedrigen Bereich und betragen im Median mit Ausnahme von MP-S2 in etwa 0,2 (µg As(III)/L)/(Wh).

Hingegen ist die berechnete **spezifische As(V)-Entfernung** deutlich höher. Im Mittel zeigen MP-P und MP-S2 die höchsten Werte von ca. 3,0 (µg As(V)/L)/(Wh), wobei bei MP-P eine deutlich stärkere Schwankung der Werte zu beobachten ist.

Im Median erzielt die MP-S2-Schaltung mit $c_{Al,EC,spez}$ = 0,28 (mg Al/L)/(Wh) und $E_{As,EC,spez}$ = 0,35 (µg As(III)/L)/(Wh) bzw. 2,9 (µg As(V)/L)/(Wh) die besten Ergebnisse der Versuchsreihe.

Zusammenfassende Betrachtung

Die im Verlauf dieses Kapitels dargestellten Zusammenhänge geben eine gute Übersicht über die Leistungsfähigkeit der untersuchten Elektrodenschaltungen. In Tabelle 33 sind die Medianwerte aus der Auswertung der Elektrolyseeffizienz und der auf die verrichtete elektrische Arbeit der EC-Zelle bezogenen Größen zusammengestellt.

Tabelle 33: Zusammenfassung der Medianwerte zur Leistungsfähigkeit der EC-Zelle mit MP-P-, MP-S2-, MP-S4- und MP-S6-Schaltung mit d_E = 8 mm im Trinkwasser.

Parameter	MP-P	MP-S2	MP-S4	MP-S6
C_E in [%]	108	109	127	92
$c_{Al,EC,spez}$ in [(mgAl/L)/(Wh)]	0,13	0,28	0,28	0,21
$E_{As(III),EC,spez}$ in [(µgAs(III)/L)/(Wh)]	0,19	0,35	0,20	0,18
$E_{As(V),EC,spez}$ in [(µgAs(V)/L)/(Wh)]	1,95	2,87	2,32	1,63

Die Ergebnisse der Versuchsauswertung können wie folgt zusammengefasst werden:

- **Die MP-P-Schaltung** zeigt eine Elektrolyseeffizienz von im Median 108 % und die geringsten Schwankungen der Messwerte. Allerdings ist die Ladungsdosis dieser Schaltungsvariante durch die versuchstechnischen Einschränkungen der Energiequelle (vgl. Kapitel 3.2.2.3) im Vergleich zu anderen Varianten am niedrigsten. Dementsprechend ist die tatsächlich freigesetzte Aluminiumfracht bei den gewählten Betriebsstromstärken bzw. Stromdichten gering und die Auswertung spezifischer Größen ergibt eine geringere Leistungsfähigkeit der MP-P-Schaltung im Vergleich zu MP-S.
- **Die MP-S2- und MP-S4-Schaltungen** erzielen ähnlich gute Ergebnisse und heben sich an einigen Stellen deutlich von den beiden anderen untersuchten Elektrodenschaltungen ab. Beide Schaltungsvarianten weisen eine sehr hohe Elektrolyseeffizienz mit 75 % aller Messwerte über C_E = 100 % auf, wobei MP-S4 mit im Median C_E = 127 % etwas bessere Ergebnisse erzielt. Auch im Vergleich hinsichtlich spezifischer Aluminiumfreisetzung bzw. Arsenentfernung zeigen beide Schaltungsvarianten deutlich bessere Resultate als andere Elektrodenschaltungen. Bei einem direkten Vergleich zwischen MP-S2 und MP-S4 schneidet die MP-S2-Variante aufgrund höherer

spezifischer As(III)- und As(V)-Entfernung etwas besser ab und ist für einen Dauerbetrieb der EC-ULPUF-Anlage zu bevorzugen.

- **Die MP-S6-Schaltung** ermöglicht unter gegebenen Bedingungen die Einstellung von sehr hohen Stromdichten, allerdings weist diese Schaltungsvariante im Vergleich die schlechtesten Ergebnisse auf, da der negative Einfluss der Passivierungsschicht bei gewählten Betriebseinstellungen überwiegt (vgl. Kapitel 4.3.3.5). Neben einer schlechten Elektrolyseeffizienz zeigt MP-S6 eine sehr hohe elektrische Leistungsaufnahme und schneidet beim Vergleich spezifischer Größen ($c_{Al,EC,spez}$ und $E_{As,EC,spez}$) schlechter als MP-S2 und MP-S4 ab.

4.3.3.3 Auswirkung der Rohwasserqualität

Die Leistungsfähigkeit der Elektrokoagulationszelle hängt neben der Elektrodenschaltung stark von den Eigenschaften des Rohwassers ab (vgl. Kapitel 2.5). Insbesondere die chemisch-physikalischen Parameter wie die elektrische Leitfähigkeit oder der pH-Wert sowie die stoffliche Zusammensetzung des Rohwassers beeinflussen den Vorgang der Elektrokoagulation und müssen in der praktischen Anwendung berücksichtigt werden.

Im Rahmen dieser Arbeit wurden Versuche mit Trinkwasser und Oberflächenwasser unternommen. Die Unterschiede in den chemisch-physikalischen Parametern wurden in Kapitel 4.3.2 bereits besprochen. Die Versuche mit Trinkwasser fanden mit allen Elektrodenschaltungen statt und wurden in Kapitel 4.3.3.2 ausführlich erläutert. Die Versuche mit Oberflächenwasser fanden ausschließlich mit der MP-S2- und MP-S4-Elektrodenschaltung statt. Im Folgenden werden die Ergebnisse der Elektrokoagulation mit MP-S2 und MP-S4 mit Trink- und Oberflächenwasser bei einem Elektrodenabstand von 8 mm anhand von Elektrolyseeffizienz und spezifischer Aluminiumfreisetzung bzw. Arsenentfernung verglichen.

Elektrolyseeffizienz

In Abbildung 72 ist die Messwertverteilung der Elektrolyseeffizienz aus den Versuchen mit MP-S2 und MP-S4 mit Trinkwasser und Oberflächenwasser dargestellt.

> **Beide untersuchten Elektrodenschaltungen besitzen im Betrieb mit Oberflächenwasser eine geringere Elektrolyseeffizienz im Vergleich zum Betrieb mit Trinkwasser.**

Werden die Mediane der Zahlenverteilung verglichen, so sinkt die Elektrolyseeffizienz von MP-S2 im Oberflächenwasser um 13 % auf etwa C_E = 95 %, wogegen die Elektrolyseeffizienz von MP-S4 um 61 % auf C_E = 50 % fällt.

> **Der Einfluss der Rohwasserqualität auf die Elektrolyseeffizienz ist bei MP-S2 deutlich geringer als bei MP-S4.**

Dieser Unterschied kann durch eine stärkere Auswirkung der Elektrodenpassivierung bei der MP-S4-Schaltung begründet werden (vgl. Kapitel 4.3.3.5).

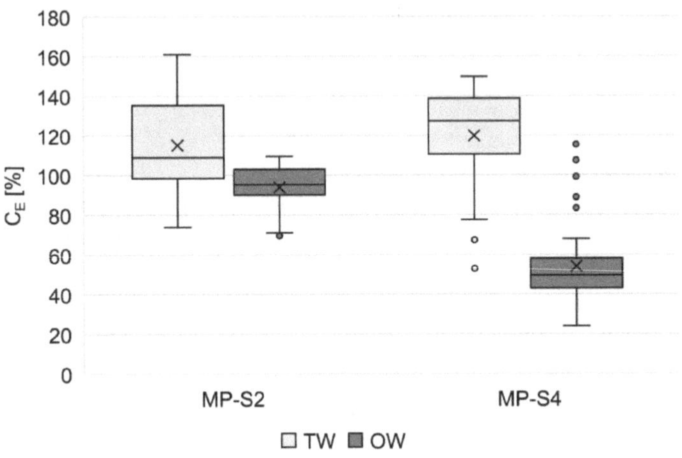

Abbildung 72: Elektrolyseeffizienz von MP-S2 und MP-S4 mit d_E = 8 mm im Trink- und Oberflächenwasser (vgl. Anhang 71).

Auswirkung chemisch-physikalischer Wasserparameter auf die Elektrolyseeffizienz

Im Weiteren fand die Überprüfung der chemisch-physikalischen Wasserparameter bezüglich ihrer Auswirkungen auf die Elektrolyseeffizienz statt. Hierbei wurden die Messdaten zum AFS-Gehalt, pH-Wert und der elektrischen Leitfähigkeit analysiert.

Die statistische Datenanalyse zur Abhängigkeit der Elektrolyseeffizienz von der Zusammensetzung des Rohwassers mittels F-Test ergibt für den **AFS-Gehalt** einen F_{krit}-Wert von 0,97 (Prüfgröße F = 0,001), der auf keinen statistischen Zusammenhang zwischen den beiden Größen hinweist. Folglich findet keine Beeinflussung der Elektrolyse durch hohe Feststoffgehalte von im Mittel 8 mg/L im Oberflächenwasser statt.

Ferner ist aus der im Rahmen dieser Arbeit rezipierten Literatur die **pH-Wert**-Abhängigkeit der Elektrolyse bekannt (vgl. Kapitel 2.5). Allerdings sind die pH-Wert-Schwankungen im Rohwasser bei den durchgeführten Untersuchungen gering (pH-Wert von 7,6 bis 8,4 vgl. Kapitel 4.3.2) und liegen im optimalen Betriebsbereich der Elektrokoagulation (vgl. Kapitel 2.5). Folglich fällt die tatsächliche pH-Wert-Auswirkung bei den durchgeführten EC-Untersuchungen vernachlässigbar gering aus.

Dieser Umstand wird durch die statistische Analyse der vorliegenden Messdaten auf die Abhängigkeit der Elektrolyseeffizienz von dem pH-Wert bestätigt. Der F-Test ergibt einen F_{krit}-Wert von 0,89 (Prüfgröße F = 0,02) bei den MP-S2 Untersuchungen und 0,18 (Prüfgröße F = 2,1) bei den MP-S4-Untersuchungen. Der F_{krit}-Wert liegt in beiden Fällen deutlich über dem Signifikanzniveau von α = 0,05 und weist auf keine statistisch relevante Abhängigkeit der Elektrolyseeffizienz von den geringen pH-Wert-Schwankungen des Rohwassers hin.

Des Weiteren stellt die **elektrische Leitfähigkeit** des Wassers einen wichtigen Prozessfaktor dar, der bei hohen Werten die Effizienz der Elektrolyse positiv beeinflusst (vgl. Kapitel 2.5.2). Allerdings sinkt die Elektrolyseeffizienz der MP-S2- sowie MP-S4-Schaltung im Oberflächenwasser im Vergleich zum Trinkwasser (vgl. Abbildung 72) trotz einer Verdoppelung der elektrischen Leitfähigkeit (vgl. Abbildung 61, Kapitel 4.3.2).

Dieser Effekt kann wie folgt begründet werden. Zwar bewirkt eine höhere elektrische Leitfähigkeit im OW eine Verringerung des Zellwiderstandes der EC-Zelle, allerdings wird dieser Effekt durch eine verstärkte Ausbildung der Passivierungsschicht bzw. eine Erhöhung des Zellwiderstandes übertroffen. Die statistische Auswertung der Elektrolyseeffizienz in Abhängigkeit von der elektrischen Leitfähigkeit im Oberflächenwasser zeigt einen F_{krit}-Wert von 0,49 (Prüfgröße F = 0,49) und weist auf keine statistisch relevante Abhängigkeit der beiden Größen hin.

Spezifische Aluminiumfreisetzung und Arsenentfernung

Des Weiteren ist in Abbildung 73 die Auswirkung der Rohwasserqualität auf die spezifische Aluminiumfreisetzung und Arsenentfernung bei MP-S2 und MP-S4 zu sehen.

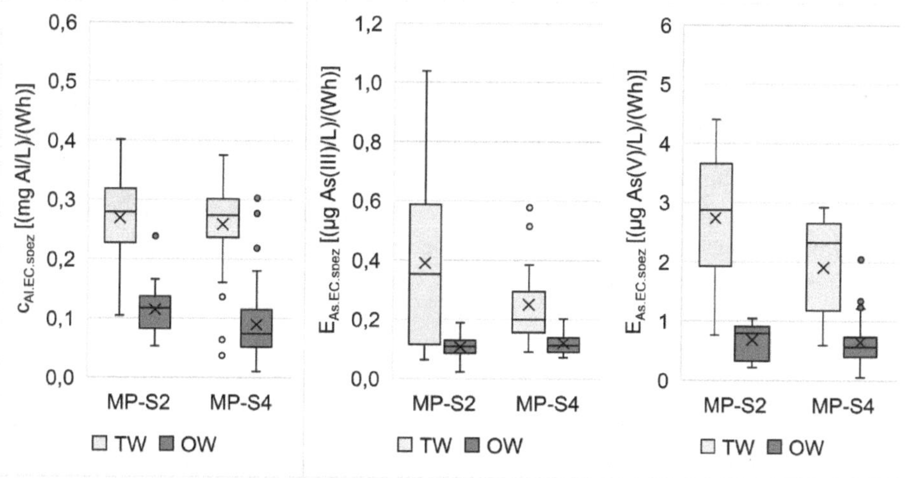

Abbildung 73: Aluminiumfreisetzung (links) und As(III)- bzw. As(V)-Entfernung (mittig und rechts) bezogen auf die verrichtete elektrische Arbeit der EC-Zelle für MP-S2 und MP-S4 mit d_E = 8 mm in Versuchen mit Trink- und Oberflächenwasser (vgl. Anhang 72).

Die Datenauswertung zeigt, dass die Behandlung vom Oberflächenwasser einen negativen Einfluss auf die Effizienz der Elektrolyse besitzt und die elektrochemische Aluminiumfreisetzung bzw. Arsenentfernung hemmt.

Deutlich erkennbar ist eine starke Abnahme der spezifischen Größen im EC-Betrieb mit Oberflächenwasser um etwa 60 % bis 70 %. Dabei schneidet die MP-S2-Schaltung etwas besser als die MP-S4-Schaltung ab. Die Unterschiede in der Leistungsfähigkeit von MP-S2 und MP-S4 in Abhängigkeit von der Rohwasserqualität sind in Tabelle 34 gegenübergestellt.

Tabelle 34: Zusammenfassung der Ergebnisse (Medianwerte) zur Leistungsfähigkeit der EC-Zelle mit MP-S2- und MP-S4-Schaltung mit d_E = 8 mm in Versuchen mit Trink- und Oberflächenwasser.

Parameter	**MP-S2**			**MP-S4**		
	TW	**OW**	**rel. Änderung [%]**	**TW**	**OW**	**rel. Änderung [%]**
C_E in [%]	109	95,3	12,6	127	49,6	61,1
$c_{Al,EC,spez}$ in [(mgAl/L)/(Wh)]	0,28	0,13	54,0	0,28	0,07	73,0
$E_{As(III),EC,spez}$ in [(µgAs(III)/L)/(Wh)]	0,35	0,11	69,5	0,20	0,11	43,8
$E_{As(V),EC,spez}$ in [(µgAs(V)/L)/(Wh)]	2,87	0,79	72,5	2,32	0,56	75,8

Es ist festzuhalten, dass die auf die geleistete elektrische Arbeit bezogene Aluminiumfreisetzung und Arsenentfernung bei den beiden untersuchten Elektrodenschaltungen bei der Behandlung von Oberflächenwasser im Mittel um 65 % geringer ist als bei der Behandlung von Trinkwasser.

Dieser Sachverhalt muss bei einer praktischen Anwendung der Elektrokoagulation zur Arsenentfernung aus Oberflächenwasser berücksichtigt werden. Als Gegenmaßnahmen wären z. B. die Erhöhung der Stromdichte oder der Elektrolysezeit denkbar.

4.3.3.4 Auswirkung des Elektrodenabstandes

Der Abstand zwischen den Elektroden in einer EC-Zelle stellt einen wichtigen Faktor dar, der eine direkt proportionale Beziehung zum Zellwiderstand besitzt und folglich einen großen Einfluss auf die Leistungsfähigkeit der Elektrokoagulation ausübt. Die Erhöhung des Abstandes zwischen den Elektroden führt zum Anstieg des Zellwiderstandes und folglich zu einer höheren Zellspannung (vgl. Kapitel 2.5.2). Ferner wird bei einem großen Elektrodenabstand der Ionentransport während des Elektrolysevorganges gehindert und die Elektrolyseeffizienz reduziert. Andererseits behindert ein zu kleiner Elektrodenabstand den Aufstieg von elektrochemisch erzeugten Gasblasen sowie den Flüssigkeitsaustausch im Reaktor und kann außerdem bei hohen Stromstärken zum elektrischen Kurzschluss führen.

Im Rahmen dieser Arbeit wurden zwei Elektrodenabstände (8 mm und 20 mm) überprüft. Die EC-Versuche mit einem Elektrodenabstand von 8 mm fanden mit allen Elektrodenschaltungen statt (vgl. Kapitel 4.3.3.2). Der Elektrodenabstand von 20 mm wurde ausschließlich mit MP-S2 und MP-S4 untersucht. Im Folgenden werden die Ergebnisse der Elektrokoagulation mit MP-S2 und MP-S4 im Trinkwasser bei einem Elektrodenabstand von 8 mm und 20 mm verglichen.

Elektrolyseeffizienz

In Abbildung 74 ist ein Vergleich der Elektrolyseeffizienz von MP-S2 und MP-S4 bei einem Elektrodenabstand von 8 mm und 20 mm dargestellt.

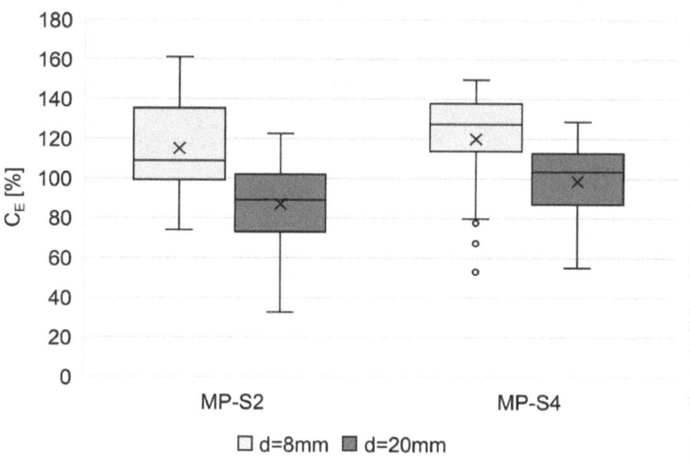

Abbildung 74: Elektrolyseeffizienz von MP-S2 und MP-S4 mit d_E = 8 mm bzw. 20 mm im Trinkwasser (vgl. Anhang 73).

Aus der Analyse der Medianwerte folgt, dass durch die Erhöhung des Abstandes zwischen den Elektroden auf 20 mm die Effizienz der Elektrolyse bei MP-S2 auf einen Wert von etwa C_E = 90 % und bei MP-S4 auf etwa C_E = 100 % reduziert wird.

Die Erhöhung des Elektrodenabstandes von 8 mm auf 20 mm führt bei den beiden untersuchten Elektrodenschaltungen zur Verringerung der Elektrolyseeffizienz um etwa 18 %.

Spezifische Aluminiumfreisetzung und Arsenentfernung

In Abbildung 75 sind die auf die verrichtete elektrische Arbeit der EC-Zelle bezogenen Größen, die elektrochemisch freigesetzte Aluminiumkonzentration und die entfernte Arsenkonzentration, im Betrieb mit MP-S2 und MP-S4 in Abhängigkeit vom Elektrodenabstand gegenübergestellt.

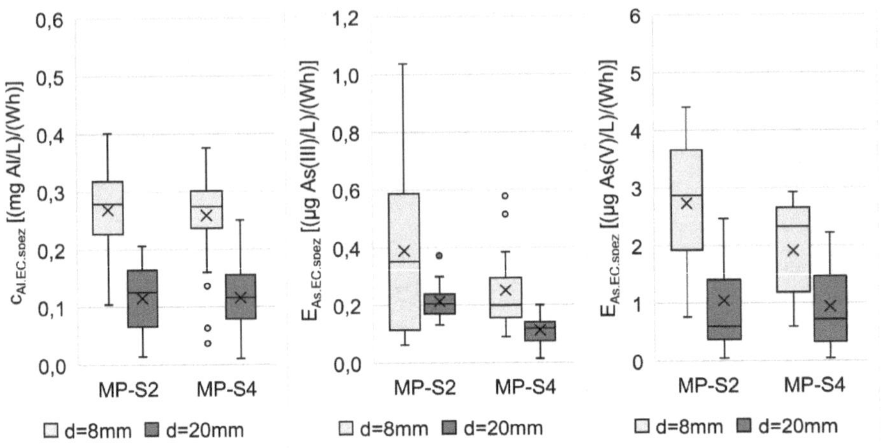

Abbildung 75: Aluminiumfreisetzung (links) und As(III)- bzw. As(V)-Entfernung (mittig und rechts) bezogen auf die verrichtete elektrische Arbeit der EC-Zelle für MP-S2 und MP-S4 mit d_E = 8 mm bzw. 20 mm im Trinkwasser (vgl. Anhang 74).

Die Versuche zeigen eine deutliche Abnahme der Leistungsfähigkeit der EC-Zelle aufgrund der Vergrößerung des Elektrodenabstandes von 8 mm auf 20 mm.

Beide Elektrodenschaltungen zeigen eine ähnliche Verringerung ihrer Leistungsfähigkeit durch die Vergrößerung des Elektrodenabstandes. Die spezifische Aluminiumfreisetzung bei der MP-S2-Schaltung fällt um ca. 55 % auf im Median 0,12 (mg Al/L)/(Wh) und bei der MP-S4-Schaltung um ca. 59 % auf im Median 0,11 (mg Al/L)/(Wh). Die geringere Aluminiumfreisetzung resultiert in einer Reduktion der spezifischen As(III)- sowie As(V)-Entfernung. Die Ergebnisse (Medianwerte) aus dem Vergleich der Leistungsfähigkeit der EC-Zelle mit MP-S2 und MP-S4 bei einem Elektrodenabstand von 8 mm bzw. 20 mm sind in der nachfolgenden Tabelle 35 zusammengefasst.

Tabelle 35: Zusammenfassung der Medianwerte zur Leistungsfähigkeit der EC-Zelle mit MP-S2- und MP-S4-Schaltung mit d_E = 8 mm bzw. 20 mm im TW.

Parameter	**MP-S2**			**MP-S4**		
	8 mm	**20 mm**	**rel. Änderung [%]**	**8 mm**	**20 mm**	**rel. Änderung [%]**
C_E in [%]	109,0	89,1	18,2	127,4	103,5	18,7
$c_{Al,EC,spez}$ in [(mgAl/L)/(Wh)]	0,28	0,12	55,1	0,27	0,11	58,8
$E_{As(III),EC,spez}$ in [(µgAs(III)/L)/(Wh)]	0,35	0,20	42,1	0,20	0,12	40,5
$E_{As(V),EC,spez}$ in [(µgAs(V)/L)/(Wh)]	2,87	0,59	79,3	2,32	0,72	69,1

4.3.3.5 Auswirkung der Elektrodenpassivierung

Elektrodenpassivierung

Für eine ausreichende Metallionen-Freisetzung im elektrolytischen Prozess ist eine entsprechende Menge an elektrischer Energie aufzubringen (vgl. Kapitel 2.5). Die hierfür benötigte Klemmenspannung setzt sich hauptsächlich aus der Zellspannung, der Mindestspannung für die chemische Stoffumsetzung (elektromotorische Kraft) sowie den Überspannungen an den Elektroden zusammen (vgl. Kapitel 2.5.2 sowie Teetz 2017).

Die Elektrodenpassivierung, also die Entwicklung von nicht bzw. gering leitenden, meist oxidischen Schichten auf Elektrodenoberflächen, führt zur Erhöhung der Überspannungen an Kathode und Anode und bei einem galvanostatischen Betrieb zum Anstieg der notwendigen Klemmenspannung. Daraus resultiert ein höherer Stromverbrauch von EC-Anlagen, was zu höheren Behandlungskosten führt.

Wie in Kapitel 2.5.3 erläutert, stellt die Ausbildung der Passivierungsschicht im Verlauf der Elektrokoagulation einen maßgeblichen Betriebsfaktor dar, der die Leistungsfähigkeit der Anlage negativ beeinflusst und gar zum Ausfall der EC-Zelle führen kann. Der Effekt der Elektrodenpassivierung ist im EC-Betrieb mit hohen Stromstärken sowie bei der Behandlung von Rohwasser mit einem höheren Kationengehalt (v. a. Ca^{2+}, Mn^{2+} etc.) besonders stark. Außerdem ist aus der im Rahmen dieser Arbeit rezipierten Literatur eine deutlich stärkere Passivierung von Aluminiumelektroden im Vergleich zu Eisenelektroden bekannt.

Beispielhaft ist in Abbildung 76 eine fortschreitende Passivierung der Elektrodenoberflächen der Elektrokoagulationszelle dargestellt. Deutlich sichtbar sind mineralische Ablagerungen auf den Elektrodenoberflächen. Die Dicke und Beschaffenheit (Dichte, Härte, Färbung etc.) der Ablagerungen ist abhängig von der Rohwasserqualität sowie den verwendeten Betriebseinstellungen, den Reinigungsintervallen und der Betriebsdauer der EC-Zelle. In den durchgeführten Untersuchungen betrug die Dicke der Ablagerungen teilweise über 3 mm. Die Färbung der Ablagerungen im Betrieb mit Trinkwasser ist eher weiß bis grau (vgl. Abbildung 76, links) und im Betrieb mit Oberflächenwasser eher gelb bis braun (vgl. Abbildung 76, rechts).

Im Verlauf der EC-ULPUF-Untersuchungen wurde das Gewicht der Passivierungsschicht nach einer Behandlung von 9,5 m³ arsenhaltigem Trinkwasser bestimmt. Hierzu wurden alle Elektrodenplatten der EC-Zelle ausgebaut und einer tiefgründigen mechanischen Reinigung mit einer Schleifmaschine unterzogen. Das Gewicht der Elektrodenplatten wurde vor und nach der Reinigung ermittelt, die Differenz ergibt dementsprechend das Gewicht der Passivierungsschicht. Nach 19 EC-ULPUF-Versuchen im Trinkwasser (9,5 m³ behandeltes Volumen) mit den Elektrodenschaltungen MP-S2, MP-S4 und MP-S6 bei variabler Betriebsstromstärke von I = 1,5 A, I = 2,0 A und I = 2,8 A und einem Elektrodenabstand von 8 mm entstand nach einer Gesamtbetriebszeit der EC-Zelle von 44 Stunden (überwiegend Versuche mit t_{EC} = 2 h) eine Passivierungsschicht von etwa 0,335 Kilogramm. Folglich kann die Geschwindigkeit der Elektrodenpassivierung bei einer periodischen Umpolung und einfacher händischer Reinigung der Elektroden (jeweils nach 0,5 m³ behandeltem Wasservolumen) auf etwa 7,6 g/h für die gesamte EC-Zelle abgeschätzt werden.

Abbildung 76: Fortschreitende Passivierung der Elektrodenoberfläche im Betrieb mit TW (links) und Entfernung der Passivierungsschicht im feuchten Zustand von einer ausgebauten Elektrode nach einem Dauerbetrieb im OW (rechts).

Reinigung der EC-Zelle

In der Literatur werden verschiedene Ansätze aufgeführt, die die Entstehung von Passivierungsschichten verhindern bzw. hemmen können (vgl. Kapitel 2.5.2). Die im Rahmen dieser Arbeit angewandten Methoden lauten wie folgt (vgl. Kapitel 3.2.2.3):

- **Eine Umpolung der Elektroden** wurde stets zwischen den einzelnen Versuchen bzw. bei jedem 0,5 m³ behandelten Rohwasser durch das Umschalten der Anschlüsse des Labornetzgerätes vorgenommen.
- **Eine einfache händische Reinigung** der Elektrodenoberflächen ohne Ausbau der EC-Zelle erfolgte durch das Abbürsten grober Ablagerungen mit einer Metallbürste bzw. einem an einer Stange befestigten Spachtel zum ersten Mal nach 61 Betriebsstunden der EC-Zelle und wurde anschließend bei jedem Versuch bzw. nach jeweils 0,5 m³ behandeltem Rohwasser durchgeführt.

- **Eine gründliche händische Reinigung** der Elektrodenoberflächen nach Ausbau der EC-Zelle mit einem Spachtel erfolgte zweimal im Verlauf der Untersuchungen, jeweils nach 61 und 85 Betriebsstunden der EC-Zelle.
- **Eine tiefgründige maschinelle Reinigung** nach Ausbau der EC-Zelle durch das Schleifen der Elektrodenoberflächen mittels einer elektrischen Schleifmaschine erfolgte zweimal im Verlauf der Untersuchungen, jeweils nach 105 und 149 Betriebsstunden der EC-Zelle.

In Abbildung 77 ist die Oberfläche einer fabrikneuen Aluminiumelektrode und einer Elektrode nach einem EC-Dauerbetrieb mit verschiedenen Reinigungsmaßnahmen sichtbar.

Abbildung 77: Neue Aluminiumelektrode (1) und eine Aluminiumelektrode nach einem Dauerbetrieb der EC-Zelle mit periodischer Umpolung und einfacher händischer Reinigung (2), nach einer gründlichen händischen Reinigung (3) und nach einer tiefgründigen maschinellen Reinigung (4).

Die Maßnahmen der periodischen Umpolung der Elektroden und der einfachen händischen Reinigung sind notwendig, um die Geschwindigkeit der Elektrodenpassivierung zu reduzieren.

Diese Maßnahmen sind mit geringem Aufwand und einfachen Mitteln (z. B. Abstreifen mit einer Metallbürste) umsetzbar, können jedoch die Entstehung der Passivierungsschichten nicht verhindern (vgl. Abbildung 77, (2)).

Händische Reinigung (einfach oder gründlich) erfolgt am einfachsten im feuchten Zustand, direkt nach der EC-Phase, solange keine Aushärtung der Deckschicht aus Kalk- bzw. Manganverbindungen und anderen organischen und anorganischen Ablagerungen stattgefunden hat. Bei der einfachen händischen Reinigung im EC-ULPUF-Verfahren kann dieser Vorgang direkt im Rohwasserbehälter ohne Verringerung der Ablaufqualität erfolgen, da die ULPUF-Einheit den vollständigen Rückhalt partikulärer Stoffe gewährleistet.

Der Vorgang einer gründlichen händischen Reinigung einer feuchten Passivierungsschicht nach Ausbau der EC-Zelle ist in Abbildung 76 (rechts) und das Ergebnis in Abbildung 77 (3) zu sehen. Diese Maßnahme führt zu einer starken Reduzierung der Passivierungsschicht, ist jedoch mit einem sehr hohen Aufwand verbunden, sodass beim Ausbau der Elektroden, wenn möglich, eine tiefgründige maschinelle Reinigung der Elektrodenoberflächen durchzuführen ist.

Eine tiefgründige maschinelle Reinigung ermöglicht eine vollständige Entfernung der Passivierung und die Wiederherstellung des Ausgangszustandes.

Im Rahmen dieser Arbeit wurde das Abschleifen der Elektrodenoberflächen mit einer Schleifmaschine unternommen, das Ergebnis ist in Abbildung 77 (4) zu sehen.

Auswirkung der Elektrodenpassivierung

Die Auswirkung der Elektrodenpassivierung auf die Elektrokoagulation kann durch die Gegenüberstellung der berechneten Zellspannung (η_{IR} in [V]) und der tatsächlich an der Spannungsquelle gemessenen Klemmenspannung ($U_{gemessen}$ in [V]) dargestellt werden. Die Zellspannung bzw. die Überspannung aus dem elektrischen Zellwiderstand ohne Elektrodenpassivierung kann aus dem Elektrodenabstand, der Elektrodenfläche, der Leitfähigkeit des Rohwassers sowie der Stromstärke an der EC-Zelle mittels Gl. (60) ermittelt werden.

In Abbildung 78 findet die Gegenüberstellung der berechneten Zellspannung und der tatsächlich an der Spannungsquelle gemessenen Spannung für die untersuchten Elektrodenschaltungen aller durchgeführter EC-Versuche statt. Zudem sind zwei markante Bereiche mit Abweichungen durch Leistungsbegrenzung der Energiequelle (A_2) und Ausfall von Unterzellen (A_1) dargestellt.

Die Schwankungen der berechneten η_{IR}-Werte bei sonst gleichbleibenden Betriebseinstellungen ergeben sich aus der betrieblichen Schwankung der Stromstärke um den Einstellungswert (vgl. Kapitel 3.2.2.3), aus der Schwankung der Leitfähigkeit des Rohwassers (vgl. Abbildung 61) sowie aus der Veränderung der Leitfähigkeit des Wassers während der Elektrolyse (vgl. Abbildung 62). Ein Anstieg der gemessenen Spannung bei sonst gleichbleibenden Betriebsbedingungen, wie beispielsweise sehr deutlich bei MP-P in Abbildung 78 erkennbar ist, stellt ein Indiz für die Ausbildung der Passivierungsschicht dar.

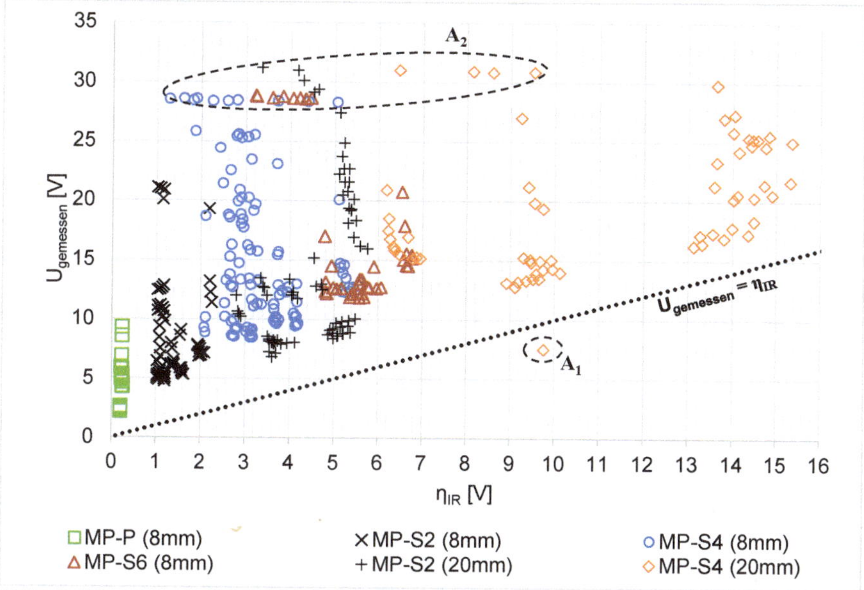

Abbildung 78: Gegenüberstellung gemessener Klemmenspannung ($U_{gemessen}$) und berechneter Zellspannung (η_{IR}) für alle EC-Versuche; zudem sind markante Abweichungen A_1 (Ausfall von Unterzellen) und A_2 (Bereich der Abweichungen durch Leistungsbegrenzung der Spannungsquelle) markiert.

Wie in Kapitel 2.5 erläutert, stellt die Summe der Überspannungen eine Schwelle dar, die überwunden werden muss, damit der Elektrolysevorgang ablaufen kann. In nahezu allen dargestellten Untersuchungen liegt die gemessene Spannung deutlich über der berechneten Zellspannung. Eine Ausnahme bildet ein Versuch mit MP-S4 bei d_E = 20 mm (vgl. umrandeter Bereich A_1 in Abbildung 78). Die Auswertung der Daten zeigt, dass die berechnete Zellspannung in diesem Versuch höher als die an der Spannungsquelle gemessene Spannung lag. In diesem Zustand wäre die zur Elektrolyse benötigte Spannung nicht ausreichend und daher kein Elektrolysevorgang möglich. Allerdings zeigen die Messwerte der Aluminium- und Arsenkonzentration für diesen Versuch einen stabilen Elektrolysevorgang auf (vgl. Anhang 47 v. a. V_{beh} = 31,5 m³). Folglich liegt die Vermutung nahe, dass durch die zunehmende Elektrodenpassivierung der Widerstand einzelner Unterzellen so stark erhöht worden ist, dass in diesen Unterzellen kein Stromfluss mehr stattfand. Daher entsprach der elektrische Stromkreis im Versuch nicht mehr der für die Berechnung der Überspannung angenommenen Anordnung der Zellwiderstände aus Tabelle 23 (vgl. Kapitel 3.2.2.3).

Der Mindestabstand von der Winkelhalbierenden bzw. die Mindest-Überspannung in Abbildung 78 variiert in Abhängigkeit von der Betriebsstromstärke und der Elektrodenschaltung der EC-Zelle. Werden verschiedene Elektrodenschaltungen bei gleicher Betriebsstromstärke gegenübergestellt, ergibt sich folgende Reihenfolge der Mindest-Überspannung:

- MP-S6 > MP-S4 > MP-S2 > MP-P

Abbildung 78 zeigt einen Spannungsanstieg in allen EC-Untersuchungen, der im galvanostatischen Betrieb auf die Passivierung der Elektroden zurückzuführen ist.

Ein starker Spannungsanstieg bzw. die Auswirkung der Passivierungsschicht zeigt sich bei allen MP-S-Elektrodenschaltungen und ist insbesondere bei MP-S4 und MP-S6 sowie im Betrieb mit einem größeren Elektrodenabstand hoch. Der Unterschied zum Anfangszustand beträgt teilweise über 20 V. Demgegenüber beträgt der Spannungsanstieg bei MP-P mit d_E = 8 mm maximal ca. 7 V.

Die Elektrodenpassivierung beeinflusst den EC-Prozess in Abhängigkeit von der Elektrodenschaltung unterschiedlich stark, da die Unterzellen je nach Schaltungsvariante parallel oder in Reihe verbunden sind (vgl. Tabelle 23 in Kapitel 3.2.2.3). Nimmt aufgrund der Elektrodenpassivierung bei einer reinen Parallelschaltung (MP-P) der Zellwiderstand zu, ist der Anstieg vom Gesamtwiderstand der EC-Zelle bei einer hohen Anzahl an einzelnen Unterzellen verschwindend gering. Andererseits führt der gleiche Anstieg des Zellwiderstands in einer Reihenschaltung (MP-S) zur Addition der in Reihe geschalteten Widerstände von Unterzellen und daher zu einem deutlich stärkeren Anstieg des Gesamtwiderstandes.

Die Passivierungsschicht führt zur Verringerung der Leistungsfähigkeit der Elektrokoagulation und zu einem erhöhten Energiebedarf, da der interne Zellwiderstand ansteigt und im galvanostatischen Betrieb zur Erhöhung der Zellspannung führt. Die Auswirkung der Passivierungsschicht auf die Aluminiumfreisetzung bzw. Arsenentfernung ist beispielsweise in Abbildung 67 (rechts, unten) in der deutlichen Abweichung der MP-S6-Kurve vom erwarteten Verlauf zu erkennen. Die Einstellung einer höheren Stromdichte sollte in einer höheren Aluminiumfreisetzung bzw. Arsenentfernung resultieren, dies erfolgt bei MP-S6 sowie teilweise bei MP-S4 jedoch nicht (vgl. Abbildung 68).

Ferner führt eine starke Elektrodenpassivierung bzw. Erhöhung des Zellwiderstandes bei einigen Betriebseinstellungen (vgl. eingekreister Bereich A_2 in Abbildung 78) zur Überschreitung des Leistungsbereiches der Energiequelle (vgl. Kapitel 3.2.2.3), sodass ein galvanostatischer Betrieb nicht mehr gewährleistet werden kann. Die gewählten Betriebsstromstärken und folglich die angestrebte Aluminiumfreisetzung wurden in diesen Versuchen nicht erreicht. Hierbei sind vor allem MP-S4, MP-S6 und teilweise MP-S2 mit einem Elektrodenabstand von 20 mm betroffen.

<u>Entwicklung der Passivierungsschicht über die Betriebsdauer der EC-Zelle</u>

Die EC-Zelle wurde insgesamt 285 Stunden betrieben. Im Verlauf des EC-Betriebes findet trotz einer periodischen Umpolung der Elektroden eine fortschreitende Passivierung und dementsprechend eine Zunahme der Überspannungen statt. In Abbildung 79 wird die Zunahme der Elektrodenpassivierung über die Betriebsdauer der EC-Zelle aus der Änderung der Differenz zwischen der tatsächlich gemessenen Klemmenspannung und der berechneten Zellspannung (Abstand zur Winkelhalbierenden in Abbildung 78) deutlich. Die Differenz ($U_{gemessen} - \eta_{IR}$) setzt sich aus der elektromotorischen Kraft und der Summe der Überspannungen, hauptsächlich Überspannungen an Anode und Kathode zusammen (vgl. Kapitel 2.5.2 sowie Teetz 2017).

Zudem ist in Abbildung 79 der mittlere Verlauf der Differenz in den Versuchen mit Trinkwasser und Oberflächenwasser abgebildet, und es sind die Reinigungsintervalle der EC-Zelle angegeben.

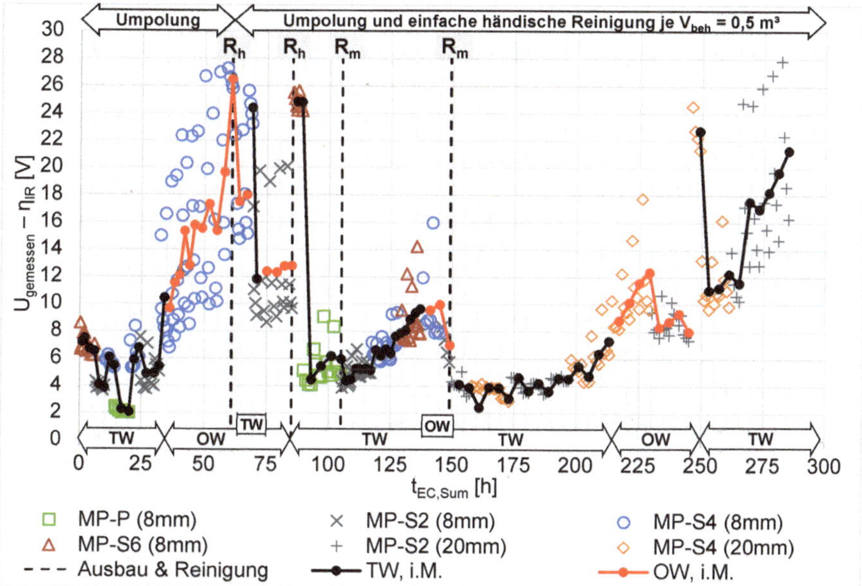

Abbildung 79: Änderung der Differenz zwischen gemessener Klemmenspannung und berechneter Zellspannung über die gesamte Betriebszeit der EC-Zelle mit verschiedenen Versuchseinstellungen sowie die Reinigungsintervalle der EC-Zelle (Ausbau der EC-Zelle und händische (R_h) bzw. tiefgründige maschinelle (R_m) Reinigung).

Während der ersten 61 Betriebsstunden erfolgte nach jeweils 0,5 m³ behandeltem Rohwasser ausschließlich eine **Umpolung der Elektroden** durch das Umschalten der Anschlüsse des Labornetzgerätes. Es fand keine mechanische Reinigung der EC-Zelle statt. In diesem Betriebsabschnitt führt die zunehmende Passivierung der Elektroden zu einem starken Anstieg der Überspannungen sowie einer großen Streuung der Messwerte und ist besonders im Betrieb mit Oberflächenwasser hoch.

In allen darauf folgenden Versuchen, ab $t_{EC,Sum}$ = 61 h, erfolgte nach jeweils 0,5 m³ behandeltem Rohwasser eine **Umpolung und eine einfache händische Reinigung** der EC-Zelle ohne Ausbau der Elektroden. Eine einfache händische Reinigung der Elektrodenoberfläche (Abbürsten mit einer Metallbürste) und eine Umpolung der Elektroden nach jedem Betriebsvorgang führen zu einer Reduzierung der Geschwindigkeit der Elektrodenpassivierung und zu einer geringeren Schwankung der Spannungswerte.

Ein kompletter Ausbau der EC-Zelle und eine Reinigung einzelner Elektrodenoberfläche fand im Verlauf der EC-Versuchsreihe viermal statt. Eine **gründliche händische Reinigung nach Ausbau der EC-Zelle** (R_h, vgl. Abbildung 79) erfolgte, wie in Abbildung 76 (rechts) zu sehen ist, mit einem Spachtel und wurde jeweils nach 61 und 85 Betriebsstunden der EC-Zelle durchgeführt. Beide Reinigungsvorgänge führen zu einer Reduzierung der Überspannungen. Allerdings kann die Passivierungsschicht nicht vollständig entfernt werden. Beispielsweise sind die Überspannungen im Betrieb mit MP-S6 bei d_E = 8 mm mit Trinkwasser auch nach der zweiten händischen Reinigung sehr hoch und führen zur Überschreitung des Leistungsbereiches der Energiequelle (vgl. eingekreister Bereich A_2 in Abbildung 78).

Eine **tiefgründige maschinelle Reinigung nach Ausbau der EC-Zelle** (R_m, vgl. Abbildung 79) erfolgte mit einer elektrischen Schleifmaschine und wurde jeweils nach 105 und 149 Betriebsstunden der EC-Zelle unternommen. Eine tiefgründige maschinelle Reinigung der Elektrodenoberflächen führt zu einer vollständigen Reduktion der Überspannungen zurück in den Ausgangszustand.

Beispielsweise betragen die Überspannungen mit MP-S2 bei $t_{EC,Sum}$ = 10 h, 105 h und 149 h jeweils etwa 4 V. Zudem ist nach der letzten mechanischen Reinigung eine sehr geringe Zunahme der Überspannungen in den ersten 40 bis 50 Betriebsstunden erkennbar.

Durch Umpolung entfernbarer und beständiger Anteil der Passivierungsschicht

Im ersten Versuchsabschnitt mit neuen Elektroden (bis $t_{EC,Sum}$ = 61 h) sowie nach jeder tiefgründiger maschineller Reinigung (R_m) ist nach einer bestimmten Betriebszeit der EC-Zelle eine zunehmende Streuung der Spannungswerte zu beobachten (vgl. Abbildung 79). Um dieses Phänomen genauer zu beschreiben, wird der letzte Versuchsabschnitt ($t_{EC,Sum}$ = 149 h bis 285 h) in der nachfolgenden Abbildung 80 gesondert dargestellt. Hierbei erfolgt die Darstellung der Überspannungen in der jeweils ersten und vierten Behandlungsstunde bei der Behandlung jedes 0,5 m^3 Rohwassers und der sich daraus ergebenden Differenzen.

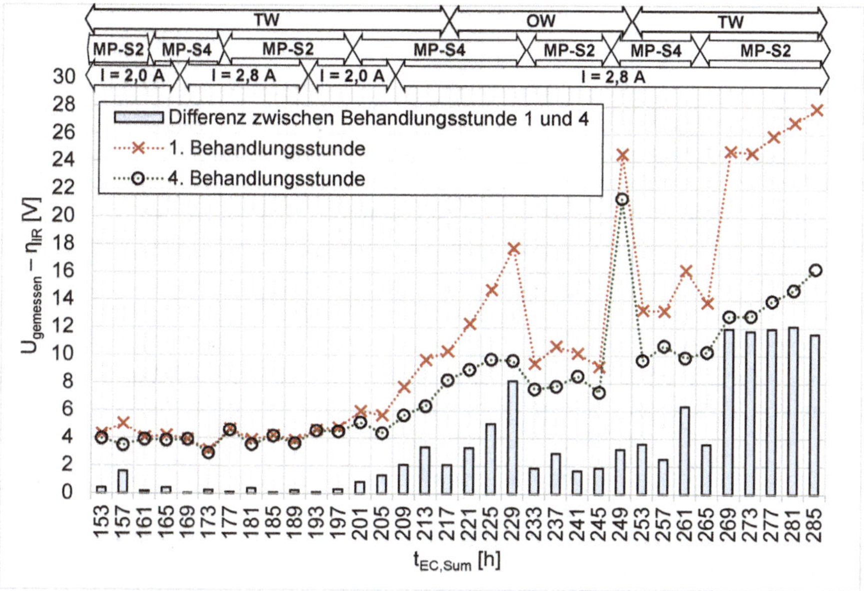

Abbildung 80: Überspannungen in der jeweils 1. und 4. Behandlungsstunde in jedem Versuch (je 0,5 m³ behandeltes Wasser) im Versuchsabschnitt $t_{EC,Sum}$ = 149 h bis 285 h nach tiefgründiger maschineller Reinigung der EC-Zelle im Betrieb mit MP-S2 bzw. MP-S4 mit d_E = 20 mm und t_{EC} = 4 h.

Nach der letzten durchgeführten tiefgründigen mechanischen Reinigung der EC-Zelle bei $t_{EC,Sum}$ = 149 h erfolgten ausschließlich Versuche mit MP-S2 und MP-S4 mit d_E = 20 mm und einer Elektrolysezeit von vier Stunden pro Versuch (je 0,5 m³ behandeltes Trink- bzw. Oberflächenwasser). In Abbildung 80 ist erkennbar, dass die Überspannungen im Verlauf jedes Versuches in den ersten 50 Betriebsstunden nach der maschinellen Reinigung der EC-Zelle, also im Zeitraum von **$t_{EC,Sum}$ = 149 h bis etwa $t_{EC,Sum}$ = 200 h**, nahezu unverändert bleiben. Auch die Differenz zwischen den Überspannungen in der ersten und in der letzten Behandlungsstunde im Verlauf der vierstündigen Elektrokoagulation, bei der Behandlung jedes 0,5 m³ Rohwassers, in den ersten zwölf Versuchen (insgesamt 6 m³ behandeltes Rohwasser) ist verschwindend gering.

Im weiteren Verlauf der Betriebszeit der EC-Zelle von **$t_{EC,Sum}$ = 200 h bis $t_{EC,Sum}$ = 285 h** (22 Versuche) steigen die Überspannungen sichtlich an. Zudem nimmt die Differenz zwischen den Überspannungen in der ersten und in der vierten Behandlungsstunde bei der Behandlung jedes 0,5 m³ Rohwassers zu. Die Überspannung und somit der elektrische Leistungsbedarf der EC-Zelle liegt zu Beginn der Behandlung deutlich höher als nach vier Stunden Betriebszeit. Beim letzten Versuch der gesamten Versuchsreihe ($t_{EC,Sum}$ = 285 h) beträgt die Differenz zwischen gemessener Klemmenspannung und berechneter Zellspannung zum Beginn der Behandlung etwa 28 V und sinkt nach vier Stunden Elektrolysezeit um etwa 40 % auf 16 V ab. Die Betriebsstromstärke bleibt hierbei konstant. Dementsprechend verringert sich die elektrische Leistungsaufnahme der EC-Zelle in diesem Versuch von ca. 80 W in der ersten Behandlungsstunde auf etwa 60 W nach vier Stunden Elektrolysezeit.

Die Abnahme der Überspannungen im Verlauf der Behandlung eines Batchvolumens im galvanostatischen EC-Betrieb bildet den Effekt der Entfernung der Passivierungsschicht durch periodische Umpolung der Elektroden ab.

Durch die Umpolung der Elektroden erfolgt die Umkehrung der elektrischen Ladung der Elektroden und somit eine teilweise Rücklösung entstandener Passivierungsschichten. Ähnliches Verhalten der Leistungsaufnahme der EC-Zelle wurde z. B. in Studien von Mouedhen et al. (2008) und García-Lara et al. (2014) beobachtet, jedoch verläuft die Absenkung der Spannung aufgrund deutlich höherer Stromdichten (i_A = 20 A/m² bei García-Lara et al. (2014), und i = 50 A/m² bei Mouedhen et al. (2008)) und evtl. geringerer Passivierungsgrade der Elektroden deutlich schneller und erreicht nach einigen Minuten einen konstanten Wert.

Ferner findet bei der Gesamtbetrachtung des Versuchsabschnittes von $t_{EC,Sum}$ = 200 h bis $t_{EC,Sum}$ = 285 h, trotz einer sichtbaren Entfernung von Passivierungsschichten durch die Umpolung der Elektroden, keine Absenkung der Überspannungen auf den Ausgangswert statt, sodass die Überspannungen im weiteren Betrieb der EC-Zelle weiterhin zunehmen und in einer höheren elektrischen Leistungsaufnahme der EC-Zelle resultieren.

Dieser Sachverhalt zeigt, dass sich die Passivierungsschicht bei den untersuchten Betriebseinstellungen anscheinend aus einem durch die Umpolung der Elektroden entfernbaren bzw. aktiven und einem beständigen bzw. inerten Anteil zusammensetzt.

Aus der statistischen Datenauswertung der in Abbildung 80 dargestellten Verläufe kann der Zuwachs an inertem bzw. durch Umpolung nicht entfernbarem Anteil der Passivierungsschicht nach etwa 50 Betriebsstunden der EC-Zelle nach einer tiefgründigen maschinellen Reinigung (ab etwa $t_{EC,Sum}$ = 200 h) für die untersuchten Betriebseinstellungen als Spannungsanstieg (ΔU_i in [V]) über die Betriebsdauer der EC-Zelle ($t_{EC,Sum}$ in [h]) mit folgender mathematischen Beziehung (R^2 = 0,83) abgeschätzt werden:

$$\Delta U_i = 0{,}11 \cdot t_{EC,Sum} \tag{104}$$

Wie aus dem Verlauf der Überspannungen in EC-Versuchen in der ersten Behandlungsstunde ab $t_{EC,Sum}$ = 200 h in Abbildung 80 zu erkennen ist, hängt der durch die Umpolung der Elektroden entfernbare Anteil der Passivierungsschicht von den Versuchseinstellungen (Rohwasserqualität, Elektrodenschaltung, Stromstärke) ab und unterliegt starken Schwankungen. Zu einer genauen mathematischen Beschreibung der Entwicklung des aktiven Anteils der Passivierungsschicht reicht die vorliegende Datengrundlage nicht aus, diese Zusammenhänge müssen in zukünftigen Studien geklärt werden.

4.3.3.6 Zusammenfassender Überblick zur Leistungsfähigkeit der EC-Zelle

Abschließend werden die Ergebnisse der Datenauswertung aller Betriebseinstellungen der EC-ULPUF-Anlage, jeweils als Mittelwert der Versuchsreihe geordnet nach der Reihenfolge der Versuchsdurchführung, in Abbildung 81 und Abbildung 82 zusammengestellt. Zudem sind die Versuchsabschnitte mit dem Elektrodenabstand von 8 mm bzw. 20 mm sowie die Reinigungsintervalle der EC-Zelle (tiefgründige maschinelle Reinigung) und die insgesamt behandelten Rohwassermengen gekennzeichnet. In Abbildung 81 findet sich die Darstellung der spezifischen, auf die verrichtete elektrische Arbeit der EC-Zelle bezogenen Aluminiumfreisetzung und der Arsenentfernung sowie der volumenbezogenen elektrischen Leistungsaufnahme.

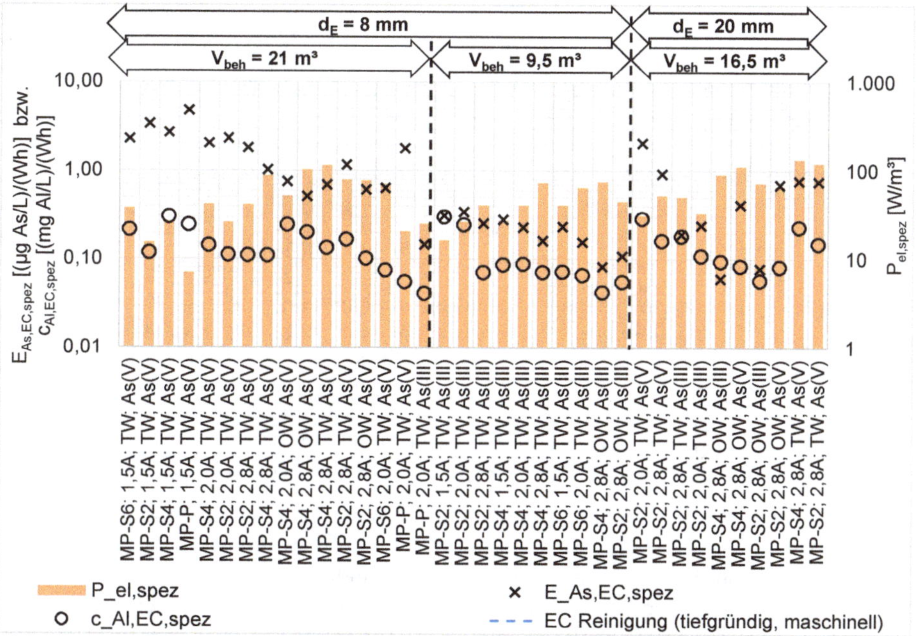

Abbildung 81: Spezifische Parameter der EC-Zelle: elektrische Leistungsaufnahme, Aluminiumfreisetzung und Arsenentfernung; jeweils als Mittelwert der Versuchsreihe geordnet nach der Reihenfolge der Versuchsdurchführung.

In Abbildung 82 erfolgt die Darstellung der gesamten Arsenkonzentration im Rohwasser, der gelösten Arsenkonzentration am Ende der Elektrokoagulation (mit 0,45 µm filtrierte Probe, wie in Kapitel 4.3.3.1 erläutert) sowie der für den jeweiligen Vorgang der Elektrokoagulation benötigten volumenbezogenen elektrischen Energie (C_{Energy} in [Wh/m³]).

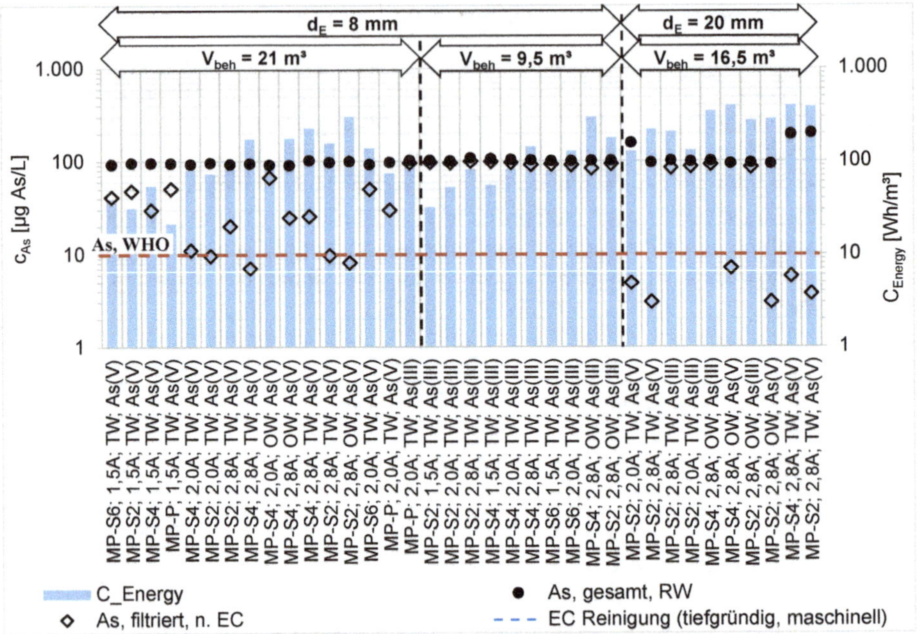

Abbildung 82: Arsenkonzentration im Rohwasser (gesamt) und nach der Behandlung mit EC (mit 0,45 µm filtriert) sowie die hierfür benötigte volumenbezogene elektrische Energie; jeweils als Mittelwert der Versuchsreihe geordnet nach der Reihenfolge der Versuchsdurchführung.

In diesem Abschnitt wird ausschließlich die **<u>Leistungsfähigkeit der EC-Zelle</u>** betrachtet (vgl. Kapitel 4.3.3.1 bis Kapitel 4.3.3.5), hierbei ergeben sich folgende Zusammenhänge:

- Im Allgemeinen kann für alle untersuchten Betriebsvarianten die Fähigkeit der betriebenen EC-Zelle zur **As(V)-Entfernung** als sehr gut bewertet werden. Hierbei kann eine maximale Reduktion gelöster Arsenkonzentration von $E_{As,EC}$ = 98,5 % erreicht werden. Die Arsenreduktion hängt direkt von der verrichteten elektrischen Arbeit ab und wird durch Elektrodenschaltung, Elektrodenabstand, Rohwasserqualität und Elektrodenpassivierung beeinflusst. In Abbildung 82 ist erkennbar, dass vor allem mit MP-S2 und MP-S4 die As(V)-Konzentration (<u>mit 0,45 µm filtrierte Probe</u>) unter den Grenzwert von 10 µg As/L reduziert werden kann. Diese Schaltungsvarianten heben sich auch bei der Betrachtung spezifischer Größen von den beiden anderen untersuchten Elektrodenschaltungen ab.
- **Die As(III)-Entfernung** mittels EC (<u>mit 0,45 µm filtrierte Probe</u>) betrug bei den untersuchten Betriebseinstellungen maximal $E_{As,EC}$ = 18 % bei MP-S2 (d_E = 20 mm; I = 2,8 A; C_{Energy} = 210 Wh/m³; TW) und ist als unzureichend zu bewerten.

- Im direkten Vergleich zwischen dem **EC-Betrieb mit Trink- und Oberflächenwasser** ist die Leistungsfähigkeit der EC-Zelle im Oberflächenwasser deutlich geringer. Die spezifische Aluminiumfreisetzung und Arsenentfernung nimmt im Betrieb mit Oberflächenwasser um etwa 65 % ab.
- Im Vergleich der **Leistungsfähigkeit der EC-Zelle mit unterschiedlichen Elektrodenabständen** liegt die elektrische Leistungsaufnahme der EC-Zelle mit 20 mm Elektrodenabstand im Mittel deutlich höher als bei dem Elektrodenabstand von 8 mm. Auch bei der spezifischen Arsenentfernung und der Aluminiumfreisetzung schneidet die EC-Zelle mit d_E = 8 mm im direkten Vergleich etwas besser ab. Allerdings wurde im Verlauf der Untersuchung deutlich, dass der Elektrodenabstand von 8 mm für einen Dauerbetrieb nicht geeignet ist. Eine einfache händische Reinigung der inneren Elektroden bei einer relativ großen Elektrodenoberfläche von 0,074 m^2 (vgl. Kapitel 2.5.4) und einem geringen Elektrodenabstand von 8 mm erwies sich als sehr umständlich, sodass für eine praktische Anwendung ein Elektrodenabstand von mindestens 20 mm, trotz einer geringeren Leistungsfähigkeit der EC-Zelle, empfohlen wird.
- **Die Elektrodenpassivierung** hat einen starken negativen Effekt auf die Elektrokoagulation. Mit zunehmender Betriebszeit nimmt die Passivierungsschicht zu und somit die Leistungsfähigkeit der EC-Zelle ab, hierbei werden alle Betriebsparameter beeinflusst. Die Geschwindigkeit der Ausbildung der Passivierungsschicht kann mittels periodischer Umpolung und einfacher händischer Reinigung der Elektroden reduziert werden. Ferner führt eine tiefgründige maschinelle Reinigung der Elektroden zu einer vollständigen Entfernung von Passivierungsschichten.
- **Die elektrische Leistungsaufnahme** der EC-Zelle hängt von den verwendeten Betriebseinstellungen ab und nimmt im Betrieb aufgrund der fortschreitenden Elektrodenpassivierung zu. Beispielsweise steigt die spezifische elektrische Leistungsaufnahme der EC-Zelle mit MP-S2 (d_E = 20 mm; I = 2,8 A; TW) von ca. 50 W/m^3 bei einer sauberen Elektrodenoberfläche auf etwa 120 W/m^3 durch Elektrodenpassivierung nach 130 Betriebsstunden.
- **Der volumenbezogene elektrische Energiebedarf** der EC-Zelle zur Reduktion der gelösten As(V)-Konzentration unter 10 µg As/L schwankt zwischen 73 Wh/m^3 mit MP-S2 (d_E = 8 mm; I = 2,0 A; $P_{el,spez}$ = 26 W/m^3; TW) bei $c_{As,RW}$ = 95 µg As(V)/L und 400 Wh/m^3 mit MP-S4 (d_E = 20 mm; I = 2,8 A; $P_{el,spez}$ = 134 W/m^3; TW) bei $c_{As,RW}$ = 195 µg As(V)/L.

Nach einer zusammenfassenden Bewertung ist die MP-S2-Elektrodenschaltung mit einem Elektrodenabstand von 20 mm für einen Dauerbetrieb der EC-Zelle zu bevorzugen.

Hierbei ist eine Reduktion der As(V)-Konzentration unter 10 µg As/L (filtrierte Probe) im Trinkwasser bzw. Grundwasser vergleichbarer Qualität unter folgenden Rahmenbedingungen möglich:

- Arsenkonzentration in Rohwasser: bis 300 µg As(V)/L
- Arsenreduktion: über 98 % bzw. unter 3 µg As(V)/L (filtrierte Probe)
- Betriebsstromstärke: mindestens 2,0 A, höhere Stromstärken sind zu bevorzugen
- Spezifische elektrische Leistungsaufnahme: $P_{el,spez}$ = 50 W/m³ (ohne Passivierung), $P_{el,spez}$ = 120 W/m³ (starke Passivierung)
- Elektrolysezeit: t_{EC} = 4 h
- Reinigungsvorgang: Umpolung und einfache händische Reinigung der Elektroden im Rohwasserbehälter nach jedem EC-Vorgang
- Bei starker Passivierung je nach Bedarf und Möglichkeit ein Ausbau und maschinelle Reinigung der Elektroden

4.3.4 Leistungsfähigkeit der EC-ULPUF-Anlage

4.3.4.1 Arsenentfernung der EC-ULPUF-Anlage

Gesamtübersicht

Die Leistungsfähigkeit der EC-ULPUF-Anlage bezüglich der Arsenentfernung ist maßgeblich von der Leistung der EC-Zelle abhängig. Im Betrieb der EC-Zelle findet die Auflösung der Anode und folglich die Erhöhung der Aluminiumkonzentration im Rohwasser statt. Beim Überschreiten der Löslichkeitsgrenze fallen die Aluminiumoxohydroxide aus und bilden Mikro- und Makroflocken. Die Ausbildung von Aluminiumoxohydroxidflocken während der Elektrokoagulation kann, wie in Kapitel 4.3.2.3 erläutert, anhand des Trübungsanstieges im behandelten Wasser messtechnisch erfasst werden.

Die im Rahmen dieser Untersuchungen festgelegten Betriebseinstellungen, v. a. der Aufbau der EC-Zelle und die verwendete Energiequelle resultieren in relativ geringen Stromdichten, die eher zur Ausbildung kleinerer Aluminiumoxohydroxidflocken mit kompakter Struktur führen (vgl. Harif und Adin 2011). Ferner ermöglichen die geringen Stromdichten keine Elektroflotation von entstehenden Aluminiumoxohydroxidflocken (vgl. Kapitel 2.5.3). Zudem weist der entstandene EC-Schlamm lange Absetzzeiten auf (vgl. Kapitel 4.3.2.3), sodass bei der Feststofftrennung mittels Sedimentation eine zusätzliche Dosierung von Fällmitteln notwendig wäre, wie beispielsweise in Amrose et al. (2014) die Dosierung von Aluminiumsalzen bei einer praktischen Umsetzung von EC zur Arsenentfernung aus Trinkwasser in Indien.

Dementsprechend stellt der Einsatz einer Ultrafiltrationsmembran zur Feststofftrennung eine sinnvolle verfahrenstechnische Lösung dar.

In Abbildung 83 ist der Trübungswert im Rohwasser (RW), am Ende der EC-Behandlung (EC) und am Ende der Ultrafiltration (EC-ULPUF) für alle durchgeführten EC-ULPUF-Versuche dargestellt.

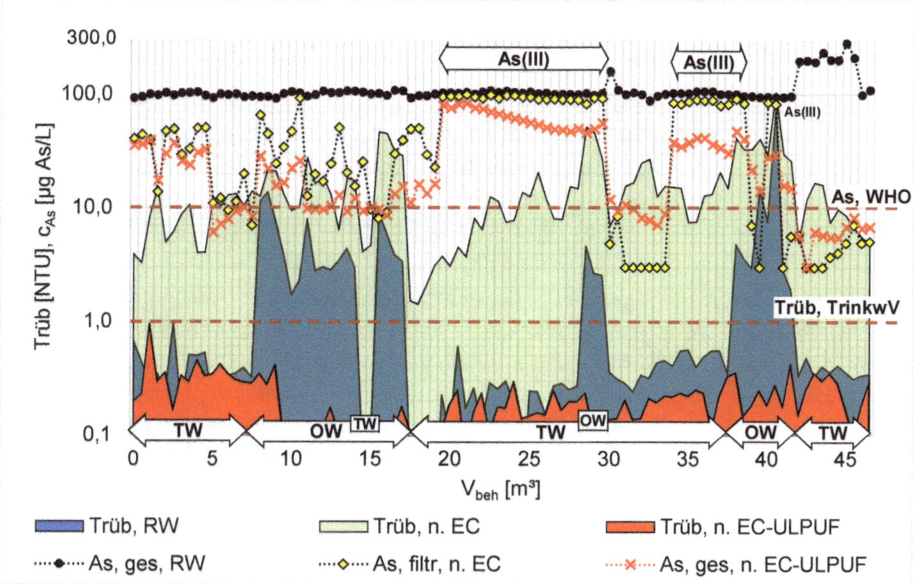

Abbildung 83: Trübung und die Arsenkonzentration im Rohwasser (OW bzw. TW), nach der Elektrokoagulation sowie nach der Ultrafiltration in der gesamten EC-ULPUF-Versuchsreihe; zudem sind As(III)-Versuche markiert, im Übrigen wurde As(V)-haltiges Wasser behandelt.

Der Trübungswert im Permeat am Ende der EC-ULPUF-Behandlung liegt immer unter 1,0 NTU (im Median bei 0,2 NTU), dementsprechend findet durch die ULPUF-Einheit ein vollständiger Rückhalt von Aluminiumoxohydroxidflocken statt.

Gelöste Arsenverbindungen werden an der oxidischen Oberfläche der Flocken adsorbiert bzw. in die entstehende Flockenstruktur eingebunden und somit in die ungelöste Form überführt (vgl. Kapitel 2.4.1 und Kapitel 2.5.5). In Abbildung 83 ist der Gehalt an Arsen im Rohwasser (homogene Probe), am Ende der EC-Behandlung (filtrierte Probe, 0,45 µm) sowie am Ende der Ultrafiltration (homogene Probe) über den Verlauf aller EC-ULPUF-Versuche dargestellt.

Wie in Kapitel 4.3.3 erläutert und in Abbildung 83 zu sehen ist, findet während der Elektrokoagulation ein deutlicher Rückgang der gelösten Arsenkonzentration statt. An dieser Stelle ist wichtig zu ergänzen, dass die gesamte Arsenkonzentration (Arsenkonzentration in unfiltrierter Probe) im Reaktor am Ende der EC-Behandlung unverändert bleibt. Die tatsächliche

Arsenentfernung im vorgestellten EC-ULPUF-Verfahren findet durch den Rückhalt der arsenbeladenen Aluminiumoxohydroxidflocken durch die Ultrafiltration statt.

Arsenentfernung am Ende der EC und nach der ULPUF

Des Weiteren ist in Abbildung 83 ein Unterschied in der Arsenkonzentration am Ende der EC (filtrierte Probe) und nach der gesamten EC-ULPUF-Behandlung sichtbar. Dieser Unterschied ist teilweise auf unterschiedliche Porendurchmesser der Filter zurückzuführen. Bei der Probennahme am Ende des EC-Vorganges wurde ein Filter mit 0,45 µm verwendet, wobei die in der ULPUF-Einheit verbaute UF-Membran einen Porendurchmesser von ca. 0,035 µm aufweist. Allerdings schwankt die Differenz der gemessenen Arsenkonzentrationen stark, weist einen charakteristischen Verlauf über die Betriebsdauer der Anlage auf und ergibt in einigen Versuchen negative Werte. Diese Ergebnisse zeigen den Einfluss der nachgeschalteten Ultrafiltration auf die Arsenentfernung der EC-ULPUF-Anlage.

Der Unterschied im Arsengehalt am Ende der EC und nach der ULPUF-Einheit liegt im Bereich zwischen -15 % und +65 %. Wird die Auswirkung verschiedener Porendurchmesser bei der Probennahme vereinfachend als konstant angenommen und aus der weiteren Betrachtung ausgelassen und die Differenz der gemessenen Arsenkonzentrationen von -2 % bis +2 % als die Messunsicherheit festgelegt, so gleicht die Arsenentfernung nach der ULPUF-Einheit in ca. 18 % aller Versuche der Arsenentfernung nach der Elektrokoagulation. In 70 % aller Versuche ist die Arsenentfernung nach der ULPUF-Einheit größer und in 12 % kleiner als am Ende des Elektrokoagulationsprozesses ermittelt worden ist.

Zusammenfassend sind in der nachfolgenden Abbildung 84 die Messwertverteilung der Arsenkonzentration am Ende der EC und nach der ULPUF-Einheit sowie die berechnete Arsenentfernung in Abhängigkeit von der behandelten Arsenspezies dargestellt.

Es ist erkennbar, dass bei der **As(III)-Behandlung** hauptsächlich die ULPUF-Einheit für die Arsenentfernung verantwortlich ist. Hierbei wird die Anlageneffizienz von im Median $E_{As,EC}$= 10 % nach dem EC-Vorgang auf $E_{As,EC\text{-}ULPUF}$ = 50 % durch die nachgeschaltete Ultrafiltration verbessert. In der gesamten EC-ULPUF-Versuchssreihe werden im Permeat bei der Behandlung von ausschließlich As(III)-haltigem Wasser 50 µg As/L (aktuell gültiger Grenzwert in z. B. Indien, Bangladesch und Russland, vgl. Kapitel 2.2.5) in 50 % aller Versuche und 10 µg As/L (WHO-Richtwert und gültiger Grenzwert in z. B. Deutschland, China und USA) in keinem Versuch unterschritten.

Bei der **As(V)-Behandlung** führt der Einsatz der ULPUF-Einheit neben einer etwas besseren Arsenentfernung zur Verringerung der Konzentrationsschwankungen im Ablauf. Liegt am Ende des EC-Vorgang in 75 % aller Versuche die As(V)-Entfernung über $E_{As,EC}$ = 65 %, steigt die Anlageneffizienz durch die nachgeschaltete Ultrafiltration in 75 % aller Versuche auf etwa $E_{As,EC\text{-}ULPUF}$ = 85 % und verbessert sich im Median um etwa 5 Prozentpunkte. Bei der Behandlung von ausschließlich As(V)-haltigem Wasser werden 50 µg As/L im Permeat in 100 % und der WHO-Richtwert von 10 µg As/L in 50 % aller Versuche unterschritten.

Eine statistische Analyse und Diskussion möglicher Ursachen der Auswirkung von ULPUF auf die Arsenentfernung findet in Kapitel 4.3.4.2 statt.

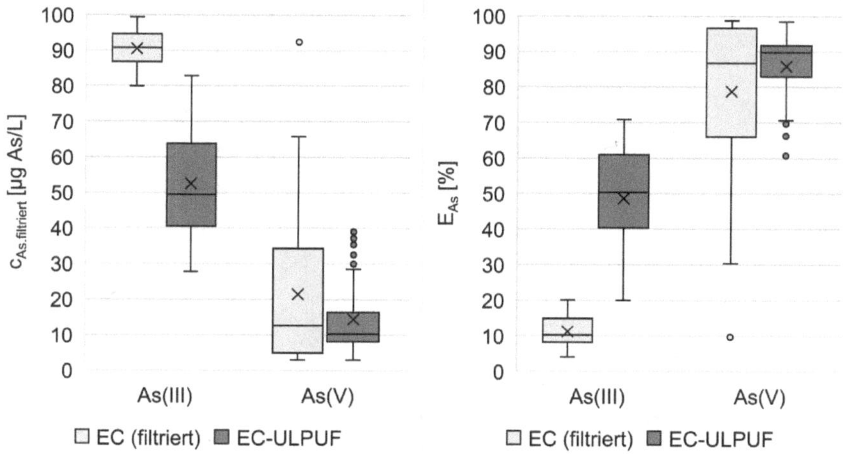

Abbildung 84: Messwertverteilung der gelösten As(III)- bzw. As(V)-Konzentration (links) und Arsenentfernung (rechts) nach der Behandlung mit EC (mit 0,45 µm filtrierte Probe) bzw. EC-ULPUF (vgl. Anhang 75).

Leistung der EC-ULPUF-Anlage mit MP-S2

In Kapitel 4.3.3 wurde festgestellt, dass für einen Dauerbetrieb der EC-Zelle die MP-S2-Elektrodenschaltung mit einem Elektrodenabstand von 20 mm zu bevorzugen ist. Hierbei ist ein entsprechend hoher Energieeintrag über eine ausreichende Elektrolysezeit sicherzustellen, um, wie in Kapitel 4.3.3.6 beschrieben, eine ausreichende Aluminiumfreisetzung bzw. Arsenentfernung auf den angestrebten Grenzwert zu gewährleisten.

Werden ausschließlich die EC-ULPUF-Versuche mit der vorgeschlagenen Anlagenkombination (MP-S2; d_E = 20 mm; Stromdichte von mindestens i = 3,9 A/m²; t_{EC} = 4 h) bewertet, ergibt sich eine mittlere **As(III)-Entfernung** der EC-ULPUF-Anlage von ca. $E_{As,EC\text{-}ULPUF}$ = 66 %. Die mittleren Arsenkonzentrationen im Permeat schwanken bei der Behandlung von As(III)-haltigem Rohwasser zwischen 29 µg As(III)/L und 40 µg As(III)/L.

Bei der **As(V)-Entfernung** besitzt die EC-ULPUF-Anlage auch bei sehr hohen Zulaufkonzentrationen bis etwa 300 µg As(V)/L eine mittlere Effizienz von ca. $E_{As,EC\text{-}ULPUF}$ = 93 %. Die Ablaufkonzentrationen schwanken zwischen 7 µg As(V)/L und 15 µg As(V)/L.

Die Leistungsfähigkeit und der elektrische Energiebedarf der EC-ULPUF-Anlage mit MP-S2 ist in Abbildung 85 dargestellt. Die entsprechenden Betriebseinstellungen sowie der mittlere elektrische Energiebedarf und die mittlere erreichte Arsenablaufkonzentration sind in Tabelle 36 aufgeführt.

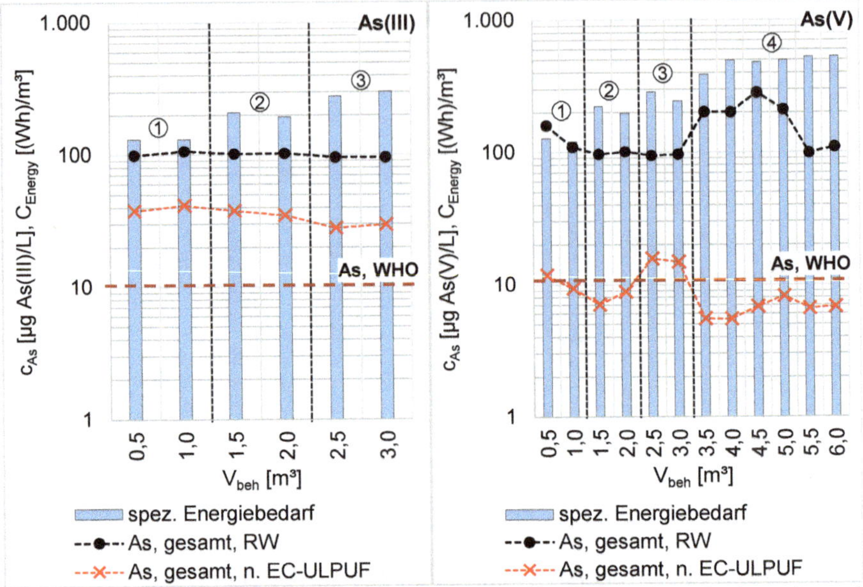

Abbildung 85: Arsenkonzentration im Rohwasser und im Permeat sowie der volumenbezogene elektrische Energiebedarf der EC-ULPUF-Anlage mit MP-S2 (d_E = 20 mm) bei der Entfernung von As(III) (links) bzw. As(V) (rechts) und verschiedenen Betriebseinstellungen und Rohwasserqualität (Betriebseinstellungen vgl. Tabelle 36).

Tabelle 36: Betriebseinstellungen der EC-Zelle, verwendetes Rohwasser, mittlerer volumenbezogener elektrischer Energiebedarf sowie mittlere Arsenablaufkonzentration bei EC-ULPUF-Versuchen mit MP-S2 (d_E = 20 mm).

Nr.	Betriebseinstellungen der EC-Zelle	RW	Hinweise	As(III)		As(V)	
				C_{Energy} [Wh/m³]	$c_{As,ab}$ [µg/L]	C_{Energy} [Wh/m³]	$c_{As,ab}$ [µg/L]
1	I = 2,0 A; i = 3,9 A/m²; t_{EC} = 4 h	TW	-	135	39,5	124	10,5
2	I = 2,8 A; i = 5,4 A/m²; t_{EC} = 4 h	TW	Betrieb nach tiefgründiger maschineller Reinigung	200	36,1	209	7,9
3	I = 2,8 A; i = 5,4 A/m²; t_{EC} = 4 h	OW	-	290	28,6	243	15,2
4	I = 2,8 A; i = 5,4 A/m²; t_{EC} = 4 h	TW	Betrieb mit weitgehend ausgebildeter Passivierungsschicht und stark schwankender Arsenzulaufkonzentration	-	-	485	6,5

Werden die MP-S2-Versuche mit identischen Betriebseinstellungen der EC-Zelle (2, 3 und 4 vgl. Tabelle 36) betrachtet, ergibt sich ein steigender Energiebedarf der Anlage. Den Grund für den Anstieg stellt die Zunahme der Elektrodenpassivierung bzw. der Überspannungen dar, dessen Auswirkung in Kapitel 4.3.3.5 ausführlich behandelt worden ist. Bei einer Stromdichte von 5,4 A/m² liegt der volumenbezogene Energiebedarf der EC-Zelle für eine Arsenreduktion auf einen Grenzwert von unter 10 µg As/L nach einer tiefgründigen Reinigung bei ca. 200 (Wh)/m³ und steigt im Dauerbetrieb auf im Mittel 485 (Wh)/m³.

Folglich kann die EC-ULPUF-Anlage mit MP-S2 (d_E = 20 mm) im Dauerbetrieb mit Trinkwasser oder Rohwasser ähnlicher Qualität (Grundwasser, Quellenwasser etc.) mit schwankender As(V)-Zulaufkonzentration bis 300 µg As/L bei einer elektrischen Leistungsaufnahme der EC-Zelle von etwa $P_{el,spez}$ = 120 W/m³ über eine Elektrolysezeit von t_{EC} = 4 h (entspricht etwa C_{Energy} = 500 (Wh)/m³) eine Arsenreduktion auf im Mittel 6,5 µg As/L bzw. eine mittlere Arsenentfernung von $E_{As,EC\text{-}ULPUF}$ = 96 % sicherstellen.

Bei einer schlechten Rohwasserqualität (z. B. Oberflächenwasser) muss die Behandlungszeit bzw. die Stromdichte entsprechend erhöht werden (vgl. Kapitel 4.3.3.3).

Ferner ist die Leistungsfähigkeit der EC-ULPUF-Anlage in Bezug auf die As(III)-Entfernung deutlich geringer und vor allem auf die Arsenentfernung durch die ULPUF-Einheit zurückzuführen (vgl. Abbildung 84). In den besprochenen MP-S2-Untersuchungen (vgl. Abbildung 85 und Tabelle 36) liegt die As(III)-Reduktion am Ende der EC lediglich im Bereich zwischen etwa $E_{AS,EC}$ = 10 % und $E_{AS,EC}$ = 20 % und nach der ULPUF-Einheit im Bereich zwischen $E_{As,EC\text{-}ULPUF}$ = 60 % und $E_{As,EC\text{-}ULPUF}$ = 70 %. Die Gründe für den Unterschied in der Arsenentfernung nach der EC und nach der ULPUF-Einheit werden im nachfolgenden Kapitel 4.3.4.2 besprochen.

4.3.4.2 Auswirkung von ULPUF auf die Arsenentfernung der EC-ULPUF-Anlage

Gesamtübersicht

Wie zuvor erläutert, kann die Arsenentfernung nur durch Filtration erfolgen. Die Arsenkonzentration nach der EC-Behandlung ist also in der unfiltrierten Probe identisch mit der Rohwasserkonzentration. Zur Probenfiltration wird gemäß DIN 38409-2 (1987) ein Membranfilter mit einer Porenweite von 450 nm verwendet.

Bei den Versuchen stellt sich ein Unterschied zwischen der Arsenkonzentration am Ende der EC (**450-nm-filtrierte Probe** im Rohwasserbehälter) und nach der gesamten EC-ULPUF-Behandlung (durch **ULPUF filtrierte Probe** im Permeat) heraus. Dies kann auf folgende Faktoren zurückgeführt werden:

- Unterschiedliche Membraneigenschaften (450 nm gegenüber 35 nm)
- Deckschicht (adsorptionswirksame Aluminiumoxohydroxid-Deckschicht)

- Behandlungsdauer (Kontaktzeit zwischen Aluminiumoxohydroxid-Flocken und Arsenmolekülen)

Dieser Unterschied, folglich die Differenz zwischen $E_{As,EC\text{-}ULPUF}$ und $E_{As,EC}$, wird in Abbildung 86 dargestellt. Ergänzend werden einzelne Filtrationsabschnitte bzw. Reinigungsintervalle der Ultrafiltrationsmembran sowie die behandelte Arsenspezies und das Rohwasser hervorgehoben. Außerdem wird die kumulierte in die ULPUF-Einheit eingetragene Aluminiummenge ($m_{Al,ULPUF,Sum}$ in [g Al]) und die auf 20 °C bezogene Permeabilität (PE_{20} in [L/(m²·h·bar)]; konstanter TMP von 0,1 bar über den gesamten Versuchszeitraum) abgebildet.

Abbildung 86 zeigt, dass mit der fortschreitenden Behandlung, bzw. dem Aluminiumeintrag in die ULPUF-Einheit, die Differenz zwischen $E_{As,EC\text{-}ULPUF}$ und $E_{As,EC}$ zunächst meist positiv ist und im Verlauf der EC-ULPUF-Untersuchungen deutlich zunimmt. Allerdings kehrt dieser Trend beim Wechsel der Arsenspezies im späteren Verlauf der Untersuchungen schlagartig um und die Differenz zeigt negative Werte, folglich findet eine Erhöhung der Arsenablaufkonzentration durch die ULPUF-Einheit gegenüber der Arsenkonzentration am Ende der Elektrokoagulation statt. Diese Zusammenhänge werden im Weiteren diskutiert.

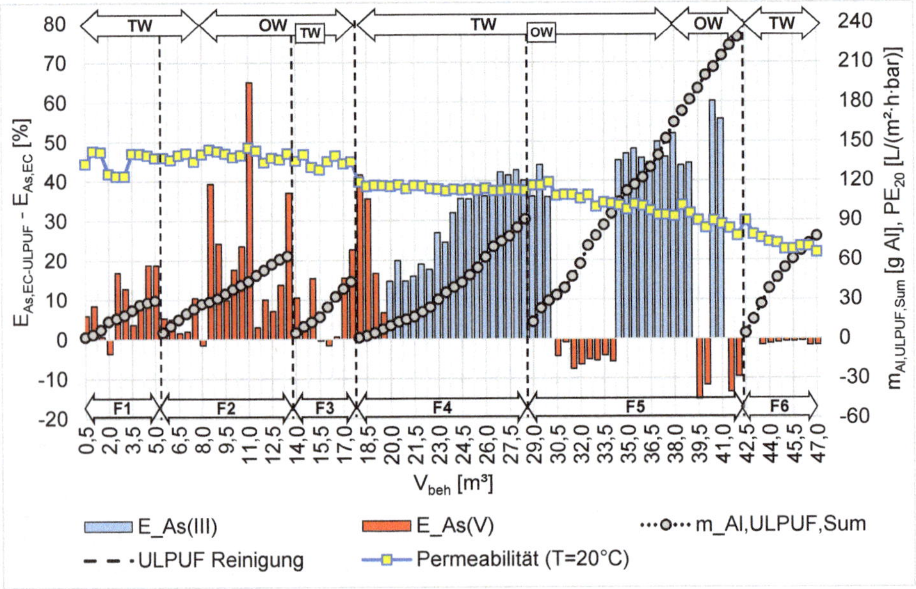

Abbildung 86: Differenz zwischen $E_{As,EC\text{-}ULPUF}$ und $E_{As,EC}$ bei der As(III)- bzw. As(V)-Entfernung in sechs Filtrationsabschnitten (F1 bis F6), die kumulierte in die ULPUF-Einheit eingetragene Aluminiummenge und die auf 20 °C bezogene Permeabilität bei der Behandlung von OW und TW.

Aluminiumeintrag in die ULPUF-Einheit

In Abbildung 86 ist der Schlammeintrag in die ULPUF-Einheit im Verlauf der EC-ULPUF-Untersuchungen dargestellt. Es ist erkennbar, dass während der EC erwartungsgemäß nur eine geringe Menge an Aluminium freigesetzt (vgl. Kapitel 2.5) und in die ULPUF-Einheit eingetragen wird. Im EC-Schlamm liegt das Aluminium zumeist in Form von $Al(OH)_3$ vor (vgl. Kapitel 2.5.5). Daher ergibt sich ein molares Al zu $(OH)_3$-Massenverhältnis von 34,6 zu 65,4, sodass die Aluminiumhydroxid-Trockenmasse aus den vorliegenden Al-Messdaten durch die Multiplikation mit einem Faktor von 2,9 vereinfacht abgeschätzt werden kann. Die Berechnung ergibt nach der Behandlung von 47 m^3 arsenhaltigem Wasser mittels EC-UL-PUF-Verfahren eine gesamte produzierte EC-Schlammmenge von gerade 1,55 kg $Al(OH)_3$ Trockenmasse.

In der ULPUF-Einheit trägt der Aluminiumschlamm maßgebend zur Entstehung von Deckschichten auf Membranoberflächen bei bzw. setzt sich als Bodenschlamm ab. Die Reinigung des Membranmoduls im Rahmen dieser Arbeit erfolgte ausschließlich mechanisch, durch Entleerung des im ULPUF-Behälter angesammelten Bodenschlammes und Abspülen des UF-Membranmoduls mit Trinkwasser (vgl. Kapitel 3.2.2.3). Durch diesen Reinigungsvorgang wurde die $Al(OH)_3$-Deckschicht nur unzureichend entfernt. Die unzureichende Entfernung von $Al(OH)_3$-Deckschicht spiegelt sich in der abnehmenden hydraulischen Leistung der Anlage, vgl. Verlauf der Permeabilität in Abbildung 86, wider und wird in Kapitel 4.3.5 ausführlich besprochen.

An dieser Stelle ist es wichtig anzumerken, dass bei der Berechnung des Aluminiumeintrages in Abbildung 86 von einer vollständigen Entfernung des Aluminiumschlamms aus der ULPUF-Einheit ausgegangen wird, da bei der vorliegenden Datengrundlage keine andere sinnvolle Darstellung der Zusammenhänge möglich ist. Dadurch ergibt sich der gezackte Verlauf des kumulierten Aluminiumeintrages in Abbildung 86.

Einfluss unterschiedlicher Membraneigenschaften (450 nm zur Probenfiltration gegenüber 35 nm der ULPUF-Membran)

In den ersten drei Filtrationsabschnitten wurde ausschließlich die As(V)-Entfernung untersucht (vgl. Abbildung 86). Es ist deutlich erkennbar, dass die Differenz zwischen $E_{As,EC-ULPUF}$ und $E_{As,EC}$ schon im ersten Filtrationsversuch positiv ist. Da zu diesem Zeitpunkt noch keine relevante Deckschicht bestand, kann diese Tatsache entweder auf die Auswirkung der Behandlungsdauer oder auf den Einfluss der unterschiedlichen Pordendurchmesser der verwendeten Membranen zurückgeführt werden. Die Differenz beträgt im ersten Filtrationsversuch etwa 6 % und 3 % als Mittelwert aus den ersten vier Filtraitonsversuchen.

Einfluss der Behandlungsdauer

Wie in Kapitel 2.5.5 erläutert, findet die Arsenreduktion mittels Elektrokoagulation durch Adsorption an elektrochemisch erzeugte Metalloxohydroxide statt. Das Adsorptionssystem strebt einen Gleichgewichtszustand an, dessen Erreichung von der Geschwindigkeit des Annäherungsprozesses bzw. der Adsorptionskinetik abhängt (vgl. Kapitel 2.4.2). Die

Arsenadsorption an oxidische Adsorbentien, wie hochreaktive elektrochemisch erzeugte Aluminiumoxohydroxide, erfolgt anfangs sehr schnell und geht anschließend in eine Phase mit sehr langsamer Beladungsgeschwindigkeit über (vgl. Kapitel 2.4 und Kapitel 2.5). Dementsprechend kann über die Dauer der Filtration eine weitere Beladung von Aluminiumoxohydroxidflocken stattfinden und zur Verringerung der Arsenkonzentration im Rohwasser auch nach dem Abschalten der EC-Zelle führen.

Einfluss der spezifischen ULPUF-Betriebsweise

Die Auswertung der chemisch-physikalischen Wasserparameter in Kapitel 4.3.2.2 hat gezeigt, dass die Niederdruck-Membranfiltration einen deutlichen Einfluss auf die Wasserparameter besitzt. Zu prüfen ist, ob hierbei auch die Arsenentfernung der EC-ULPUF-Anlage beeinflusst wird.

Zur Überprüfung dieser Hypothese fand eine statistische Datenanalyse des Zusammenhangs zwischen der Änderung des Arsengehaltes und der Änderung der chemisch-physikalischen Wasserparameter im Verlauf der Ultrafiltration statt. Für die untersuchten Parameter elektrische Leitfähigkeit, pH-Wert und Redox-Spannung ergibt der F-Test sehr hohe F_{krit}-Werte, die sich je nach Parameter im Bereich zwischen 9 % und 67 % bewegen und somit eindeutig über dem Signifikanzniveau von $\alpha = 5$ % liegen. Dementsprechend kann die Änderung der Arsenkonzentration nach der ULPUF-Einheit nicht durch eine Änderung von elektrischer Leitfähigkeit, pH-Wert und Redox-Spannung erklärt werden.

Im Gegensatz hierzu zeigt die Korrelationsanalyse zwischen der Änderung der Arsen- und Sauerstoffkonzentration nach ULPUF einen statistisch signifikanten Zusammenhang (F_{krit}-Wert = 0,03; Prüfgröße F = 5,15). Allerdings weist das Bestimmtheitsmaß von $R^2 = 0{,}06$ auf einen sehr geringen Erklärungsgehalt der Regressionsfunktion hin, folglich kann aus der Sauerstoffänderung nicht auf die Differenz im Arsengehalt geschlossen werden.

Einfluss der Deckschicht

Im Unterschied zur Anwendung der Tonerde (vgl. Kapitel 4.2.4) wird im EC-ULPUF-Verfahren die gesamte freigesetzte Aluminiummenge gezielt in die ULPUF-Einheit eingeleitet. Dort fällt das elektrochemisch erzeugte Aluminiumoxohydroxid zum einen als Schlamm am Boden des Behälters an und trägt zum anderen zum Aufbau der Deckschicht auf der Membranoberfläche bei. Diese Schicht kann bei vorhandenen, freien Adsorptionsplätzen weiterhin zur Arsenentfernung beitragen. Andererseits kann das adsorbierte Arsen unter bestimmten Bedingungen aus der Deckschicht bzw. dem Bodenschlamm zurückgelöst werden und zum Anstieg der gelösten Arsenkonzentration im Permeat führen.

Wird beispielsweise der erste Filtrationsabschnitt betrachtet, steigt die Differenz zwischen $E_{As,EC\text{-}ULPUF}$ und $E_{As,EC}$ bei der As(V)-Entfernung von 6 % (Auswirkung unterschiedlicher Pordendurchmesser oder der Behandlungsdauer) auf maximal 20 % bzw. als Mittelwert der letzten vier Versuche auf 13 %. Da in diesem Abschnitt keine signifikante Änderung der Behandlgunsdauer erfolgte, ist dieser Anstieg der Differenz auf die Ausbildung der Deckschicht zurückzuführen.

Die Abschätzung des **Wirkungsgrades der Deckschicht** kann aus der Differenz zwischen $E_{As,EC\text{-}ULPUF}$ und $E_{As,EC}$ abzüglich der mittleren Auswirkung unterschiedlicher Pordendurchmesser und der Behandlungsdauer (hier etwa 3 % in den ersten vier Filtrationsversuchen im ersten Filtrationsabschnitt) berechnet werden ($E_{As,Deckschicht} = E_{As,EC\text{-}ULPUF} - E_{As,EC} - 3\ \%$).

In Abbildung 87 ist die mittlere Arsenentfernung bzw. der Wirkungsgrad der Deckschicht ($E_{As,MW,Deckschicht}$ in [%]) aus den vier ersten (Beginn vom Filtrationsabschnitt) und den vier letzten Versuchen (Ende vom Filtrationsabschnitt) in jedem Filtrationsabschnitt der EC-ULPUF-Versuchsreihe gegenübergestellt. In Filtrationsabschnitt 4 und 5 wurden As(III) und As(V) untersucht. In Filtrationsabschnitt 4 wurden nur vier As(V)-Versuche durchgeführt, sodass keine Gegenüberstellung möglich ist; diese wurden aus der Betrachtung in Abbildung 87 ausgeschlossen.

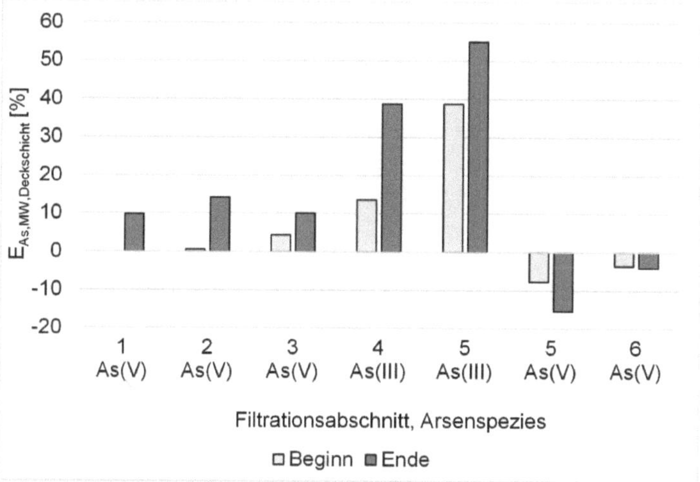

Abbildung 87: Mittlerer Arsenrückhalt der Deckschicht zum Beginn und zum Ende des Filtrationsabschnitts sowie die im Filtrationsabschnitt untersuchte Arsenspezies (im 5. Filtrationsabschnitt wurde As(III) und As(V) untersucht).

Bei einer fabrikneuen Membran ist die Arsenentfernung der Deckschicht gleich Null.

Grundsätzlich steigt die Arsenentfernung im Filtrationsabschnitt durch die Deckschicht im Verlauf der Filtration an und fällt nach dem Reinigungsvorgang ab.

Der sinkende Wirkungsgrad nach der Reinigung der ULPUF-Einheit bildet die Entfernung des Aluminiumschlammes ab. Allerdings kann die Deckschicht bei dem verwendeten UF-Membranmodul im Gegensatz zum Bodenschlamm nicht vollständig entfernt werden, sodass die Arsenentfernung der ULPUF-Einheit nach jeder Reinigung zum Beginn des Filtrationsabschnitts zunimmt.

Auffällig ist, dass nach dem Reinigungsvorgang zwischen Filtrationsabschnitt 4 und 5 keine Verringerung der Arsenentfernung der ULPUF-Einheit nach der Membranreinigung erfolgt (ein ähnlicher Vorgang zwischen Filtrationsabschnitt 3 und 4 wird aufgrund unterschiedlicher Arsenspezies nicht betrachtet). Dementsprechend trug die Reinigung des UF-Moduls zu keiner relevanten Entfernung der Deckschicht bei. Diese Tatsache ist auf eine teilweise Verblockung der Plattenzwischenräume im UF-Modul mit dem Aluminiumoxohydroxidschlamm zurückzuführen (wird in Kapitel 4.3.5 ausführlich besprochen). Folglich findet eine weitere Beladung des „alten" EC-Schlammes mit As(III) statt und die Arsenentfernung der ULPUF-Einheit steigt auf über 55 %.

Bei der anschließenden Behandlung von As(V)-haltigem Rohwasser in Filtrationsabschnitt 5 erfolgt eine plötzliche Umkehrung der Arsenentfernung der Deckschicht, foglich eine **Rücklösung von Arsen aus der Deckschicht**. Die Arsenrücklösung beträgt zu Beginn der As(V)-Behandlung etwa 8 % und steigt nach einer zwischenzeitlichen Behandlung von As(III) (vgl. Filtrationsabschnitt 5 in Abbildung 86) auf 16 %.

Die plötzliche Arsenrücklösung erfolgt bei einem sprunghaften Wechsel der behandelten Arsenspezies, welcher in der praktischen Anwendung im Normalfall nicht zu erwarten wäre.

Dieser Vorgang kann wie folgt erklärt werden: Wie in Abbildung 83 erkennbar ist, wird in Filtrationsabschnitt 4 und 5 überwiegend As(III)-haltiges Wasser behandelt und der Arsenrückhalt erfolgt hauptsächlich in der Deckschicht. In Filtrationsabschnitt 5 findet ein versuchsbedingter Wechsel der Arsenspezies statt. Hierbei leistet die EC-Zelle in Filtrationsabschnitt 5 eine starke Reduktion der gelösten As(V)-Moleküle, teilweise unter die Bestimmungsgrenze von 3 µg As/L. Da die Arsenadsorption an Aluminiumoxohydroxide in einem thermodynamischen Gleichgewicht mit dem Desorptionsvorgang steht, findet bei der Filtration dieses nahezu arsenfreien Wassers durch eine stark mit As(III)-beladene Deckschicht eine Rücklösung und Erhöhung der Arsenablaufkonzentration statt.

Die Reinigung der ULPUF-Einheit am Ende von Filtrationsabschnitts 5 führt zu einer Verringerung der Arsenrücklösungsrate. Da allerdings keine Entfernung der arsenhaltigen Deckschicht im Plattenzwischenraum des Membranmoduls erfolgt, findet in Filtrationsabschnitt 6 weiterhin eine geringfügige Erhöhung der Arsenablaufkonzentration um im Mittel 4 % auf etwa 8,1 µg As/L statt.

Neben einer Verringerung der Arsenentfernung führt der zunehmende Verbleib des EC-Schlammes in der ULPUF-Einheit zur **Erhöhung der Aluminiumablaufkonzentration** und zur teilweisen Überschreitung des Al-Grenzwertes von 0,2 mg Al/L nach TrinkwV (2019) im Permeat. Alle Überschreitungen des Aluminiumgrenzwertes treten in einem begrenzten Zeitraum zwischen V_{beh} = 32 m³ und V_{beh} = 40 m³ bzw. in Filtrationsabschnitt 5 auf und betragen im Mittel 0,29 mg Al/L ($c_{Al,max}$ = 0,42 mg Al/L), die Toxizitätsgrenze von 0,9 mg Al/L nach WHO (2017) wird hierbei nicht überschritten. Außerhalb dieses Versuchsabschnittes, entsprechend auch in Filtrationsabschnitt 6, liegen die Aluminiumkonzentrationen im Permeat konstant unter 0,2 mg Al/L.

Zusammenfassende Betrachtung

Zusammenfassend können folgende Aussagen zur Auswirkung der ULPUF auf die Arsenentfernung der EC-ULPUF-Anlage getroffen werden:

- Die EC-Behandlung führt zur Überführung der gelösten zur partikulären Arsenfraktion. Die gesamte Arsenkonzentration (unfiltrierte Probe) im Reaktor bleibt unverändert. Die tatsächliche **Arsenentfernung** im vorgestellten EC-ULPUF-Verfahren findet durch den Rückhalt der arsenbeladenen Aluminiumoxohydroxidflocken durch die Ultrafiltration statt.
- Lange **Behandlungszeiten** ermöglichen lange Kontaktzeiten zwischen Arsenmolekülen und Aluminiumoxohydroxidflocken und können in einer höheren Arsenentfernung resultieren.
- Die Ausbildung einer **Aluminiumoxohydroxid-Deckschicht** auf der Membranoberfläche führt zur Steigerung der Arsenentfernung der EC-ULPUF-Anlage. Die Arsenentfernung der Deckschicht nimmt über die Betriebsdauer der Anlage zu. Eine ähnliche Erhöhung der Wirkungsgrade der Anlagen zur Oxidation und Fällung mit längeren Filterstandzeiten aufgrund der Akkumulation von Eisen- sowie Manganoxohydroxiden im Filterbett wird in Johnson und Bretzler (2017) beschrieben.
- **Die As(III)-Entfernung** findet hauptsächlich in der Aluminiumoxohydroxid-Deckschicht statt und beträgt maximal etwa 55 %.
- Bei der **As(V)-Entfernung** werden bis etwa 30 % des gelösten Arsens in der Aluminiumoxohydroxid-Deckschicht zurückgehalten.
- **Lange Filtrationszeiten ohne ausreichende Entfernung der Deckschicht** resultieren in starker Akkumulation von arsenhaltigem Aluminiumoxohydroxidschlamm in der ULPUF-Einheit und führen nach etwa 30 m³ behandeltem Rohwasser beim Wechsel der behandelten Arsenspezies zur Rücklösung von Arsenverbindungen. Zudem führt die Akkumulation von Aluminiumoxohydroxidschlamm zur Erhöhung der Aluminiumablaufkonzentration.

4.3.5 Hydraulische Leistungsfähigkeit in EC-ULPUF-Untersuchungen

In der EC-ULPUF-Versuchsreihe wurde ein fabrikneues UF-Membranmodul verwendet. Das Membranmodul ermöglichte zum Beginn der Untersuchungen ein Permeatfluss von ca. 122 L/h bei einer transmembranen Druckdifferenz von $\Delta p_M = 0{,}1$ bar. Der Flux lag bei etwa 13 L/(m²·h), dementsprechend betrug die Permeabilität etwa 130 L/(m²·h·bar). Der Transmembrandruck behielt aufgrund der gewählten druckgesteuerten Betriebsweise den konstanten Wert von $\Delta p_M = 0{,}1$ bar während der gesamten EC-ULPUF-Versuchsreihe, sodass die Permeabilität dem Verlauf des Flux folgt.

Im Laufe der Untersuchung sank die hydraulische Leistung der ULPUF-Einheit nach 47 m³ behandeltem Rohwasser bei verschiedenen Betriebseinstellungen und Rohwasserqualitäten auf einen Wert von etwa 7 L/(m²·h). Im Untersuchungszeitraum fand keine eindeutige Stabilisierung des Flux statt.

Die Rohwassertemperatur, der Flux und seine Umrechnung auf die Bezugswassertemperatur von 20 °C, der $Al(OH)_3$-Schlammeintrag in die ULPUF-Einheit sowie die Reinigungsintervalle der ULPUF-Einheit, das behandelte Rohwasser und die Untersuchungszeiträume der EC-ULPUF-Versuchsreihe sind in Abbildung 88 dargestellt.

Die Untersuchungen bis V_{beh} = 17,5 m³ fanden in den Monaten Dezember bis Mai und die Untersuchungen ab V_{beh} = 17,5 m³ in den Monaten Juli bis Oktober statt. Dementsprechend liegt die Temperatur des Rohwassers im ersten Untersuchungsabschnitt überwiegend unter 20 °C und im zweiten Abschnitt überwiegend über 20 °C, wobei die Unterschiede aufgrund des Versuchsaufbaus in geschlossenen Räumlichkeiten sehr gering ausfallen (vgl. Kapitel 4.3.2.1). Des Weiteren ist erkennbar, dass die leichten Änderungen der Wassertemperatur den Flux geringfügig beeinflussen.

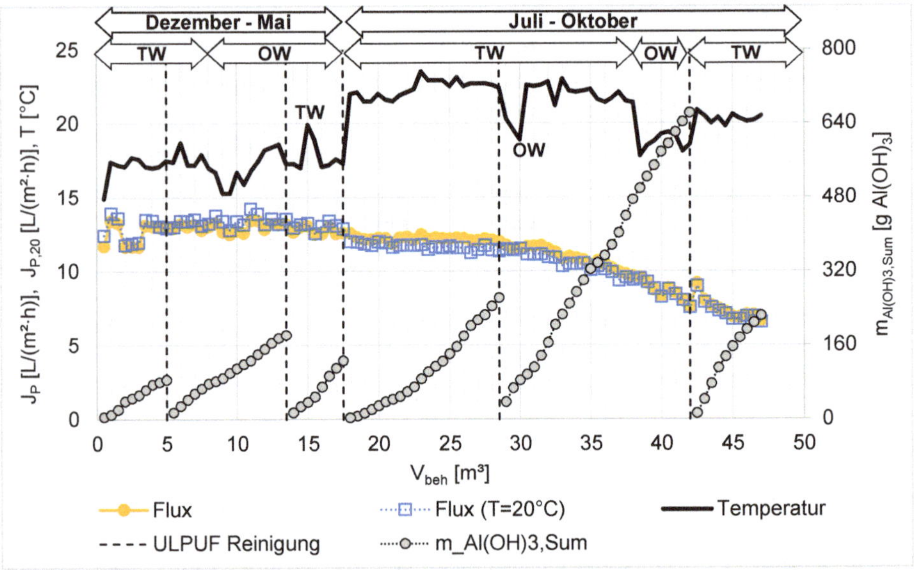

Abbildung 88: Rohwassertemperatur, Flux und auf T = 20 °C bezogener Flux, $Al(OH)_3$-Schlammeintrag (Trockenmasse) in die ULPUF-Einheit sowie Reinigungsintervalle der ULPUF-Einheit, behandeltes Rohwasser und zwei Untersuchungszeiträume der EC-ULPUF-Versuchsreihe.

Neben einem erhöhten Feststoffgehalt im Rohwasser (nur Versuche mit OW) ist der **Eintrag von Aluminiumschlamm** maßgeblich für die Absenkung der hydraulischen Leistung der

ULPUF-Einheit verantwortlich. Im Rahmen der EC-ULPUF-Versuche wurde die gesamte elektrochemisch freigesetzte Aluminiummenge gezielt in die ULPUF-Einheit eingetragen, um eine höhere Arsenentfernung der Anlage zu ermöglichen. In Abbildung 88 ist der $Al(OH)_3$-Schlammeintrag in die ULPUF-Einheit als Schlammtrockenmasse dargestellt, abgeschätzt durch die Multiplikation der elektrochemisch freigesetzten Aluminiummenge mit einem Faktor von 2,9. Im gesamten EC-ULPUF-Versuchszeitraum wurden insgesamt etwa 1,55 kg $Al(OH)_3$ als Schlammtrockenmasse in die ULPUF-Einheit eingetragen.

Die **Reinigung des Membranmoduls** erfolgte im Rahmen dieser Arbeit ausschließlich mechanisch, durch Entleerung des im ULPUF-Behälter angesammelten Schlammes und Abspülen des Membranmoduls mit Trinkwasser, wie in Kapitel 3.2.2.3 erläutert. Im Rahmen der EC-ULPUF-Untersuchung wurde das Membranmodul insgesamt fünfmal gereinigt. Im Gegensatz zur Tonerdeanwendung (vgl. Kapitel 4.2.5) erzeugt Elektrokoagulation mit Aluminiumelektroden keinen „klebrigen“ Schlamm, sodass die entstehenden Deckschichten während der Reinigung sehr einfach von den äußeren Membranflächen entfernt werden können. Allerdings bildet elektrochemisch erzeugter Aluminiumoxohydroxidschlamm trotz geringer Menge hoch poröse, voluminöse Deckschichten (vgl. Zhao et al. 2019) und führt bei einem geringen Plattenabstand des Membranmoduls zur Verblockung des Plattenzwischenraums.

In Abbildung 89 ist das Membranmodul am Ende des gesamten Untersuchungszeitraumes (V_{beh} = 47 m³) vor und nach dem Reinigungsvorgang zu sehen.

Deutlich erkennbar sind die Aluminiumoxohydroxid-Ablagerungen an der UF-Modulaußenseite (1) sowie zwischen den Membranplatten (4). Hingegen sind die Schlammablagerungen auf dem UF-Membranmodul (2) sowie der Bodenschlamm (3) nahezu nicht vorhanden. Die Aluminiumoxohydroxid-Ablagerungen zwischen den Membranplatten füllen fast den gesamten Raum zwischen den Platten im unteren Teil des UF-Moduls aus (4). Auch nach einer intensiven Reinigung (5) verbleiben diese teilweise im inneren Bereich des Plattenzwischenraums des Moduls.

In den EC-ULPUF-Untersuchungen fand bei der Reinigung der ULPUF-Einheit zumeist die Entfernung vom Bodenschlamm und die Reinigung der äußeren Membranplatten des UF-Membranmoduls statt. Die Deckschicht wurde nur unzureichend entfernt und es folgte eine Akkumulation von Aluminiumoxohydroxidschlamm zwischen den inneren Platten des UF-Membranmoduls. Diese bewirkte zunächst eine Verbesserung der Arsenentfernung, führte allerdings nach etwa 30 m³ behandeltem Rohwasser bei einer Änderung der Arsenspezies zu Rücklösungserscheinungen (vgl. Kapitel 4.3.4.2).

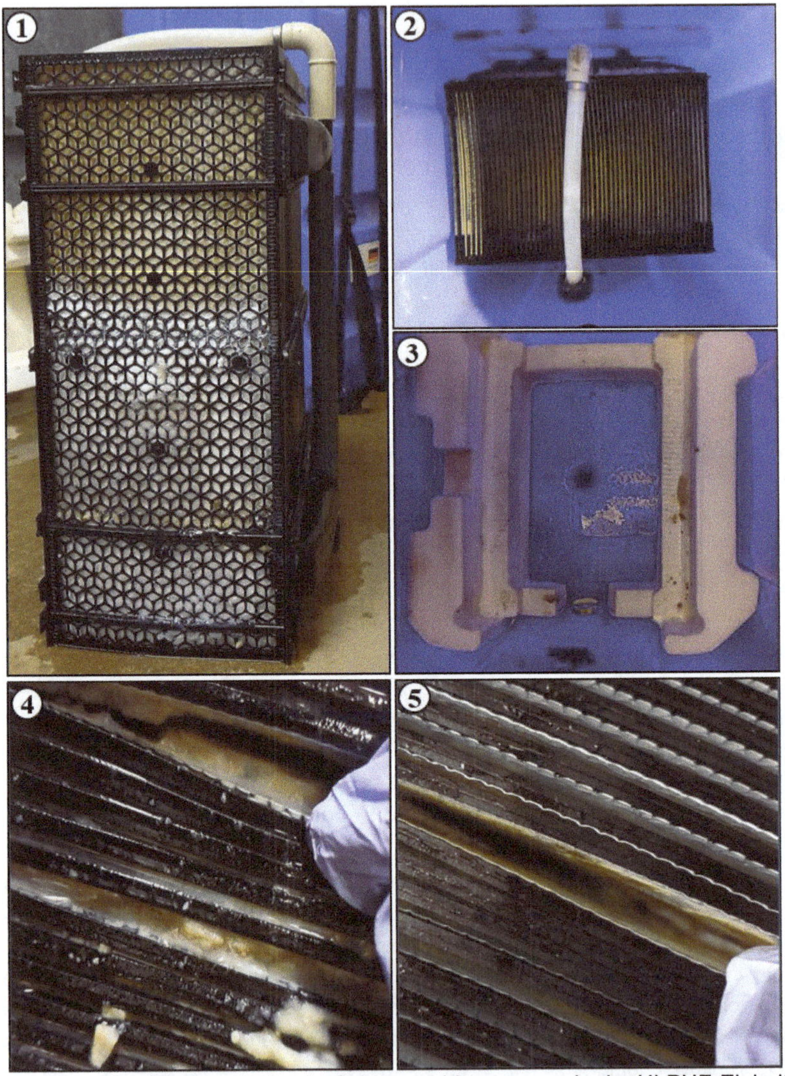

Abbildung 89: Aluminiumoxohydroxid-Schlammablagerungen in der ULPUF-Einheit (Ausbau nach 47 m³ behandeltem Rohwasser). Vor der Reinigung: 1) ausgebautes UF-Modul, 2) UF-Modul in der ULPUF-Einheit von oben, 3) Bodenschlamm in der ULPUF-Einheit, 4) Verblockungen am unteren Ende des UF-Moduls zwischen den Membranplatten. Nach der Reinigung 5) Verblockungen im Inneren des UF-Moduls am Ende des Reinigungsvorganges.

Die Deckschichtkontrolle bei einer praktischen Umsetzung der EC-ULPUF-Anlage ist von besonderer Bedeutung, da die Deckschicht den Arsenrückhalt der Anlage verbessern oder verschlechtern kann. Die Entstehung dicker Deckschichten ist zu vermeiden.

Bei der Auswahl einer geeigneten nachgeschalteten ULPUF-Einheit ist vor allem auf die Möglichkeit zur Reinigung der Membranoberfläche bei dicken Deckschichten zu achten:

- **Eine gute Reinigungsmöglichkeit der Membranoberfläche** ermöglicht die Ausnutzung des positiven Effektes der Deckschicht. Hierbei kann ein gezielter Aufbau der Aluminiumoxohydroxid-Deckschicht durch die Vergrößerung der Betriebszeiten zwischen den Reinigungsintervallen der ULPUF-Einheiten zu einer deutlichen Verbesserung der Gesamtleistung der Anlage führen (vgl. Kapitel 4.3.4.2). Daher sind größere Abstände zwischen den Membranplatten bei der Anwendung von UF-Plattenmodulen bei EC-ULPUF-Anlagen zu bevorzugen.
- Bei **schlechter Reinigungsmöglichkeit der Membranoberfläche** (z. B. bei einem geringen Plattenzwischenraum des UF-Moduls, wie im Rahmen der vorliegenden Arbeit von etwa 2 mm) sind die Reinigungsintervalle möglichst kurz zu wählen, damit keine irreversible Akkumulation von arsenhaltigem Aluminiumoxohydroxidschlamm erfolgt und die Arsenrücklösung bei schwankender Zulaufqualität des Wassers vermieden werden kann.

Ferner bewirkt die Verblockung des Plattenzwischenraums des Membranmoduls eine konstante Verringerung der hydraulischen Leistungsfähigkeit der Anlage, sodass im EC-ULPUF-Untersuchungszeitraum keine wirkliche Erholung des Flux nach einer mechanischen Reinigung auftritt (vgl. Abbildung 88).

Laut Frechen und Exler 2009 ist eine **Fluxstabilisierung** im Langzeitbetrieb einer ULPUF-Anlage bei einem TMP von 0,08 bar bei etwa 5 L/(m²·h) zu erwarten (vgl. Kapitel 2.6.2). Zum Ende der EC-ULPUF-Untersuchungen ist eine Tendenz zur Stabilisierung des Flux (Abflachung der Flux-Kurve in Abbildung 88) erkennbar, allerdings konnte eine Stabilisierung des Flux im Rahmen dieser Untersuchung nicht eindeutig nachgewiesen werden. Ferner kann eine fehlende Fluxstabilisierung im EC-ULPUF-Betrieb durch die hemmende Wirkung hoher Aluminiumkonzentrationen auf die mikrobiologische Aktivität in der Deckschicht erklärt werden (vgl. Peter-Varbanets et al. 2011 und Ding et al. 2017a). Für die zukünftigen Untersuchungen wäre ein längerer Versuchszeitraum notwendig, um die Fluxstabilisierung im EC-ULPUF-Betrieb zu überprüfen.

4.3.6 Erforderliche Ladungsdosis zur Arsenreduktion auf den WHO-Richtwert

Die Reduktion von gelösten Arsenverbindungen im Verlauf der Elektrolyse ist direkt von der durch das behandelte Wasservolumen durchflossenen Elektrizitätsmenge bzw. Ladungsdosis abhängig. Dieser Zusammenhang ist für alle EC-ULPUF-Versuche mit einer Anfangskonzentration bis 110 µg As/L in Abbildung 90 dargestellt. Aus Übersichtsgründen werden

Versuche mit einer Anfangskonzentration über 110 µg As/L nicht abgebildet, die Zusammenhänge sind jedoch identisch.

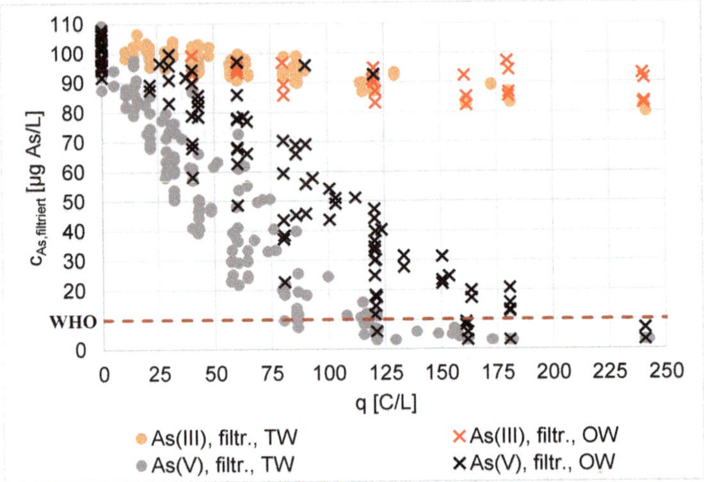

Abbildung 90: Zusammenhang zwischen der Ladungsdosis und dem Gehalt an gelöstem As(III) sowie As(V) im Rohwasserbehälter mit TW und OW im Verlauf der Elektrokoagulation für alle EC-ULPUF-Versuche mit einer Anfangskonzentration bis 110 µg As/L.

Eindeutig erkennbar ist, dass der Kurvenverlauf in Abbildung 90 den Zusammenhängen in Abbildung 66 (Zusammenhang zwischen Arsen- und Aluminiumkonzentration) ähnelt und die Abhängigkeit der Aluminiumfreisetzung von der Ladungsdosis belegt; diese wurde bereits in Kapitel 4.3.3.2 aufgezeigt. Die Darstellung der Korrelation beider Größen kann Anhang 56 entnommen werden.

Werden zudem die Kurvenverläufe in Abbildung 66 und Abbildung 90 verglichen, ergibt sich eine deutlich stärkere Streuung der Messwerte bei der Darstellung der Abhängigkeit der Arsenreduktion von der Ladungsdosis (Abbildung 90). Diese ist in der unterschiedlichen Leistungsfähigkeit der untersuchten Elektrodenschaltungen begründet und wurde in Kapitel 4.3.3 vertieft diskutiert.

EC-Betrieb mit Trinkwasser

In Abbildung 90 ist eindeutig erkennbar, dass die gelöste **As(III)-Konzentration** in Rohwasser auch bei einer sehr hohen durch das behandelte Wasservolumen durchflossenen Elektrizitätsmenge bis zu 240 C/L kaum verringert werden kann. Im Vergleich hierzu nimmt die gelöste **As(V)-Konzentration** mit zunehmender Ladungsdosis deutlich ab und unterschreitet den WHO-Richtwert von 10 µg As/L im Trinkwasser teilweise ab etwa q = 90 C/L und durchgehend ab etwa q = 125 C/L.

EC-Betrieb mit Oberflächenwasser

Im Betrieb mit deutlich stärker verunreinigtem Rohwasser wie Oberflächenwasser ist eine höhere Ladungsdosis aufzubringen, um den WHO-Richtwert zu unterschreiten. Auch die Streuung der Messwerte ist im Betrieb mit Oberflächenwasser stärker. Dieser Zusammenhang ist mit einer etwas geringeren und stärker schwankenden Aluminiumfreisetzung im EC-Betrieb mit Oberflächenwasser im Vergleich zu Trinkwasser bei gleicher Ladungsdosis zu begründen und kann Anhang 56 entnommen werden. Je nach Rohwasserqualität und Betriebseinstellung der EC-Zelle werden 10 µg As/L im Oberflächenwasser teilweise ab etwa q = 120 C/L und sicher ab etwa q = 240 C/L unterschritten.

Abschätzung der erforderlichen Ladungsdosis zur Unterschreitung des WHO-Arsenrichtwertes

Wird vereinfacht ein linearer Zusammenhang zwischen Ladungsdosis und Arsenkonzentration angenommen, kann aus der Steigung der Regressionsfunktion die Reduktion der gelösten Arsenkonzentration zur Unterschreitung des WHO-Richtwertes abgeschätzt werden:

> **Bei der As(V)-Entfernung aus Trinkwasser (bzw. qualitativ vergleichbarem Grundwasser) kann die Reduktionsrate mit etwa 0,8 µg As(V)/C und aus Oberflächenwasser mit etwa 0,42 µg As(V)/C angenommen werden.**
> **Bei der As(III)-Entfernung ergibt sich ein Wert von ca. 0,1 µg As(III)/C gleichermaßen im Betrieb mit Trink- und Oberflächenwasser.**

Es ist festzuhalten, dass die Reduktion der gelöster As(III)-Konzentration mit der untersuchten EC-Zelle bzw. bei den festgelegten Betriebsbedingungen (vgl. Kapitel 3.2.2.3) eine sehr hohe Ladungsdosis benötigt. Um den Energieverbrauch bzw. die Betriebsdauer der EC-Zelle bei vorliegender As(III)-Belastung zu reduzieren, kann, wie in Kapitel 2.3.2 beschrieben, eine Oxidation zur Vorbehandlung unternommen werden.

Ferner ist aus der im Rahmen dieser Arbeit rezipierten Literatur (z. B. Li et al. 2012) eine Möglichkeit der As(III)-Oxidation während der Elektrokoagulation mit Fe-Elektroden, und somit eine höhere Effizienz als im Rahmen der vorliegenden Untersuchungen festgestellt wurde, bekannt. Folglich ist in zukünftigen Studien eine Möglichkeit von EC-ULPUF-Verfahren mit Fe-Elektroden vor dem Hintergrund ihrer höheren Effizienz bei der As(III)-Entfernung zu untersuchen.

Die Abschätzung der Ladungsdosis, die zu einer Unterschreitung des WHO-Richtwertes von 10 µg As/L erforderlich ist, kann unter Zuhilfenahme von Abbildung 91 in Abhängigkeit von der Arsenanfangskonzentration und der verwendeten Rohwasserqualität unternommen werden. Bei Bedarf kann zwischen den Linien linear interpoliert werden.

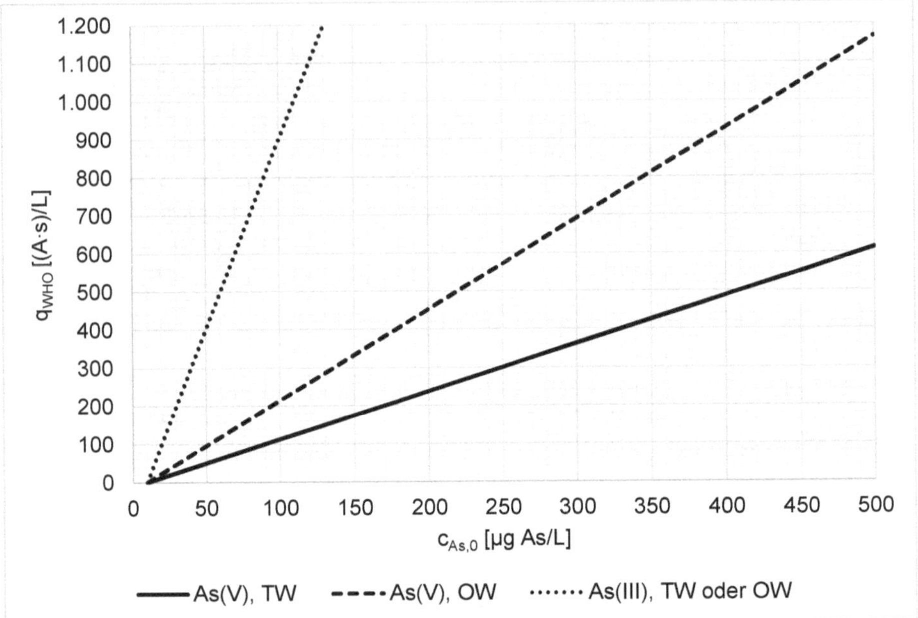

Abbildung 91: Diagramm zur Abschätzung der erforderlichen Ladungsdosis der EC-Zelle zur Arsenentfernung auf 10 µg/L in Abhängigkeit von der Arsenanfangskonzentration im Trink- und Oberflächenwasser.

Zur Abschätzung der erforderlichen Ladungsdosis mittels Abbildung 91 gelten folgende **Voraussetzungen**:

- Verwendung von EC-Zelle mit Aluminiumelektroden
- EC-Betrieb mit periodischer Umpolung und einfacher händischer Reinigung der Elektrodenoberflächen (bei starker Elektrodenpassivierung ist womöglich eine höhere Ladungsdosis aufzubringen oder die Elektroden einer tiefgründigen maschinellen Reinigung zu unterziehen)
- pH-Wert im neutralen Bereich (pH 6,0 bis 8,0)

In der praktischen Anwendung stellt die mittels Abbildung 91 abgeschätzte erforderliche Ladungsdosis einen Zielwert dar, der durch die Steuerung der EC-Zelle (Ladungsdosisrate, Elektrolysezeit) sichergestellt werden muss.

Hierzu kann durch Änderung der Elektrodenschaltung oder der Betriebsstromstärke die Ladungsdosisrate verändert werden (für die untersuchten Betriebsvarianten vgl. Tabelle 25 in Kapitel 3.2.2.3). Andererseits kann bei einer gegebenen Ladungsdosisrate die Betriebszeit der Elektrolysezelle variiert werden.

Bei stark abweichenden Betriebsparametern bzw. bei einem starken Einfluss von Störgrößen (z. B. Elektrodenpassivierung) ist die Anwendung einer Regelungsstrategie anhand einer Trübungsmessung im Rohwasser im EC-Betrieb möglich. Diese wird im nachfolgenden Kapitel 4.3.7 diskutiert.

4.3.7 Abschätzung der Arsenentfernung mittels Trübungsmessung

Die elektrochemisch freigesetzte Aluminiummenge bzw. die Arsenentfernung hängt grundlegend von der Ladungsdosis ab. Zudem haben weitere Betriebsparameter, wie die Rohwasserzusammensetzung oder Elektrodenpassivierung, einen starken Einfluss auf den Betrieb der EC-Zelle, wie in Kapitel 4.3.3.2 bis 4.3.3.5 ausführlich besprochen. Dementsprechend wird eine einfache und kostengünstige Methode zur Regelung der EC-ULPUF-Anlage, sprich Abschätzung der freigesetzten Aluminium- bzw. der entfernten Arsenmenge im EC-Betrieb ohne aufwendige Laboranalytik, benötigt. Im Folgenden wird die Eignung der Trübungsmessung als ein möglicher Regelungsparameter diskutiert.

Im Verlauf der Elektrokoagulation findet die elektrochemische Freisetzung von Aluminiumionen statt, die im neutralen pH-Wert-Bereich umgehend als Aluminiumoxohydroxide ausfallen und die Trübung des Wassers erhöhen. Der Zusammenhang zwischen dem elektrochemisch freigesetzten Aluminium und der Trübungsänderung (auf den Anfangswert normierte Trübung, $Trüb_n$ in [NTU]) im Betrieb der EC-Zelle ist in Abbildung 92 dargestellt.

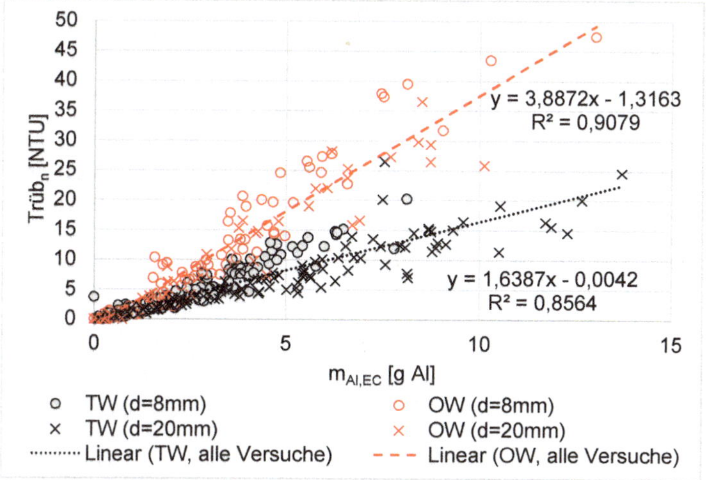

Abbildung 92: Zusammenhang zwischen elektrochemisch freigesetztem Aluminium und dem Trübungsanstieg im OW und TW bei d_E = 8 mm und 20 mm.

Der Trübungsanstieg ist neben dem Aluminiumgehalt maßgeblich von der Rohwasserqualität abhängig. Im Oberflächenwasser steigt die Trübung deutlich schneller, da

Aluminiumoxohydroxide neben Arsen mit anderen anorganischen sowie organischen Wasserverunreinigungen reagieren und deren Ausfällung und Entstehung von Makroflocken begünstigen (vgl. Kapitel 2.5.1 und Kapitel 2.5.4).

Werden andere Faktoren vernachlässigt, kann die elektrochemisch freigesetzte Aluminiummenge ($m_{Al,EC}$ in [g Al]) mittels Trübungsänderung (auf den Ausgangswert normierte Trübung $Trüb_n$ in [NTU]) im Trink- bzw. Oberflächenwasser in einer guten Annäherung (R^2_{TW} = 0,86 und R^2_{OW} = 0,91) wie folgt abgeschätzt werden:

$$m_{Al,EC,OW} = 0{,}23 \cdot Trüb_n\ [NTU] + 0{,}58 \tag{105}$$

$$m_{Al,EC,TW} = 0{,}52 \cdot Trüb_n\ [NTU] + 0{,}34 \tag{106}$$

Für die erste Abschätzung sind Gl. (105) und Gl. (106) ausreichend genau. Zur weiteren Präzisierung der Zusammenhänge zwischen der elektrochemischen Aluminiumfreisetzung und der Trübungsänderung können die Betriebseinstellungen der EC-Zelle (z. B. Stromdichte, Zellwiderstand, Elektrodenabstand etc.) herangezogen werden, da diese die erzeugte Aluminiumspezies und ihr Verhalten im Wasser maßgeblich beeinflussen (vgl. Kapitel 2.5.2 und Kapitel 2.5.5). Hierzu ist in Abbildung 92 beispielhaft die Auswirkung von dem Elektrodenabstand auf den Trübungsanstieg dargestellt. Bei identischen Aluminiumgehalten steigt die Trübung im behandelten Wasser bei einem hohen Elektrodenabstand etwas langsamer als bei Versuchen mit einem geringen Elektrodenabstand an und bestätigt die Erkenntnisse aus Kapitel 4.3.3.4 zur Abhängigkeit der Elektrolyseeffizienz vom Elektrodenabstand. Dieser Unterschied ist vor allem im Betrieb mit Trinkwasser erkennbar. Werden diese Zusammenhänge gesondert betrachtet, verbessert sich die Güte der mathematischen Beschreibung geringfügig im Oberflächenwasser zu $R^2_{d=8mm}$ = 0,93 und $R^2_{d=20mm}$ = 0,91 und im Trinkwasser zu $R^2_{d=8mm}$ = 0,92 und $R^2_{d=20mm}$ = 0,86.

An elektrochemisch erzeugte Aluminiumoxohydroxidflocken findet die Anlagerung von Arsen statt, dementsprechend kann anhand der Trübungswerte auf die Arsenentfernung geschlossen werden. An dieser Stelle ist nur der Zusammenhang der Trübungsänderung zum As(V) relevant, da die As(III)-Entfernung im untersuchten Verfahren vor allem durch die ULPUF-Einheit erfolgt (vgl. Kapitel 4.3.4) und eine Korrelation der As(III)-Messwerte zum Trübungsanstieg nicht zielführend ist.

In Abbildung 93 ist der Zusammenhang zwischen dem Trübungsanstieg im Verlauf der Elektrokoagulation und der Änderung der gelösten As(V)-Konzentration (filtrierte Probe) in Abhängigkeit von der Rohwasserqualität in allen EC-Versuchen dargestellt.

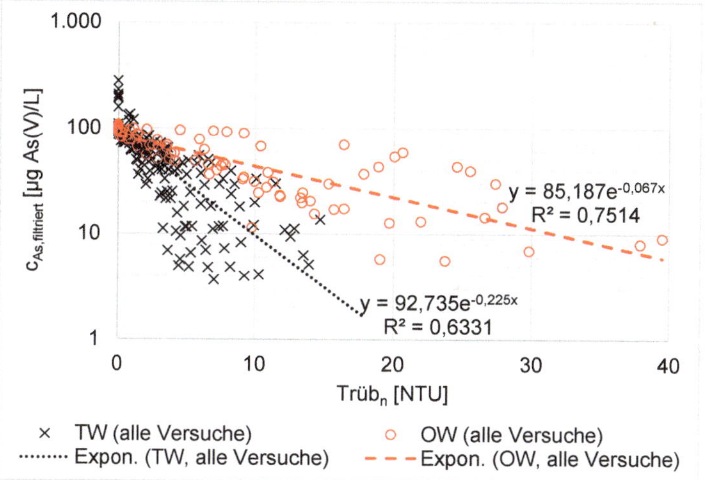

Abbildung 93: Zusammenhang zwischen dem Trübungsanstieg und der Änderung der gelösten As(V)-Konzentration im OW und TW im Verlauf der EC-Behandlung für alle durchgeführten EC-Versuche.

Im Allgemeinen nimmt die Arsenkonzentration mit zunehmender Trübung des Wassers ab, wobei im Oberflächenwasser die Steigung der Kurve deutlich flacher als im Trinkwasser ist. Dieser Unterschied kann direkt aus der zuvor besprochenen Abhängigkeit zwischen der elektrochemisch freigesetzten Aluminiummenge und der Trübungsänderung abgeleitet werden.

Außerdem ist, im Vergleich zu Abbildung 92, in Abbildung 93 eine deutlich stärkere Streuung der Messwerte auffällig. Dieser Umstand ist neben einer geringeren Anzahl an Messwerten (Messpunkte mit Arsengehalten unter der Bestimmtheitsgrenze wurden aus der Auswertung ausgeschlossen) vor allem auf weitere Einflussgrößen, die die Arsenadsorption an Aluminiumoxohydroxid maßgeblich beeinflussen (z. B. Behandlungszeit, Elektrodenschaltung etc.), zurückzuführen. Folglich ist eine Präzisierung notwendig, um eine genauere mathematische Beschreibung der Zusammenhänge zu ermöglichen.

Wird der Zusammenhang zwischen dem Trübungsanstieg und der Änderung der gelösten As(V)-Konzentration ausschließlich für die MP-S2-Elektrodenschaltung mit einem Elektrodenabstand von 20 mm ausgewertet, ergeben sich die in Abbildung 94 dargestellten Verläufe.

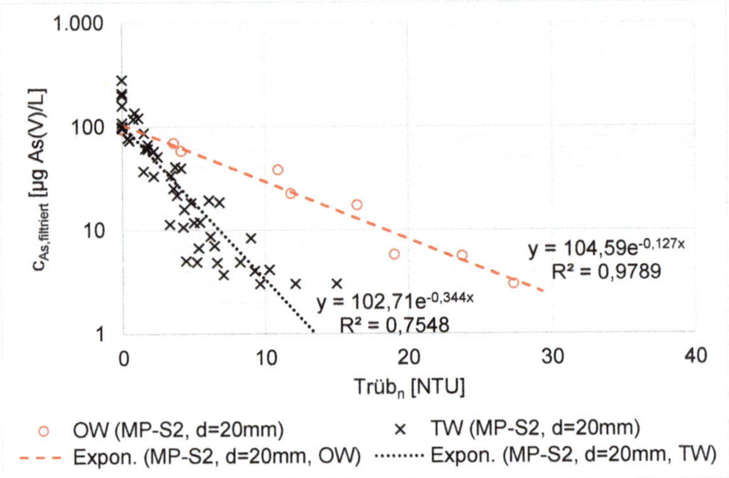

Abbildung 94: Zusammenhang zwischen dem Trübungsanstieg und der Änderung der gelösten As(V)-Konzentration im OW und TW im Verlauf von EC-Betrieb mit MP-S2 bei d_E = 20 mm.

Es ist ersichtlich, dass die Zusammenhänge bei einer genauen Festlegung der Betriebseinstellungen deutlich präziser abgebildet werden und die Regressionsgeraden eine genauere mathematische Beschreibung ergeben. Demzufolge kann die gelöste As(V)-Konzentration zum Zeitpunkt t ($c_{As(V),t}$ in [µg As(V)/L]) anhand der Anfangsarsenkonzentration ($c_{As(V),0}$ in [µg As(V)/L]) sowie der Trübungsänderung (Trüb$_n$ in [NTU]) in einer guten Annäherung mit folgenden Gleichungen abgeschätzt werden.

- EC-Betrieb mit Trinkwasser bzw. Grundwasser vergleichbarer Qualität:

$$c_{As(V),t} = c_{As(V),t0} \cdot e^{-0{,}34 \cdot Trüb_{n,t}[NTU]} \quad (107)$$

- EC-Betrieb mit Oberflächenwasser:

$$c_{As(V),t} = c_{As(V),t0} \cdot e^{-0{,}13 \cdot Trüb_{n,t}[NTU]} \quad (108)$$

Die Regressionsgleichungen können zur Abschätzung der Reduktion der gelösten As(V)-Konzentration durch die EC-Zelle mit MP-S2 (d_E = 20 mm) im Arsenkonzentrationsbereich bis 300 µg As(V)/L verwendet werden. Hierbei gelten dieselben Voraussetzungen, die in Kapitel 4.3.6 zur Abschätzung der erforderlichen Ladungsdosis aufgestellt worden sind.

4.3.8 Fazit zur EC-ULPUF-Betriebsweise

In den umfangreichen Untersuchungen wurde die Fähigkeit von EC-ULPUF-Kombinationsverfahren zur gezielten As(V)-Entfernung auf den WHO-Richtwert von 10 µg As/L bewiesen. Im EC-ULPUF-Dauerbetrieb bei einer elektrischen Leistungsaufnahme von 120 W/m³ und einer Elektrolysezeit von 4 h ermöglicht die Anlage bei schwankender Arsenzulaufkonzentration bis 300 µg/L eine mittlere Arsenentfernung von 96 % und eine mittlere Ablaufkonzentration von 6,5 µg/L. Allerdings ist die As(III)-Entfernung der EC-ULPUF-Anlage nicht ausreichend und hängt hauptsächlich von der Aluminiumoxohydroxid-Deckschicht auf der Membranoberfläche ab.

Zudem ist die Deckschichtkontrolle bei einer praktischen Umsetzung der EC-ULPUF-Anlage von besonderer Bedeutung. Bei der Auswahl einer nachgeschalteten ULPUF-Einheit ist vor allem auf die Möglichkeit zur Reinigung der Membranoberfläche zur Vermeidung der Entstehung von dicken Deckschichten zu achten.

5 Diskussion der Ergebnisse im Hinblick auf die praktische Anwendbarkeit

5.1 Entsorgung anfallender Aufbereitungsrückstände

Arsen ist ein natürliches chemisches Element und kann durch konventionelle Wasseraufbereitungsverfahren nicht abgebaut bzw. zerstört werden. Die Entfernung des gelösten Arsens aus dem Wasser erfolgt zumeist durch seine Überführung in eine partikuläre Form (Fällung, Adsorption, Ionenaustausch etc.) und die anschließende Entfernung der partikulären Fraktion aus dem Wasser (Sedimentation, Filtration etc.) oder durch Aufkonzentrierung im Retentat der Membranverfahren.

Bei jeglicher Art der Trinkwasseraufbereitung zur Arsenentfernung entstehen flüssige, feste oder schlammförmige arsenhaltige Aufbereitungsrückstände, die im Weiteren zu handhaben sind.

Der Umgang mit den arsenhaltigen Aufbereitungsrückständen stellt in einigen Regionen der Welt ein großes Problem dar. Umweltgefährdend ist insbesondere das Einleiten arsenhaltiger Rückstände in die umliegenden Wasserkörper oder die ungeregelte in situ Deponierung bei dezentraler Trinkwasseraufbereitung. Eine Kontamination der Oberflächengewässer, des Grundwassers und der umliegenden Böden sowie eine starke Arsenakkumulation in den Pflanzen können die Folge sein (Nguyen et al. 2014). Dementsprechend ist eine ganzheitliche Betrachtung bei der Implementierung eines Verfahrens zur Arsenentfernung unumgänglich. In diesem Kapitel wird der Stand der Technik im Umgang mit arsenhaltigen Aufbereitungsrückständen erläutert und einige innovative Möglichkeiten zur Handhabung der anfallenden arsenhaltigen Ton- und Aluminiumschlämme aufgezeigt.

Im C-ULPUF- sowie im EC-ULPUF-Verfahren fallen arsenhaltige Schlämme an, allerdings unterscheiden sich die Mengen sowie die Beschaffenheit der erzeugten Aufbereitungsrückstände erheblich.

<u>**Aufbereitungsrückstände im C-ULPUF-Verfahren**</u>

Im C-ULPUF-Verfahren fallen zumeist Tonschlämme an, deren Menge und Arsenkonzentration maßgeblich von der Beladungsfähigkeit der Tonerde bestimmt wird. Da durch die ULPUF-Einheit ein vollständiger Rückhalt partikulärer Stoffe gewährleistet wird, ist die Masse der eingesetzten Tonerde nahezu gleich der Trockenmasse der erzeugten Schlämme (ohne Beachtung der Feststoffbelastung des Rohwassers). Am Beispiel der Versuche mit 16 g T7/L (4 h Rührzeit; 1 h Absetzzeit) mit einer As(V)-Entfernung von 91 % und einer mittleren Ablaufkonzentration von 9 µg As(V)/L kann der Schlammanfall auf 16 kg TR/m³ geschätzt werden.

Die erzeugten Tonerdeschlämme können in zwei Stoffströme unterteilt werden: Die im Rohwasserbehälter abgesetzte Schwerfraktion der Tonerde stellt mengenmäßig den größten Anteil von im Mittel 90 % des Gesamtschlammanfalls dar (vgl. Kapitel 4.2.5) und ist neben Arsen nur geringfügig mit anderen Verunreinigungen belastet. In der vorliegenden

Untersuchung wurden maximal 50 L je 500 L behandeltem Rohwasser mit der abgesetzten Schwerfraktion der Tonerde abgeführt. Für das abgetrennte Tonschlamm-Wasser-Gemisch ergibt sich ein mittlerer Feststoffgehalt von 144 g TR/L.

Die verbliebenen 10 % vom Gesamtschlammanfall ergeben die in die ULPUF-Einheit eingetragenen Feinpartikel der Tonerde, die zur Deckschichtbildung auf der Membranoberfläche beitragen oder sich als Bodenschlamm absetzen. Der zweite Stoffstrom fällt bei der Reinigung der ULPUF-Einheit an. Eine getrennte Handhabung der beiden Schlammströme der C-ULPUF-Anlage ist sinnvoll.

Aufbereitungsrückstände im EC-ULPUF-Verfahren

Im Gegensatz zur Verwendung der Tonerde zur Arsenentfernung fallen im EC-ULPUF-Verfahren sehr geringe Mengen an Aufbereitungsrückständen an, die maßgeblich von den gewählten Betriebseinstellungen der EC-Zelle abhängig sind. Die Menge an EC-Schlamm kann aus der Aluminiumfreisetzung der EC-Zelle abgeschätzt werden. Beispielsweise werden im Versuch mit MP-S2 (d_E = 20 mm; I = 2,8 A; C_{Energy} = 500 (Wh)/m³) mit einer As(V)-Entfernung von 96 % und einer mittleren Ablaufkonzentration von 6,5 µg As(V)/L ca. 16 g Al/m³ elektrochemisch freigesetzt, sodass insgesamt 46,4 g $Al(OH)_3$/m³ als Schlammtrockenmasse anfallen.

Im EC-ULPUF-Verfahren fällt eine ca. 350-fach geringere Schlammmenge als beim C-ULPUF-Verfahren an.

Zudem wird im Rahmen des EC-ULPUF-Verfahrens die gesamte anfallende Schlammenge bewusst in die ULPUF-Einheit eingetragen und trägt dort zur Deckschichtbildung bei bzw. fällt als Bodenschlamm an. Der Aluminiumoxohydroxidschlamm ist zusätzlich zum Arsen mit weiteren anorganischen und organischen Verunreinigungen belastet und wird bei der Reinigung des UF-Moduls aus dem ULPUF-Behälter ausgetragen.

Umgang mit den anfallenden arsenhaltigen Aufbereitungsrückständen

Den rechtlichen Rahmen zum Umgang mit den anfallenden Aufbereitungsrückständen in Deutschland stellt die Zielhierarche aus dem Kreislaufwirtschaftsgesetz (KrWG 2017) auf:

- Vermeidung
- Wiederverwendung
- stoffliche Verwertung
- sonstige Verwertung
- Beseitigung

Die **Vermeidung** bzw. die Mengenreduzierung an anfallenden Aufbereitungsrückständen erfolgt durch die Optimierung der Eliminationsleistung der Anlagen und kann für das C-ULPUF-Verfahren z. B. durch Nutzung von Tonerde mit höherer Beladungskapazität oder Verlängerung der Kontaktzeit und für das EC-ULPUF-Verfahren z. B. durch Ausnutzung des Rückhaltevermögens der Deckschicht drastisch verbessert werden. Die anfallende Arsenfracht kann nicht vermieden werden.

Ferner ist eine direkte **Wiederverwendung** der anfallenden Aufbereitungsrückstände ausgeschlossen, da eine Regeneration des Tonmehls und der Aluminium-Elektroden nach aktuellem Stand der Technik nicht möglich ist.

Eine **Mehrfachverwendung** der Schwerfraktion der Tonerde zur Wasseraufbereitung im Bereich höherer Gleichgewichtskonzentrationen (> 10 µg As/L) ist denkbar. Hierbei kann die maximale Beladungskapazität der Tonerde bei höheren Gleichgewichtsbeladungen (z. B. als Adsorbens im industriellen Bereich) ausgenutzt werden. Hierzu kann der Tonerdeschlamm aus dem Absetztrichter des Rohwasserbehälters abgeleitet und in einem zum Untergrund abgedichteten Schlammteich aufgefangen, getrocknet und einer Weiterverwendung zugeführt werden. Eine Verwendung von Aluminiumschlämmen zur Arsenentfernung bei höherer Gleichgewichtsbeladung ist nicht möglich, da die Schlämme zur besseren Ausnutzung vollständig in den Membranreaktor geführt werden und sich dort über mehrere Filtrationszyklen mit zurückgehaltenen partikulären Wasserbestandteilen im Retentat aufkonzentrieren.

Zur **stofflichen bzw. sonstigen Verwertung** der Rückstände aus der Wasseraufbereitung werden im Merkblatt DVGW W 221-3 „Rückstände und Nebenprodukte aus Wasseraufbereitungsanlagen – Teil 3: Vermeidung, Vermarktung und Verwertung“ (2014) in Abhängigkeit von der chemischen Zusammensetzung folgende Möglichkeiten genannt:

- Zement- und Ziegelindustrie
- Herstellung von Pflanzgranulat
- Straßen- und Wegebau
- Fällungsmittel in Abwasseranlagen
- Land- und Forstwirtschaft

Durch zu hohe Arsengehalte in Wasseraufbereitungsschlämmen kann ihre Verwertung ausgeschlossen sein (Lipp und Dammann 2013). Beispielsweise erfolgt der Einsatz der deutschen Wasseraufbereitungsschlämme für die Rekultivierung bzw. im Tiefbau gemäß der Zuordnung in Einbauklassen nach Mitteilung Nr. 20 der Länderarbeitsgemeinschaft Abfall (LAGA 2003), demnach kann eine stoffliche Verwertung bis maximal 60 µg As/L (120 µg As/L in natürlichen Böden) im Eluat bzw. 150 mg As/kg TR im Boden erfolgen. Bei Überschreitung der Zuordnungswerte soll eine Ablagerung auf Deponien stattfinden.

Eine stoffliche Verwertung der im Rahmen dieser Arbeit anfallenden Aufbereitungsrückstände ist insbesondere bei der im Rohwasserbehälter abgesetzten Schwerfraktion der Tonerde möglich. Die Arsenkonzentration liegt deutlich unter 150 mg As/kg TR, jedoch wurden die Eluate der erzeugten Tonerdeschlämme im Rahmen dieser Arbeit nicht untersucht, sodass diesbezüglich zurzeit keine genaue Aussage möglich ist.

Ferner führt laut Nguyen et al. (2014) und Mandal et al. (2016) der Fortschritt auf dem Gebiet der Wasseraufbereitungstechnologien zur Arsenentfernung weltweit zu einem steigenden Anfall an arsenhaltigen Aufbereitungsrückständen und zum wachsenden Bedarf an neuen Möglichkeiten im umweltschonenden und nachhaltigen Umgang. Im Folgenden werden beispielhaft drei aktuelle Studien zur Verwertung von arsenhaltiger Tonerde und Aluminiumschlämmen zusammengefasst:

- Nutzung der Tonerde zur Deponieabdeckung: Kumpiene und Niero (2016) beschreiben die Möglichkeit der Nutzung von Böden mit hohem Arsengehalt von (137 ± 40) mg As/kg zur Deponieabdeckung. Für diesen Zweck soll nach Möglichkeit eine Stabilisierung des Bodens durch Zugabe von Eisen und Torf zum besseren Rückhalt von Arsen erfolgen. In der Studie wurde w_i = 1 % Strahlsand (98 % Fe) und w_i = 5 % Torf zugegeben, wodurch eine signifikante Verbesserung der Arsenimmobilisierung sowie eine Verringerung des Arsengehaltes in den auf der Deponieabdeckung wachsenden Pflanzen zu beobachten war.
- Nutzung der EC-Schlämme bei der Zementherstellung: Roy et al. (2019) beschreibt die Möglichkeit der Nutzung von arsenhaltigen Schlämmen aus der elektrochemischen Wasseraufbereitung mittels Eisenelektroden bei der Zementherstellung. Aus der Studie folgt, dass ein Zusatz von bis zu w_i = 25 % arsenhaltigem Schlamm keine negativen Auswirkungen auf die Zementeigenschaften hat. Durch Festlegung von Arsen in der Zementmatrix findet eine teilweise Umwandlung von Arsen-Eisen- zu Arsen-Kalk-Verbindungen statt, die mit einer Verringerung der Auswaschbarkeit von Arsenverbindungen einhergeht. Der Arsengehalt im Eluat lag bei einer Zugabe von w_i = 40 % Wasseraufbereitungsschlämmen zum Zement bei maximal 15 µg As/L. Ein ähnlicher Vorgang bei der Verwendung von arsenhaltigen Schlämmen aus der elektrochemischen Wasseraufbereitung mittels Aluminiumelektroden muss überprüft werden.
- Nutzung der EC-Schlämme bei der Ziegelsteinherstellung: In der Studie von Thakur et al. (2019) wurde die Möglichkeit der Vermengung arsenhaltiger Aluminiumschlämme aus einem Elektrokoagulationsverfahren mit Tonerde zur Ziegelsteinherstellung überprüft. Die Immobilisierung erfolgt vor allem durch die Einbindung des Arsens in die Mineralstruktur. Die Ergebnisse der Studie zeigen, dass die Qualität der Ziegelsteine den Anforderungen der indischen Standards für die bauliche Anwendung genügt.

Die **Entsorgung** anfallender Rückstände aus der Wasseraufbereitung ist der letzte Schritt der KrWG-Zielhierarchie. Kleine Rückstandslager auf dem Wasserwerksgelände können als relativ sicher gelten, da die Schlämme unter denselben Bedingungen gelagert werden, unter denen sie sich gebildet haben und daher die stabilste Phase darstellen (Haase und Förstner 1995). Folglich wäre die Ablagerung der ton- und aluminiumhaltigen Spülschlämme aus der Reinigung der ULPUF-Einheit in einem zum Untergrund abgedichteten Rückstandslager auf dem Einsatzort möglich.

Die Ablagerung der Wasserwerksschlämme auf Mülldeponien kann laut DVGW W 221-1 (2010) in der Regel nur mit Vorbehandlung stattfinden. Hierbei kommt den Parametern TOC und Glühverlust eine besondere Bedeutung zu (DVGW W 221-1 2010). Sollten die Wasserwerksschlämme einen hohen Anteil an Organik enthalten, werden die vorherrschenden Bedingungen durch mikrobiologische Aktivität beeinflusst (vgl. Kapitel 2.2.3.1) und es kann zur verstärkten Arsenrücklösung kommen (Wiedemann 2017).

Laut Fiedler (2003) darf der Arsengehalt im Eluat auf Deponien abzulagernder Aufbereitungsschlämme 5.000 µg As/L nicht überschreiten, da aus wirtschaftlicher und technischer Sicht die Behandlung der Sickerwässer mit höheren Arsenkonzentrationen nicht umsetzbar ist. In Deutschland ist die maximal mögliche Arsenkonzentration im Eluat auf 2.500 µg As/L, bei Ablagerung auf Deponieklasse III, begrenzt (LAGA 2003). Die Immobilisierung von Arsen in Trinkwasseraufbereitungsschlämmen erfolgt durch Zugabe von Bindemitteln, die je nach Bindemittelart das Arsen entweder auf physikalischem Weg durch Einkapselung in der inerten Matrix oder durch Entstehung chemischer Verbindungen festhalten (Henke 2009). Gängige Arsen-Bindemittel sind Zement, Zementofenstaub, Branntkalk, Tonminerale, Schlämme aus Wasseraufbereitung (Enteisenung), eisenreicher Gips und Flugasche aus Kohleverbrennung (Henke 2009).

Auch eine Einleitung der Aufbereitungsrückstände in Abwasseranlagen ist möglich. Laut dem Merkblatt DVGW W 222 (2010) dürfen die Wasserwerksrückstände, die in die öffentliche Abwasseranlagen eingeleitet oder eingebracht werden, einen maximalen Arsengehalt von 100 µg As/L aufweisen. Aus Untersuchungen von Oberacker (2002) folgt, dass durch die Zugabe von Wasserwerksschlämmen zu Klärschlammen und der anschließenden Entwässerung, Trocknung und Verbrennung keine negativen Auswirkungen auf die Klärschlammbehandlung erfolgen und das Arsen vollständig in Asche übergeht und sicher als Bergversatz verwertet werden kann. Diese Entsorgungsmethode ist allerdings umstritten und die Umweltauswirkungen durch die Einleitung toxikologisch relevanter Stoffe in Abwasserbehandlungsanlagen müssen im konkreten Fall abgeschätzt werden (DVGW W 222 2010).

5.2 Wirtschaftlichkeitsanalyse

5.2.1 Kosten der Arsenaufbereitung und Zahlungsbereitschaft der Haushalte

Die Wirtschaftlichkeit ist neben der Effizienz die wichtigste Entscheidungsgröße für die Auswahl einer Verfahrenstechnik. Besonders in wirtschaftlich schwachen Regionen der Entwicklungsländer steht die Frage nach einer kostengünstigen Aufbereitungstechnologie im Vordergrund. In einer umfassenden Studie zur Arsenbelastung im Trinkwasser in Bangladesch zeigt Khan et al. (2014) einen signifikanten Zusammenhang zwischen dem Einkommen der Haushalte und der Wahl des Wohnortes bzw. der Arsenbelastung des Trinkwassers: Haushalte mit höherem Einkommen leben bevorzugt in Gebieten mit geringerer Arsenbelastung, wogegen Haushalte mit geringem Einkommen in Gebieten mit hoher Arsenbelastung leben.

Die Arsenproblematik im Trinkwasser besteht insbesondere bei armen Bevölkerungsgruppen.

Aus einer Befragung von 650 Haushalten in ländlichen Gebieten von Bangladesch beträgt laut Khan et al. (2014) das mittlere monatliche Einkommen eines Normalhaushaltes (fünf

Personen, davon zwei Kinder) 9.055 Taka (ca. 85 €[14]). Für die Trinkwasserversorgung (bakteriologisch und chemisch unbedenkliches Wasser) stehen nur 0,5 % des monatlichen Familieneinkommens bzw. 0,43 € zur Verfügung (Khan et al. 2014). Im Vergleich hierzu liegen die monatlichen Ausgaben für Nahrung, mit etwa 60 % des monatlichen Einkommens, deutlich höher (Khan et al. 2014).

Auch aus Untersuchung von Ahmad et al. (2005) folgt, dass die Zahlungsbereitschaft (WTP, *willingness to pay*) der Familien in ländlichen Gebieten von Bangladesch (etwa 2.700 untersuchte Haushalte mit einem mittleren monatlichen Einkommen von 4.900 Taka[15]) für die Bereitstellung von arsenfreiem Trinkwasser in etwa 0,2 % bis 0,3 % (ca. 0,20 €[16]) des mittleren monatlichen Einkommens beträgt.

Ferner zeigt eine aktuelle Studie von Thakur und Gupta (2016) in Bihar (wirtschaftlich schwächste Region in Indien mit etwa 100 Millionen Einwohnern) eine niedrige Zahlungsbereitschaft für arsenfreies Wasser von nur 20 Rupien (ca. 0,30 €[17]) pro Haushalt und Monat bzw. 0,1 % des monatlichen Einkommens bei einer Haushaltsgröße von acht Personen und einem mittleren monatlichen Einkommen von etwa 2.000 Rupien pro Person.

Die Haushalte in städtischen Gebieten haben generell ein höheres monatliches Einkommen und sind bereit mehr Geld für arsenfreies Wasser auszugeben (Thakur und Gupta 2016). Laut Rahman et al. (2017) beträgt die Zahlungsbereitschaft eines semi-urbanen Haushaltes in Bangladesch ca. 1,00 € pro Monat für arsenfreies Trinkwasser.

Die Kosten für ein konventionelles Wasseraufbereitungsverfahren zur Arsenentfernung liegen meist deutlich höher als die Zahlungsbereitschaft der Haushalte, beispielsweise würde die Installation von auf aktiviertem Aluminium basierter Adsorptionstechnik in den untersuchten Gebieten zu monatlichen Kosten von etwa 1,50 € pro Haushalt führen (Ahmad et al. 2005).

Die Bereitschaft zur Aufbringung zusätzlicher Kosten für die Bereitstellung von arsenfreiem Trinkwasser ist nicht nur in wirtschaftlich schwachen Regionen der Erde gering. Scott und Freise (2018) zeigten in einer aktuellen Untersuchung von 500 Haushalten in New Hampshire (USA), dass die Zahlungsbereitschaft der Bevölkerung für eine Arsenreduktion auf 3 µg As/L mit ca. 0,6 % des mittleren monatlichen Einkommens nur geringfügig höher als der WTP-Wert in ländlichen Gebieten von Bangladesch ist. Jedoch liegt der WTP-Wert in absoluten Zahlen mit ca. 32 € pro Monat und Haushalt in den USA deutlich höher.

[14] 1 Taka = 0,009 Euro (Stand 2014) (vgl. exchangerate-euro.com 2020).

[15] 1 Taka = 0,017 USD (Stand 2005) (vgl. Ahmad et al. 2005).

[16] Im Weiteren werden alle monetären Angaben in die Währung der Europäischen Union (Euro, €) auf den Stand 01.01.2020 von 1,00 € = 1,123 USD (vgl. exchangerate-euro.com 2020) umgerechnet.

[17] 1,00 Rupie = 0,014 Euro (Stand 2016) (vgl. exchangerate-euro.com 2020).

Die geringe Wertschätzung des arsenfreien Trinkwassers kann vor allem durch lange Latenzzeiten chronischer Vergiftungserscheinungen (fünf bis zehn Jahre) bei einer täglichen Aufnahme geringer Konzentrationen begründet werden (vgl. Kapitel 2.2.4).

In ländlichen Gebieten der Entwicklungsländer spielt zudem die mangelhafte Aufklärung der Bevölkerung bezüglich der Gefahren der chronischen Arsenvergiftung eine bedeutende Rolle (Yunus et al. 2016). Nach Ahmad et al. (2005) kannte nur etwa die Hälfte der 2.700 untersuchten Haushalte die Symptome einer chronischen Arsenvergiftung und nur 35 % der befragten Personen wussten, dass eine chronische Arsenvergiftung zu Krebs und Tod führen kann.

Ist das Risiko des Konsums von arsenbelastetem Wasser bekannt, steigt die Bereitschaft der Haushalte, erhöhte Kosten für die Aufbereitungsmaßnahmen aufzubringen (vgl. Khan et al. 2014; Das et al. 2016). Auch das Einkommen der Haushalte ist entscheidend für die Zahlungsbereitschaft. Die Untersuchung von Rahman et al. (2017) (Bangladesch, 396 Haushalte) zeigt, dass besonders Haushalte mit geringem Einkommen und kaum Wahrnehmung der Arsenproblematik eine geringe Zahlungsbereitschaft besitzen (ca. 0,10 € pro Monat), hingegen sind Haushalte mit hohem Einkommen und Bewusstsein für die Arsenproblematik bereit, deutlich mehr Geld (ca. 3,70 € pro Monat bzw. über 1,0 % des mittleren monatlichen Einkommens) für arsenfreies Trinkwasser auszugeben.

Die Zahlungsbereitschaft der Haushalte für einen sicheren Trinkwasserzugang (vor Ort verfügbar, bakteriologisch und chemisch unbedenklich) liegt deutlich höher als der WTP für arsenfreies Wasser und beträgt je nach Studie:

- 1,60 € pro Monat und Haushalt (2,1 % des mittleren Einkommens) (Ahmad et al. 2005)
- 0,90 € pro Monat und Haushalt (1,4 % des mittleren Einkommens) (Saha et al. 2019)
- 0,90 € pro Monat für 20 L sicheres Trinkwasser am Tag (Dey et al. 2018)

Außerdem fand Rahman et al. (2017) heraus, dass die Haushalte in Manikganj (Bangladesch) monatlich bereits 3,90 € als Summe aller Aufwendungen für die Aufbereitung von Trinkwasser aufbringen (Kauf von in Flaschen abgefülltem Wasser, Kraftstoffkosten für den Wassertransport aus alternativen Quellen, Abkochen des Wassers etc.), ohne sich dessen bewusst zu sein.

Zusammenfassend lässt sich feststellen, dass einer Familie in wirtschaftlich schwachen Regionen der Erde nur **0,90 € bis 2,70 € pro Monat für sicheres Trinkwasser** bzw. **0,20 € bis 1,00 € pro Monat für arsenfreies Trinkwasser** zur Verfügung stehen. Pro Haushalt werden täglich mindestens 20 L zum Trinken und zur Essenzubereitung benötigt (WHO 2013).

Demzufolge stehen einem Haushalt etwa 1,50 €/m³ bis 4,50 €/m³ für bakteriologisch und chemisch unbedenkliches Trinkwasser zur Verfügung.

Wird an der Stelle nur die Arsenentfernung betrachtet, dürfen die Verfahrenskosten 0,30 €/m³ (in ländlichen Gebieten) und 1,70 €/m³ (in städtischen Gebieten) nicht überschreiten.

Eine gute Übersicht der Kosten aktuell vorhandener Wasseraufbereitungsverfahren zur Arsenentfernung gibt Shan et al. (2018). In der Studie fand die Sichtung der von 1996 bis 2018 zu Arsenentfernungsverfahren publizierten Literatur statt. Die Kosten der Arsenaufbereitung variieren je nach Verfahrenstyp und Untersuchungsort (Labor- oder Feldstudie), Rohwasserqualität und Arsenablaufkonzentration zwischen 0,01 €/m³ und 300 €/m³ für aufbereitetes Wasser. Ein Auszug ist in Anhang 76 (Kapitel 8.16) zu finden.

5.2.2 Kostenvergleich der untersuchten Verfahrensvarianten

Im Weiteren werden die Kosten der untersuchten Verfahrensvarianten für einen Einsatz in einer wirtschaftlich schwachen Region der Erde ermittelt und den Kosten der Arsenaufbereitung sowie der Zahlungsbereitschaft der Haushalte gegenübergestellt.

Der Kostenvergleich erfolgt in Anlehnung an die Leitlinien zur Durchführung dynamischer Kostenvergleichsrechnungen (DWA 2012). Hierzu werden die kostenwirksamen Effekte nach Kostenarten in Investitionskosten (IK) und laufende Kosten (LK) gegliedert. Die dynamische Berechnung berücksichtigt die zeitliche Änderung der anfallenden Kosten und ergibt die tatsächlichen Jahreskosten der Aufbereitungsanlagen über die gesamte Nutzungsdauer an. Die Umrechnung der Investitionskosten in die Jahreskosten erfolgt mittels des Kapitalwiedergewinnungsfaktors (KFAKR) bzw. des Annuitätenfaktors (DWA 2012):

$$\mathrm{KFAKR} = \frac{\mathrm{i} \cdot (1+\mathrm{i})^{\mathrm{n}}}{(1+\mathrm{i})^{\mathrm{n}} - 1} \qquad (109)$$

Die Nutzungsdauer (n) der Anlage wird mit zehn Jahren festgelegt. Der reale Zinssatz (i) wird in Anlehnung an DWA (2012) mit dem Höchstwert von 5 % p. a. angenommen.

Die tatsächlichen Jahreskosten (JK in [€/a]) ergeben sich wie folgt (DWA 2012):

$$\mathrm{JK} = \mathrm{IK} \cdot \mathrm{KFAKR} + \mathrm{LK} \qquad (110)$$

Die Kostengegenüberstellung der untersuchten Verfahren erfolgt anhand des Wasserpreises (in [€/m³]), der sich aus der Verrechnung der tatsächlichen Jahreskosten der Aufbereitungsanlagen mit der aufbereiteten Jahreswassermenge ergibt. Allerdings ist dieser Wert keine feste Größe und kann in Abhängigkeit von verschiedenen Parametern wie dem Einsatzort, der verwendeten ULPUF-Einheit, dem vor Ort verfügbaren Equipment, der gewählten Betriebseinstellungen, der Rohwasserqualität und weiteren Faktoren variieren. Um einen möglichst einheitlichen Vergleich zu ermöglichen, werden folgende **Rahmenbedingungen** aufgestellt:

- Einsatzgebiet: Indien
- Rohwasserqualität: Trinkwasser bzw. Grundwasser vergleichbarer Qualität

- Arsenkonzentration im Rohwasser: 100 µg As/L, liegt ausschließlich als As(V) vor
- Arsenentfernung auf den WHO-Richtwert von 10 µg As/L
- Täglich aufbereitete Wassermenge: 1.000 L
- ULPUF-Einheit ist nicht vorhanden. Anschaffung der ULPUF-Einheit „PAUL" (The WaterBackpack Company GmbH) mit UF-Plattenmembranmodul mit 50 Membranplatten aus PES mit insgesamt 9,5 m^2 Filterfläche, TMP = 100 mbar; mit Erweiterung zur Dauertrinkwasserversorgung (vgl. Kapitel 2.6.2)
- Erweiterung zum C-ULPUF-Verfahren: Einbau von Rührer, „Rühren-Absetzen-Filtrieren"-Betrieb, $t_{Rühr}$ = 4 h, t_{Sed} = 1 h
- Erweiterung zum EC-ULPUF-Verfahren: Einbau von Rührer und EC-Zelle mit 22 Aluminiumelektroden und MP-S2 (d_E = 20 mm, i = 5,4 A/m², $P_{el,spez}$ = 120 W/m³ und t_{EC} = 4 h); Anschaffung einer Direktstromquelle
- Schlammentsorgung: geordnete Deponierung der gesamten anfallenden Schlammmengen

Die Investitionskosten für die Anschaffung der ULPUF-Einheit, der Anlagenaufbau, die Betriebs- sowie Wartungskosten sind an die Berechnung von Frechen (2019) angelehnt. Frechen (2019) gibt eine Kostenschätzung für den Aufbau einer PAUL-Station zur Dauertrinkwasserversorgung (vgl. Kapitel 2.6.2) inkl. ULPUF-Einheit, Rohwasser- und Permeatbehälter, Verbindungsgarnitur (Schläuche, Hähne, Klemmen etc.), Gestell, Transportkosten, Zollgebühren, Montagekosten sowie Betriebs- bzw. Wartungskosten über zehn Jahre von insgesamt 3.400 € an. Bei einer Aufbereitungsleistung von 1.200 L/d beträgt der Wasserpreis über die Nutzungsdauer von zehn Jahren ca. 0,76 €/m³ und liegt deutlich unter der Zahlungsbereitschaft der Haushalte von 1,50 €/m³ bis 4,50 €/m³ für einen sicheren Zugang zum Trinkwasser. Einige aktuelle Umsetzungsbeispiele können Frechen (2020c) entnommen werden.

Alle weiteren Kosten wurden anhand der Recherche für den aktuellen indischen Markt über die Online-Plattform des indischen Online-Marketing-Unternehmens „IndiaMART InterMESH Ltd." ermittelt und in Euro zum aktuellen Wechselkurs von 1,00 € = 87,03 Rs (exchangerate-euro.com 2020) umgerechnet. Zur Erweiterung der ULPUF-Station zur Arsenentfernung mittels C-ULPUF-Verfahren ist die Anschaffung eines Rührwerks inkl. Rührer sowie der Einbau eines Schwimmwasserabzuges notwendig. Außerdem muss eine Möglichkeit zur Schlammentfernung im Rohwasserbehälter gegeben sein (z. B. Schlammtrichter). Als eine geeignete Tonerde auf dem indischen Markt wurde ein Bentonit mit mittelhohem Al- und Fe-Gehalt von w_{Al} = 15 % bzw. w_{Fe} = 15 % und einem Preis von 1,00 Rs/kg bzw. 0,011 €/kg identifiziert. Die Dosierungsmenge wurde anhand Abbildung 55 zu 12 g/L abgeschätzt. Wie in Kapitel 4.2.4.5 erläutert, werden die abgeschätzten Werte um einen Sicherheitsfaktor von 25 % erhöht. Es ergibt sich eine Dosiermenge von 15 g/L.

Zur Erweiterung der PAUL-Station um das EC-ULPUF-Verfahren sind neben der Anschaffung eines Rührwerks inkl. Rührer die Anschaffung bzw. der Aufbau der EC-Zelle (Al-

Elektrodenplatten, Klemmen, Aufhängung etc.) und einer Direktstromquelle notwendig. Der Umbau des Rohwasserbehälters muss nicht vorgenommen werden. Der Aluminiumbedarf für die EC-Zelle wurde auf ca. 9,5 kg berechnet (22 Elektroden mit L x B x H = 0,4 m x 0,2 m x 0,002 m; bei einer Dichte von 2,7 g Al/cm³). Der Aluminiumverbrauch pro Kubikmeter behandeltem Wasser beträgt im EC-Betrieb mit den festgelegten Betriebseinstellungen ca. 17 g Al. Der aktuelle Aluminiumpreis für Aluminiumplatten liegt auf dem indischen Markt bei 220 Rs/kg bzw. 2,53 €/kg.

Des Weiteren ist die Gewährleistung einer ausreichenden Umwälzung im C-ULPUF-Verfahren unumgänglich (vgl. Kapitel 4.2.4). Bei der EC-ULPUF-Anlage kann eventuell auf das Rührwerk verzichtet werden, da a) die gesamte elektrochemisch freigesetzte Aluminiummenge in die ULPUF-Einheit eingeleitet wird und auf der Membranoberfläche eine adsorptionswirksame Deckschicht aufbaut und b) der relativ geringe Energieeintrag zu einer geringen elektrolytischen Gasblasenbildung führt und diese die Elektrolyseeffizienz der Zelle kaum beeinflusst. Allerdings muss diese Hypothese in weiteren Untersuchungen überprüft werden. Daher wurden die Anschaffung und der Betrieb vom Rührwerk bei beiden untersuchten Verfahren in die Kostenvergleichsrechnung einbezogen. Für die Umwälzung eines Wasservolumens von 1 m³ wurde ein Rührwerk mit einer Leistung von P_{el} = 340 W ausgewählt. Folglich ist der Stromverbrauch beider Verfahren maßgeblich durch das Rührwerk bestimmt. Im Vergleich beträgt die spezifische elektrische Leistungsaufnahme der EC-Zelle mit $P_{el,spez}$ = 120 W/m³ gerade ein Viertel des gesamten Strombedarfes des EC-ULPUF-Verfahrens. In der Kostenvergleichsrechnung wird von einem vorhandenen Netzanschluss ausgegangen, wobei die Bereitstellung der notwendigen elektrischen Energie für Anlagen in ländlichen Gebieten ohne Netzanschluss bei einer maximalen Gesamtleistung des Verfahrens (EC-ULPUF) von etwa 0,5 kW über Photovoltaik-Anlagen gewährleistet werden kann. Der Strompreis in Indien beträgt aktuell ca. 0,07 €/kWh (globalpetrolprices.com 2020).

Für beide Verfahrensvarianten muss eine ausreichend große zum Untergrund abgedichtete Mulde bzw. ein Schlammspeicher (hier vorgeschlagen mit einem Volumen von 250 L bis 500 L bei einer Schlammaufenthaltsdauer von 30 Tagen und einer Dosierung von 15 kg Ton/m³; Abdichtung mit PE-Folie) für die Zwischenlagerung bzw. Trocknung der Schlämme errichtet werden. Der Überlauf aus dem Schlammspeicher enthält geringe Arsenkonzentrationen (≤ 10 µg As/L) und kann ohne Bedenken versickert oder in ein Gewässer eingeleitet werden. Die Errichtung eines Schlammspeichers wird pauschal auf 50 € geschätzt. Der abgesetzte arsenhaltige Schlamm ist gemäß dem Stand der Technik (vgl. Kapitel 5.1) zu Verwerten oder zu Entsorgen. Im Rahmen des Kostenvergleiches wird die ungünstigste Variante, die Deponierung der gesamten anfallenden Schlämme, betrachtet. Kobya et al. (2014) gibt die Kosten der Deponierung arsenhaltiger Schlämme aus Elektrokoagulation mit etwa 0,041 €/kg an. Aufgrund fehlender Datengrundlage werden diese Kosten auch für die Entsorgung arsenhaltiger Tonerdeschlämme angenommen.

Der Betrieb sowie die Wartungsarbeiten an der PAUL-Station werden in Frechen (2019) über die Nutzungsdauer von zehn Jahren auf 600 € (60 €/a) festgelegt. Da einige zusätzlichen Aufwendungen im Betrieb mit Tonerde bzw. Elektrokoagulation zu erwarten sind (häufige Reinigungsintervalle der ULPUF-Einheit durch höhere Feststoffbelastung, Reinigung der EC-Zelle, Austausch der Elektroden, Schlammmanagement etc.), werden die Betriebs- und Wartungskosten pauschal um 50 % für das C-ULPUF-Verfahren (90 €/a) und um 100 % für das EC-ULPUF-Verfahren (120 €/a) erhöht.

Die Zusammenstellung aller aufgeführten Kostenposten mit den entsprechenden Hinweisen und Datenquellen ist in der nachfolgenden Tabelle 37 zu finden. Andere Varianten der Kostenvergleichsrechnung unter geänderten Rahmenbedingungen (z. B. eigenständige Tonerdeförderung, ULPUF-Einheit bereits vor Ort vorhanden etc.) sind in Anhang 77 bis Anhang 79 zu finden. Im Weiteren erfolgt die Auswertung der durchgeführten Kostenvergleichsrechnung.

Die Investitionskosten in den beiden vorgestellten Verfahren werden vor allem durch die Ultrafiltrationsanlage bestimmt. Die Gesamtinvestitionskosten für das C-ULPUF-Verfahren betragen 3.045 € bzw. 394 €/a als Jahreskosten nach DWA (2012). Für das EC-ULPUF-Verfahren ergeben sich geringfügig höhere Kosten von insgesamt 3.158 € bzw. 409 €/a. Werden die Jahreskosten auf die gesamte jährlich aufbereitete Wassermenge von 360 m^3/a (1.000 L/d) bezogen, ergibt sich ein Anteil der Investitionskosten am Wasserpreis von 1,10 €/m^3 für das C-ULPUF-Verfahren und 1,14 €/m^3 für das EC-ULPUF-Verfahren.

Im Gegensatz zu den Investitionskosten zeigen die laufenden Kosten einige bedeutende Unterschiede. Insbesondere bei der Schlammentsorgung weist das C-ULPUF-Verfahren mit 0,62 €/m^3 einen gravierenden Kostennachteil auf. Auch die Materialkosten der Tonerde im Vergleich zum Elektrodenverbrauch der EC-Zelle sind aufgrund ihrer geringeren Arsenentfernungseffizienz um das Vierfache höher. Hingegen besitzt das C-ULPUF-Verfahren geringere Wartungskosten und einen niedrigeren Stromverbrauch im Vergleich zum EC-ULPUF-Verfahren. In der Gegenüberstellung der Betriebskosten beträgt der Anteil der laufenden Kosten am Wasserpreis des C-ULPUF-Verfahrens insgesamt 1,13 €/m^3 und liegt deutlich höher als 0,51 €/m^3 beim EC-ULPUF-Verfahren.

Der <u>Wasserpreis des C-ULPUF-Verfahrens</u> ergibt sich zu 2,23 €/m^3 (ca. 190 Rs/m^3). Der <u>Wasserpreis des EC-ULPUF-Verfahrens</u> ist um etwa 30 % geringer und beträgt insgesamt 1,64 €/m^3 (ca. 140 Rs/m^3). Beide Verfahren ermöglichen neben einer weitgehenden Arsenentfernung die Bereitstellung von hygienisch unbedenklichem Trinkwasser und liegen mit dem ermittelten Wasserpreis im Bereich der Zahlungsbereitschaft der Haushalte in den Entwicklungsländern von 1,50 €/m^3 bis 4,50 €/m^3 (vgl. Kapitel 5.2.1).

Zudem stellt die EC-ULPUF-Anlage eine bezahlbare Alternative eines reinen Arsenentfernungsverfahrens (bei sonst unbedenklichem Trinkwasser) für städtische Gebiete der Entwicklungsländer (WTP maximal 1,70 €/m^3) dar. Keines der beiden Verfahren erfüllt die Kostenerwartungen der Bevölkerung in ländlichen Gebieten der Entwicklungsländer von maximal 0,30 €/m^3 für die Arsenentfernung bei sonst unbedenklichem Trinkwasser.

Tabelle 37: Kostenvergleich zwischen C-ULPUF- und EC-ULPUF-Verfahren (Variante 1).

Kostenposten	C-ULPUF	EC-ULPUF	Hinweise	Datenquelle
Investitionskosten in [€]				
PAUL-Station	1.600,00	1.600,00	ULPUF-Einheit, Schwimmerventile etc.	Frechen 2019
Aufbau PAUL-Station	800,00	800,00	RW- & Permeatbehälter, Verbindungsgarnitur etc.	Frechen 2019
Zoll	300,00	300,00	-	Frechen 2019
Transport	100,00	100,00	-	Frechen 2019
Rührwerk	195,33	195,33	Chemical Stirrer (MiniMax Dosing Pumps), P_{el} = 0,37 kW bis 5,5 kW	IndiaMART 2020
Schlammspeicher	50,00	50,00	Pauschalannahme	-
Al-Elektroden	-	24,02	Al-Kosten 2,53 €/kg	IndiaMART 2020
Weitere Komponenten der EC-Zelle	-	20,00	Pauschalannahme	-
DC-Spannungsquelle	-	68,94	PLASTRONIX Power Supply, U = 0 V bis 30 V, I = 0 A bis 5 A	IndiaMART 2020
IK, gesamt [€]	3.045,33	3.158,29		
Jahreskosten, IK [€/a]	394,38	409,01		
IK-Anteil am Wasserpreis [€/m³]	1,10	1,14		
Laufende Kosten [€/m³]				
Stromverbrauch	0,09	0,13	Strompreis in Indien Stand 2019; 0,07 €/kWh	globalpetrolprices.com 2020
Schlammentsorgung	0,62	0,002	Deponierung arsenhaltiger Schlämme 0,041 €/kg	Kobya et al. 2014
Betrieb der Anlage und Wartungsarbeiten	0,25	0,33	60 €/a für PAUL-Station laut Frechen (2019); Annahme C-ULPUF 90 €/a, EC-ULPUF 120 €/a	Frechen 2019
Tonerde-Verbrauch	0,17	-	Bentonit (w_{Al} = 15 %, w_{Fe} = 15 %); 0,01 €/kg	IndiaMART 2020
Al-Verbrauch	-	0,04	Aluminium-Platten, 2,53 €/kg	IndiaMART 2020
LK-Anteil am Wasserpreis [€/m³]	1,13	0,51		
Wasserpreis, gesamt [€/m³]	**2,23**	**1,64**		

Ferner können die ermittelten Verfahrenskosten, in Abhängigkeit von den vor Ort herrschenden Rahmenbedingungen, deutlich reduziert werden. Beispielsweise stellt die Tonerde ein natürlich vorkommendes Adsorbens dar, dessen Förderung und Aufbereitung eigenständig durch den Betreiber der C-ULPUF-Anlage vor Ort erfolgen kann. Laut Mohapatra et al. (2007) ist hierfür keine aufwendige Technik notwendig; im Rahmen seiner Studie wurden in Indien vorkommende Tone vor dem Einsatz zur Arsenadsorption lediglich zermahlen und gesiebt. Außerdem wird im Rahmen der Kostenvergleichsrechnung die kostenintensive Deponierung der Tonerdeschlämme angenommen. Dieser Kostenfaktor kann durch die Verwertung der Schwerfraktion der Tonerde (ca. 90 % der anfallenden Schlammmenge) z. B. in der Ziegelsteinherstellung (vgl. Kapitel 5.1) deutlich reduziert werden.

Bei der Kostenaufstellung für die EC-ULPUF-Anlage wird der Einsatz von Rührwerk vorausgesetzt, allerdings ist ein EC-ULPUF-Betrieb aufgrund geringer Stromdichten und daher geringer Gasbildungs- und Aluminiumfreisetzungsrate ohne Einsatz vom Rührwerk denkbar.

Werden die zuvor genannten Vorschläge zur Kostenreduzierung in der Kostenvergleichsrechnung berücksichtigt, kann der Wasserpreis beider Verfahren auf etwa 1,50 €/m³ (ca. 130 Rs/m³) geschätzt werden (Kostenaufstellung ist in Anhang 77 zu finden).

Des Weiteren ist wichtig anzumerken, dass die ermittelten Verfahrenskosten bei einer Neuanschaffung der ULPUF-Einheit berechnet worden sind. Hierbei stellen die Anschaffungskosten der ULPUF-Einheit (inkl. Transport, Zoll, Aufbau etc.) den größten Kostenfaktor der Jahresinvestitionskosten dar. Ist die ULPUF-Einheit oder sogar eine ULPUF-Station mit Vorlage- und Permeatbehälter zur Dauerversorgung bereits vor Ort verfügbar, kann eine Erweiterung des Verfahrens zur Arsenentfernung mit deutlich reduzierten Kosten unternommen werden.

Die Kosten einer Erweiterung von ULPUF zur Arsenentfernung setzen sich für die Tonanwendung zu 1,36 €/m³ ohne bzw. 0,64 €/m³ mit eigenständiger Tonförderung und Schlammverwertung und für die Anwendung der Elektrolyse zu 0,63 €/m³ mit bzw. 0,47 €/m³ ohne Rührwerk zusammen (Kostenaufstellung ist in Anhang 78 und Anhang 79 zu finden).

6 Zusammenfassung

6.1 Hintergrund der Arbeit

Laut dem aktuellen Report von UNICEF & WHO (2019) haben derzeit etwa 2,2 Milliarden Menschen keinen Zugang zu sicherem Trinkwasser. Mehr als 785 Millionen Menschen müssen ohne jegliche Trinkwasserversorgung auskommen, davon sind etwa 144 Millionen Menschen auf nicht aufbereitetes Oberflächenwasser angewiesen (WHO 2020a). Besonders relevant ist das Problem in wirtschaftlich schwachen Regionen der Erde mit kaum ausgebildeter Trinkwasserversorgungsinfrastruktur (WHO 2020a). Außerdem führen der fortschreitende Klimawandel, das Weltbevölkerungswachstum und der global steigende Wasserbedarf zur zunehmenden Belastung von Trinkwasserressourcen und zwingen zur Erschließung von Trinkwasserquellen mit schlechter mikrobiologischer und chemischer Qualität.

Durch Trinkwasseraufbereitung mittels Niederdruck-Membranfiltration bzw. Ultra-Low-Pressure-Ultrafiltration (ULPUF) kann ein mikrobiologisch einwandfreies Wasser auch in entlegenen Gebieten der Entwicklungsländer ohne jegliche Trinkwasserversorgungsinfrastruktur bereitgestellt werden (vgl. Frechen 2020a). Der Betrieb solcher Anlagen stellt einen druckgesteuerten Prozess dar, bei dem die zur Überwindung des Transmembrandruckes benötigte Energie meist durch den Druck der Wassersäule erzeugt wird (Frechen 2019). Aufgrund einer sehr guten Trennleistung, einer Fluxstabilisierung im Langzeitbetrieb, keinem Energie- und Chemikalienbedarf, einfacher Bauweise und Betrieb sowie einer fortschreitenden Reduktion der Membranpreise findet eine verstärkte Umsetzung der gravitationsbetriebenen Membranfiltration in der Praxis statt (vgl. Kapitel 2.6).

In Niederdruck-Membranfiltrationsanlagen werden Mikro- bzw. Ultrafiltrationsmembranen verbaut, daher ist die Wasseraufbereitung auf den Rückhalt partikulärer Stoffe beschränkt (Exler 2016). Es ist festzuhalten, dass die partikulär gebundene Arsenfraktion durch die Anwendung von UF-Membranen vollständig aus dem Wasser entfernt werden kann. Die gelösten Wasserverunreinigungen, speziell der geogene Schadstoff Arsen, werden nicht entfernt.

Die vorliegende Dissertation widmet sich der Entwicklung von verfahrenstechnischen Möglichkeiten zur Erweiterung einer Niederdruck-Membranfiltrationsanlage zur Bereitstellung von arsenfreiem Trinkwasser auf Haushalts- bzw. Hausgemeinschaftsebene in wirtschaftlich schwachen Regionen der Erde.

In diesem Rahmen fand eine umfangreiche Literaturstudie statt, mit dem Ziel einer ausführlichen Darstellung der Arsenproblematik vor dem Hintergrund neuester wissenschaftlicher Erkenntnisse. Anhand der Ergebnisse der Literaturstudie wurden verschiedene Versuchsstände im Labor des Fachgebiets Siedlungswasserwirtschaft und in der Versuchsanstalt und Prüfstelle für Wasserbau und Umwelttechnik der Universität Kassel aufgebaut und betrieben:

- Untersuchungen der stofflichen Leistungsfähigkeit von **ULPUF ohne Erweiterung** zur Arsenentfernung
- Untersuchungen zur Erweiterung einer ULPUF-Anlage um die Adsorption von Arsen an Tonerde (**C-ULPUF**)
- Untersuchungen zur Erweiterung einer ULPUF-Anlage um die Elektrokoagulation zur Arsenentfernung (**EC-ULPUF**)

In den nachfolgenden Kapiteln werden die wesentlichen Ergebnisse der im Rahmen der vorliegenden Dissertation durchgeführten Arbeiten zusammenfassend präsentiert.

6.2 Literaturstudie zur Arsenproblematik

Vorkommen und Erscheinungsformen

Arsen liegt auf dem 20. Rang der häufigsten Elemente in der oberen Erdkruste und kommt in fast jeder Boden-, Luft- und Wasserprobe in Spuren vor. Aufgrund der Allgegenwärtigkeit des Elementes schwankt seine Konzentration im natürlichen Wasser im Bereich von 0,5 µg As/L bis über 5.000 µg As/L (vgl. Kapitel 2.2.3 und Kapitel 2.2.6):

- Die geringsten Arsengehalte aller Trinkwasserquellen liegen im Regenwasser vor.
- Im sauerstoffreichen Oberflächenwasser ist Arsen meist an Feststoffe bzw. Sediment gebunden und kommt gelöst in sehr geringen Konzentrationen vor.
- Die Kontamination des Grundwassers mit Arsen ist durch natürliche geochemische Vorgänge im Vergleich zu allen anderen Trinkwasserquellen am höchsten.

Die Höhe der vorliegenden Konzentration und die Zusammensetzung der Spezies ist meist von den natürlichen Bedingungen wie Bodenformation, geogener Verfügbarkeit, pH-Wert, Sauerstoffgehalt bzw. Redox-Spannung des Wassers und biologischer Aktivität abhängig (vgl. Kapitel 2.2.3). Die vier wichtigsten natürlichen geochemischen Prozesse der Arsenfreisetzung ins Grundwasser stellen Arsensulfid-Oxidation, reduktive Auflösung, alkalische Desorption und Freisetzung aus geothermalen Fluiden dar (Ravenscroft et al. 2009). Darüber hinaus können aus anthropogenen Einflüssen und Einträgen weitere Belastungen resultieren. Auch der anthropogene Klimawandel beeinflusst die Arsenkonzentration im Grundwasser bzw. seine Freisetzung aus verschiedenen natürlichen und anthropogenen Quellen (UN 2020).

Unter natürlichen Bedingungen liegt das gelöste Arsen in Wasserkörpern meist als As(III) (Arsenit, H_3AsO_3) und As(V) (Arsenat, H_3AsO_4) vor (Ravenscroft et al. 2009; Henke 2009; Pal 2015):

- **As(III)** dominiert unter reduzierenden Bedingungen im anoxischen bzw. anaeroben Milieu und kommt im pH- und Eh-Wert-Bereich des natürlichen Grund- bzw. Oberflächenwassers normalerweise als ungeladenes nichtreaktives Molekül vor.
- **As(V)** überwiegt unter oxidierenden Bedingungen im aeroben Milieu und liegt im pH- und Eh-Wert-Bereich des natürlichen Grund- bzw. Oberflächenwassers ausschließlich als einfach bzw. zweifach geladenes reaktives Oxoanion vor.

As(III) ist im Vergleich zu As(V) aufgrund der Ladungsneutralität im neutralen pH-Wert-Bereich deutlich mobiler und mit den meisten Aufbereitungsverfahren schlechter aus dem Wasser entfernbar (vgl. Kapitel 2.2.2).

Toxikologische Eigenschaften

Anorganische sowie organische Arsenverbindungen sind nachweislich toxische Substanzen, die in Abhängigkeit von der Dosis akute sowie chronische human- und ökotoxische Wirkungen haben (vgl. Kapitel 2.2.4).

As(III) stellt mit einer akuten Dosis von LD_{50} = 10 mg As/kg KG die toxischere Arsenspezies im Wasser dar. As(V) sowie organische Arsenverbindungen weisen eine deutlich geringere Toxizität auf. (Schwedt 2018)

Die tolerable Dosis für die tägliche orale chronische Aufnahme von Arsen (TRD-Wert, tolerierbare resorbierte Dosis) beträgt 0,3 µg As/(d·kg KG). Die Symptome der chronischen Arsenvergiftung, wie Hautläsionen, negative Auswirkungen auf kognitive Fähigkeiten, Krebs etc. erscheinen erst nach mehreren Monaten bzw. Jahren. (Schumacher-Wolz et al. 2007)

Der wichtigste Pfad der Arsenexposition ist die orale Aufnahme über Nahrung und Trinkwasser. In Gebieten mit Arsenkonzentrationen im Wasser von über 10 µg As/L stellt das Trinkwasser (u. a. zur Essenszubereitung) den wichtigsten Arsenexpositionspfad dar. (WHO 2017)

WHO-Richtwert

Vor dem Hintergrund eines hohen Gesundheitsgefährdungspotentials von Arsen wurde von der WHO bereits 1958 eine maximal zulässige Arsenkonzentration im Trinkwasser von 200 µg As/L vorgeschlagen (vgl. Kapitel 2.2.5). Auf Grundlage der Krebsrisikoabschätzung sowie sozialer und praktischer Überlegungen fand eine sukzessive Absenkung des Arsenrichtwertes bis auf 10 µg As/L in der neuesten Ausgabe der *Guidelines for drinking-water quality* statt (WHO 2017).

Die aktuelle Begrenzung auf 10 µg As/L stellt einen provisorischen Richtwert für Arsen im Trinkwasser dar und gilt mit der Vorgabe, dass alle Anstrengungen unternommen werden müssen, um den Arsengehalt im Trinkwasser so niedrig wie möglich zu halten und wenn genügend Ressourcen verfügbar sind, den Richtwert zu unterschreiten (WHO 2017).

Weltweite Arsenbelastung im Trinkwasser

Trotz einer weitgehenden Implementierung des WHO-Richtwertes in die nationalen Trinkwasserstandards (etwa 80 % aller von der WHO ausgewerteten Länder und Regionen, vgl. WHO 2018) ist die praktische Umsetzung in wirtschaftlich schwachen Regionen der Erde noch weit vom Ziel entfernt. Aufgrund der Allgegenwärtigkeit des Elementes sowie verschiedener sozialer und wirtschaftlicher Faktoren, wie unzureichender Informationen über die Gefahr der Aufnahme von arsenhaltigem Wasser und keinem Zugang zur notwendigen bzw. bezahlbaren Arsenentfernungstechnologie ist die Anzahl der auf arsenhaltiges Wasser angewiesenen Menschen sehr hoch. (vgl. Kapitel 2.2.6)

Die Arsenvergiftung ist die größte Massenvergiftung in der Menschheitsgeschichte. Laut aktuellem Wissensstand konsumieren weltweit mindestens 150 Millionen Menschen Trinkwasser mit Arsengehalten über dem WHO-Richtwert von 10 µg As/L (Bhattacharya et al. 2016). Die neuesten Schätzungen gehen sogar von bis zu 300 Millionen betroffenen Menschen, demzufolge etwa 4 % der Weltbevölkerung, aus (Hassan und Atkins 2018).

Laut Brammer und Ravenscroft (2009) leben die meisten auf arsenhaltiges Trinkwasser angewiesenen Menschen in den zehn Ländern der Region Süd- und Südwestasien: Bangladesch, Kambodscha, China, Indien, Laos, Myanmar, Nepal, Pakistan, Taiwan und Vietnam. Weiterhin besteht in den betroffenen Ländern häufig die Problematik gleichzeitiger Kontamination der Trinkwasserquellen mit Arsen und mikrobiologischen Verunreinigungen (UNICEF 2018).

Zahlungsbereitschaft der Haushalte für arsenfreies Trinkwasser

Durch die Arsenproblematik am stärksten betroffen sind die armen Bevölkerungsgruppen (Khan et al. 2014). Für die Bereitstellung von arsenfreiem Trinkwasser in wirtschaftlich schwachen Regionen der Entwicklungsländer stehen einer Familie nur 0,20 € bis 1,00 € pro Monat zur Verfügung bzw. können 0,90 € bis 2,70 € pro Monat für sicheres bakteriologisch und chemisch unbedenkliches Trinkwasser ausgegeben werden. (vgl. Kapitel 5.2.1)

Demzufolge dürfen die Verfahrenskosten bzw. der Wasserpreis für arsenfreies Wasser 0,30 €/m³ in ländlichen Gebieten und 1,70 €/m³ in städtischen Gebieten nicht übersteigen. Für die Bereitstellung von sicherem, bakteriologisch und chemisch unbedenklichem Trinkwasser dürfen die Verfahrenskosten bzw. der Wasserpreis je nach Region maximal 1,50 €/m³ bis 4,50 €/m³ betragen (vgl. Kapitel 5.2.1). Für diese Länder werden robuste Low-Cost- und Low-Tech-Verfahren zur Trinkwasserbereitstellung dringend benötigt (WHO 2017).

Aufbereitungsanlagen auf zentraler Ebene besitzen meist sehr hohe Investitionskosten, benötigen ausgebildetes Fachpersonal und können in Gebieten mit kaum vorhandener Trinkwasserinfrastruktur nicht umgesetzt werden. Daher findet in wirtschaftlich schwachen Regionen und ländlichen Gebieten der Entwicklungsländer verstärkt die Anwendung von Trinkwasseraufbereitungsverfahren auf semizentraler und dezentraler Ebene statt. (vgl. Kapitel 2.3)

Stand der Technik der Trinkwasseraufbereitungsverfahren zur Arsenentfernung

Aufgrund geringerer Kosten und geringem technischem Aufwand besteht die oberste Priorität bei der Bereitstellung von arsenfreiem Wasser auf der Strategie der Mitigation (WHO 2017). Trotzdem ist die Remediation, der Entzug des Arsens aus dem Wasser durch Aufbereitungsverfahren, weltweit die am häufigsten angewandte Strategie, da in den meisten Fällen keine bzw. nicht ausreichend alternative Trinkwasserquellen zur Verfügung stehen (Perera et al. 2019).

Laut DVGW W 249 (2012) sind folgende Aufbereitungsverfahren zur Arsenentfernung aus Trinkwasser geeignet:

- Entfernung von Arsen im Rahmen vorhandener Aufbereitungsprozesse, insbesondere bei der Enteisenung und Entmanganung
- Gezielte Adsorption im Festbett
- Gezielte Flockungsfiltration
- In situ Aufbereitung im Aquifer

Zudem ist eine oxidative Vorbehandlung des Rohwassers sehr oft notwendig, da As(III) aufgrund der Ladungsneutralität im neutralem pH-Wert-Bereich mit den meisten Aufbereitungsverfahren schlechter aus dem Wasser entfernbar ist als As(V) (vgl. Kapitel 2.3.2).

Ferner empfiehlt die EPA (2010) die Anwendung von Ionenaustauschern zur Arsenentfernung unter dem Vorbehalt, dass bestimmte Bedingungen bezüglich der Rohwasserqualität (pH-Wert, Nitrat- und Sulfatgehalt etc.) erfüllt sind und eine umfangreiche Überwachung zur Vermeidung von Arsen- und Nitratspitzen im Trinkwasser erfolgt. Auch die Arsenentfernung mittels Umkehrosmose sowie Umkehr-Elektrodialyse wird gemäß EPA (2003) dem Stand der Technik mit besonderer Relevanz für die Anwendung in Kleinstanlagen auf Gemeinschafts- und Haushaltsebene zugeordnet.

Laut DVGW W 249 (2012) und EPA (2003) haben Mikro- und Ultrafiltrationsverfahren keinen Einfluss auf die Arsenentfernung und gehören nicht zum Stand der Technik.

Im Rahmen der vorliegenden Dissertation wurden zwei neue verfahrenstechnische Ansätze zur Erweiterung einer Niederdruck-Ultrafiltrationsanlage um eine Arsenentfernungsstufe mittels Adsorption an Tonerde und Elektrokoagulation erarbeitet.

6.3 ULPUF ohne Erweiterung

Der Aufbau der ULPUF-Versuchsanlage ist an den Aufbau einer ULPUF-Station zur dauerhaften Trinkwasserversorgung angelehnt, wie in Frechen (2017) oder Trinh (2018) beschrieben, und besteht hauptsächlich aus den folgenden Hauptkomponenten: ein Rohwasser-Flachbodenbehälter, eine ULPUF-Einheit und ein Permeatbehälter. Der Aufbau der Versuchsanlage und die Methodik der halbtechnischen Untersuchungen der stofflichen und hydraulischen Leistungsfähigkeit einer Niederdruck-Membranfiltrationsanlage (ULPUF) ohne Erweiterung zur Arsenentfernung ist in Kapitel 3.2.2.1 erläutert.

Im Rahmen dieser Untersuchungen wurden insgesamt 20 m³ arsenhaltiges Wasser mit einem Arsengehalt zwischen 57 µg As/L und 105 µg As/L behandelt. Die vollständigen Ergebnisse sind in Kapitel 4.2.3 zu finden. Eine zusammenfassende Datenauswertung ermöglicht unter anderem folgende Aussagen:

- ULPUF ohne Erweiterung sind nicht in der Lage, gelöstes Arsen zurückzuhalten.
- Die Ausbildung der Deckschicht führt unabhängig von der untersuchten Arsenspezies zu keinem relevanten Anstieg des Rückhalts von gelösten Arsenverbindungen.
- Die partikulär gebundene Arsenfraktion kann durch die Anwendung von UF-Membranen vollständig aus dem Wasser entfernt werden.
- Liegt neben dem gelösten Arsen- auch ein erhöhter Eisengehalt im Rohwasser vor (hier 2,6 mg Fe/L, entspricht der mittleren Eisenkonzentration in arsenbelasteten Flachbrunnen in Bangladesch, vgl. UNICEF 2011), kann das gelöste Arsen durch die ULPUF-Anlage zum Teil zurückgehalten werden (Oxidation und Ausfällung von Eisenhydroxid und Adsorption von Arsen an der Flockenoberfläche bzw. Einbindung in die entstehende Flockenstruktur):
  - Die untersuchte ULPUF-Anlage besitzt bei einem c_{Fe}/c_{As}-Verhältnis von 26 eine Leistungsfähigkeit von $E_{As(III)}$ = 18 % und $E_{As(V)}$ = 60 %.
  - Hierbei ist eine künstliche Sauerstoffanreicherung im Rohwasser unerlässlich (Erzeugung von Turbulenzen beim Befüllen, Zugabe von Oxidationsmitteln, Belüftung etc.), um eine möglichst vollständige Fe(II)-Oxidation und eine Ausfällung zu ermöglichen.
  - Die Integration einer Belüftung bzw. Umwälzung im Rohwasserbehälter führt zu einer Erhöhung der Arsenentfernung um ca. 17 % ($E_{As(III)}$ = 35 % und $E_{As(V)}$ = 77 %). Diese ist vor allem auf eine bessere Durchmischung und die Ausbildung von Eisenhydroxidflocken zurückzuführen.

ULPUF ohne Erweiterung ermöglicht keine gezielte Arsenentfernung. Im Rahmen einer dezentralen Wasseraufbereitung ist hierfür eine Erweiterung der ULPUF um eine Arsenentfernungsstufe, beispielsweise mittels Adsorption an Tonerde oder Elektrokoagulation notwendig.

6.4 C-ULPUF-Kombinationsverfahren

6.4.1 Adsorptionsfähigkeit tonmineralhaltiger Adsorbentien

Als mögliches Verfahren zur Arsenentfernung in Kombination mit Niederdruck-Membranfiltration wurde die Adsorption an tonmineralhaltigen Adsorbentien (C-ULPUF, engl. *clay ultra-low-pressure ultrafiltration*) untersucht.

Im Vorfeld der halbtechnischen Untersuchungen wurden Laborversuche zur Überprüfung der As(III)- und As(V)-Adsorptionsfähigkeit verschiedener Tonerden und anderer tonmineralhaltiger Adsorbentien im pH-Wert-Bereich zwischen 6,0 und 8,0 durchgeführt, wie in

Kapitel 3.2.1 beschrieben. Im Weiteren erfolgt eine zusammenfassende Darstellung der wesentlichen Ergebnisse der durchgeführten Untersuchungen. Die vollständige Auswertung und Diskussion der Versuchsergebnisse ist in Kapitel 4.1 zu finden.

Literaturrecherche zu Grundlagen der Adsorption an Tonminerale

Aus der Auswertung aktueller wissenschaftlicher Literatur in Kapitel 2.4 folgt, dass die Adsorption von As(III) und As(V) an Minerale zumeist durch die Anlagerung an die Mineraloberfläche (insbesondere an Fe- und Al-Hydroxide) durch Physisorption und Chemisorption stattfindet. Bei der Arsenbindung an Tonminerale überwiegt der Vorgang der Physisorption. Außerdem findet bei einer ausreichend großen Kontaktzeit die Festlegung von Arsen in die Mineralstruktur statt, die zu einer stärkeren Immobilisierung bzw. geringeren Rücklösungsraten von Arsenverbindungen führt. Die Beladungskapazität hängt von der Tonmineralart, seiner chemischen Zusammensetzung, der Oberflächenladung, dem pH-Wert und der Arsenkonzentration des Wassers, der Kontaktzeit und anderen Faktoren ab.

Zum Erreichen einer optimalen Beladungskapazität von Tonerde ist eventuell eine Vorbehandlung zur pH-Einstellung notwendig. Bei einer Anwendung der Tone zur dezentralen Trinkwasseraufbereitung in wirtschaftlich schwachen Gebieten der Schwellen- und Entwicklungsländer ist eine pH-Einstellung schwer umsetzbar. Daher wurden im Rahmen dieser Arbeit alle Adsorptionsversuche auf den in der Praxis zu erwartenden, natürlichen pH-Wert-Bereich von 6,0 bis 8,0 ausgerichtet.

Adsorptionsfähigkeit untersuchter Adsorbentien im hohen Konzentrationsbereich

Im Rahmen dieser Arbeit wurden insgesamt 15 natürliche Tone bzw. Tonmischungen (T) auf ihre Adsorptionsfähigkeit von As(III) und As(V) untersucht. Neben den Tonerden wurden zwei tonige Sekundärrohstoffe, zwei Schamotten sowie ein eisenhydroxidbasiertes Adsorbens in granulierter und pulverförmiger Form auf die As(V)-Adsorptionsfähigkeit überprüft. Die Auswertung der durchgeführten Schüttelversuche zeigt folgende Ergebnisse:

- **Tone** zeigen eine sehr große Streuungsbreite der Arsenbeladungsfähigkeit, wobei Tone mit einem überwiegenden Anteil an 1:1-Schichtmineralen insgesamt eine geringere Beladungskapazität als Tone mit einem überwiegenden Anteil an 2:1-Schichtmineralen aufweisen. Die maximale gemessene Beladungskapazität beträgt je nach Ton:
  - $q_{m,As(III)}$ = 39 mg As(III)/kg bis 718 mg As(III)/kg
  - $q_{m,As(V)}$ = 41 mg As(V)/kg bis 524 mg As(V)/kg
- **Schamotte** kann unabhängig von der chemischen Zusammensetzung des untersuchten Materials kaum Arsen aufnehmen und ist für die Arsenadsorption nicht geeignet. Die maximale Beladungskapazität beträgt $q_{m,As(V)}$ = 7,1 mg As(V)/kg.
- **Tonige Sekundärrohstoffe** weisen je nach Herkunft bzw. Zusammensetzung verschiedene Adsorptionsfähigkeiten auf:
  - Der Filterkuchen aus der Quarzitaufbereitung (TSR1) zeigt eine geringe As(V)-Beladungskapazität und liegt im unteren Feld des Adsorptionsbereiches der

untersuchten Tone mit $q_{m,As(V)}$ = 90 mg As(V)/kg.

- Der Waschschlamm aus der Kies- und Sandgewinnung (TSR2) zeigt hingegen eine sehr hohe Beladungskapazität von $q_{m,As(V)}$ = 540 mg As(V)/kg.

- **Industriell hergestellte eisenhydroxidbasierte Adsorbentien** zeigen, wie erwartet, die höchste gemessene As(V)-Beladung aller untersuchten Materialien. Dabei beträgt die As(V)-Adsorptionsfähigkeit vom pulverförmigen Eisenhydroxidprodukt (PEH) $q_{m,As(V)}$ = 4.373 mg As(V)/kg und zeigt eine um 74 % höhere Arsenbeladungskapazität als seine granulierte Form (GEH).

Die Auswertung der Schüttelversuche ergibt eine gute mathematische Beschreibung der maximalen Beladungskapazität tonhaltiger Adsorbentien durch die Langmuir-2-Isotherme.

Adsorptionsfähigkeit untersuchter Adsorbentien im niedrigen Konzentrationsbereich

Die Auswertung der Schüttelversuche ergibt eine gute mathematische Beschreibung der Beladungskapazität bei einer Gleichgewichtskonzentration von 10 µg As/L durch die Langmuir-1-Isotherme. Die Verläufe der Adsorptionsisothermen im niedrigen Konzentrationsbereich zeigen für TSR2 und einige Tone (insbesondere die eisenreichen T13, T14 und T15) im Vergleich zu industriell hergestellten, eisenhydroxidbasierten Adsorbentien einen ähnlichen bzw. höheren Arsenbeladungswert. Dementsprechend besitzen T13, T14 und T15 eine ähnliche bzw. höhere Leistungsfähigkeit bei der As(V)-Arsenentfernung auf den WHO-Richtwert von 10 µg As/L ($q_{0,01}$) als GEH bzw. PEH:

- T13, T14 und T15: $q_{0,01,As(V)}$ = 62,8 mg As(V)/kg bis 94,9 mg As(V)/kg
- TSR2: $q_{0,01,As(V)}$ = 32,1 mg As(V)/kg
- GEH: $q_{0,01,As(V)}$ = 37,1 mg As(V)/kg bzw. PEH: $q_{0,01,As(V)}$ = 81,9 mg As(V)/kg

Eine Gegenüberstellung der As(III)- und As(V)-Adsorption an Tone zeigt eine deutlich höhere As(V)-Aufnahmefähigkeit im Bereich geringer Gleichgewichtskonzentrationen und entspricht dem allgemein gültigen Wissensstand über eine deutlich bessere As(V)-Beladungsfähigkeit der meisten bekannten Adsorbentien. Die Zusammenhänge zwischen der As(III)- und As(V)-Beladungsfähigkeit für die untersuchten Tone können in einer guten Annährung mittels Gl. (84) bis Gl. (87) beschrieben werden.

Adsorptionskinetik

Im Rahmen dieser Arbeit wurde die As(V)-Beladung der Tone in Abhängigkeit von der Kontaktzeit untersucht. Der Adsorptionsvorgang an Tonerde verläuft anfangs sehr schnell, lässt nach wenigen Stunden stark nach und geht in eine Phase mit einer sehr langsamen Beladungsgeschwindigkeit über. Laut Literatur kann die letzte Phase mehrere Tage andauern, wobei eine langsame Festlegung des Arsens in die Mineralstruktur des Adsorbens stattfindet (vgl. Kapitel 2.4).

Die Auswertung der Kinetik des As(V)-Adsorptionsvorganges an Tonerde erfolgte mit der Kinetik pseudo-erster und pseudo-zweiter Ordnung. Die Ergebnisse zeigen eine deutlich bessere Beschreibung des Reaktionsvorganges durch die Kinetik pseudo-zweiter Ordnung.

Die berechneten Geschwindigkeitskonstanten sind in Abhängigkeit von der Tonerde und der Anfangskonzentration an As(V) wie folgt:

- Kinetik pseudo-erster Ordnung: k_1 = 0,28 1/h bis 0,67 1/h
- Kinetik pseudo-zweiter Ordnung: k_2 = 0,04 kg/(mg·h) bis 1,77 kg/(mg·h)

Zur Beschreibung des zeitabhängigen Verlaufs der $q_{0,01}$-Beladung der Tone mit As(V) wurden Gl. (94) bis Gl. (96) aufgestellt.

Arsenadsorption an Tonerde in Abhängigkeit vom Eisen- und Aluminiumgehalt

Des Weiteren wurde im Rahmen dieser Arbeit die Abhängigkeit der Adsorptionsfähigkeit der Tone vom Eisen- und Aluminiumgehalt belegt. Auf dieser Grundlage fand die Entwicklung eines mathematischen Ansatzes zur vereinfachten Beschreibung der Arsenadsorption an Tonerde in Abhängigkeit vom Eisen- und Aluminiumgehalt statt (Gl. (89)). Wird die Arsenbeladung ausschließlich als eine Funktion des Eisen- und Aluminiumgehaltes der Tonerde betrachtet, kann der Gewichtungsfaktor für den Eisengehalt mit a = 0,7 und für den Aluminiumgehalt mit b = 0,3 angenommen werden.

Unter Zuhilfenahme von Gl. (90) bis Gl. (93) können die q_m- und $q_{0,01}$-Beladungen der Tone mit As(III) und As(V) nach 24 Stunden Kontaktzeit anhand von linearen Beziehungen in einer guten Annäherung abgeschätzt werden. Ferner kann mithilfe der entwickelten Zusammenhänge die zur Arsenadsorption benötigte Tonerdemenge berechnet werden. Hierzu können Gl. (97) und Gl. (98) verwendet werden. Für die vorgestellten mathematischen Beziehungen gelten folgende Beschränkungen:

- Neutraler pH-Wert-Bereich der Lösung
- Trockenes und fein gemahlenes Material
- Eine Kontaktdauer von Adsorbens und Adsorptiv von 24 Stunden

Darüber hinaus fand die Erweiterung des mathematischen Modellansatzes um die kinetischen Zusammenhänge bei der As(V)-Adsorption an Tone statt. Das Ergebnis der Zusammenführung der Daten für drei Anfangskonzentrationen (25 µg As(V)/L, 100 µg As(V)/L und 500 µg As(V)/L) ist in Abbildung 43 dargestellt.

Die berechneten Verläufe können zu einer ersten Abschätzung der benötigten Menge an Tonerde für eine As(V)-Adsorption im Trinkwasser oder im Rohwasser ähnlicher Qualität (Grundwasser, Quellenwasser etc.) auf einen Grenzwert von 10 µg As/L angewandt werden. Bei Bedarf kann zwischen den Konzentrationslinien mit identischer Kontaktzeit linear interpoliert werden. Weiterhin gelten die Voraussetzungen, dass das verwendete Material getrocknet und gemahlen ist, der pH-Wert der Lösung im neutralen Bereich liegt und über die gesamte Kontaktzeit eine ausreichende Durchmischung des Wassers gewährleistet ist. In einer praktischen Anwendung sind die abgeschätzten Werte mit einem ausreichenden Sicherheitsfaktor (hier vorgeschlagen 25 %) zu versehen.

6.4.2 Leistungsfähigkeit des C-ULPUF-Verfahrens

Bei der Anwendung von Tonerdemehl zur Arsenentfernung weisen insbesondere die feinsten Tonmineralpartikel eine hohe Arsenbeladung auf und müssen vollständig aus dem Wasser entfernt werden. Aufgrund eines sehr kleinen Durchmessers der feinsten Tonmineralpartikel kann ihr vollständiger Rückhalt mittels eines einfachen Sedimentationsvorganges auch nach 24 Stunden Absetzzeit nicht gewährleistet werden. Aus diesem Grund ist eine Arsenadsorption an Tonerdemehl ausschließlich in Verbindung mit einer Filtration oder einem anderen Verfahren zur weitgehenden Feststoffabtrennung umsetzbar.

Die Untersuchung der Möglichkeit der Tonerdeanwendung in Kombination mit ULPUF (C-ULPUF-Kombinationsverfahren) zur Arsenentfernung fand an einer halbtechnischen Versuchsanlage statt. Die C-ULPUF-Versuchsanlage wurde im Verlauf der Untersuchungen mehrfach optimiert und bestand in ihrer letzten Ausbaustufe aus den folgenden Hauptkomponenten: zwei Rohwasser-Trichterbehälter mit einem Rührwerk sowie Schwimmwasser- und Schlammabzug, eine ULPUF-Einheit und ein Permeatbehälter. Der Aufbau der Versuchsanlage und die Methodik der Untersuchungen ist in Kapitel 3.2.2.2 beschrieben.

Insgesamt wurden 50,5 m³ arsenhaltiges Wasser ($c_{As,RW} \approx$ 100 µg As/L) mit der C-ULPUF-Anlage behandelt, hierbei wurden Rohwasserqualität und Arsenspezies variiert sowie verschiedene Anlagenvarianten und Betriebseinstellungen getestet. Die vollständigen Ergebnisse und die Diskussion der halbtechnischen Untersuchungen sind in Kapitel 4.2.4 zu finden. Die wichtigsten Ergebnisse der Untersuchung sind im Folgenden zusammengefasst.

Untersuchte Betriebsvarianten

Im Verlauf der Untersuchungen wurden drei verschiedene Betriebsvarianten überprüft:

- **Filtrieren** (Filtrationsvorgang beginnt sofort nach der Dosierung des Adsorbens; der Adsorbensschlamm gelangt vollständig in die ULPUF-Einheit) ist nicht geeignet, da diese Variante aufgrund mangelnder Durchmischung zu einer unzureichenden Kontaktzeit und einer geringen Adsorbensbeladung führt.
- **Rühren-Filtrieren** (Filtrationsvorgang beginnt sofort nach der Dosierung des Adsorbens; im Verlauf der Filtration erfolgt eine kontinuierliche Durchmischung; der Adsorbensschlamm gelangt vollständig in die ULPUF-Einheit) ist, trotz einer guten Arsenentfernungseffizienz, aufgrund eines hohen Schlammeintrages in die ULPUF-Einheit nicht geeignet.
- **Rühren-Absetzen-Filtrieren** (Filtrationsvorgang beginnt erst nach dem Einhalten einer bestimmten Kontaktzeit unter kontinuierlicher Durchmischung und anschließender Absetzzeit im Rohwasserbehälter; ausschließlich Feinfraktion des Adsorbensschlammes gelangt in die ULPUF-Einheit) zeigt neben einer guten Arsenentfernungseffizienz eine geringe Abnahme der hydraulischen Leistungsfähigkeit der ULPUF-Einheit und ist gut für einen Dauerbetrieb der C-ULPUF-Anlage geeignet.

Stoffliche und hydraulische Leistungsfähigkeit der C-ULPUF-Anlage

Die stoffliche und hydraulische Leistungsfähigkeit der C-ULPUF-Anlage wurde mit verschiedenen Versuchseinstellungen untersucht, wie in Kapitel 4.2.4 ausführlich erläutert. In allen Untersuchungen liegen die Trübungsmesswerte im Permeat der ULPUF-Einheit unabhängig von der Rohwasserqualität und der Trübungserhöhung in Folge der Tonerdezugabe unter einem Wert von 1,0 NTU, weisen auf einen vollständigen Rückhalt arsenbeladener Tonpartikel hin und erfüllen die Vorgabe der TrinkwV (2019) bezüglich des Trübungsgrenzwertes.

Die Leistungsfähigkeit der C-ULPUF-Anlage zur Arsenentfernung ist maßgeblich von der Beladungsfähigkeit der Tonerde abhängig. Im Dauerbetrieb mit T7 (w_{Fe} = 10,7 %; w_{Al} = 15,3 %) bei einer Tonerdedosierung von 16 g/L ermöglicht die C-ULPUF-Anlage bei vier Stunden Rührzeit und einer Stunde Absetzzeit eine mittlere **As(V)-Entfernung** von etwa 91 % aus Trinkwasser bzw. Rohwasser ähnlicher Qualität (Grundwasser, Quellwasser etc.) und zeigt einen stabilen Betrieb mit einer Arsenablaufkonzentration von im Mittel ca. 9,0 µg As(V)/L.

Die Auswertung der **As(III)-Entfernung** zeigt eine zwei- bis dreifach geringere Leistungsfähigkeit der C-ULPUF-Anlage. Diese ist in einer deutlich geringeren Beladungsfähigkeit der Tonerde mit As(III) begründet.

Für eine Anwendung zur Arsenentfernung aus Oberflächenwasser ist eine höhere Adsorbensmenge notwendig. Aus dem Vergleich der Ergebnisse der vorliegenden Untersuchungen zur Arsenentfernung aus Trink- und Oberflächenwasser sollte mindestens 35 % und aus Sicherheitsgründen, aufgrund der schwankenden Qualität des Oberflächenwassers, mindestens 50 % mehr Ton verwendet werden.

Die **hydraulische Leistungsfähigkeit** der Anlage betrug bei dem neuen UF-Membranmodul etwa 20 L/(m²·h) bis 24 L/(m²·h). Im Laufe der Untersuchung sank die hydraulische Leistung des Membranmoduls nach ca. 50 m³ behandeltem Rohwasser bei verschiedenen Betriebseinstellungen auf einen Wert von etwa 11 L/(m²·h) und stabilisierte sich in diesem Bereich bis zum Ende der Untersuchungen. Hierbei fand im Verlauf der Untersuchungen zehnmal eine mechanische Reinigung der ULPUF-Einheit statt.

Hinweise zur praktischen Anwendbarkeit des C-ULPUF-Verfahrens

Werden abschließend die Ergebnisse zur Arsenentfernung mit den Ergebnissen zur hydraulischen Leistungsfähigkeit der C-ULPUF-Anlage gegenübergestellt, kann die Funktion des untersuchten Verfahrens mit Trinkwasser bzw. mit Grundwasser vergleichbarer Qualität im Dauerbetrieb bei einer ausreichenden Tonerdemenge, einer Rührzeit von vier Stunden und einer Absetzzeit von einer Stunde eindeutig belegt werden.

Der erhöhte Eisengehalt des Rohwassers und die Erhöhung der Kontaktzeit durch Umwälzung führen zur Steigerung der Leistungsfähigkeit der C-ULPUF-Anlage. Auch aus wirtschaftlicher und ökologischer Sicht ist die Anwendung der Tonerde mit den höheren Arsenbeladungskapazitäten sinnvoll:

- Geringere Dosierungsmengen
- Bessere As(III)-Entfernung
- Geringere Belastung der ULPUF-Einheit durch Adsorbensschlamm
- Geringerer Schlammanfall

Die Auswahl der Tonerde kann mit dem vorgestellten mathematischen Ansatz in Abhängigkeit vom Eisen- und Aluminiumgehalt erfolgen (Gl. (90) bis Gl. (93)). Die benötigte Adsorbensmenge kann für eine As(V)-Reduktion im Trinkwasser bzw. Rohwasser ähnlicher Qualität (Grundwasser, Quellwasser, etc.) vereinfacht mithilfe von Abbildung 55 abgeschätzt werden. Die abgeschätzten Werte sind mit einem ausreichenden Sicherheitsfaktor von mindestens 25 % zu versehen. Bei der Behandlung von Oberflächenwasser ist die ermittelte Adsorbensmenge um 50 % zu erhöhen.

Für eine As(III)-Reduktion soll eine mindestens dreifache Menge an Tonerde verwendet werden. Daher ist, wie in Kapitel 2.3.2 beschrieben, eine Vorbehandlung des Rohwassers zur Oxidation von As(III)- zu As(V)-Verbindungen sinnvoll.

Die größte Herausforderung im Betrieb einer C-ULPUF-Anlage stellt die Handhabung der anfallenden tonhaltigen Aufbereitungsrückstände dar. In Kapitel 5.1 wurden einige Möglichkeiten zum Umgang mit den Aufbereitungsrückständen aufgelistet. Bei einer vollständigen Deponierung der anfallenden tonhaltigen Aufbereitungsrückstände liegen die geschätzten Aufbereitungskosten mit einer C-ULPUF-Anlage bei etwa 2,20 €/m³ (Anwendung in Indien, $c_{As,RW}$ = 100 µg As(V)/L, E_{As} = 90 %). Folglich ermöglicht das C-ULPUF-Verfahren die Bereitstellung von bakterien- und arsenfreiem Trinkwasser zum Wasserpreis im Bereich der Zahlungsbereitschaft der Haushalte in den Entwicklungsländern von 1,50 €/m³ bis 4,50 €/m³.

Werden die natürlich vorkommenden Tone eigenständig durch den Anwender vor Ort abgebaut und aufbereitet, sowie eine Mehrfachnutzung bzw. stoffliche Verwertung der Aufbereitungsrückstände angestrebt, können die Verfahrenskosten auf ca. 1,50 €/m³ reduziert werden. Ist außerdem eine ULPUF-Einheit vor Ort verfügbar, liegen die zusätzlichen Kosten bei der Nachrüstung der Anlage zur Arsenentfernung bei etwa 0,60 €/m³.

6.5 EC-ULPUF-Kombinationsverfahren

6.5.1 Leistungsfähigkeit der EC-Zelle

Als zweite Verfahrensmöglichkeit zur Arsenentfernung in Kombination mit Niederdruck-Membranfiltration wurde die Erweiterung um die Elektrokoagulation (EC-ULPUF, engl. *electro coagulation ultra-low-pressure ultrafiltration*) untersucht. Die Versuche fanden an einer halbtechnischen EC-ULPUF-Anlage statt.

Die EC-ULPUF-Versuchsanlage bestand aus den folgenden Hauptkomponenten: ein Rohwasser-Trichterbehälter mit einem Rührwerk und einer frei aufgehängten Elektrolysezelle (Al-Elektroden) angeschlossen an eine Direktstromquelle mit einer geringen elektrischen Leistung, eine ULPUF-Einheit und ein Permeatbehälter. Der Aufbau der Versuchsanlage und die Methodik der Untersuchungen ist in Kapitel 3.2.2.3 beschrieben. Die gesamten Ergebnisse und die Diskussion der Versuche sind in Kapitel 4.3 zu finden.

Literaturrecherche zu den Grundlagen der Elektrokoagulation

Wie in Kapitel 2.5 ausführlich dargelegt, stellt die Elektrokoagulation einen elektrochemischen Trennprozess dar, dem der Mechanismus chemischer Reduktions- und Oxidationsreaktionen im Wasser durch das Anlegen einer äußeren Spannung zugrunde liegt. Bei dem Elektrokoagulationsprozess mit Aluminiumelektroden werden durch die Auflösung der Anode die Al^{3+}-Ionen freigesetzt, die im Wasser mit den Hydroxid-Gruppen in Abhängigkeit vom pH-Wert und den Betriebseinstellungen der Elektrolysezelle verschiedene monomere und polymere Spezies sowie Kolloide und Feststoffe mit kristalliner Struktur formen. Die Mechanismen der Schmutzstoffentfernung mittels Elektrokoagulation sind nahezu identisch mit den Vorgängen bei der chemischen Koagulation. Die Entfernung des gelösten Arsens erfolgt in parallel verlaufenden Prozessen der Ausfällung als nicht-lösliche Arsen-Aluminiumoxidverbindungen, Überführung in eine partikuläre Form durch Bildung von Arsen-Aluminiumoxohydroxid-Komplexen sowie dem Einschluss von Arsen in die Flockenstruktur. Dabei stellt die Adsorption der Arsenmoleküle an unlösliche Aluminiumoxohydroxidflocken den Hauptpfad der Arsenentfernung dar.

Für die Anwendung der Elektrokoagulation zur dezentralen Trinkwasserversorgung, z. B. mittels Energieversorgung durch eine Photovoltaikanlage, soll die elektrische Leistungsaufnahme der EC-Zelle nach Möglichkeit gering sein. Dementsprechend wurde im Rahmen dieser Arbeit der Aufbau und Betrieb der EC-Versuchsanlage für eine Anwendung mit Energiequellen mit geringer elektrischer Leistung (Kleinspannungen und geringe Stromstärken) und langen Behandlungszeiten konzipiert (vgl. Kapitel 3.2.2.3).

Arsenentfernung in Abhängigkeit von elektrochemisch freigesetztem Aluminium

Die Arsenentfernung mittels Elektrokoagulation ist direkt vom Gehalt an elektrochemisch freigesetztem Aluminium abhängig. Im Allgemeinen steigt mit zunehmender Stromdichte bzw. Ladungsdosis die elektrochemisch generierte Aluminiumfracht der EC-Zelle linear an. Hierbei findet die Adsorption der Arsenmoleküle an unlösliche Aluminiumoxohydroxidflocken statt. Elektrokoagulationsversuche ergeben einen klaren Unterschied im Verhalten von As(III) und As(V) bei der Elektrokoagulation:

- Der Gehalt an gelöstem As(V) nimmt mit einer Zunahme der Al-Konzentration exponentiell ab. Bei allen untersuchten Varianten der EC-Zelle findet eine stabile Reduktion der gelösten **As(V)-Konzentration** nach zwei Stunden Elektrolysezeit von etwa $E_{As,EC}$ = 30 % bis über $E_{As,EC}$ = 93 % in Abhängigkeit von der gewählten Betriebseinstellung statt. Für eine sichere Unterschreitung der gelösten As(V)-Konzentration auf den WHO-Richtwert von 10 µg As/L ist im Trinkwasser eine Ladungsdosis von mindestens q = 125 C/L und im Oberflächenwasser von mindestens q = 240 C/L sicherzustellen.

- Hingegen zeigt As(III) eine deutlich geringere Affinität zu elektrochemisch erzeugten Aluminiumoxohydroxiden und bleibt auch bei sehr hohen Aluminiumkonzentrationen von 26 mg Al/L (bei einer Ladungsdosis von etwa 240 C/L) in Wasser gelöst. Die maximal erreichte Reduktion der gelösten **As(III)-Konzentration** nach zwei Stunden Elektrolysezeit betrug etwa $E_{As,EC}$ = 13 % und nach vier Stunden etwa $E_{As,EC}$ = 20 %.

Die Auswertung aller untersuchten Betriebseinstellungen der EC-Zelle zeigt, dass im Mittel etwa 9,4 µg As(V) oder 0,83 µg As(III) an 1,0 mg elektrochemisch freigesetztem Aluminium im Verlauf der Elektrokoagulation adsorbiert werden können. Dieser Befund bestätigt die Erkenntnisse aus der Literatur (vgl. Kapitel 2.5.4) bezüglich einer schlechteren Leistungsfähigkeit der Elektrokoagulationsanlagen bei der Entfernung von As(III) im Vergleich zu As(V).

Im Weiteren resultiert die elektrochemische Erzeugung von Aluminiumoxohydroxiden in einer Erhöhung der Trübung des Wassers. Werden andere Faktoren vernachlässigt, kann die elektrochemisch freigesetzte Aluminiummenge in einer guten Annäherung mittels Trübungsmessung abgeschätzt werden. Für die untersuchte EC-Zelle gelten entsprechend Gl. (105) und Gl. (106).

Ferner kann anhand der Trübungsmessung auf die Arsenentfernung geschlossen werden. Folglich ist eine Anwendung der Trübungsmessung zur Regelung von EC-Anlagen möglich. Für die untersuchte monopolare Serienschaltung der Elektroden mit einem Elektrodenabstand von 20 mm ist die Beschreibung der As(V)-Reduktion durch die EC-Zelle anhand der Trübungsmessung in einer guten Annäherung mit Gl. (107) und Gl. (108) möglich.

Leistungsfähigkeit verschiedener Elektrodenschaltungen

Die freigesetzte Aluminiummenge und somit die Reduktion an gelöstem Arsen ist von den gewählten Betriebseinstellungen der Elektrokoagulation abhängig. Hierbei ist die Wahl der Elektrodenschaltung und der Stromdichte im EC-Prozess entscheidend. Im Rahmen dieser Arbeit wurde eine monopolare Parallelschaltung (MP-P) und drei Varianten von monopolarer Serienschaltung mit jeweils zwei (MP-S2), vier (MP-S4) und sechs (MP-S6) Opferelektroden untersucht.

Der Vergleich der untersuchten **Elektrodenschaltungsvarianten** erfolgte im Betrieb mit Trinkwasser mit einem Elektrodenabstand von 8 mm und einer Elektrolysezeit von zwei Stunden. Die Ergebnisse sind wie folgt:

- Die MP-P-Schaltung zeigt eine mittlere Elektrolyseeffizienz von etwa 100 % und weist die geringsten betriebsbedingten Schwankungen der Aluminiumfreisetzung auf. Allerdings besitzt die MP-P-Schaltung im Vergleich zu den untersuchten MP-S-Schaltungen eine geringere Leistungsfähigkeit in Bezug auf die spezifischen Größen.

- Die MP-S2-Schaltung besitzt eine hohe Elektrolyseeffizienz mit im Median 109 %, hierbei liegen 75 % aller Messwerte über C_E von 100 %. Im Vergleich der spezifischen Größen erzielt MP-S2 die besten Ergebnisse der gesamten Versuchsreihe.
- Die MP-S4-Schaltung zeigt die höchste Elektrolyseeffizienz mit im Median 127 % und 75 % aller Messwerte über C_E von 100 % auf. Im Vergleich der spezifischen Größen schneidet MP-S4 schlechter als MP-S2 und besser als MP-P ab.
- Die MP-S6-Schaltung zeigt im Betrieb der EC-Zelle die geringsten Elektrolyseeffizienzen aller untersuchten Schaltungsvarianten mit im Median etwa 92 %. Zudem besitzt diese Schaltungsvariante eine sehr hohe elektrische Leistungsaufnahme und schneidet beim Vergleich der spezifischen schlechter als alle anderen Varianten ab.

Im direkten Vergleich zwischen dem **EC-Betrieb mit Oberflächen- und Trinkwasser** ist die Leistungsfähigkeit der EC-Zelle im Betrieb mit Oberflächenwasser deutlich geringer. Hierbei nimmt die spezifische Aluminiumfreisetzung und dementsprechend auch die Arsenentfernung um etwa 65 % ab. Dieser Sachverhalt muss bei einer praktischen Anwendung der Elektrokoagulation zur Arsenentfernung aus Oberflächenwasser berücksichtigt werden.

Die Erhöhung des **Elektrodenabstandes** von 8 mm auf 20 mm führt zur Verringerung der Elektrolyseeffizienz um etwa 18 %. Auch bei der spezifischen Arsenentfernung und der Aluminiumfreisetzung schneidet die EC-Zelle mit d_E = 8 mm im direkten Vergleich etwas besser ab. Allerdings wurde im Verlauf der Untersuchung deutlich, dass ein Elektrodenabstand von 8 mm für einen Dauerbetrieb nicht geeignet ist. Eine händische Reinigung der inneren Elektroden bei großen Elektrodenoberflächen und einem geringen Elektrodenabstand ist sehr umständlich, sodass die Passivierungsschicht nur ungenügend entfernt werden kann. Folglich wird für eine praktische Anwendung ein Elektrodenabstand von mindestens 20 mm, trotz einer etwas geringeren Leistungsfähigkeit der EC-Zelle, empfohlen.

Um die praktische Anwendbarkeit des Verfahrens zur dezentralen Trinkwasserversorgung in entlegenen Gebieten der Entwicklungsländer zu überprüfen, erfolgte der Betrieb der EC-Zelle unter einer geringen **elektrischen Leistungsaufnahme**. Die elektrische Leistungsaufnahme der EC-Zelle betrug im Verlauf der Untersuchungen maximal 84 W. Im Dauerbetrieb nimmt die elektrische Leistungsaufnahme aufgrund der fortschreitenden Elektrodenpassivierung zu. Beispielsweise steigt die spezifische elektrische Leistungsaufnahme der EC-Zelle mit MP-S2 (d_E = 20 mm; I = 2,8 A; TW) nach 130 Betriebsstunden ohne maschinelle Reinigung von ca. 50 W/m³ ohne Elektrodenpassivierung auf etwa 120 W/m³.

Um eine ausreichende Ladungsdosis bzw. Aluminiumfreisetzung und Arsenentfernung bei einer geringen elektrischen Leistungsaufnahme zu erreichen, muss eine entsprechend lange **Elektrolysezeit** gewährleistet werden. Diese wurde je nach Versuchseinstellung zwischen zwei und vier Stunden variiert.

Dementsprechend schwankt der **volumenbezogene elektrische Energiebedarf** der EC-Zelle zur Reduktion der As(V)-Konzentration unter 10 µg As/L in Abhängigkeit von

Betriebseinstellung, Elektrodenpassivierung und Arsenanfangskonzentration beispielsweise zwischen 73 Wh/m³ bei $c_{As,RW}$ = 100 µg As(V)/L und 400 Wh/m³ bei $c_{As,RW}$ = 200 µg As(V)/L.

Nach einer zusammenfassenden Bewertung der untersuchten Schaltungsvarianten der EC-Zelle ist die MP-S2-Elektrodenschaltung mit einem Elektrodenabstand von 20 mm für einen Dauerbetrieb zu bevorzugen.

Auswirkung der Elektrodenpassivierung

Die Ausbildung von Passivierungsschichten, folglich die Entwicklung von nicht bzw. gering leitenden, meist oxidischen Schichten auf Elektrodenoberflächen im Verlauf der Elektrokoagulation, stellt einen maßgeblichen Prozessfaktor dar, der die Leistungsfähigkeit der EC-Anlage negativ beeinflusst und gar zum Ausfall der EC-Zelle führen kann. Die Elektrodenpassivierung führt zur Erhöhung des Zellwiderstandes und bei einem galvanostatischen Betrieb zur Erhöhung der Zellspannung. Dementsprechend nimmt die Leistungsaufnahme der EC-Zelle zu. Daraus resultiert ein höherer Stromverbrauch der EC-Anlagen, was zu höheren Behandlungskosten führt.

Die Elektrodenpassivierung beeinflusst den EC-Prozess in Abhängigkeit von der Elektrodenschaltung unterschiedlich stark. Die MP-P-Schaltung ist am wenigsten durch die Elektrodenpassivierung beeinflusst. Bei MP-S-Schaltung nimmt die negative Auswirkung mit steigender Anzahl an in Reihe verbundener Unterzellen zu.

Eine einfache händische Reinigung der Elektrodenoberfläche und Umpolung der Elektroden nach jedem Betriebsvorgang führt zu einer Reduzierung der Geschwindigkeit der Elektrodenpassivierung. Für die im Rahmen dieser Arbeit untersuchten Betriebseinstellungen wurde die Geschwindigkeit der Entwicklung von Elektrodenpassivierung von etwa 7,6 g/h ermittelt.

Eine tiefgründige maschinelle Reinigung ermöglicht eine vollständige Entfernung der Passivierung und die Wiederherstellung des Ausgangszustandes.

Ferner wurde festgestellt, dass sich die Passivierungsschicht bei den untersuchten Betriebseinstellungen aus einem durch die Umpolung der Elektroden entfernbaren bzw. aktiven und einem beständigen bzw. inerten Anteil zusammensetzt. Die Entwicklung der inerten Passivierungsschicht wurde mit Gl. (104) mathematisch beschrieben.

6.5.2 Leistungsfähigkeit des EC-ULPUF-Verfahrens

Im Rahmen der vorliegenden Arbeit wurden insgesamt 47 m³ arsenhaltiges Rohwasser ($c_{As,RW} \approx$ 100 µg As/L bis 300 µg As/L) mit dem EC-ULPUF-Verfahren behandelt. In den Versuchen wurden die Rohwasserqualität und Arsenspezies variiert sowie verschiedene Anlagenvarianten und Betriebseinstellungen getestet. Die Ergebnisse der Untersuchung sind in Kapitel 4.3 zu finden und werden im Folgenden zusammengefasst.

Stoffliche und hydraulische Leistungsfähigkeit der EC-ULPUF-Anlage

Wie in Kapitel 3.2.2.3 erläutert, erfolgt im vorgestellten EC-ULPUF-Verfahren der Betrieb der EC-Zelle mit einer Energiequelle mit geringer elektrischer Leistung (I_{max} = 3 A; U_{max} = 30 V). Unter diesen Betriebseinstellungen findet keine Elektroflotation statt und es werden vermehrt kleinere Aluminiumoxohydroxidflocken mit kompakter Struktur erzeugt (vgl. Kapitel 2.5). Der entstandene EC-Schlamm weist relativ lange Absetzzeiten auf (vgl. Kapitel 4.3.2.3), sodass der Einsatz einer Ultrafiltrationsmembran zu seiner Abtrennung sinnvoll ist.

Nach der ULPUF-Einheit liegen die Trübungsmesswerte in der gesamten Versuchsreihe, unabhängig von der Rohwasserqualität und der Trübungserhöhung in Folge der Elektrokoagulation, deutlich unter einem Wert von 1,0 NTU, weisen auf einen vollständigen Rückhalt der arsenbeladenen Aluminiumoxohydroxidflocken hin und erfüllen die Vorgabe der Trinkwasserverordnung (2019) bezüglich des Trübungsgrenzwertes. Auch die Aluminiumkonzentrationen im Permeat liegen im Betrieb der EC-ULPUF-Anlage bis auf wenige Ausnahmen deutlich unter 0,2 mg Al/L und erfüllen die Vorgabe der TrinkwV (2019).

Die Leistungsfähigkeit der EC-ULPUF-Anlage bezüglich der Arsenentfernung ist maßgeblich von der Leistung der EC-Zelle abhängig. Bei der Betrachtung aller durchgeführten Versuche können folgende Aussagen zur Arsenentfernung mit dem EC-ULPUF-Kombinationsverfahren getroffen werden:

- Bei der **As(III)-Behandlung** ist hauptsächlich die ULPUF-Einheit, vor allem die Aluminiumoxohydroxid-Deckschicht, für die Arsenentfernung verantwortlich. Hierbei wird die Anlageneffizienz von im Median $E_{As,EC}$ = 10 % am Ende des EC-Vorganges auf $E_{As,EC-ULPUF}$ = 50 % durch die nachgeschaltete Ultrafiltration verbessert. In der gesamten EC-ULPUF-Versuchsreihe werden im Permeat bei der Behandlung von As(III)-haltigem Wasser 50 µg As/L (aktuell gültiger Grenzwert in z. B. Indien, Bangladesch und Russland, vgl. Kapitel 2.2.5) in 50 % aller Versuche und 10 µg As/L (WHO-Richtwert und gültiger Grenzwert in z. B. Deutschland, China und den USA, vgl. Kapitel 2.2.5) in keinem Versuch unterschritten.
- Bei der **As(V)-Behandlung** führt der Einsatz der ULPUF-Einheit zu einer im Median etwa 5 % besseren Arsenentfernung auf $E_{As,EC-ULPUF}$ = 90 % und zur Verringerung der Konzentrationsschwankungen im Ablauf. Bei der Behandlung von As(V)-haltigem Wasser werden 50 µg As/L im Permeat in 100 % und der WHO-Richtwert von 10 µg As/L in 50 % aller Versuche unterschritten.

Im gesamten Versuchszeitraum wurde eine sehr geringe Menge von etwa 1,55 kg $Al(OH)_3$ als Schlammtrockenmasse in die ULPUF-Einheit eingetragen. Der Aluminiumoxohydroxidschlamm bildet trotz geringer Menge hoch poröse, voluminöse Deckschichten und führt bei einem geringen Plattenabstand des verwendeten Membranmoduls von 2 mm zu einer teilweisen Verblockung des Plattenzwischenraums. Die Verblockung des Plattenzwischenraums des Membranmoduls bewirkt eine konstante Verringerung der Filtrationsleistung der Anlage, sodass keine wirkliche Erholung des Flux nach einer mechanischen Reinigung auftritt.

Die **hydraulische Leistungsfähigkeit** des fabrikneuen Membranmoduls betrug 12,5 L/(m²·h). Im Laufe der Untersuchung sank die hydraulische Leistung der ULPUF-Einheit nach 47 m³ behandeltem Rohwasser bei verschiedenen Betriebseinstellungen und Rohwasserqualitäten auf einen Wert von etwa 7 L/(m²·h). Die ULPUF-Einheit wurde in dem Zeitraum fünfmal einer mechanischen Reinigung unterzogen. Zum Ende der EC-ULPUF-Untersuchungen fand keine eindeutige Stabilisierung des Flux statt. Eine fehlende Fluxstabilisierung im EC-ULPUF-Betrieb kann entweder durch einen sehr geringen Feststoffeintrag oder durch die hemmende Wirkung hoher Aluminiumkonzentrationen auf die mikrobiologische Aktivität in der Deckschicht erklärt werden und muss in den zukünftigen Untersuchungen im EC-ULPUF-Dauerbetrieb geprüft werden.

Auswirkung von ULPUF auf die Arsenentfernung der EC-ULPUF-Anlage

Die Auswirkung der ULPUF auf die Arsenentfernung der EC-ULPUF-Anlage wurde analysiert und kann wie folgt zusammengefasst werden:

- Eine lange **Behandlungsdauer** führt zur Erhöhung der Kontaktzeit zwischen Arsenmolekülen und Aluminiumoxohydroxid-Flocken und resultiert in einer Verringerung der Arsenablaufkonzentration.
- Die Ausbildung einer **Aluminiumoxohydroxid-Deckschicht** auf der Membranoberfläche hat eine maßgebliche Auswirkung auf die Arsenentfernung der EC-ULPUF-Anlage. Die Arsenentfernung der Deckschicht nimmt über die Betriebsdauer der Anlage zu und beträgt bei der As(V)-Entfernung bis etwa 30 % und bei der As(III)-Entfernung bis 55 %. Der Wirkungsgrad der Deckschicht ist maßgeblich für die Leistungsfähigkeit der EC-ULPUF-Anlage bei der As(III)-Entfernung verantwortlich.
- **Lange Filtrationszeiten ohne ausreichende Entfernung der Deckschicht** resultieren in starker Akkumulation von arsenhaltigem Aluminiumoxohydroxidschlamm in der ULPUF-Einheit und können beim Wechsel der Rohwasserqualität zur Rücklösung von Arsen- und Aluminiumverbindungen führen.

Hinweise zur praktischen Anwendbarkeit des EC-ULPUF-Verfahrens

Die Leistungsfähigkeit der EC-ULPUF-Anlage bezüglich der Arsenentfernung ist maßgeblich von der Leistung der EC-Zelle, der Filtrationszeit und der Ausbildung von Aluminiumoxohydroxid-Deckschicht abhängig. Im Allgemeinen kann die Fähigkeit zur As(V)-Entfernung als sehr gut und zur As(III)-Entfernung als ungenügend bis mäßig bewertet werden. Daher ist eine Vorbehandlung des Rohwassers zur Oxidation von As(III)- zu As(V)-Verbindungen denkbar, wie in Kapitel 2.3.2 beschrieben.

Für einen Dauerbetrieb von EC-ULPUF-Verfahren mit Energiequellen mit geringer elektrischer Leistung ist die MP-S2-Elektrodenschaltung mit einem Elektrodenabstand von 20 mm zu bevorzugen. Bei dieser Variante ermöglicht die EC-ULPUF-Anlage im Dauerbetrieb mit Trinkwasser oder Rohwasser ähnlicher Qualität (Grundwasser, Quellenwasser etc.) mit schwankender As(V)-Zulaufkonzentration bis 300 µg As/L und ausgebildeter Passivierungsschicht bei einer elektrischen Leistungsaufnahme der EC-Zelle von etwa $P_{el,spez}$ = 120 W/m³ über eine Elektrolysezeit von t_{EC} = 4 h (entspricht etwa C_{Energy} = 500 (Wh)/m³) eine Arsenreduktion auf i. M. 6,5 µg As/L bzw. eine mittlere Arsenentfernung von $E_{As,EC-ULPUF}$ = 96 %.

Die zu einer sicheren WHO-Richtwert-Unterschreitung erforderliche Ladungsdosis kann in Abhängigkeit von der Arsenanfangskonzentration mittels Abbildung 91 abgeschätzt werden.

Aus der Gegenüberstellung von Ladungsdosis und Ladungsdosisrate kann die erforderliche Elektrolysezeit ermittelt werden. Die Ladungsdosisrate beträgt bei MP-S2 mit einer Betriebsstromstärke von 2,8 A etwa 0,7 C/(L·min). Die Ladungsdosisraten für alle anderen untersuchten Elektrodenschaltungen sind in Tabelle 25 zu finden.

Bei stark abweichenden Betriebsparametern bzw. bei einem starken Einfluss von Störgrößen (z. B. Elektrodenpassivierung) ist die Anwendung einer Regelungsstrategie anhand einer Trübungsmessung im Rohwasser im EC-Betrieb möglich. Die Kontrolle der As(V)-Reduktion im Arsenkonzentrationsbereich bis 300 µg As(V)/L kann anhand der Trübungsmessung in einer guten Annäherung anhand von Gl. (107) und Gl. (108) erfolgen.

Des Weiteren ist die Deckschichtkontrolle bei einer praktischen Umsetzung der EC-ULPUF-Anlage von besonderer Bedeutung. Hierbei ist vor allem auf die Möglichkeit zur Reinigung der Membranoberfläche bei voluminösen Aluminiumoxohydroxid-Deckschichten bei der Auswahl einer nachgeschalteten ULPUF-Einheit zu achten:

- Eine gute Reinigungsmöglichkeit der Membranoberfläche ermöglicht die Ausnutzung des positiven Effektes der Deckschicht. Hierbei kann ein gezielter Aufbau der Aluminiumoxohydroxid-Deckschicht durch die Vergrößerung der Betriebszeiten zwischen den Reinigungsintervallen der ULPUF-Einheiten zu einer deutlichen Verbesserung der Gesamtleistung der Anlage führen (vgl. Kapitel 4.3.4.2). Daher sind größere Abstände zwischen den Membranplatten bei der Anwendung von UF-Plattenmodulen bei EC-ULPUF-Anlagen zu bevorzugen.
- Bei schlechter Reinigungsmöglichkeit der Membranoberfläche (z. B. bei einem geringen Plattenzwischenraum des UF-Moduls, wie im Rahmen der vorliegenden Dissertation von etwa 2 mm) sind die Reinigungsintervalle möglichst kurz zu wählen, damit keine irreversible Akkumulation von arsenhaltigem Aluminiumoxohydroxidschlamm im Membranplattenzwischenraum erfolgt.

Eine weitere Herausforderung im Betrieb einer EC-ULPUF-Anlage stellt die Passivierung der Elektrodenoberflächen dar, die maßgelblich den Energiebedarf der Elektrolyse beeinflusst. Wie in Kapitel 4.3.3.5 beschrieben, kann die Geschwindigkeit der Ausbildung von Passivierungsschichten durch periodische Umpolung der Elektroden und einfache händische Reinigung der Elektrodenoberflächen mit Metallbürste deutlich reduziert werden. Eine tiefgründige maschinelle Reinigung der Elektrodenoberflächen (z. B. mit Schleifmaschine) kann bei Bedarf unternommen werden. Diese führt zu einer vollständigen Entfernung der Elektrodenpassivierung.

Im EC-ULPUF-Verfahren fallen sehr geringe Mengen an Aufbereitungsrückständen an, die maßgeblich von der elektrochemischen Aluminiumfreisetzung der EC-Zelle abhängig sind. Beispielsweise fallen bei einer vierstündigen EC mit MP-S2 (d_E = 20 mm; I = 2,8 A; C_{Energy} = 500 (Wh)/m³) im Mittel etwa 16 g Al/m³ bzw. 46,4 g $Al(OH)_3$/m³ an Schlammtrockenmasse an. Die Aufbereitungsrückstände gelangen vollständig in die ULPUF-Einheit und sind bei der Reinigung der ULPUF-Einheit zu handhaben. Die anfallenden aluminiumhaltigen Aufbereitungsrückstände können in einem gegen Untergrund abgedichteten Becken aufgefangen und gelagert werden. Im Weiteren sollten die Aufbereitungsrückstände nach Möglichkeit einer stofflichen Verwertung (z. B. als Zusatzstoff bei der Ziegelherstellung) unterzogen werden. Ist eine Verwertung nicht möglich, sollte eine geordnete Deponierung der arsenhaltigen Schlämme erfolgen.

Das EC-ULPUF-Verfahren ermöglicht die Bereitstellung von bakterien- und arsenfreiem Trinkwasser. Die gesamten EC-ULPUF-Verfahrenskosten betragen 1,64 €/m³ und liegen im Bereich der Zahlungsbereitschaft der Haushalte in den Entwicklungsländern von 1,50 €/m³ bis 4,50 €/m³. Zudem kann eine weitere Reduktion der Verfahrenskosten durch den Betrieb der Anlage ohne Rührwerk auf etwa 1,50 €/m³ erfolgen. Ist außerdem eine ULPUF-Einheit bereits vor Ort verfügbar, liegen die Kosten der Erweiterung der Anlage um die Elektrokoagulation zur Arsenentfernung bei etwa 0,50 €/m³.

6.6 Gegenüberstellung der untersuchten Verfahrensvarianten

In den umfangreichen Untersuchungen wurde die Fähigkeit des C-ULPUF- und des EC-ULPUF-Kombinationsverfahrens zur Arsenentfernung bewiesen. Beide Verfahrensvarianten stellen eine sinnvolle verfahrenstechnische Ergänzungsmöglichkeit eines Niederdruck-Membranfiltrationsverfahrens zur Arsenentfernung dar. Ein beispielhafter Anlagenaufbau eines C-ULPUF- (links) bzw. EC-ULPUF-Verfahrens (rechts) ist in Abbildung 95 dargestellt.

Durch die Erweiterung einer Niederdruck-Membranfiltrationsanlage kann in beiden Fällen eine stabile As(V)-Entfernung gewährleistet werden. Die As(III)-Entfernung ist aufgrund der Ladungsneutralität dieser Arsenspezies im neutralen pH-Wertbereich erwartungsgemäß geringer und hängt beim C-ULPUF-Verfahren von der Beladungsfähigkeit der Tonerde und beim EC-ULPUF-Verfahren von der Ladungsdosis der EC-Zelle und der Leistung der Deckschicht ab.

Für beide Verfahren wurden mathematische Modellansätze zur vereinfachten Betriebssteuerung entwickelt (vlg. Kapitel 4.1.6 und Kapitel 4.3.6). Für C-ULPUF kann die Abschätzung der notwendigen Adsorbensdosis anhand Abbildung 55 und für EC-ULUPF der erforderlichen Ladungsdichte anhand Abbildung 91 erfolgen. Zudem besteht bei EC-ULPUF eine Regelungsmöglichkeit des Betriebes anhand der Trübungsmessung (vgl. Kapitel 4.3.7). Bei C-ULPUF wurde bisher keine Regelungsmöglichkeit identifiziert.

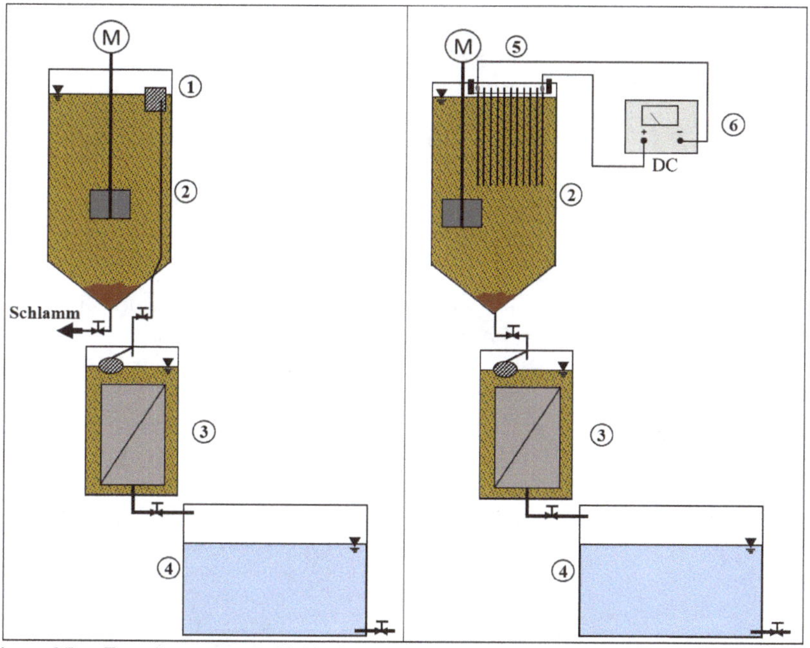

Abbildung 95: Erweiterungsmöglichkeiten des Niederdruck-Membranfiltrationsverfahrens zur Arsenentfernung: Kombinationsverfahren mit Dosierung von Tonerde (C-ULPUF, links) und Kombinationsverfahren mit Elektrokoagulation (EC-ULPUF, rechts) mit Schwimmwasserabzug (1), Rohwasserbehälter (2), UL-PUF-Einheit (3), Permeatbehälter (4), Elektrolysezelle (5) und Direktstromquelle (6).

Die Verfahrenskosten des EC-ULPUF-Verfahrens sind um etwa 20 % geringer als beim C-ULPUF-Verfahren. Allerdings ist das technische Anforderungsniveau beim Betrieb der Anlage höher. Des Weiteren besteht beim EC-ULPUF-Verfahren eine Ausbeute von 100 % des behandelten Wasservolumens, wobei beim C-ULPUF-Verfahren die Wasserausbeute aufgrund der Notwendigkeit der Abtrennung des Tonerdeschlammes vor der ULPUF-Einheit etwa 90 % des behandelten Wasservolumens beträgt. Der ermittelte Wasserpreis liegt für beide untersuchten Verfahren im Bereich der Zahlungsbereitschaft der Haushalte in den Entwicklungsländern und ermöglicht eine praktische Umsetzung in wirtschaftlich schwachen Regionen der Erde. Zudem sind beide Verfahren in der Lage, neben einer weitgehenden Arsenentfernung, ein hygienisch unbedenkliches Trinkwasser bereitzustellen. Das ist ein wichtiges Unterscheidungsmerkmal zu den meisten Arsenaufbereitungsverfahren, die ausschließlich eine Arsenentfernung gewährleisten.

Die Zusammenfassung der zentralen Ergebnisse der Arbeit in einer vergleichenden Gegenüberstellung der untersuchten Verfahrensvarianten erfolgt in Tabelle 38.

Tabelle 38: Zusammenfassende Bewertung untersuchter Verfahrensvarianten.

Parameter	C-ULPUF	EC-ULPUF
Arsenentfernung	<u>As(III):</u> $E_{As,max}$ = 37 % $c_{As,Permeat,min}$ = 56 µg As/L <u>As(V):</u> $E_{As,max}$ = 91 % $c_{As,Permeat,min}$ = 8,4 µg As/L	<u>As(III):</u> $E_{As,max}$ = 70 % $c_{As,Permeat,min}$ = 30,3 µg As/L <u>As(V):</u> $E_{As,max}$ = 98,5 % $c_{As,Permeat,min}$ < 3,0 µg As/L
Techn. Anforderungsniveau	Gering	Erhöht
Steuerung und Regelung	Steuerung: mittels Adsorbensdosis aus Abschätzung in Kapitel 4.2.4.5; Regelung: nicht möglich	Steuerung: mittels Ladungsdosis aus Abschätzung in Kapitel 4.3.6; Regelung: Al-Freisetzung bzw. As-Entfernung anhand Trübungsmessung
Schlammmengen	Gering bis sehr hoch*	Sehr gering
Schlammabzug	Sedimentationsbecken	Reinigung der ULPUF-Einheit
Membrandeckschicht	Keine Beeinflussung von E_{As}; Beschaffenheit: dicht, klebrig; Schwer entfernbar falls Langzeitbetrieb ohne Reinigung	Beeinflussung von E_{As} (positiv oder negativ, Ausgleich v. Konzentrationsschwankungen, As(III)-Entfernung); Beschaffenheit: porös, voluminös; Schwer entfernbar falls Langzeitbetrieb ohne Reinigung bei geringem Membranplattenabstand, sonst leicht entfernbar
Betriebsaufwand	Mittel bis hoch*	Mittel bis hoch**
Herausforderungen in der praktischen Anwendung	Gewährleistung ausreichender Rühr- bzw. Kontaktzeit; Schlammmanagement	Passivierungsschicht; Deckschichtkontrolle
Mögliche positive Auswirkungen auf Trinkwasserqualität	Mitentfernung gelöster Verunreinigungen durch Adsorption bzw. Ionenaustausch an Tonerde	Mitentfernung von gelösten Verunreinigungen durch Adsorption (z. B. Fluorid) und Reduktion/Oxidation (z. B. org. Chemikalien), elektrochemische Desinfektion durch Oxidation von Cl-Ionen, Enthärtung
Mögliche negative Auswirkungen auf Trinkwasserqualität	Schadstoffdesorption bei Verwendung schadstoffbelasteter Tonerde	Überschreitung von 0,2 mg Al/L im Permeat bei falschem Anlagenbetrieb
Wasserpreis	0,64 €/m³ - 2,23 €/m³*	0,47 €/m³ - 1,64 €/m³

* Stark abhängig von der Beladungsfähigkeit der Tonerde.

** Stark abhängig von der Einstellung der EC-Zelle und der Deckschichtkontrolle in der ULPUF-Einheit.

Wasser ist die wichtigste Ressource der Menschheit. Die Gewährleistung eines nachhaltigen Zuganges zu sicherem Trinkwasser (chemisch und biologisch einwandfrei, bezahlbar, bei Bedarf zugänglich) für jeden hat die höchste Priorität. Daher sollen bei einer praktischen Umsetzung von Wasseraufbereitungsanlagen alle denkbaren verfahrenstechnischen Möglichkeiten geprüft werden. Bei der Auswahl des geeigneten Verfahrens ist unter anderem auf praktische Umsetzbarkeit, Nachhaltigkeit und Wirtschaftlichkeit bei den vor Ort herrschenden Rahmenbedingungen zu achten. Ein Überblick zum aktuellen Stand der Technik zur Arsenentfernung bei der Wasseraufbereitung ist in Kapitel 2.3 dieser Arbeit zu finden, außerdem sind einige weiterführende Literaturstellen mit praktischem Bezug in Kapitel 2.3.9 aufgelistet.

Beide in dieser Dissertation aufgeführten Anlagenkombinationen stellen eine sinnvolle Ergänzung zu den aufgeführten verfahrenstechnischen Möglichkeiten zur gezielten Arsenentfernung dar. Ob und wenn ja, welches der beiden Verfahren in der praktischen Umsetzung die bessere Alternative darstellt, hängt maßgeblich von den spezifischen Rahmenbedingungen am Einsatzort ab und muss im Einzelfall geprüft werden.

6.7 Ausblick

Im Rahmen dieser Dissertation wurde die Fähigkeit des C-ULPUF- und des EC-ULPUF-Kombinationsverfahrens zur Arsenentfernung bewiesen. Im weiteren Schritt ist eine praktische Umsetzung der entwickelten Kombinationsverfahren im Langzeitbetrieb unter realen Rahmenbedingungen zu überprüfen.

Ferner ist die Optimierung der in dieser Arbeit vorgestellten Kombinationsverfahren anzustreben, um ihre praktische Eignung zu verbessern. Hierzu sind nach Möglichkeit folgende Punkte zu bearbeiten:

- Der Modellansatz zur Abschätzung der Adsorptionsfähigkeit von Tonerde anhand des Eisen- und Aluminiumgehaltes kann durch die Untersuchung weiterer Tone verbessert werden bzw. die Genauigkeit der Abschätzung der Dosierungsmengen erhöht werden.
- Die Sekundärrohstoffe (z. B. Waschschlamm aus Kies- und Sandgewinnung) sind eine vielversprechende Alternative zu konventionellen Adsorbentien und sollen vor dem Hintergrund der globalen Arsenproblematik und des Bedarfs eines kostengünstigen Adsorbens vertieft untersucht werden.
- Die ULPUF führt bei der Anwendung im Rohwasser mit erhöhten Eisengehalten, bei einer ausreichenden Oxidation und Ausfällung von Eisenhydroxiden, zu einer Reduktion der gelösten Arsenkonzentration. Hierbei ist zu prüfen, ob der Sauerstoffeintrag beim Befüllen des Rohwasserbehälters bzw. am Einlauf in die ULPUF-Einheit durch die erzeugten Turbulenzen zur Eisenausfällung genügt.
- Die Vorgänge „Oxidation und Fällung“ aufgrund eines erhöhten Eisengehaltes des Rohwassers und „Adsorption an Tonerde“ beim C-ULPUF-Verfahren wirken in einem

gemeinsamen Prozess zwar synergetisch, sind jedoch nicht vollständig additiv. Die Gründe für diesen Befund müssen untersucht werden.

- Die Leistungsfähigkeit von EC-ULPUF ohne Rührwerk muss untersucht werden. Da aufgrund folgender Überlegungen in der praktischen Umsetzung eventuell auf das Rührwerk verzichtet werden kann: a) die gesamte elektrochemisch freigesetzte Aluminiummenge wird in die ULPUF-Einheit eingeleitet und baut auf der Membranoberfläche eine adsorptionswirksame Deckschicht auf und b) der relativ geringe Energieeintrag führt zu einer geringen elektrolytischen Gasblasenbildung, sodass die Elektrolyseeffizienz der EC-Zelle durch fehlende Wasserströmung kaum beeinflusst wird.
- Die Leistungsfähigkeit von EC-ULPUF mit Eisenelektroden muss untersucht werden, u. a. vor dem Hintergrund ihrer höheren Effizienz bei der As(III)-Entfernung und geringerer Passivierung.
- Das Verhalten der Passivierungsschicht, insbesondere des aktiven und inerten Anteils, muss im Dauerbetrieb der EC-Zelle untersucht werden.
- Die Untersuchung von Fluxstabilisierung im EC-ULPUF-Betrieb ist mit einem ausreichend langen Versuchszeitraum durchzuführen.

7 Literaturverzeichnis

Abdel-Moati, A. R. (1990): Speciation and behavior of arsenic in the Nile delta lakes. In: *Water Air Soil Pollut* 51 (1-2), S. 117–132. DOI: 10.1007/BF00211509.

AbwV (2018): Verordnung über Anforderungen an das Einleiten von Abwasser in Gewässer. Abwasserverordnung (1997). Deutschland: Bundesministerium der Justiz und für Verbraucherschutz, 22.08.2018. Online: https://www.gesetze-im-internet.de/abwv/AbwV.pdf, Date: 08.01.2020.

Ahmad, J.; Goldar, B.; Misra, S. (2005): Value of arsenic-free drinking water to rural households in Bangladesh. In: *Journal of environmental management* 74 (2), S. 173–185. DOI: 10.1016/j.jenvman.2004.07.011.

Ahmed, K. (2016): Recent advances and additional needs in science and policy fronts for arsenic mitigation in Bangladesh. In: Prosun Bhattacharya, Marie Vahter, Jerker Jarsjö, Jurate Kumpiene, Arslan Ahmad, Charlotte Sparrenbom et al. (Hg.): Arsenic Research and Global Sustainability. Proceedings of the Sixth International Congress on Arsenic in the Environment (As2016), June 19-23, 2016, Stockholm, Sweden. Boca Raton: CRC Press (Arsenic in the environment - proceedings). ISBN: 978-1-315-62943-8.

Ali, I.; Gupta, V. K.; Khan, T. A.; Asimm, M. (2012): Removal of Arsenate from Aqueous Solution by Electro-Coagulation Method Using Al-Fe Electrodes. In: *International Journal of Electrochemical Science* (7), S. 1898–1907.

Allègre, C.; Manhès, G.; Lewin, É. (2001): Chemical composition of the Earth and the volatility control on planetary genetics. In: *Earth and Planetary Science Letters* 185 (1-2), S. 49–69. DOI: 10.1016/S0012-821X(00)00359-9.

Amelung, W.; Blume, H.-P.; Fleige, H.; Horn, R.; Kandeler, E.; Kögel-Knabner, I. et al. (2018): Scheffer/Schachtschabel Lehrbuch der Bodenkunde. Unter Mitarbeit von Thomas Gaiser, Jürgen Gauer, Nina Stoppe, Sören Thiele-Bruhn und Gerhard Welp. 17., überarbeitete und ergänzte Auflage. Berlin: Springer Spektrum. ISBN: 978-3-662-55871-3. DOI: 10.1007/978-3-662-55871-3.

Amini, M.; Abbaspour, K. C.; Berg, M.; Winkel, L.; Hug, S. J.; Hoehn, E. et al. (2008): Statistical modeling of global geogenic arsenic contamination in groundwater. In: *Environmental science & technology* 42 (10), S. 3669–3675. DOI: 10.1021/es702859e.

Amrose, S. E.; Bandaru, S. R. S.; Delaire, C.; van Genuchten, C. M.; Dutta, A.; Debsarkar, A. et al. (2014): Electro-chemical arsenic remediation: field trials in West Bengal. In: *The Science of the total environment* 488-489, S. 539–546. DOI: 10.1016/j.scitotenv.2013.11.074.

Amrose, S. E.; Gadgil, A.; Srinivasan, V.; Kowolik, K.; Muller, M.; Huang, J.; Kostecki, R. (2013): Arsenic removal from groundwater using iron electrocoagulation: effect of charge dosage rate. In: *Journal of environmental science and health. Part A, Toxic/hazardous substances & environmental engineering* 48 (9), S. 1019–1030. DOI: 10.1080/10934529.2013.773215.

Ansari, R.; Sadegh, M. (2007): Application of Activated Carbon for Removal of Arsenic Ions from Aqueous Solutions. In: *E-Journal of Chemistry* 4 (4 // 1), S. 103–108. ISSN: 0973-4945. DOI: 10.1155/2007/829187.

Arno Witgert (2020): Technische Daten. Fa. Witgert Tonbergbau. Online: https://www.witgert-tonbergbau.de/, Date: 28.04.2020.

Arora, A.; Kaur, R.; Kaur, A.; Singh, N.; Sharma, S. (2018): Treatment of Waste Water Through Electrocoagulation. In: *Pollution Research* (37 (2)), S. 394–403. ISSN: 0257–8050.

Asadullah, M. N.; Chaudhury, N. (2011): Poisoning the Mind: Arsenic Contamination of Drinking Water Wells and Children's Educational Achievement in Rural Bangladesh. Discussion Paper No. 5716, Date: 04.01.2020.

ATSDR (2019): Substance Priority List 2017. Agency for Toxic Substances and Disease Registry, U.S. Department of Health and Human Services. Online: https://www.atsdr.cdc.gov/spl/index.html, Date: 22.10.2020.

Baille, W. (2014): Hydro-mechanical behaviour of clays - significance of mineralogy. Dissertation. Bochum: Schriftenreihe des Lehrstuhls für Grundbau, Boden- und Felsmechanik (Schriftenreihe Grundbau, Boden- und Felsmechanik, 53). ISSN: 2190-3255.

Bathen, D.; Breitbach, M. (2001): Adsorptionstechnik. Berlin: Springer (VDI-Buch). ISBN: 354041908-x.

BBodSchV (2017): Bundes-Bodenschutz- und Altlastenverordnung. Bundesbodenschutzverordnung (1999). Deutschland: Bundesministerium der Justiz und für Verbraucherschutz, 27.09.2017. Online: https://www.gesetze-im-internet.de/bbodschv/, Date: 02.01.2020.

Bednarz, J. (2019): Arsenelimination aus Rohwasser mittels Adsorption an pulverförmigen Adsorbentien. Masterarbeit. Betreut durch M. Garbowski: FG SWW, Universität Kassel, 06.11.2019.

Beer, A.; Bitzer, F.; Brose, D.; Brückner, L.; Dörte, B.; Clos, P. et al. (2019): Erläuterung zum Web Map Service (WMS) „Hintergrundwerte im Grundwasser", 09.07.2019.

Begerow, J.; Dunemann, L.; Sur, R. (2002): Arsenspezies (As(III), As(V), Monomethylarsonsäure, Dimethylarsinsäure) [Biomonitoring Methods in German language, 2000]. In: The MAK-collection for occupational health and safety, Bd. 2. Germany: Wiley-VCH Verl., S. 1–13. ISBN: 3527600418. DOI: 10.1002/3527600418.bi7560d0014.

Ben Sasson, M.; Adin, A. (2010): Fouling mitigation by iron-based electroflocculation in microfiltration: Mechanisms and energy minimization. In: *Water research* 44 (13), S. 3973–3981. DOI: 10.1016/j.watres.2010.05.002.

Bentahar, Y.; Hurel, C.; Draoui, K.; Khairoun, S.; Marmier, N. (2016): Adsorptive properties of Moroccan clays for the removal of arsenic(V) from aqueous solution. In: *Applied Clay Science* 119, S. 385–392. DOI: 10.1016/j.clay.2015.11.008.

Bhattacharya, P.; Jovanovic, D.; Polya, D. (Hg.) (2015): Best Practice Guide on the Control of Arsenic in Drinking Water. London: IWA Publishing (Best Practice Guides on Metals and Related Substances in Drinking Water). ISBN: 978-1843393856.

Bhattacharya, P.; Marie Vahter; Jerker Jarsjö; Jurate Kumpiene; Arslan Ahmad; Charlotte Sparrenbom et al. (Hg.) (2016): Arsenic Research and Global Sustainability. Proceedings of the Sixth International Congress on Arsenic in the Environment (As2016), June 19-23, 2016, Stockholm, Sweden. International Congress on Arsenic in the Environment; As. Boca Raton: CRC Press (Arsenic in the environment - proceedings). ISBN: 978-1-315-62943-8.

Birkle, P.; Merkel, B. (2000): Environmental Impact by Spill of Geothermal Fluids at the Geothermal Field of Los Azufres, Michoacán, Mexico. In: *Water, Air, and Soil Pollution* 124 (3/4), S. 371–410. DOI: 10.1023/A:1005242824628.

BIS (2005): 10500:2004 Drinking Water - Specification. Second Revision. New Delhi, 01.2005.

BIS (2012): 10500:2012 Drinking Water - Specification. Second Revision. New Delhi, 05.2012.

Bleam, W. F. (2016): Soil and environmental chemistry. Second edition. Amsterdam: Academic Press. ISBN: 9780128041789.

Blume, H.-P.; Stahr, K.; Fischer, W.; Guggenberger, G.; Horn, R.; Frede, H.-G.; Felix-Henningsen, P. (Hg.) (2014): Handbuch der Bodenkunde: Wiley. ISBN: 9783527678495. DOI: 10.1002/9783527678495.

Bondu, R.; Cloutier, V.; Rosa, E.; Benzaazoua, M. (2016): A Review and Evaluation of the Impacts of Climate Change on Geogenic Arsenic in Groundwater from Fractured Bedrock Aquifers. In: *Water Air Soil Pollut* 227 (9), S. 148. DOI: 10.1007/s11270-016-2936-6.

Bondu, R.; Cloutier, V.; Rosa, E.; Benzaazoua, M. (2017): Mobility and speciation of geogenic arsenic in bedrock groundwater from the Canadian Shield in western Quebec, Canada. In: *The Science of the total environment* 574, S. 509–519. DOI: 10.1016/j.scitotenv.2016.08.210.

Bonilla-Petriciolet, A.; Mendoza-Castillo, D. I.; Reynel-Ávila, H. E. (Hg.) (2017): Adsorption processes for water treatment and purification. 1st edition 2017. Cham: Springer. ISBN: 978-3-319-58136-1. DOI: 10.1007/978-3-319-58136-1.

Bowell, R.; Alpers, C.; Jamieson, H.; Nordstrom, K.; Majzlan, J. (Hg.) (2014): Environmental Mineralogy and Bio-Geochemistry of Arsenic. Boston: De Gruyter (Reviews in Mineralogy and Geochemistry, 79). ISBN: 978-0-939950-94-2. DOI: 10.1515/9781614517979.

Brammer, H.; Ravenscroft, P. (2009): Arsenic in groundwater: a threat to sustainable agriculture in South and South-east Asia. Oxford, UK: Wiley-Blackwell (35). DOI: 10.1016/j.envint.2008.10.004.

Bretzler, A.; Lalanne, F.; Nikiema, J.; Podgorski, J.; Pfenninger, N.; Berg, M.; Schirmer, M. (2017): Groundwater arsenic contamination in Burkina Faso, West Africa: Predicting and verifying regions at risk. In: *The Science of the total environment* 584-585, S. 958–970. DOI: 10.1016/j.scitotenv.2017.01.147.

Brezonik, P. L.; Arnold, W. A. (2011): Water chemistry. An introduction to the chemistry of natural and engineered aquatic systems. New York: Oxford University Press. ISBN: 9780199730728.

Brown, T. J.; Idoine, N. E.; Raycraft, E. R.; Hobbs, S. F.; Shawn, R. A.; Everett, P. et al. (2019): World Mineral Production 2013-2017. British Geological Survey. Nottingham: NERC. ISBN: 978-0-85272-753-9.

Bryjak, M.; Kabay, N.; Rivas, B. L.; Bundschuh, J. (Hg.) (2016): Innovative Materials and Methods for Water Treatment. Solutions for Arsenic and Chromium Removal. s.l.: CRC Press (Sustainable water developments - resources, management, treatment, efficiency and reuse, v.2). ISSN: 2373-7506. ISBN: 978-1-315-68260-0.

Bundschuh, J.; Herath, I.; Vithanage, M. (2016): Natural arsenic and its distribution in global geothermal systems. In: Prosun Bhattacharya, Marie Vahter, Jerker Jarsjö, Jurate Kumpiene, Arslan Ahmad, Charlotte Sparrenbom et al. (Hg.): Arsenic Research and Global Sustainability. Proceedings of the Sixth International Congress on Arsenic in the Environment (As2016), June 19-23, 2016, Stockholm, Sweden. Boca Raton: CRC Press (Arsenic in the environment - proceedings). ISBN: 978-1-315-62943-8.

Bundschuh, J.; Litter, M. I.; Parvez, F.; Román-Ross, G.; Nicolli, H. B.; Jean, J.-S. et al. (2012): One century of arsenic exposure in Latin America: a review of history and occurrence from 14 countries. In: *The Science of the total environment* 429, S. 2–35. DOI: 10.1016/j.scitotenv.2011.06.024.

Cameron, A. (1973): Abundances of the elements in the solar system. In: *Space Sci Rev* 15 (1). DOI: 10.1007/BF00172440.

Campbell, K. M.; Malasarn, D.; Saltikov, C. W.; Newman, D. K.; Hering, J. G. (2006): Simultaneous microbial reduction of iron(III) and arsenic(V) in suspensions of hydrous ferric oxide. In: *Environmental science & technology* 40 (19), S. 5950–5955. DOI: 10.1021/es0600476.

Campbell, K. M.; Nordstrom, D. K. (2014): Arsenic Speciation and Sorption in Natural Environments. In: Robert Bowell, Charles Alpers, Heather Jamieson, Kirk Nordstrom und Juraj Majzlan (Hg.): Environmental Mineralogy and Bio-Geochemistry of Arsenic, Bd. 79. Boston: De Gruyter (Reviews in Mineralogy and Geochemistry, 79), S. 185–216. ISBN: 978-0-939950-94-2. DOI: 10.2138/rmg.2014.79.3.

Carl Jäger (2020): Technische Daten. Carl Jäger Tonindustriebedarf GmbH. Online: https://carl-jaeger.de/, Date: 28.04.2020.

ChemSpider (2020): ChemSpider | Search and share chemistry. Online: http://www.chemspider.com/, Date: 07.02.2020.

Chen, H.-L.; Cattoni, A.; Lépinau, R. de; Walker, A. W.; Höhn, O.; Lackner, D. et al. (2019): A 19.9%-efficient ultrathin solar cell based on a 205-nm-thick GaAs absorber and a silver nanostructured back mirror. In: *Nat Energy* 4 (9), S. 761–767. DOI: 10.1038/s41560-019-0434-y.

Comninellis, C.; Chen, G. (2010): Electrochemistry for the Environment. New York, NY: Springer New York; Springer-Verlag New York. ISBN: 978-0-387-36922-8. DOI: 10.1007/978-0-387-68318-8.

countrymeters.info (2020): Echtzeit-Statistiken. Bevölkerungsuhr jeden Landes. Online: https://countrymeters.info/de, zuletzt aktualisiert am 25.02.2020, Date: 25.02.2020.

Cullen, W. R. (2008): Is arsenic an aphrodisiac? The sociochemistry of an element. Cambridge: RSC Publ. ISBN: 9780854043637. DOI: 10.1039/9781847558602.

Danchin, A. (2010): Science and Arsenic Fool's Gold: A Toxic Broth. In: *Journal of Cosmology* (13), S. 3617–3620. Online: http://journalofcosmology.com/Abiogenesis123.html.

Das, C.; Dave, S.; Bhattacharya, A.; John, V. (2016): Arsenic mitigation through Behavior Change Communication. In: Prosun Bhattacharya, Marie Vahter, Jerker Jarsjö, Jurate Kumpiene, Arslan Ahmad, Charlotte Sparrenbom et al. (Hg.): Arsenic Research and Global Sustainability. Proceedings of the Sixth International Congress on Arsenic in the Environment (As2016), June 19-23, 2016, Stockholm, Sweden. Boca Raton: CRC Press (Arsenic in the environment - proceedings), S. 606–611. ISBN: 978-1-315-62943-8.

Daus, B.; Hempel, M.; Wennrich, R.; Weiss, H. (2010): Concentrations and speciation of arsenic in groundwater polluted by warfare agents. In: *Environmental pollution (Barking, Essex : 1987)* 158 (11), S. 3439–3444. DOI: 10.1016/j.envpol.2010.06.029.

DBU (2019): Arsen umweltfreundlicher aus Trinkwasser filtern. Pressemitteilung zum Projekt AZ 33531, Entwicklung eines umweltentlastenden Verfahrens zur Regeneration von arsenbelasteten Adsorptionsgranulaten aus der Trinkwasseraufbereitung als Voraussetzung für eine Wiederverwendung der gebrauchten Materialien. In: *Deutsche Bundesstiftung Umwelt* (143). Online: https://www.dbu.de/123artikel38478_2442.html, Date: 03.03.2020.

DepV (2017): Verordnung über Deponien und Langzeitlager. Deponieverordnung (2009). Deutschland: Bundesministerium der Justiz und für Verbraucherschutz. Online: https://www.gesetze-im-internet.de/depv_2009/DepV.pdf, Date: 24.01.2020.

Dey, N. C.; Parvez, M.; Saha, R.; Islam, M. R.; Akter, T.; Rahman, M. et al. (2018): Water Quality and Willingness to Pay for Safe Drinking Water in Tala Upazila in a Coastal District of Bangladesh. In: *Expo Health* 54 (4), S. 507. DOI: 10.1007/s12403-018-0272-3.

Dey, U.; Chatterjee, S.; Mondal, N. K. (2016): Isolation and characterization of arsenic-resistant bacteria and possible application in bioremediation. In: *Biotechnology reports (Amsterdam, Netherlands)* 10, S. 1–7. DOI: 10.1016/j.btre.2016.02.002.

DIN 38409-2 (1987): Summarische Wirkungs- und Stoffkenngrößen (Gruppe H). Bestimmung der abfiltrierbaren Stoffe und des Glührückstandes (H 2). Berlin: DIN Deutsches Institut für Normung e.V., Beuth Verlag GmbH.

DIN EN 12880 (2001): DIN EN 12880:2000, Charakterisierung von Schlämmen. Bestimmung des Trockenrückstandes und des Wassergehalts. Berlin: DIN Deutsches Institut für Normung e.V., Beuth Verlag GmbH, Februar 2001.

DIN EN 872 (2005): EN 872:2005, Wasserbeschaffenheit - Bestimmung suspendierter Stoffe - Verfahren durch Abtrennung mittels Glasfaserfilter. Deutsche Fassung. Berlin: DIN Deutsches Institut für Normung e.V., Beuth Verlag GmbH, April 2005.

DIN VDE 0100-200 (2006): Errichten von Niederspannungsanlagen. Teil 200: Begriffe: VDE Verlag.

DIN VDE 0100-410 (2018): Errichten von Niederspannungsanlagen. Teil 4-41: Schutzmaßnahmen – Schutz gegen elektrischen Schlag: VDE Verlag.

an Ding; Wang, J.; Lin, D.; Tang, X.; Cheng, X.; Li, G. et al. (2017a): In situ coagulation versus pre-coagulation for gravity-driven membrane bioreactor during decentralized sewage treatment: Permeability stabilization, fouling layer formation and biological activity. In: *Water research* 126, S. 197–207. DOI: 10.1016/j.watres.2017.09.027.

an Ding; Wang, J.; Lin, D.; Tang, X.; Cheng, X.; Wang, H. et al. (2017b): A low pressure gravity-driven membrane filtration (GDM) system for rainwater recycling: Flux stabilization and removal performance. In: *Chemosphere* 172, S. 21–28. DOI: 10.1016/j.chemosphere.2016.12.111.

D'Ippoliti, D.; Santelli, E.; Sario, M. de; Scortichini, M.; Davoli, M.; Michelozzi, P. (2015): Arsenic in Drinking Water and Mortality for Cancer and Chronic Diseases in Central Italy, 1990-2010. In: *PloS one* 10 (9), e0138182. DOI: 10.1371/journal.pone.0138182.

Dohmann, J. (2020): Experimentelle Einführung in die Elektrochemie. Berlin, Heidelberg: Springer Berlin Heidelberg. DOI: 10.1007/978-3-662-59763-7.

Drinkwaterbesluit (2018): Regeling - Drinkwaterbesluit - BWBR0030111. (Drinking Water Decree). Government of Netherlands. Online: https://wetten.overheid.nl/BWBR0030111/2018-07-01, Date: 08.01.2020.

Duller, C. (2019): Einführung in die Statistik mit EXCEL und SPSS. Ein anwendungsorientiertes Lehr- und Arbeitsbuch. 4., überarbeitete und erweiterte Auflage. Berlin,

Heidelberg: Springer Berlin Heidelberg (Lehrbuch). ISBN: 978-3-662-59409-4. DOI: 10.1007/978-3-662-59410-0.

DVGW W 221-1 (2010): Rückstände und Nebenprodukte aus Wasseraufbereitungsanlagen - Teil 1. Grundsätze für Planung und Betrieb. Arbeitsblatt. Bonn. ISSN: 0176-3504.

DVGW W 221-3 (2014): Rückstände und Nebenprodukte aus Wasseraufbereitungsanlagen - Teil 3. Vermeidung, Vermarktung und Verwertung. Arbeitsblatt. Bonn: Wirtschafts- und Verlagsgesellschaft Gas und Wasser mbH (DVGW-Regelwerk Arbeitsblatt A Technische Regel).

DVGW W 222 (2010): Einleiten und Einbringen von Rückständen aus anlagen der Wasseraufbereitung in Abwasseranlagen. Merkblatt. Bonn: Wirtschafts- und Verlagsgesellschaft Gas und Wasser mbH (DVGW-Regelwerk Merkblatt M Technischer Hinweis). ISSN: 0176-3504.

DVGW W 249 (2012): Entfernung von Arsen, Nickel und Uran bei der Wasseraufbereitung. Arbeitsblatt. Juli 2012. Bonn: Wirtschafts- und Verlagsgesellschaft Gas und Wasser mbH (DVGW-Regelwerk Arbeitsblatt A Technische Regel, 249 (A)).

DWA (2012): Leitlinien zur Durchführung dynamischer Kostenvergleichsrechnungen (KVR-Leitlinien). 8. überarb. Aufl. Hennef: DWA Deutsche Vereinigung für Wasserwirtschaft, Abwasser und Abfall e. V., Date: 01.03.2021. ISBN: 978-3-941897-55-7.

ECR (1997): The Environment Conservation Rules, 1997. Online: https://www.elaw.org/system/files/Bangladesh+--+Environmental+Conservation+Rules,+1997.pdf, Date: 06.01.2020.

EN ISO 11885 (2009): EN ISO 11885:2009, Wasserbeschaffenheit – Bestimmung von ausgewählten Elementen durch induktiv gekoppelte Plasma-Atom-Emissisonsspektrometrie (ICP-OES). Deutsche Fassung. Berlin: DIN Deutsches Institut für Normung e.V., Beuth Verlag GmbH, September 2009.

EN ISO 155787-2 (2002): EN ISO 155787-2:2002, Aufschluss für die Bestimmung ausgewählter Elemente in Wasser: Teil 2: Salpetersäure-Aufschluss. Berlin: DIN Deutsches Institut für Normung e.V., Beuth Verlag GmbH, Juli 2002.

EPA (2003): Arsenic Treatment Technology Evaluation Handbook for Small Systems. EPA 816-R-03-014: U.S. Environmental Protection Agency (EPA).

EPA (2010): Guidelines for Arsenic Removal Treatment for Small Public Drinking Water Systems: Ohio Environmental Protection Agency (EPA), Division of Drinking and Ground Water.

EPA (2011): Costs of arsenic removal technologies for samll water systems. U.S. EPA Arsenic removal technology demonstration program. EPA/600/R-11/090. Unter Mitarbeit von Lili Wang und Abraham Chen. Ohio: U.S. Environmental Protection Agency (EPA).

Ersbøll, A. K.; Monrad, M.; Sørensen, M.; Baastrup, R.; Hansen, B.; Bach, F. W. et al. (2018): Low-level exposure to arsenic in drinking water and incidence rate of stroke: A cohort study in Denmark. In: *Environment international* 120, S. 72–80. DOI: 10.1016/j.envint.2018.07.040.

EU COM/2017/0753 (2018): Vorschlag für eine Richtlinie des Europäischen Parlaments und des Rates über die Qualität von Wasser für den menschlichen Gebrauch. (Neufassung), 01.02.2018. Online: https://eur-lex.europa.eu/legal-content/DE/TXT/?uri=CELEX%3A52017PC0753, Date: 07.01.2020.

EU-RL 2000/60 (2000): Richtlinie 2000/60/EG des Europäischen Parlaments und des Rates zur Schaffung eines Ordnungsrahmens für Maßnahmen der Gemeinschaft im Bereich der Wasserpolitik. EU-RL 2000/60/EG, 23.10.2000. Online: https://eur-lex.europa.eu/resource.html?uri=cellar:5c835afb-2ec6-4577-bdf8-756d3d694eeb.0003.02/DOC_1&format=PDF, Date: 07.01.2020.

EU-RL 2006/118 (2006): Richtlinie 2006/118/EG des Europäischen Parlaments und des Rates zum Schutz des Grundwassers vor Verschmutzung und Verschlechterung. EU-RL 2006/118/EG, 12.12.2006.

EU-RL 2008/105 (2008): Richtlinie 2008/105/EG des Europäischen Parlaments und des Rates über Umweltqualitätsnormen im Bereich der Wasserpolitik und zur Änderung und anschließenden Aufhebung der Richtlinien des Rates 82/176/EWG, 83/513/EWG, 84/156/EWG, 84/491/EWG und 86/280/EWG sowie zur Änderung der Richtlinie 2000/60/EG. EU-RL 2008/105/EG. Online: https://eur-lex.europa.eu/legal-content/DE/TXT/PDF/?uri=CELEX:32008L0105&from=DE, Date: 07.01.2020.

EU-RL 2010/75 (2010): Richtlinie 2010/75/EU des Europäischen Parlaments und des Rates vom 24. November 2010 über Industrieemissionen (integrierte Vermeidung und Verminderung der Umweltverschmutzung). EU-RL 2010/75/EU, 24.11.2010. Online: https://eur-lex.europa.eu/LexUriServ/LexUriServ.do?uri=OJ:L:2010:334:0017:0119:DE:PDF, Date: 09.01.2020.

EU-RL 2013/39 (2013): Richtlinie 2013/39/EU des Europäischen Parlaments und des Rates vom 12. August 2013 zur Änderung der Richtlinien 2000/60/EG und 2008/105/EG in Bezug auf prioritäre Stoffe im Bereich der Wasserpolitik. EU-RL 2013/39/EU, 12.08.2013. Online: https://eur-lex.europa.eu/LexUriServ/LexUriServ.do?uri=OJ:L:2013:226:0001:0017:DE:PDF, Date: 07.01.2020.

EU-RL 2014/80 (2014): Richtlinie 2014/80/EU der Kommission zur Änderung von Anhang II der Richtlinie 2006/118/EG des Europäischen Parlaments und des Rates zum Schutz des Grundwassers vor Verschmutzung und Verschlechterung. EU-RL 2014/80/EU, 20.06.2014. Online: https://eur-lex.europa.eu/legal-content/DE/TXT/PDF/?uri=CELEX:32014L0080&from=DE, Date: 08.01.2020.

EU-RL 98/83 (1998): Richtlinie 98/83/EG des Rates über die Qualität von Wasser für den menschlichen Gebrauch. EU-RL 98/83/EG, 03.11.1998. Online: https://eur-lex.europa.eu/LexUriServ/LexUriServ.do?uri=OJ:L:1998:330:0032:0054:de:PDF, Date: 07.01.2020.

exchangerate-euro.com (2020): Exchange Rate. Online: https://exchangerate-euro.com/, Date: 04.01.2020.

Exler, H. (2016): Leistungsfähigkeit der Ultra-Low-Pressure-Ultrafiltration (ULPUF) zur dezentralen Wasseraufbereitung in Not- und Katastrophenfällen. Kassel: Kassel University Press (Wasser, Abwasser, Umwelt, v.39 // 39). ISBN: 978-3-7376-0106-1. DOI: 10.19211/KUP9783737601078.

Fahrmeir, L.; Heumann, C.; Künstler, R.; Pigeot, I.; Tutz, G. (2016): Statistik. Der Weg zur Datenanalyse. 8., überarbeitete und ergänzte Auflage. Berlin, Heidelberg: Springer Spektrum (Springer-Lehrbuch). ISBN: 978-3-662-50371-3. DOI: 10.1007/978-3-662-50372-0.

Fares, A.; Singh, S. K. (2020): Arsenic Water Resources Contamination. Challenges and Solutions. 1st ed. 2020. Cham: Springer International Publishing (Advances in Water Security). ISBN: 978-3-030-21258-2. DOI: 10.1007/978-3-030-21258-2.

Feenstra, L.; van Erkel, J.; Vasak, L. (2007): Arsenic in groundwater. Overview and evaluation of removal methods. Report nr. SP 2007-2. Utrecht: IGRAC, Internation Groundwater Resources Assessment Centre.

Fiedler, L. (2003): Arsenic Hazardous and Remediation Waste: Sources and Treatment. In: US EPA (Hg.): USEPA Workshop on Managing Arsenic Risks to the Environment: Characterization of Waste, Chemistry, and Treatment and Disposal. Proceedings and Summary Report. EPA/625/R-03/010. Unter Mitarbeit von Douglas Grosse. Cincinnati, S. 14–16.

Fischer, R. (2019): Elektrotechnik. Für Maschinenbauer sowie Studierende technischer Fächer. 16. Aufl. 2019. Wiesbaden: Springer Fachmedien Wiesbaden. ISBN: 9783658256449. DOI: 10.1007/978-3-658-25644-9.

Flora, S. J. S. (Hg.) (2015): Handbook of Arsenic Toxicology. Burlington: Elsevier Science. ISBN: 978-0-12-418688-0.

Flores, O. J.; Nava, J. L.; Carreño, G.; Elorza, E.; Martínez, F. (2013): Arsenic removal from groundwater by electrocoagulation in a pre-pilot-scale continuous filter press reactor. In: *Chemical Engineering Science* 97, S. 1–6. DOI: 10.1016/j.ces.2013.04.029.

Förstner, U.; Grathwohl, P. (2007): Ingenieurgeochemie. Technische Geochemie - Konzepte und Praxis. 2., neu bearbeitete Auflage. Berlin, Heidelberg: Springer-Verlag Berlin Heidelberg. DOI: 10.1007/978-3-540-39512-6.

Foster, A. L.; Kim, C. S. (2014): Arsenic Speciation in Solids Using X-ray Absorption Spectroscopy. In: Robert Bowell, Charles Alpers, Heather Jamieson, Kirk Nordstrom und Juraj Majzlan (Hg.): Environmental Mineralogy and Bio-Geochemistry of Arsenic, Bd. 79. Boston: De Gruyter (Reviews in Mineralogy and Geochemistry, 79), S. 257–369. ISBN: 978-0-939950-94-2. DOI: 10.2138/rmg.2014.79.5.

Frechen, F.-B. (Hg.) (2010): Bau eines einfachen Membranfiltrationsgeräts (Prototyp) zur Aufbereitung von Trinkwasser aus Oberflächenwasser für kleine Personengruppen in Notsituationen ohne Fremdenergie. [Online-Ausg.]. Kassel: Kassel Univ. Press (Wasser Abwasser Umwelt, 25). Online: https://www.uni-kassel.de/upress/online/frei/978-3-89958-159-1.volltext.frei.pdf, Date: 19.10.2020. ISBN: 978-3-89958-484-4.

Frechen, F.-B. (2014): Dead end filtration is not dead. Tressow. Online: http://waterback-pack.org/download/2014_dead_end.pdf, Date: 04.11.2020.

Frechen, F.-B. (2017): Membranes and the Sustainable Development Goals. 8th IWA Membrane Technology Conference & Exhibition for Water and Wastewater Treatment and Reuse. Singapore, 06.09.2017.

Frechen, F.-B. (2019): Combat Poverty & improve Social Cohesion in Third World Countries with Membranes. Toulouse, France: The 9th International Water Association Membrane Technology Conference & Exhibition for Water and Wastewater Treatment and Reuse, 06.2019. Online: http://waterbackpack.org/download/2019_Toulouse.pdf, Date: 10.09.2020.

Frechen, F.-B. (2020a): WaterBackpack "PAUL®" for disasters and for permanent water supply. Hydraulic capacity: results from measurement in real world usage: The Water-Backpack Company GmbH, 03.04.2020. Online: http://waterbackpack.org/down-load/F2_PAUL_hydraulic_capacity.pdf, Date: 19.10.2020.

Frechen, F.-B. (2020b): WaterBackpack "PAUL®" for disasters and for permanent water supply. Distribution of PAUL® and PAUL® stations: The WaterBackpack Company GmbH, 04.04.2020. Online: http://waterbackpack.org/download/F0_PAUL_distribu-tion.pdf, Date: 19.10.2020.

Frechen, F.-B. (2020c): WaterBackpack "PAUL®" for disasters and for permanent water supply. Examples of PAUL® and PAUL® stations: The WaterBackpack Company GmbH, 04.04.2020. Online: http://waterbackpack.org/download/F1_PAUL_examples.pdf, Date: 19.10.2020.

Frechen, F.-B.; Brandl, A.; Grigo, M. (2018): Verbesserung der Umwelt- und Lebensbedingungen der Bevölkerung in ländlichen Küstengemeinden Südindiens durch Modifikation des Wasserrucksacks PAUL zur Trinkwasserversorgung gemeinsam mit der Organisation terre des hommes. Abschlussbericht. gefördert durch die Deutsche Bundesstiftung Umwelt (DBU), AZ 33413/01-23: Fachgebiet Siedlugnswasserwirtschaft Universität Kassel, 06.08.2018.

Frechen, F.-B.; Exler, H. (2007): Membrantechnologie zur Abwasserwiederverwendung und zur Trinkwasserbereitstellung in Katastrophenfällen. In: Harald Kainz (Hg.): Abwasserableitung, Abwasser- und Klärschlammbehandlung. Dex Fachsymposium 2007 ; Graz, 10. Oktober 2007. Graz: Verl. der Techn. Univ (Schriftenreihe zur Wasserwirtschaft, 50), E1 - E21. ISBN: 978-3-902465-82-5.

Frechen, F.-B.; Exler, H. (2009): Long-term Performance of a small Gravity-driven Dead End Membrane Filtration Unit for Drinking Water Supply in Cases of Disasters. (Vortrag, Schriftfassung siehe Frechen et al. 2011). 5th IWA Specialized Membrane Technology Conference for Water and Wastewater Treatment, Beijing, Peking, 01.09.2009. Online: http://waterbackpack.org/download/2009_Beijing.pdf, Date: 04.11.2020.

Frechen, F.-B.; Exler, H.; Romaker, J. (2010): Use of membranes for a small & simple unit to provide potable water in cases of disaster for small villages. In: Conference Proceedings of the International Conference on Membrane Bioreactors (MBR) for Wastewater Treatment. 26.-27. April 2010. Bangkok, Thailand. ISBN: 978-974-401-794-9.

Frechen, F.-B.; Exler, H.; Romaker, J.; Schier, W. (2009): Langzeitverhalten eines gravimetrisch betriebenen Membranmoduls zur Wasseraufbereitung in Katastrophenfällen. Water Backpack. In: Thomas Melin, Johannes Pinnekamp, Max Dohmann und Claudia Niewersch (Hg.): 8. Aachener Tagung Wasser und Membranen. Membrantechnik in der Wasseraufbereitung und Abwasserbehandlung. Begleitbuch zur 8. Aachener Tagung Wasser und Membranen, 27. - 28. Oktober 2009. Aachen: Mainz. ISBN: 3-8107-0064-9.

Frechen, F.-B.; Exler, H.; Romaker, J.; Schier, W. (2011): Long-term behaviour of a gravity-driven dead end membrane filtration unit for potable water supply in cases of disasters. In: *Water Supply* 11 (1), S. 39–44. DOI: 10.2166/ws.2011.006.

Gamage, N. P.; Chellam, S. (2011): Aluminum electrocoagulation pretreatment reduces fouling during surface water microfiltration. In: *Journal of Membrane Science* 379 (1-2), S. 97–105. DOI: 10.1016/j.memsci.2011.05.051.

Garbowski, M.; Frechen, F.-B.; Felmeden, J. (2019): Arsenelimination aus Trinkwasser durch Kombination von Adsorption an feindispersen Materialien mit einer Ultra Low Pressure (ULP) Ultrafiltration. In: Matthias Wessling und Johannes Pinnekamp (Hg.): Verfahren der Wasseraufbereitung und Abwasserbehandlung. Begleitbuch zur 13. Aachener Tagung Wassertechnologie ; 29.-30. Oktober 2019. Aachen: Aachener Verfahrenstechnik/Lehrstuhl für Chemische Verfahrenstechnik der RWTH Aachen; Institut für Siedlungswasserwirtschaft der RWTH Aachen. ISBN: 978-3958863057.

García-Lara, A. M.; Montero-Ocampo, C.; Equihua-Guillen, F.; Camporredondo-Saucedo, J. E.; Servin-Castaneda, R.; Muñiz-Valdes, C. R. (2014): Arsenic Removal from Natural Groundwater by Electrocoagulation Using Response Surface Methodology. In: *Journal of Chemistry* 2014, S. 1–13. DOI: 10.1155/2014/857625.

Garcia-Segura, S.; Eiband, M. M. S.; Melo, J. V. de; Martínez-Huitle, C. A. (2017): Electrocoagulation and advanced electrocoagulation processes: A general review about the fundamentals, emerging applications and its association with other technologies. In: *Journal of Electroanalytical Chemistry* 801, S. 267–299. DOI: 10.1016/j.jelechem.2017.07.047.

Genz, A. (2005): Entwicklung einer neuen Adsorptionstechnik zur Entfernung natürlicher Organika mit granuliertem Eisenhydroxid. Dissertation. Berlin: Fakultät III – Prozeßwissenschaften – der Technischen Universität Berlin.

Gerth, J.; Dankwarth, F.; Förstner, U. (2001): Natural Attenuation of Inorganic Pollutants — a Critical View. In: Rainer Stegmann, Gerd Brunner, Wolfgang Calmano und Gerhard Matz (Hg.): Treatment of Contaminated Soil. Fundamentals, Analysis, Applications. Berlin, Heidelberg, s.l.: Springer Berlin Heidelberg. ISBN: 9783642075100.

GESTIS-Stoffdatenbank (2020): Gefahrstoffinformationssystem der Deutschen Gesetzlichen Unfallversicherung. Stoffdatenbank. Deutsche Gesetzliche Unfallversicherung e.V. Online: https://www.dguv.de/ifa/gestis/gestis-stoffdatenbank/index.jsp, Date: 09.02.2020.

Ghorbanzadeh, N.; Jung, W.; Halajnia, A.; Lakzian, A.; Kabra, A. N.; Jeon, B.-H. (2015): Removal of arsenate and arsenite from aqueous solution by adsorption on clay minerals. In: *Geosystem Engineering* 18 (6), S. 302–311. DOI: 10.1080/12269328.2015.1062436.

globalpetrolprices.com (2020): Retail energy price data. Online: https://www.globalpetrolprices.com/India/electricity_prices/, Date: 15.09.2020.

Gong, X.-J.; Li, Y.-S.; Dong, Y.-Q.; Li, W.-G. (2020): Arsenic adsorption by innovative iron/calcium in-situ-impregnated mesoporous activated carbons from low-temperature water and effects of the presence of humic acids. In: *Chemosphere* 250, S. 126275. DOI: 10.1016/j.chemosphere.2020.126275.

Gong, Z.; Lu, X.; Watt, C.; Wen, B.; He, B.; Mumford, J. et al. (2006): Speciation analysis of arsenic in groundwater from Inner Mongolia with an emphasis on acid-leachable particulate arsenic. In: *Analytica Chimica Acta* 555 (1), S. 181–187. DOI: 10.1016/j.aca.2005.08.062.

GrwV (2017): Verordnung zum Schutz des Grundwassers. Grundwasserverordnung (2010). Deutschland: Bundesministerium der Justiz und für Verbraucherschutz, 04.05.2017. Online: http://www.gesetze-im-internet.de/grwv_2010/GrwV.pdf, Date: 09.01.2020.

Haase, I.; Förstner, U. (1995): Untersuchungen zum Schadstoffpotential von Wasserwerksschlämmen. In: *Acta hydrochim. hydrobiol.* 23 (2), S. 53–60. DOI: 10.1002/aheh.19950230202.

Haferkamp, P. (2019): Aufbau und Betrieb einer halbtechnischen Versuchsanlage zur. Masterarbeit. Betreut durch M. Garbowski, M. Sc.: FG SWW, Universität Kassel, 26.06.2019.

Hahn, J. (2014): Schwermetall-Status und Schwermetallmobilität in Auenböden und Stauseesedimenten unter besonderer Berücksichtigung von Durchfeuchtungs- und Wasserstandsänderungen. Dissertation. Marburg: Fachbereich Geographie, Philipps-Universität Marburg.

Hakizimana, J. N.; Gourich, B.; Chafi, M.; Stiriba, Y.; Vial, C.; Drogui, P.; Naja, J. (2017): Electrocoagulation process in water treatment: A review of electrocoagulation modeling approaches. In: *Desalination* 404, S. 1–21. DOI: 10.1016/j.desal.2016.10.011.

Harif, T.; Adin, A. (2011): Size and structure evolution of kaolin-Al(OH)3 flocs in the electroflocculation process: a study using static light scattering. In: *Water research* 45 (18), S. 6195–6206. DOI: 10.1016/j.watres.2011.09.027.

Hassan, M. M.; Atkins, P. J. (2018): Arsenic in Groundwater. Poisoning and Risk Assessment. Boca Raton: Chapman and Hall/CRC. Online: https://ebookcentral.proquest.com/lib/gbv/detail.action?docID=5320018. ISBN: 9781439839270.

Heffron, J.; Marhefke, M.; Mayer, B. K. (2016): Removal of trace metal contaminants from potable water by electrocoagulation. In: *Scientific reports* 6, S. 28478. DOI: 10.1038/srep28478.

Helmer, M. (2019): Stadtwerke Witzenhausen GmbH. Persönliche Mitteilung.

Henke, K. R. (Hg.) (2009): Arsenic. Environmental chemistry, health threats and waste treatment. Chichester, U.K: Wiley. ISBN: 978-0470-027585. DOI: 10.1002/9780470741122.

Herath, I.; Bundschuh, J.; Vithanage, M.; Bhattacharya, P. (2016): Geochemical processes for mobilization of arsenic in groundwater. In: Prosun Bhattacharya, Marie Vahter, Jerker Jarsjö, Jurate Kumpiene, Arslan Ahmad, Charlotte Sparrenbom et al. (Hg.): Arsenic Research and Global Sustainability. Proceedings of the Sixth International Congress on Arsenic in the Environment (As2016), June 19-23, 2016, Stockholm, Sweden. Boca Raton: CRC Press (Arsenic in the environment - proceedings), S. 23–24. ISBN: 978-1-315-62943-8.

Hirner, A. V.; Rehage, H.-O.; Sulkowski, M. (2000): Umweltgeochemie. Herkunft, Mobilität und Analyse von Schadstoffen in der Pedosphäre. Darmstadt: Steinkopff. ISBN: 3798512329.

HLNUG (2006): Fachbericht Tonrohstoffe: Projektgruppe Rohstoffsicherungskonzept, 05.05.2006. Online: https://www.hlnug.de/fileadmin/dokumente/geologie/rohstoffe/Fachbericht%20Ton%2005%2005%2006.pdf, Date: 21.02.2020.

HLNUG (2018): Grundwasserbeschaffenheitsbericht 2017. Wiesbaden: HLNUG (Grundwasser in Hessen, Heft 3). Online: https://www.hlnug.de/fileadmin/dokumente/wasser/grundwasser/Grundwasserbeschaffenheitsbericht_2017_V3_181220.pdf, Date: 27.12.2019. ISBN: 978-3-89026-962-7.

Holm, T. R.; Curtiss, C. D. (1989): A comparison of oxidation-reduction potentials calculated from the As(V)/As(III) and Fe(III)/Fe(II) couples with measured platinum-electrode potentials in groundwater. In: *Journal of Contaminant Hydrology* 5 (1), S. 67–81. DOI: 10.1016/0169-7722(89)90006-5.

Hsieh, L.-H. C.; Weng, Y.-H.; Huang, C.-P.; Li, K.-C. (2008): Removal of arsenic from groundwater by electro-ultrafiltration. In: *Desalination* 234 (1-3), S. 402–408. DOI: 10.1016/j.desal.2007.09.110.

Hu, C.; Wang, S.; Sun, J.; Liu, H.; Qu, J. (2016): An effective method for improving electrocoagulation process: Optimization of Al 13 polymer formation. In: *Colloids and Surfaces A: Physicochemical and Engineering Aspects* 489, S. 234–240. DOI: 10.1016/j.colsurfa.2015.10.063.

Hug, S. J.; Leupin, O. (2003): Iron-catalyzed oxidation of arsenic(III) by oxygen and by hydrogen peroxide: pH-dependent formation of oxidants in the Fenton reaction. In: *Environmental science & technology* 37 (12), S. 2734–2742. DOI: 10.1021/es026208x.

IfSG (2019): Gesetz zur Verhütung und Bekämpfung von Infektionskrankheiten beim Menschen. Infektionsschutzgesetz (2000). Deutschland: Bundesministerium der Justiz und für Verbraucherschutz, 12.12.2019. Online: http://www.gesetze-im-internet.de/ifsg/IfSG.pdf, Date: 07.01.2020.

IndiaMART (2020): IndiaMART InterMESH Ltd. India's largest online B2B marketplace, connecting buyers with suppliers. Online: https://www.indiamart.com/, Date: 15.09.2020.

IPCC (2019): Climate Change and Land: an IPCC special report on climate change, desertification, land degradation, sustainable land management, food security, and greenhouse gas fluxes in terrestrial ecosystems. Unter Mitarbeit von P. R. Shukla, J. Skea, E. Calvo Buendia, V. Masson-Delmotte, H.-O. Pörtner, D. C. Roberts et al.: Intergovernmental Panel on Climate Change. Online: https://www.ipcc.ch/srccl/download/, Date: 26.02.2020.

Islam, M. R.; Lahermo, W. P.; Salminen, R.; Rojstaczer, S.; Peuraniemi, V. (2000): Lake and reservoir water quality affected by metals leaching from tropical soils, Bangladesh. In: *Environmental Geology* 39 (10), S. 1083–1089. DOI: 10.1007/s002549900074.

Ismael, S. I.; Kharbish, S. (2013): Removing of As (V) from aqueous solution using natural and pretreated glauconite and halloysite. In: *Carpathian journal of earth and environmental sciences* 8 (1), S. 187–198.

Ito, A.; Wagai, R. (2017): Global distribution of clay-size minerals on land surface for biogeochemical and climatological studies. In: *Scientific data* 4, S. 170103. DOI: 10.1038/sdata.2017.103.

Jasmund, K.; Lagaly, G. (Hg.) (1993): Tonminerale und Tone. Struktur, Eigenschaften, Anwendungen und Einsatz in Industrie und Umwelt. Heidelberg: Steinkopff. ISBN: 9783642724886. DOI: 10.1007/978-3-642-72488-6.

Jian, L. (2019): Kombinationsverfahren zur Arsenelimination aus Rohwasser mittels Elektrolyse und Ultra-low-Pressure Ultrafiltration. Masterarbeit. Betreut durch M. Garbowski: FG SWW, Universität Kassel, 19.12.2019.

Jiménez, C.; Sáez, C.; Martínez, F.; Cañizares, P.; Rodrigo, M. A. (2012): Electrochemical dosing of iron and aluminum in continuous processes: A key step to explain electro-coagulation processes. In: *Separation and Purification Technology* 98, S. 102–108. DOI: 10.1016/j.seppur.2012.07.005.

Johnson, C. A.; Bretzler, A. (Hg.) (2017): Geogenic contamination handbook. Water resource quality (WRQ) : addressing arsenic and fluoride in drinking water. Swiss Federal Institute of Aquatic Science and Technology. Revised and updated 2017. Dübendorf, Switzerland: eawag.

Joss, A. (2003): Permeabilität und chemische Reinigung von Membranen. In: 5. AACHENR TAGUNG Siedlungswasserwirtschaft Membrantechnik in der Wasseraufbereitung und Abwasserbehandlung – Perspektiven, Neuentwicklungen und Betriebserfahrungen im In- und Ausland.

Judat, D. (2004): Untersuchungen zur Sorption von Schwermetallionen an Aluminiumoxid aus wässriger Lösung. Dissertation. Düsseldorf: Mathematisch-Naturwissenschaftlichen Fakultät der Heinrich-Heine-Universität Düsseldorf.

Kadirvelu, K.; Goel, J. (2005): Ion Exchange and Inorganic Adsorption. In: Jay H. Lehr (Hg.): Water encyclopedia. Hoboken, NJ: Wiley-Interscience. ISBN: 047147844X. DOI: 10.1002/047147844X.pc1506.

Kearns, J. P.; Bentley, M. J.; Mokashi, P.; Redmon, J. H.; Levine, K. (2019): Underrepresented groups in WaSH – the overlooked role of chemical toxicants in water and health. In: *Journal of Water, Sanitation and Hygiene for Development* 9 (4), S. 786–793. DOI: 10.2166/washdev.2019.059.

Khan, N. I.; Brouwer, R.; Yang, H. (2014): Household's willingness to pay for arsenic safe drinking water in Bangladesh. In: *Journal of environmental management* 143, S. 151–161. DOI: 10.1016/j.jenvman.2014.04.018.

Kim, M.-J.; Nriagu, J. (2000): Oxidation of arsenite in groundwater using ozone and oxygen. In: *Science of The Total Environment* 247 (1), S. 71–79. DOI: 10.1016/S0048-9697(99)00470-2.

Kobya, M.; Akyol, A.; Demirbas, E.; Oncel, M. S. (2014): Removal of arsenic from drinking water by batch and continuous electrocoagulation processes using hybrid Al-Fe plate electrodes. In: *Environ. Prog. Sustainable Energy* 33 (1), S. 131–140. DOI: 10.1002/ep.11765.

Kobya, M.; Demirbas, E.; Ulu, F. (2016): Evaluation of operating parameters with respect to charge loading on the removal efficiency of arsenic from potable water by electrocoagulation. In: *Journal of Environmental Chemical Engineering* 4 (2), S. 1484–1494. DOI: 10.1016/j.jece.2016.02.016.

Kobya, M.; Gebologlu, U.; Ulu, F.; Oncel, S.; Demirbas, E. (2011): Removal of arsenic from drinking water by the electrocoagulation using Fe and Al electrodes. In: *Electrochimica Acta* 56 (14), S. 5060–5070. DOI: 10.1016/j.electacta.2011.03.086.

Kobya, M.; Hiz, H.; Senturk, E.; Aydiner, C.; Demirbas, E. (2006): Treatment of potato chips manufacturing wastewater by electrocoagulation. In: *Desalination* 190 (1-3), S. 201–211. DOI: 10.1016/j.desal.2005.10.006.

Kobya, M.; Soltani, R. D. C.; Omwene, P. I.; Khataee, A. (2020): A review on decontamination of arsenic-contained water by electrocoagulation: Reactor configurations and operating cost along with removal mechanisms. In: *Environmental Technology & Innovation* 17, S. 100519. DOI: 10.1016/j.eti.2019.100519.

Köhler, M. (2017): Untersuchungen zur Erweiterung der mobilen Wasseraufbereitungsanlage PAUL mit einer Behandlungsstufe zur Arsenelimination. Masterarbeit. Betreut durch M. Garbowski: FG SWW, Universität Kassel.

Kronthaler, F. (2016): Statistik angewandt. Datenanalyse ist (k)eine Kunst Excel Edition. Berlin, Heidelberg: Springer Spektrum (Springer-Lehrbuch). ISBN: 978-3-662-47113-5. DOI: 10.1007/978-3-662-47114-2.

KrWG (2017): Gesetz zur Förderung der Kreislaufwirtschaft und Sicherung. Kreislaufwirtschaftsgesetz (2012). Deutschland: Bundesministerium der Justiz und für Verbraucherschutz. Online: https://www.gesetze-im-internet.de/krwg/KrWG.pdf, Date: 10.01.2020.

Kumar, P. R.; Chaudhari, S.; Khilar, K. C.; Mahajan, S. P. (2004): Removal of arsenic from water by electrocoagulation. In: *Chemosphere* 55 (9), S. 1245–1252. DOI: 10.1016/j.chemosphere.2003.12.025.

Kumpiene, J.; Niero, L. (2016): Contaminated soil for landfill covers: Risk mitigation by arsenic immobilization. In: Prosun Bhattacharya, Marie Vahter, Jerker Jarsjö, Jurate Kumpiene, Arslan Ahmad, Charlotte Sparrenbom et al. (Hg.): Arsenic Research and Global Sustainability. Proceedings of the Sixth International Congress on Arsenic in the Environment (As2016), June 19-23, 2016, Stockholm, Sweden. Boca Raton: CRC Press (Arsenic in the environment - proceedings), S. 579–580. ISBN: 978-1-315-62943-8.

Kurzweil, P. (2020): Chemie. Grundlagen, technische Anwendungen, Rohstoffe, Analytik und Experimente. 11th ed. 2020. ISBN: 978-3-658-27503-7.

LAGA (2003): Anforderungen an die stoffliche Verwertung von mineralischen Abfällen. Mitteilung der Länderarbeitsgemeinschaft Abfall (LAGA) 20. Mainz.

Lakshmanan, D.; Clifford, D. A.; Samanta, G. (2010): Comparative study of arsenic removal by iron using electrocoagulation and chemical coagulation. In: *Water research* 44 (19), S. 5641–5652. DOI: 10.1016/j.watres.2010.06.018.

Lal, R. (2017): Encyclopedia of Soil Science, Third Edition. In: *Encyclopedia of Soil Science*. DOI: 10.1081/e-ess3.

Langmuir, I. (1918): The adsorption of gases on plane surfaces of glass, mica and platinum. In: *J. Am. Chem. Soc.* 40 (9), S. 1361–1403. DOI: 10.1021/ja02242a004.

Leybourne, M. I.; Johannesson, K. H.; Asfaw, A. (2014): Measuring Arsenic Speciation in Environmental Media: Sampling, Preservation, and Analysis. In: Robert Bowell, Charles Alpers, Heather Jamieson, Kirk Nordstrom und Juraj Majzlan (Hg.): Environmental Mineralogy and Bio-Geochemistry of Arsenic, Bd. 79. Boston: De Gruyter (Reviews in Mineralogy and Geochemistry, 79), S. 371–390. ISBN: 978-0-939950-94-2. DOI: 10.2138/rmg.2014.79.6.

Li, L.; van Genuchten, C. M.; Addy, S. E. A.; Yao, J.; Gao, N.; Gadgil, A. J. (2012): Modeling As(III) oxidation and removal with iron electrocoagulation in groundwater. In: *Environmental science & technology* 46 (21), S. 12038–12045. DOI: 10.1021/es302456b.

Lide, D. R. (Hg.) (2005): CRC Handbook of Chemistry and Physics. Internet Version: CRC Press, Boca Raton. Online: http://www.hbcpnetbase.com, Date: 02.02.2020.

Lin, Z.; Puls, R. W. (2000): Adsorption, desorption and oxidation of arsenic affected by clay minerals and aging process. In: *Environmental Geology* 39 (7), S. 753–759. DOI: 10.1007/s002540050490.

Lipp, P.; Dammann, E. (2013): Wasserwerksrückstände. Ergebnisse einer Umfrage 2012. In: *DVGW energie, wasser-praxis* (12).

LUBW (2018): Grundwasserüberwachungsprogramm. Ergebnisse der Beprobung 2017: Verlagspublikation Umweltverwaltung Baden-Württemberg. In: *Grundwasserschutz* (58). Online: https://pd.lubw.de/89772. ISSN: 1437-0131.

Machelett, L. M. (2018): Erweiterung einer PAUL-Station um eine Behandlungsstufe zur Arsenelimination – Überprüfung der chemischen und hydraulischen Leistungsfähigkeit im Dauerfiltrationsbetrieb. Masterarbeit. Betreut durch M. Garbowski: FG SWW, Universität Kassel, 31.10.2018.

Majzlan, J.; Drahota, P.; Filippi, M. (2014): Parageneses and Crystal Chemistry of Arsenic Minerals. In: Robert Bowell, Charles Alpers, Heather Jamieson, Kirk Nordstrom und Juraj Majzlan (Hg.): Environmental Mineralogy and Bio-Geochemistry of Arsenic, Bd. 79. Boston: De Gruyter (Reviews in Mineralogy and Geochemistry, 79), S. 17–184. ISBN: 978-0-939950-94-2. DOI: 10.2138/rmg.2014.79.2.

Mandal, B. K.; Suzuki, K. T. (2002): Arsenic round the world: a review. In: *Talanta* 58 (1), S. 201–235. DOI: 10.1016/S0039-9140(02)00268-0.

Mandal, P.; Debbarma, S. R.; Saha, A.; Ruj, B. (2016): Disposal Problem of Arsenic Sludge Generated During Arsenic Removal from Drinking Water. In: *Procedia Environmental Sciences* 35, S. 943–949. DOI: 10.1016/j.proenv.2016.07.084.

Manning, B. A.; Goldberg, S. (1997): Adsorption and Stability of Arsenic(III) at the Clay Mineral–Water Interface. In: *Environmental science & technology* 31 (7), S. 2005–2011. DOI: 10.1021/es9608104.

Markl, G. (2015): Minerale und Gesteine. Mineralogie Petrologie Geochemie. 3. Auflage. Berlin, Heidelberg: Springer Spektrum (SpringerLink Bücher). ISBN: 978-3-662-44628-7. DOI: 10.1007/978-3-662-44628-7.

Martínez-Villafañe, J. F.; Montero-Ocampo, C.; García-Lara, A. M. (2009): Energy and electrode consumption analysis of electrocoagulation for the removal of arsenic from underground water. In: *Journal of hazardous materials* 172 (2-3), S. 1617–1622. DOI: 10.1016/j.jhazmat.2009.08.044.

Matschullat, J. (2000): Arsenic in the geosphere — a review. In: *Science of The Total Environment* 249 (1-3), S. 297–312. DOI: 10.1016/S0048-9697(99)00524-0.

Melin, T.; Rautenbach, R. (2007): Membranverfahren. Grundlagen der Modul- und Anlagenauslegung. 3., aktualisierte und erweiterte Auflage. Berlin, Heidelberg: Springer-Verlag Berlin Heidelberg (VDI-Buch). ISBN: 978-3-540-34327-1. DOI: 10.1007/978-3-540-34328-8.

Mendoza, R. M. O.; Kan, C.-C.; Chuang, S.-S.; Pingul-Ong, S. M. B.; Dalida, M. L. P.; Wan, M.-W. (2014): Feasibility studies on arsenic removal from aqueous solutions by electrodialysis. In: *Journal of environmental science and health. Part A, Toxic/hazardous substances & environmental engineering* 49 (5), S. 545–554. DOI: 10.1080/10934529.2014.859035.

Meng, X. (2000): Effects of silicate, sulfate, and carbonate on arsenic removal by ferric chloride. In: *Water research* 34 (4), S. 1255–1261. DOI: 10.1016/S0043-1354(99)00272-9.

Mishra, T.; Mahato, D. K. (2016): A comparative study on enhanced arsenic(V) and arsenic(III) removal by iron oxide and manganese oxide pillared clays from ground water. In: *Journal of Environmental Chemical Engineering* 4 (1), S. 1224–1230. DOI: 10.1016/j.jece.2016.01.022.

Mohan, D.; Pittman, C. U. (2007): Arsenic removal from water/wastewater using adsorbents--A critical review. In: *Journal of hazardous materials* 142 (1-2), S. 1–53. DOI: 10.1016/j.jhazmat.2007.01.006.

Mohapatra, D.; Mishra, D.; Chaudhury, G. R.; Das, R. P. (2007): Arsenic adsorption mechanism on clay minerals and its dependence on temperature. In: *Korean J. Chem. Eng.* (24(3)), S. 426–430.

Mohora, E.; Rončević, S.; Dalmacija, B.; Agbaba, J.; Watson, M.; Karlović, E.; Dalmacija, M. (2012): Removal of natural organic matter and arsenic from water by electrocoagulation/flotation continuous flow reactor. In: *Journal of hazardous materials* 235-236, S. 257–264. DOI: 10.1016/j.jhazmat.2012.07.056.

Mólgora, C. C.; Domínguez, A. M.; Avila, E. M.; Drogui, P.; Buelna, G. (2013): Removal of arsenic from drinking water: A comparative study between electrocoagulation-microfiltration and chemical coagulation-microfiltration processes. In: *Separation and Purification Technology* 118, S. 645–651. DOI: 10.1016/j.seppur.2013.08.011.

Mondal, P.; Majumder, C. B.; Mohanty, B. (2006): Laboratory based approaches for arsenic remediation from contaminated water: recent developments. In: *Journal of hazardous materials* 137 (1), S. 464–479. DOI: 10.1016/j.jhazmat.2006.02.023.

Mouedhen, G.; Feki, M.; Wery, M. D. P.; Ayedi, H. F. (2008): Behavior of aluminum electrodes in electrocoagulation process. In: *Journal of hazardous materials* 150 (1), S. 124–135. DOI: 10.1016/j.jhazmat.2007.04.090.

Moussa, D. T.; El-Naas, M. H.; Nasser, M.; Al-Marri, M. J. (2017): A comprehensive review of electrocoagulation for water treatment: Potentials and challenges. In: *Journal of environmental management* 186 (Pt 1), S. 24–41. DOI: 10.1016/j.jenvman.2016.10.032.

Muehe, E. M.; Wang, T.; Kerl, C. F.; Planer-Friedrich, B.; Fendorf, S. (2019): Rice production threatened by coupled stresses of climate and soil arsenic. In: *Nature communications* 10 (1), S. 4985. DOI: 10.1038/s41467-019-12946-4.

Muller, D.; Médigue, C.; Koechler, S.; Barbe, V.; Barakat, M.; Talla, E. et al. (2007): A tale of two oxidation states: bacterial colonization of arsenic-rich environments. In: *PLoS genetics* 3 (4), e53. DOI: 10.1371/journal.pgen.0030053.

Murcott, S. (2012): Arsenic contamination in the world. An international sourcebook 2012. London: IWA Publishing. ISBN: 9781780400389.

Nag, J. K.; Balaram, V.; Rubio, R.; Albertí, J.; Das, A. K. (1996): Inorganic arsenic species in groundwater: A case study from Purbasthali (Burdwan), India. In: *Journal of Trace Elements in Medicine and Biology* 10 (1), S. 20–24. DOI: 10.1016/S0946-672X(96)80004-6.

NDWQS (2005): National Drinking Water Quality Standard. Implementation Guideline, 2062, 2005.

Ng, J.; Gomez-Caminero, A. (2001): Arsenic and arsenic compounds. 2. ed. Geneva: World Health Organization (Environmental health criteria, 224). ISBN: 9241572248.

Nguyen, T. H.; Tran, H. N.; Vu, H. A.; Trinh, M. V.; Nguyen, T. V.; Loganathan, P. et al. (2020): Laterite as a low-cost adsorbent in a sustainable decentralized filtration system to remove arsenic from groundwater in Vietnam. In: *The Science of the total environment* 699, S. 134267. DOI: 10.1016/j.scitotenv.2019.134267.

Nguyen, T. V.; Loganathan, P.; Vigneswaran, S.; Krupanidhi, S.; Pham, T. T. N.; Ngo, H.-H. (2014): Arsenic waste from water treatment systems: characteristics, treatments and its disposal. In: *Water Supply* 14 (6), S. 939–950. DOI: 10.2166/ws.2014.073.

NHMRC (2004): Australian Drinking-water Guidelines 6. National Water Quality Management Strategy, 2004. Online: https://www.eh.org.au/documents/item/735, Date: 06.01.2020.

NHMRC (2011): Australian drinking water guidelines 6, 2011. [Canberra]: National Health and Medical Research Council. Online: https://www.nhmrc.gov.au/about-us/publications/australian-drinking-water-guidelines#block-views-block-file-attachments-content-block-1. ISBN: 9781864965117.

Nidheesh, P. V.; Singh, T. S. A. (2017): Arsenic removal by electrocoagulation process: Recent trends and removal mechanism. In: *Chemosphere* 181, S. 418–432. DOI: 10.1016/j.chemosphere.2017.04.082.

NJDEP (2018): Drinking Water Quality Standards, 04.09.2018.

NMUEK (2019): Grundwasserbericht Niedersachsen. Interaktive Karte, Arsen. Hannover. Online: https://www.umweltkarten-niedersachsen.de/Umweltkarten/?lang=de&topic=Hydrologie&bgLayer=Topographie-Grau&X=5837901.99&Y=469337.87&zoom=1&layers=Arsen, Date: 26.12.2019.

Nörenberg, F. (2018): Untersuchungen zur Arsenelimination aus Trinkwasser unter Anwendung der Adsorptionsmittel auf Eisenhydroxidbasis und eisenhaltiger Tonerden. Masterarbeit. Betreut durch M. Garbowski: FG SWW, Universität Kassel, 07.02.2018.

NRC (2001): Arsenic in Drinking Water: 2001 Update. Washington (DC): National Academies Press (US). ISBN: 0309076293. DOI: 10.17226/10194.

Nriagu, J. O.; Pacyna, J. M. (1988): Quantitative assessment of worldwide contamination of air, water and soils by trace metals. In: *Nature* 333 (6169), S. 134–139. DOI: 10.1038/333134a0.

Oberacker, F. (2002): Verwendung und Entsorgung arsenhaltiger Wasserwerksschlämme. Zugl.: Karlsruhe, Univ., Diss. Karlsruhe: Universität Karlsruhe (TH) Inst.-Verl. Siedlungswasserwirtschaft (Schriftenreihe des ISWW, 107). ISBN: 3980788202.

O'Day, P. A. (2006): Chemistry and Mineralogy of Arsenic. In: *Elements* 2 (2), S. 77–83. DOI: 10.2113/gselements.2.2.77.

Odell, L. H. (2010): Treatment technologies for groundwater. Denver: American Water Works Association. ISBN: 9781583217573.

OECD (2013): Water and Climate Change Adaptation // OECD Studies on Water Water and Climate Change Adaptation. Policies to Navigate Uncharted Waters. Paris: OECD; OECD Publishing. ISBN: 978-92-64-20044-9. DOI: 10.1787/9789264200449-en.

OECD (2017): Groundwater allocation. Managing growing pressures on quantity and quality. Paris: OECD Publishing (OECD studies on water). ISBN: 9789264281523. DOI: 10.1787/9789264281554-en.

OGewV (2016): Verordnung zum Schutz der Oberflächengewässer. Oberflächengewässerverordnung (2016). Deutschland: Bundesministerium der Justiz und für Verbraucherschutz, 20.06.2016. Online: https://www.gesetze-im-internet.de/ogewv_2016/OGewV.pdf, Date: 08.01.2020.

Ordóñez Andrade, J. A. (2018): Small-scale water supply system (SSS) for remote and rural areas in developing countries. A case study of the use of Ultra-Low Pressure Ultrafiltration (ULP-UF) as main technology on a decentralised small-scale water treatment plant for remote and rural communities in Colombia. Dissertation. Kassel: Kassel University Press GmbH (Wasser, Abwasser, Umwelt, v.41 // Band 41). ISBN: 978-3-7376-0550-2. DOI: 10.19211/KUP9783737605519.

Otter, P.; Malakar, P.; Jana, B. B.; Grischek, T.; Benz, F.; Goldmaier, A. et al. (2017): Arsenic Removal from Groundwater by Solar Driven Inline-Electrolytic Induced Co-Precipitation and Filtration-A Long Term Field Test Conducted in West Bengal. In: *International Journal of Environmental Research and Public Health* 14 (10). DOI: 10.3390/ijerph14101167.

Pal, P. (2015): Groundwater arsenic remediation. Treatment technology and scale up. 1st edition. Amsterdam: Elsevier/Butterworth-Heinemann. ISBN: 978-0-12-801281-9.

Payá, S. S. (2016): Elektrokoagulation zur Trennung von gebrauchten Bentonitsupensionen im Tunnelbau. Dissertation: Ruhr-Universität Bochum, Fakultät für Bau- und Umweltingenieurwissenschaften.

Perera, D.; Devlin, M.; Smakhtin, V. (2019): Arsenic in groundwater. Elements of a National Strategy for Reduction and Eradication. Hamilton, Ontario, Canada: United Nations University - Institute for Water, Environment and Health (UNU-INWEH Policy Brief, 05). ISBN: 978-92-808-6097-9.

Peter, M. (2010): Ultra-Low Pressure Ultrafiltration for Decentralized Drinking Water Treatment. Dissertation. Zürich: ETH.

Peter-Varbanets, M.; Johnston, R.; Meierhofer, R.; Kage F.; Pronk, W. (2011): Gravity-driven membrane disinfection for household drinking water treatment. Refereed paper 1086. Conference: The Future of Water, Sanitation and Hygiene in Low-Income Countries: Innovation, Adaptation and Engagement in a Changing World. Proceedings of the 35th WEDC International Conference. Loughborough, UK, 2011.

Pinnekamp, J.; Friedrich, H. (Hg.) (2006): Membrantechnik für die Abwasserreinigung. RWTH Aachen. 2., aktual. Aufl. Aachen: FiW-Verl. (Siedlungswasser- und Siedlungsabfallwirtschaft Nordrhein-Westfalen, 1). ISBN: 9783939377009.

Pretorius, W. A.; Johannes, W. G.; Lempert, G. G. (1991): Electrolytic iron flocculant production with a bipolar electrode in series arrangement. In: *Water SA* 17 (2), S. 133–138. ISSN: 0378-4738.

Pronk, W.; an Ding; Morgenroth, E.; Derlon, N.; Desmond, P.; Burkhardt, M. et al. (2019): Gravity-driven membrane filtration for water and wastewater treatment: A review. In: *Water research* 149, S. 553–565. DOI: 10.1016/j.watres.2018.11.062.

Pronk, W.; Peter-Varbanets, M. (2010): Schwerkraftgetriebene Ultrafiltration für die dezentrale Trinkwasseraufbereitung. In: *GWA* (1), S. 19–22.

PubChem (2020): Arsenic. PubChem Database, CID=5359596. National Center for Biotechnology Information. Online: https://pubchem.ncbi.nlm.nih.gov/compound/Arsenic, Date: 06.02.2020.

Qu, W.; Zheng, W.; Wang, S.; Wang, Y. (2012): China's new national standard for drinking water takes effect. In: *The Lancet* 380 (9853), e8. DOI: 10.1016/S0140-6736(12)61884-4.

Rahman, M. A.; Hasegawa, H. (2011): High levels of inorganic arsenic in rice in areas where arsenic-contaminated water is used for irrigation and cooking. In: *The Science of the total environment* 409 (22), S. 4645–4655. DOI: 10.1016/j.scitotenv.2011.07.068.

Rahman, M. M.; Alam, K.; Karim, R.; Islam, M. K. (2017): Willingness to Pay for Improved Water Supply: A Policy Implications for Future Water Security (2). In: *American Journal of Environmental and Resource Economics* (3), S. 116–122. DOI: 10.11648/j.ajere.20170203.14.

Ravenscroft, P.; Brammer, H.; Richards, K. S. (2009): Arsenic pollution. A global synthesis. Chichester, U.K, Malden, MA: Wiley-Blackwell (RGS-IBG book series). ISBN: 978-1-405-18602-5. DOI: 10.1002/9781444308785.

Reifarth, R. (2014): Nuclear astrophysics of the s and r-process. Frankfurt, Germany. Online: https://ejc2014.sciencesconf.org/conference/ejc2014/pages/reifarth_proceeding.pdf, Date: 06.02.2020.

Roth, H. J. (2010): Des Lebens Elemente*. In: *Detsche Apotheker Zeitung*, 01.04.2010 (13), S. 90. Online: https://www.deutsche-apotheker-zeitung.de/daz-az/2010/daz-13-2010/des-lebens-elemente, Date: 02.10.2020.

Roy, A.; van Genuchten, C. M.; Mookherjee, I.; Debsarkar, A.; Dutta, A. (2019): Concrete stabilization of arsenic-bearing iron sludge generated from an electrochemical arsenic remediation plant. In: *Journal of environmental management* 233, S. 141–150. DOI: 10.1016/j.jenvman.2018.11.062.

Russische Föderation (2001): SanPiN 2.1.4.1074-01: Drinking water. Hygienic requirements for water quality of centralized drinking water supply systems. Quality control. Hygienic requirements for provision of safety of hot water supply systems., 2001. Online: http://docs.cntd.ru/document/901798042, Date: 06.01.2020.

Saha, R.; Dey, N. C.; Rahman, M.; Bhattacharya, P.; Rabbani, G. H. (2019): Geogenic Arsenic and Microbial Contamination in Drinking Water Sources: Exposure Risks to the

Coastal Population in Bangladesh. In: *Front. Environ. Sci.* 7, S. 110. DOI: 10.3389/fenvs.2019.00057.

Schmidt, P. (2019): Allgemeine Chemie. Berlin, Heidelberg: Springer Berlin Heidelberg. DOI: 10.1007/978-3-662-57846-9.

Scholz, M. (2018): Die Physik der Sterne. Berlin, Heidelberg: Springer Berlin Heidelberg. DOI: 10.1007/978-3-662-57801-8.

Schumacher-Wolz, U.; Schneider, K.; Klein, D. (2007): Bewertungsmaßstäbe für Arsen in Böden, Grund- und Trinkwasser. Forschungsbericht 20661201. Deutschland: Umweltbundesamt.

Schumann, P.; Ordóñez Andrade, J. A.; Jekel, M.; Ruhl, A. S. (2020): Packing granular activated carbon into a submerged gravity-driven flat sheet membrane module for decentralized water treatment. In: *Journal of Water Process Engineering* 38, S. 101517. DOI: 10.1016/j.jwpe.2020.101517.

Schwedt, G. (2018): Chemische Elemente und ihre Spezies. Mobilität, Bioverfügbarkeit, Toxizität und Analytik. Berlin, Heidelberg: Springer Spektrum (Lehrbuch). ISBN: 9783662558294. DOI: 10.1007/978-3-662-55829-4.

Scott, R.; Freise, C. (2018): Review of the Drinking Water Maximum Contaminant Level (MCL) and Ambient Groundwater Quality Standard (AGQS) for Arsenic. New Hampshire: New Hampshire Department of Environmental Services.

Sebastian, U. (2018): Gesteinskunde. Ein Leitfaden für Einsteiger und Anwender. 4. Auflage. Berlin, Heidelberg: Springer Spektrum (Lehrbuch). ISBN: 978-3-662-55323-7. DOI: 10.1007/978-3-662-55323-7.

Semantic Scholar (2020): Literaturrecherche wissenschaftlicher Texte zum Thema "arsenic". Online: https://www.semanticscholar.org/search?year%5B0%5D=1936&year%5B1%5D=2020&q=arsenic&sort=year, Date: 05.01.2020.

Shan, Y.; Mehta, P.; Perera, D. (2018): Cost and Efficiency of Arsenic Removal from Groundwater. A Review. Hamilton, Ontario, Canada: United Nations University - Institute for Water, Environment and Health (UNU-INWEH Report, 05). ISBN: 978-92-808-6093-1.

Sharpe, R. (2017): Der Zusammenhang zwischen gelöstem H2, pH-Wert und Redoxpotential (ORP). Eine Analyse unter Verwendung der Nernst-Gleichung. Aus dem amerikanischen übersetzt von Dominik Tresowski und Karl Heinz Asenbaum. München: EUROMULTIMEDIA VERLAG. Online: https://www.aquacentrum.de/buecher/zusammenhang-h2-ph-wert-redoxpotential/, Date: 26.08.2020.

Shih, M.-C. (2005): An overview of arsenic removal by pressure-drivenmembrane processes. In: *Desalination* 172 (1), S. 85–97. DOI: 10.1016/j.desal.2004.07.031.

SME (2015): The Role of Arsenic in the Mining Industry: Society for Mining, Metallurgy and Exploration, Inc., April 2015. Online: http://me.smenet.org/docs/Publications/ME/Issue/TheRoleofArsenicintheMiningIndustry.pdf, Date: 09.02.2020.

Smedley, P. L.; Kinniburgh, D. G. (2002): A review of the source, behaviour and distribution of arsenic in natural waters. In: *Applied Geochemistry* 17 (5), S. 517–568. DOI: 10.1016/S0883-2927(02)00018-5.

Song, P.; Yang, Z.; Zeng, G.; Yang, X.; Xu, H.; Wang, L. et al. (2017): Electrocoagulation treatment of arsenic in wastewaters: A comprehensive review. In: *Chemical Engineering Journal* 317, S. 707–725. DOI: 10.1016/j.cej.2017.02.086.

Sontheimer, H.; Fettig, J. (Hg.) (1985): Adsorptionsverfahren zur Wasserreinigung. Karlsruhe: Eigenverlag. ISBN: 978-3922671114.

Sperling, M. von; Verbyla, M. E.; Oliveira, S. M. A. C. (2020): Assessment of Treatment Plant Performance and Water Quality Data: A Guide for Students, Researchers and Practitioners: IWA Publishing. ISBN: 9781780409320. DOI: 10.2166/9781780409320.

Stopelli, E.; Duyen, V. T.; Mai, T. T.; Trang, P. T. K.; Viet, P. H.; Lightfoot, A. et al. (2020): Spatial and temporal evolution of groundwater arsenic contamination in the Red River delta, Vietnam: Interplay of mobilisation and retardation processes. In: *The Science of the total environment* 717, S. 137143. DOI: 10.1016/j.scitotenv.2020.137143.

Tang, X.; Cheng, X.; Zhu, X.; Xie, B.; Guo, Y.; Wang, J. et al. (2018): Ultra-low pressure membrane-based bio-purification process for decentralized drinking water supply: Improved permeability and removal performance. In: *Chemosphere* 211, S. 784–793. DOI: 10.1016/j.chemosphere.2018.07.183.

Teetz, T. (Hg.) (2017): Experimentelle Elektrochemie. Theorie und Experiment. Berlin/Boston: De Gruyter (De Gruyter Studium). ISBN: 9783110425666. DOI: 10.1515/9783110425666.

Ternes, W. (2013): Biochemie der Elemente. Anorganische Chemie biologischer Prozesse. Berlin, Heidelberg: Springer. ISBN: 978-3-8274-3020-5. DOI: 10.1007/978-3-8274-3020-5.

Thakur, B. K.; Gupta, V. (2016): Do socio-economic characteristics influence households' willingness to pay for arsenic free drinking water in Bihar? In: Prosun Bhattacharya, Marie Vahter, Jerker Jarsjö, Jurate Kumpiene, Arslan Ahmad, Charlotte Sparrenbom et al. (Hg.): Arsenic Research and Global Sustainability. Proceedings of the Sixth International Congress on Arsenic in the Environment (As2016), June 19-23, 2016, Stockholm, Sweden. Boca Raton: CRC Press (Arsenic in the environment - proceedings), S. 574–575. ISBN: 978-1-315-62943-8.

Thakur, L. S.; Goyal, H.; Mondal, P. (2019): Simultaneous removal of arsenic and fluoride from synthetic solution through continuous electrocoagulation: Operating cost and sludge utilization. In: *Journal of Environmental Chemical Engineering* 7 (1), S. 102829. DOI: 10.1016/j.jece.2018.102829.

Timmes, T. C.; Kim, H.-C.; Dempsey, B. A. (2009): Electrocoagulation pretreatment of seawater prior to ultrafiltration: Bench-scale applications for military water purification systems. In: *Desalination* 249 (3), S. 895–901. DOI: 10.1016/j.desal.2009.07.002.

Transparency International Deutschland e.V. (2020): CPI Ranking 2018. Transparency International Deutschland e.V. Online: https://www.transparency.de/cpi/cpi-2018/cpi-ranking-2018/, Date: 06.01.2020.

Tretner, A. (2002): Sorptions- und Redoxprozesse von Arsen an oxidischen Oberflächen - Experimentelle Untersuchungen. Dissertation. Heidelberg: Ruprecht-Karls-Universität Heidelberg.

Trinh, N. D. (2018): Development of a Decentralized Drinking Water Treatment Plant Based on Membrane Technology for Rural Areas in Vietnam. Kassel: Kassel University Press GmbH (Wasser, Abwasser, Umwelt, v.42). ISBN: 978-3-7376-0516-8. DOI: 10.19211/KUP9783737605175.

TrinkwV (2019): Verordnung über die Qualität von Wasser für den menschlichen Gebrauch. Trinkwasserverordnung (2001). Deutschland: Bundesministerium der Justiz und für Verbraucherschutz, 2019. Online: https://www.gesetze-im-internet.de/trinkwv_2001/TrinkwV.pdf, Date: 07.01.2020.

Twidwell, L. G.; Robins, R. G.; Hohn, J. W. (2005): The remouval of arsenic from aqueous solution by coprecipitation with iron (III). In: R. G. Reddy und V. Ramachandran (Hg.): Arsenic Metallurgy: Fundamentals and Applications: TMS (The Minerals, Metals & Materials Society).

UBA (2015): Liste der Aufbereitungsstoffe und Desinfektionsverfahren gemäß § 11 der Trinkwasserverordnung. 18 Änderung. Deutschland: Umweltbundesamt.

UBA (2017): Gewässer in Deutschland: -Zustand und Bewertung. Dessau-Roßlau, 08.2017. Online: https://www.umweltbundesamt.de/sites/default/files/medien/1968/publikationen/170829_uba_fachbroschure_wasse_rwirtschaft_mit_anderung_bf.pdf, Date: 10.01.2020. ISSN: 2363-832X.

UdSSR (1975): GOST 2874-73. Drinking water. Hygienic requirements and quality control., 1975. Online: https://files.stroyinf.ru/cgi-bin/ecat/ecat.fcgi, Date: 06.01.2020.

UN (2010): Resolution 64/292. The human right to water and sanitation: United Nations Gemeral Assembly, 03.08.2010.

UN (2015): 70/1. Transformation unserer Welt: die Agenda 2030 für nachhaltige Entwicklung. A/RES/70/1, 21.10.2015.

UN (2020): The United Nations World Water Development Report 2020: UN. DOI: 10.18356/e2014dcb-en.

UNDP (2016): Human development report 2016. Human development for everyone. New York, NY: United Nations Development Programme (Human development report, 2016). ISSN: 0969-4501. ISBN: 978-92-1-060036-1.

UNICEF (2011): Bangladesh national drinking water quality survey of 2009. Dhaka: Bangladesh Bureau of Statistics, Planning Division, Ministry of Planning, Government of the People's Republic of Bangladesh. ISBN: 9789848969038.

UNICEF (2018): Water quality thematic report. Bangladesh MICS 2012-2013. Online: https://washdata.org/sites/default/files/documents/reports/2018-07/Bangladesh%20MICS%202012-2013%20Water%20Quality%20Thematic%20Report-Final.pdf, Date: 27.02.2020.

UNICEF & WHO (2018): Arsenic Primer. Guidance on the Investigation & Mitigation of Arsenic Contamination, 2018. Online: https://www.unicef.org/wash/files/UNICEF_WHO_Arsenic_Primer.pdf, Date: 05.01.2020. ISBN: 978-92-806-4980-2.

UNICEF & WHO (2019): Progress on household drinking water, sanitation and hygiene 2000-2017. Special focus on inequalities. New York: United Nations Children's Fund (UNICEF) and World Health Organization (WHO). ISBN: 978-92-806-5036-5.

Urban, D.; Mayerl, J. (2018): Angewandte Regressionsanalyse: Theorie, Technik und Praxis. 5., überarbeitete Auflage. Wiesbaden: Springer VS (Studienskripten zur Soziologie). ISBN: 978-3-658-01915-0. DOI: 10.1007/978-3-658-01915-0.

US EPA (2002): Implementation Guidance for the Arsenic Rule. Drinking Water Regulations for Arsenic Clarifications to Compilance and New Source Contaminants Monitoring: United States Environmental Protection Agency, 08.2002 (EPA-816-K-02-018). Online: https://nepis.epa.gov/Exe/ZyPDF.cgi?Dockey=P1009V6R.txt, Date: 06.01.2020.

US EPA (2020): National Primary Drinking Water Regulations. Ground Water and Drinking Water. United States Environmental Protection Agency. Online: https://www.epa.gov/ground-water-and-drinking-water/national-primary-drinking-water-regulations, Date: 06.01.2020.

USGS (2020): Mineral Commodity Summaries 2020. Reston, Virginia: U.S. Geological Survey. ISBN: 978-1-4113-4362-7. DOI: 10.3133/mcs2020.

van der Wens, P.; Baken, K.; Schriks, M. (2016): Arsenic at low concentrations in Dutch drinking water: Assessment of removal costs and health benefits. In: Prosun Bhattacharya, Marie Vahter, Jerker Jarsjö, Jurate Kumpiene, Arslan Ahmad, Charlotte Sparrenbom et al. (Hg.): Arsenic Research and Global Sustainability. Proceedings of the Sixth International Congress on Arsenic in the Environment (As2016), June 19-23, 2016, Stockholm, Sweden. Boca Raton: CRC Press (Arsenic in the environment - proceedings). ISBN: 978-1-315-62943-8.

van Rüth, P. (2015): Auswirkungen des Klimawandels auf die Wasserwirtschaft. DVGW-Jahresrevue. In: *DVGW energie, wasser-praxis* (12). Online: https://www.dvgw.de/medien/dvgw/wasser/klimawandel/auswirkungen-klimawandel-wasserwirtschaft-energie-wasser-praxis-dez-2015.pdf, Date: 20.02.2020.

Vasudevan, S.; Lakshmi, J.; Sozhan, G. (2010): Studies on the Removal of Arsenate by Electrochemical Coagulation Using Aluminum Alloy Anode. In: *Clean Soil Air Water* 38 (5-6), S. 506–515. DOI: 10.1002/clen.201000001.

Vik, E. A.; Carlson, D. A.; Eikum, A. S.; Gjessing, E. T. (1984): Electrocoagulation of potable water. In: *Water research* 18 (11), S. 1355–1360. DOI: 10.1016/0043-1354(84)90003-4.

Waldhoff, A. (2005): Wasserbereitstellung in Katastrophenfällen. Wasseraufbereitung mit Membrantechnik – ohne elektrische Energie, ohne Chemikalieneinsatz – Vorstellung eines Projektvorhabens. In: F.-B. Frechen (Hg.): Forschung für die Praxis. 10. Kasseler Siedlungswasserwirtschaftliches Symposium. Kassel: Kassel Univ. Press (Wasser - Abwasser - Umwelt, 27), S. 3-1 bis 3-13. Online: https://www.uni-kassel.de/upress/online/frei/978-3-89958-161-4.volltext.frei.pdf, Date: 22.10.2020. ISBN: 3-89958-161-X.

Wan, W.; Pepping, T. J.; Banerji, T.; Chaudhari, S.; Giammar, D. E. (2011): Effects of water chemistry on arsenic removal from drinking water by electrocoagulation. In: *Water research* 45 (1), S. 384–392. DOI: 10.1016/j.watres.2010.08.016.

Weng, Y.-H.; Chaung-Hsieh, L. H.; Lee, H.-H.; Li, K.-C.; Huang, C. P. (2005): Removal of arsenic and humic substances (HSs) by electro-ultrafiltration (EUF). In: *Journal of hazardous materials* 122 (1-2), S. 171–176. DOI: 10.1016/j.jhazmat.2005.04.001.

Wett, M. (2005): Foulingverhalten des Membranbelebungsverfahrens und Auswirkungen auf die Leistungsfähigkeit. Zugl.: Kassel, Univ., Diss. Kassel: Kassel Univ. Press (Wasser - Abwasser - Umwelt, 26). ISBN: 3-89958-160-1.

WHO (2006): A compendium of drinking water quality standards in the eastern mediterranean region. WHO-EM/CEH/143/E, 2006.

WHO (2011): Arsenic in Drinking-water. Background document for development of WHO Guidelines for Drinking-water Quality. WHO/SDE/WSH/03.04/75/Rev/1. Geneva: World Health Organization, 2011. Online: https://www.who.int/water_sanitation_health/water-quality/guidelines/chemicals/arsenic.pdf?ua=1, Date: 04.01.2020.

WHO (2013): Technical notes on drinking-water, sanitation and hygiene in emergencies. How much water is needed in emergencies. Geneva: World Health Organization (9). Online: https://www.who.int/water_sanitation_health/publications/2011/WHO_TN_09_How_much_water_is_needed.pdf?ua=1, Date: 12.01.2020.

WHO (2017): Guidelines for drinking-water quality. Fourth edition incorporating the first addendum. Geneva: World Health Organization. ISBN: 978-92-4-154995-0.

WHO (2018): A global overview of national regulations and standards for drinking-water quality, 2018. ISBN: 978-92-4-151376-0.

WHO (2020a): Drinking-water. Key facts. Online: https://www.who.int/en/news-room/fact-sheets/detail/drinking-water, Date: 16.09.2020.

WHO (2020b): Histories of Guideline Development for the Fourth Edition. Arsenic. Geneva: World Health Organization, 2020. Online: https://www.who.int/water_sanitation_health/water-quality/guidelines/chemicals/arsenic-history.pdf?ua=1, Date: 04.01.2020.

Wiedemann, H. U. (2017): Arsen in Abfällen. Texte 113/2017. Dessau-Roßlau: Umweltbundesamt, Dezember 2017. ISSN: 1862-4359.

Wild, C. P.; Weiderpass, E.; Stewart, B. W. (Hg.) (2020): World Cancer Report: Cancer Research for Cancer Prevention. Lyon, France: International Agency for Research on Cancer. ISBN: 978-92-832-0448-0.

Wilmoth, R. C.; Hubbard, S. J.; Burckle, J. O.; Martin, J. F. (1991): Production and processing of metals: their disposal and future risk. Weinheim: VCH Verlagsgesellschaft. In: *Merian E (ed) Metals and their compounds in the environment - occurrence, analysis and biological relevance*, S. 19–65.

Wisotzky, F.; Cremer, N.; Lenk, S. (2018): Angewandte Grundwasserchemie, Hydrogeologie und hydrogeochemische Modellierung. Grundlagen, Anwendungen und Problemlösungen. 2. Auflage. Berlin, Heidelberg: Springer Spektrum (Lehrbuch). ISBN: 978-3-662-55558-3. DOI: 10.1007/978-3-662-55558-3.

Wolfe-Simon, F.; Switzer Blum, J.; Kulp, T. R.; Gordon, G. W.; Hoeft, S. E.; Pett-Ridge, J. et al. (2011): A bacterium that can grow by using arsenic instead of phosphorus. In: *Science (New York, N.Y.)* 332 (6034), S. 1163–1166. DOI: 10.1126/science.1197258.

wwtec (2020): Standards for quality of drinking water (standard requirements). World Water Technologies. Online: http://wwtec.ru/?id=356, Date: 06.01.2020.

Xie, X.; Wang, Y.; Su, C.; Liu, H.; Duan, M.; Xie, Z. (2008): Arsenic mobilization in shallow aquifers of Datong Basin: Hydrochemical and mineralogical evidences. In: *Journal of Geochemical Exploration* 98 (3), S. 107–115. DOI: 10.1016/j.gexplo.2008.01.002.

Yamamura, S. (2020): Drinking Water Guidelines and Standards. Chapter 5 DRAFT. Unter Mitarbeit von Jamie Bartram, Mihaly Csanady, Hend Galal Gorchev und Alex Redekopp, 2020. Online: https://www.who.int/water_sanitation_health/dwq/arsenicun5.pdf, Date: 06.01.2020.

Yang, H.-C.; Rosen, B. P. (2016): New mechanisms of bacterial arsenic resistance. In: *Biomedical journal* 39 (1), S. 5–13. DOI: 10.1016/j.bj.2015.08.003.

Yunus, F. M.; Khan, S.; Chowdhury, P.; Milton, A. H.; Hussain, S.; Rahman, M. (2016): A Review of Groundwater Arsenic Contamination in Bangladesh: The Millennium

Development Goal Era and Beyond. In: *International Journal of Environmental Research and Public Health* 13 (2). DOI: 10.3390/ijerph13020215.

Zektser, I. S.; Everett, L. G. (Hg.) (2004): Groundwater resources of the world and their use. Paris: Unesco (Series on groundwater, 6). ISBN: 92-9220-007-0.

Zeppenfeld, K. (2018): Elektrochemische Wasserenthärtung. Eine kurze Übersicht über Forschung und Entwicklung. In: *gwf Wasser Abwasser* (5), S. 123–129.

Zhang, N. (2018): Laborversuche zur Arsen- und Fluoridelimination aus Trinkwasser unter Anwendung von. Masterarbeit: FG SWW, Universität Kassel, 19.09.2018.

Zhao, K.; Sun, J.; Hu, C.; Qu, J. (2019): Membrane fouling reduction through electrochemically regulating flocs aggregation in an electro-coagulation membrane reactor. In: *Journal of environmental sciences (China)* 83, S. 144–151. DOI: 10.1016/j.jes.2019.04.001.

8 Anhang

8.1 Übersicht über die wichtigsten Oxidationsmitteln

Anhang 1: Vor- und Nachteile, As(III)-Halbwertszeit sowie zulässige Zugabe- und Ablaufkonzentration von verschiedenen Oxidationsmitteln (nach Kim und Nriagu 2000; UBA 2015; Otter et al. 2017; Johnson und Bretzler 2017).

Oxidationsmittel	Vorteile	Nachteile	$t_{1/2,As(III)}$*	$c_{Zu,Ox,max}$	$c_{Ab,Ox,max}$
Luftsauerstoff	überall gut verfügbar, einfach, sehr günstig	sehr geringe Oxidationsrate	4 d bis 9 d	k. A.	k. A.
Wasserstoffperoxid	hohe Oxidationsraten, einfach, keine Aufsalzung	geringe Oxidationsrate, relativ teuer, Lagerung	< 2,1 d	17,0 mgH_2O_2/L	0,1 mgH_2O_2/L
Ozon	sehr hohe Oxidationsrate, keine Lagerung, Erzeugung vor Ort, Desinfektion	hohe Kosten, Erzeugung vor Ort, Fachpersonal, Energieverbrauch, Oxidationsnebenprodukte	< 1 min bis 4 min	10,0 mgO_3/L	≤ 0,05 mgO_3/L
Chlor**	sehr hohe Oxidationsrate, gut verfügbar, einfache Anwendung, günstig, Desinfektion, Oxidationsmittelrückstände nach Behandlung im Wasser	schwankende Produktqualität, Lagerung, Überdosierung möglich, Oxidationsnebenprodukte (z. B. Bromat), Oxidationsmittelrückstände	< 1 min	1,2 - 6,0 $mgCl_2/L$	0,3 - 0,6 $mgCl_2/L$

* Im neutralen bis leicht alkalischen pH-Wert-Bereich (7 bis 8,5 je Autor bzw. Studie).
** Einsatz von Chlor für Oxidationszwecke in Deutschland nur in Katastrophenfällen (bis 260 mgC_2/L) zulässig (vgl. DVGW W 249 2012; UBA 2015).

8.2 Übersicht über die wichtigsten Tonmineralgruppen

Anhang 2: Die wichtigsten Tonmineralgruppen mit typischen Vertretern mit stöchiometrischer chemischer Zusammensetzung, Aufbauprinzip, Schichtpermanentladung pro Formeleinheit und spezifische Oberfläche (Jasmund und Lagaly 1993; Markl 2015; Amelung et al. 2018; Lal 2017).

Typ	Gruppe	Aufbauprinzip*	Schichtladung ζ [-]	Spez. Oberfläche [m²/g]	Vertreter der Tonmineralgruppe und ihre stöchiometrische chemische Zusammensetzung
1:1	Kaolinite	TO	0	10 - 150	Kaolinit: $Al_2Si_2O_5(OH)_4$ Halloysit: $Al_2Si_2O_5(OH)_4$
2:1	Smectite	TOT-i-TOT	0,2 - 0,6	600 - 800	Montmorillonit: $(Na,Ca)_{0,3}(Al,Mg)_2Si_4O_{10}(OH)_2 \cdot nH_2O$ Beidellit: $Na_{0,5}Al_2(Si_{3,5}Al_{0,5})O_{10}(OH)_2 \cdot nH_2O$
	Vermiculite	TOT-i-TOT	0,6 - 0,9	550 - 700	Vermiculit: $(Mg,Fe^{2+},Al)_3(Al,Si)_4O_{10}(OH)_2 \cdot 4H_2O$
	Illite	TOT-i-TOT	0,6 - 0,9	50 - 200	Illit: $(K,H_3O)(Al,Mg,Fe)_2(Si,Al)_4O_{10}[(OH)_2,H_2O]$
	Glimmer	TOT-i-TOT	1,0 - 2,0	70 - 100	Biotit: $K(Mg,Fe^{2+})_3[AlSi_3O_{10}](OH)_2$ Muskovit: $KAl_2[AlSi_3O_{10}](OH)_2$
2:1:1	Chlorite	TOT-O-TOT	variabel	70 - 100	Chlorite: $(Fe,Mg,Al)_6(Si,Al)_4O_{10}(OH)_8$

* T = Tetraedernetzwerk, O = Oktaedernetzwerk, i = Zwischenschicht.

8.3 Vergleich zwischen Elektrokoagulation und chemischer Koagulation

Anhang 3: Übersicht zu grundlegenden Aspekten der Elektrokoagulation im Vergleich zur chemischen Koagulation (nach Comninellis und Chen 2010; Lakshmanan et al. 2010; Kobya et al. 2014).

Parameter	Elektrokoagulation	Chemische Koagulation
pH-Wert	pH-Wert-Neutralisation im Prozess; Fe & Al effektiv im pH-Wert-Bereich 4 bis 9, Optimum im pH-Wert 7	pH-Wert-Absenkung durch Hydrolyse der Metallsalze, daher evtl. Neutralisation; Fe-Salze effektiv im pH-Wert-Bereich 6 bis 8; Al-Salze effektiv im pH-Wert-Bereich < 6,5
Flocken	Flockengröße und -form steuerbar; geringer Wassergehalt; stabil	Hoher Wasseranteil; pH-Wert abhängig
Schlamm	Geringe Schlammproduktion; gut entwässerbar; zur Entfernung Sedimentation, Filtration und integrierte Flotation	Hohe Schlammmengen; zur Entfernung meist Sedimentation und Filtration
Betriebsmittel	Elektroden (Verbrauch durch Auflösung und Passivierung); elektrischer Strom	Metallsalze
Stromverbrauch	Mittel bis sehr hoch (v. a. Elektrolyse)	Sehr gering bis mittel (Dosierstationen, Rührer, Pumpen zur Rückspülung etc.)
Chemikalienbedarf	Keine Chemikalien notwendig; evtl. Dosierung zur Erhöhung der Leitfähigkeit (z. B. NaCl)	Metallsalze notwendig; evtl. Dosierung der Neutralisationsmittel zur pH-Wertsteuerung
As(V)-Entfernung	Sehr hohe Wirkungsgrade > 95 %	Sehr hohe Wirkungsgrade > 90 %;
As(III)-Entfernung	Geringe bis mittlere Entfernung (prozessbedingte teilw. As(III)-Oxidation und pH-Wert-Erhöhung, insb. mit Fe-Elektroden)	Geringe Entfernung

8.4 Messdaten: Schüttelversuche im Labor

Anhang 4: T1 – Tonmehl GT, As(V).

Probe:	As(V)-Lösung [mg/L]	m [g]	pH 1 [-]	pH 2 [-]	c_0 [mg/L]	c_e [mg/L]	$m_{adsorbat}$ [mg]	q_e [mg/kg]
1	0,00	0,9991	7,82	7,74	0,02	0,00	0,001	0,92
2	0,10	0,9946	7,82	7,75	0,11	0,05	0,003	2,86
3	0,30	0,9966	7,83	7,75	0,30	0,14	0,007	7,00
4	0,50	1,0079	7,92	7,82	0,57	0,32	0,011	11,20
5	1,00	1,0060	7,79	7,73	1,15	0,69	0,021	20,51
6	2,50	1,0016	7,77	7,73	2,67	1,93	0,034	33,47
7	5,00	0,9987	7,79	7,75	5,33	4,33	0,045	44,79
8	8,00	0,9976	7,84	7,75	7,70	6,89	0,036	36,36
9	10,00	0,9963	7,87	7,79	10,4	9,53	0,041	40,65

Anhang 5: T1 – Tonmehl GT, As(III).

Probe:	As(III)-Lösung [mg/L]	m [g]	pH 1 [-]	pH 2 [-]	c_0 [mg/L]	c_e [mg/L]	$m_{adsorbat}$ [mg]	q_e [mg/kg]
1	0,00	1,0014	7,58	7,45	0,000	0,005	0,000	-0,22
2	0,10	1,0107	7,66	7,01	0,095	0,050	0,002	2,02
3	0,25	1,0187	7,56	6,98	0,251	0,149	0,005	4,51
4	0,50	1,0253	7,70	7,04	0,495	0,348	0,007	6,45
5	1,00	1,0071	7,22	6,97	1,06	0,818	0,011	10,81
6	2,50	1,0032	7,39	6,90	2,37	2,17	0,009	9,15
7	5,00	1,0227	7,19	6,89	4,80	4,30	0,023	22,0
8	7,50	1,0004	7,24	7,04	7,27	6,68	0,027	26,5
9	10,00	1,0081	7,15	6,90	9,95	9,10	0,038	38,1
10	12,50	1,0157	7,02	7,02	12,3	11,6	0,033	32,8
11	15,00	1,0073	7,00	6,99	15,0	14,1	0,041	40,2
12	20,00	1,0104	7,33	7,05	19,9	19,0	0,040	39,2

Anhang 6: T2 – Kohleton, As(V).

Probe:	As(V)-Lösung [mg/L]	m [g]	pH 1 [-]	pH 2 [-]	c_0 [mg/L]	c_e [mg/L]	$m_{adsorbat}$ [mg]	q_e [mg/kg]
1	0,00	1,0003	5,37	6,01		0,031	-0,001	-1,39
2	0,10	1,0008	5,38	5,84	0,109	0,015	0,004	4,24
3	0,25	1,0030	5,45	5,89	0,271	0,037	0,011	10,53
4	0,50	1,0029	5,58	5,87	0,534	0,096	0,020	19,68
5	1,00	1,0016	5,49	5,85	1,077	0,296	0,035	35,11
6	2,50	1,0028	5,64	5,90	2,517	1,328	0,054	53,36
7	5,00	1,0011	5,97	5,96	5,186	3,242	0,087	87,38
8	7,50	1,0013	5,94	5,95	7,863	5,496	0,107	106,38
9	10,00	1,0040	6,43	6,15	10,339	7,786	0,115	114,40
10	12,50	1,0078	6,80	6,14	12,82	10,00	0,127	125,83
11	15,00	1,0063	6,91	6,11	15,09	12,29	0,126	125,30

Anhang 7: T2 – Kohleton, As(III).

Probe:	As(III)-Lösung [mg/L]	m [g]	pH 1 [-]	pH 2 [-]	c_0 [mg/L]	c_e [mg/L]	$m_{adsorbat}$ [mg]	q_e [mg/kg]
1	0,00	1,0007	6,04	5,93	0,000	0,005	0,000	-0,23
2	0,10	1,0066	5,68	5,81	0,090	0,071	0,001	0,86
3	0,25	1,0190	5,92	5,86	0,231	0,192	0,002	1,72
4	0,50	1,0002	5,79	5,85	0,548	0,504	0,002	1,98
5	1,00	1,0264	5,86	5,85	1,06	0,965	0,004	4,23
6	2,50	1,0058	5,85	5,86	2,39	2,31	0,004	3,71
7	5,00	1,0089	5,83	5,84	4,82	4,72	0,004	4,4
8	7,50	1,0063	5,85	5,83	7,64	7,24	0,018	18,0
9	10,00	1,0159	6,21	5,83	10,3	9,86	0,018	18,2
10	12,50	1,0235	6,00	5,77	12,7	12,1	0,030	28,9
11	15,00	1,0145	6,01	5,82	15,4	14,8	0,028	27,2
12	20,00	1,0146	6,06	5,82	20,8	19,7	0,050	48,8

Anhang 8: T3 – 2040A, As(V), nach Neutralisation.

Probe:	As(V)-Lösung [mg/L]	m [g]	pH 1 [-]	pH 2 [-]	c_0 [mg/L]	c_e [mg/L]	$m_{adsorbat}$ [mg]	q_e [mg/kg]
1	0,00	1,0000	-	-	-	-	0,000	0,00
2	0,01	1,0161	8,33	6,50	0,010	0,005	0,000	0,22
3	0,025	1,0267	-	6,45	0,024	0,006	0,001	0,79
4	0,05	1,0067	-	7,31	0,047	0,009	0,002	1,70
5	0,10	1,0563	-	6,51	0,101	0,014	0,004	3,71
6	0,25	1,0217	-	6,52	0,260	0,039	0,010	9,73
7	0,50	1,0108	-	7,27	0,513	0,097	0,019	18,52
8	1,00	1,0997	-	7,07	1,010	0,201	0,036	33,10
9	2,50	1,0105	-	6,60	2,490	1,150	0,060	59,67
10	5,00	1,0900	-	7,26	5,150	2,700	0,110	101,15
11	7,50	1,0327	-	7,50	7,660	4,980	0,121	116,78
12	10,00	1,0525	-	7,27	10,600	7,180	0,154	146,22
13	12,50	1,0864	-	6,70	13,250	9,420	0,172	158,64
14	15,00	1,0754	-	7,41	16,030	11,970	0,183	169,89
15	20,00	1,0143	-	6,71	21,080	17,440	0,164	161,49

Anhang 9: T3 – 2040A, As(III), nach Neutralisation.

Probe:	As(III)-Lösung [mg/L]	m [g]	pH 1 [-]	pH 2 [-]	c_0 [mg/L]	c_e [mg/L]	$m_{adsorbat}$ [mg]	q_e [mg/kg]
1	0,00	1,0157	7,41	7,00	0,000	0,011	0,000	-0,47
2	0,01	1,0234	-	7,07	0,010	0,005	0,000	0,22
3	0,03	1,0150	-	7,34	0,026	0,007	0,001	0,84
4	0,05	1,0222	-	7,24	0,052	0,008	0,002	1,93
5	0,10	1,0288	-	7,22	0,102	0,016	0,004	3,79
6	0,25	1,0459	-	7,29	0,246	0,052	0,009	8,33
7	0,50	1,0027	-	7,22	0,525	0,154	0,017	16,63
8	1,00	1,0303	-	7,23	1,020	0,487	0,024	23,28
9	2,50	1,0284	-	7,11	2,427	1,644	0,035	34,26
10	5,00	1,0216	-	7,00	4,811	3,651	0,052	51,10
11	7,50	1,0030	-	7,10	7,312	6,005	0,059	58,64
12	10,00	1,0099	-	7,05	9,840	8,414	0,064	63,54
13	12,50	1,0106	-	7,15	12,289	10,713	0,071	70,18
14	15,00	1,0178	-	7,17	14,839	13,042	0,081	79,45
15	20,00	1,0564	-	7,18	20,060	17,981	0,094	88,56

Anhang 10: T4 – 3039, As(V), nach Neutralisation.

Probe:	As(V)-Lösung [mg/L]	m [g]	pH 1 [-]	pH 2 [-]	c_0 [mg/L]	c_e [mg/L]	$m_{adsorbat}$ [mg]	q_e [mg/kg]
1	0,00	1,0000	-	-	-	-	0,000	0,00
2	0,01	1,0009	8,45	6,25	0,010	0,000	0,000	0,45
3	0,025	1,0089	-	7,32	0,024	0,003	0,001	0,94
4	0,05	1,0366	-	7,39	0,047	0,004	0,002	1,87
5	0,10	1,0173	-	6,54	0,103	0,007	0,004	4,25
6	0,25	1,0098	-	7,15	0,252	0,013	0,011	10,65
7	0,50	1,0169	-	6,58	0,507	0,027	0,022	21,24
8	1,00	1,0064	-	7,17	1,030	0,088	0,042	42,14
9	2,50	1,0300	-	7,24	2,510	0,330	0,098	95,24
10	5,00	1,0805	-	6,59	5,150	1,190	0,178	164,92
11	7,50	1,0041	-	7,42	7,720	3,040	0,211	209,74
12	10,00	1,0920	-	6,64	10,570	4,260	0,284	260,03
13	12,50	1,0288	-	6,76	13,460	7,070	0,288	279,50
14	15,00	1,0852	-	6,72	16,000	8,580	0,334	307,69
15	20,00	1,0215	-	7,60	21,010	13,930	0,319	311,89

Anhang 11: T4 – 3039, As(III), nach Neutralisation.

Probe:	As(III)-Lösung [mg/L]	m [g]	pH 1 [-]	pH 2 [-]	c_0 [mg/L]	c_e [mg/L]	$m_{adsorbat}$ [mg]	q_e [mg/kg]
1	0,00	1,0012	8,02	6,68	0,000	0,000	0,000	0,00
2	0,01	1,0041	-	6,70	0,010	0,002	0,000	0,35
3	0,03	1,0015	-	6,82	0,026	0,006	0,001	0,91
4	0,05	1,0021	-	6,62	0,052	0,012	0,002	1,82
5	0,10	1,0022	-	6,75	0,102	0,026	0,003	3,40
6	0,25	1,0172	-	6,72	0,246	0,082	0,007	7,28
7	0,50	1,0021	-	6,68	0,525	0,188	0,015	15,11
8	1,00	1,0148	-	6,64	1,020	0,490	0,024	23,52
9	2,50	1,0017	-	6,77	2,427	1,506	0,041	41,37
10	5,00	1,0109	-	6,75	4,811	3,300	0,068	67,26
11	7,50	1,0498	-	6,65	7,312	5,466	0,083	79,13
12	10,00	1,0141	-	6,70	9,840	7,643	0,099	97,49
13	12,50	1,0030	-	6,46	12,289	9,730	0,115	114,81
14	15,00	1,0612	-	6,45	14,839	12,122	0,122	115,21
15	20,00	1,0120	-	6,64	20,060	16,685	0,152	150,07

Anhang 12: T5 – OL22R, As(V).

Probe:	As(V)-Lösung [mg/L]	m [g]	pH 1 [-]	pH 2 [-]	c_0 [mg/L]	c_e [mg/L]	$m_{adsorbat}$ [mg]	q_e [mg/kg]
1	0,00	1,0021	6,48	6,31	-	0,000	0,000	0,00
2	0,10	1,0064	6,45	6,28	0,082	0,001	0,004	3,61
3	0,25	1,0057	6,42	6,27	0,267	0,005	0,012	11,71
4	0,50	1,0050	6,43	6,34	0,541	0,018	0,024	23,45
5	1,00	1,0071	6,44	6,36	1,054	0,068	0,044	44,04
6	2,50	1,0044	6,58	6,42	2,408	0,651	0,079	78,72
7	5,00	1,0034	6,67	6,50	4,912	2,260	0,119	118,96
8	7,50	1,0055	6,81	6,63	7,489	4,349	0,141	140,55
9	10,00	1,0030	7,02	6,73	9,851	6,651	0,144	143,55
10	12,50	1,0097	6,95	6,80	11,884	8,704	0,143	141,73
11	15,00	1,0028	7,04	6,81	14,253	11,044	0,144	144,00
12	20,00	1,0020	7,13	6,88	18,947	15,471	0,156	156,11

Anhang 13: T5 – OL22R, As(III).

Probe:	As(III)-Lösung [mg/L]	m [g]	pH 1 [-]	pH 2 [-]	c_0 [mg/L]	c_e [mg/L]	$m_{adsorbat}$ [mg]	q_e [mg/kg]
1	0,00	1,0058	6,07	6,37	0,000	0,000	0,000	0,00
2	0,10	1,0116	6,17	6,43	0,090	0,012	0,004	3,47
3	0,25	1,0112	6,02	6,39	0,231	0,044	0,008	8,30
4	0,50	1,0273	5,90	6,44	0,548	0,110	0,020	19,19
5	1,00	1,0115	6,09	6,32	1,061	0,303	0,034	33,73
6	2,50	1,0201	5,97	6,30	2,391	1,271	0,050	49,41
7	5,00	1,0170	5,87	6,32	4,820	3,022	0,081	79,56
8	7,50	1,0078	5,82	6,28	7,638	5,252	0,107	106,54
9	10,00	1,0101	5,73	6,22	10,267	7,465	0,126	124,83
10	12,50	1,0197	5,71	6,21	12,721	9,591	0,141	138,13
11	15,00	1,0133	5,77	6,24	15,440	11,949	0,157	155,03
12	20,00	1,0163	5,70	6,26	20,830	16,650	0,188	185,08

Anhang 14: T6 – Mn-Ton, As(V).

Probe:	As(V)-Lösung [mg/L]	m [g]	pH 1 [-]	pH 2 [-]	c_0 [mg/L]	c_e [mg/L]	$m_{adsorbat}$ [mg]	q_e [mg/kg]
1	0,00	0,4989	8,04	7,95	0,021	0,025	0,000	-0,41
2	0,10	0,5049	8,23	7,99	0,114	0,053	0,003	5,43
3	0,30	0,5042	8,16	8,00	0,297	0,166	0,006	11,62
4	0,50	0,5167	8,24	7,98	0,533	0,323	0,009	18,32
5	1,00	0,5017	8,23	8,00	1,055	0,714	0,015	30,61
6	2,50	0,4999	8,31	7,91	2,446	1,878	0,026	51,13
7	5,00	0,4980	8,27	8,06	4,878	4,116	0,034	68,86
8	8,00	0,5014	8,21	8,14	7,431	6,510	0,041	82,66
9	10,00	0,5032	8,22	8,16	9,900	8,886	0,046	90,68

Anhang 15: T6 – Mn-Ton, As(III).

Probe:	As(III)-Lösung [mg/L]	m [g]	pH 1 [-]	pH 2 [-]	c_0 [mg/L]	c_e [mg/L]	$m_{adsorbat}$ [mg]	q_e [mg/kg]
1	0,00	1,0132	10,18	9,45	0,000	0,028	-0,001	-1,24
2	0,10	1,0183	10,12	9,46	0,095	0,047	0,002	2,13
3	0,25	1,0122	10,14	9,43	0,251	0,108	0,006	6,36
4	0,50	1,0181	10,22	9,45	0,495	0,230	0,012	11,71
5	1,00	1,0217	10,18	9,45	1,060	0,589	0,021	20,74
6	2,50	1,0197	10,01	9,50	2,370	1,770	0,027	26,48
7	5,00	1,0080	9,97	9,52	4,800	3,836	0,043	43,04
8	7,50	1,0112	9,97	9,59	7,270	6,184	0,049	48,33
9	10,00	1,0075	9,57	9,64	9,950	8,707	0,056	55,52
10	12,50	1,0185	9,50	9,66	12,300	11,040	0,057	55,67
11	15,00	1,0135	9,84	9,70	15,000	13,560	0,065	63,94
12	20,00	1,0235	9,68	9,75	19,900	18,450	0,065	63,75

Anhang 16: T7 – 310, As(V).

Probe:	As(V)-Lösung [mg/L]	m [g]	pH 1 [-]	pH 2 [-]	c_0 [mg/L]	c_e [mg/L]	$m_{adsorbat}$ [mg]	q_e [mg/kg]
1	0,00	1,0033	7,81	6,90	0,000	0,000	0,000	0,01
2	0,08	1,0068	8,36	7,61	0,083	0,001	0,004	3,64
3	0,20	1,0029	7,77	6,73	0,199	0,005	0,009	8,70
4	0,40	1,0023	7,88	7,47	0,457	0,025	0,019	19,42
5	0,80	1,0007	7,46	6,84	0,872	0,080	0,036	35,59
6	2,00	1,0048	7,83	7,56	2,100	0,704	0,063	62,52
7	4,00	1,0006	7,78	7,10	3,798	2,158	0,074	73,76
8	6,00	1,0030	8,02	7,02	5,734	3,678	0,093	92,24
9	8,00	1,0057	7,99	7,69	7,773	5,434	0,105	104,66
10	10,00	1,0021	7,94	7,21	9,859	7,223	0,119	118,37
11	12,00	1,0036	8,04	7,75	11,888	9,245	0,119	118,51
12	16,00	1,0069	8,15	7,20	15,759	13,138	0,118	117,14

Anhang 17: T7 – 310, As(III).

Probe:	As(III)-Lösung [mg/L]	m [g]	pH 1 [-]	pH 2 [-]	c_0 [mg/L]	c_e [mg/L]	$m_{adsorbat}$ [mg]	q_e [mg/kg]
1	0,00	1,0133	7,44	7,20	0,000	0,000	0,000	0,00
2	0,10	1,0118	6,90	7,34	0,099	0,006	0,004	4,13
3	0,25	1,0229	7,29	7,44	0,256	0,021	0,011	10,34
4	0,50	1,0124	7,11	7,38	0,511	0,064	0,020	19,89
5	1,00	1,0149	7,33	7,48	1,033	0,175	0,039	38,05
6	2,50	1,0115	7,30	7,40	2,465	0,823	0,074	73,07
7	5,00	1,0031	7,07	7,40	5,073	2,194	0,130	129,15
8	7,50	1,0040	7,42	7,28	7,703	3,927	0,170	169,24
9	10,00	1,0023	7,05	7,33	10,560	5,944	0,208	207,24
10	12,50	1,0126	6,96	7,27	13,190	8,003	0,233	230,51
11	15,00	1,0092	6,96	7,37	15,870	10,237	0,253	251,17
12	20,00	1,0269	6,92	7,14	21,180	14,560	0,298	290,10

Anhang 18: T8 – Bentonit, As(V).

Probe:	As(V)-Lösung [mg/L]	m [g]	pH 1 [-]	pH 2 [-]	c_0 [mg/L]	c_e [mg/L]	$m_{adsorbat}$ [mg]	q_e [mg/kg]
1	0,00	0,5040	6,74	6,60	-	0,000	0,000	0,00
2	0,10	0,5034	6,88	6,61	0,082	0,011	0,003	6,27
3	0,25	0,5066	6,85	6,66	0,265	0,055	0,009	18,59
4	0,50	0,5038	6,78	6,71	0,546	0,133	0,019	36,82
5	1,00	0,5047	6,89	6,85	1,073	0,344	0,033	65,00
6	2,50	0,5023	6,92	6,88	2,468	1,239	0,055	110,15
7	5,00	0,5020	7,12	6,95	5,048	2,885	0,097	193,89
8	7,50	0,5040	7,14	7,03	7,682	5,004	0,120	239,09
9	10,00	0,5039	7,28	7,25	10,099	7,229	0,129	256,32
10	12,50	0,5045	7,35	7,25	12,352	9,223	0,141	279,13
11	15,00	0,5033	7,44	7,25	14,672	11,431	0,146	289,78

Anhang 19: T8 – Bentonit, As(III).

Probe:	As(III)-Lösung [mg/L]	m [g]	pH 1 [-]	pH 2 [-]	c_0 [mg/L]	c_e [mg/L]	$m_{adsorbat}$ [mg]	q_e [mg/kg]
1	0,00	1,0163	7,14	7,06	0,000	0,000	0,000	0,00
2	0,10	1,0138	6,89	7,02	0,090	0,016	0,003	3,29
3	0,25	1,0108	6,57	7,00	0,231	0,052	0,008	7,94
4	0,50	1,0180	7,12	6,98	0,548	0,139	0,018	18,06
5	1,00	1,0178	6,80	6,86	1,061	0,321	0,033	32,72
6	2,50	1,0008	7,03	6,84	2,391	1,172	0,055	54,81
7	5,00	1,0035	6,93	6,92	4,820	2,559	0,102	101,39
8	7,50	1,0194	7,07	6,83	7,638	4,208	0,154	151,41
9	10,00	1,0078	6,92	6,75	10,267	5,988	0,193	191,06
10	12,50	1,0102	6,93	6,81	12,721	7,925	0,216	213,64
11	15,00	1,0060	6,93	6,79	15,440	9,800	0,254	252,29
12	20,00	1,0081	6,86	6,75	20,830	13,252	0,341	338,27

Anhang 20: T9 – 178RI, As(V).

Probe:	As(V)-Lösung [mg/L]	m [g]	pH 1 [-]	pH 2 [-]	c_0 [mg/L]	c_e [mg/L]	$m_{adsorbat}$ [mg]	q_e [mg/kg]
1	0,00	0,5039	7,02	7,54	0,005	0,001	0,000	0,38
2	0,10	0,5059	7,33	7,40	0,049	0,001	0,002	4,26
3	0,25	0,5037	7,13	7,27	0,250	0,005	0,011	21,85
4	0,50	0,5050	7,05	7,24	0,534	0,036	0,022	44,36
5	1,00	0,5045	7,20	7,24	1,058	0,181	0,039	78,23
6	2,50	0,5017	7,19	7,17	2,461	1,220	0,056	111,31
7	5,00	0,5028	7,29	7,22	4,936	3,289	0,074	147,40
8	7,50	0,5023	7,33	7,23	7,547	5,585	0,088	175,77
9	10,00	0,5073	7,32	7,32	10,196	8,024	0,098	192,67
10	12,50	0,5033	7,41	7,33	12,693	10,468	0,100	198,94
11	15,00	0,5033	7,28	7,35	15,181	12,721	0,111	219,95
12	20,00	0,5087	7,39	7,41	20,157	17,644	0,113	222,30

Anhang 21: T9 – 178RI, As(III).

Probe:	As(III)-Lösung [mg/L]	m [g]	pH 1 [-]	pH 2 [-]	c_0 [mg/L]	c_e [mg/L]	$m_{adsorbat}$ [mg]	q_e [mg/kg]
1	0,00	1,0145	7,57	7,21	0,000	0,000	0,000	0,00
2	0,10	1,0024	8,12	7,17	0,095	0,007	0,004	3,97
3	0,25	1,0263	7,92	7,17	0,251	0,022	0,010	10,04
4	0,50	1,0123	7,99	7,14	0,495	0,060	0,020	19,34
5	1,00	1,0075	7,68	6,91	1,060	0,165	0,040	39,98
6	2,50	1,0101	7,40	7,12	2,370	0,743	0,073	72,48
7	5,00	1,0011	7,14	7,18	4,800	2,160	0,119	118,67
8	7,50	1,0112	7,15	7,02	7,270	3,750	0,158	156,65
9	10,00	1,0163	7,32	6,99	9,950	5,670	0,193	189,51
10	12,50	1,0211	7,22	7,10	12,300	7,570	0,213	208,45
11	15,00	1,0246	7,15	7,04	15,000	9,800	0,234	228,38
12	20,00	1,0031	7,38	7,04	19,900	13,820	0,274	272,75

Anhang 22: T10 – 4924, As(V).

Probe:	As(V)-Lösung [mg/L]	m [g]	pH 1 [-]	pH 2 [-]	c_0 [mg/L]	c_e [mg/L]	$m_{adsorbat}$ [mg]	q_e [mg/kg]
1	0,00	1,0007	8,50	7,40	0,000	0,000	0,000	0,01
2	0,08	1,0097	8,44	7,24	0,083	0,001	0,004	3,64
3	0,20	1,0045	8,66	7,46	0,199	0,005	0,009	8,68
4	0,40	1,0001	8,27	7,42	0,457	0,014	0,020	19,93
5	0,80	1,0101	8,27	7,36	0,872	0,045	0,037	36,82
6	2,00	1,0097	8,35	7,50	2,100	0,215	0,085	84,01
7	4,00	1,0041	8,24	7,54	3,798	1,013	0,125	124,81
8	6,00	1,0021	8,54	7,57	5,734	2,127	0,162	161,97
9	8,00	1,0102	8,35	7,84	7,773	3,524	0,191	189,27
10	10,00	1,0055	8,46	7,71	9,859	5,144	0,212	211,01
11	12,00	1,0091	8,42	7,94	11,888	6,802	0,229	226,81
12	16,00	1,0066	8,44	7,88	15,759	10,340	0,244	242,26

Anhang 23: T10 – 4924, As(III).

Probe:	As(III)-Lösung [mg/L]	m [g]	pH 1 [-]	pH 2 [-]	c_0 [mg/L]	c_e [mg/L]	$m_{adsorbat}$ [mg]	q_e [mg/kg]
1	0,00	1,0174	8,11	7,78	0,000	0,000	0,000	0,00
2	0,10	1,0100	7,58	7,54	0,099	0,034	0,003	2,91
3	0,25	1,0195	7,54	7,56	0,256	0,013	0,011	10,75
4	0,50	1,0218	7,30	7,56	0,511	0,039	0,021	20,78
5	1,00	1,0160	7,39	7,65	1,033	0,113	0,041	40,75
6	2,50	1,0012	7,23	7,60	2,465	0,581	0,085	84,68
7	5,00	1,0131	7,28	7,62	5,073	1,517	0,160	157,95
8	7,50	1,0037	7,45	7,65	7,703	2,614	0,229	228,16
9	10,00	1,0066	7,29	7,59	10,560	4,060	0,293	290,58
10	12,50	1,0090	7,49	7,62	13,190	5,606	0,341	338,24
11	15,00	1,0183	7,25	7,55	15,870	7,246	0,388	381,11
12	20,00	1,0069	7,63	7,64	21,180	11,094	0,454	450,76

Anhang 24: T11 – 9517, As(V).

Probe:	As(V)-Lösung [mg/L]	m [g]	pH 1 [-]	pH 2 [-]	c_0 [mg/L]	c_e [mg/L]	$m_{adsorbat}$ [mg]	q_e [mg/kg]
1	0,00	1,0146	8,10	7,22	0,000	0,000	0,000	0,01
2	0,08	1,0145	8,04	7,25	0,083	0,010	0,003	3,23
3	0,20	1,0117	8,03	7,26	0,199	0,033	0,007	7,40
4	0,40	1,0049	7,97	7,26	0,457	0,082	0,017	16,82
5	0,80	1,0104	7,87	7,25	0,872	0,164	0,032	31,52
6	2,00	1,0109	7,91	7,25	2,100	0,604	0,067	66,59
7	4,00	1,0074	7,80	7,26	3,798	1,649	0,097	95,99
8	6,00	1,0156	7,67	7,32	5,734	2,762	0,134	131,69
9	8,00	1,0008	7,60	7,33	8,000	4,240	0,169	169,06
10	10,00	1,0134	7,75	7,33	9,859	5,798	0,183	180,33
11	12,00	1,0050	7,72	7,44	11,888	7,459	0,199	198,31
12	16,00	1,0096	7,67	7,38	15,759	11,010	0,214	211,67

Anhang 25: T11 – 9517, As(III).

Probe:	As(III)-Lösung [mg/L]	m [g]	pH 1 [-]	pH 2 [-]	c_0 [mg/L]	c_e [mg/L]	$m_{adsorbat}$ [mg]	q_e [mg/kg]
1	0,00	1,0104	7,26	7,42	0,000	0,000	0,000	0,00
2	0,10	1,0105	7,38	7,24	0,099	0,012	0,004	3,85
3	0,25	1,0018	7,57	7,30	0,256	0,040	0,010	9,70
4	0,50	1,0136	7,25	7,31	0,511	0,106	0,018	18,00
5	1,00	1,0106	7,27	7,30	1,033	0,280	0,034	33,52
6	2,50	1,0134	7,37	7,30	2,465	1,041	0,064	63,23
7	5,00	1,0200	7,22	7,37	5,073	2,399	0,120	117,97
8	7,50	1,0085	7,35	7,39	7,703	3,970	0,168	166,57
9	10,00	1,0091	7,31	7,36	10,560	5,847	0,212	210,17
10	12,50	1,0163	7,14	7,30	13,190	7,679	0,248	244,02
11	15,00	1,0109	7,34	7,32	15,870	9,517	0,286	282,80
12	20,00	1,0051	7,35	7,22	21,180	13,394	0,350	348,59

Anhang 26: T12 – 9017B, As(V).

Probe:	As(V)-Lösung [mg/L]	m [g]	pH 1 [-]	pH 2 [-]	c_0 [mg/L]	c_e [mg/L]	$m_{adsorbat}$ [mg]	q_e [mg/kg]
1	0,00	1,0013	7,42	6,63	0,000	0,000	0,000	0,01
2	0,08	1,0043	7,51	7,12	0,083	0,007	0,003	3,37
3	0,20	1,0071	7,67	6,47	0,199	0,021	0,008	7,96
4	0,40	1,0107	7,48	6,88	0,457	0,054	0,018	17,97
5	0,80	1,0126	7,49	6,74	0,872	0,131	0,033	32,92
6	2,00	1,0188	7,68	7,19	2,100	0,541	0,070	68,86
7	4,00	1,0130	7,70	7,14	3,798	1,604	0,099	97,46
8	6,00	1,0112	7,80	6,69	5,734	2,692	0,137	135,37
9	8,00	1,0104	7,78	7,31	8,000	3,938	0,183	180,91
10	10,00	1,0157	7,76	6,77	9,859	5,414	0,200	196,93
11	12,00	1,0117	7,84	7,29	11,888	6,931	0,223	220,49
12	16,00	1,0140	7,34	6,48	15,759	10,847	0,221	217,99

Anhang 27: T12 – 9017, As(III).

Probe:	As(III)-Lösung [mg/L]	m [g]	pH 1 [-]	pH 2 [-]	c_0 [mg/L]	c_e [mg/L]	$m_{adsorbat}$ [mg]	q_e [mg/kg]
1	0,00	1,0032	7,39	7,21	0,000	0,000	0,000	0,00
2	0,10	1,0234	7,10	7,04	0,099	0,009	0,004	3,97
3	0,25	1,0138	7,31	6,95	0,256	0,029	0,010	10,09
4	0,50	1,0034	6,93	7,12	0,511	0,083	0,019	19,19
5	1,00	1,0105	7,16	7,05	1,033	0,196	0,038	37,27
6	2,50	1,0156	6,84	6,96	2,465	0,790	0,075	74,22
7	5,00	1,0089	7,04	7,00	5,073	2,069	0,135	133,99
8	7,50	1,0159	6,87	6,96	7,703	3,462	0,191	187,86
9	10,00	1,0144	6,83	6,92	10,560	5,180	0,242	238,66
10	12,50	1,0095	6,89	6,92	13,190	6,919	0,282	279,54
11	15,00	1,0129	6,78	6,86	15,870	8,802	0,318	314,01
12	20,00	1,0035	6,84	6,89	21,180	12,687	0,382	380,85

Anhang 28: T13 – 4239, As(V).

Probe:	As(V)-Lösung [mg/L]	m [g]	pH 1 [-]	pH 2 [-]	c_0 [mg/L]	c_e [mg/L]	$m_{adsorbat}$ [mg]	q_e [mg/kg]
1	0,00	1,0136	8,68	6,72	0,000	0,000	0,000	0,00
2	0,01	1,0218	8,15	6,94	0,010	0,000	0,000	0,43
3	0,03	1,0068	8,08	7,03	0,025	0,000	0,001	1,12
4	0,05	1,0072	8,12	7,07	0,050	0,000	0,002	2,22
5	0,10	1,0018	8,12	7,13	0,101	0,000	0,005	4,55
6	0,25	1,0000	8,15	7,17	0,260	0,000	0,012	11,72
7	0,50	1,0180	8,17	7,20	0,528	0,002	0,024	23,26
8	1,00	1,0115	8,10	7,25	1,029	0,007	0,046	45,49
9	2,50	1,0005	8,06	7,33	2,386	0,068	0,104	104,26
10	5,00	1,0066	8,09	7,38	4,868	0,570	0,193	192,16
11	7,50	1,0216	8,05	7,43	7,064	1,576	0,247	241,74
12	10,00	1,0000	7,97	7,46	9,940	3,219	0,302	302,45
13	12,50	1,0039	7,88	7,53	12,480	4,726	0,349	347,57
14	15,00	1,0026	7,91	7,56	15,094	6,577	0,383	382,27
15	20,00	1,0011	7,83	7,62	19,992	10,670	0,419	419,03

Anhang 29: T13 – 4239, As(III).

Probe:	As(III)-Lösung [mg/L]	m [g]	pH 1 [-]	pH 2 [-]	c_0 [mg/L]	c_e [mg/L]	$m_{adsorbat}$ [mg]	q_e [mg/kg]
1	0,00	1,0347	8,04	7,02	0,001	0,000	0,000	0,04
2	0,01	1,0078	8,20	7,06	0,010	0,001	0,000	0,42
3	0,03	1,0135	8,28	7,07	0,031	0,000	0,001	1,37
4	0,05	1,0004	8,20	7,04	0,051	0,001	0,002	2,24
5	0,10	1,0357	8,22	7,09	0,099	0,003	0,004	4,19
6	0,25	1,0159	8,22	7,12	0,256	0,010	0,011	10,92
7	0,50	1,0528	8,22	7,10	0,498	0,028	0,021	20,09
8	1,00	1,0020	8,10	7,10	1,034	0,039	0,045	44,69
9	2,50	1,0109	8,05	7,12	2,373	0,160	0,100	98,51
10	5,00	1,0000	7,98	7,13	4,855	0,579	0,192	192,42
11	7,50	1,0218	7,94	7,13	7,411	1,202	0,279	273,44
12	10,00	1,0045	7,89	7,13	9,827	1,927	0,356	353,91
13	12,50	1,0099	7,81	7,12	12,480	2,695	0,440	436,01
14	15,00	1,0031	7,85	7,15	15,024	3,651	0,512	510,20
15	20,00	1,0080	7,77	7,16	19,985	5,912	0,633	628,26

Anhang 30: T14 – 4240, As(V).

Probe:	As(V)-Lösung [mg/L]	m [g]	pH 1 [-]	pH 2 [-]	c_0 [mg/L]	c_e [mg/L]	$m_{adsorbat}$ [mg]	q_e [mg/kg]
1	0,00	1,0066	8,01	7,19	0,000	0,000	0,000	0,00
2	0,01	1,0159	8,02	7,23	0,010	0,000	0,000	0,43
3	0,03	1,0192	8,04	7,25	0,025	0,000	0,001	1,11
4	0,05	1,0079	7,90	7,23	0,050	0,000	0,002	2,22
5	0,10	1,0010	7,93	7,24	0,101	0,000	0,005	4,55
6	0,25	1,0048	7,85	7,29	0,260	0,000	0,012	11,66
7	0,50	1,0019	7,89	7,27	0,528	0,002	0,024	23,64
8	1,00	1,0014	7,78	7,27	1,029	0,004	0,046	46,05
9	2,50	1,0125	7,76	7,31	2,386	0,037	0,106	104,42
10	5,00	1,0066	7,70	7,37	4,868	0,570	0,193	192,14
11	7,50	1,0127	7,69	7,38	7,064	1,338	0,258	254,44
12	10,00	1,0031	7,62	7,43	9,940	3,081	0,309	307,70
13	12,50	1,0195	7,66	7,46	12,480	4,581	0,355	348,66
14	15,00	1,0003	7,62	7,47	15,094	6,245	0,398	398,09
15	20,00	1,0020	7,61	7,50	19,992	10,434	0,430	429,25

Anhang 31: T14 – 4240, As(III).

Probe:	As(III)-Lösung [mg/L]	m [g]	pH 1 [-]	pH 2 [-]	c_0 [mg/L]	c_e [mg/L]	$m_{adsorbat}$ [mg]	q_e [mg/kg]
1	0,00	1,0470	8,21	6,75	0,001	0,000	0,000	0,04
2	0,01	1,0185	8,19	6,78	0,010	0,000	0,000	0,44
3	0,03	1,0170	8,14	6,80	0,031	0,000	0,001	1,38
4	0,05	1,0020	8,10	6,83	0,051	0,000	0,002	2,29
5	0,10	1,0085	8,07	6,85	0,099	0,001	0,004	4,38
6	0,25	1,0073	8,05	6,86	0,256	0,004	0,011	11,26
7	0,50	1,0099	7,95	6,84	0,498	0,017	0,022	21,43
8	1,00	1,0150	7,93	6,89	1,034	0,038	0,045	44,14
9	2,50	1,0289	7,86	6,90	2,373	0,120	0,101	98,55
10	5,00	1,0240	7,83	6,91	4,855	0,492	0,196	191,73
11	7,50	1,0004	7,79	6,92	7,411	1,105	0,284	283,66
12	10,00	1,0070	7,73	6,96	9,827	1,744	0,364	361,21
13	12,50	1,0040	7,71	6,99	12,480	2,546	0,447	445,25
14	15,00	1,0110	7,66	6,99	15,024	3,421	0,522	516,45
15	20,00	1,0009	7,60	7,00	19,985	5,793	0,639	638,07

Anhang 32: T15 – 4217, As(V).

Probe:	As(V)-Lösung [mg/L]	m [g]	pH 1 [-]	pH 2 [-]	c_0 [mg/L]	c_e [mg/L]	$m_{adsorbat}$ [mg]	q_e [mg/kg]
1	0,00	1,0704	8,65	7,45	0,000	0,000	0,000	0,00
2	0,01	1,0241	8,94	7,77	0,009	0,001	0,000	0,35
3	0,03	1,0362	8,80	7,72	0,025	0,000	0,001	1,09
4	0,05	1,0487	8,98	7,81	0,049	0,000	0,002	2,09
5	0,10	1,0529	8,89	7,17	0,104	0,000	0,005	4,44
6	0,25	1,0679	8,84	7,60	0,268	0,000	0,012	11,29
7	0,50	1,0180	8,86	7,23	0,496	0,001	0,022	21,88
8	1,00	1,0144	8,89	7,55	1,090	0,004	0,049	48,18
9	2,50	1,0263	8,84	7,61	2,460	0,032	0,109	106,46
10	5,00	1,0317	8,88	7,77	4,830	0,257	0,206	199,46
11	7,50	1,0165	8,87	7,62	7,760	0,937	0,307	302,05
12	10,00	1,0212	8,72	7,89	10,200	1,908	0,373	365,39
13	12,50	1,0989	8,65	7,85	12,800	2,547	0,461	419,86
14	15,00	1,0257	8,71	8,08	15,100	4,840	0,462	450,13
15	20,00	1,0787	8,60	8,12	20,800	8,247	0,565	523,67

Anhang 33: T15 – 4217, As(III).

Probe:	As(III)-Lösung [mg/L]	m [g]	pH 1 [-]	pH 2 [-]	c_0 [mg/L]	c_e [mg/L]	$m_{adsorbat}$ [mg]	q_e [mg/kg]
1	0,00	1,0600	8,70	7,50	0,000	0,000	0,000	0,00
2	0,01	1,0287	8,68	7,65	0,009	0,000	0,000	0,40
3	0,03	1,0728	8,75	7,66	0,023	0,000	0,001	0,95
4	0,05	1,0496	8,51	7,70	0,047	0,000	0,002	2,02
5	0,10	1,0281	8,90	7,77	0,093	0,000	0,004	4,09
6	0,25	1,0285	8,88	7,77	0,272	0,006	0,012	11,65
7	0,50	1,0339	8,87	8,20	0,520	0,011	0,023	22,12
8	1,00	1,0076	8,81	8,03	1,027	0,029	0,045	44,56
9	2,50	1,0321	8,71	7,90	2,466	0,099	0,106	103,18
10	5,00	1,0274	8,63	7,85	4,865	0,332	0,204	198,56
11	7,50	1,0181	8,53	7,83	7,447	0,784	0,300	294,49
12	10,00	1,0133	8,45	7,85	10,482	1,495	0,404	399,11
13	12,50	1,0381	8,41	7,70	12,996	1,962	0,497	478,31
14	15,00	1,0609	8,37	7,64	15,753	2,645	0,590	556,00
15	20,00	1,0098	8,27	7,60	20,966	4,863	0,725	717,60

Anhang 34: TSR1 – FK0023A, As(V).

Probe:	As(V)-Lösung [mg/L]	m [g]	pH 1 [-]	pH 2 [-]	c_0 [mg/L]	c_e [mg/L]	$m_{adsorbat}$ [mg]	q_e [mg/kg]
1	0,00	1,0108	6,08	5,67	0,000	0,000	0,000	0,01
2	0,08	1,0033	6,17	6,09	0,083	0,005	0,003	3,46
3	0,20	1,0035	6,10	5,88	0,199	0,024	0,008	7,85
4	0,40	1,0146	6,24	5,90	0,457	0,093	0,016	16,17
5	0,80	1,0059	6,34	5,90	0,872	0,324	0,025	24,51
6	2,00	1,0107	6,70	6,07	2,100	1,282	0,037	36,42
7	4,00	1,0097	6,85	6,23	3,798	2,972	0,037	36,81
8	6,00	1,0123	7,04	6,49	5,734	4,969	0,034	34,01
9	8,00	1,0120	7,26	6,50	7,773	6,886	0,040	39,44
10	10,00	1,0104	7,36	6,53	9,859	9,001	0,039	38,21
11	12,00	1,0027	7,45	6,63	11,888	11,146	0,033	33,30
12	16,00	1,0068	7,32	6,68	15,759	14,820	0,042	41,97

Anhang 35: TSR1 – FK0023A, As(III).

Probe:	As(III)-Lösung [mg/L]	m [g]	pH 1 [-]	pH 2 [-]	c_0 [mg/L]	c_e [mg/L]	$m_{adsorbat}$ [mg]	q_e [mg/kg]
1	0,00	1,0059	6,02	6,80	0,000	0,000	0,000	0,00
2	0,10	1,0176	6,23	6,62	0,099	0,059	0,002	1,76
3	0,25	1,0047	6,28	6,56	0,256	0,174	0,004	3,67
4	0,50	1,0008	6,12	6,62	0,511	0,413	0,004	4,41
5	1,00	1,0034	5,85	6,56	1,033	0,872	0,007	7,23
6	2,50	1,0117	6,09	6,70	2,465	2,145	0,014	14,23
7	5,00	1,0127	6,04	6,58	5,073	4,491	0,026	25,86
8	7,50	1,0053	5,99	6,48	7,703	6,924	0,035	34,87
9	10,00	1,0019	6,03	6,52	10,560	9,479	0,049	48,55
10	12,50	1,0030	6,03	6,63	13,190	11,828	0,061	61,11
11	15,00	1,0043	6,06	6,56	15,870	14,420	0,065	64,97
12	20,00	1,0126	6,05	6,56	21,200	19,182	0,091	89,68

Anhang 36: TSR2 – WS4021C, As(V).

Probe:	As(V)-Lösung [mg/L]	m [g]	pH 1 [-]	pH 2 [-]	c_0 [mg/L]	c_e [mg/L]	$m_{adsorbat}$ [mg]	q_e [mg/kg]
1	0,00	1,0106	5,79	6,15	0,000	0,000	0,000	0,01
2	0,08	1,0106	5,91	6,10	0,083	0,000	0,004	3,68
3	0,20	1,0117	5,98	6,06	0,199	0,000	0,009	8,85
4	0,40	1,0181	5,94	6,08	0,457	0,009	0,020	19,83
5	0,80	1,0136	5,95	6,13	0,872	0,012	0,039	38,17
6	2,00	1,0137	6,05	6,13	2,100	0,035	0,093	91,69
7	4,00	1,0097	6,01	6,19	3,798	0,103	0,166	164,68
8	6,00	1,0111	6,21	6,30	5,734	0,257	0,246	243,76
9	8,00	1,0107	6,17	6,34	8,000	0,560	0,335	331,26
10	10,00	1,0001	6,23	6,39	9,859	1,070	0,396	395,47
11	12,00	1,0042	6,59	6,33	11,888	1,810	0,454	451,61
12	16,00	1,0074	6,48	6,51	15,759	3,690	0,543	539,12

Anhang 37: TSR2 – WS4021C, As(III).

Probe:	As(III)-Lösung [mg/L]	m [g]	pH 1 [-]	pH 2 [-]	c_0 [mg/L]	c_e [mg/L]	$m_{adsorbat}$ [mg]	q_e [mg/kg]
1	0,00	1,0036	5,29	6,08	0,000	0,004	0,000	-0,17
2	0,10	1,0119	5,72	6,03	0,099	0,008	0,004	4,05
3	0,25	1,0041	5,67	6,03	0,256	0,017	0,011	10,70
4	0,50	1,0039	5,66	6,02	0,511	0,040	0,021	21,13
5	1,00	1,0036	5,70	6,02	1,033	0,095	0,042	42,08
6	2,50	1,0094	5,68	6,03	2,465	0,490	0,089	88,07
7	5,00	1,0186	5,72	6,02	5,073	1,522	0,160	156,88
8	7,50	1,0111	5,73	5,92	7,703	2,818	0,220	217,41
9	10,00	1,0121	5,54	5,95	10,560	4,532	0,271	268,02
10	12,50	1,0033	5,77	5,94	13,190	6,341	0,308	307,19
11	15,00	1,0045	5,76	5,93	15,870	8,163	0,347	345,26
12	20,00	1,0017	5,58	5,90	21,180	12,240	0,402	401,62

Anhang 38: S1 – 91 hellbrennend, As(V).

Probe:	As(V)-Lösung [mg/L]	m [g]	pH 1 [-]	pH 2 [-]	c_0 [mg/L]	c_e [mg/L]	$m_{adsorbat}$ [mg]	q_e [mg/kg]
1	0,00	0,5			0,000	0,000	0,000	0,00
2	0,10	0,5007	7,94	7,88	0,160	0,210	-0,002	-4,49
3	0,25	0,5031	8,02	8,86	0,336	0,328	0,000	0,76
4	0,50	0,5103	7,64	7,89	0,587	0,568	0,001	1,60
5	1,00	0,5022	8,06	7,88	1,088	1,083	0,000	0,45
6	2,50	0,5097	8,04	7,9	2,486	2,456	0,001	2,65
7	5,00	0,5137	7,95	7,87	4,970	4,970	0,000	0,00
8	7,50	0,505	8,04	7,89	7,490	7,490	0,000	0,00
9	10,00	0,5001	7,98	7,89	10,010	9,960	0,002	4,50

Anhang 39: S2 – S schwarzbrennend, As(V).

Probe:	As(V)-Lösung [mg/L]	m [g]	pH 1 [-]	pH 2 [-]	c_0 [mg/L]	c_e [mg/L]	$m_{adsorbat}$ [mg]	q_e [mg/kg]
1	0,00	0,4993	8,04	7,94	0,021	0,021	0,000	0,00
2	0,10	0,4966	8,11	7,91	0,114	0,110	0,000	0,35
3	0,30	0,5079	8,14	7,87	0,297	0,278	0,001	1,64
4	0,50	0,5073	8,15	7,91	0,533	0,502	0,001	2,80
5	1,00	0,5025	8,18	7,94	1,055	1,014	0,002	3,67
6	2,50	0,5078	8,16	7,94	2,446	2,395	0,002	4,52
7	5,00	0,5067	8,18	7,9	4,878	4,798	0,004	7,10
8	7,50	0,5009	8,14	7,75	7,431	7,412	0,001	1,71
9	10,00	0,5058	8,12	7,88	9,900	9,900	0,000	0,00

Anhang 40: GEH, As(V).

Probe:	As(V)-Lösung [mg/L]	m [g]	pH 1 [-]	pH 2 [-]	c_0 [mg/L]	c_e [mg/L]	$m_{adsorbat}$ [mg]	q_e [mg/kg]
1	0,00	0,1062	6,88	8,13	0,000	0,017	-0,001	-7,08
2	0,10	0,1045	6,92	7,98	0,078	0,007	0,003	30,32
3	0,25	0,1053	6,83	7,97	0,256	0,027	0,010	97,91
4	0,50	0,1095	6,74	7,89	0,532	0,063	0,021	192,72
5	1,00	0,1061	6,77	7,85	1,075	0,167	0,041	385,11
6	2,50	0,1092	6,85	7,86	2,440	0,703	0,078	716,27
7	5,00	0,1075	7,36	8,05	5,052	2,087	0,133	1241,95
8	7,50	0,1083	7,61	8,10	7,659	3,533	0,186	1714,20
9	10,00	0,1088	7,77	8,16	10,244	5,360	0,220	2019,93
10	12,50	0,1035	7,85	8,15	12,770	8,783	0,179	1734,32
11	15,00	0,1075	7,91	8,07	15,246	9,706	0,249	2320,15
12	20,00	0,1068	8,02	8,19	20,290	14,330	0,268	2511,24

Anhang 41: PEH, As(V).

Probe:	As(V)-Lösung [mg/L]	m [g]	pH 1 [-]	pH 2 [-]	c_0 [mg/L]	c_e [mg/L]	$m_{adsorbat}$ [mg]	q_e [mg/kg]
1	0,00	0,1047	6,80	7,50	0,000	0,002	0,000	-0,65
2	0,10	0,1010	6,80	7,54	0,079	0,004	0,003	33,54
3	0,25	0,1041	6,96	7,48	0,263	0,013	0,011	108,01
4	0,50	0,1035	7,12	7,58	0,530	0,029	0,023	217,73
5	1,00	0,1018	7,17	7,62	1,049	0,072	0,044	431,83
6	2,50	0,1052	7,22	7,61	2,429	0,227	0,099	941,90
7	5,00	0,1044	7,27	7,66	4,925	0,899	0,181	1735,15
8	7,50	0,1058	7,24	7,71	7,513	1,873	0,254	2399,79
9	10,00	0,1022	7,29	7,72	10,135	3,392	0,303	2968,81
10	12,50	0,1039	7,38	7,72	12,757	4,870	0,355	3417,57
11	15,00	0,1031	7,29	7,77	15,136	6,904	0,370	3594,76
12	20,00	0,1016	7,41	7,85	20,157	10,283	0,444	4373,33

Anhang 42: Versuche zur Bestimmung der Adsorptionskinetik, T1 – Tonmehl GT, As(V).

ProbenNr.	t [h]	As (V)-Lösung [mg/l]	m [g]	pH 1	pH 2	c_0 [mg/L]	c_e [mg/L]	$m_{adsorbat}$ [mg]	q_e [mg/kg]
1a	0,25	0,05	1,0094	-	-	0,051	0,025	0,001	1,16
1b	0,25	0,05	1,0113	-	-	0,051	0,023	0,001	1,24
2a	0,25	0,10	1,0015	-	-	0,106	0,050	0,003	2,50
2b	0,25	0,10	1,0107	-	-	0,106	0,051	0,002	2,46
3a	0,25	0,25	1,0150	-	-	0,251	0,140	0,005	4,90
3b	0,25	0,25	1,0113	-	-	0,251	0,138	0,005	5,01
4a	0,25	0,50	1,0062	-	-	0,500	0,321	0,008	8,00
4b	0,25	0,50	1,0013	-	-	0,500	0,317	0,008	8,23
5a	0,25	1,00	1,0015	-	-	0,998	0,732	0,012	11,93
5b	0,25	1,00	1,0094	-	-	0,998	0,727	0,012	12,06
6a	1,00	0,05	1,0126	-	-	0,051	0,023	0,001	1,24
6b	1,00	0,05	1,0106	-	-	0,051	0,023	0,001	1,23
7a	1,00	0,10	1,0101	-	-	0,106	0,050	0,003	2,49
7b	1,00	0,10	1,0188	-	-	0,106	0,050	0,003	2,50
8a	1,00	0,25	1,0112	-	-	0,251	0,132	0,005	5,31
8b	1,00	0,25	1,0162	-	-	0,251	0,131	0,005	5,30
9a	1,00	0,50	1,0018	-	-	0,500	0,306	0,009	8,72
9b	1,00	0,50	1,0144	-	-	0,500	0,303	0,009	8,73
10a	1,00	1,00	1,0153	-	-	0,998	0,707	0,013	12,88
10b	1,00	1,00	1,0210	-	-	0,998	0,701	0,013	13,07
11	1,00	0,00	1,0156	-	-	-	0,003	0,000	-
12a	4,00	0,05	1,0166	-	-	0,051	0,021	0,001	1,35
12b	4,00	0,05	1,0167	-	-	0,051	0,020	0,001	1,38
13a	4,00	0,10	1,0014	-	-	0,106	0,041	0,003	2,91
13b	4,00	0,10	1,0070	-	-	0,106	0,042	0,003	2,88
14a	4,00	0,25	1,0072	-	-	0,251	0,119	0,006	5,90
14b	4,00	0,25	1,0015	-	-	0,251	0,119	0,006	5,94
15a	4,00	0,50	1,0205	-	-	0,500	0,275	0,010	9,90
15b	4,00	0,50	1,0119	-	-	0,500	0,263	0,011	10,54
16a	4,00	1,00	1,0096	-	-	0,998	0,668	0,015	14,69
16b	4,00	1,00	1,0090	-	-	0,998	0,662	0,015	15,00
17a	16,00	0,05	1,0093	7,46	6,89	0,051	0,015	0,002	1,63
17b	16,00	0,05	1,0175	7,29	6,98	0,051	0,017	0,002	1,51
18a	16,00	0,10	1,0168	7,23	6,96	0,106	0,036	0,003	3,11
18b	16,00	0,10	1,0064	7,26	6,96	0,106	0,038	0,003	3,05
19a	16,00	0,25	1,0006	7,48	7,05	0,251	0,111	0,006	6,28
19b	16,00	0,25	1,0031	7,14	7,14	0,251	0,107	0,006	6,43
20a	16,00	0,50	1,0068	7,49	6,95	0,500	0,249	0,011	11,20
20b	16,00	0,50	1,0040	7,44	6,88	0,500	0,252	0,011	11,12
21a	16,00	1,00	1,0033	7,51	6,97	0,998	0,596	0,018	18,01
21b	16,00	1,00	1,0034	7,25	7,00	0,998	0,575	0,019	18,97
22	16,00	0,00	1,0012	7,27	7,12	-	0,004	0,000	-

Anhang 43: Versuche zur Bestimmung der Adsorptionskinetik, T7 – 310, As(V).

ProbenNr.	t [h]	As (V)-Lösung [mg/l]	m [g]	pH 1	pH 2	c_0 [mg/L]	c_e [mg/L]	$m_{adsorbat}$ [mg]	q_e [mg/kg]
1a	0,25	0,05	1,0044	-	-	0,061	0,007	0,002	2,44
1b	0,25	0,05	1,0056	-	-	0,061	0,005	0,003	2,52
2a	0,25	0,10	1,0052	-	-	0,110	0,016	0,004	4,21
2b	0,25	0,10	1,0158	-	-	0,110	0,014	0,004	4,25
3a	0,25	0,25	1,0060	-	-	0,253	0,088	0,007	7,38
3b	0,25	0,25	1,0192	-	-	0,253	0,083	0,008	7,51
4a	0,25	0,50	1,0157	-	-	0,506	0,223	0,013	12,54
4b	0,25	0,50	1,0123	-	-	0,506	0,225	0,013	12,49
5a	0,25	1,00	1,0080	-	-	1,01	0,590	0,019	18,75
5b	0,25	1,00	1,0121	-	-	1,01	0,575	0,020	19,34
6a	1,00	0,05	1,0014	-	-	0,061	0,003	0,003	2,62
6b	1,00	0,05	1,0104	-	-	0,061	0,002	0,003	2,65
7a	1,00	0,10	1,0176	-	-	0,110	0,008	0,005	4,51
7b	1,00	0,10	1,0002	-	-	0,110	0,009	0,005	4,54
8a	1,00	0,25	1,0050	-	-	0,253	0,055	0,009	8,87
8b	1,00	0,25	1,0130	-	-	0,253	0,058	0,009	8,66
9a	1,00	0,50	1,0012	-	-	0,506	0,183	0,015	14,52
9b	1,00	0,50	1,0141	-	-	0,506	0,184	0,014	14,29
10a	1,00	1,00	1,0077	-	-	1,01	0,503	0,023	22,64
10b	1,00	1,00	1,0057	-	-	1,01	0,505	0,023	22,60
11	1,00	0,00	1,0109	-	-	0,000	0,000	0,000	-
12a	4,00	0,05	1,0108	-	-	0,050	0,001	0,002	2,16
12b	4,00	0,05	1,0110	-	-	0,050	0,001	0,002	2,17
13a	4,00	0,10	1,0134	-	-	0,111	0,003	0,005	4,80
13b	4,00	0,10	1,0148	-	-	0,111	0,004	0,005	4,76
14a	4,00	0,25	1,0041	-	-	0,256	0,020	0,011	10,59
14b	4,00	0,25	1,0041	-	-	0,256	0,018	0,011	10,68
15a	4,00	0,50	1,0114	-	-	0,513	0,103	0,018	18,26
15b	4,00	0,50	1,0061	-	-	0,513	0,094	0,019	18,73
16a	4,00	1,00	1,0182	-	-	1,02	0,336	0,031	30,24
16b	4,00	1,00	1,0104	-	-	1,02	0,306	0,032	31,79
17a	16,00	0,05	1,0072	7,88	7,39	0,050	0,000	0,002	2,21
17b	16,00	0,05	1,0010	8,00	7,45	0,050	0,000	0,002	2,23
18a	16,00	0,10	1,0096	7,90	7,41	0,111	0,001	0,005	4,92
18b	16,00	0,10	1,0098	8,19	7,44	0,111	0,001	0,005	4,91
19a	16,00	0,25	1,0111	8,25	7,71	0,256	0,007	0,011	11,08
19b	16,00	0,25	1,0012	7,99	7,50	0,256	0,006	0,011	11,24
20a	16,00	0,50	1,0129	7,78	7,44	0,513	0,021	0,022	21,85
20b	16,00	0,50	1,0125	8,01	7,47	0,513	0,031	0,022	21,44
21a	16,00	1,00	1,0065	7,81	7,52	1,02	0,165	0,038	38,21
21b	16,00	1,00	1,0064	7,85	7,45	1,02	0,136	0,040	39,53
22	16,00	0,00	1,0033	7,47	7,51	0,000	0,000	0,000	-

Anhang 44: Versuche zur Bestimmung der Adsorptionskinetik, T11 – 9517, As(V).

ProbenNr.	t [h]	As (V)-Lösung [mg/l]	m [g]	pH 1	pH 2	c_0 [mg/L]	c_e [mg/L]	$m_{adsorbat}$ [mg]	q_e [mg/kg]
1a	0,25	0,05	1,0283	-	-	0,051	0,014	0,002	1,65
1b	0,25	0,05	1,0078	-	-	0,051	0,014	0,002	1,64
2a	0,25	0,10	1,0083	-	-	0,106	0,032	0,003	3,32
2b	0,25	0,10	1,0142	-	-	0,106	0,031	0,003	3,34
3a	0,25	0,25	1,0238	-	-	0,251	0,080	0,008	7,53
3b	0,25	0,25	1,0165	-	-	0,251	0,080	0,008	7,54
4a	0,25	0,50	1,0143	-	-	0,500	0,182	0,014	14,08
4b	0,25	0,50	1,0210	-	-	0,500	0,184	0,014	13,90
5a	0,25	1,00	1,0230	-	-	0,998	0,416	0,026	25,60
5b	0,25	1,00	1,0058	-	-	0,998	0,428	0,026	25,51
6a	1,00	0,05	1,0087	-	-	0,051	0,012	0,002	1,75
6b	1,00	0,05	1,0227	-	-	0,051	0,013	0,002	1,70
7a	1,00	0,10	1,0132	-	-	0,106	0,027	0,004	3,51
7b	1,00	0,10	1,0177	-	-	0,106	0,027	0,004	3,49
8a	1,00	0,25	1,0048	-	-	0,251	0,073	0,008	7,95
8b	1,00	0,25	1,0087	-	-	0,251	0,072	0,008	7,96
9a	1,00	0,50	1,0088	-	-	0,500	0,149	0,016	15,64
9b	1,00	0,50	1,0257	-	-	0,500	0,147	0,016	15,50
10a	1,00	1,00	1,0216	-	-	0,998	0,346	0,029	28,71
10b	1,00	1,00	1,0028	-	-	0,998	0,349	0,029	29,10
11	1,00	0,00	1,0118	-	-	-	0,000	0,000	-
12a	4,00	0,05	1,0047	-	-	0,051	0,009	0,002	1,89
12b	4,00	0,05	1,0004	-	-	0,051	0,009	0,002	1,90
13a	4,00	0,10	1,0157	-	-	0,106	0,019	0,004	3,84
13b	4,00	0,10	1,0063	-	-	0,106	0,020	0,004	3,85
14a	4,00	0,25	1,0132	-	-	0,251	0,054	0,009	8,74
14b	4,00	0,25	1,0232	-	-	0,251	0,053	0,009	8,71
15a	4,00	0,50	1,0252	-	-	0,500	0,123	0,017	16,52
15b	4,00	0,50	1,0183	-	-	0,500	0,124	0,017	16,60
16a	4,00	1,00	1,0244	-	-	0,998	0,299	0,031	30,70
16b	4,00	1,00	1,0059	-	-	0,998	0,308	0,031	30,86
17a	16,00	0,05	1,0171	8,10	7,21	0,051	0,005	0,002	2,04
17b	16,00	0,05	1,0092	7,44	7,23	0,051	0,006	0,002	2,03
18a	16,00	0,10	1,0122	8,05	7,23	0,106	0,012	0,004	4,17
18b	16,00	0,10	1,0109	7,71	7,10	0,106	0,010	0,004	4,27
19a	16,00	0,25	1,0118	8,14	7,23	0,251	0,040	0,009	9,36
19b	16,00	0,25	1,0066	7,83	7,26	0,251	0,032	0,010	9,79
20a	16,00	0,50	1,0163	7,93	7,24	0,500	0,099	0,018	17,76
20b	16,00	0,50	1,0195	7,92	7,35	0,500	0,103	0,018	17,50
21a	16,00	1,00	1,0039	7,93	7,22	0,998	0,212	0,035	35,22
21b	16,00	1,00	1,0134	8,03	7,27	0,998	0,244	0,034	33,48
22	16,00	0,00	1,0197	7,91	7,24	-	0,000	0,000	-

Anhang 45: Versuche zur Bestimmung der Adsorptionskinetik, T12 – 9017B, As(V).

ProbenNr.	t [h]	As (V)-Lösung [mg/l]	m [g]	pH 1	pH 2	c_0 [mg/L]	c_e [mg/L]	$m_{adsorbat}$ [mg]	q_e [mg/kg]
1a	0,25	0,05	1,0037	-	-	0,051	0,023	0,001	1,26
1b	0,25	0,05	1,0179	-	-	0,051	0,017	0,002	1,50
2a	0,25	0,10	1,0128	-	-	0,103	0,039	0,003	2,84
2b	0,25	0,10	1,0278	-	-	0,103	0,040	0,003	2,76
3a	0,25	0,25	1,0031	-	-	0,251	0,114	0,006	6,15
3b	0,25	0,25	1,0045	-	-	0,251	0,112	0,006	6,23
4a	0,25	0,50	1,0058	-	-	0,509	0,241	0,012	11,99
4b	0,25	0,50	1,0022	-	-	0,509	0,242	0,012	11,99
5a	0,25	1,00	1,0149	-	-	1,01	0,525	0,022	21,50
5b	0,25	1,00	1,0057	-	-	1,01	0,560	0,020	20,14
6a	1,00	0,05	1,0165	-	-	0,051	0,013	0,002	1,68
6b	1,00	0,05	1,0212	-	-	0,051	0,013	0,002	1,67
7a	1,00	0,10	1,0106	-	-	0,103	0,030	0,003	3,25
7b	1,00	0,10	1,0027	-	-	0,103	0,030	0,003	3,28
8a	1,00	0,25	1,0155	-	-	0,251	0,094	0,007	6,96
8b	1,00	0,25	1,0062	-	-	0,251	0,091	0,007	7,16
9a	1,00	0,50	1,0256	-	-	0,509	0,187	0,014	14,13
9b	1,00	0,50	1,0010	-	-	0,509	0,197	0,014	14,03
10a	1,00	1,00	1,0234	-	-	1,01	0,426	0,026	25,68
10b	1,00	1,00	1,0294	-	-	1,01	0,451	0,025	24,44
11	1,00	0,00	1,0036	-	-	0,000	0,000	0,000	-
12a	4,00	0,05	1,0213	-	-	0,051	0,008	0,002	1,89
12b	4,00	0,05	1,0203	-	-	0,051	0,008	0,002	1,90
13a	4,00	0,10	1,0094	-	-	0,103	0,019	0,004	3,74
13b	4,00	0,10	1,0014	-	-	0,103	0,019	0,004	3,77
14a	4,00	0,25	1,0112	-	-	0,251	0,058	0,009	8,59
14b	4,00	0,25	1,0229	-	-	0,251	0,057	0,009	8,53
15a	4,00	0,50	1,0183	-	-	0,509	0,132	0,017	16,66
15b	4,00	0,50	1,0169	-	-	0,509	0,140	0,017	16,33
16a	4,00	1,00	1,0196	-	-	1,01	0,332	0,031	29,92
16b	4,00	1,00	1,0030	-	-	1,01	0,339	0,030	30,10
17a	16,00	0,05	1,0077	7,24	7,10	0,051	0,004	0,002	2,10
17b	16,00	0,05	1,0121	7,52	7,18	0,051	0,004	0,002	2,09
18a	16,00	0,10	1,0129	7,50	7,10	0,103	0,009	0,004	4,18
18b	16,00	0,10	1,0206	7,16	6,99	0,103	0,011	0,004	4,06
19a	16,00	0,25	1,0095	7,36	7,16	0,251	0,029	0,010	9,90
19b	16,00	0,25	1,0046	7,42	7,19	0,251	0,036	0,010	9,63
20a	16,00	0,50	1,0216	7,12	7,21	0,509	0,074	0,020	19,16
20b	16,00	0,50	1,0260	7,43	7,12	0,509	0,078	0,019	18,90
21a	16,00	1,00	1,0034	7,39	7,11	1,01	0,227	0,035	35,12
21b	16,00	1,00	1,0216	7,21	7,17	1,01	0,214	0,036	35,06
22	16,00	0,00	1,0194	7,31	7,18	0,000	0,000	0,000	-

8.5 Messdaten: ULPUF- und C-ULPUF-Versuchsreihe

Anhang 46: Versuchsdaten aus der ULPUF- und C-ULPUF-Untersuchung.

	Rohwasser						Trübung			Arsen				Betriebsparameter					
Σ V_{beh}	RW-Art	T	O_2	Eh	pH	LF	RW	n. Ton-zugabe	Permeat	Spezies	RW	Permeat	E_{As}	Ton	m_{ads}	$t_{Rühr}$	t_{Absetz}	$Q_{Permeat}$	Modulreinigung
m³	TW / OW	°C	mg/L	mV	-	µS/cm	NTU	NTU	NTU	(III) / (V)	µg/L	µg/L	%		kg/m³	h	h	L/h	
1	TW	22,0	7,7	183	8,0	468	0,5	-	0,4	As(III)	56,6	55,2	2,4	ohne	0	0	0	198,6	-
2	TW	18,2	7,9	179	7,9	478	0,6	-	0,3	As(V)	100,0	98,7	1,3	ohne	0	0	0	196,8	-
3	TW	18,6	7,8	161	8,0	469	0,4	-	0,3	As(V)	101,0	99,2	1,8	ohne	0	0	0	197,6	-
4	OW	14,0	9,0	78	8,3	1.041	23,3	-	0,3	As(III)	72,3	72,3	0,0	ohne	0	0	0	199,6	-
5	OW	17,5	8,1	112	8,3	1.060	4,9	-	0,3	As(III)	78,0	75,4	3,3	ohne	0	0	0	172,8	-
6	OW	16,4	8,5	170	8,3	1.052	4,5	-	0,3	As(III)	82,2	78,1	4,9	ohne	0	0	0	157,5	-
7	OW	15,0	8,8	176	8,3	1.056	2,5	-	0,3	As(III)	104,6	103,1	1,4	ohne	0	0	0	133,4	ja
8	OW	13,2	9,5	213	8,3	1.180	2,8	-	0,3	As(V)	100,7	100,0	0,7	ohne	0	0	0	166,2	-
9	OW	16,6	8,3	200	8,3	1.600	2,2	-	0,3	As(V)	100,9	100,7	0,2	ohne	0	0	0	152,2	-
10	OW	17,0	8,2	215	8,2	1.187	10,2	-	0,2	As(V)	100,8	100,8	0,0	ohne	0	0	0	151,0	-
11	OW	17,4	7,7	223	8,1	910	13,3	-	0,3	As(V)	102,1	101,3	0,8	ohne	0	0	0	133,2	ja
12	TW	17,8	7,9	223	7,9	480	1,0	-	0,3	As(III)	99,9	83,4	16,5	ohne	0	0	0	192,4	-
13	TW	17,2	8,1	221	7,8	472	0,7	-	0,3	As(III)	100,4	80,6	19,7	ohne	0	0	0	190,4	-
14	TW	16,8	8,3	207	7,9	473	0,6	-	0,2	As(V)	98,0	35,6	63,7	ohne	0	0	0	180,6	-
15	TW	16,5	8,2	231	7,8	469	0,6	-	0,3	As(V)	92,9	40,0	56,9	ohne	0	0	0	185,2	-
16	TW	19,5	7,4	229	8,2	468	0,8	-	0,5	As(V)	98,4	52,4	46,7	ohne	0	0	0	186,3	-
17	TW	16,7	8,2	236	8,1	471	0,3	-	0,3	As(V)	96,7	20,5	78,8	ohne	0	0	0	182,6	-
18	TW	16,6	8,5	230	8,1	473	1,2	-	0,3	As(III)	93,6	63,4	32,3	ohne	0	0	0	182,8	-
19	TW	15,3	9,1	262	8,0	477	0,8	-	0,3	As(III)	94,1	58,0	38,4	ohne	0	0	0	181,9	-
20	TW	18,9	7,8	189	8,3	475	1,2	-	0,3	As(V)	92,6	22,6	75,6	ohne	0	0	0	181,0	ja
21	TW	16,9	8,3	274	7,8	467	0,7	1.093	0,4	As(V)	97,9	56,5	42,3	T9	3,5	0	0	177,5	-
22	TW	15,9	8,1	269	7,8	470	67,2	1.100	0,4	As(V)	93,5	55,8	40,3	T9	3,5	0	0	167,8	-
23	TW	15,8	7,8	281	7,8	465	104,0	1.047	0,4	As(III)	93,6	75,6	19,2	T9	3,5	0	0	177,8	-
24	TW	15,9	8,3	270	7,8	467	106,3	1.086	0,4	As(III)	95,8	85,1	11,1	T9	3,5	0	0	173,5	ja
25	TW	16,0	8,3	197	8,1	459	30,0	1.056	0,4	As(III)	97,6	85,8	12,1	T9	3,5	0	0	179,1	-
26	TW	15,9	8,4	199	8,1	473	13,7	1.024	0,4	As(III)	97,4	83,5	14,3	T9	3,5	0	0	150,6	-
27	TW	16,4	8,5	235	7,9	472	74,2	972	0,4	As(V)	94,8	59,8	36,9	T9	3,5	0	0	177,7	-
28	TW	17,2	8,0	242	7,9	469	27,7	1.100	0,4	As(V)	92,5	55,8	39,6	T9	3,5	0	0	141,1	ja
29	TW	17,2	7,7	217	7,7	484	136,7	1.100	0,3	As(V)	91,9	13,3	85,5	T9	3,5	0	0	170,1	-
30	TW	17,1	7,5	225	7,6	481	351,2	1.100	0,3	As(V)	88,8	11,5	87,0	T9	3,5	0	0	134,2	-
31	TW	19,0	9,6	-	8,2	-	2,4	-	0,6	As(III)	95,6	55,9	41,5	T9	3,5	0	0	150,6	-
32	TW	18,8	9,3	-	7,9	-	1,7	-	0,5	As(III)	93,4	54,3	41,9	T9	3,5	0	0	117,3	ja
33	TW	17,8	7,7	-	8,1	-	0,9	424	0,6	As(III)	100,1	63,2	36,9	T8	3,5	0	0	161,7	-
34	TW	17,3	7,9	-	8,1	-	0,9	383	0,7	As(III)	98,99	69,4	29,9	T8	3,5	0	0	159,4	-
35	TW	17,6	7,8	-	8,0	-	1,6	344	0,6	As(III)	98,78	49,6	49,8	T8	3,5	0	0	157,9	-
36	TW	17,4	7,8	-	8,0	-	1,8	582	0,7	As(III)	100,3	46,3	53,8	T8	3,5	0	0	156,7	-
37	TW	18,2	7,9	-	8,1	-	0,7	504	0,7	As(V)	97,63	35,9	63,2	T8	3,5	0	0	156,5	-
38	TW	17,4	7,7	-	8,1	-	0,7	574	0,6	As(V)	99,25	46,1	53,6	T8	3,5	0	0	150,8	-
39	TW	17,4	7,7	-	7,9	-	1,5	202	0,7	As(V)	97,11	29,9	69,2	T8	3,5	0	0	150,1	-
40	TW	17,6	7,8	-	8,0	-	1,5	512	0,6	As(V)	97,37	21,1	78,3	T8	3,5	0	0	143,9	ja
40,5	TW	20,4	5,7	186	8,2	479	1,3	846	0,6	As(V)	99	60,1	39,3	T7	7,8	1	1	142,2	-
41	TW	20,3	5,7	135	7,9	475	247,1	1.100	0,9	As(V)	100	59,7	40,3	T7	7,8	1	1	141,0	-
41,5	TW	21,6	5,4	185	7,7	464	272,3	627	0,7	As(V)	100	58,1	41,9	T7	7,8	1	1	139,5	-
42	TW	22,1	8,8	213	7,2	462	450,8	617	0,8	As(V)	100	51,7	48,3	T7	7,8	1	1	135,3	-
42,5	TW	21,2	8,9	100	7,7	462	198,2	813	0,9	As(V)	100	59,3	40,7	T7	7,8	1	1	135,0	-
43	TW	22,0	8,8	155	7,4	479	398,0	716	0,8	As(V)	100	59,6	40,4	T7	7,8	1	1	134,7	-
43,5	TW	21,1	9,0	147	7,9	466	279,3	707	0,5	As(V)	100	61,7	38,3	T7	7,8	1	1	129,9	-
44	TW	21,9	8,9	185	7,6	468	481,4	608	0,8	As(V)	100	56,8	43,2	T7	7,8	1	1	129,0	-
44,5	TW	21,7	9,0	197	7,8	472	233,4	701	0,5	As(V)	100	60,4	39,6	T7	7,8	1	1	128,7	-
45	TW	22,6	8,5	147	7,9	465	4,7	688	0,9	As(V)	104	53	49,0	T7	7,8	1	1	127,2	-
45,5	TW	23,1	8,4	202	7,8	478	3,4	457	0,6	As(V)	101	48,2	52,3	T7	7,8	1	1	123,3	-
46	TW	24,2	8,6	197	7,9	483	1,1	739	0,6	As(V)	103	44,9	56,4	T7	7,8	1	1	122,1	-

	Rohwasser						Trübung			Arsen				Betriebsparameter					
ΣV_{beh}	RW-Art	T	O_2	Eh	pH	LF	RW	n. Ton-zugabe	Permeat	Spezies	RW	Permeat	E_{As}	Ton	m_{ads}	$t_{Rühr}$	t_{Absetz}	$Q_{Permeat}$	Modulreinigung
m³	TW / OW	°C	mg/L	mV	-	µS/cm	NTU	NTU	NTU	(III) / (V)	µg/L	µg/L	%		kg/m³	h	h	L/h	
46,5	TW	22,6	8,7	167	7,9	490	1,3	718	0,4	As(V)	96,1	44,3	53,9	T7	7,8	1	1	118,8	-
47	TW	22,4	8,3	192	8,0	474	1,5	806	0,3	As(V)	96,5	39,9	58,7	T7	7,8	2	1	116,4	-
47,5	TW	22,9	8,6	162	8,1	472	1,1	679	0,5	As(V)	98,5	38,8	60,6	T7	7,8	2	1	115,2	-
48	TW	23,5	8,5	200	7,8	474	1,4	590	0,7	As(V)	95,3	37,9	60,2	T7	7,8	2	1	114,9	-
48,5	OW	23,2	8,6	174	8,1	1.035	25,8	365	0,5	As(V)	97,8	55,9	42,8	T7	7,8	2	1	112,5	-
49	OW	21,2	8,8	194	8,1	1.030	54,7	402	0,7	As(V)	98,5	62,2	36,9	T7	7,8	2	1	109,5	-
49,5	OW	22,2	8,6	210	8,1	798	32,5	398	0,5	As(V)	100	61,4	38,6	T7	7,8	2	1	105,0	-
50	OW	24,8	8,3	185	8,1	825	42,6	377	0,6	As(V)	100	57,3	42,7	T7	7,8	2	1	100,8	-
50,5	OW	23,1	8,5	203	8,2	901	111,0	380	0,5	As(V)	91,5	60,9	33,4	T7	7,8	2	1	94,8	ja
51	OW	24,0	8,6	209	7,9	1.037	21,4	1.100	0,3	As(V)	98,6	32,1	67,4	T12	11,2	2	1	123,0	-
51,5	OW	22,8	8,7	171	8,0	1.051	11,3	1.100	0,6	As(V)	100	31,6	68,4	T12	11,2	2	1	115,2	-
52	OW	22,5	8,8	175	8,0	1.033	7,8	1.100	0,4	As(V)	97,4	29,8	69,4	T12	11,2	2	1	105,3	-
52,5	OW	22,6	8,6	165	8,0	827	28,0	1.075	0,3	As(V)	99,5	26,2	73,7	T12	11,2	2	1	100,8	-
53	OW	23,4	8,5	151	8,0	942	5,9	1.100	0,5	As(V)	101	28	72,3	T12	11,2	2	1	92,1	ja
53,5	OW	23,5	8,3	192	8,0	982	13,4	1.100	0,4	As(V)	102	26,2	74,3	T12	11,2	2	1	117,9	-
54	TW	24,9	8,3	187	8,2	482	0,6	413	0,4	As(V)	106	37,4	64,7	T7	7,8	2	2	113,4	-
54,5	TW	24,2	8,5	191	8,2	451	0,7	395	0,8	As(V)	104	29,9	71,3	T7	7,8	2	2	109,2	-
55	TW	26,6	8,1	146	8,2	463	1,4	457	0,3	As(V)	103	24,9	75,8	T7	7,8	4	1	107,4	-
55,5	TW	25,0	8,2	154	8,1	450	0,4	421	0,5	As(V)	105	24,5	76,7	T7	7,8	4	1	106,8	-
56	TW	25,3	8,2	217	8,1	448	1,3	758	0,8	As(V)	103	17,7	82,8	T7	7,8	24	1	105,6	-
56,5	TW	25,9	8,5	178	8,2	440	1,5	376	0,4	As(V)	103	15,9	84,6	T7	7,8	24	1	103,8	ja
57	TW	23,1	8,2	210	7,7	440	1,2	91	0,7	As(V)	99,1	9,28	90,6	T7	16,0	4	1	132,0	-
57,5	TW	27,6	7,9	210	8,0	438	2,4	120	0,9	As(V)	95,6	8,65	91,0	T7	16,0	4	1	130,8	-
58	TW	24,2	8,3	159	8,1	437	10,7	129	0,7	As(V)	94,1	8,53	90,9	T7	16,0	4	1	128,4	-
58,5	TW	22,3	8,4	217	8,0	463	0,8	125	0,5	As(V)	95,6	8,37	91,2	T7	16,0	4	1	126,3	-
59,5	TW	24,3	8,2	212	8,2	434	2,5	162	0,9	As(V)	103,0	9,71	90,6	T7	16,0	4	1	124,5	-
60,5	TW	23,2	8,4	166	8,2	439	2,5	84	0,7	As(V)	95,3	9,61	89,9	T7	16,0	4	1	119,7	-
61,5	TW	22,4	8,3	171	8,2	435	2,0	94	0,6	As(V)	97,4	8,92	90,8	T7	16,0	4	1	117,0	-
62,5	TW	22,7	8,1	198	8,1	439	2,0	113	0,4	As(V)	96,2	8,84	90,8	T7	16,0	4	1	115,8	-
63,5	OW	22,8	9,1	209	8,4	812	4,7	1.100	0,5	As(V)	96,5	31,2	67,7	T7	16,0	4	1	109,8	-
64,5	OW	22,1	9,2	187	8,3	939	4,7	234	0,8	As(V)	95,6	34,3	64,1	T7	16,0	4	1	106,8	-
65,5	OW	22,4	9,1	187	8,1	943	2,7	158	0,6	As(V)	100	42,1	57,9	T7	16,0	4	1	102,6	-
66,5	OW	19,9	9,4	254	8,2	1.023	4,2	202	0,8	As(V)	95,8	41	57,2	T7	16,0	4	1	100,8	ja
67,5	OW	21,2	9,2	-	8,2	1.140	2,8	646	0,7	As(V)	99,5	55,2	44,5	T7	7,8	4	1	111,0	-
68,5	OW	18,8	9,6	-	8,3	1.149	2,0	636	0,2	As(V)	100	61,8	38,2	T7	7,8	4	1	108,0	-
69,5	OW	21,0	9,1	-	8,2	1.120	3,4	239	0,7	As(V)	101	37,8	62,6	T7	16,0	4	1	106,5	-
70,5	OW	20,6	9,4	-	8,2	1.125	4,1	206	0,6	As(V)	101	36,4	64,0	T7	16,0	4	1	105,1	-

8.6 Messdaten: EC-ULPUF-Versuchsreihe

Anhang 47: Versuchsdaten aus der EC-ULPUF-Untersuchung.

Σ V_{beh}	EC-Typ	A	d	RW-Art	t_{EC}	U_{MW}	I_{MW}	T	O_2	Eh	pH	LF	Trübung	$c_{Al,ges}$	As-Art	$c_{As,f}$	E_{As}	Q	Reinigung	
m³		m²	mm	TW/OW	min	V	A	°C	mg/L	mV	-	µS/cm	NTU	mg/L	(III)/ (V)	µg/L	%	L/h	UF	EC
0,5	MP-S6	3,1	8	TW	0	0,0	0,0	14,9	9,6	n.b.	7,6	361	0,7	0,15	As(V)	92,2	0,0	111,0	-	-
					15	14,5	1,5	15,8	9,5	n.b.	8,0	368	1,5	0,72		81,7	11,4			
					30	12,7	1,5	16,0	9,1	n.b.	8,2	358	3,1	1,70		69,6	24,5			
					45	12,7	1,5	17,0	9,2	n.b.	8,1	375	3,4	2,74		53,8	41,6			
					60	12,6	1,5	16,2	9,1	n.b.	8,2	364	3,9	3,68		40,9	55,6			
					Permeat	0,0	0,0	17,6	9,6	n.b.	7,5	379	0,2	0,15		35,4	61,6			
1,0	MP-S6	3,1	8	TW	0	0,0	0,0	17,4	9,6	n.b.	8,2	391	0,4	0,15	As(V)	94,2	0,0	127,1	-	-
					15	12,3	1,5	17,8	9,6	n.b.	8,1	392	1,0	0,62		82,0	13,0			
					30	13,4	1,5	17,8	9,0	n.b.	7,8	389	2,1	1,68		68,5	27,3			
					45	13,0	1,5	18,3	9,4	n.b.	8,2	390	2,8	2,59		52,1	44,7			
					60	13,4	1,5	18,0	9,1	n.b.	8,0	386	3,3	3,47		44,2	53,1			
					Permeat	0,0	0,0	18,5	9,4	n.b.	8,2	390	0,2	0,15		36,2	61,6			
1,5	MP-S6	3,1	8	TW	0	0,0	0,0	17,2	9,8	n.b.	8,2	400	0,3	0,15	As(V)	99,6	0,0	125,8	-	-
					30	11,9	1,5	17,4	9,7	n.b.	8,2	405	2,6	1,28		85,4	14,3			
					60	12,1	1,5	17,5	9,5	n.b.	8,3	403	3,9	3,04		66,0	33,7			
					90	12,2	1,5	17,4	9,3	n.b.	8,3	399	6,2	4,97		55,2	44,6			
					120	12,2	1,5	17,6	9,2	n.b.	8,2	400	8,6	7,42		39,7	60,1			
					Permeat	0,0	0,0	19,0	9,3	n.b.	7,8	411	0,9	0,15		39,0	60,8			
2,0	MP-S6	3,1	8	TW	0	0,0	0,0	17,1	9,9	n.b.	8,0	393	0,3	0,15	As(V)	97,7	0,0	110,7	-	-
					30	11,8	1,5	17,1	9,7	n.b.	8,0	389	3,0	2,76		74,4	23,8			
					60	12,2	1,5	17,1	9,4	n.b.	8,1	386	7,0	5,84		50,6	48,2			
					90	11,9	1,5	17,2	9,3	n.b.	8,1	382	11,8	9,28		30,0	69,3			
					120	12,8	1,5	17,3	9,3	n.b.	8,2	377	15,1	12,56		13,8	85,9			
					Permeat	0,0	0,0	19,6	9,0	n.b.	8,0	399	0,3	0,15		17,3	82,3			
2,5	MP-S2	3,1	8	TW	0	0,0	0,0	17,7	9,6	n.b.	8,3	390	0,2	0,15	As(V)	102,8	0,0	110,8	-	-
					30	5,5	1,5	18,1	9,5	n.b.	8,1	391	1,2	0,77		87,9	14,5			
					60	5,0	1,5	18,0	9,3	n.b.	8,4	388	2,4	1,83		71,4	30,5			
					90	5,4	1,5	17,9	9,2	n.b.	8,2	385	3,6	3,16		59,5	42,1			
					120	5,1	1,5	18,0	9,2	n.b.	8,3	384	5,0	4,31		47,4	53,9			
					Permeat	0,0	0,0	19,3	9,0	n.b.	7,6	403	0,4	0,15		30,0	70,8			
3,0	MP-S2	3,1	8	TW	0	0,0	0,0	17,6	9,4	n.b.	8,3	395	1,0	0,15	As(V)	97,7	0,0	110,6	-	-
					30	5,1	1,5	17,1	9,6	n.b.	8,2	388	1,6	0,71		86,5	11,5			
					60	5,0	1,5	17,5	9,4	n.b.	8,3	391	2,8	2,04		74,0	24,3			
					90	4,8	1,5	17,4	9,3	n.b.	8,3	388	4,2	3,34		60,5	38,1			
					120	5,2	1,5	17,6	8,9	n.b.	8,2	388	6,1	4,89		49,8	49,0			
					Permeat	0,0	0,0	19,0	9,3	n.b.	7,7	396	0,2	0,15		37,2	61,9			
3,5	MP-S4	3,0	8	TW	0	0,0	0,0	17,1	9,6	n.b.	7,9	394	0,2	0,15	As(V)	101,9	0,0	124,4	-	-
					30	9,0	1,5	16,8	9,5	n.b.	8,2	390	1,6	1,49		83,0	18,5			
					60	9,0	1,5	18,1	9,2	n.b.	8,2	403	3,6	3,29		64,0	37,2			
					90	9,3	1,5	17,4	9,2	n.b.	7,8	400	6,0	5,41		46,5	54,4			
					120	9,2	1,5	17,2	8,9	n.b.	7,9	386	8,7	7,69		29,6	71,0			
					Permeat	0,0	0,0	18,9	9,3	n.b.	7,8	411	0,3	0,15		25,8	74,7			
4,0	MP-S4	3,0	8	TW	0	0,0	0,0	17,0	9,9	n.b.	7,9	390	0,5	0,15	As(V)	102,9	0,0	123,9	-	-
					30	8,5	1,5	16,9	9,2	n.b.	7,9	392	1,9	1,30		83,8	18,6			
					60	8,5	1,5	17,1	9,2	n.b.	7,7	392	4,2	3,69		65,2	36,6			
					90	8,7	1,5	17,2	9,1	n.b.	8,0	389	7,3	5,94		47,6	53,7			
					120	8,5	1,5	17,1	9,0	n.b.	7,9	385	10,6	8,17		33,3	67,6			
					Permeat	0,0	0,0	18,9	9,1	n.b.	8,1	401	0,3	0,15		23,8	76,9			
4,5	MP-P	3,2	8	TW	0	0,0	0,0	17,1	9,7	n.b.	8,1	392	0,5	0,15	As(V)	104,4	0,0	123,3	-	-
					30	2,7	1,5	17,1	9,7	n.b.	8,2	395	0,8	0,24		94,0	10,0			
					60	2,5	1,5	17,2	9,6	n.b.	8,1	394	1,3	0,78		85,9	17,7			
					120	2,4	1,5	17,8	9,3	n.b.	8,1	396	2,5	2,01		69,4	33,5			
					180	2,2	1,5	17,9	9,4	n.b.	8,1	392	4,0	3,35		50,3	51,8			
					Permeat	0,0	0,0	19,8	9,1	n.b.	8,2	407	0,5	0,15		30,6	70,7			
5,0	MP-P	3,2	8	TW	0	0,0	0,0	17,5	9,6	n.b.	7,8	393	0,5	0,15	As(V)	96,9	0,0	122,6	-	-

Σ V_{beh}	EC-Typ	A	d	RW-Art	t_{EC}	U_{MW}	I_{MW}	T	O_2	Eh	pH	LF	Trübung	$c_{Al,ges}$	As-Art	$c_{As,f}$	E_{As}	Q	Reinigung	
m³		m²	mm	TW/ OW	min	V	A	°C	mg/L	mV	-	µS/cm	NTU	mg/L	(III)/ (V)	µg/L	%	L/h	UF	EC
					30	2,2	1,5	17,5	9,5	n.b.	8,2	394	0,9	0,27		89,1	8,0			
					60	2,4	1,5	17,7	9,4	n.b.	8,3	394	1,4	0,79		85,7	11,6			
					120	2,2	1,5	18,2	9,4	n.b.	8,1	393	2,5	2,11		67,9	29,9			
					180	2,2	1,5	18,1	8,8	n.b.	8,2	389	4,0	3,55		50,8	47,6			
					Permeat	0,0	0,0	19,9	9,3	n.b.	8,2	403	0,3	0,15		32,6	66,4			
5,5	MP-S4	3,0	8	TW	0	0,0	0,0	17,4	9,2	n.b.	7,6	397	0,2	0,15	As(V)	92,4	0,0	122,6	ja	-
					30	11,5	2,0	16,9	9,0	n.b.	7,9	391	2,0	1,67		74,5	19,4			
					60	9,5	2,0	17,2	8,7	n.b.	8,0	390	4,4	4,24		46,8	49,4			
					90	9,5	2,0	18,0	8,4	n.b.	8,1	394	8,5	7,05		24,1	74,0			
					120	9,7	2,0	17,7	7,7	n.b.	8,1	388	12,4	10,35		11,0	88,1			
					Permeat	0,0	0,0	19,7	8,8	n.b.	-	406	0,3	0,20		6,1	93,4			
6,0	MP-S4	3,0	8	TW	0	0,0	0,0	18,7	9,2	n.b.	n.b.	403	0,3	0,15	As(V)	99,8	0,0	125,1	-	-
					30	12,3	2,0	18,7	9,0	n.b.	n.b.	413	1,3	1,75		79,9	20,0			
					60	10,5	2,0	18,6	8,6	n.b.	n.b.	398	4,1	4,19		50,2	49,7			
					90	10,2	2,0	18,8	8,4	n.b.	n.b.	396	5,7	6,98		24,8	75,1			
					120	10,3	2,0	18,8	8,1	n.b.	n.b.	392	10,3	9,55		12,2	87,8			
					Permeat	0,0	0,0	19,3	9,1	n.b.	n.b.	397	0,4	0,20		7,2	92,8			
6,5	MP-S2	3,1	8	TW	0	0,0	0,0	17,2	9,3	n.b.	n.b.	394	0,3	0,15	As(V)	98,8	0,0	123,6	-	-
					30	9,1	2,0	17,4	9,3	n.b.	n.b.	395	1,1	0,96		95,8	3,0			
					60	5,9	2,0	17,4	8,8	n.b.	n.b.	393	2,2	2,30		71,3	27,8			
					120	5,4	2,0	17,6	8,1	n.b.	n.b.	388	7,7	5,92		29,9	69,7			
					180	5,4	2,0	17,6	7,6	n.b.	n.b.	381	12,9	9,53		9,5	90,4			
					Permeat	0,0	0,0	18,9	9,1	n.b.	n.b.	393	0,3	0,15		7,9	92,0			
7,0	MP-S2	3,1	8	TW	0	0,0	0,0	17,2	9,6	n.b.	n.b.	401	0,3	0,15	As(V)	100,1	0,0	125,0	-	-
					30	8,6	2,0	17,4	9,3	n.b.	n.b.	402	1,0	0,96		97,6	2,5			
					60	5,9	2,0	17,5	8,9	n.b.	n.b.	400	2,5	2,15		79,6	20,5			
					120	5,7	2,0	17,6	8,9	n.b.	n.b.	393	8,0	5,65		33,4	66,6			
					180	5,6	2,0	17,8	8,1	n.b.	n.b.	390	13,2	9,20		11,3	88,7			
					Permeat	0,0	0,0	19,0	9,1	n.b.	n.b.	399	0,3	0,15		9,3	90,7			
7,5	MP-S2	3,1	8	TW	0	0,0	0,0	17,9	9,0	n.b.	7,9	430	0,4	0,15	As(V)	94,2	0,0	121,4	-	-
					30	7,9	2,7	17,6	9,2	n.b.	7,8	429	0,9	0,87		82,6	12,3			
					60	7,5	2,8	17,6	8,7	n.b.	7,8	425	2,9	2,71		61,4	34,8			
					90	7,2	2,8	17,8	8,7	n.b.	7,7	423	6,5	4,92		37,6	60,1			
					120	7,2	2,9	18,1	7,6	n.b.	7,6	420	10,4	7,22		19,9	78,8			
					Permeat	0,0	0,0	19,0	9,0	n.b.	7,8	431	0,3	0,15		10,1	89,3			
8,0	MP-S4	3,0	8	TW	0	0,0	0,0	17,0	9,6	n.b.	7,9	458	0,3	0,15	As(V)	96,1	0,0	123,7	-	-
					30	20,1	2,8	16,4	8,9	n.b.	7,8	447	1,7	1,68		73,3	23,7			
					60	14,8	2,8	17,0	9,0	n.b.	7,7	444	4,7	4,49		41,0	57,3			
					90	14,0	2,8	17,2	8,1	n.b.	7,7	439	9,2	7,61		18,2	81,0			
					120	13,5	2,8	17,2	8,5	n.b.	7,5	433	13,9	7,61		7,0	92,7			
					Permeat	0,0	0,0	19,4	9,2	n.b.	7,8	457	0,3	0,15		8,4	91,2			
8,5	MP-S4	3,0	8	OW	0	0,0	0,0	16,7	9,9	n.b.	8,4	788	11,3	0,42	As(V)	94,5	0,0	125,8	-	-
					30	18,7	2,0	16,2	9,4	n.b.	8,4	774	9,8	0,63		89,1	5,7			
					60	10,2	2,0	15,5	8,9	n.b.	8,3	769	9,2	1,44		83,6	11,6			
					90	9,3	2,0	16,3	8,3	n.b.	8,2	782	12,8	2,37		76,9	18,7			
					120	8,9	2,0	16,3	7,8	n.b.	8,1	774	12,6	3,58		65,8	30,4			
					Permeat	0,0	0,0	18,5	8,7	n.b.	8,1	801	0,3	0,21		28,6	69,8			
9,0	MP-S4	3,0	8	OW	0	0,0	0,0	15,3	9,5	n.b.	8,2	645	13,7	0,35	As(V)	95,1	0,0	120,2	-	-
					30	21,5	2,0	14,8	9,4	n.b.	8,1	653	15,1	0,82		87,3	8,2			
					60	13,3	2,0	15,0	9,1	n.b.	8,1	633	15,0	1,59		78,3	17,7			
					90	11,4	2,0	15,5	8,4	n.b.	8,0	640	17,3	2,90		66,0	30,6			
					120	10,2	2,0	15,9	8,1	n.b.	7,9	637	21,5	4,62		45,1	52,6			
					Permeat	0,0	0,0	17,8	9,0	n.b.	8,2	669	0,3	0,17		22,0	76,8			
9,5	MP-S4	3,0	8	OW	0	0,0	0,0	15,3	9,5	n.b.	8,2	619	7,5	0,19	As(V)	91,6	0,0	118,7	-	-
					30	23,1	2,8	15,3	9,0	n.b.	8,1	615	7,6	0,84		82,9	9,5			
					60	15,5	2,8	15,4	8,6	n.b.	8,0	612	8,9	2,42		67,6	26,3			
					90	12,9	2,8	15,6	8,1	n.b.	7,9	609	14,1	4,77		45,6	50,3			
					120	12,1	2,8	16,0	7,0	n.b.	7,8	604	20,9	7,64		24,6	73,1			
					Permeat	0,0	0,0	19,1	8,8	n.b.	8,0	650	0,4	0,15		15,6	83,0			

Σ V_{beh}	EC-Typ	A	d	RW-Art	t_{EC}	U_{MW}	I_{MW}	T	O_2	Eh	pH	LF	Trübung	$c_{Al,ges}$	As-Art	$c_{As,f}$	E_{As}	Q	Reinigung	
m³		m²	mm	TW/OW	min	V	A	°C	mg/L	mV	-	µS/cm	NTU	mg/L	(III)/(V)	µg/L	%	L/h	UF	EC
10,0	MP-S4	3,0	8	OW	0	0,0	0,0	16,7	9,7	n.b.	8,2	722	3,9	0,15	As(V)	101,0	0,0	120,7	-	-
					30	25,6	2,8	16,6	9,0	n.b.	8,2	714	3,8	0,72		90,8	10,1			
					60	19,7	2,8	16,3	9,1	n.b.	8,1	708	4,6	2,20		77,9	22,8			
					90	15,8	2,8	16,1	8,9	n.b.	8,0	697	5,9	4,18		55,7	44,9			
					120	13,3	2,8	16,2	7,8	n.b.	7,9	693	13,1	6,90		34,3	66,0			
					Permeat	0,0	0,0	18,0	8,7	n.b.	7,9	715	0,1	0,15		16,5	83,7			
10,5	MP-S4	3,0	8	OW	0	0,0	0,0	15,9	9,8	n.b.	8,3	743	1,7	0,15	As(V)	104,8	0,0	119,4	-	-
					30	23,5	2,8	15,3	9,4	n.b.	8,3	729	2,5	0,51		95,6	8,8			
					60	15,9	2,8	15,7	8,8	n.b.	8,1	732	3,2	1,76		85,8	18,1			
					90	12,9	2,8	15,8	8,4	n.b.	8,1	729	4,1	3,52		69,0	34,2			
					120	11,7	2,8	15,9	7,8	n.b.	8,0	723	9,4	6,15		47,1	55,1			
					Permeat	0,0	0,0	18,2	8,7	n.b.	8,0	753	0,0	0,16		22,4	78,6			
11,0	MP-S4	3,0	8	OW	0	0,0	0,0	16,8	9,4	n.b.	8,2	773	2,3	0,24	As(V)	102,3	0,0	127,4	-	-
					30	25,4	2,8	15,5	8,6	n.b.	8,2	747	3,4	0,70		99,5	2,7			
					60	20,3	2,8	15,6	8,8	n.b.	8,1	743	4,4	1,89		96,8	5,4			
					90	16,3	2,8	16,2	8,3	n.b.	8,0	747	6,8	3,64		95,6	6,5			
					120	13,5	2,8	16,1	8,1	n.b.	8,0	737	10,2	5,66		92,4	9,7			
					Permeat	0,0	0,0	17,7	8,9	n.b.	8,0	757	0,0	0,18		25,8	74,8			
11,5	MP-S4	3,0	8	OW	0	0,0	0,0	17,4	9,1	n.b.	8,2	822	7,9	0,15	As(V)	95,5	0,0	127,4	-	-
					60	25,5	2,8	17,4	9,0	n.b.	8,1	816	9,2	1,35		77,5	18,8			
					120	20,0	2,8	17,6	8,2	n.b.	8,0	805	14,6	5,00		36,4	61,9			
					150	14,8	2,8	17,7	7,2	n.b.	7,8	797	21,2	7,01		22,0	77,0			
					180	13,4	2,8	17,6	6,7	n.b.	7,8	786	27,6	9,32		12,7	86,7			
					Permeat	0,0	0,0	18,7	8,5	n.b.	7,9	803	0,0	0,15		9,8	89,7			
12,0	MP-S4	3,0	8	OW	0	0,0	0,0	18,2	9,5	n.b.	8,2	875	2,8	0,17	As(V)	98,7	0,0	121,7	-	-
					60	28,6	2,0	17,7	8,7	n.b.	8,1	860	3,1	1,14		81,6	17,3			
					120	22,6	2,8	18,3	8,1	n.b.	8,0	856	6,6	3,71		50,9	48,4			
					150	15,3	2,8	18,6	7,9	n.b.	7,9	857	12,7	5,85		31,3	68,3			
					180	12,7	2,8	18,1	7,2	n.b.	7,9	837	16,2	7,87		19,7	80,0			
					Permeat	0,0	0,0	18,9	8,5	n.b.	8,0	838	0,0	0,15		9,7	90,2			
12,5	MP-S4	3,0	8	OW	0	0,0	0,0	18,4	9,3	n.b.	8,2	892	3,0	0,31	As(V)	106,0	0,0	125,6	-	-
					60	25,9	2,0	17,8	9,0	n.b.	8,1	875	3,7	1,76		85,5	19,3			
					120	18,8	2,8	18,3	8,1	n.b.	8,0	871	8,7	4,58		48,9	53,9			
					150	13,8	2,8	18,2	7,3	n.b.	7,9	858	13,8	6,66		27,5	74,1			
					180	12,9	2,8	18,3	7,1	n.b.	7,8	851	18,7	9,03		17,1	83,9			
					Permeat	0,0	0,0	19,0	8,7	n.b.	8,0	858	0,0	0,15		9,6	91,0			
13,0	MP-S4	3,0	8	OW	0	0,0	0,0	18,6	9,1	n.b.	8,2	892	2,8	0,27	As(V)	103,0	0,0	125,0	-	-
					60	28,6	1,8	18,9	8,9	n.b.	8,1	892	3,1	1,09		91,6	11,1			
					120	24,5	2,6	18,2	8,4	n.b.	8,0	869	6,7	3,95		57,7	44,0			
					150	18,6	2,8	18,2	8,3	n.b.	7,9	861	10,1	5,28		40,1	61,1			
					180	16,3	2,8	18,1	7,7	n.b.	7,9	847	13,1	7,44		24,5	76,2			
					Permeat	0,0	0,0	19,9	8,8	n.b.	8,0	867	0,2	0,15		10,3	90,0			
13,5	MP-S4	3,0	8	OW	0	0,0	0,0	17,3	9,6	n.b.	8,3	796	3,4	0,36	As(V)	102,9	0,0	125,0	ja	händisch
					60	28,6	1,2	16,5	9,2	n.b.	8,2	773	3,8	0,70		96,3	6,4			
					120	28,5	1,7	16,3	9,2	n.b.	8,0	767	4,3	2,48		78,5	23,8			
					150	28,4	2,2	17,0	9,1	n.b.	7,9	780	6,0	3,64		68,8	33,2			
					180	28,4	2,4	16,7	8,9	n.b.	7,8	763	6,3	4,59		50,9	50,5			
					Permeat	0,0	0,0	18,9	8,9	n.b.	8,0	798	0,0	0,18		12,8	87,6			
14,0	MP-S4	3,0	8	OW	0	0,0	0,0	17,3	9,4	n.b.	8,2	801	4,4	0,80	As(V)	106,4	0,0	119,9	-	-
					60	25,3	2,8	17,1	8,8	n.b.	8,1	785	7,3	3,10		77,5	27,2			
					120	20,3	2,8	17,7	8,7	n.b.	7,9	784	11,9	6,58		43,9	58,8			
					150	18,4	2,8	17,6	8,1	n.b.	7,9	776	15,7	8,49		31,0	70,8			
					180	17,8	2,8	17,5	7,9	n.b.	7,8	771	18,4	9,94		20,5	80,7			
					Permeat	0,0	0,0	19,0	8,8	n.b.	8,0	763	0,0	0,16		9,2	91,4			
14,5	MP-S4	3,0	8	OW	0	0,0	0,0	17,0	9,6	n.b.	8,2	817	3,0	0,30	As(V)	106,0	0,0	123,4	-	-
					60	25,6	2,8	17,0	8,8	n.b.	8,0	804	6,0	2,68		68,1	35,8			
					120	20,9	2,8	17,5	8,2	n.b.	7,9	796	12,1	5,96		33,0	68,9			
					150	18,9	2,8	16,7	8,0	n.b.	7,9	787	14,8	7,77		23,3	78,1			
					180	18,1	2,8	17,2	7,8	n.b.	7,8	785	17,3	9,38		15,5	85,4			

Σ V_{beh}	EC-Typ	A	d	RW-Art	t_{EC}	U_{MW}	I_{MW}	T	O_2	Eh	pH	LF	Trübung	$c_{Al,ges}$	As-Art	$c_{As,f}$	E_{As}	Q	Reinigung	
m³		m²	mm	TW/ OW	min	V	A	°C	mg/L	mV	-	µS/cm	NTU	mg/L	(III)/ (V)	µg/L	%	L/h	UF	EC
					Permeat	0,0	0,0	19,5	8,6	n.b.	8,0	822	0,0	0,15		12,1	88,6			
15,0	MP-S4	3,0	8	TW	0	0,0	0,0	19,9	9,3	n.b.	7,9	414	0,1	0,15	As(V)	104,3	0,0	123,8	-	-
					30	28,5	1,4	19,9	9,1	n.b.	8,0	417	0,3	0,80		90,9	12,8			
					60	28,4	1,9	19,9	9,0	n.b.	7,9	414	0,9	1,78		71,1	31,8			
					90	28,4	2,2	19,8	8,6	n.b.	7,8	410	2,3	3,76		47,9	54,0			
					120	28,3	2,5	19,9	8,3	n.b.	7,8	406	4,1	6,30		25,5	75,6			
					Permeat	0,0	0,0	19,4	9,0	n.b.	7,9	420	0,0	0,15		9,3	91,1			
15,5	MP-S2	3,1	8	TW	0	0,0	0,0	18,9	9,1	n.b.	7,9	399	0,1	0,15	As(V)	100,6	0,0	118,7	-	-
					30	19,3	2,8	18,5	9,1	n.b.	7,8	394	0,4	1,65		72,9	27,6			
					60	13,3	2,8	18,7	8,9	n.b.	7,8	391	1,7	3,59		40,8	59,4			
					90	12,3	2,8	19,0	8,6	n.b.	7,8	389	3,6	5,79		21,8	78,3			
					120	11,4	2,8	19,0	8,3	n.b.	7,7	383	4,7	8,10		9,7	90,4			
					Permeat	0,0	0,0	19,8	8,9	n.b.	7,9	394	0,0	0,15		10,1	90,0			
16,0	MP-S2	3,1	8	OW	0	0,0	0,0	17,1	9,6	n.b.	7,9	764	9,0	0,15	As(V)	101,3	0,0	119,0	-	-
					60	20,9	2,8	16,5	9,3	n.b.	7,9	740	19,4	3,18		67,7	33,2			
					120	12,9	2,8	16,8	9,1	n.b.	7,8	739	26,9	7,11		37,0	63,5			
					180	10,7	2,8	17,3	8,6	n.b.	7,8	734	35,6	11,06		14,5	85,7			
					240	9,9	2,8	17,1	7,7	n.b.	7,7	720	46,9	14,89		8,1	92,0			
					Permeat	0,0	0,0	18,4	9,0	n.b.	7,9	722	0,0	0,15		9,7	90,4			
16,5	MP-S2	3,1	8	OW	0	0,0	0,0	17,2	9,3	n.b.	8,1	784	5,9	0,38	As(V)	97,4	0,0	123,2	-	-
					60	20,1	2,8	16,0	9,3	n.b.	8,0	757	11,9	3,53		78,7	19,2			
					120	12,7	2,8	16,8	9,2	n.b.	7,9	761	24,8	7,92		43,4	55,5			
					180	11,0	2,8	16,9	9,1	n.b.	7,8	752	33,8	12,35		18,0	81,5			
					240	10,2	2,8	17,2	7,8	n.b.	7,7	744	45,4	16,22		9,2	90,6			
					Permeat	0,0	0,0	18,7	9,1	n.b.	7,9	768	0,0	0,15		8,6	91,2			
17,0	MP-S2	3,1	8	OW	0	0,0	0,0	17,6	10,0	n.b.	8,0	836	3,9	0,27	As(V)	107,9	0,0	119,0	-	-
					60	21,0	2,8	15,6	9,5	n.b.	8,0	793	13,0	3,61		89,8	16,8			
					120	12,5	2,8	16,4	9,1	n.b.	7,9	794	24,5	7,75		59,3	45,1			
					150	11,2	2,8	16,1	9,1	n.b.	7,9	788	28,4	9,69		43,5	59,7			
					180	10,8	2,8	16,2	8,7	n.b.	7,9	784	31,2	11,85		30,1	72,1			
					Permeat	0,0	0,0	18,3	9,1	n.b.	8,0	814	0,0	0,15		13,2	87,7			
17,5	MP-S2	3,1	8	OW	0	0,0	0,0	17,3	9,6	n.b.	8,1	860	3,4	0,15	As(V)	107,0	0,0	119,3	ja	händisch
					60	21,1	2,8	16,8	9,2	n.b.	8,0	842	10,3	3,10		94,1	12,0			
					120	12,5	2,8	16,9	9,0	n.b.	8,0	835	19,8	7,00		70,2	34,4			
					150	11,1	2,8	16,9	9,0	n.b.	7,9	828	23,4	8,72		54,1	49,5			
					180	10,7	2,8	17,3	8,9	n.b.	7,9	828	28,9	11,20		39,6	63,0			
					Permeat	0,0	0,0	19,0	8,8	n.b.	8,0	862	0,2	0,15		15,4	85,6			
18,0	MP-S6	3,1	8	TW	0	0,0	0,0	22,0	n.b.	n.b.	n.b.	465	0,1	0,15	As(V)	92,4	0,0	119,4	-	-
					30	28,8	1,0	21,7	n.b.	n.b.	n.b.	461	0,2	0,51		85,9	7,0			
					60	28,7	1,2	21,8	n.b.	n.b.	n.b.	463	0,2	1,04		75,9	17,8			
					90	28,6	1,3	21,7	n.b.	n.b.	n.b.	460	1,0	1,63		61,7	33,2			
					120	28,6	1,4	21,7	n.b.	n.b.	n.b.	452	1,5	2,44		49,5	46,4			
					Permeat	0,0	0,0	21,7	n.b.	n.b.	n.b.	471	0,0	0,18		11,1	88,0			
18,5	MP-S6	3,1	8	TW	0	0,0	0,0	22,1	n.b.	n.b.	n.b.	464	0,1	0,15	As(V)	96,8	0,0	116,5	-	-
					30	28,9	1,0	22,2	n.b.	n.b.	n.b.	465	0,2	0,60		89,1	7,9			
					60	28,8	1,2	22,2	n.b.	n.b.	n.b.	461	0,5	1,19		76,2	21,2			
					90	28,7	1,3	21,9	n.b.	n.b.	n.b.	456	1,3	1,96		63,1	34,8			
					120	28,7	1,4	21,9	n.b.	n.b.	n.b.	452	1,4	2,72		50,5	47,8			
					Permeat	0,0	0,0	20,9	n.b.	n.b.	n.b.	429	0,0	0,15		16,1	83,3			
19,0	MP-P	3,2	8	TW	0	0,0	0,0	21,5	n.b.	n.b.	n.b.	449	0,0	0,15	As(V)	96,7	0,0	115,4	-	-
					60	5,4	2,0	21,2	n.b.	n.b.	n.b.	442	0,6	1,09		81,1	16,1			
					120	4,7	2,0	21,2	n.b.	n.b.	n.b.	439	0,9	2,09		63,4	34,4			
					180	4,4	2,0	21,2	n.b.	n.b.	n.b.	440	1,8	3,12		46,3	52,1			
					240	4,3	2,0	21,2	n.b.	n.b.	n.b.	414	2,1	4,35		29,5	69,5			
					Permeat	0,0	0,0	21,0	n.b.	n.b.	n.b.	418	0,0	0,15		13,3	86,2			
19,5	MP-P	3,2	8	TW	0	0,0	0,0	21,5	n.b.	n.b.	n.b.	458	0,0	0,15	As(V)	100,6	0,0	115,2	-	-
					60	6,9	2,0	21,5	n.b.	n.b.	n.b.	454	0,7	1,42		79,0	21,5			
					120	5,8	2,0	21,4	n.b.	n.b.	n.b.	459	1,5	2,87		58,0	42,4			
					180	5,0	2,0	21,5	n.b.	n.b.	n.b.	472	2,4	4,20		39,2	61,0			

Σ V_{beh}	EC-Typ	A	d	RW-Art	t_{EC}	U_{MW}	I_{MW}	T	O_2	Eh	pH	LF	Trübung	$c_{Al,ges}$	As-Art	$c_{As,f}$	E_{As}	Q	Reinigung	
m³		m²	mm	TW/ OW	min	V	A	°C	mg/L	mV	-	µS/cm	NTU	mg/L	(III)/ (V)	µg/L	%	L/h	UF	EC
					240	4,9	2,0	21,5	n.b.	n.b.	n.b.	446	3,1	5,51		22,9	77,2			
					Permeat	0,0	0,0	21,2	n.b.	n.b.	n.b.	450	0,0	0,15		16,1	84,0			
20,0	MP-P	3,2	8	TW	0	0,0	0,0	22,0	8,8	223	8,0	458	0,2	0,15	As(III)	102,9	0,0	116,2	-	-
					60	9,3	2,0	21,4	8,7	159	7,9	442	0,5	1,44		101,6	1,3			
					120	6,0	2,0	21,9	8,3	53	7,8	492	1,4	2,76		98,1	4,7			
					180	5,3	2,0	21,6	8,0	-2	7,8	446	2,4	4,12		96,6	6,1			
					240	5,0	2,0	21,6	8,1	-15	7,8	431	3,7	5,49		94,9	7,7			
					Permeat	0,0	0,0	20,7	8,6	126	8,1	421	0,0	0,15		79,8	22,5			
20,5	MP-P	3,2	8	TW	0	0,0	0,0	21,6	9,0	198	8,0	439	0,1	0,15	As(III)	102,7	0,0	116,0	-	-
					60	8,6	2,0	21,2	8,7	141	7,9	437	0,6	1,59		98,9	3,7			
					120	5,8	2,0	21,4	8,4	70	7,9	434	1,5	2,93		100,7	1,9			
					180	5,3	2,0	21,5	8,4	14	7,8	427	1,9	4,26		98,7	3,9			
					240	5,1	2,0	21,3	7,8	-16	7,8	422	3,1	5,76		96,2	6,4			
					Permeat	0,0	0,0	20,9	8,7	-10	7,9	411	0,2	0,15		75,7	26,3			
21,0	MP-S2	3,1	8	TW	0	0,0	0,0	21,5	9,0	204	8,0	436	0,6	0,15	As(III)	102,4	0,0	112,7	-	maschinell
					30	4,9	1,5	21,5	8,8	33	7,9	431	1,4	1,12		100,7	1,7			
					60	5,4	1,5	21,4	8,6	-3	7,8	425	2,5	1,99		98,9	3,4			
					90	5,6	1,5	21,4	8,5	-25	7,7	418	3,4	2,94		98,6	3,7			
					120	5,9	1,5	21,5	8,1	-31	7,7	413	4,5	3,75		96,6	5,7			
					Permeat	0,0	0,0	20,8	8,5	121	8,0	407	0,2	0,15		81,5	20,4			
21,5	MP-S2	3,1	8	TW	0	0,0	0,0	21,9	9,1	233	8,0	449	0,2	0,15	As(III)	103,6	0,0	116,4	-	-
					30	6,5	1,5	21,9	8,7	84	8,0	447	0,8	1,07		98,1	5,3			
					60	5,0	1,5	22,0	8,4	-10	7,9	446	1,8	2,21		99,9	3,6			
					90	5,2	1,5	22,1	7,9	-17	7,9	447	2,8	3,16		99,9	3,6			
					120	5,3	1,5	22,3	7,8	-27	7,9	443	3,7	4,11		99,4	4,1			
					Permeat	0,0	0,0	21,6	8,3	36	8,0	434	0,1	0,15		82,8	20,1			
22,0	MP-S2	3,1	8	TW	0	0,0	0,0	22,1	8,9	235	8,0	451	0,3	0,15	As(III)	100,0	0,0	116,9	-	-
					30	7,6	2,0	22,1	8,6	52	7,9	449	1,5	2,03		99,2	0,8			
					60	6,3	2,0	22,3	8,4	-41	7,9	444	3,4	3,75		95,2	4,8			
					90	6,6	2,0	22,3	8,2	-77	7,9	437	5,6	5,61		93,1	6,9			
					120	6,2	2,0	22,7	8,1	-87	7,8	436	8,1	7,22		94,6	5,4			
					Permeat	0,0	0,0	21,7	8,4	40	8,0	424	0,2	0,15		75,6	24,4			
22,5	MP-S2	3,1	8	TW	0	0,0	0,0	22,3	8,8	242	8,0	459	0,1	0,15	As(III)	104,5	0,0	115,2	-	-
					30	8,0	2,0	22,6	8,4	-12	7,9	459	1,0	1,74		102,5	1,9			
					60	6,2	2,0	22,9	8,3	-69	7,9	460	2,4	3,51		100,7	3,6			
					90	6,0	2,0	22,7	8,0	-97	7,9	454	4,0	5,42		98,4	5,8			
					120	6,1	2,0	22,5	7,9	-109	7,9	449	6,5	7,06		92,2	11,8			
					Permeat	0,0	0,0	21,2	8,2	201	7,9	420	0,2	0,15		73,7	29,4			
23,0	MP-S2	3,1	8	TW	0	0,0	0,0	23,5	8,6	238	8,0	452	0,3	0,15	As(III)	107,5	0,0	118,4	-	-
					30	7,8	2,8	23,4	8,3	-41	7,9	449	2,2	2,95		103,4	3,8			
					60	7,2	2,8	23,3	8,0	-85	7,9	442	5,4	5,99		102,3	4,8			
					90	7,1	2,8	23,3	7,6	-98	7,9	435	9,6	9,14		95,6	11,1			
					120	7,0	2,8	23,3	7,6	-104	7,8	429	12,5	11,99		98,7	8,2			
					Permeat	0,0	0,0	22,1	7,8	29	7,7	418	0,1	0,15		69,8	35,1			
23,5	MP-S2	3,1	8	TW	0	0,0	0,0	22,9	8,6	216	8,0	441	0,3	0,15	As(III)	103,9	0,0	115,3	-	-
					30	7,7	2,8	22,9	8,2	-11	7,9	440	1,3	2,31		101,0	2,8			
					60	6,9	2,8	23,1	7,9	-80	7,9	440	5,3	5,45		100,4	3,4			
					90	7,0	2,8	23,1	7,5	-110	7,8	433	7,7	7,96		99,7	4,0			
					120	7,0	2,8	23,0	7,2	-120	7,8	427	11,4	10,61		92,4	11,1			
					Permeat	0,0	0,0	22,1	7,9	128	8,1	417	0,2	0,15		67,0	35,6			
24,0	MP-S4	3,0	8	TW	0	0,0	0,0	22,9	8,7	216	8,0	441	0,3	0,15	As(III)	107,1	0,0	116,4	-	-
					30	10,0	1,5	22,8	8,4	-21	7,6	439	1,3	2,09		106,6	0,5			
					60	9,1	1,5	22,8	8,2	-58	7,6	435	3,5	4,31		104,0	2,9			
					90	9,3	1,5	23,0	7,9	-77	7,5	430	5,7	6,27		102,0	4,8			
					120	9,3	1,5	23,0	7,5	-80	7,5	423	7,5	8,09		98,1	8,4			
					Permeat	0,0	0,0	22,0	8,1	118	8,0	414	0,2	0,15		63,9	40,4			
24,5	MP-S4	3,0	8	TW	0	0,0	0,0	22,9	8,6	209	8,0	452	0,2	0,15	As(III)	104,1	0,0	115,7	-	-
					30	9,8	1,5	22,8	8,5	-37	7,9	448	1,0	1,66		103,1	1,0			
					60	8,7	1,5	22,7	8,3	-86	7,9	445	2,6	3,51		102,3	1,7			

Σ V_{beh}	EC-Typ	A	d	RW-Art	t_{EC}	U_{MW}	I_{MW}	T	O_2	Eh	pH	LF	Trübung	$c_{Al,ges}$	As-Art	$c_{As,f}$	E_{As}	Q	Reinigung	
m³		m²	mm	TW/ OW	min	V	A	°C	mg/L	mV	-	µS/cm	NTU	mg/L	(III)/ (V)	µg/L	%	L/h	UF	EC
					90	8,6	1,5	22,6	8,0	-114	7,9	440	4,5	5,61		99,0	4,9			
					120	8,6	1,5	22,5	7,9	-126	7,9	435	7,8	7,38		98,0	5,9			
					Permeat	0,0	0,0	21,9	8,2	172	8,1	424	0,3	0,15		61,0	41,4			
25,0	MP-S4	3,0	8	TW	0	0,0	0,0	22,5	8,7	229	8,0	447	0,0	0,15	As(III)	103,0	0,0	115,4	-	-
					30	11,3	2,0	22,5	8,4	-65	7,9	446	1,6	2,80		102,1	0,9			
					60	10,2	2,0	22,4	8,1	-109	7,9	439	5,9	5,76		99,3	3,6			
					90	10,1	2,0	22,5	7,9	-174	7,9	437	8,7	8,55		96,3	6,5			
					120	10,0	2,0	22,5	7,8	-186	7,9	429	13,7	11,15		95,3	7,5			
					Permeat	0,0	0,0	21,4	8,2	169	8,0	415	0,1	0,15		58,8	42,9			
25,5	MP-S4	3,0	8	TW	0	0,0	0,0	23,1	8,6	223	8,0	446	0,2	0,15	As(III)	105,3	0,0	116,3	-	-
					30	10,9	2,0	23,0	8,3	-85	8,0	445	1,5	2,46		100,3	4,7			
					60	9,9	2,0	23,2	7,9	-132	8,0	442	4,2	5,10		100,6	4,5			
					90	9,8	2,0	23,1	7,5	-156	7,9	437	8,5	8,13		97,9	7,1			
					120	9,7	2,0	23,1	7,1	-165	7,9	433	12,6	10,86		94,6	10,1			
					Permeat	0,0	0,0	22,1	8,0	61	8,0	418	0,1	0,18		56,3	46,6			
26,0	MP-S4	3,0	8	TW	0	0,0	0,0	22,5	8,7	231	8,0	444	0,2	0,15	As(III)	101,6	0,0	116,0	-	-
					30	14,4	2,8	22,5	8,2	-111	7,9	444	3,4	3,47		98,6	2,9			
					60	12,4	2,8	22,8	7,6	-140	7,9	438	8,7	7,92		95,8	5,7			
					90	12,3	2,8	22,7	7,4	-148	7,9	430	14,5	12,61		93,8	7,7			
					120	12,4	2,8	22,8	6,9	-207	7,9	421	20,5	16,24		90,8	10,7			
					Permeat	0,0	0,0	22,0	7,8	25	8,0	415	0,2	0,15		54,0	46,9			
26,5	MP-S4	3,0	8	TW	0	0,0	0,0	22,7	8,6	227	8,0	447	0,2	0,15	As(III)	102,7	0,0	114,7	-	-
					30	14,6	2,8	22,7	8,2	-135	7,8	435	2,2	3,34		98,2	4,4			
					60	12,7	2,8	22,8	7,8	-174	7,8	426	5,6	7,31		96,6	6,0			
					90	12,8	2,8	22,7	7,3	-203	7,7	416	9,1	11,56		93,8	8,6			
					120	12,9	2,8	22,7	6,9	-204	7,7	406	12,1	15,60		90,3	12,1			
					Permeat	0,0	0,0	22,7	7,9	72	8,0	403	0,2	0,15		51,0	50,3			
27,0	MP-S6	3,1	8	TW	0	0,0	0,0	22,7	8,7	236	8,1	451	0,3	0,15	As(III)	100,0	0,0	114,7	-	-
					30	14,5	1,5	22,6	8,4	-68	7,9	444	1,2	1,65		97,9	2,1			
					60	12,7	1,5	22,8	8,2	-105	7,8	439	3,8	3,78		95,6	4,4			
					90	12,6	1,5	22,9	7,8	-153	7,7	432	5,4	6,09		92,9	7,1			
					120	12,6	1,5	22,6	7,6	-151	7,7	422	8,0	8,35		91,5	8,5			
					Permeat	0,0	0,0	22,0	8,0	210	8,0	413	0,2	0,15		49,2	50,8			
27,5	MP-S6	3,1	8	TW	0	0,0	0,0	22,7	8,7	230	8,0	456	0,3	0,15	As(III)	100,2	0,0	115,7	-	-
					30	17,0	1,5	23,0	8,3	35	7,9	460	1,0	1,11		95,3	4,9			
					60	13,2	1,5	22,9	7,9	-120	7,9	456	2,7	3,08		93,9	6,3			
					90	12,4	1,5	23,0	7,5	-191	7,9	455	5,2	5,34		92,1	8,0			
					120	12,2	1,5	23,2	7,5	-167	7,9	452	7,9	7,65		90,0	10,2			
					Permeat	0,0	0,0	21,4	8,1	200	8,1	429	0,2	0,15		48,5	51,6			
28,0	MP-S6	3,1	8	TW	0	0,0	0,0	22,6	8,7	228	8,0	444	0,3	0,15	As(III)	100,0	0,0	114,8	-	-
					30	17,9	2,0	22,8	8,4	-92	8,0	443	2,0	2,84		97,7	2,3			
					60	15,6	2,0	22,8	7,9	-119	7,9	435	6,5	5,91		94,5	5,5			
					90	15,5	2,0	22,8	7,7	-130	7,9	428	11,1	9,76		92,3	7,6			
					120	15,2	2,0	22,6	7,0	-151	7,9	422	15,4	12,97		89,9	10,1			
					Permeat	0,0	0,0	22,1	8,1	50	8,1	414	0,2	0,15		47,2	52,8			
28,5	MP-S6	3,1	8	TW	0	0,0	0,0	22,4	8,8	230	8,0	445	0,3	0,15	As(III)	99,4	0,0	114,0	ja	-
					30	20,8	2,0	22,3	8,3	-94	8,0	443	1,4	2,22		94,7	4,7			
					60	15,1	2,0	22,4	7,8	-157	8,0	440	5,0	5,30		93,0	6,4			
					90	14,6	2,0	22,4	7,5	-182	8,1	435	10,8	8,93		90,1	9,4			
					120	14,5	2,0	22,3	7,0	-191	8,0	432	14,8	12,65		89,7	9,8			
					Permeat	0,0	0,0	22,1	8,1	50	8,1	414	0,2	0,15		49,7	50,0			
29,0	MP-S4	3,0	8	OW	0	0,0	0,0	20,3	9,4	252	8,2	628	4,6	0,54	As(III)	102,0	0,0	111,6	-	-
					60	15,7	2,8	20,1	8,0	-167	8,0	611	13,6	5,61		97,3	4,6			
					120	12,4	2,8	20,3	6,8	-174	7,8	592	27,3	13,15		92,4	9,4			
					180	12,8	2,8	20,4	6,5	-171	7,7	572	42,0	15,01		85,3	16,4			
					240	13,0	2,8	20,5	6,1	-156	7,6	548	52,1	26,02		82,7	18,9			
					Permeat	0,0	0,0	20,8	7,7	-48	7,9	555	0,2	0,15		45,9	55,0			
29,5	MP-S4	3,0	8	OW	0	0,0	0,0	19,6	9,4	198	8,1	721	2,7	0,24	As(III)	98,1	0,0	109,7	-	-
					60	19,2	2,8	19,3	8,1	-105	8,0	716	12,1	3,82		94,2	3,9			

Σ V_{beh}	EC-Typ	A	d	RW-Art	t_{EC}	U_{MW}	I_{MW}	T	O_2	Eh	pH	LF	Trübung	$c_{Al,ges}$	As-Art	$c_{As,f}$	E_{As}	Q	Reinigung	
m³		m²	mm	TW/OW	min	V	A	°C	mg/L	mV	-	µS/cm	NTU	mg/L	(III)/(V)	µg/L	%	L/h	UF	EC
					120	11,1	2,8	19,6	6,9	-139	7,9	708	17,3	9,37		90,8	7,4			
					180	11,3	2,8	19,9	6,5	-121	7,9	694	34,4	18,09		97,1	1,0			
					240	11,3	2,8	20,0	5,6	-143	7,9	677	46,1	20,53		92,8	5,4			
					Permeat	0,0	0,0	20,4	7,9	-32	8,0	676	0,0	0,15		49,5	49,5			
30,0	MP-S2	3,1	8	OW	0	0,0	0,0	18,9	9,6	233	8,1	809	2,6	0,40	As(III)	101,9	0,0	109,8	-	maschinell
					60	9,4	2,8	18,8	8,7	-117	8,1	797	5,4	2,61		99,0	2,8			
					120	8,5	2,8	19,1	7,9	-171	8,0	798	11,3	5,33		96,6	5,3			
					180	7,6	2,8	19,1	7,5	-167	7,9	782	22,1	10,36		92,6	9,1			
					240	6,9	2,8	19,1	7,2	-171	7,8	781	27,2	11,80		92,2	9,5			
					Permeat	0,0	0,0	20,1	7,9	-80	7,9	780	0,0	0,15		55,5	45,5			
30,5	MP-S2	3,1	20	TW	0	0,0	0,0	22,6	8,8	169	8,0	439	0,4	0,15	As(V)	159,5	0,0	110,7	-	-
					60	8,0	2,0	22,5	8,4	18	7,8	426	2,2	1,97		60,3	62,2			
					120	7,9	2,0	22,5	8,1	-44	7,7	408	4,0	4,14		25,2	84,2			
					180	8,0	2,0	22,7	7,8	-175	7,6	394	5,4	6,32		11,8	92,6			
					240	8,1	2,0	22,7	7,2	-195	7,5	378	7,0	8,57		4,8	97,0			
					Permeat	0,0	0,0	21,7	8,1	81	7,9	400	0,1	0,15		11,8	92,6			
31,0	MP-S2	3,1	20	TW	0	0,0	0,0	22,5	8,8	263	8,0	444	0,3	0,15	As(V)	109,3	0,0	110,9	-	-
					60	8,6	2,0	22,4	8,3	-64	8,0	444	2,1	2,73		66,9	38,8			
					120	7,3	2,0	22,2	7,7	-184	7,9	438	4,5	5,39		39,3	64,1			
					180	6,9	2,0	22,6	7,6	-206	7,9	431	6,4	8,17		19,3	82,3			
					240	7,2	2,0	22,7	7,5	-225	7,9	421	9,3	10,85		8,4	92,3			
					Permeat	0,0	0,0	21,8	7,8	39	8,0	413	0,1	0,16		9,3	91,5			
31,5	MP-S4	3,0	20	TW	0	0,0	0,0	22,6	8,8	249	8,0	459	0,3	0,35	As(V)	99,4	0,0	111,2	-	-
					60	13,2	2,0	22,5	8,1	-132	7,9	446	3,2	4,57		40,5	59,2			
					120	13,5	2,0	22,5	7,4	-182	7,8	430	8,1	9,34		7,3	92,6			
					180	7,5	2,0	22,9	7,2	-192	7,8	417	12,6	13,10		3,0	97,0			
					240	14,0	2,0	22,8	7,0	-213	7,7	402	15,6	17,37		3,0	97,0			
					Permeat	0,0	0,0	21,9	7,4	94	8,0	399	0,2	0,37		10,5	89,4			
32,0	MP-S4	3,0	20	TW	0	0,0	0,0	22,8	8,8	235	8,0	463	0,2	0,32	As(V)	103,4	0,0	109,0	-	-
					60	13,1	2,0	22,8	7,9	-153	8,0	459	3,6	4,59		49,4	52,2			
					120	12,8	2,0	22,8	7,2	-152	7,9	449	7,6	9,66		11,8	88,6			
					180	13,3	2,0	23,1	6,7	-177	7,9	437	12,5	14,91		3,0	97,1			
					240	13,5	2,0	23,1	6,5	-184	7,9	424	16,6	19,17		3,0	97,1			
					Permeat	0,0	0,0	21,8	7,5	132	8,0	411	0,1	0,26		9,7	90,6			
32,5	MP-S4	3,0	20	TW	0	0,0	0,0	21,2	9,2	221	7,9	440	0,3	0,36	As(V)	99,4	0,0	107,0	-	-
					60	17,2	2,8	21,1	7,9	-121	8,0	431	6,7	6,86		29,1	70,7			
					120	17,4	2,8	21,3	7,3	-141	8,0	422	14,2	13,43		5,2	94,8			
					180	17,8	2,8	21,5	6,9	-123	8,0	409	19,4	21,09		3,0	97,0			
					240	18,4	2,8	21,7	6,9	-125	8,0	395	24,9	27,43		3,0	97,0			
					Permeat	0,0	0,0	21,2	7,5	149	8,1	387	0,1	0,29		8,1	91,8			
33,0	MP-S4	3,0	20	TW	0	0,0	0,0	23,0	8,9	239	8,0	438	0,3	0,19	As(V)	87,5	0,0	103,1	-	-
					60	16,3	2,8	22,9	7,8	-189	8,0	434	5,4	6,69		36,4	58,4			
					120	16,5	2,8	22,9	7,4	-225	8,0	428	13,8	14,52		6,3	92,8			
					180	16,9	2,8	22,8	6,7	-244	8,1	413	20,4	15,00		3,0	96,6			
					240	17,3	2,8	23,0	6,2	-251	8,1	397	26,8	15,10		3,0	96,6			
					Permeat	0,0	0,0	21,8	7,4	27	8,1	388	0,2	0,42		7,8	91,1			
33,5	MP-S2	3,1	20	TW	0	0,0	0,0	22,2	9,0	271	8,0	434	0,4	0,28	As(V)	96,3	0,0	104,2	-	-
					60	9,7	2,8	22,3	8,2	-106	7,9	431	2,1	2,61		61,1	36,5			
					120	9,8	2,8	22,1	7,4	-149	7,8	420	5,3	7,04		18,3	81,0			
					180	9,9	2,8	22,3	7,0	-190	7,8	408	10,1	11,53		3,0	96,9			
					240	10,1	2,8	22,4	6,9	-224	7,8	397	12,6	16,16		3,0	96,9			
					Permeat	0,0	0,0	21,7	7,5	88	8,1	392	0,2	0,27		7,0	92,7			
34,0	MP-S2	3,1	20	TW	0	0,0	0,0	22,1	8,9	241	8,0	437	0,5	0,26	As(V)	100,4	0,0	103,1	-	-
					60	8,9	2,8	22,1	8,0	-134	7,9	438	2,7	4,02		57,1	43,1			
					120	8,6	2,8	22,3	7,4	-275	8,0	428	7,3	9,00		18,4	81,6			
					180	8,8	2,8	22,2	6,9	-322	8,0	418	10,8	13,88		4,1	95,9			
					240	8,9	2,8	22,3	6,2	-345	7,9	405	15,5	17,37		3,0	97,0			
					Permeat	0,0	0,0	21,3	7,5	113	8,1	396	0,2	0,33		8,8	91,3			
34,5	MP-S2	3,1	20	TW	0	0,0	0,0	22,2	9,0	237	8,0	444	0,4	0,34	As(III)	102,4	0,0	101,9	-	-

Σ V_{beh}	EC-Typ	A	d	RW-Art	t_{EC}	U_{MW}	I_{MW}	T	O_2	Eh	pH	LF	Trübung	$c_{Al,ges}$	As-Art	$c_{As,f}$	E_{As}	Q	Reinigung	
m³		m²	mm	TW/ OW	min	V	A	°C	mg/L	mV	-	µS/cm	NTU	mg/L	(III)/ (V)	µg/L	%	L/h	UF	EC
					60	9,1	2,8	22,3	7,8	-204	7,9	443	2,8	4,10		98,0	4,3			
					120	9,2	2,8	22,4	7,4	-256	7,9	437	7,2	8,75		92,3	9,9			
					180	9,4	2,8	22,3	6,9	-269	7,9	423	10,8	13,53		88,4	13,7			
					240	9,5	2,8	22,4	6,3	-285	7,9	409	15,2	17,51		84,0	18,0			
					Permeat	0,0	0,0	20,7	8,1	139	8,1	391	0,2	0,33		37,6	63,3			
35,0	MP-S2	3,1	20	TW	0	0,0	0,0	22,3	8,9	255	8,0	449	0,6	0,25	As(III)	102,0	0,0	99,1	-	-
					60	8,7	2,8	22,2	7,8	-131	7,9	447	2,4	3,35		97,1	4,8			
					120	8,4	2,8	22,1	7,3	-143	8,0	437	8,5	7,60		93,4	8,4			
					180	8,6	2,8	22,4	6,9	-154	8,0	429	10,6	11,89		88,7	13,0			
					240	8,8	2,8	22,4	6,6	-179	8,0	419	15,1	16,61		82,7	19,0			
					Permeat	0,0	0,0	21,3	7,8	48	8,1	408	0,2	0,34		34,7	66,0			
35,5	MP-S2	3,1	20	TW	0	0,0	0,0	21,6	9,1	218	8,0	441	0,6	0,56	As(III)	101,9	0,0	101,3	-	-
					60	8,2	2,0	21,5	8,3	-94	7,9	438	1,2	1,68		97,0	4,8			
					120	8,1	2,0	21,6	7,6	-106	7,8	432	3,0	3,92		93,2	8,6			
					180	8,3	2,0	21,6	7,1	-166	7,8	427	5,5	6,84		89,7	12,0			
					240	8,3	2,0	21,7	7,0	-143	7,8	417	7,5	9,40		86,7	14,9			
					Permeat	0,0	0,0	21,1	7,6	87	8,1	414	0,2	0,24		37,7	63,1			
36,0	MP-S2	3,1	20	TW	0	0,0	0,0	21,4	9,2	201	7,9	436	0,4	0,15	As(III)	106,1	0,0	99,3	-	-
					60	8,3	2,0	21,5	8,4	-44	7,9	439	1,1	1,87		99,9	5,8			
					120	8,1	2,0	21,3	7,7	-68	7,9	430	3,1	4,53		97,8	7,8			
					180	8,1	2,0	21,2	7,4	-123	8,0	423	5,4	7,71		94,4	11,1			
					240	8,2	2,0	21,2	7,0	-104	7,9	417	7,5	10,90		90,0	15,2			
					Permeat	0,0	0,0	21,2	7,7	101	8,1	411	0,3	0,27		41,4	61,0			
36,5	MP-S4	3,0	20	TW	0	0,0	0,0	21,7	9,1	205	8,0	447	0,5	0,28	As(III)	106,0	0,0	96,8	-	-
					60	15,3	2,0	21,7	8,1	-130	7,9	440	1,5	2,78		102,0	3,8			
					120	14,9	2,0	21,8	7,4	-208	7,9	432	5,1	6,66		96,3	9,2			
					180	15,0	2,0	21,9	6,7	-237	7,9	423	8,7	10,95		92,3	13,0			
					240	15,1	2,0	22,1	6,2	-261	7,9	412	12,9	15,90		88,9	16,2			
					Permeat	0,0	0,0	20,9	7,9	142	8,2	401	0,2	0,29		41,5	60,9			
37,0	MP-S4	3,0	20	TW	0	0,0	0,0	22,1	9,1	270	8,0	436	0,6	0,21	As(III)	106,0	0,0	94,4	-	-
					60	15,1	2,0	22,1	7,9	-155	7,9	433	2,1	3,16		103,0	2,8			
					120	13,9	2,0	22,2	6,9	-183	7,9	427	5,6	7,77		99,0	6,7			
					180	14,3	2,0	22,2	6,7	-194	8,0	420	10,9	12,73		93,3	12,0			
					240	14,3	2,0	22,1	6,4	-213	8,0	411	13,2	18,28		89,3	15,8			
					Permeat	0,0	0,0	22,2	7,5	52	8,2	403	0,1	0,33		36,3	65,7			
37,5	MP-S4	3,0	20	TW	0	0,0	0,0	21,5	9,1	223	8,0	428	0,6	0,37	As(III)	100,0	0,0	92,9	-	-
					60	21,3	2,8	21,5	7,8	-122	7,9	421	3,7	4,80		92,6	7,4			
					120	20,2	2,8	21,6	6,7	-158	7,9	408	9,1	11,93		86,9	13,0			
					180	20,4	2,8	21,5	6,4	-192	7,9	395	15,6	18,64		83,1	16,9			
					240	20,6	2,8	21,6	6,3	-206	7,9	383	20,6	25,34		79,9	20,1			
					Permeat	0,0	0,0	20,8	9,1	113	8,1	378	0,2	0,34		33,8	66,2			
38,0	MP-S4	3,0	20	TW	0	0,0	0,0	21,4	9,5	234	8,0	432	0,3	0,15	As(III)	100,0	0,0	91,7	-	-
					60	23,3	2,8	21,3	8,3	-139	7,9	418	3,7	4,94		90,7	9,3			
					120	20,6	2,8	21,4	7,1	-160	7,8	404	7,7	11,25		89,9	10,1			
					180	21,4	2,8	21,5	6,5	-173	7,8	387	11,8	17,56		86,9	13,1			
					240	21,7	2,8	21,6	6,2	-183	7,8	372	14,9	24,58		82,3	17,7			
					Permeat	0,0	0,0	21,0	7,8	85	8,1	373	0,3	0,30		30,3	69,7			
38,5	MP-S4	3,0	20	OW	0	0,0	0,0	17,8	9,4	158	8,1	871	4,8	0,40	As(III)	99,9	0,0	90,9	-	-
					60	17,0	2,8	17,6	8,2	-125	8,0	854	13,6	3,86		95,1	4,8			
					120	15,2	2,8	17,5	7,2	-155	7,9	840	21,3	7,76		94,7	5,2			
					180	15,3	2,8	17,9	6,8	-166	7,8	831	33,0	12,34		94,0	5,9			
					240	15,2	2,8	18,1	6,5	-151	7,8	820	41,3	17,00		91,2	8,8			
					Permeat	0,0	0,0	20,2	7,0	121	7,9	824	0,4	0,19		47,3	52,7			
39,0	MP-S4	3,0	20	OW	0	0,0	0,0	18,5	9,6	176	8,2	928	3,6	0,62	As(III)	96,4	0,0	87,2	-	-
					60	18,5	2,8	18,3	8,1	-117	8,0	914	10,0	4,19		93,1	3,4			
					120	16,2	2,8	18,5	7,4	-146	7,9	900	18,3	8,55		89,8	6,8			
					180	15,8	2,8	19,1	6,7	-144	7,9	895	28,9	13,18		86,5	10,2			
					240	15,5	2,8	19,2	6,2	-177	7,8	878	33,0	17,46		83,4	13,5			
					Permeat	0,0	0,0	19,6	6,7	97	8,0	892	0,1	0,21		40,5	58,0			

Σ V_{beh}	EC-Typ	A	d	RW-Art	t_{EC}	U_{MW}	I_{MW}	T	O_2	Eh	pH	LF	Trübung	$c_{Al,ges}$	As-Art	$c_{As,f}$	E_{As}	Q	Reinigung	
m³		m²	mm	TW/OW	min	V	A	°C	mg/L	mV	-	µS/cm	NTU	mg/L	(III)/ (V)	µg/L	%	L/h	UF	EC
39,5	MP-S4	3,0	20	OW	0	0,0	0,0	18,8	9,7	130	8,2	931	3,0	0,64	As(V)	96,0	0,0	82,8	-	-
					60	20,9	2,8	18,5	8,3	-129	8,0	922	9,3	3,87		62,5	34,9			
					120	17,5	2,8	18,8	7,5	-165	7,9	916	18,3	7,55		29,8	69,0			
					180	16,8	2,8	19,2	6,9	-194	7,9	910	24,9	11,52		13,2	86,3			
					240	16,1	2,8	19,4	6,6	-207	7,8	896	32,8	16,80		7,0	92,7			
					Permeat	0,0	0,0	19,6	6,7	97	8,0	892	0,2	0,25		21,7	77,4			
40,0	MP-S4	3,0	20	OW	0	0,0	0,0	19,3	9,1	87	8,2	620	14,6	0,58	As(V)	94,1	0,0	78,5	-	-
					60	27,0	2,8	19,3	8,0	-98	8,0	617	18,8	3,80		48,5	48,5			
					120	21,2	2,8	19,4	6,6	-112	7,9	606	24,3	8,34		11,5	87,8			
					180	19,9	2,8	19,7	6,0	-125	7,9	597	31,2	13,81		3,0	96,8			
					240	19,4	2,8	19,9	5,5	-138	7,8	585	40,5	20,23		3,0	96,8			
					Permeat	0,0	0,0	20,0	6,6	58	8,0	611	0,2	0,27		14,0	85,1			
40,5	MP-S2	3,1	20	OW	0	0,0	0,0	19,4	9,2	99	7,9	550	7,6	0,56	As(III)	95,2	0,0	84,0	-	-
					60	13,4	2,8	19,2	8,3	-104	8,0	545	11,5	2,93		92,5	2,9			
					120	12,1	2,8	19,4	7,5	-127	7,9	538	14,5	5,44		89,1	6,4			
					180	12,3	2,8	19,6	6,7	-198	7,9	533	22,0	8,43		86,9	8,7			
					240	11,8	2,8	19,5	6,2	-175	7,8	521	29,6	12,13		85,1	10,6			
					Permeat	0,0	0,0	20,2	8,1	137	8,1	539	0,2	0,18		27,8	70,8			
41,0	MP-S2	3,1	20	OW	0	0,0	0,0	19,2	9,1	157	8,0	480	77,7	1,51	As(III)	94,6	0,0	80,9	-	-
					60	15,2	2,8	19,3	8,0	-153	8,0	479	81,8	5,07		89,4	5,5			
					120	12,8	2,8	19,7	7,2	-172	8,0	474	85,1	9,01		85,6	9,5			
					180	13,0	2,8	19,7	6,6	-193	7,9	462	93,5	13,42		83,0	12,3			
					240	12,5	2,8	20,4	6,1	-213	7,8	459	104,2	17,46		82,2	13,1			
					Permeat	0,0	0,0	20,3	8,0	83	8,0	469	0,3	0,20		29,5	68,8			
41,5	MP-S2	3,1	20	OW	0	0,0	0,0	18,1	9,5	197	8,2	651	2,8	0,15	As(V)	94,2	0,0	75,9	-	-
					60	13,5	2,8	18,4	8,3	-132	8,0	651	6,9	3,18		58,1	38,3			
					120	12,8	2,8	18,3	7,8	-123	7,9	641	14,6	7,18		22,5	76,1			
					180	12,7	2,8	18,6	6,6	-134	7,9	634	21,8	11,17		5,8	93,8			
					240	12,0	2,8	18,7	6,4	-173	7,8	623	30,1	15,39		3,0	96,8			
					Permeat	0,0	0,0	19,7	6,9	29	8,0	627	0,2	0,17		15,7	83,3			
42,0	MP-S2	3,1	20	OW	0	0,0	0,0	18,6	9,4	207	8,1	788	1,9	0,15	As(V)	95,8	0,0	71,6	ja	-
					60	12,0	2,8	18,2	8,3	-103	8,1	776	5,5	2,55		69,5	27,5			
					120	10,7	2,8	18,3	7,5	-125	8,0	766	12,8	5,89		38,2	60,2			
					180	10,5	2,8	18,5	7,0	-113	8,0	758	18,3	9,61		17,4	81,9			
					240	10,3	2,8	18,7	6,4	-135	7,9	748	25,6	13,16		5,6	94,1			
					Permeat	0,0	0,0	19,8	7,4	115	7,9	750	0,4	0,15		14,8	84,5			
42,5	MP-S4	3,0	20	TW	0	0,0	0,0	20,9	9,4	223	8,0	419	0,3	0,15	As(V)	195,7	0,0	87,2	-	-
					60	31,0	1,3	20,8	8,9	-17	7,8	414	1,1	1,46		132,0	32,5			
					120	30,9	1,6	20,9	8,2	-63	7,7	408	2,4	3,61		61,9	68,4			
					180	30,8	1,7	21,3	7,9	-99	7,7	403	3,5	5,93		24,4	87,5			
					240	30,9	1,8	21,0	7,2	-99	7,6	389	4,9	8,64		5,8	97,0			
					Permeat	0,0	0,0	20,7	7,9	99	8,0	418	0,2	0,15		5,7	97,1			
43,0	MP-S4	3,0	20	TW	0	0,0	0,0	20,5	9,3	250	7,9	424	0,5	0,27	As(V)	198,7	0,0	76,4	-	-
					60	27,3	2,8	20,1	8,3	-54	7,8	409	2,8	4,63		53,8	72,9			
					120	24,8	2,8	20,2	7,6	-85	7,8	398	5,4	10,04		11,7	94,1			
					180	25,6	2,8	20,6	7,1	-111	7,8	387	8,2	16,27		3,0	98,5			
					240	25,0	2,8	20,7	6,6	-107	7,7	374	11,8	21,03		3,0	98,5			
					Permeat	0,0	0,0	20,6	7,4	94	8,0	384	0,3	0,15		3,0	98,5			
43,5	MP-S4	3,0	20	TW	0	0,0	0,0	20,0	9,5	235	8,0	421	0,3	0,15	As(V)	192,3	0,0	72,9	-	-
					60	27,0	2,8	19,9	8,2	-68	7,9	416	3,4	4,85		61,0	68,3			
					120	24,2	2,8	19,9	7,2	-92	7,9	406	8,0	10,91		12,0	93,8			
					180	25,3	2,8	20,3	6,3	-76	7,9	397	12,4	17,75		3,0	98,4			
					240	25,3	2,8	21,0	6,7	-101	7,9	394	16,6	23,45		3,0	98,4			
					Permeat	0,0	0,0	20,6	7,4	104	8,1	392	0,4	0,15		6,1	96,8			
44,0	MP-S4	3,0	20	TW	0	0,0	0,0	20,4	9,4	242	8,0	427	0,4	0,15	As(V)	232,6	0,0	70,8	-	-
					60	29,8	2,8	20,2	8,3	-67	7,9	421	3,5	4,85		72,6	68,8			
					120	25,9	2,8	20,2	7,3	-43	7,9	410	7,4	11,30		11,2	95,2			
					180	25,4	2,8	20,6	7,0	-53	7,9	400	13,3	17,85		3,0	98,7			
					240	24,6	2,8	20,8	6,6	-88	7,9	389	16,0	23,74		3,0	98,7			

Σ V_{beh}	EC-Typ	A	d	RW-Art	t_{EC}	U_{MW}	I_{MW}	T	O_2	Eh	pH	LF	Trübung	$c_{Al,ges}$	As-Art	$c_{As,f}$	E_{As}	Q	Reinigung	
m³		m²	mm	TW/ OW	min	V	A	°C	mg/L	mV	-	µS/cm	NTU	mg/L	(III)/ (V)	µg/L	%	L/h	UF	EC
					Permeat	0,0	0,0	20,6	7,6	140	8,1	388	0,3	0,27		5,7	97,6			
44,5	MP-S2	3,1	20	TW	0	0,0	0,0	19,8	9,5	196	8,0	425	0,4	0,15	As(V)	201,3	0,0	68,8	-	-
					60	19,2	2,8	19,7	8,4	4	7,9	407	1,9	3,39		86,8	56,9			
					120	17,0	2,8	19,9	7,6	-53	7,8	402	4,2	7,64		21,7	89,2			
					180	16,2	2,8	20,1	7,1	-40	7,7	391	5,7	11,83		6,7	96,7			
					240	16,0	2,8	20,3	6,6	-72	7,7	380	7,4	16,31		3,7	98,2			
					Permeat	0,0	0,0	20,6	7,4	104	8,1	392	0,4	0,15		5,5	97,3			
45,0	MP-S2	3,1	20	TW	0	0,0	0,0	20,6	9,4	215	8,0	431	0,4	0,15	As(V)	200,0	0,0	65,6	-	-
					60	29,4	2,6	20,8	8,5	3	7,9	427	1,2	2,37		118,1	41,0			
					120	22,3	2,8	20,9	7,8	-7	7,9	427	3,8	6,56		33,3	83,3			
					180	20,5	2,8	21,0	7,0	-55	7,8	420	6,6	10,66		8,7	95,7			
					240	18,2	2,8	21,2	7,0	-53	7,8	411	9,7	15,16		4,0	98,0			
					Permeat	0,0	0,0	20,8	7,5	176	8,1	409	0,3	0,15		5,5	97,3			
45,5	MP-S2	3,1	20	TW	0	0,0	0,0	20,3	9,4	192	8,0	430	0,4	0,15	As(V)	282,0	0,0	65,3	-	-
					60	29,2	2,5	20,4	8,7	23	7,9	425	1,5	1,80		121,5	56,9			
					120	21,6	2,8	20,6	7,7	-78	7,9	418	4,1	5,35		40,5	85,7			
					180	19,4	2,8	21,0	7,3	-97	7,9	411	5,8	9,18		11,9	95,8			
					240	18,4	2,8	20,9	6,9	-90	7,9	398	8,6	13,24		4,9	98,3			
					Permeat	0,0	0,0	20,6	7,5	124	8,1	399	0,2	0,15		6,8	97,6			
46,0	MP-S2	3,1	20	TW	0	0,0	0,0	20,1	9,5	220	8,0	430	0,3	0,15	As(V)	209,8	0,0	67,1	-	-
					60	30,2	2,4	20,1	8,7	-27	8,0	427	1,2	1,35		136,3	35,0			
					120	22,7	2,8	20,2	8,0	-59	7,9	420	2,8	4,88		50,6	75,9			
					180	20,8	2,8	20,5	7,2	-76	7,9	413	4,7	8,58		15,8	92,5			
					240	19,3	2,8	20,5	6,5	-118	7,9	406	6,8	12,57		7,0	96,6			
					Permeat	0,0	0,0	20,5	7,8	107	8,1	404	0,1	0,15		8,2	96,1			
46,5	MP-S2	3,1	20	TW	0	0,0	0,0	20,2	9,5	240	8,0	430	0,3	0,15	As(V)	98,7	0,0	66,8	-	-
					60	31,0	2,3	20,1	8,8	27	8,0	428	0,8	1,12		73,0	26,0			
					120	24,9	2,8	20,3	7,8	-13	7,9	419	2,5	4,00		33,0	66,6			
					180	22,7	2,8	20,5	7,1	-42	7,9	410	4,6	7,36		10,7	89,2			
					240	20,2	2,8	20,8	6,6	-50	7,9	402	5,6	10,56		4,9	95,0			
					Permeat	0,0	0,0	20,5	7,7	160	8,1	402	0,2	0,15		6,6	93,3			
47,0	MP-S2	3,1	20	TW	0	0,0	0,0	20,5	9,5	194	8,0	436	0,3	0,15	As(V)	109,3	0,0	63,2	-	-
					60	31,2	1,9	20,4	8,9	37	7,9	433	0,7	0,82		77,3	29,3			
					120	27,5	2,8	20,5	8,0	-3	7,8	427	1,8	3,18		36,7	66,4			
					180	23,8	2,8	20,8	7,4	-62	7,8	423	3,7	6,33		11,4	89,6			
					240	21,6	2,8	21,0	6,8	-106	7,8	411	4,8	10,64		5,0	95,4			
					Permeat	0,0	0,0	20,5	7,9	180	8,1	404	0,3	0,15		6,8	93,8			

8.7 Adsorptionsisothermen bei einer Kontaktzeit von 24 Stunden

Anhang 48: Koeffizienten zu den berechneten Adsorptionsisothermen aus Adsorptionsversuchen mit As(III) und As(V) bei einer Kontaktzeit von 24 Stunden.

Material	As(III)						As(V)					
	Langmuir-1		Langmuir-2		Freundlich		Langmuir-1		Langmuir-2		Freundlich	
	q_m	K_L	q_m	K_L	n	K_f	q_m	K_L	q_m	K_L	n	K_f
T1	20,8	2,09	45,5	0,30	0,50	10,1	36,3	1,85	43,2	1,49	0,50	18,1
T2	5,70	2,41	85,2	0,03	0,67	3,90	91,3	3,31	133	1,03	0,47	46,3
T3	46,8	5,30	86,2	0,70	0,58	22,6	507	0,40	174	0,83	0,69	42,0
T4	44,5	3,64	146	0,43	0,64	29,0	575	1,14	324	1,25	0,63	104
T5	74,0	3,89	191	0,38	0,52	45,3	121	13,0	154	2,59	0,36	75,7
T6	82,4	0,59	72,1	0,40	0,51	18,3	59,5	1,81	102	0,67	0,55	31,5
T7	132	3,83	304	0,51	0,53	78,8	73,8	25,8	123	1,50	0,35	58,9
T8	98,5	2,07	372	0,23	0,66	57,4	131	4,28	313	0,77	0,55	93,1
T9	99,1	6,16	279	0,56	0,53	76,1	134	34,2	229	0,94	0,47	85,0
T10	155	5,62	491	0,50	0,65	111	142	12,3	248	1,53	0,45	111
T11	100	3,13	382	0,29	0,63	68,6	88,8	3,74	230	0,74	0,60	67,3
T12	107	4,33	425	0,34	0,61	85,8	112	4,10	247	0,71	0,57	76,9
T13	87,0	21,1	652	1,10	0,70	243	254	32,9	427	1,43	0,32	212
T14	161	17,2	652	1,32	0,58	265	261	48,7	437	1,58	0,31	225
T15	328	6,48	757	1,30	0,60	327	294	47,7	521	2,64	0,34	291
TSR1	21,5	1,42	112	0,09	0,68	10,0	35,7	11,5	39,2	3,82	0,28	23,3
TSR2	216	2,94	420	0,61	0,58	113	404	8,64	563	3,35	0,45	375
S1	-	-	-	-	-	-	5,80	0,50	5,30	0,54	0,93	1,60
S2	-	-	-	-	-	-	16,1	0,22	8,50	0,76	0,71	2,90
GEH	-	-	-	-	-	-	1.557	2,44	2.526	0,70	0,55	727
PEH	-	-	-	-	-	-	2.600	3,25	4.436	0,95	0,59	1.478

8.8 Untersuchungen der Adsorptionskinetik

Anhang 49: Koeffizienten zu den berechneten Adsorptionsisothermen aus Adsorptionsversuchen zum zeitabhängigen Adsorptionsverhalten von Tonerden (T1, T7, T11 und T12) bei As(V)-Aufnahme.

t [h]	T1				T7				T11				T12			
	Langmuir-1		Langmuir-2		Langmuir-1		Langmuir-2		Langmuir-1		Langmuir-2		Langmuir-1		Langmuir-2	
	q_m	K_L	q_m	K_L	q_m	K_L	q_m	K_L	q_m	K_L	q_m	K_L	q_m	K_L	q_m	K_L
0,25	16,8	3,2	17,1	3,1	12,3	40,6	21,3	10,2	35,9	3,4	52,3	2,2	39,4	1,8	44,9	1,6
1	18,4	3,1	19,1	2,9	12,4	102,7	24,4	15,4	43,8	3,3	73,6	1,8	23,4	5,8	48,4	2,3
4	23,0	3,2	21,2	3,5	16,1	177,6	32,9	29,9	39,5	5,7	58,8	3,5	27,2	9,2	50,3	4,1
16	17,6	6,1	27,5	3,2	22,6	340,9	42,6	62,7	37,9	10,7	54,2	6,4	27,1	20,5	53,6	8,1
24	16,6	5,4	37,3	1,6	24,2	136,0	44,4	43,9	37,2	9,3	75,9	3,9	53,1	8,9	68,0	6,6

Anhang 50: Zusammenstellung berechneter Geschwindigkeitskontanten der Adsorptionsreaktionsmodelle erster (k_1 in [1/h]) und zweiter (k_2 in [kg/(mg·h)]) Ordnung und das zugehörige Bestimmtheitsmaß R^2 für die As(V)-Adsorption an Tonerde bei verschiedenen As(V)-Anfangskonzentrationen.

Reaktionsordnung	c_0 [mg As/L]	T1		T7		T11		T12	
		k_1 bzw. k_2	R^2	k_1 bzw. k_2	R^2	k_1 bzw. k_2	R^2	k_1 bzw. k_2	R^2
1	0,05	0,34	0,52	k. A.*	k. A.*	0,48	0,57	0,46	0,66
	0,10	0,52	0,56	0,67	0,54	0,42	0,53	0,48	0,65
	0,25	0,49	0,56	0,65	0,73	0,42	0,53	0,41	0,69
	0,50	0,47	0,61	0,39	0,74	0,51	0,54	0,39	0,67
	1,00	0,28	0,61	0,33	0,81	0,40	0,54	0,38	0,70
2	0,05	0,85	0,73	k. A.*	k. A.*	1,52	0,86	1,05	0,90
	0,10	1,17	0,88	1,77	0,97	0,51	0,81	0,59	0,90
	0,25	0,47	0,87	0,45	0,98	0,33	0,88	0,17	0,87
	0,50	0,22	0,87	0,06	0,89	0,20	0,89	0,08	0,86
	1,00	0,04	0,75	0,05	0,95	0,05	0,80	0,04	0,87

* Die Geschwindigkeitskontanten für die As(V)-Anfangskonzentration von c_0 = 0,05 mg As(V)/L bei der As(V)-Adsorption an T7 konnten aufgrund fehlerhafter Messungen nicht berechnet werden.

Anhang 51: Geschwindigkeitskonstante k_2 (links) und die Anfangsadsorptionsrate h_0 (rechts) zum Adsorptionsreaktionsmodell zweiter Ordnung in Abhängigkeit von Arsenanfangskonzentration für alle untersuchten Tonerden (T1, T7, T11 und T12).

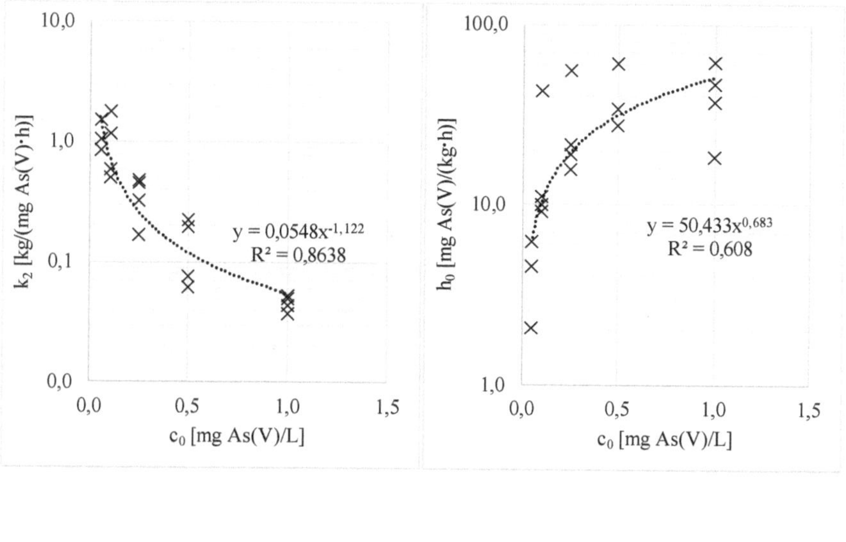

8.9 Abschätzung benötigter Tonerdemenge zur Arsenreduktion auf 10 µg As/L bei einer Kontaktzeit von 24 Stunden

Anhang 52: Benötigte Tonerdemenge zur Arsenreduktion auf 10 µg As/L im Trinkwasser mit verschiedenen As(III)- (oben) bzw. As(V)-Anfangskonzentrationen (unten) in Abhängigkeit vom Fe- und Al-Gehalt der Tonerde mit den Gewichtungsfaktoren a = 0,7 und b = 0,3 bei $t_{Kontakt}$ = 24 h.

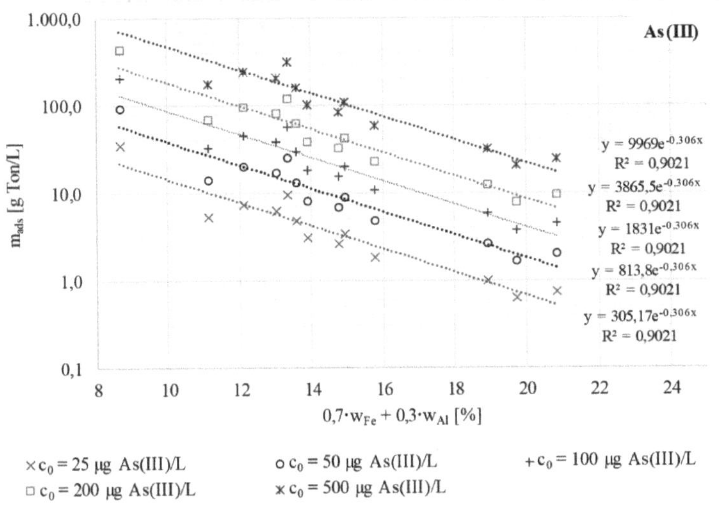

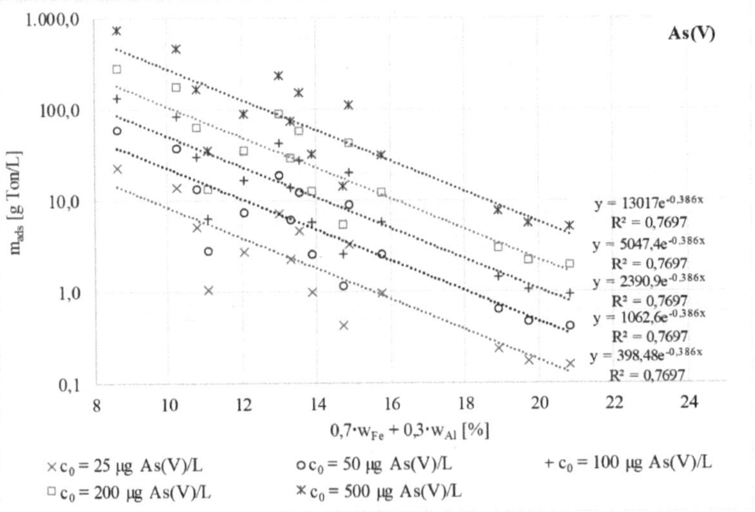

8.10 Arsenentfernung der C-ULPUF-Anlage im Betrieb mit T8 und T9

Anhang 53: Arsengehalt im Trinkwasser und im Permeat sowie die mittlere Eliminationsleistung der C-ULPUF-Anlage bei Anwendung von 3,5 g T8/L (oben) bzw. 3,5 g T9/L (unten) im Trinkwasser sowie im Trinkwasser mit erhöhtem Eisengehalt und einer kontinuierlichen Belüftung während des Filtrationsvorganges in Versuchen mit As(III) (links) und As(V) (rechts).

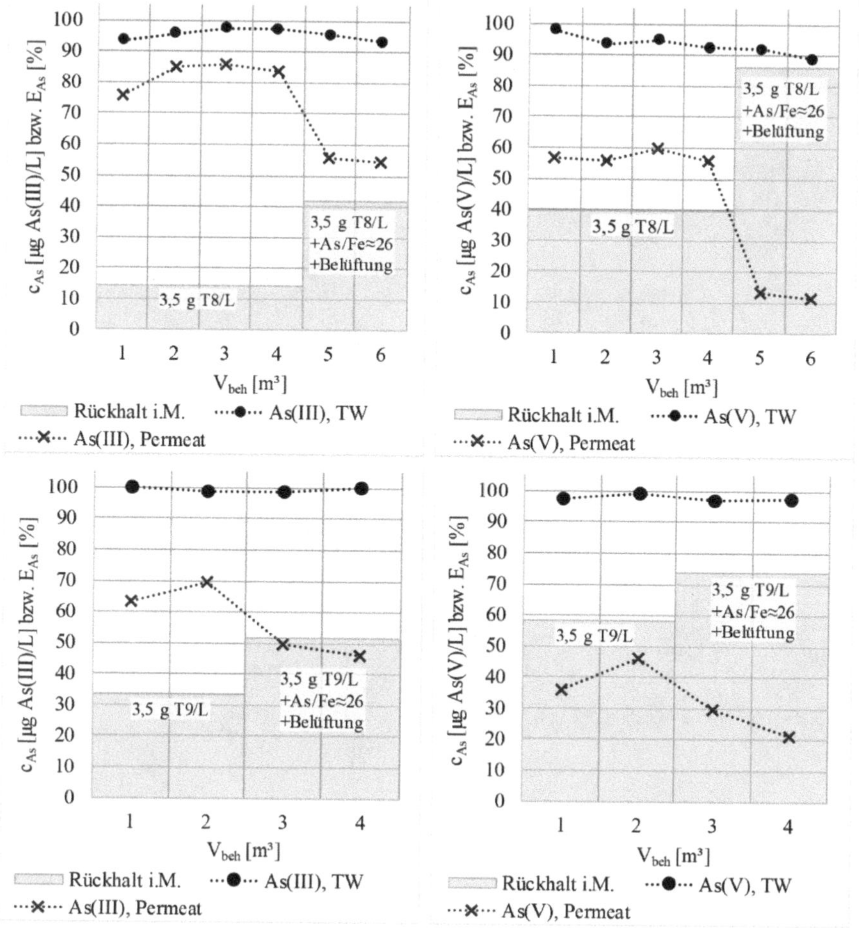

8.11 Arsenentfernung der C-ULPUF-Anlage im Betrieb mit T7 und T11

Anhang 54: As(V)-Gehalt im Rohwasser und im Permeat sowie die mittlere Entfernung mittels C-ULPUF-Verfahren im Dauerbetrieb mit Trinkwasser (links) und Oberflächenwasser (rechts) bei verschiedenen Betriebseinstellungen (Erläuterungen zu den Betriebseinstellungen sind in der nachfolgenden Tabelle aufgelistet).

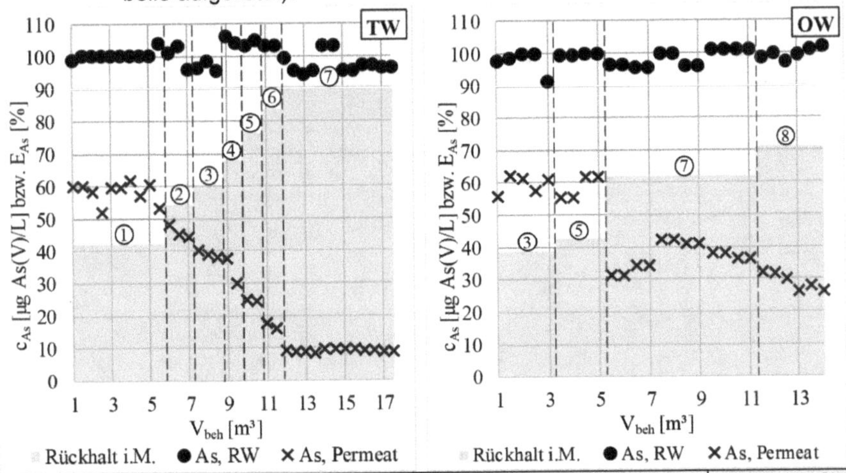

Nr.	Betriebseinstellungen	Erfolgte Veränderung	As im Ablauf i. M. [µg As(V)/L]	
			TW	OW
1	m_{ads} = 7,8 g T7/L, $t_{Rühr}$ = 1 h, t_{Sed} = 1 h	-	58,6	-
2	m_{ads} = 7,8 g T7/L, $t_{Rühr}$ = 1 h, t_{Sed} = 1 h	Verbesserung der Rührergeometrie*	47,6	-
3	m_{ads} = 7,8 g T7/L, $t_{Rühr}$ = 2 h, t_{Sed} = 1 h	Erhöhung der Kontaktzeit	38,9	59,5
4	m_{ads} = 7,8 g T7/L, $t_{Rühr}$ = 2 h, t_{Sed} = 2 h	Erhöhung der Absetzzeit	33,7	-
5	m_{ads} = 7,8 g T7/L, $t_{Rühr}$ = 4 h, t_{Sed} = 1 h	Erhöhung der Kontaktzeit	24,7	58,5
6	m_{ads} = 7,8 g T7/L, $t_{Rühr}$ = 24 h, t_{Sed} = 1 h	Erhöhung der Kontaktzeit	16,8	-
7	m_{ads} = 16,0 g T7/L, $t_{Rühr}$ = 4 h, t_{Sed} = 1 h	Erhöhung der Dosierung	9,0	37,1
8	m_{ads} = 11,2 g T12/L, $t_{Rühr}$ = 2 h, t_{Sed} = 1 h	Änderung der Tonerde und Dosierung	-	29,0

* Neue Rührergeometrie wurde in allen nachfolgenden Versuchen beibehalten.

8.12 Abschätzung der Tonerdedosierung mit C-ULPUF-Betrieb

Anhang 55: Abschätzung der benötigten Menge an T7, T12 für eine As(V)-Reduktion von 100 µg As/L auf 10 µg As/L im Trinkwasser bei $t_{Rühr}$ = 4 h anhand von Eisen- und Aluminiumgehalt.

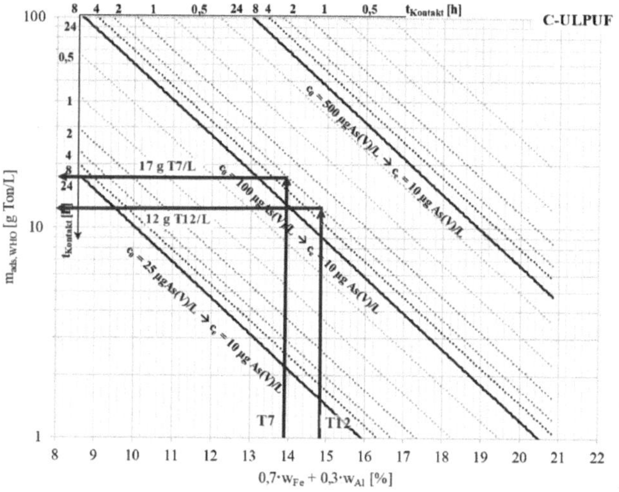

8.13 Ladungsdosis und Aluminiumgehalt im EC-Betrieb

Anhang 56: Abhängigkeit der Aluminiumkonzentration von der Ladungsdosis während der Elektrolyse für alle EC-ULPUF-Versuche.

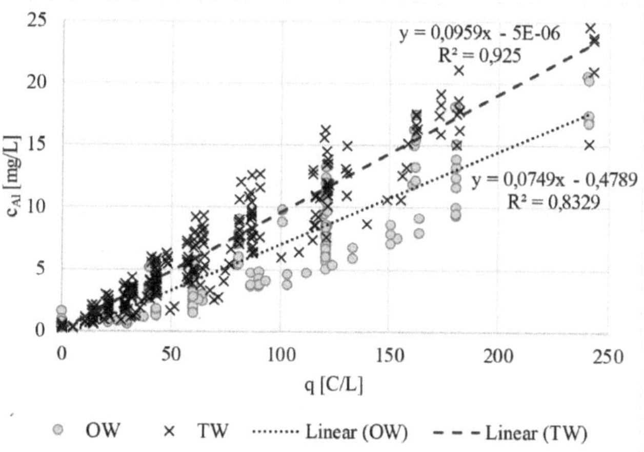

8.14 Leistungsfähigkeit untersuchter Elektrodenschaltungen

Anhang 57: Aluminiumfreisetzung und Reduktion von gelöstem As(III) (links) bzw. As(V) (rechts) im Trinkwasser in Abhängigkeit von Elektrodenschaltung der EC-Zelle (d_E = 8 mm) bei variabler Betriebsstromstärke von I = 1,5 A (oben), I = 2,0 A (mittig) und I = 2,8 A (unten).

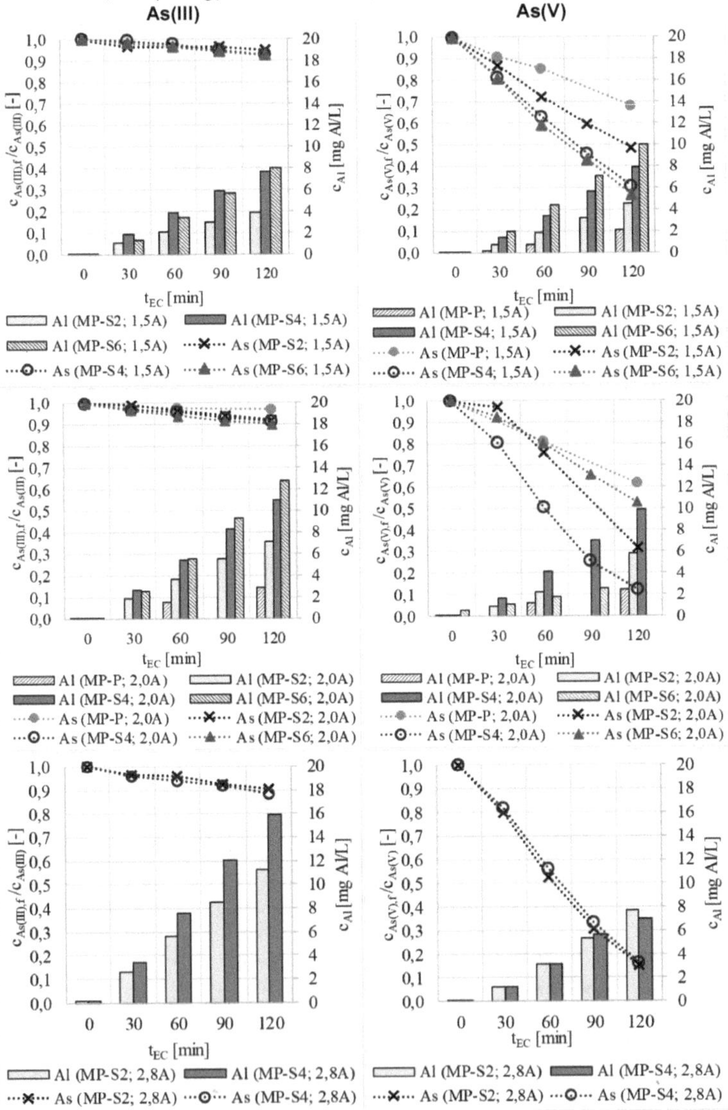

Anhang 58: Aluminiumfracht in Abhängigkeit von der Ladungsdosisrate für verschiedene Elektrodenschaltungen (d_E = 8 mm) bei Untersuchungen mit Trinkwasser (inkl. Standardabweichung).

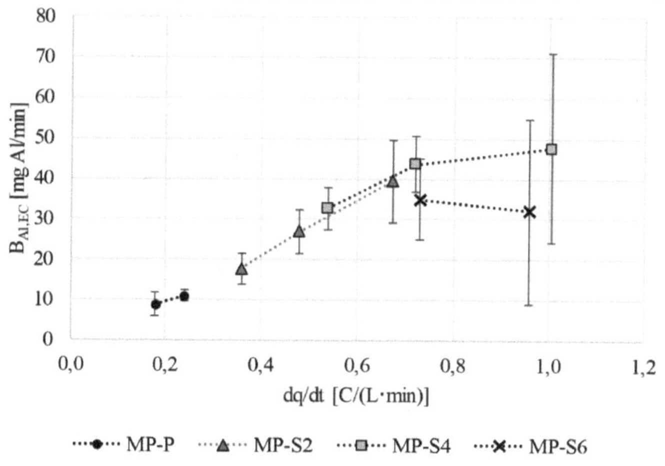

8.15 Statistische Größen zur Darstellung von Box-Whisker-Plot

Anhang 59: Statistische Daten zum Box-Whisker-Plot zu Abbildung 31.

	pH; As(III) [-]	pH; As(V) [-]
n	17	21
min	5,8	6,0
max	9,6	8,0
MW	7,1	7,2
1.Q	6,7	6,9
2.Q	7,0	7,3
3.Q	7,3	7,7

Anhang 60: Statistische Daten zum Box-Whisker-Plot zu Abbildung 35.

	q_m(L1); As(III) mg/kg	q_m(L1); As(V) mg/kg	q_m(L2); As(III) mg/kg	q_m(L2); As(V) mg/kg	$q_{0,01}$(L1); As(III) mg/kg	$q_{0,01}$(L1); As(V) mg/kg	$q_{0,01}$(L2); As(III) mg/kg	$q_{0,01}$(L2); As(V) mg/kg	$q_{0,01}$(F); As(III) mg/kg	$q_{0,01}$(F); As(V) mg/kg
n	14	15	14	15	14	15	14	15	14	15
min	47,7	15,4	1,1	0,1	0,8	0,6	37,5	4,0	2,9	7,7
max	88,6	175,3	30,4	4,3	37,1	35,4	76,2	93,6	39,9	74,7
MW	66,8	49,9	11,4	2,4	8,9	9,1	64,0	61,8	18,4	28,7
1.Q	56,9	34,8	9,1	1,3	2,5	1,9	58,4	45,7	12,6	14,1
2.Q	68,5	39,6	9,7	2,9	2,9	3,4	67,7	58,4	14,0	21,9
3.Q	72,3	52,6	12,1	3,5	8,8	15,0	72,4	84,1	21,7	34,2

Anhang 61: Statistische Daten zum Box-Whisker-Plot zu Abbildung 37.

	$q_{0,01}$; 1:1-Tone; As(III) [mg As/kg]	$q_{0,01}$; 1:1-Tone; As(V) [mg As/kg]	$q_{0,01}$; 2:1-Tone; As(III) [mg As/kg]	$q_{0,01}$; 2:1-Tone; As(V) [mg As/kg]	q_m; 1:1-Tone; As(III) [mg As/kg]	q_m; 1:1-Tone; As(V) [mg As/kg]	q_m; 2:1-Tone; As(III) [mg As/kg]	q_m; 2:1-Tone; As(V) [mg As/kg]
n	5	5	5	5	5	5	5	5
min	0,4	0,7	2,0	4,4	45,5	43,2	371,8	247,1
max	8,2	15,5	23,6	94,9	490,6	324,2	756,6	520,6
MW	3,1	7,7	13,0	50,6	191,9	188,8	571,4	389,0
1.Q	1,6	2,1	4,4	5,4	86,2	154,1	425,0	313,2
2.Q	2,4	6,5	15,2	62,8	146,4	174,3	651,5	427,4
3.Q	2,8	14,0	20,0	85,4	191,0	248,3	652,3	436,8

Anhang 62: Statistische Daten zum Box-Whisker-Plot zu Abbildung 42.

	$m_{ads,As(III)} / m_{ads,As(V)}$ [-]
n	13
min	0,9
max	6,0
MW	3,1
1.Q	1,5
2.Q	3,1
3.Q	4,1

Anhang 63: Statistische Daten zum Box-Whisker-Plot zu Abbildung 45.

	Eh [mV]		c_{O2} [mg/L]		LF [µS/cm]		pH [-]		T [°C]		AFS [mg/L]
	OW	TW	OW	TW	OW	TW	OW	TW	OW	TW	OW
n	23	54	27	64	27	54	27	64	27	64	31
min	77,8	100,0	7,7	5,4	798,0	434,0	7,9	7,2	13,2	15,3	2,6
max	254,0	281,4	9,6	9,6	1600,4	490,0	8,4	8,3	24,8	27,6	37,9
MW	184,9	199,7	8,7	8,1	1029,6	465,6	8,2	8,0	20,3	20,1	8,0
1.Q	172,5	178,2	8,5	7,8	940,5	462,3	8,1	7,8	17,5	17,2	4,2
2.Q	187,0	198,6	8,7	8,2	1035,0	469,2	8,2	8,0	21,2	19,3	5,9
3.Q	209,0	222,5	9,1	8,5	1090,2	474,0	8,3	8,1	22,8	22,6	9,6

Anhang 64: Statistische Daten zum Box-Whisker-Plot zu Abbildung 50.

	Trüb [NTU], RW		Trüb [NTU], n. Tonzugabe		Trüb [NTU], Permeat	
	OW	TW	OW	TW	OW	TW
n	27	45	13	50	27	64
min	2,0	0,3	158,4	84,4	0,2	0,2
max	111,0	4,7	1100,0	1100,0	0,8	0,9
MW	16,5	1,3	684,3	626,4	0,5	0,5
1.Q	3,7	0,7	233,9	399,1	0,3	0,4
2.Q	5,9	1,2	645,8	621,9	0,5	0,5
3.Q	22,3	1,5	1100,0	940,3	0,6	0,7

Anhang 65: Statistische Daten zum Box-Whisker-Plot zu Abbildung 61.

	Eh [mV]		c_{O2} [mg/L]		LF [µS/cm]		pH [-]		T [°C]		AFS [mg/L]
	OW	TW	OW	TW	OW	TW	OW	TW	OW	TW	OW
n	11	44	28	62	28	66	28	59	28	66	31
min	86,8	168,7	9,1	8,6	480,0	361,0	7,9	7,6	2,6	14,9	2,6
max	252,3	270,9	10,0	9,9	931,0	465,0	8,4	8,3	20,3	23,5	37,9
MW	172,1	226,9	9,5	9,1	764,5	430,7	8,2	8,0	17,2	20,7	8,0
1.Q	143,4	215,8	9,4	8,8	703,5	419,5	8,1	8,0	17,0	19,1	4,2
2.Q	175,5	229,6	9,5	9,1	788,0	436,5	8,2	8,0	17,5	21,5	5,9
3.Q	202,7	238,5	9,6	9,5	842,0	447,0	8,2	8,0	18,6	22,4	9,6

Anhang 66: Statistische Daten zum Box-Whisker-Plot zu Abbildung 62.

	Eh [mV], OW					
	0 min	60 min	120 min	180 min	240 min	Permeat
n	11	11	11	11	11	11
min	86,8	-167,3	-173,6	-197,7	-213,0	-79,9
max	252,3	-98,2	-112,1	-113,3	-135,4	137,1
MW	172,1	-122,7	-146,2	-156,8	-167,4	52,4
1.Q	143,4	-130,6	-168,0	-181,8	-176,1	-1,7
2.Q	175,5	-116,7	-146,1	-165,6	-171,3	82,9
3.Q	202,7	-104,3	-125,9	-129,8	-147,4	106,1

	pH [-], OW					
	0 min	60 min	120 min	180 min	240 min	Permeat
n	28	28	28	22	13	28
min	7,9	7,9	7,8	7,7	7,6	7,9
max	8,4	8,3	8,1	8,0	7,9	8,2
MW	8,2	8,1	7,9	7,8	7,8	8,0
1.Q	8,1	8,0	7,9	7,8	7,8	7,9
2.Q	8,2	8,0	7,9	7,9	7,8	8,0
3.Q	8,2	8,1	8,0	7,9	7,8	8,0

	CO_2 [mg/L], OW					
	0 min	60 min	120 min	180 min	240 min	Permeat
n	28	28	28	22	13	28
min	9,1	8,0	6,6	7,7	5,5	6,6
max	10,0	9,5	9,2	8,0	7,8	9,1
MW	9,5	8,7	7,9	7,8	6,5	8,2
1.Q	9,4	8,3	7,4	7,8	6,1	7,9
2.Q	9,5	8,8	7,8	7,9	6,4	8,6
3.Q	9,6	9,1	8,3	7,9	6,6	8,8

	LF [µS/cm], OW					
	0 min	60 min	120 min	180 min	240 min	Permeat
n	28	28	28	20	13	28
min	480,0	479,0	474,0	462,0	459,0	469,0
max	931,0	922,0	916,0	910,0	896,0	892,0
MW	764,5	750,6	743,7	746,0	692,3	745,5
1.Q	703,5	693,8	680,0	679,0	585,0	674,3
2.Q	788,0	771,0	766,5	783,0	720,0	765,5
3.Q	842,0	822,5	812,5	832,5	781,0	822,5

	Eh [mV], TW					
	0 min	60 min	120 min	180 min	240 min	Permeat
n	44	44	44	28	28	44
min	168,7	-204,4	-275,4	-322,4	-344,5	-10,1
max	270,9	159,0	70,0	14,0	-15,0	210,4
MW	226,9	-73,2	-116,2	-136,9	-151,8	104,0
1.Q	215,8	-130,9	-171,1	-191,6	-212,9	58,7
2.Q	229,6	-85,2	-123,0	-138,3	-133,8	103,8
3.Q	238,5	-24,3	-61,6	-72,1	-97,0	139,6

	pH [-], TW					
	0 min	60 min	120 min	180 min	240 min	Permeat
n	59	59	28	22	28	57
min	7,6	7,6	7,8	7,7	7,5	7,5
max	8,3	8,4	8,1	8,0	8,1	8,2
MW	8,0	7,9	7,9	7,8	7,8	8,0
1.Q	8,0	7,9	7,9	7,8	7,8	8,0
2.Q	8,0	7,9	7,9	7,9	7,9	8,1
3.Q	8,0	8,0	8,0	7,9	7,9	8,1

	CO_2 [mg/L], TW					
	0 min	60 min	120 min	180 min	240 min	Permeat
n	62	62	60	32	28	62
min	8,6	7,6	6,7	6,3	6,2	7,4
max	9,9	9,6	9,4	9,4	8,1	9,6
MW	9,1	8,5	7,8	7,3	6,8	8,3
1.Q	8,8	8,0	7,4	6,9	6,4	7,7
2.Q	9,1	8,4	7,7	7,1	6,7	8,1
3.Q	9,5	8,8	8,2	7,6	7,0	9,0

	LF [µS/cm], TW					
	0 min	60 min	120 min	180 min	240 min	Permeat
n	66	66	64	34	30	66
min	361,0	364,0	377,0	381,0	372,0	373,0
max	465,0	463,0	492,0	472,0	446,0	471,0
MW	430,7	425,8	420,0	413,1	404,2	408,1
1.Q	419,5	410,3	405,5	395,5	394,3	397,5
2.Q	436,5	432,0	422,0	413,0	405,5	407,0
3.Q	447,0	442,0	433,0	423,0	416,3	416,5

Anhang 67: Statistische Daten zum Box-Whisker-Plot zu Abbildung 63.

	Trüb [NTU], RW		Trüb [NTU], n. EC		Trüb [NTU], Permeat	
	OW	TW	OW	TW	OW	TW
n	28	66	28	66	28	66
min	1,7	0,0	6,3	1,4	0,0	0,0
max	77,7	1,0	104,2	26,8	0,4	0,9
MW	7,7	0,3	26,0	9,9	0,1	0,2
1.Q	2,8	0,2	12,9	5,1	0,0	0,1
2.Q	3,7	0,3	21,2	9,0	0,1	0,2
3.Q	7,5	0,4	31,6	13,6	0,2	0,3

Anhang 68: Statistische Daten zum Box-Whisker-Plot zu Abbildung 65.

	$c_{Al,gesamt}$ [mg Al/L]										$c_{Al,filtriert}$ [mg Al/L]								
	0 min	30 min	60 min	90 min	120 min	150 min	180 min	240 min	Permeat		0 min	30 min	60 min	90 min	120 min	150 min	180 min	240 min	Permeat
n	94	42	94	36	91	9	56	43	94	n	94	42	94	36	91	9	56	43	94
min	0,15	0,2	0,7	1,6	2,0	3,6	3,1	4,3	0,15	min	0,15	0,15	0,15	0,14	0,10	0,25	0,15	0,13	0,15
max	1,51	3,5	7,9	12,6	16,2	9,7	21,1	27,4	0,42	max	0,19	0,97	1,85	3,67	5,80	0,59	0,68	0,71	0,42
MW	0,24	1,5	3,2	5,8	7,3	7,0	10,7	15,5	0,18	MW	0,15	0,36	0,45	0,55	0,43	0,33	0,28	0,25	0,18
1.Q	0,15	0,8	1,8	3,6	4,8	5,9	7,8	11,4	0,15	1.Q	0,15	0,15	0,21	0,28	0,24	0,25	0,18	0,15	0,15
2.Q	0,15	1,4	3,1	5,5	7,2	7,0	10,8	16,2	0,15	2.Q	0,15	0,20	0,44	0,45	0,36	0,30	0,25	0,21	0,15
3.Q	0,27	2,0	4,2	7,7	9,0	8,5	13,2	17,9	0,18	3.Q	0,15	0,54	0,63	0,66	0,49	0,35	0,32	0,28	0,18

Anhang 69: Statistische Daten zum Box-Whisker-Plot zu Abbildung 69.

	C_E [%]			
	MP-P	MP-S2	MP-S4	MP-S6
n	22	36	36	28
min	77,0	74,0	53,1	34,9
max	119,9	161,1	149,7	156,0
MW	99,6	115,1	120,0	90,0
1.Q	86,1	99,3	113,9	75,5
2.Q	104,2	109,0	127,4	91,8
3.Q	108,4	135,4	137,9	109,9

Anhang 70: Statistische Daten zum Box-Whisker-Plot zu Abbildung 71.

	$c_{Al,EC,spez}$ [(mg Al/L)/(Wh)]				$E_{As,EC,spez}$ [(µg As(III)/L)/(Wh)]				$E_{As,EC,spez}$ [(µg As(V)/L)/(Wh)]			
	MP-P	MP-S2	MP-S4	MP-S6	MP-P	MP-S2	MP-S4	MP-S6	MP-P	MP-S2	MP-S4	MP-S6
n	22	36	35	28	7	14	17	12	14	18	18	16
min	0,08	0,10	0,04	0,03	0,07	0,06	0,09	0,03	1,46	0,76	0,59	0,61
max	0,44	0,40	0,37	0,39	0,29	1,04	0,58	0,29	5,79	4,40	2,92	3,36
MW	0,19	0,27	0,26	0,20	0,19	0,39	0,25	0,17	2,97	2,73	1,91	1,67
1.Q	0,11	0,23	0,24	0,18	0,16	0,11	0,16	0,14	1,85	1,92	1,18	0,72
2.Q	0,13	0,28	0,27	0,21	0,19	0,35	0,20	0,18	1,95	2,87	2,32	1,63
3.Q	0,25	0,32	0,30	0,25	0,24	0,59	0,29	0,21	4,59	3,65	2,65	2,39

Anhang 71: Statistische Daten zum Box-Whisker-Plot zu Abbildung 72.

	C_E [%]			
	MP-S2; TW	MP-S2; OW	MP-S4; TW	MP-S4; OW
n	36	20	36	54
min	74,0	69,7	53,1	23,9
max	161,1	109,5	149,7	116,7
MW	115,1	94,0	120,0	54,1
1.Q	99,3	90,3	113,9	43,0
2.Q	109,0	95,3	127,4	49,6
3.Q	135,4	103,1	137,9	58,1

Anhang 72: Statistische Daten zum Box-Whisker-Plot zu Abbildung 73.

	$c_{Al,EC,spez}$ [(mg Al/L)/(Wh)]				$E_{As,EC,spez}$ [(µg As(III)/L)/(Wh)]				$E_{As,EC,spez}$ [(µg As(V)/L)/(Wh)]			
	MP-S2; TW	MP-S2; OW	MP-S4; TW	MP-S4; OW	MP-S2; TW	MP-S2; OW	MP-S4; TW	MP-S4; OW	MP-S2; TW	MP-S2; OW	MP-S4; TW	MP-S4; OW
n	36	20	35	54	14	4	17	7	18	16	18	46
min	0,10	0,05	0,04	0,01	0,06	0,02	0,09	0,07	0,76	0,22	0,59	0,05
max	0,40	0,24	0,37	0,30	1,04	0,19	0,58	0,20	4,40	1,04	2,92	2,05
MW	0,27	0,11	0,26	0,09	0,39	0,11	0,25	0,12	2,73	0,68	1,91	0,65
1.Q	0,23	0,08	0,24	0,05	0,11	0,08	0,16	0,09	1,92	0,33	1,18	0,40
2.Q	0,28	0,12	0,27	0,07	0,35	0,11	0,20	0,11	2,87	0,79	2,32	0,56
3.Q	0,32	0,14	0,30	0,11	0,59	0,13	0,29	0,14	3,65	0,91	2,65	0,73

Anhang 73: Statistische Daten zum Box-Whisker-Plot zu Abbildung 74.

	C_E [%]			
	MP-S2; 8 mm	MP-S2; 20 mm	MP-S4; 8 mm	MP-S4; 20 mm
n	36	56	36	48
min	74,0	32,6	53,1	55,0
max	161,1	122,7	149,7	128,8
MW	115,1	87,0	120,0	98,7
1.Q	99,3	73,0	113,9	87,0
2.Q	109,0	89,1	127,4	103,5
3.Q	135,4	102,1	137,9	112,9

Anhang 74: Statistische Daten zum Box-Whisker-Plot zu Abbildung 75.

	$c_{Al,EC,spez}$ [(mg Al/L)/(Wh)]				$E_{As,EC,spez}$ [(µg As(III)/L)/(Wh)]				$E_{As,EC,spez}$ [(µg As(V)/L)/(Wh)]			
	MP-S2 8 mm	MP-S2 20 mm	MP-S4 8 mm	MP-S4 20 mm	MP-S2 8 mm	MP-S2 20 mm	MP-S4 8 mm	MP-S4 20 mm	MP-S2 8 mm	MP-S2 20 mm	MP-S4 8 mm	MP-S4 20 mm
n	36	56	35	48	14	16	17	16	18	39	18	25
min	0,10	0,01	0,04	0,002	0,06	0,13	0,09	0,01	0,76	0,05	0,59	0,04
max	0,40	0,21	0,37	0,25	1,04	0,37	0,58	0,20	4,40	6,21	2,92	2,22
MW	0,27	0,11	0,26	0,11	0,39	0,21	0,25	0,11	2,73	1,04	1,91	0,94
1.Q	0,23	0,07	0,24	0,08	0,11	0,17	0,16	0,07	1,92	0,37	1,18	0,33
2.Q	0,28	0,12	0,27	0,11	0,35	0,20	0,20	0,12	2,87	0,59	2,32	0,72
3.Q	0,32	0,16	0,30	0,15	0,59	0,24	0,29	0,14	3,65	1,41	2,65	1,47

Anhang 75: Statistische Daten zum Box-Whisker-Plot zu Abbildung 84.

	$c_{As,f,Ablauf}$ [µg As/L]				E_{As} [%]			
	EC As(III)	EC-ULPUF As(III)	EC As(V)	EC-ULPUF As(V)	EC As(III)	EC-ULPUF As(III)	EC As(V)	EC-ULPUF As(V)
n	33	33	61	61	33	33	61	61
min	79,9	27,8	3,0	3,0	4,1	20,1	9,7	60,8
max	99,4	82,8	92,4	39,0	20,1	70,8	98,7	98,5
MW	90,5	52,6	21,5	14,5	11,2	48,6	78,7	85,8
1.Q	86,7	40,5	4,9	8,2	8,2	40,4	66,0	83,0
2.Q	90,8	49,5	12,7	10,3	10,2	50,3	86,7	89,7
3.Q	94,6	63,9	34,3	16,5	14,9	61,0	96,6	91,8

8.16 Kosten verschiedener Arsenaufbereitungsverfahren

Anhang 76: Übersicht zur Effizienz und zu den Kosten verschiedener Arsenaufbereitungsverfahren (aus Shan et al. 2018).

Nr.	Verfahren	Typ	Versuch	Rohwasser	C_{ab} [µg As/L]	η [%]	Kosten [€/m³]
1	ZeroWater Filter	O, I, M	Labor	USA	< 0,05	99	269
2	Hydrogel adsorbent	K, F, A	Labor	Argentinien	< 10	99	83,6
3	Iron filings and sand as adsorbent	A	Feld	Indien, Bangladesch	< 27	90	63,5
4	Activated powdered carbon block filters	A, O	Labor	Synthetisches Laborwasser	95	81	20,7
5	Chitosan goethite bio-nano-composite (CGB)	A, O	Labor	Synthetisches Laborwasser	< 10	98	14,2
6	Activated alumina metal oxide as adsorbent	A	Feld	Indien, Bangladesch	10 - 25	90 - 96	1,32
7	Electro-Chemical Arsenic Remediation (ECAR) reactor	EK, S, F	Feld	Indien	< 5	99	0,90
8	ARUBA (Arsenic Removal Using Bottom Ash)	A	Labor	Bangladesch, Cambodia	4 - 50	64 - 98	0,67
9	Activated alumina or hybrid anion exchanger as adsorbent	A	Feld	Indien	< 10	93	0,67
10	Citric acid from lemon, tomato, and lime (SORAS)	O	Labor	Indien	10 - 120	81	0,59
11	Ferric hydroxide as adsorbent	A	Feld	Indien	< 10	-	0,53
12	Two-bucket system with ferric sulfate (FS) and polyferric sulfate (PFS)	K, F	Labor	China	< 10	95 - 100	0,41
13	Mg-Fe-based hydrotalcite-like compound (MF-HT)	A	Labor	Bangladesch, Vietnam	< 10	99	0,34
14	Aluminium electrode	K, S, F	Labor	Indien	8,19	98	0,33
15	Activated laterite	A, F	Feld	Indien	< 10	98	0,32
16	Sono arsenic filter	A, S, F	Feld	Bangladesch	14 ± 10	93	0,29
17	$NaHCO_3$, $KMnO_4$, $FeCl_3$	O, K, S, F	Feld	Indien	3,7 - 7,6	97 - 98	0,15
18	Iron minerals and limestone	A, K, S, F	Feld	China	< 10	> 95	0,10
19	Mg-Fe-based hydrotalcite-like compound (MF-HT)	A, I	Labor	Bangladesch	0,5	99	0,01
20	Ferric chloride	K, S, F	Feld	China	21	82	0,01

(A) Adsorption; (EK) Elektrokoagulation; (F) Filtration; (I) Ionenaustauscher; (K) Koagulation; (M) Membran; (O) Oxidation; (S) Sedimentation.

8.17 Weitere Varianten der Kostenvergleichsrechnung

Anhang 77: Kostenvergleich zwischen C-ULPUF- und EC-ULPUF-Verfahren (Variante 2): eigenständige Tonförderung, Verwertung von Tonerde-Schlamm bei der Ziegelherstellung, EC-Betrieb ohne Rührwerk (* kennzeichnet geänderte Kostenposten).

Kostenposten	C-ULPUF	EC-ULPUF	Hinweise	Datenquelle
Investitionskosten in [€]				
PAUL-Station	1.600,00	1.600,00	ULPUF-Einheit, Schwimmerventile etc.	Frechen 2019
Aufbau PAUL-Station	800,00	800,00	RW- & Permeatbehälter, Verbindungsgarnitur etc.	Frechen 2019
Zoll	300,00	300,00	-	Frechen 2019
Transport	100,00	100,00	-	Frechen 2019
Rührwerk	195,33	0,00*	Chemical Stirrer; MiniMax Dosing Pumps; P_{el}= 0,37 kW bis 5,5 kW; * EC-Betrieb ohne Rührwerk	IndiaMART 2020
Schlammspeicher	50,00	50,00	Pauschalannahme	-
Al-Elektroden	-	24,02	Al-Kosten 2,53 €/kg	IndiaMART 2020
Weitere Komponenten der EC-Zelle	-	20,00	Pauschalannahme	-
DC-Spannungsquelle	-	68,94	PLASTRONIX Power Supply, U = 0 V bis 30 V, I = 0 A bis 5 A	IndiaMART 2020
IK, gesamt [€]	3.045,33	2.962,96		
Jahreskosten, IK [€/a]	394,38	383,72		
IK-Anteil am Wasserpreis [€/m³]	1,10	1,07		
Laufende Kosten [€/m³]				
Stromverbrauch	0,09	0,03*	Strompreis in Indien Stand 2019; 0,07 €/kWh; * EC-Betrieb ohne Rührwerk	globalpetrolprices.com 2020
Schlammentsorgung	0,06*	0,002	Deponierung arsenhaltiger Schlämme 0,041 €/kg. * Tonerde-Schlamm wird zu 90 % bei der Ziegelsteinherstellung verwertet	Kobya et al. 2014
Betrieb der Anlage und Wartungsarbeiten	0,25	0,33	60 €/a für PAUL-Station laut Frechen (2019); Annahme C-ULPUF 90 €/a, EC-ULPUF 120 €/a	Frechen 2019
Tonerde-Verbrauch	0,00*	-	* Eigenständige Erzeugung von Tonerde	
Al-Verbrauch	-	0,04	Aluminium-Platten, 2,53 €/kg	IndiaMART 2020
LK-Anteil am Wasserpreis [€/m³]	0,41	0,41		
Wasserpreis, gesamt [€/m³]	1,50	1,48		

Anhang 78: Kostenvergleich zwischen C-ULPUF- und EC-ULPUF-Verfahren (Variante 3): Erweiterung einer vorhandenen ULPUF-Station zur Dauertrinkwasserversorgung (* kennzeichnet geänderte Kostenposten).

Kostenposten	C-ULPUF	EC-ULPUF	Hinweise	Datenquelle
Investitionskosten in [€]				
PAUL-Station	0,00*	0,00*	* ULPUF-Einheit vorhanden	Frechen 2019
Aufbau PAUL-Station	400,00*	0,00*	* ULPUF-Station vorhanden; * bei C-ULPUF ist zusätzlich der Umbau zum Rohwasser-Trichterbehälter mit Schlammabzug notwendig	-
Zoll	0,00*	0,00*	* bereits erfolgt	Frechen 2019
Transport	0,00*	0,00*	* bereits erfolgt	Frechen 2019
Rührwerk	195,33	195,33	Chemical Stirrer; MiniMax Dosing Pumps; P_{el}= 0,37 kW bis 5,5 kW	IndiaMART 2020
Schlammspeicher	50,00	50,00	Pauschalannahme	-
Al-Elektroden	-	24,02	Al-Kosten 2,53 €/kg	IndiaMART 2020
Weitere Komponenten der EC-Zelle	-	20,00	Pauschalannahme	-
DC-Spannungsquelle	-	68,94	PLASTRONIX Power Supply, U = 0 V bis 30 V, I = 0 A bis 5 A	IndiaMART 2020
IK, gesamt [€]	645,33	358,29		
Jahreskosten, IK [€/a]	83,57	46,40		
IK-Anteil am Wasserpreis [€/m³]	0,23	0,13		
Laufende Kosten [€/m³]				
Stromverbrauch	0,09	0,13	Strompreis in Indien Stand 2019; 0,07 €/kWh	globalpetrolprices.com 2020
Schlammentsorgung	0,62	0,002	Deponierung arsenhaltiger Schlämme 0,041 €/kg	Kobya et al. 2014
Betrieb der Anlage und Wartungsarbeiten	0,25	0,33	60 €/a für PAUL-Station laut Frechen (2019); Annahme C-ULPUF 90 €/a, EC-ULPUF 120 €/a	Frechen 2019
Tonerde-Verbrauch	0,17	-	Bentonit (w_{Al} = 15 %, w_{Fe} = 15 %); 0,01 €/kg	IndiaMART 2020
Al-Verbrauch	-	0,04	Aluminium-Platten, 2,53 €/kg	IndiaMART 2020
LK-Anteil am Wasserpreis [€/m³]	1,13	0,51		
Wasserpreis, gesamt [€/m³]	1,36	0,63		

Anhang 79: Kostenvergleich zwischen C-ULPUF- und EC-ULPUF-Verfahren (Variante 4): Erweiterung einer vorhandenen ULPUF-Station zur Dauertrinkwasserversorgung mit eigenständiger Tonförderung, Verwertung von Tonerde-Schlamm bei der Ziegelherstellung, EC-Betrieb ohne Rührwerk (* kennzeichnet geänderte Kostenposten).

Kostenposten	C-ULPUF	EC-ULPUF	Hinweise	Datenquelle
Investitionskosten in [€]				
PAUL-Station	0,00*	0,00*	* ULPUF-Einheit vorhanden	Frechen 2019
Aufbau PAUL-Station	400,00*	0,00*	* ULPUF-Station vorhanden; * bei C-ULPUF ist zusätzlich der Umbau zum Rohwasser-Trichterbehälter mit Schlammabzug notwendig	-
Zoll	0,00*	0,00*	* bereits erfolgt	Frechen 2019
Transport	0,00*	0,00*	* bereits erfolgt	Frechen 2019
Rührwerk	195,33	0,00*	Chemical Stirrer; MiniMax Dosing Pumps; P_{el}= 0,37 kW bis 5,5 kW; * EC-Betrieb ohne Rührwerk	IndiaMART 2020
Schlammspeicher	50,00	50,00	Pauschalannahme	-
Al-Elektroden	-	24,02	Al-Kosten 2,53 €/kg	IndiaMART 2020
Weitere Komponenten der EC-Zelle	-	20,00	Pauschalannahme	-
DC-Spannungsquelle	-	68,94	PLASTRONIX Power Supply, U = 0 V bis 30 V, I = 0 A bis 5 A	IndiaMART 2020
IK, gesamt [€]	645,33	162,96		
Jahreskosten, IK [€/a]	83,57	21,10		
IK-Anteil am Wasserpreis [€/m³]	0,23	0,06		
Laufende Kosten [€/m³]				
Stromverbrauch	0,09	0,03*	Strompreis in Indien Stand 2019; 0,07 €/kWh; * EC-Betrieb ohne Rührwerk	globalpetrolprices.com 2020
Schlammentsorgung	0,06*	0,002	Deponierung arsenhaltiger Schlämme 0,041 €/kg. * Tonerde-Schlamm wird zu 90 % bei der Ziegelsteinherstellung verwertet	Kobya et al. 2014
Betrieb der Anlage und Wartungsarbeiten	0,25	0,33	60 €/a für PAUL-Station laut Frechen (2019); Annahme C-ULPUF 90 €/a, EC-ULPUF 120 €/a	Frechen 2019
Tonerde-Verbrauch	0,00*	-	* Eigenständige Erzeugung von Tonerde	IndiaMART 2020
Al-Verbrauch	-	0,04	Aluminium-Platten, 2,53 €/kg	IndiaMART 2020
LK-Anteil am Wasserpreis [€/m³]	0,41	0,41		
Wasserpreis, gesamt [€/m³]	0,64	0,47		

In der Schriftenreihe WASSER • ABWASSER • UMWELT des Fachgebietes Siedlungswasserwirtschaft der Universität Kassel sind bisher folgende Bände erschienen:

		Preis €
Band 1:	Stickstoff und Phosphor in Fließgewässern – Wissensstand und Folgerungen für die Abwasserreinigung (1986) 1. Kasseler Siedlungswasserwirtschaftliches Symposium	vergriffen
Band 2:	Planungshilfen zur weitergehenden Abwasserreinigung und Klärschlammentsorgung (1988) 2. Kasseler Siedlungswasserwirtschaftliches Symposium	vergriffen
Band 3:	Betrieb und Wirtschaftlichkeit der Kraft-Wärme-Kopplung auf kleinen und mittelgroßen Kläranlagen in Hessen (1998) Wolf, P., Eck-Düpont, M.	vergriffen
Band 4:	Behandlung von Deponiesickerwasser (1988) 1. Abfallseminar des Fachgebietes Siedlungswasserwirtschaft	25,-- €
Band 5:	Stand der Technik bei der Vermeidung gefährlicher Stoffe in der Abwasserbeseitigung (1989) 3. Kasseler Siedlungswasserwirtschaftliches Symposium	25,-- €
Band 6:	Phänomene der hydraulischen Leitfähigkeit dauernd hydromorpher Bodenmatrices – Untersuchungen einer Randbedingung bei Wurzelraumanlagen (1990) Lüken, Bernd O.	25,-- €
Band 7:	Anforderungen an die Regenwasserbehandlung bei Mischwasserkanalisation (1991) 4. Kasseler Siedlungswasserwirtschaftliches Symposium	vergriffen
Band 8:	Messen und Regeln in der Abwassertechnik Planung – Ausführung – Betrieb (1992) 5. Kasseler Siedlungswasserwirtschaftliches Symposium	25,-- €
Band 9:	Wachstum und Abtrag der Sielhaut in Mischwasserkanälen (Ende 1992) Reiff, H.	vergriffen

Band 10:	Wirkungen stoßartiger Belastungen auf ausgewählte - Fließgewässerorganismen – Ein Beitrag zur Beurteilung ökologischer Schäden durch Niederschlagswassereinleitungen aus Kanalisationen (1992) Borchardt, D.	25,-- €
Band 11:	Ökologische Gewässersanierung im Spannungsfeld zwischen Natur und Kultur (1993) 6. Kasseler Siedlungswasserwirtschaftliches Symposium	25,--€
Band 12:	Großtechnische Untersuchungen zur vorgeschalteten und kaskadenförmigen Denitrifikation im Vergleich zur Bemessung nach A 131 und zum Einfluss der Kalk-Phosphat-Fällung auf den Schlamm (1995) Bendzuck, Chr.	25,-- €
Band 13:	Thermische Klärschlammbehandlung – Planung, Technologie und Erfahrungen – (1994) 7. Kasseler Siedlungswasserwirtschaftliches Symposium	25,-- €
Band 14:	Vergleichende Untersuchungen zur erhöhten biologischen Phosphorelimination (1995)	25,-- €
Band 15:	Beitrag zur Planung und Bemessung der Stickstoffelimination bei Tropfkörperanlagen (1996) Mehlhart, G.	25,-- €
Band 16:	Ökologische und technische Hinweise zur Abwasser und Klärschlammbehandlung bei knappen Kassen (1996) 8. Kasseler Siedlungswasserwirtschaftliches Symposium	25,-- €
Band 17:	Untersuchungen zur Abhängigkeit der erhöhten biologischen Phosphatelimination von Temperatur und Substratversorgung (1997) Bendzuck, Chr.	25,-- €
Band 18:	Abwasserbehandlung, Gewässerschutz und Wasserwirtschaft an der Schwelle zum 21. Jahrhundert (1997) 9. Kasseler Siedlungswasserwirtschaftliches Symposium	25,-- €
Band 19:	Einfluss von Mischwassereinleitungen auf den Stoffhaushalt und die Biozönose kleiner Fließgewässer im ländlichen Raum (1998) Fischer, J.	vergriffen

Band 20: Integrierte Planung von Anlagen zur Niederschlagswasserbehandlung mit Hilfe von Simulationsmodellen – Lösungsansätze und Handlungsanleitungen (2002) 25,-- €
Mang, J.

Band 21: Weitergehende Mischwasserbehandlung in Bodenfilterbecken (2002) 25,-- €
Born, W.

Die Bände 1 bis 21 sind, soweit nicht vergriffen, zu beziehen über

Verein zur Förderung des Fachgebietes Siedlungswasserwirtschaft e.V. der Universität Kassel
Kurt-Wolters-Str. 3, 34125 Kassel
Tel. 0561/804-2869
www.uni-kassel.de/fb14/siwawi

Ab Band 22 erfolgt der Vertrieb über

kassel university press
Diagonale 10
34127 Kassel
Tel. +49 561 804-2987
www.kup.uni-kassel.de

Band 22: Ein exemplarischer Ansatz zur Einbindung neuer Bemessungswege und neuer Reinigungstechnologien bei der Ertüchtigung von Kläranlagen (2003) 25,-- €
Schier, W.
ISBN 3-89958-039-7

Band 23: Membranfiltration in Hessen – Teil 1 (2005) 25,-- €
ISBN 3-89958-040-0

Band 24: Membranfiltration in Hessen – Teil 2, Zusammenfassung und Ausblick (2008) 25,-- €
print: ISBN 978-3-89958-158-4
ebook: ISBN 978-3-89958-478-3

Band 25: Bau eines einfachen Membranfiltrationsgerätes (Prototyp) zur Aufbereitung von Trinkwasser aus Oberflächenwasser für kleine Personengruppen in Notsituationen ohne Fremdenergie (2009) 30,-- €
print: ISBN 978-3-89958-159-1
ebook: ISBN 978-3-89958-484-4

Band 26: Foulingverhalten des Membranbelebungsverfahrens und Auswirkungen auf die Leistungsfähigkeit (2005) -,-- €
Wett, M.
ISBN 3-89958-160-1
Die Printausgabe ist vergriffen.
Dieser Band ist nur noch elektronisch verfügbar.

Band 27: Forschung für die Praxis am Fachgebiet Siedlungswasserwirtschaft (2005) 25,-- €
10. Kasseler Siedlungswasserwirtschaftliches Symposium
ISBN 3-89958-161-X

Band 28: Untersuchungen zur Sulfidbildung und zur Effizienz der Geruchsminimierung durch Zugabe von Additiven in Abwasserkanalisationen (2008) 30,-- €
Frey, M.
ISBN 978-3-89958-453-0

Band 29: Retentionsbodenfilter in Hessen (2009) 30,-- €
print: ISBN 978-3-89958-604-2
ebook: ISBN 978-3-89958-605-3

Band 30: Hygienisierung von Mischwasser in Retentionsbodenfiltern (2008) 30,-- €
Waldhoff, A.
print: ISBN 978-3-89958-606-0
ebook: ISBN 978-3-89958-607-7

Band 31: Odour and VOCs: Measurement, Regulation and Control (2009) 35,-- €
print: ISBN 978-3-89958-608-4
ebook: ISBN 978-3-89958-609-1

Band 32: Biofilter als Bestandteil kombinierter Abluftbehandlungsverfahren in der Abwasserwirtschaft (2011) 30,-- €
Franke, W.
print: ISBN 978-3-86219-170-3
ebook: ISBN 978-3-86219-171-0

Band 33: Phosphorrückhalt in der Mischwasserbehandlung durch Retentionsbodenfilter-Anlagen (2013) 30,-- €
Felmeden, J.
print: ISBN 978-3-86219-610-7
ebook: ISBN 978-3-86219-611-4

Band 34: Optimierung der mechanischen Vorreinigungsstufe kommunaler Abwasserbehandlungsanlagen (2013) 35,-- €
print: ISBN 978-3-86219-664-7
ebook: ISBN 978-3-86219-665-4

Band 35: Retentionsbodenfilter in Hessen – Ergänzungsuntersuchungen zum Phosphor- und Schwermetallrückhalt (2013) — 35,-- €
print: ISBN 978-3-86219-666-1
ebook: ISBN 978-3-86219-667-8

Band 36: Reaktionen in Leichtflüssigkeitsabscheidern bei Zufluss von Bioethanol- und Ethyltertiärbutylether-Benzin-Gemischen (2013) — 35,-- €
Brügging, E.
print: ISBN 978-3-86219-738-5
ebook: ISBN 978-3-86219-739-2

Band 37: Chemische Reinigung von getauchten Niederdruck-Hohlfasermembranen auf großtechnischen kommunalen MBR-Anlagen (2015) — 35,-- €
Drensla, K.
print: ISBN 978-3-7376-0038-5
ebook: ISBN 978-3-7376-0039-2

Band 38: Erprobung und Optimierung eines einfachen Membranfiltrationsgerätes zur Aufbereitung von trinkbarem Wasser aus Oberflächengewässern für kleine Personengruppen in Notsituationen ohne Fremdenergie (3. Phase) mit dem Ziel der Serienreife (2016) — 40,-- €
print: ISBN 978-3-7376-0112-2
ebook: ISBN 978-3-7376-0113-9

Band 39: Leistungsfähigkeit der Ultra-Low-Pressure-Ultrafiltration (ULPUF) zur dezentralen Wasseraufbereitung in Not- und Katastrophenfällen (2016) — 40,-- €
Exler, H.
print: ISBN 978-3-7376-0106-1
ebook: ISBN 978-3-7376-0107-8
URN http://nbn-resolving.de/urn:nbn:de:0002-401077

Band 40: Flood-related health risk assessment: a case study in Hoi An City, Quang Nam province, Vietnam (2017) — 35,-- €
Trinh, T.G.C.
print: ISBN 978-3-7376-0364-5
ebook: ISBN 978-3-7376-0365-2
URN http://nbn-resolving.de/urn:nbn:de:0002-403654

Band 41:	Small-scale water supply system (SSS) for remote and rural areas in developing countries (2018) Andrade, J.A.O. print: ISBN 978-3-7376-0550-2 ebook: ISBN 978-3-7376-0551-9 URN http://nbn-resolving.de/urn:nbn:de:0002-405511	40,-- €
Band 42:	Development of a Decentralized Drinking Water Treatment Plant Based on Membrane Technology for Rural Areas in Vietnam (2018) Dao, T.N. print: ISBN 978-3-7376-0516-8 ebook: ISBN 978-3-7376-0517-5 URN http://nbn-resolving.de/urn:nbn:de:0002-405176	40,-- €
Band 43:	Auswertung von Betriebsergebnissen und Erfahrungen zur weitestgehenden Phosphorelimination (2021) print: ISBN 978-3-7376-0957-9 DOI: https://doi.org/doi:10.17170/kobra-202105203942 URN http://dnb.dnb.de	40,--€
Band 44:	Arsenentfernung mit Ultra-Low-Pressure Ultrafiltration (ULPUF)-Kombinationsverfahren zur Wasseraufbereitung in Entwicklungsländern print: ISBN 978-3-7376-0959-3 DOI: https://doi.org/doi:10.17170/kobra-202108034474	40,--€

Alle Preise brutto incl. Ust, zzgl. Porto